"十四五"时期国家重点出版物出版专项规划项目
先进制造理论研究与工程技术系列
工业和信息化部"十四五"规划教材

现代机械设计理论与方法（第2版）

Modern Theory and Methodology of Mechanical Design

白清顺　陈时锦　刘亚忠　孙靖民　编著

哈爾濱工業大學出版社
HARBIN INSTITUTE OF TECHNOLOGY PRESS

内 容 简 介

本书系统地论述了现代机械设计理论与方法所涵盖的核心内容，并且通过工程实例阐述如何采用现代机械设计理论与方法解决实际问题。本书共分9章，主要内容包括：概述、系统分析设计方法、创造性设计方法、可靠性设计方法、有限元分析方法、优化设计方法、动态设计方法、反求工程设计及微机械设计理论与方法。本书是在作者多年从事机械设计理论与方法教学和科研工作的基础上撰写而成，内容上体现深入浅出、通俗易懂、突出重点、学以致用的特点，展示现代机械设计理论与方法最新的研究成果。

本书可作为高等学校机械类或近机械类本科生、研究生教材，也可供有关专业教师或工程技术人员学习和参考。

图书在版编目(CIP)数据

现代机械设计理论与方法/白清顺等编著.—2版.—哈尔滨：哈尔滨工业大学出版社，2023.8
（先进制造理论研究与工程技术系列）
ISBN 978-7-5767-1022-9

Ⅰ.①现… Ⅱ.①白… Ⅲ.①机械设计 Ⅳ.①TH122

中国国家版本馆CIP数据核字(2023)第158626号

策划编辑 王桂芝
责任编辑 张 荣 鹿 峰
出版发行 哈尔滨工业大学出版社
社 址 哈尔滨市南岗区复华四道街10号 邮编150006
传 真 0451－86414749
网 址 http://hitpress.hit.edu.cn
印 刷 哈尔滨市颉升高印刷有限公司
开 本 787 mm×1 092 mm 1/16 印张 20.25 字数 505 千字
版 次 2019年8月第1版 2023年8月第2版
2023年8月第1次印刷
书 号 ISBN 978-7-5767-1022-9
定 价 66.00元

第 2 版前言

设计是伴随着人类历史而产生和发展起来的一种征服自然和改造世界的基本活动，是将各种人类掌握的思想、理论、方法、技术转化为社会生产力的重要途径和基本手段。产品的机械设计过程可以认为是一个创新和发明的过程，它同时可以赋予产品“先天性优劣”这种至关重要的本质特征。因此，当前机械产品的用户、企业以及社会都对其采用的设计理论与方法提出了极高的要求。

为了满足现代机械设计理论与方法发展的迫切需要，2003 年初，出版了《现代机械设计方法》国防科工委“十五”重点教材，该书出版 10 余年来，多次重印，书中的学术思想和重点内容为广大学生和工程技术人员提供了非常有益的帮助。2019 年，《现代机械设计理论与方法》(第 1 版)出版，在《现代机械设计方法》的基础上增设了微机械设计理论与方法方面的内容，缩减了优化设计方法、可靠性设计方法方面的内容，同时在概述和部分章节增加了现代设计理论与方法的发展前沿和典型实例。本书获评“十三五”国家重点出版物出版规划项目，并受到了“黑龙江省精品图书出版工程项目”的资助，入选哈尔滨工业大学“双一流”建设精品出版工程项目。2021 年，本书入选工业和信息化部“十四五”规划教材。

撰写本书旨在为了使读者能够系统地了解现代设计理论和方法，掌握采用现代设计理论和方法解决工程实际问题的能力，熟悉先进的机械设计理论与方法的应用情况。

现代机械设计理论与方法是科学方法论在设计中的具体应用，而科学方法论具有涵盖面广泛，内容丰富、各种方法之间相对独立等特点，其中许多理论与方法已有专门著作出版，所以本书在内容安排上强调精炼、突出重点、学以致用的基本要求，并融入了许多设计理论与方法的工程应用案例。本书各章内容为：第 1 章 概述；第 2 章 系统分析设计方法；第 3 章 创造性设计方法；第 4 章 可靠性设计方法；第 5 章 有限元分析方法；第 6 章 优化设计方法；第 7 章 动态分析设计法；第 8 章 反求工程设计；第 9 章 微机械设计理论与方法。

本书主要由白清顺、陈时锦、刘亚忠、孙靖民撰写，同时参与撰写的还有卢礼华、高思煜、高强。具体分工如下：白清顺撰写第 1、6、9 章以及 3.4 节、5.6.3 节和第 4 章其他部分，负责全书统稿；陈时锦撰写第 8 章和第 3、5 章其他部分；刘亚忠撰写第 7 章其他部分；孙靖民撰写第 2 章；卢礼华撰写第 4 章的 4.5 节、第 5 章的 5.7.2 节、第 7 章的 7.4.1 节；高思煜撰写第 7 章的 7.4.2 节；高强撰写第 5 章的 5.7.1 节。

本书在撰写过程中得到了哈尔滨工业大学国家级高层次人才程凯教授的大力支持和帮助，全书由哈尔滨工业大学程凯教授主审，特此致谢！本书的部分案例采用了所指导研究生学位论文的内容，在此表示感谢。本书在出版过程中得到了课题组博士和硕士研究生的帮助，在此表示感谢！

由于作者水平所限，书中的不足和疏漏之处在所难免，敬请读者批评指正。

编　者

2023 年 3 月

目　　录

第1章 概　述

1.1 现代机械设计理论与方法的特点

1.1.1 设计过程的发展

“设计”这个词通常有两种含义。广义上的设计指的是发展过程的安排，包括发展的方向、程序、细节及达到的目标。狭义上的设计指的是将客观需求转化为满足该需求的技术系统的活动，各种产品包括机械产品的设计即属于此种。

设计是人类征服自然改造世界的基本活动之一，是人们为满足一定的需求而进行的一种创造性活动的实践过程。因此，设计从来都是和人类的生产活动紧密相连的。用通俗的话说，设计是把各种先进科学技术成果转化为生产力的一种手段和方法。就机械系统和结构范畴而言，其设计过程在本质上是一个创新过程，是将创新构思转化为有竞争力的产品的过程。设计是从给定的合理的目标参数出发，通过各种方法和手段创造出一个所需的优化系统或结构的过程。所以，任何设计都是开发和创造新的系统和结构的过程。但是，由于一个设计总是反映当时的生产力和技术水平，因而不同时期设计的内容是不同的，人们对设计的理解也是不同的。

最早的设计是由经验丰富、技术熟练的手工艺人进行的，这种设计只存在于手工艺人的头脑中，产品也是比较简单的。

随着生产的发展，需要更多、更好、更复杂的产品。这促使手工艺人必须联合起来，互相协作，于是出现了图纸，开始按图纸制造产品。图纸既可满足许多人同时参与制造的需要，又可使手工艺人的经验和知识被记录并流传下来，还可用图纸对产品进行分析和改进，推动设计工作向前发展，从而使设计工作具有了相对独立的性质。

到了20世纪后期，科技进步的速度日益加快，特别是计算机技术获得高速发展，人们在掌握事物的客观规律和人的思维规律的同时，运用相关的科学技术原理，进行过去长期以来难以想象的综合集成设计计算，设计工作包括机械产品的设计工作产生了质的飞跃。这对设计工作产生了很大的促进作用，提出了设计现代化的需求。

此外，当前对产品的设计已不能仅考虑产品本身，还要考虑系统和环境的影响；不仅涉及技术领域，还涉及社会因素；不仅须顾及眼前，还须顾及今后。例如，汽车设计不仅要考虑其本身的有关技术问题，还须考虑使用者的安全、舒适、操作方便，以及燃料供应、车辆存放、道路发展等问题，即已涉及国家的能源政策、城市布局、交通规划等社会问题。

为了寻求保证设计质量、加快设计速度、避免和减少设计失误的方法和措施，并适应科学技术发展的要求，使设计工作现代化，引发了“现代设计方法”的研究。设计方法可理解为：设计中的一般过程及解决具体设计问题的方法、手段。前者可认为是战略问题，后者是战术问题。如果对设计方法的发展进行概括，大致可以将其划分成以下三个阶段。

(1)17 世纪前的“直觉设计阶段”。

(2)17 世纪后的“经验设计阶段”及其后形成的“传统设计阶段”。

(3)目前的“现代设计阶段”。

传统设计方法的特点是静态的、经验的、手工式的，现代设计方法的特点是动态的、科学的、计算机化的。现代设计是过去长期的传统设计活动的延伸和发展，是随着设计实践经验的积累，由个别到一般，由具体到抽象，由感性到理性，逐步归纳、演绎、综合而发展起来的。它已经将那些在科学领域内得到应用的所有科学方法论应用于工程设计中了。可以这样说，传统设计方法是被动地重复分析产品的性能，而现代设计方法则可以做到主动地设计产品的参数。

近年来，世界各国都对产品的设计给予了足够的重视。美国是创造性设计的首倡者，在计算机辅助设计(CAD)方面做出了许多贡献。在日本等国的冲击下，1985 年 9 月由美国机械工程师协会(ASME)组织，美国国家科学基金会发起，召开了“设计理论和方法研究的目标和优先项目”研讨会。会后成立了“设计、制造和计算机一体化”工程分会，制订了一项设计理论和方法的研究计划，并成立了由化学、土木、电机、机械、工业工程及计算机科学等领域的代表组成的指导委员会，考虑针对工程设计所需进行研究的领域和对这些领域提出资助的建议。1990 年，美国麻省理工学院(MIT)的 NAM P Suh 教授撰写了《公理设计：发展与应用》一书，详细介绍了设计方法学方面许多有效的设计方法和典型案例。

德国制造业是世界上最具竞争力的制造业之一，在全球制造装备领域拥有领头羊的地位。这在很大程度上源于德国专注于创新工业科技产品的科研和开发，以及对复杂工业过程的管理。德国的 Pahl 和 Beitz 在 1988 年撰写了《工程设计：系统性方法》一书，成为当时设计方法学领域系统设计方法研究的经典著作。2013 年 4 月，德国政府提出“工业 4.0”战略，其目的是提高德国工业的竞争力，在新一轮工业革命中占领先机。主要是将物联网、大数据、智能工厂、虚拟现实及 3D 技术等融入现在的生产中，通过网络实现所有生产车间和工作流程的自动化和优化。“工业4.0”战略的提出对产品设计理论与方法提出了全新的要求，也为“智慧工厂”和“智能生产”的实现提供了先决条件。

英国早期提出工程设计思想后，广泛开展了设计竞赛，加强在设计过程中的创造性开发、技术可行性、可靠性、价值分析等方面的研究，从而改变了其设计水平低的局面。20 世纪 90 年代，英国的 Sturt Pugh 教授最早在其著作中提出了全局设计(Total Design)的思想，为设计方法学的研究奠定了基础。

日本由于受到美国提出的 CAD 及实现设计自动化可能性的冲击，为补救设计师的短缺和有效地使用计算机及改进设计教育，同时也为了适应新产品日益增长的需要，自 20 世纪 60 年代以来，引进了名家的专著，开始自己进行有关 CAD 和设计方法的研究，以提高设计人员的素质，发展 CAD 和改进工程技术教育。20 世纪 80 年代中期至 90 年代中后期，日本东京大学的 Yoshikawa 教授在国际生产工程学会(CIRP)的年会上发表了系列设计方法学研究的主题报告，其中提出的通用设计理论等概念促进了设计方法基础科学的研究与发展。目前日本在产品开发中的更新速度已受到全世界的关注，其产品的竞争能力也给许多国家造成巨大的威胁。

现在，有关国家组织了一系列关于设计方法的国际会议，工程设计国际会议(ICED)就是其中之一。

近年来,我国对现代设计理论与方法的研究也取得了蓬勃的发展。到20世纪90年代,计算机辅助设计、模块化设计、优化设计、工业艺术造型设计等已经取得了实用性成果,解决了工业界纷繁芜杂的设计问题。进入21世纪以来,可以看出提高我国企业产品设计的创新能力和竞争力是现代设计方法学研究的首要问题。2015年5月,国务院公布了强化高端制造业的国家战略规划——《中国制造2025》,它成为将中国建设为制造强国的第一个十年的行动纲领,提出了创新设计、协同设计、生态设计、智能设计等设计手段。规划认为:要提高国家制造业创新设计能力,需要建设若干具有世界影响力的创新设计集群,培育一批专业化、开放型的工业设计企业,鼓励代工企业建立研究设计中心,向代设计和出口自主品牌产品转变。发展各类创新设计教育,设立国家工业设计奖,激发全社会创新设计的积极性和主动性。

1.1.2 现代设计方法的范畴

现代设计方法实质上是科学方法论在设计中的应用。冠以"现代"二字是为了强调其科学性和前沿性以引起重视,其实有些方法也并非是现代的。经分析,可归纳为11条理论:信息论、系统论、控制论、优化论、对应论、智能论、寿命论、离散论、模糊论、突变论和艺术论。这些理论与广义设计(有目的的意识活动)直接有关。有的已形成单一学科,有的正在形成。

(1)信息论方法。

信息论方法是现代机械设计理论与方法的依据,主要包括信息分析法、技术预测法、相关分析法、谱分析法和信息合成法等。

(2)系统论方法。

系统论方法是现代机械设计的前提,主要包括系统分析法、聚类分析法、逻辑分析法、模式识别法、系统辨识法和人机工程等。

(3)控制论方法。

控制论方法主要考虑设计系统的动态特性,包括动态分析法、柔性设计法、动态优化法及研究动态系统参数识别的动态系统辨识法等。

(4)优化论方法。

优化论方法是现代机械设计理论与方法的目标,包括优化系统的建模和优化问题的求解。

(5)对应论方法。

对应论方法是现代机械设计理论与方法的捷径,主要包括相似设计法、模拟设计法、反求工程设计法、仿真设计法和仿生设计法等。

(6)智能论方法。

智能论方法发挥智能载体的潜力,是现代设计方法的核心。除了发挥人与生物的智能外,还包括计算机辅助计算,如计算机辅助设计(CAD)、计算机辅助工程(CAE)、并行工程、虚拟设计,以及包括专家系统在内的智能机器化方法等。

(7)寿命论方法。

寿命论方法也称为功能论方法,它是实现现代设计的目标。有限寿命是自然与社会的基本客观现实,所以设计时应保证有限使用期限内设计对象的经济有效功能,其方法有功能分析设计法、可靠性分析预测法、可靠性设计法、价值工程法和稳健性设计法等。

(8)离散论方法。

离散分析是现代设计的“细节”。事物(特别是复杂广义系统)由离散体组成,是自然与社会另一个基本客观现象。因此,用离散化方法近似确定参数是必然可靠的,其方法包括有限单元法、边界元法、离散优化法、子模态分析法及其他运用离散数学技术的方法等。

(9)模糊论方法。

事物的模糊性是一种大量的客观存在,所以运用模糊分析的量度方法(避开精确的数学方法)是必要的,其方法目前主要运用隶属函数的论域法,可以进行模糊分析、模糊评价和决策、模糊控制与模糊设计等的运用。

(10)突变论方法。

事物的突变性是产生突破的机理,有的是孕育性突变,有的则是瞬时性突变。其机理现已有了初步数学模型,应用于设计分析,则有智爆技术、激智技术、创造性思维与创造性设计等突变创造。它是现代设计方法的基础,如创造性设计等。

(11)艺术论方法。

任何设计都尽可能把设计对象当成一件艺术品,是设计的重要观念。现代艺术论不仅如此,还要采用技术美学、艺术造型、计算机仿真、模糊艺术等处理方法。

本书是将现代设计理论与方法应用到机械设计中的一个尝试,所以称为《现代机械设计理论与方法》。考虑到CAD、并行工程、人工智能领域中的专家系统、人机工程及有关信息论、模糊论及艺术论方法等已有许多专门著作,为了减少篇幅,这里就不再列入了。

1.2 设计过程和设计技术

设计理论与方法的研究包括设计步骤和程式,以及与之相联系的解决具体问题的方法和手段的研究。下面将其分为设计过程和设计技术两部分略加叙述,以便有个概念性的了解。

1.2.1 机械设计过程简述

机器的设计总是要有一定的步骤和程式的。例如,机床设计过去就有三段设计的程式,现在大体分为四个步骤,即调查研究、方案拟定(技术设计)、工作图设计、样机试制和鉴定。显然,在完成每一个步骤、程式时,都要应用一些分析问题和解决问题的具体方法和工具。这就涉及整个机床设计的具体技术问题。如果不考虑设计方法,则可能做不出最佳的设计来。例如,在传统的机床三段设计过程中,就很少考虑市场需求,设计方法上也未引入“创造性”的方法。

对于一般的机械设计,目前已提出一些设计过程的程式。显然,它们有不同的阶段和内容以及步骤和程式的划分,因而不能就设计过程给出一个严格、统一的模式。但若从系统分析的角度看,设计过程的各阶段实质上都具有分析、综合和评价的内容,如图1.1所示,都要

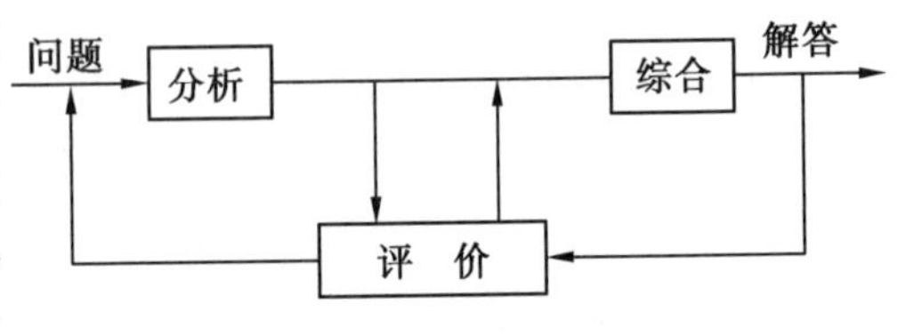

图1.1 系统设计方法的模式

利用各种方法和手段寻求最优的方案，不同的仅是细化的程度和考虑问题的出发点。

为了说明设计方法，举一个例子。假设要设计一种既要跑得快，又会吱吱叫，还会游泳的新“动物”。如图1.2所示，给出了一个按功能来考虑的，以创造性思维为主线的，为解决该问题提供初步设计方案的设计步骤和程式。从这个例子可以看出，在设计过程中引入创造性设计方法的意义。

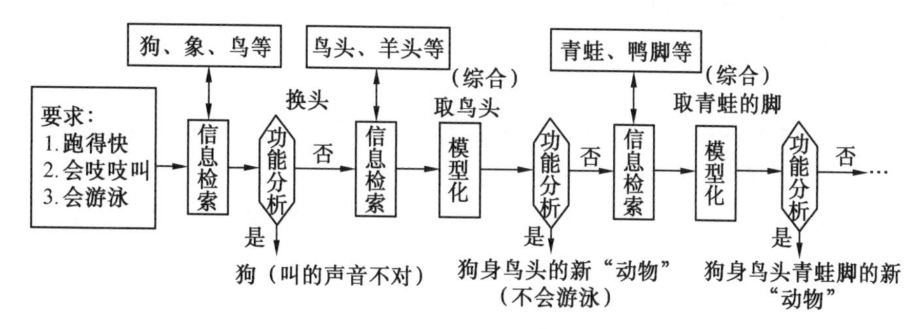

图1.2　按功能以创造性思维进行的初步设计方案程式举例

1.2.2　设计技术简述

不管采用哪种技术过程的程式，对每一个具体阶段或步骤都需要应用某种设计技术。目前经常采用的是前述设计理论中的设计方法：(1)技术预测法；(2)创造性设计法；(3)系统设计法；(4)信号分析法；(5)相似设计法；(6)模糊设计法；(7)动态分析设计法；(8)有限元和边界元分析设计法；(9)优化设计法；(10)可靠性设计法；(11)计算机辅助设计(CAD)法；(12)艺术造型设计法等。

可以把设计时的一般程式(纵向主线)和具体设计技术(横向方法)的纵横交叉关系看成是一个三维结构模式，如图1.3所示，并可称为系统工程设计方法模式。它是一个考虑多因素、多层次的复杂的科学方法体系。

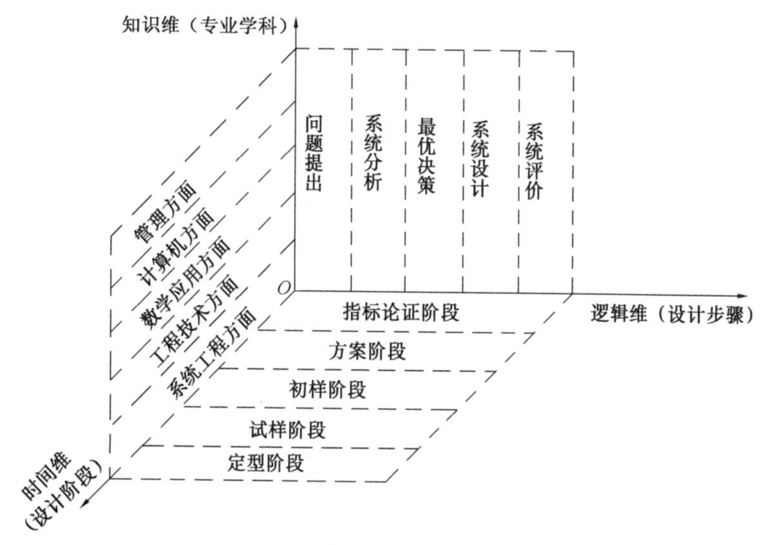

图1.3　系统工程设计方法模式

1.2.3 机械结构设计中的现代方法

机械结构系统的模型可以用一组代表外力(外载荷)、结构尺寸和强度(或刚度)等相互关系的数学方程式来表述。例如,求解一般的机械结构系统的静态问题时常用式(1.1)来表述,而求解机械结构系统的动力学问题则用式(1.2)表示。

$$F=Kq \tag{1.1}$$

$$M\ddot{q}+D\dot{q}+Kq=f(t) \tag{1.2}$$

上述两式中,K 是结构的刚度特性;M 是结构的质量特性;D 是结构的阻尼特性;F 和 $f(t)$ 分别是静载荷和动载荷;q 是静态位移或相应的动态响应。

机械结构系统的力学模型可以用图 1.4 所示的框图表示(为简化起见,图中没有画出对应动态问题时的 M、D 和 $f(t)$)。

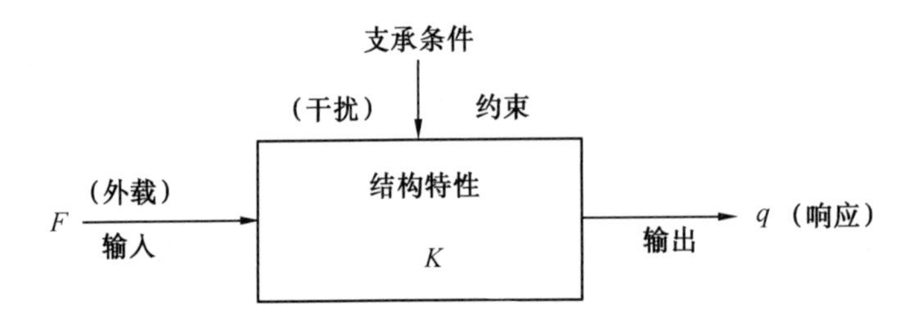

图 1.4 机械结构系统的力学模型

在求解 $F=Kq$ 类型的方程时,将产生以下三类问题,即:

(1)已知 F 和 K,求输出 q。此时有

$$q=\frac{F}{K}$$

(2)已知 K 和 q,求输入 F。此时有

$$F=Kq$$

(3)已知 F 和 q,求结构的刚度特性 K。此时有

$$K=\frac{F}{q}$$

上述问题适用于机械结构的静态问题,也同样适用于机械结构的动态问题。上述三类问题可以通过结构静、动态方面的理论和技术进行分析、综合和设计、控制等方法求解;也可以采用实验方法进行结构模态或参数识别的理论和方法求解。

当外载荷 F(或 $f(t)$)和结构特性 K(或 M、D 和 K)已知时,求解应力(强度问题)或应变(刚度问题)的有效方法是有限元分析方法。若外载荷或结构特性未知,则可以采用载荷参数或结构参数的识别方法求解。但当其结构几何尺寸、形状或拓扑等是可变(设计时可以作为设计变量进行调整)的,在外载一定和满足给定约束条件下获得最佳的结构特性时,就是结构的优化设计问题了。

优化设计也可以看成是一个研究结构的几何尺寸、形状或拓扑如何控制的理论和方法的问题。

归纳上述机械结构设计的三类问题,表 1.1 给出所列的三类问题的提法(求解方法)和相应的表述形式的综合表。

表 1.1 机械结构设计三类问题的提法(求解方法)和相应的表述形式的综合表

提法	表述形式			
	输入载荷 F 或 $f(t)$	结构系统特性 K 或 M、D、K	输出 q(位移、应力或动态响应)	问题的表述方式或表达方程式
结构分析(有限元法)	F 或 $f(t)$ 已知	K 或 M、D、K 已知	求 q	$Kq=F$ 静态分析 $M\ddot{q}+D\dot{q}+Kq=f(t)$ 动态分析
参数识别	F 或 $f(t)$ 未知	K 或 M、D、K 已知	用实验方法求出 q	载荷的参数识别
	F 或 $f(t)$ 已知	K 或 M、D、K 未知		结构的参数识别
优化设计	F 或 $f(t)$ 已知	结构特性(几何尺寸、形状或拓扑)可变	以 q 等为约束条件求最佳的几何尺寸、形状或拓扑	$\min J(q_i)$ s.t.[①] $h_i(q_i)=0$ $g_j(q_i)\leqslant 0$(包括侧面约束)
最优控制	控制变量 u 未知	结构特性(K 或 M、D、K)已知	工作指标 J 已知	$\min J(q,u)$ s.t. $\dot{q}=Aq+B$

注:①s.t.表示受约束于

1.3 现代机械设计理论与方法的工程应用

近年来,现代机械设计理论与方法在工程领域发挥了非常重要的作用。这些工程或者是与国家的战略安全息息相关,或者是解决当前科学难题,或者是国防和民用领域中的核心关键部件,或者是机械领域中的关键工艺路线问题。总之,现代机械设计理论与方法是推动产品设计、制造、装配、运行和维护等各个环节的原动力,是实现科学技术的创新源泉。下面仅从激光聚变装置、极端环境装备、复杂系统及创新工程等方面介绍有限元分析方法、优化设计方法、动态设计方法、系统分析设计方法、创新设计方法等理论与方法的应用情况。

1.3.1 有限元分析方法和优化设计方法在复杂光机电装备中的应用

当前新能源已经成为人类备受关注的重点领域之一。可控核聚变由于其"高效、安全、环境友好"等优势而成为最有发展前景的新能源之一,惯性约束聚变作为实现可控核聚变的有效手段,已成为世界各国竞相发展的战略高新技术。目前,世界各强国都纷纷开始了ICF装置的建设。例如,美国的国家点火装置,法国的兆焦耳装置,我国的高功率激光装置,等等。终端光学组件位于整个激光惯性约束聚变装置的最末端靶场区域,是装置的关键组件之一。组件中包含有多种大口径光学元件,在激光打靶的过程中,担负着频率转换、谐波分离、聚焦传输和光束取样等重要功能。利用现代机械设计理论与方法,研究人员针对终端光学组件的结构设计进行了大量的有限元分析工作。这些分析过程涉及应力、形变、动态特性、温度场、气体流场、液态流场、电磁场等。图1.5所示为终端光学组件的有限元分析图像,图1.5(b)为采用有限元分析方法获得的终端光学组件综合变形图。同时,机械优化设计方法对终端光学组件研制中的结构参数优化、形状优化、减轻质量、提高系统稳定性等方面也起到了至关重要的作用。

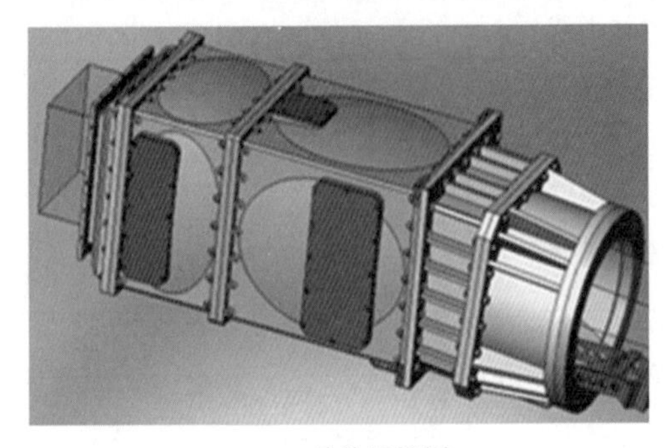

(a) 结构设计图

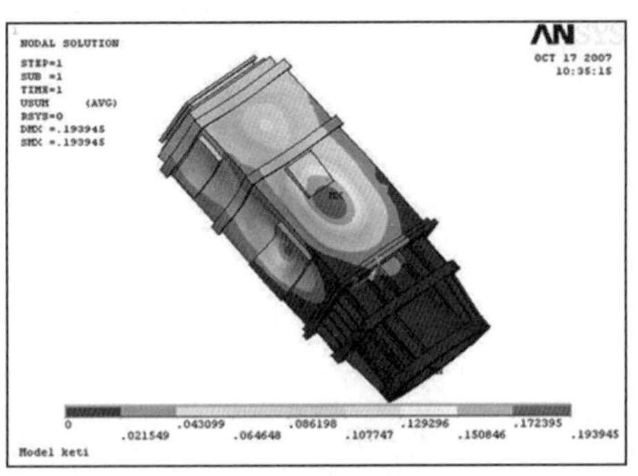

(b) 综合变形图

图 1.5 终端光学组件的有限元分析图像

1.3.2 动态设计方法在装备设计中的应用

在现代机械设计理论与方法中，动态设计方法的模态分析技术是机械系统、土建结构、桥梁等工程结构系统进行动力学分析的现代化方法和手段。20 世纪 80 年代中期以来，模态分析在各个工程领域得到普及和深层次的应用，在结构性能评价、结构动态修改和动态设计、故障诊断和状态监测等方面的应用研究异常活跃，已经成为一种重要的工程技术。模态分析是通过对机械结构进行激振，以及振动测量、信号分析、频率响应估计和模态参数识别，以确定模态参数的一种动态实验分析技术。图 1.6 所示为采用实验模态分析方法对某型组件进行动态特性实验测试的现场照片。实验模态采用的方法为频域法中的传递函数法，通过单点激振、多点响应求出结构的传递函数，再确定模态参数。图 1.7 所示为二倍频和混频镜架结构的振型测试结果。这种动态设计方法对保证镜架结构的运行稳定性、实现预期的精度指标和可靠性具有十分重要的作用。

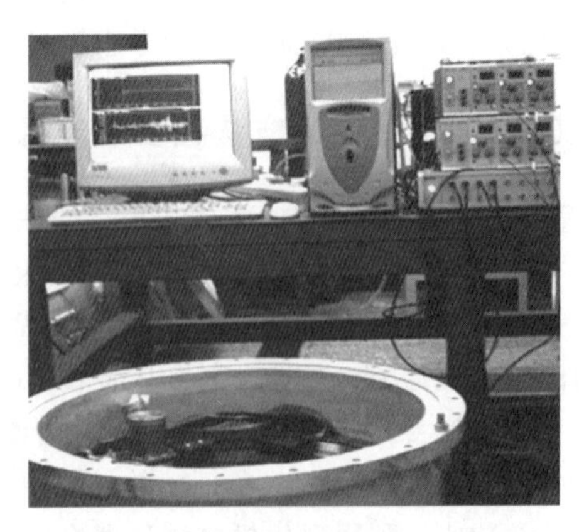

图 1.6 动态特性实验测试的现场照片

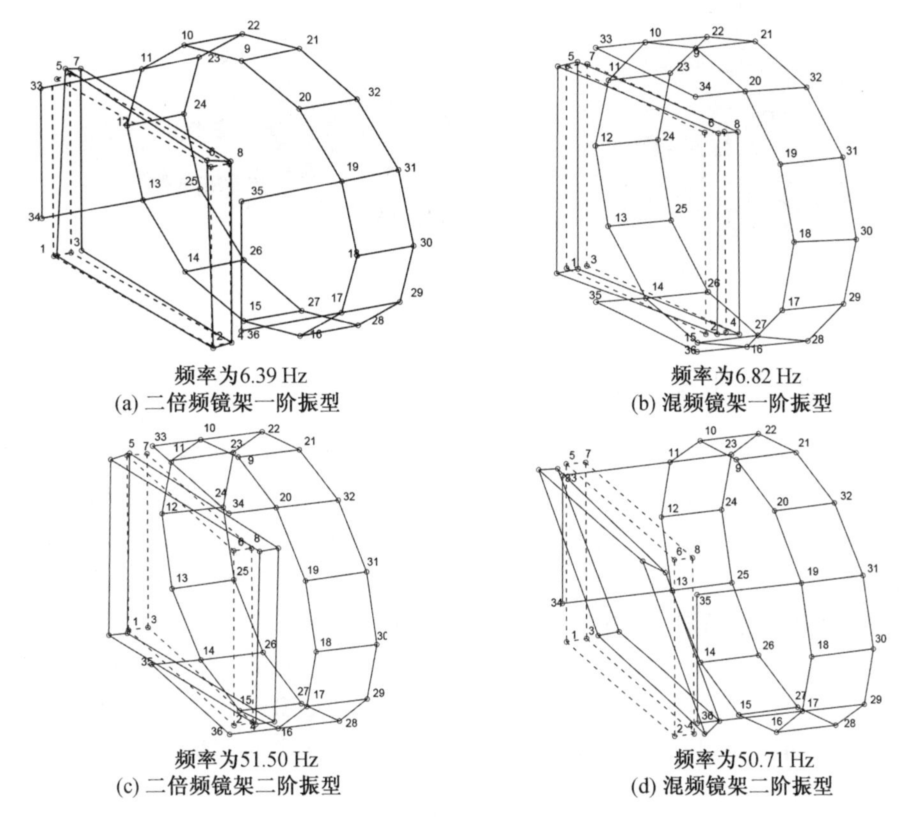

频率为6.39 Hz
(a) 二倍频镜架一阶振型

频率为6.82 Hz
(b) 混频镜架一阶振型

频率为51.50 Hz
(c) 二倍频镜架二阶振型

频率为50.71 Hz
(d) 混频镜架二阶振型

图1.7　二倍频和混频镜架结构的振型测试结果

1.3.3　系统分析设计方法在复杂系统分析中的应用

系统分析设计方法已经成为解决复杂机电液装备的重要手段。图1.8所示的猎户座飞船返回舱和高速列车就是典型的复杂机电液装备。在航天工程领域，载人飞船返回舱安全着陆技术是载人航天的关键技术之一。返回舱内的航天员缓冲座椅系统，为减小着陆冲击载荷、保障航天员安全着陆发挥关键作用。采用系统分析设计方法对“神舟”号飞船返回舱内航天员的缓冲座椅系统进行了设计，将多目标优化方法应用到缓冲座椅缓冲器参数的设计中，实现了缓冲座椅性能的大幅提升。近年来，我国的高速铁路取得了突飞猛进的发展。作为一种典型的复杂产品，高速列车在概念设计阶段、方案评价阶段都离不开系统分析设计方法的强有力支撑。在系统分析设计方法中，复杂产品系统需要按照功能进行分解，形成一系列子功能。如高速列车的转向架制动功能可以进一步被分解为提供风源、提供电制动力、提供基础制动力等子功能。这种基于功能分析的系统分析设计方法为产品的创新性设计提供了重要思路。同时，系统分析设计方法及其衍生和关联理论在我国的大飞机工程、探月工程、大型水利工程等复杂的系统工程中也都获得了广泛的应用。

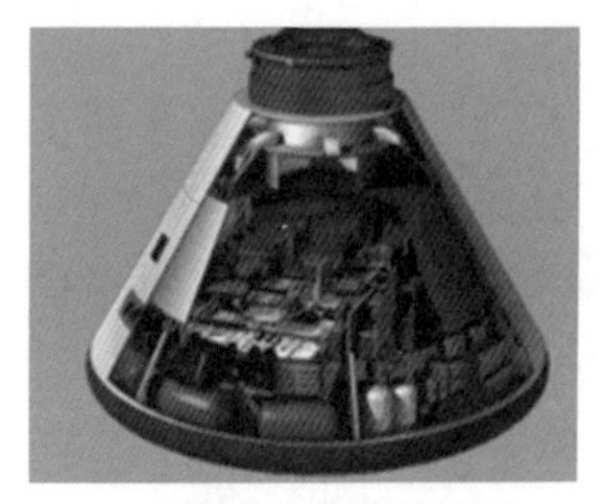

(a) 猎户座飞船返回舱

(b) 高速列车

图 1.8 典型的复杂机电液装备

1.3.4 创新设计方法的工程应用

从宏观上讲，创新是经济社会发展的强大动力，创新驱动发展战略是提高综合国力的战略支撑条件。当前，“大众创业，万众创新”已经成为实施创新驱动发展的重要路径。从产品的设计来说，创新设计方法是产品生命力的源泉。近年来，创新设计方法在产品的外形设计、功能设计、性能提升等方面发挥了重要作用。例如，电子产品新颖的外观设计、满足特殊功能需求的多功能机械设计、具有特殊功能的仿生设计、制造工艺中的3D打印技术、产品的智能化设计等。可以说，创新设计遍布于产品发展的每一个工艺环节和发展阶段。同时，与创新设计相关的发明问题解决理论（TRIZ）、头脑风暴法（BS）等一系列创新设计方法也得到蓬勃发展和深入应用。因此，现代机械设计理论与方法中的创新设计方法已经凸显出十分重要的地位，成为支撑其发展的原始动力。

综上所述，随着机械系统的复杂性、环境影响、服务属性等发生的显著变化，机械设计理论与方法也需适应要求不断地推陈出新、向前发展，特别是要大量地借助计算机仿真方法，甚至互联网的优势，提高现代机械设计理论与方法的适应性。针对上述需求，需要在经典设计方法如“有限元分析方法”“优化设计方法”“动态设计方法”等理论的基础上强化其仿真的高效性、准确性、可用性等；在“系统分析设计方法”“可靠性设计方法”等方面加强其系统性、高效性等实践操作；而在“创造性设计方法”“反求工程设计”“微机械设计理论与方法”等方面提高其创新性的探索。这也是本书撰写的主要意图和背景，期望从现代机械设计理论与方法的前沿性、知识性、实用性等方面有所突破，以飨读者。

习 题

1. 从科学方法论的观点考虑，在现代机械设计领域中有哪些具体的设计方法？

2. 一般的机器设备的设计要经历哪些过程，其中可能涉及哪些方面的方法和技术？

3. 试以机械结构系统的力学模型为例，说明机械结构设计中可能采用哪几种现代设计方法？

4. 结合所参与的科技创新活动，谈一谈现代机械设计理论与方法有哪些应用？

第 2 章 系统分析设计方法

传统的分析设计方法一般是把设计对象分解为许多独立的部分分别进行研究。由于这是孤立地且多是静止地分析问题,因此所得出的结论常带有片面性和局部性。

现代工程往往是一些大系统的巨大工程。例如,我国正在开展的大飞机工程、探月工程等。这些大工程、大系统涉及机械、材料、电子、液压、管理、测量、控制、计算机技术、人工智能及信息处理等科学技术领域,因而是一个多学科的综合技术系统。最近提出的智能制造技术也属于系统工程的范畴,它是在先进制造技术、现代传感技术、网络技术、自动化技术、拟人化智能技术等先进技术的基础上,实现信息技术、智能技术与装备制造技术的深度融合与集成。

所以,作为现代机械设计理论与方法的知识体系之首,本章的系统分析设计方法是将设计对象看作一个系统,用系统工程的概念进行分析和综合,并且按产品或系统开发的进程进行设计,以求获得最佳的设计方案。系统分析设计方法要求设计者在开展设计工作之初就具有系统的思想,从总体上把握设计的方向,为后面采用具体的设计理论与方法实现技术设计、工程实施等提供基础。

2.1 技术系统的组成和处理对象

一般地,技术系统包括四个组成部分:系统单元、系统结构、边界条件、输入和输出的要素。

系统单元是能够完成某种功能而无须进一步划分的单元,即系统内部相互联系和作用的基本组成要素。

系统结构反映着系统内部各个单元之间的关系,即相互联系和作用的连接形式。系统只有通过完整的结构才能实现其总功能。然而,不同的结构既可完成不同的功能,也可完成相同的功能。

边界条件是系统与外部环境的作用界面,通过这种界面可以明确分析设计对象的范围。但是,界面又是相对的,可以因分析研究的具体要求不同而异。确定边界的主要依据是:在所研究的具体条件下,当该单元发生变化时,看是否对系统功能产生决定性影响,是否应当把某个或某些单元包括在系统的内部。例如,在研究一项工作时,时间、地点、资源条件、人员的工作能力等是系统内部的组成单元;但若考核个人的工作能力时,学历、经验、技术水平等才是系统内部的组成单元,而上述的时间、地点、资源条件等因素则成为外部的环境要素。同时,根据与环境有无一定的联系,系统又可分为封闭系统和开放系统。封闭系统与环境无联系,开放系统则受环境的影响。

系统的行为通常表现为系统与其外部环境的相互联系和作用,可以用该系统的输入和输出来表征。

现以自行车为例说明系统的组成,如图 2.1 所示。

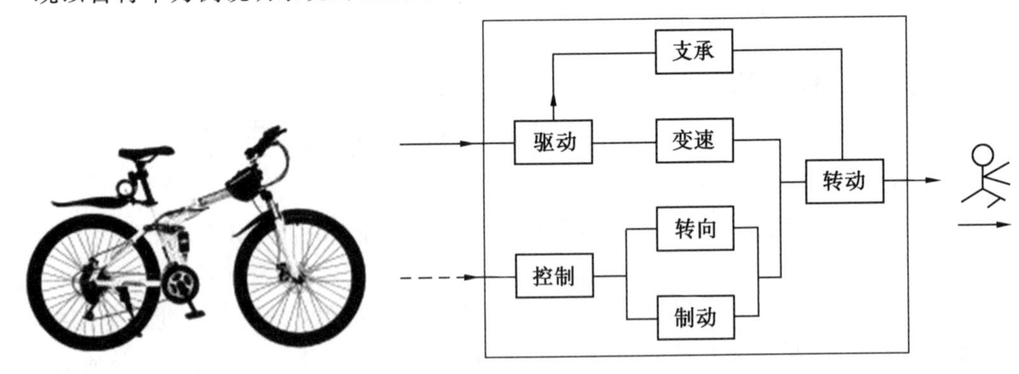

图 2.1 自行车系统的组成

自行车的系统单元是驱动、控制、支承、变速、转向、制动、转动等机构。这些单元组成自行车的系统结构,实现能量的转换,获得一定运动速度下的承载能力,完成运载的功能。自行车的边界条件是骑行环境,而骑车人是它的外部环境因素。自行车的输入要素是骑车人蹬车,它是一种机械能量;输出要素是一定速度的承载力,也是一种机械能量。所以,自行车的输入和输出要素是能量,其内部结构实现能量的转换。

我们分析的都是工程技术系统。一般来说,它的处理对象是能量、物料、信号等。所以,可以用图 2.2 作为工程技术系统的示意图。图 2.2 中,工程技术系统的能量可以是机械能、热能、电能、光能、化学能、核能、生物能等;物料可以是材料、毛坯、试件、气体、液体等;信号可以是传输数据、控制脉冲、显示信息等。

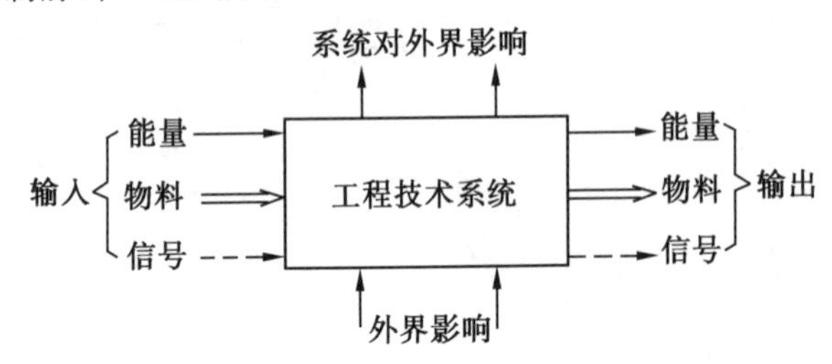

图 2.2 工程技术系统

2.2 系统分析设计的理论与方法

系统或产品的设计具有一定的程式或过程,这种程式或过程有多种模式。前面已经给出了表明设计过程、设计技术纵横交错关系和系统工程设计理论与方法的三维结构模式。然而,如果从系统工程的观点出发,一个系统或产品的开发设计过程,不能仅限于系统或产品的设计,还需要有产品的制造和运行,即系统开发包括系统设计、系统制造和系统运行三个环节,只有这样才能验证其开发的效果。但是,我们这里介绍的是系统分析设计法,因此问题的讨论将仅限于系统或产品设计的范围之内。

一般来说,系统或产品的设计过程可概略地划分为产品规划、方案设计、技术设计和施工设计等阶段。例如,数控机床产品的设计可以划分为调查研究、方案拟定、工作图设计、样机试制和鉴定等阶段。下面简要地介绍产品规划、方案设计、技术设计和施工设计阶段的工作内容。

2.2.1 产品规划

设计的第一步是产品规划。这里首先需要明确所设计的系统或产品的目的、任务和要求，并以设计任务书的形式表达出来，作为后续的设计、评价和决策工作的依据。为此，需要进行市场需求分析、可行性分析和设计要求的拟定工作。

1.市场需求分析

市场需求分析包括对销售市场和原料市场做如下几方面的分析。

(1)消费者对产品功能、性能、质量和数量等的具体要求。

(2)现有类似产品的销售情况和销售趋势。

(3)竞争对手在技术、经济方面的优缺点及发展趋向。

(4)主要原料、配件和半成品的现状、价格及变化趋势等。

2.可行性分析

可行性分析诞生于20世纪30年代，作为一种重要的管理技术，它对美国田纳西流域的开发和综合利用发挥了巨大作用。后经不断地加以充实和完善，被广泛应用到各个领域。当前，可行性分析已经逐步形成了一整套的系统科学研究方法，尤其在工程项目、技术改造、产品规划等领域形成了完整的研究体系，并具备了可行性研究报告的编制规范。作为系统的科学研究方法，可行性分析一般包括技术分析、经济分析和社会分析。

(1)技术分析。技术分析即技术方案中的创新点和难点以及解决它们的方法和技术路线等分析。

(2)经济分析。经济分析即成本和性能价格比分析，是如何以最少的人力、物力获得最佳的功能和经济效果的价值优化分析。

(3)社会分析。随着生产的发展和工程项目的综合化、大型化，它们和社会的关系也日益密切。例如，航空历史上著名的超音速客机——“协和”号就是典型的缺乏社会分析的实际案例。虽然从技术上通过先进的技术设计可以实现超音速飞行，使飞机速度提高两倍以上，大大缩短长途飞行的时间，然而，由于环境破坏、噪声问题、成本效益等因素，该机型不得不在其诞生10年后停产，后来全部退役。

经过技术、经济和社会各方面条件的详细分析和对开发可能性的综合研究，最后应提出产品开发的可行性报告。可行性报告的大致内容如下所述。

(1)产品开发的必要性、市场调查和预测情况。

(2)有关产品的国内外水平及发展趋势。

(3)从技术上预期能达到的水平。

(4)需要解决的关键技术问题。

(5)经济效益、社会效益的分析。

(6)投资费用及时间进度计划。

(7)现有条件下开发的可能性及准备采取的措施。

3.设计要求的拟定

设计要求的拟定工作包括：根据产品功能和性能提出设计参数和相应的指标，如可靠性、生产率、性价比等指标；列出制造、使用等方面的限制条件，如加工、装配、检验等工艺方面的限制条件和操作、安全、维修、外观造型等使用方面的初步要求等。

2.2.2 方案设计

1. 功能分析和原理方案拟定

方案设计阶段，第一步是原理方案拟定。

在系统分析设计中，原理方案拟定一般是从功能分析入手，利用创造性构思拟出多种方案，通过分析—综合—评价决策，求得最佳方案。功能分析法是系统化设计中探寻功能原理方案的主要方法。这种方法将复杂系统的总功能通过功能分析化为简单的功能元求解，再进行组合，得到系统的多种解法。基于功能分析的方案设计方法利用了黑箱法、功能分析法、创造性方法、目录法、调查分析法、形态学矩阵法及各种评价方法，具有十分显著的优越性。图 2.3 所示为基于功能分析的方案设计方法流程图。

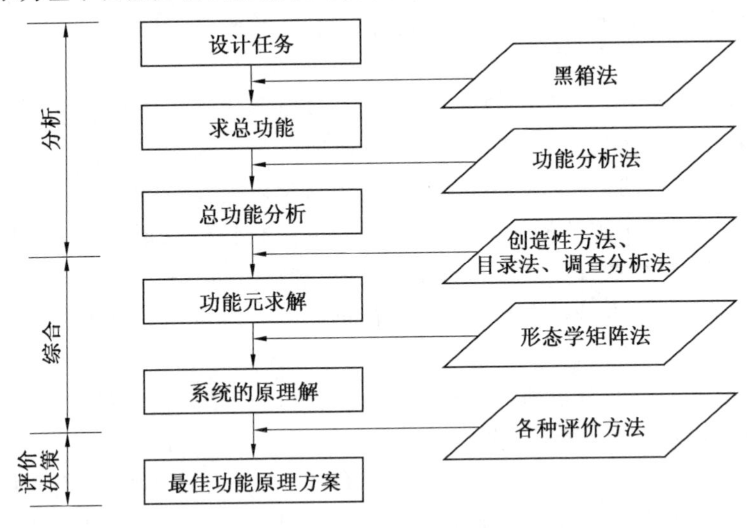

图 2.3 基于功能分析的方案设计方法流程图

2. 功能分析的目的

功能分析的目的是明确用户的要求和产品所应具有的工作能力，以便有效地进行设计。从功能分析着手进行产品设计优点如下。

(1)可以启发创造性。

(2)可以全面掌握对产品各方面的要求，不致遗漏。

(3)可以避免设计的盲目性，特别是针对引进产品，在测绘时可以避免不管有用无用，照搬不误，不做任何改动，甚至闹出笑话的弊病。

(4)可以全面考虑功能和成本的关系，以求价值优化，得到质高价廉的产品。

为此，要注意区别如下方面。

(1)基本功能和辅助功能。

(2)必要功能和不必要功能(包括多余功能和过剩功能，如采用过分贵重的原材料、不必要地提高加工精度等)。

(3)使用功能和外观功能(如对产品只是起美化和装饰作用的功能)。

取消现行产品中不必要的功能将会显著降低其成本。同时，设计中还应该重点保证基本功能，兼顾辅助功能，同时考虑使用功能和外观功能，去除多余功能，调整过剩功能，分清主次地合理使用成本，才能提高产品价值，求得价值优化。

原理方案拟定的功能分析，首先要做的是总功能分析。分析系统的总功能常采用黑箱法。

黑箱法是根据系统的输入和输出关系来研究实现系统功能的一种方法，即根据系统的某种输入，要求获得什么样的输出功能，从中寻找出某种规律来实现输入一输出之间的转换，得到相应的解决办法，从而推求出“黑箱”的功能结构，使“黑箱”变成“白箱”的一种方法。也就是说，把待求的系统看作“黑箱”，分析比较系统输入和输出的能量、物料和信号，而其性质或状态上的变化、差别和关系就反映了系统的总功能。因此，可以从输入和输出的差别及关系的比较中找出实现功能的各种可能的原理方案，从而把“黑箱”打开，确定系统的结构。

然而，一般工程系统都比较复杂，难以直接求得满足总功能的系统解。因此，应按系统分解的方法进行功能分解，即把总功能分解为一系列分功能，再针对各分功能用黑箱法选择合适的功能元求得局部解答。最后通过各功能元求解分功能与总功能之间的关系，建立功能结构系统，给出系统原理解。从这里可以看出，功能元求解方法是原理方案拟定中的一个重要方法。

3. 功能元类型

常用的功能元类型有数学功能元、物理功能元和逻辑功能元三类。

数学功能元是实现加、减、乘、除、开方、乘方、微分及积分运算功能的机械、电子、电器等组件，如机械中的行星轮系统就可以实现加、减和除法运算。

物理功能元主要是反映系统或设备中能量、物料、信号变化的基本物理作用的。常用的基本物理功能元如下。

功能转换类——能量、运动形式、材料性质、物态和信号种类的变换。

功能缩放类——物理量的放大、缩小和物料性质的缩放(如压力和电压间的变化)等。

功能连接类——能量、物料、信号同质或不同质数量上的结合。

功能传导及离合类——反映能量、物料、信号的位置变化。

功能存储类——体现一定时间范围内保存的功能(如飞轮、仓库、弹簧、电池等)。

物理功能元是通过物理效应实现其功能而获得解答。常用的物理效应有力学、液气、电力、磁力、光学、热力、核效应等。

同一物理效应可以完成不同的功能，它通常是以逻辑功能元的“与”“或”“非”等进行组合以实现相应的功能。可以采用机械(如开锁就是“与”，凸轮杠杆可实现“或”和“非”功能)、电子、电器、液压、气动等元件组成“与”“或”“非”等功能。

逻辑功能元主要是将物理效应进行逻辑运算和操作。

针对各功能元可以建立一系列求解的设计目录。设计目录是一种设计信息库，是把能实现某种功能的各种原理和机构综合在一起的一种表格或分类资料。在计算机辅助自动化设计的专家系统和智能系统中，科学而完备的设计信息库是必不可少的。根据设计的要求不同，设计目录可以分为通用目录、操作目录和解法目录三类。其中通用目录是不针对具体任务的一般性信息目录，如各种基本物理效应及其关系式，材料的技术特性，几何关系式(面积、体积、惯性矩)等。操作目录为设计的准则、步骤、方法等。解法目录是具体任务、具体功能的解法信息，一般是原理解法。

4. 功能元求解

(1)参考有关资料、专利或产品求解。

(2)利用各种创新性方法以开阔思想来探求解法。

(3)利用设计目录求解。

把各种功能元的局部解合理地予以组合，就可以得到多个系统的原理解。这里，可以采用功能综合法或相关表和相关网法进行组合。

5. 求系统原理解的功能综合法

功能综合法是把系统功能元和局部解分别作为纵、横坐标，列出功能求解综合表，从每个功能元取出一种局部解进行有机组合，构成一个系统解的方法。例如，对于挖掘机的设计，可以采用功能综合法来求解它的原理方案。

(1)功能分析。挖掘机的总功能是取运物料，其总功能和分功能间的关系如图 2.4 所示。

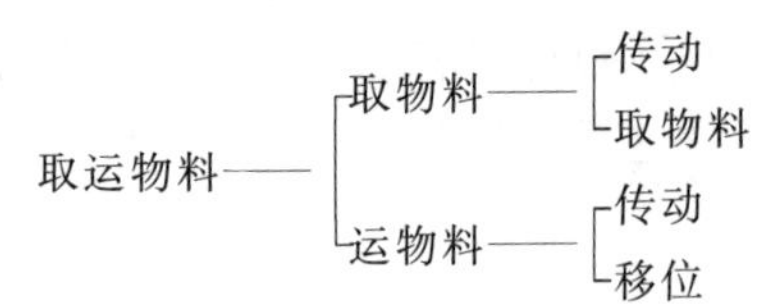

图 2.4 挖掘机总功能和分功能间的关系

(2)列出挖掘机的功能求解综合表，见表 2.1。

表 2.1 挖掘机的功能求解综合表

功能元	局部解					
	1	2	3	4	5	6
A. 动力源	电动机	汽油机	柴油机	蒸汽透平	液动机	气动发动机
B. 移位传动	齿轮传动	蜗轮传动	带传动	链传动	液力耦合器	
C. 移位	轨道及车轮	轮胎	履带	气垫		
D. 取物传动	拉杆	绳传动	气缸传动	液压缸传动		
E. 取物	挖斗	抓斗	钳式斗			

(3)系统解的可能方案数。

$$N=6\times5\times4\times4\times3=1\ 440$$

如：A1＋B4＋C3＋D2＋E1→履带式挖掘机；

A5＋B5＋C2＋D4＋E2→液压轮胎式挖掘机等。

6. 求系统原理解的相关表和相关网法

相关表和相关网法是为了系统地研究问题的要素之间的关系，便于搞清要素的主次，而把系统进行分解的一种求解方法。这种方法在设计过程中对认识问题、设计构思及分析、综合和展开都是有用的。它也是一层一层打开“黑箱”使之逐步转变成“白箱”的一种系统分析设计的求解方法。下面以电子皮带秤的原理方案设计为例对其进行说明。

电子皮带秤的功能结构模型如图 2.5 所示。它给出了实现输入条件和输出要求的可能的功能结构模型。该结构模型的输入是物质流、能量流和信息流；输出是物质流和信息流。

图2.5表示输入的三种流在系统中的传递和转换过程，以及实现这种传递和转换的功能要素及其相互联系和作用的系统结构。

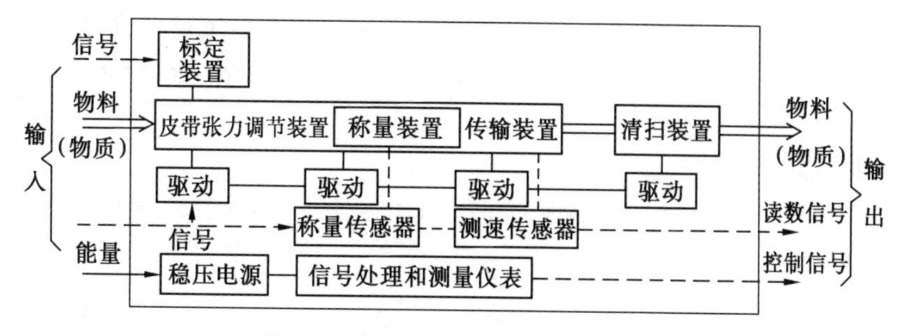

图2.5 电子皮带秤的功能结构模型

图2.5的功能结构模型中各要素对应的相关表和相关网如图2.6所示。在图2.6(a)中，“0”表示两者有直接关系；“+”表示两者有非直接关系；空白表示两者无直接和非直接关系。在图2.6(b)中，圆圈表示功能要素；连线表示相互间有直接关系。

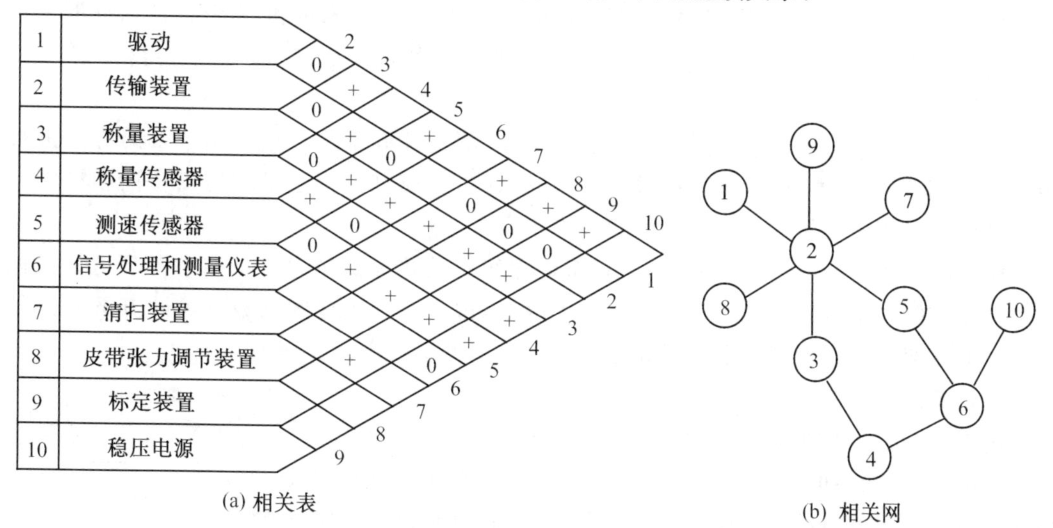

(a) 相关表 (b) 相关网

图2.6 电子皮带秤功能结构模型的相关表和相关网

获得系统分析设计方法的全局解和局部解需要充分发挥设计者的创造性思维，利用创新性设计方法，以求获得新颖的解决方案。例如，在进行割草机的系统分析设计时，为了消除旧式双刃割草机双刀片割草结构复杂、调整不方便的缺点，可以根据总功能草一茎分离的要求，设计出旋转尼龙丝割草机。以尼龙丝作为“刀”，由小型发动机带动高速旋转，尼龙丝因离心惯性力变硬，软草在高速条件下来不及传递变形，即被切断。该结构的除草机具有构思巧妙、经济性好、操作方便的优点，因此得到广泛应用。

7. 评价与决策方法

产品设计过程是一个由发散到收敛，多次反复搜索的过程。对设计工作中所获得的众多设计方案，必须通过对这些方案的评价与决策，才能优选出拟采用的最佳设计方案。机械设计中的评价与决策是两种不同的概念。评价是对各方案的价值进行比较评定。决策是依据价值的高低选择并确定最终方案。评价与决策密切相关，评价是决策的基础，而决策是评价的目标。

产品的评价目标可以参照前述产品规划的可行性，在技术评价、经济评价及社会评价三个方面开展。产品设计的评价可以通过定性和定量两种方式来体现，如性能的优劣、外观的好坏等属于定性评价，而产品的成本、质量、产量等则可以用数值定量评价。

在设计方案评选中，常用的评价方法包括简单评价法、评分法、技术经济评价法和模糊评价法等。

(1)简单评价法。

用简单评价法对设计方案进行定性的评价和优劣排序，不反映评价目标的重要程度和方案的理想程度，如点评价法。

(2)评分法。

评分法是用分值作为衡量方案优劣的尺度评分，如果有多个评价目标，则先分别对各目标进行评分，再经过处理求得方案的总分。评分法有集体评分法、加权评分法等多种形式。

(3)技术经济评价法。

技术经济评价法是德国工程师协会技术准则(VDI2225)推荐采用的评价方法。它将最高目标分解为技术目标和经济目标两个子目标，求出相应的技术价和经济价，然后按照一定的方法进行综合，求出总价值。总价值最高者即为最佳的设计方案。

(4)模糊评价法。

在方案评价中，一些评价指标如外观、安全性、舒适性等很难直接采用定量的方法进行评价，只能采用“好、差、适中”等模糊概念来进行评价。模糊评价法是利用集合论和模糊数学将模糊信息数值化再进行定量评价的方法。

模糊评价法的标准不是分值的大小，而是方案对某些评价概念的隶属度的高低。模糊评价目标一般采用 0 和 1 之间的一个实数去度量，这个 0 到 1 之间的数称为此方案对评价目标的隶属度。隶属度可以采用统计法和已知隶属度函数求得。

8. 方案设计举例

例 2.1 瓶盖整理排列装置的原理方案设计。

设计要求：把一堆不规则放置的瓶盖整理成口朝上的位置排成一列逐个输出。瓶盖的形状和尺寸如图 2.7 所示；瓶盖质量 $G=10$ g；整理速度 100 个/min；能量为 200 V 交流电和高压气(压力 0.6 MPa)；其余功能要求见表 2.2。

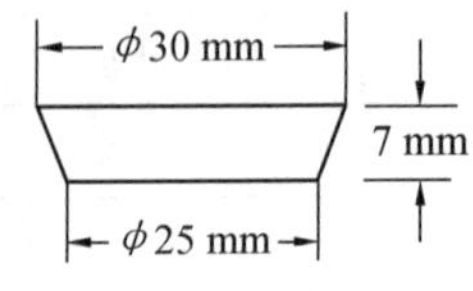

图 2.7 瓶盖

表 2.2 瓶盖整理排列装置的功能要求

功能	1. 不规则瓶盖整理为口朝上位置排成一列逐个输出	基本要求
	2. 整理速度 100 个/min	必达要求
	3. 整理误差小于 1/1 000	必达要求
加工	4. 小批生产，中小型厂加工	基本要求
成本	5. 成本不高于 2 000 元/台	附加要求
	6. 结构简单	附加要求
使用	7. 操作方便	附加要求

第一步：明确任务要求。

第二步：功能分析。

（1）总功能。瓶盖整理排列装置的黑箱模型如图 2.8 所示。

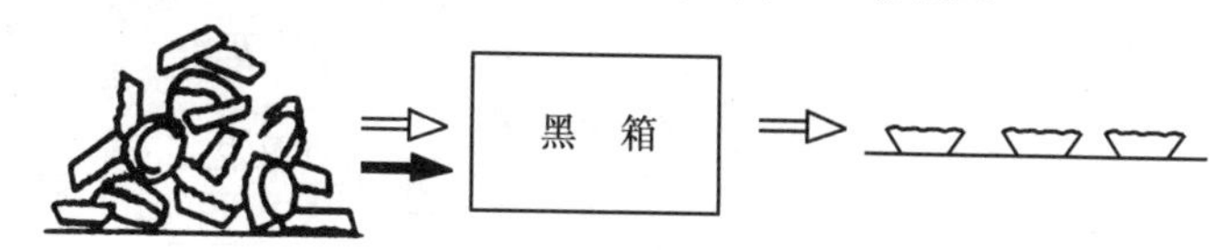

图 2.8 瓶盖整理排列装置的黑箱模型

（2）功能分解。总功能与分功能之间的功能结构系统如图 2.9 所示。

整理排列——
- 瓶盖输入
- 整向——
  - 测向
  - 分拣
  - 翻转
- 成列输出

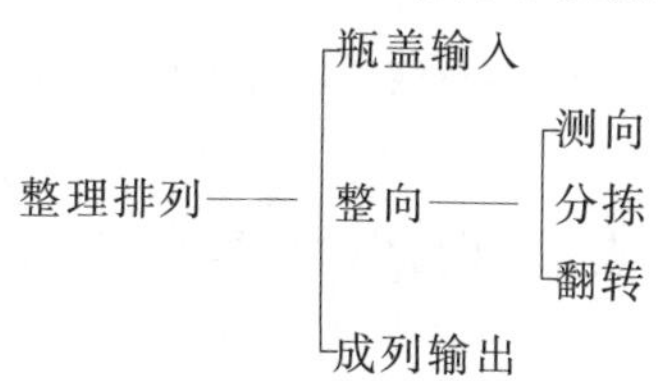

图 2.9 瓶盖整理排列装置总功能与分功能之间的功能结构系统

第三步：功能元求解。采用功能综合求解表求解。相应的功能综合求解表见表 2.3。

表 2.3 功能综合求解表

功能元		局部解 1	2	3	4	5	6	7	8
A	输入								
		重力		机械力					液、气力
B	测向								
		机械测量		气压	磁通密度	光测	气流		
C	分拣								
		气流	负压	重力	机械式				
D	翻转								
		重力	气流	导向					
E	输出								
		重力	机械力					液、气力	

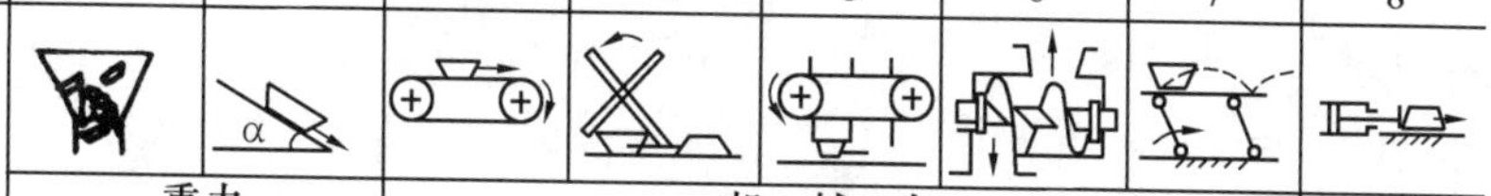

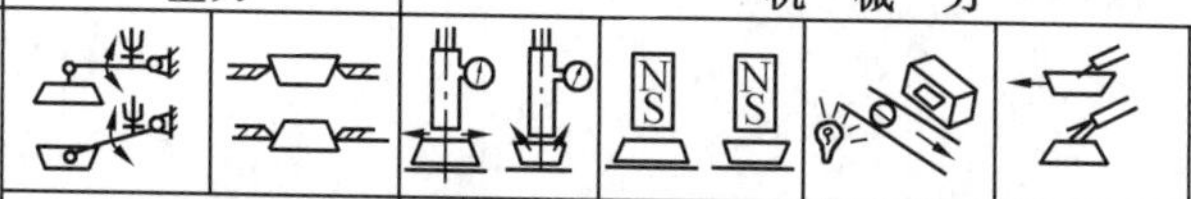

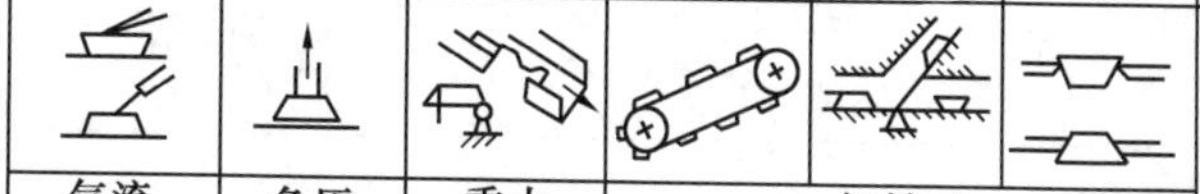

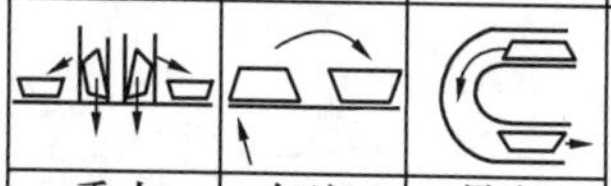

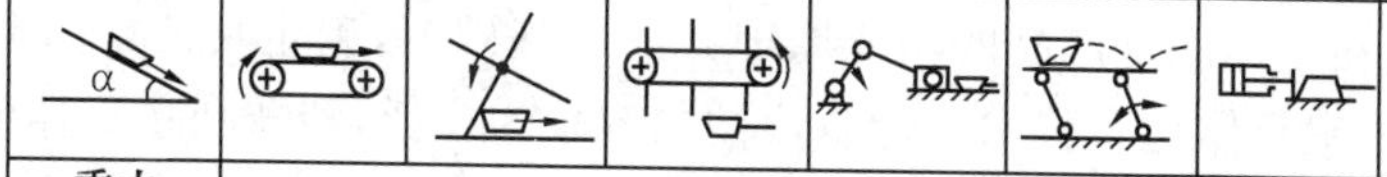

第四步：系统解。

组合各功能元，可得 $N=8\times6\times6\times3\times7=6\ 048$ 个系统解。图 2.10 所示列出了其中的四种系统解。

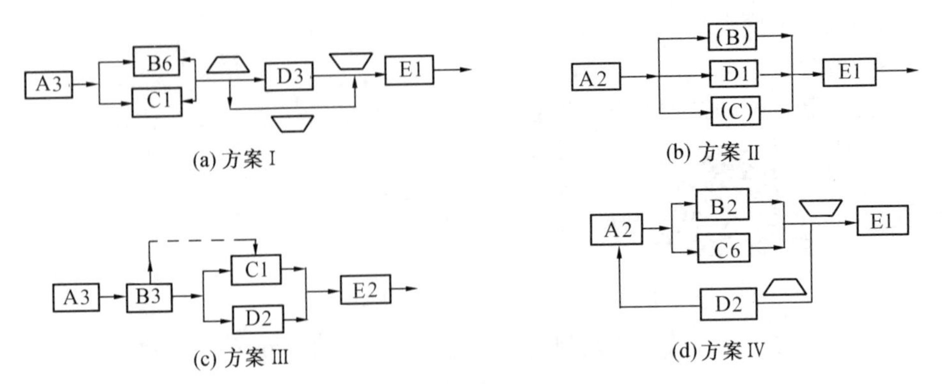

(a) 方案 I　(b) 方案 II　(c) 方案 III　(d) 方案 IV

图 2.10 瓶盖整理排列功能的系统解

第五步:评价与决策。

采用简单评价法。用“++”表示“很好”,“+”表示“好”,“-”表示“不好”。其评价结果见表 2.4。

表 2.4 瓶盖整理排列装置评价表

评价准则	方案			
	Ⅰ	Ⅱ	Ⅲ	Ⅳ
速度高	+	+	++	-
误差小	-	+	-	+
成本低	-	++	-	+
便于加工	-	+	+	-
结构简单	-	++	+	-
操作方便	-	++	-	+
总计	4“-”	9“+”	1“+”	0

总计结果表明,方案Ⅱ为较理想的方案。

2.2.3 技术设计

技术设计是在上述确定产品的功能原理方案的基础上,确定功能,零部件的结构、材料和尺寸,使原理方案具体化。技术设计阶段的内容较为广泛,涉及众多具体的可操作的设计技能和知识。一般在技术设计阶段首先进行总体技术设计,即基于方案设计的结果,按照人—机—环境—社会的合理要求,对产品各部分的位置、运动、控制等进行总体布局设计。然后进行产品的结构设计,确定零部件的形状、材料尺寸,并进行必要的强度、刚度、变形及可靠性等计算,绘制产品的结构图。同时,要借助计算机仿真手段,进行产品的造型设计。对所完成的结构方案和造型方案进行比较分析,结合机械性能的计算结果,优选确定最终的技术设计文件。

2.2.4 施工设计

施工设计是将技术设计的结果变成施工设计的工艺要求。对于机械结构设计而言,该阶段的任务是将已经确定的总装配图拆成部件图和零件图,并充分考虑冷、热加工的工艺要求,标注技术文件,完成全部的生产用图纸。编写设计说明书、使用说明书,列出标准件明细表、外购件明细表及有关的工艺文件。

一般地,产品规划阶段是由极少数人的行为所确定的,受控度低,无补救措施,其重要程度可以认为是极高的。方案设计阶段是由少数人的行为所确定的,受控范围小,补救困难,其重要程度可以认为是高的。而技术设计阶段是由较多人的行为所确定的,受控范围大,较易补救,其重要程度适中。在施工设计阶段,其受控度高,一般能及时发现,易补救。因此,从系统分析设计层面上讲其重要程度不是很高。工程设计中,大多数人认为施工设计十分重要,其原因是施工设计是十分费时而细致的工作,而且多数人只能看到施工设计或只看见施工设计的能力。这也是我们在现代机械设计理论与方法中着重强调产品规划、方案设计阶段采用系统分析设计方法的原因,至于技术设计和施工设计,需要设计者更多地依靠产品设计的具体技术、自身的经验和能力而完成。

2.3 价值分析简介

前文已指出,在方案设计时,要全面考虑功能和成本的关系,因此需要对方案进行价值分析,以求价值优化。

2.3.1 价值分析的发展和意义

早在20世纪40年代,美国率先开展了价值分析(Value Analysis,VA)和价值工程(Value Engineering,VE)的研究。早期的价值分析是确保军事装备的技术性能(功能),并最大可能地节省采购费用(成本),降低军费开支。在价值分析发展史上非常著名的就是美国通用电气(GE)公司的石棉事件。第二次世界大战期间,美国市场原材料供应十分紧张,GE急需石棉板,但该产品的货源不稳定,价格昂贵。时任GE工程师的麦尔斯(Miles)开始针对这一问题研究材料代用问题,通过对公司使用石棉板的功能进行分析,发现其用途是铺设在给产品喷漆的车间地板上,以避免涂料沾污地板引起火灾。后来,麦尔斯在市场上找到一种防火纸,这种纸同样可以起到以上作用,并且成本低,容易买到,从而取得很好的经济效益。这是最早的价值工程应用案例。早期的价值分析就发现了隐藏在产品背后的本质——功能。消费者需要的,不是产品的本身,而是产品的功能。而且在同样功能下,消费者还要比较功能的优劣——性能。在激烈的竞争中,只有功能全、性能好、成本低的产品才具有优势。例如,当消费者购买一辆汽车时,考虑的不仅是它的售价和可以运物的一般功能,往往更关心它每千米的耗油量、速度、噪声大小以及零部件可靠性、维修性等性能。只有对功能、性能和成本进行综合分析,才能合理判断汽车的实用价值。也就是说,价值是产品功能与成本的综合反映。用数学式来表示,就可以写成

$$V=\frac{F}{C} \tag{2.1}$$

式中，V 是产品的价值（实用价值）；F 是产品具有的功能；C 是取得该功能所耗费的成本。

从上述可以看出，所谓价值就是某一功能与实现这一功能所需成本之间的比例。

为了提高产品的实用价值，可以采用或增加产品的功能，或降低产品的成本，或既增加产品的功能，同时又降低成本等多种多样的途径，一般概括为表 2.5 所示的七种模型。表中，箭头表示变化趋势，向上表示提高或增加，向下表示降低或减小，水平方向表示持平，“大”或“小”表示变化的幅度。

表 2.5 价值优化的模型

序号	基型	变型	序号	基型	变型
1	$\frac{F\uparrow}{C\rightarrow}=V\uparrow$	$\frac{F\uparrow\text{大}}{C\rightarrow}=V\uparrow\text{大}$	5	$\frac{F\downarrow\text{小}}{C\downarrow\text{大}}=V\uparrow$	$\frac{F\uparrow\text{大}}{C\downarrow\text{小}}=V\uparrow\text{大}$
2	$\frac{F\rightarrow}{C\downarrow}=V\uparrow$	$\frac{F\uparrow\text{小}}{C\rightarrow}=V\uparrow\text{小}$	6	—	$\frac{F\uparrow\text{小}}{C\downarrow\text{小}}=V\uparrow\text{小}$
3	$\frac{F\uparrow}{C\downarrow}=V\uparrow$	$\frac{F\rightarrow}{C\downarrow\text{大}}=V\uparrow\text{大}$	7	—	$\frac{F\uparrow\text{大}}{C\downarrow\text{大}}=V\uparrow$ 最大（最优）
4	$\frac{F\uparrow\text{大}}{C\uparrow\text{小}}=V\uparrow$	$\frac{F\rightarrow}{C\downarrow\text{小}}=V\uparrow\text{小}$			

总之，提高产品的实用价值就是用低成本实现产品的功能，而产品的设计问题就变为用最低成本向用户提供必要功能的问题。

开展价值分析、价值工程的研究可以取得巨大的经济效益。例如，美国通用电气公司在价值分析研究上花了 80 万美元，却获得了两亿多美元的利润。

自 20 世纪 50 年代后期开始，价值工程在日本、美国、德国及其他国家得到了广泛的应用。20 世纪 70 年代初期，日本某些公司又提出价值设计（Value Design，VD）和价值革新（Value Innovation，VI）的方法。其特点是从性能提高和成本降低两方面同时采取措施，更有效地提高产品的价值。利用创造性方法寻求合理方案，在不提高或减轻消费者负担的情况下，积极提供最佳功能的产品及最佳经营服务，使企业增加效益。VA、VE 较多针对已有产品进行分析，而 VD、VI 是在新产品开发中进行价值优化，其效果更加明显。

自 20 世纪 80 年代以来，国内推广了价值工程，很多企业取得了明显的技术经济效益。

价值工程是以功能分析为核心、开发创造性为基础、科学分析为工具，寻求功能与成本的最佳比例，以获得最优价值的一种设计方法或管理科学。价值工程或其他方法都是手段，而价值优化是设计中自始至终应贯彻的指导思想和争取的目标。

提高产品的价值可以从以下三个方面着手。

(1)功能分析。从用户需要出发，保证产品的必要功能，去除多余功能，必要时增加功能。

(2)性能分析。研究一定功能下提高产品性能的措施。

(3)成本分析。分析成本的构成，从各方面探求降低成本的途径。

由于价值工程的应用范围广泛，其活动形式也不尽相同，因此在实际应用中，可参照表 2.6 的工作程序，根据对象的具体情况，应用价值工程的基本原理和思想方法，考虑具体的实施措施和方法步骤。价值工程中的对象选择、功能分析、功能评价和方案创新与评价是关键内容，体现了价值工程的基本原理和思想，是价值工程必备的内容。

表2.6 价值工程的一般工作程序

<table>
<tr><th rowspan="2">价值工程工作阶段</th><th rowspan="2">设计程序</th><th colspan="2">工作步骤</th><th rowspan="2">价值工程对应问题</th></tr>
<tr><th>基本步骤</th><th>详细步骤</th></tr>
<tr><td rowspan="2">准备阶段</td><td rowspan="2">制订工作计划</td><td rowspan="2">确定目标</td><td>1.对象选择</td><td rowspan="2">1.这是什么？</td></tr>
<tr><td>2.信息搜集</td></tr>
<tr><td rowspan="5">分析阶段</td><td rowspan="5">规定评价（功能要求事项实现程度）的标准</td><td rowspan="2">功能分析</td><td>3.功能定义</td><td rowspan="2">2.这是干什么用的？</td></tr>
<tr><td>4.功能整理</td></tr>
<tr><td rowspan="3">功能评价</td><td>5.功能成本分析</td><td>3.它的成本是多少？</td></tr>
<tr><td>6.功能评价</td><td rowspan="2">4.它的价值是多少？</td></tr>
<tr><td>7.确定改进范围</td></tr>
<tr><td rowspan="5">创新阶段</td><td>初步设计（提出各种设计方案）</td><td rowspan="5">制订改进方案</td><td>8.方案创造</td><td>5.有其他方法实现这一功能吗？</td></tr>
<tr><td rowspan="3">评价各种设计方案，对方案进行改进、选优</td><td>9.概略评价</td><td rowspan="3">6.新方案的成本是多少？</td></tr>
<tr><td>10.调整完善</td></tr>
<tr><td>11.详细评价</td></tr>
<tr><td>书面化</td><td>12.提出提案</td><td>7.新方案能满足功能要求吗？</td></tr>
<tr><td rowspan="3">实施阶段</td><td rowspan="3">检查实施情况并评价活动成果</td><td rowspan="3">实施评价成果</td><td>13.审批</td><td rowspan="3">8.偏离目标了吗？</td></tr>
<tr><td>14.实施与检查</td></tr>
<tr><td>15.成果鉴定</td></tr>
</table>

目前，采用商业化的软件可以进行产品的价值分析、价值工程等工作。

2.3.2 价值分析对象的选择

1.选择价值分析对象的原则

设计中进行价值分析和价值优化工作，一般重点选择以下几类缺点和问题较多、改进潜力较大的产品。

(1)设计年代久，多年没有重大改进的产品。这类产品结构陈旧，工艺落后，性能差，效率低。

(2)结构复杂，零部件较多的产品。

(3)制造成本过高，影响市场竞争的产品。

(4)使用中功能不满足要求，性能差，可靠性差，用户不满意的产品。

2.选择价值分析对象的方法

一个产品包括许多功能元件，必须抓住影响价值的一些主要功能元作为分析对象，采取有效措施提高价值，才能有效地提高整个产品的价值。以下介绍两种选择价值分析对象的方法。

(1)价值系数分析法。

用价值系数分析元件功能与成本的关系，寻求成本与功能不相适应的元件作为重点分析对象和改进的目标。价值系数由功能系数和成本系数所决定。

按零件在整个部件中的重要程度排列评分，求出每个元件相对于产品的功能系数(也称为功能重要度系数)f_i。功能系数的数值高，说明零件对部件的功能影响大，重要程度高。

功能系数有多种求法，如专家直接评分法，0 和 1 评分法，四分制评分法，多比例评分法，流程比例法，环比评分法(Decision Alternative Ratia Evaluation System，DARE)法等。下面介绍常用的四分制评分法。

四分制评分法也称重要度对比法或强制决定(Forced Decision，FD)法。将产品各元件(功能载体)按顺序自上而下和自左至右排列起来，将纵列各功能与横行各功能进行重要度对比，双方的得分可分为 4－0(重要得多)、3－1(重要)、2－2(同等重要)、1－3(次要)、0－4(次要得多)五级，将分值 P_i 填于表中，形成矩阵形式。

零件的成本系数 c_i 为零件成本与产品总成本之比，即

$$c_i=\frac{零件成本}{产品总成本}=\frac{C_i}{\sum C_i} \tag{2.2}$$

由前面的叙述知，零件的价值系数 V_i 为功能系数 f_i 与成本系数 c_i 之比，即

$$V_i=\frac{f_i}{c_i} \tag{2.3}$$

若价值系数等于 1，说明功能与成本相当；若价值系数大于 1，说明零件功能重要而所花成本偏低，应予以调整；若价值系数小于 1，说明成本过高，与功能重要性不相适应，应降低成本，以提高价值。

(2)ABC 分析法。

ABC 分析法也称为成本比重分析法。它是一种优先选择占成本比重大的零部件、工序或其他要素作为价值分析对象的方法。

意大利经济学家帕累托(Pareto)的不均匀分布理论指出，零件所占成本的比例是不均匀的。帕累托将占产品零件总数 10%～20%，其成本占产品总成本 60%～70%的零件划分为 A 类；将占产品零件总数 60%～70%，其成本占产品总成本 10%～20%的零件划分为 C 类；其余部分的零件称为 B 类，它们的零件数与占产品成本的比例相适应。图 2.11 所示为 ABC 分析曲线图。利用这种分类方法，可以找出对产品成本影响最大的 A 类零件作为分析

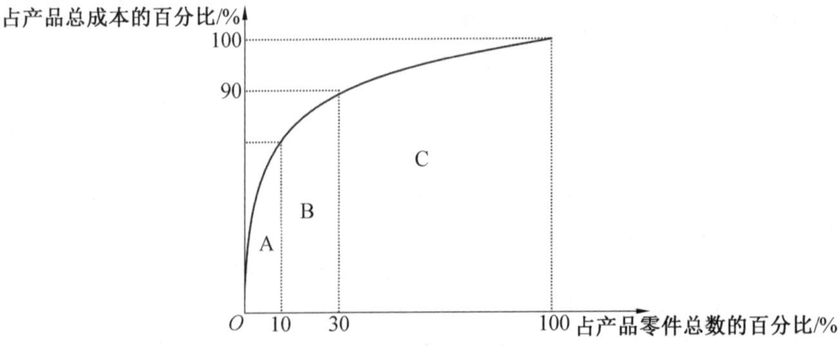

图 2.11 ABC 分析曲线图

及降低成本的主要对象。

2.3.3 价值分析的应用案例

例2.2 某厂ZQ型减速器系列是多年前的老产品，寿命短、性能差，因此决定以此减速器系列作为价值分析的对象。现以图2.12所示的PM650(总中心距650 mm，总传动比31.495)减速器为例进行分析。

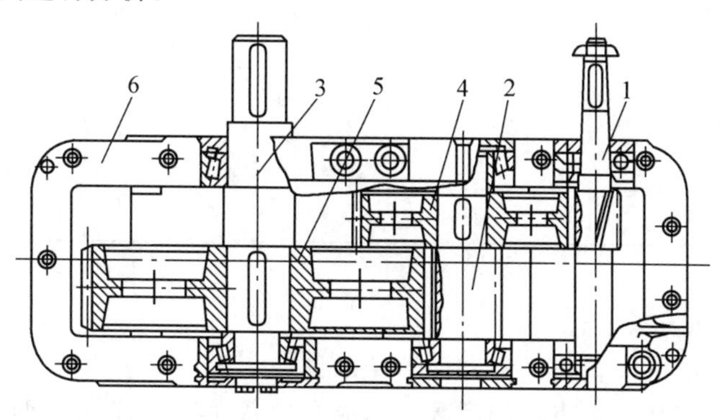

图2.12 PM650减速器

1、2—齿轮轴；3—传动轴；4—小齿轮；5—大齿轮；6—箱体

1. 用ABC分析法对减速器功能元件进行分析

将零件按成本高低排列后，发现箱体、箱盖、大齿轮、小齿轮、齿轮轴1、齿轮轴2、传动轴这7个零件仅占零件总数的6.48%，而其成本占总成本的比例为83.16%，被列为A类零件，是价值分析的主要对象，见表2.7。

表2.7 PM650减速器A类零件

零件名称	件数	PM650总零件数	A类占零件总数的百分比	成本/元	PM650总成本/元	A类占总成本的百分比
箱体	1	108	6.48%	2 537	5 269.26	83.16%
箱盖	1			618		
大齿轮	1			552		
小齿轮	1			231		
齿轮轴1	1			190		
齿轮轴2	1			143		
传动轴	1			111		

2. A类零件功能系数分析

A类零件的重要程度为：箱体>箱盖>齿轮轴1>齿轮轴2>(大齿轮=小齿轮)>传动轴。A类零件功能系数分析表见表2.8。

表 2.8 PM650 减速器 A 类零件功能系数分析表

四分制评分矩阵								P_i	$f_i=\frac{P_i}{\sum P_i}$
功能元件	箱体	箱盖	大齿轮	小齿轮	齿轮轴 1	齿轮轴 2	传动轴		
箱体	×	3	4	4	4	4	4	23	0.274
箱盖	1	×	4	4	3	4	4	20	0.238
大齿轮	0	0	×	2	0	1	3	6	0.071
小齿轮	0	0	2	×	0	1	3	6	0.071
齿轮轴 1	0	1	4	4	×	3	4	16	0.191
齿轮轴 2	0	0	3	3	1	×	4	11	0.131
传动轴	0	0	1	1	0	0	×	2	0.024
总计								$\sum P_i=84$	$\sum f_i=1$

3. A 类零件价值系数分析

先求成本系数，再计算价值系数。计算结果见表 2.9。

由表 2.9 可知，箱体和大齿轮的系数≪1，成本过高，应着重改进。两个齿轮轴的价值系数≫1，功能与成本也不适应，可考虑进行调整。价值分析的重点是箱体和大齿轮。

表 2.9 PM650 减速器 A 类零件的成本系数及价值系数

功能元件	成本 C_i/元	成本系数 $c_i=\frac{C_i}{\sum C_i}$	功能系数 f_i	价值系数 $V_i=\frac{f_i}{c_i}$
箱体	2 537	0.579	0.274	0.47
箱盖	618	0.141	0.238	1.69
大齿轮	552	0.126	0.071	0.56
小齿轮	231	0.053	0.071	1.34
齿轮轴 1	190	0.043	0.191	4.44
齿轮轴 2	143	0.033	1.131	3.97
传动轴	111	0.025	0.024	0.96
总计	4 382	$\sum C_i=1$	$\sum f_i=1$	

4. 减速器价值优化的措施及效果

(1)箱体、箱盖由铸铁件改为焊接件，ϕ1 200 mm 以下的齿轮，全部采用锻钢件，这两项措施降低了废品量和缺陷率，周期短，工时少，外形美观，使总成本下降了 6%。

(2)改革了带底座地脚螺栓的箱体结构，采用三点支承，保证了轴连接时的同轴度，卧式、立式通用，减少了品种，有利于批量生产。

(3)齿轮改为中硬齿面，齿轮轴材料改为 42CrMo，调质 HB310～340(原为 HB240～260)；齿轮材料 35CrMo，调质 HB260～280(原为 HB215～245)；齿轮精度由 8—8—7 提高到 8—7—7。虽然制造成本略有提高，但承载能力将提高 0.5～2.5 倍，且尺寸紧凑，用于提升机构，可每台节约钢材 11.2 t。若每年改造 50 台，则可节约 560 t 钢材，提高了经济效益。

(4)改进了密封结构,解决了漏油问题,节约了维修费用。

2.4 成本估算方法简介

产品的成本是衡量产品经济性的重要指标之一,降低产品的成本是提高产品价值的一个重要途径,因此在确定方案、进行价值分析时需要对产品的成本做出估算。本节将介绍按质量估算法和材料成本折算法。

2.4.1 按质量估算法

1. 计算公式

此法的基本原理是:产品的成本是质量的函数,因此可以进行估算。

若已知某种典型产品的质量成本系数,即单位质量的生产成本,将其乘以所求产品的质量,可估算出生产成本,即

$$C=Wf_W \tag{2.4}$$

式中,C 为生产成本(元);W 为产品质量(kg);f_W 为质量成本系数(元/kg)。

而质量成本系数 f_W 可以通过统计,用最小二乘法正交回归曲线求得,其关系式为

$$f_W=KW^P \tag{2.5}$$

式中,K、P 均为系数,随不同产品而异。式(2.5)两端取对数,得

$$\lg f_W=\lg K+P\lg W \tag{2.6}$$

可见,这是一个对数坐标下的直线方程。如已知任意两点的值 f_{W_1}、W_1 和 f_{W_2}、W_2,则其直线的斜率为

$$\tan\alpha=\frac{\lg f_{W_2}-\lg f_{W_1}}{\lg W_2-\lg W_1} \tag{2.7}$$

代入待求点的 f_W、W,有

$$\tan\alpha=\frac{\lg f_W-\lg f_{W_1}}{\lg W-\lg W_1}=\frac{\lg(f_W/f_{W_1})}{\lg(W/W_1)} \tag{2.8}$$

即

$$\frac{f_W}{f_{W_1}}=\left(\frac{W}{W_1}\right)^{\tan\alpha} \tag{2.9}$$

因此得

$$f_W=f_{W_1}\left(\frac{W}{W_1}\right)^{\tan\alpha}=(f_{W_1}W_1^{-\tan\alpha})W^{\tan\alpha} \tag{2.10}$$

与式(2.5)相比较,可见系数

$$K=f_{W_1}W_1^{-\tan\alpha} \tag{2.11}$$

$$P=\tan\alpha=\frac{\lg f_{W_2}-\lg f_{W_1}}{\lg W_2-\lg W_1} \tag{2.12}$$

2. 计算举例

f_W 也可以采用作图法来求，详见例 2.3。

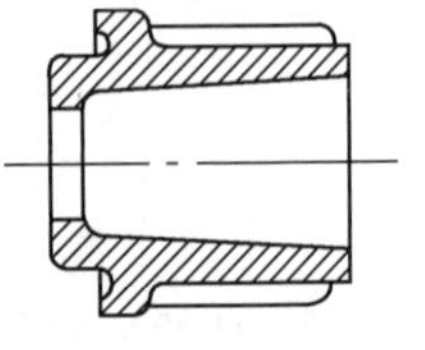

图 2.13 套类零件

例 2.3 图 2.13 所示的套类零件在不同质量下的生产成本见表 2.10。试求新设计 $W=76$ kg 的此类零件的生产成本。

解 (1)计算质量成本系数。

根据质量—成本统计值，按公式 $f_W=\dfrac{C}{W}$(元/kg)，计算质量成本系数，见表 2.10。

(2)用作图法计算 f_W。

在对数坐标中，f_W—W 呈直线关系，如图 2.14 所示。由横坐标上 $W=76$ kg 作垂线，与曲线交点的纵坐标即可求得 $f_W=6.7$ 元/kg。

表 2.10 套类零件质量—成本统计表

零件号	质量 W/kg	生产成本 C/元	质量成本系数 $f_W\left(f_W=\dfrac{C}{W}\right)$
1	4.9	67.62	13.8
2	11.8	123.91	10.5
3	29.8	244.36	8.2
4	109	577.71	5.3
5	204	938.45	4.6

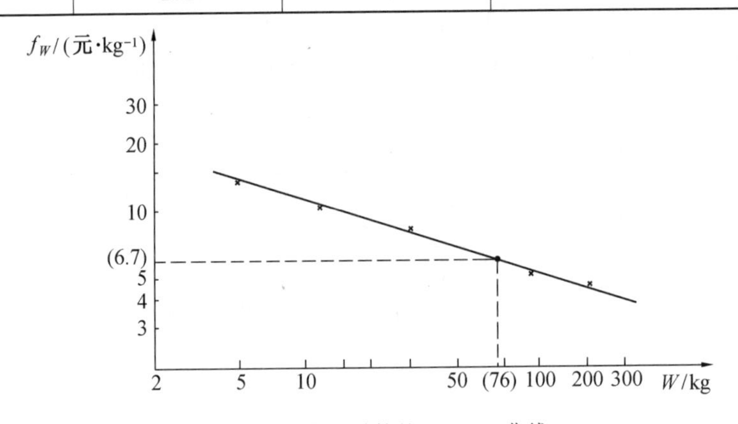

图 2.14 套类零件的 f_W—W 曲线

(3)用解析法求 f_W。

取 $W=76$ kg 前、后两个已知点

$$W_3=29.8\ \text{kg},\quad f_{W_3}=8.2\ \text{元/kg}$$

$$W_4=109\ \text{kg},\quad f_{W_4}=5.3\ \text{元/kg}$$

代入式(2.12)进行计算，可得

$$\tan\alpha=\frac{\lg f_{W_4}-\lg f_{W_3}}{\lg W_4-\lg W_3}=\frac{\lg 5.3-\lg 8.2}{\lg 109-\lg 29.8}=\frac{1.668-2.104}{4.779-3.394}=-0.315\,1=P$$

$$K=f_{W_3}W^{-\tan\alpha}=8.2\times 29.8^{0.315\,1}=23.9$$

因此

$$f_W=KW^P=23.9\times 76^{-0.315\,1}=6.1\ (\text{元/kg})$$

(4)估算 $W=76$ kg 的生产成本。

$$C=Wf_W=76\times6.1=463.6\ (\text{元})$$

2.4.2 材料成本折算法

因为材料成本是生产成本的一个组成部分,若已知这个组成部分的百分比——成本率 m,则可利用新产品的材料成本来估算其生产成本。

据统计,根据产品的结构复杂程度和加工特点,其材料成本在生产成本中占有不同的比例,每类产品的材料成本 C_m 占生产成本 C 的百分比,即材料成本率 m 是有一定范围的。表2.11是德国工程师协会准则(VDI2225)中给出的经统计方法求得的各类产品的材料成本率 m 参考数值。

表2.11 各类产品的材料成本率

产品类型	m	产品类型	m
吸尘器	80%	柴油发动机	53%
起重机	78%	蒸汽透平机	44%~49%
小汽车	65%~75%	挂钟	47%
卡车	68%~72%	电动机	45%~47%
铁路货车	68%	重型机床	44%
缝纫机	62%	电视机	38%
台式电话	58%	电测仪	26%~38%
铁路客车	57%	中型机床	34%
水轮机	56%	精密钟表	31%

新产品的材料成本若为 C_m,可按下式估算其生产成本 C:

$$C=\frac{C_m}{m} \tag{2.13}$$

式中,m 是材料成本率,各类产品的材料成本率已给出;C_m 是材料成本(元),$C_m=1.25W+1.15Z$;

$$W=\sum_{i=1}^{n}V_i\gamma_i k_i \tag{2.14}$$

式中,W 是自制件成本(元);V_i 是第 i 个自制件的体积(cm^3);γ_i 是第 i 个自制件的材料密度(kg/cm^3);k_i 是第 i 个自制件的单位质量材料价格(元/kg)。

$$Z=\sum_{j=1}^{n}z_j \tag{2.15}$$

式中,Z 是外购件成本(元);z_j 是第 j 个外购件成本(元)。

若已知某产品的生产成本 C_0 及相应的材料成本 C_{m_0},新设计的同类产品的材料成本为 C_m,根据材料成本率分析,可估算其生产成本 C 为

$$C=C_0\frac{C_m}{C_{m_0}} \tag{2.16}$$

例 2.4 一台中型机床与一台起重机的材料成本皆为 15 000 元，试估算其生产成本是否相同？

解 由表 2.11 得，中型机床与起重机的材料成本率分别为 $m_1=34\%$，$m_2=78\%$。由式(2.13)得

中型机床 $$C_1=\frac{C_{m_1}}{m_1}=\frac{15\ 000}{34\%}=44\ 120(\text{元})$$

起重机 $$C_2=\frac{C_{m_2}}{m_2}=\frac{15\ 000}{78\%}=19\ 230(\text{元})$$

可见，中型机床与起重机材料成本相同，但其生产成本 C 并不相同。

习 题

1. 新产品开发或原有产品改造，一般都要提出产品设计规划，其中两项重要的内容是设计任务书和可行性报告。请说明它们应具有什么内容。

2. 当应用系统分析的观点进行新产品方案设计时，核心环节是什么？具体方法是什么？

3. 用你身边的某个机器设备或系统（不仅限于机械的）作为例子，以系统分析的方法说明其原理方案设计。

4. 在机械系统和结构方案设计过程中，进行价值分析的作用是什么？

5. 请说明在价值分析时，为提高产品的实用价值从而达到价值优化，可能采取哪些具体方法？

6. 日本某公司提出的“价值设计”和“价值革新”的特点是什么？它们和美国人提出的“价值设计”和“价值工程”有什么本质上的区别？

第3章 创造性设计方法

人类进步的历史是创造的历史，也就是说，人类的物质财富和精神财富都是通过创造性活动产生的。创造性活动包括科学研究、技术发明、技术革新和文艺创作等多种类型。一方面，因为这些活动本身都离不开创造性思维，特别是在科学研究中提出假说的阶段和在技术发明中提出方案设想或构思的阶段表现得更为明显；另一方面，通过这些活动得到的将是新的科学知识、技术成果或文艺作品。

3.1 创造力和创造过程

3.1.1 培养创造力的条件

创造发明可以定义为把意念转变成新的产品或工艺方法等的过程。这里介绍创造性设计方法的目的是想说明，创造发明是有一定的规律和方法可循的，并且是可以划分成阶段和步骤进行管理的，借以启发人们的创造能力，引发人们参与创造发明的活动，达到培养创新型人才的目的。然而，这里所谓创造力的培养和提高是要有一定前提条件的，我们应该努力培养和发挥有利条件，克服不利条件。

应该培养的有利条件如下。

(1)丰富的知识和经验。知识和经验是创造的基础，是智慧的源泉。创造就是以已有的知识为前提去开拓新的知识。因此，知识量少的人一般不能进行高层次、高水平、高科技的综合性创造。

(2)高度的创造精神。创造性思维能力并不是与知识量简单地成比例的，还需要有强烈的参与创造的意识和动力。物理学家牛顿通过苹果落地而发现万有引力定律，这一事实恰恰说明了高度的创造精神是实现创造发明的重要条件。

(3)健康的心理品质。要有不怕苦难、刻意求新、百折不挠的坚强意志。

(4)科学而娴熟的方法。必须掌握各种创造技法和其他的工程技术研究方法。

(5)严谨而科学的管理。创造需要引发和参与，也需要对其每个阶段或步骤进行严谨而科学的管理，这也是促进创造发明实现的因素之一。

(6)有效的团结协作能力。现代社会的重大科学工程、重要的发明创造都需要有效地组织，发挥群体智慧，培养每个人的团队协作能力。

应注意克服不利条件，尽力做到以下几点。

(1)要克服思想僵化和片面性，树立辩证观点。

(2)要摆脱传统思想的束缚，不盲目相信权威等。

(3)要消除不健康的心理，如胆怯和自卑等。

(4)要克服妄自尊大的排他意识，注意发挥群体的创造意识等。

3.1.2 发明创造过程分析

创造过程是可以划分出阶段和步骤来的。有许多不同的划分方法，但基本过程或顺序大体相同，只是细化程序各异。有些创造过程可分为如下三个阶段。

(1)准备阶段。提出问题、搜集资料和定向科学分析等。

(2)创造阶段。构思、顿悟和发现等。

(3)整理结果阶段。验证、评价和公布等。

美国新产品和过程发展组织与管理协会顾问 George Freedman 则提出可以把发明创造划分为七个步骤或阶段，下面给予概略说明。

(1)意念。

发明创造源于一个意念。在研究单位或企业的技术人员中蕴藏着很多意念，我们对待这些意念要一视同仁，不管是什么人提出的都要予以重视。因为从众多的意念中进行选择，将能获得对推动工业发展或市场竞争具有推动力的意念。

意念也可以通过创造性技术产生出来。同时，不要忘记从消费者中通过“您想要什么样的产品”之类的调查来获得可能的意念。

(2)概念报告。

这是许多发明创造者容易忽视的一步。然而，它对任何有效的发明创造过程都是大有裨益的。概念报告要写成文件的格式，其内容包括意念之间的联系及制约关系，并将意念转变成实际方案的途径，即设计、实验、制造方案以及市场前景分析。

概念报告必须在发明创造付诸实践之前写出，以便促进发明创造者在施行其意念之前考虑怎样节约时间和金钱，避免实验无效果和进行徒劳无益的劳动。概念报告要对发明创造过程进行分解，并对每一步所需的人力、物力、财力进行计划管理，从而能够防止在后续步骤中出现不必要的浪费。

概念报告应是一个能在条件发生变化时进行修正的动态文件。因为新的发现将导致新途径的实施。假若出现这种情况，则报告的相应部分应该着重写。这样，报告就既是一个有用信息的源泉，又可以在日后写设计方案时加以利用。报告的部分内容可以以专利的形式给予披露或在季度性的进展报告中重新使用。也可以把它交给需要制造该产品的管理者，这样不仅可以使他们了解产品，还可以征得他们的有益建议。

(3)可行模型。

可行模型可以采用口香糖、橡皮泥、黏土来制作，也可用铜丝来扎制。这是在发明创造过程中，对概念是否可以实现进行验证的一个步骤，是一个既简单易行，又不需太多耗费和比较大众化的办法。

(4)工程模型。

工程模型是展示概念能否实现其功能的一个重要步骤。有时要构造多个工程模型，以便进行比较、选择。它是用来对产品的形态和性能以及作为产品出售之前是否还要增加某些功能进行检验的。若按形态、性能、功能的重要程度来排序，它们依次是安全性、可靠性、计划销售价格、改进的可能性和发明创造目标的实现情况等。

(5)可见模型。

多数产品最终要经历一个从工程模型演变出可见模型的阶段。发明创造的这一步之所以需要，是因为应该有一个可操作的三维产品模型，即使是一个非功能形式的也行。该模型能指出通过对工程模型的反复分析尚未发现的不足之处。可见模型也可以使发明创造者和管理者看到他们将要制造和销售的产品，它还可以作为审美设计的基础。

(6)样品原型。

样品原型不是由发明创造者在实验室制造的，而是由车间制造出来的。虽然样品原型已把发明创造意念变成了现实，但发明创造过程远未结束。还须为生产车间提供必要的制造工艺和设备(包括金属材料和塑料材料)，以便使目标能迅速实现，而且又不致在生产线上耗费过大。在完成样品原型这一阶段工作的同时，发明创造过程的组织者就要走出实验室把工作移到生产车间里去完成了。

(7)小批生产。

一旦在生产线上把发明创造实现了，就要有成百上千的新产品(或老产品采用新的生产过程)制造出来。但不要忘记，要保证制造过程的安全性和产品自身的可靠性。下一个步骤就是由销售和市场专家来组织如何把产品投入市场进行试销了。

上面这七个步骤或阶段提供了一个发明创造程序的结构。虽然这些步骤是有序的，但过程又不必认为是严格有序的。例如，可见模型也可能在工程模型之前。通常模型的形式也不是单一的。在实际工作中完全可能出现上述过程的反复，对此也应该看成是很自然的现象。

应当指出，在计算机模拟技术迅速发展的今天，上述过程中的模型制造工作可以采用计算机模拟方式来取代。这将大大缩短整个发明创造的周期。

3.2 创造性思维

创造性思维和创造技法是创造的核心。常规思维的主要特点是：常规性，即习惯性、通常性；单向性，即只向常规的习惯方向思考；单一性，即只考虑一种方案、一种思路；逻辑性，即通常的逻辑思维范畴等。创造性思维的主要特点是：独特性，即与众不同；多向发散性，即立体性思维、多答案；非逻辑性，即出人意料；联动性，即由此及彼性；综合性，创造是多种思维方式的综合，在综合中创新。

3.2.1 发散思维与收敛思维

发散思维是一种让思路向多方向、多数量全面展开的立体型、辐射性的思维方式。发散思维不受一切原有的知识圈及所有条条框框的束缚，是对常规思路的尽量拓宽。这实际上是创造性思维的第一阶段，即先求数量、拓宽思想的阶段。一个人创造能力的大小，创造力开发的程度，归根到底是由发散思维的素质和创新方案的价值所决定的。一个人的创新，无非就是想到了别人还没有想到的可能性。

收敛思维是指针对由发散思维所提出的各种方案，分别逐一地进行讨论，做出比较、评价和选择，将问题集中到使它获得解决的某一种或某几种方案上，并最终使问题获得解决的思维过程。收敛思维虽然是在发散思维的基础上进行的，但它是同样重要的，可以把它看成是创造性思维的第二阶段。因为创造性思维的进行，特别是创造性思维成果的获得，最后是集中在收敛思维阶段获得或实现的。一个缺乏发散思维素质的人，固然不会想出新的主意和设想，但如果只进行发散思维，而缺乏进行收敛思维的素质，那么也就不能进行正确的判断和决策，不能获得创新方法的实现和成功。这样再有价值的发散思维成果，也可能永远停留在空想或幻想的阶段。因此，发散思维和收敛思维都具有它们各自的特点，缺一不可。

3.2.2 想象

想象是人脑在过去的感知的基础上对所感知的形象进行加工、改造，创新出新形象的过程，是对没有关联的事物经过重新组合、搭配，构成新的有联系的事物的思维过程。人类的各种有意识的活动都离不开想象的作用。

想象可以分为两大类：消极想象和积极想象。消极想象与积极想象的区别，主要是看有没有第二信号系统的调节和参与。第二信号系统是指以抽象化和概括化的词作为条件刺激物的大脑机能系统。消极想象缺乏第二信号系统的调节作用，顺其自然地进行，最典型的就是做梦。积极想象是在第二信号系统的参与和调节下进行的。例如，在创造性活动中的想象，具有一定的主动性、目的性、现实性。积极想象按其性质可以分为再造想象、创造想象和憧憬。

(1)再造想象是根据别人对某一事物的描述在头脑中形成新形象的心理过程。一方面是指这些形象不是独立创造出来的，而是根据别人的描述或示意再造出来的；另一方面是指经过自己大脑对过去的感知进行加工而形成的。因此再造想象也常含有创造性的成分。为使再造想象得到充分发挥，就需要注意扩大自己的感知，培养优良的观察力，不断扩大自己头脑中的记忆表象的储备。例如，为了正确地想象出机器的构造及其立体形象，就必须学会看图样，必须懂得机械工程图上所使用的各种符号和意义，如果不理解诸如表示尺寸、形位公差、投影、技术要求等的信号，就无法想象出它的全貌和构造。

(2)创造想象是大脑在条件刺激物的作用下，以有关会议的表象为材料，通过第二信号系统的调节作用，形成某种具有现实性和独创性想象和表象的过程，是一个人按照自己的创见形成某种独创的想象的过程。创造想象是真正的创造，其与再造想象的重大区别是：创造想象是按照自己的创见所进行的想象，要比再造想象复杂得多。创造想象必须具备一定的条件，即创造者积极的思维状态和丰富的知识和经验。

(3)憧憬是一个人对自我所企求的未来事物进行的想象。憧憬与创造想象有两个显著的区别：一方面，憧憬永远体现着一个人的某些欲望；另一方面，憧憬和一个人的创造性活动并无直接的联系。但是憧憬对于一个人的创造性活动具有巨大的诱导作用和推动作用。当憧憬具有现实性和效能性时，才能对创造思维产生积极的作用。

想象的方法有：原型启发法、类比法和联想法。原型启发法是以已知事物为启发原型，与新思考的对象相联系，从相似关系中得到启发而解决问题的一种想象方法。类比法是根据两个对象某些属性相同或相似，而且已知其中一个对象还具有其他属性，从而推出另外一个对象也应具有其他属性的思维方法。联想法是把当前的事物与过去的事物有机地联系起来，产生创造性的设想。也可以把无关的事物强制性地联系起来进行创造性的思考，从而产生新的观点、新的思路和新的概念。

3.2.3 灵感

人们在创造活动中，有时长期冥思苦想，找不出好的办法去解决问题，但在某种情况下却恍然大悟，问题迎刃而解。这种现象称为灵感。

灵感具有突发性、目标性、独创性、随机性和瞬时性的特点，是创造性思维中作用巨大的一种思维形式，是创造活动中达到最高阶段出现的一种最富有创造性的心理状态。

灵感的获得一般具有以下的规律。

(1)在长期积累的前提下偶然得之。灵感的出现离不开知识素材的积累。积累是量变，灵感出现是质变。多系列的知识积累比单一系列的知识积累效果更好，有明确创造目标的积累比盲目积累效果更好。

(2)在有意追求的过程中无意得之。创造灵感往往是创造者在无意中受到某种触动而突然引发的，这种看起来的“不思而得”其实是有意追求的结果。有意追求是指紧张而勤奋的思维劳动加上矢志不渝的创造指向。

(3)在循常思维的基础上反常得之。循常思维是一种遵循常规的思维，是一种智力水平。一个人智力水平的高低，对灵感的发生有明显的制约作用。智力越发达，思路越敏捷，想象力越丰富，灵感出现的机会越多。

(4)在良好的精神状态下怡然得之。灵感的出现有赖于良好的精神状态，高强度的思维后怡然松弛，进行沐浴、散步、游泳、闲谈都可能使得灵感飘然而至。

(5)在和谐的环境中欣然得之。

3.3 创造性原理和创造技法

前面说过，创造性发明也是有原理和方法可以遵循的。创造性原理和创造技法在相关文献中的称呼可能不相同，但是二者皆是指导创新性设计、开展创造性活动的原则和手段，是创造性设计方法中不可或缺的内容。

3.3.1 创造性原理

创造性原理是创造技法的依据。当然，在进行创造性设计时，我们提倡依据创新思维开拓思路，形成真正的创新性解决方案。而不是拘泥于创造性原理，生搬硬套。下面介绍几种常用的创造性原理。

(1)综合创造原理。综合创造原理是将研究对象的各个部分、各个方面和各种因素联系起来加以考虑，从整体上把握事物的本质和规律的一种思维法则。例如，CT扫描仪的产生。

(2)分离创造原理。分离创造原理是把某一创造对象科学地分解或离散，使主要问题从复杂现象中暴露出来，从而理清创造者的思路，便于抓住主要矛盾或寻求某种设计特色。例如，电冰箱的冷藏、冷冻区域的划分。

(3)移植创造原理。移植创造原理指吸取、借用某一领域的科学技术成果，引用或渗透到其他领域，以变化或改进已有事物或开发新产品。例如，滚动摩擦导轨的原理。

(4)物场分析原理。物场，是指物质与物质之间相互作用和相互影响的一种联系。世界上的物体本身是不能实现某种作用的，只有同某种“场”产生联系后才会产生对另一物体的作用或承受相应的反作用。就科学领域来说，温度场、机械场、声场、引力场、磁场等。例如，冰箱中采用荧光粉润滑油来检测氟利昂。

(5)还原创造原理。还原创造原理指创造者回到驱使人们创造的最基本的出发点或归宿,进行创新思考的一种创造模式。例如,无扇叶电风扇的制造。

(6)价值优化原理。价值优化原理是把价值看成某一功能与实现这一功能所需成本的比例,提高产品价值就是采用低成本实现产品的功能。例如,库特新型百叶窗的原理。

3.3.2 创造技法

创造技法是人们曾经使用过的方法的归纳和总结。下面介绍常用的创造技法,还可能有其他的方法没有归纳进来,也可能存在有相同的方法,但提法不同,这里所介绍的创造技法为我们进行创造性设计提供有益的借鉴。

1. 列举法

借助对一具体的特定对象从逻辑上进行分析,并将其本质内容全面地罗列的方法,如某一事物的缺点、希望和特性等。

缺点列举法找出事物的缺点,选择最容易下手、最有价值的对象作为创新主题。有时缺点列举法实施的目的不是把缺点列举出来加以改进,往往是为了发扬"缺点",包含有物极必反的特性。

希望列举法与缺点列举法相反,通过对已有产品从多种角度提出希望,从中找出发明创造的主题。

特性列举法分门别类地将事物的特性全面地罗列出来,用取而代之的各种属性加以置换,从中引出具有独特性的方案,再进行讨论和评价。

2. 智爆法

智爆法出自精神病理学的 Brain Storming,指精神病患者的精神错乱状态,现在转为无限制的自由联想和讨论,是抓住瞬时灵感意识流而得到一些新想法的方法,也称为头脑风暴法。这种集体联想方式可以创造知识互补、思维共振、相互激励、开拓思路的局面。智爆法追求良好的会议环境和气氛,与会者人人平等,无压抑感,心情轻松,即使出现怪诞的构想也被尊重。智爆法是通过召开会议的办法产生创新的方案。

会议要求:

(1)参加会议人数为 5～20 人,不能超过 40 人,否则会议不容易控制。

(2)会议对象为各方面有一技之长的专业人员,或由议程来确定对象,如技术人员、供销人员、车间干部、生产工人、财会人员、企业领导等。会议必须在轻松的气氛中自由漫谈,不受任何拘束,相互启发,互相补充。

会议原则:

(1)不允许批评别人。

(2)鼓励大家多提设想,欢迎标新立异。

(3)提出的方案越多越好。

(4)要善于结合别人的意见提出方案。

(5)细心倾听别人的发言。

实施程序:

(1)确定课题。

选择单一明确的问题,不适合处理复杂、范围广的对象。若为复杂问题可将其分解为若干个小课题。

(2)准备。

选定理想的主持人。主持会议是一门艺术,会议的效果与主持人有密切的关系。主持人必须熟悉课题对象,且能善于运用此法和通晓其他技法。

(3)热身。

制造轻松的气氛,如播放音乐,提供饮品、水果等,让与会人员心情轻松。几分钟后,主持人可以提出一个与课题无关但有趣的问题,用以激励与会人员的大脑使其兴奋。

(4)自由漫谈。

主持人重申会议原则,转入正题。若出现中断或难以深入下去的情况时,可抛出事先准备好的设想,以抛砖引玉的方法刺激构思的继续出现。会议记录员把会上的设想写在黑板上,使之产生连锁效应。

(5)加工处理。

收集与会者会后产生的新设想。然后由评价小组(不参加会议)按实用性设想、幻想性设想、平凡及重复设想等标签加以分类,并重点考虑有无创新性、有无实用性、有无经济价值等。

3.提问追溯法

提问追溯法具有逻辑推理的特点。它是通过对问题的分析加以推理来扩展思路,或把复杂问题进行分解,找出各种影响因素,再进行分析推理,从而寻求问题答案的一种创造性技法。提问追溯法主要包括5W2H法和奥斯本检核表法。

(1)5W2H法。

5W2H法又称七何分析法,适用于对问题的发掘、思考,便于有目的地解决问题。其内容为:

①When?何时?什么时候完成?什么时机最适宜?

②Where?何处?在哪里做?从什么地方入手?

③Who?谁?由谁来承担?由谁来完成?由谁负责?

④What?是什么?目的是什么?做什么工作?

⑤Why?为什么?为什么要这么做?理由何在?原因是什么?

⑥How?怎么做?如何提高效率?如何实施?方法怎样?

⑦How much?多少?达到怎样的水平?费用是多少?

作为一种通用的创造性方法,5W2H法在不同的应用领域,其具体的含义不一样。

(2)奥斯本检核表法。

奥斯本检核表法是美国创造学和创造工程之父A.F.奥斯本博士提出的一种可作为创造技法的普通检核表,共有九项。

①可否将产品的形状、制造方法等加以改变?

②可否另作他用?

③有无其他更佳设想?

④改变一下如何?

⑤放大如何?

⑥缩小如何?

⑦用别的替代如何?

⑧反之如何?

⑨组合起来如何?

4.反向探求法和向前推演法

(1)反向探求法。

反向探求法是对现有的解决方案系统地加以否定或寻找其他的甚至相反的一面,找出新的解法或启发新的想法。可以细分为转向和逆向两种方法。例如,从车削螺纹发展成旋风铣螺纹就具有转向的性质;而从工件不动发展为工件转动,从大干小发展到以小干大则是逆向的做法。

(2)向前推演法。

向前推演法是从一个最初的设想按一定方向逐步向前探索,寻找新的想法。例加,连接两个轴的离合器,其连接方式可以是牙嵌式的、齿形式的、摩擦锥式的、单片或多摩擦片式的、单向和双向超越离合器式的、电磁离合器式的等。而对摩擦锥式的连接,其压力的产生又可以是机械、液压或电动等方式。

5.联想类推法

通过启发、类比、联想、综合等方法创造出新的想法以解决问题。

(1)相似联想法。

相似联想法通过相似联想进行推理,寻求创造性解法。例如,通过河蚌育珠的启示,在牛胆中埋入异物,刺激牛产生胆结石而得到珍贵药材牛黄;通过直接刺激人穴位的针刺法推理联想到不直接接触皮肤而达到刺激穴位的尖端放电的磁刺法。

(2)抽象类比法。

抽象类比法用抽象反映问题实质的类比方法来扩大思路,寻求新解法。如果要发明一种开罐头的新方法,可先抽象出“开”的概念,列出各种“开”的方法,如打开、撕开、拧开、拉开等,然后从中寻找对开罐头有启发的方法。再如从“移土”的不同原理和方法,可以考虑出新的挖土机来。从利用氢气球的浮力载人升空的原理类比设计出带人下海底的潜水器。其方法是先在钢质潜水片内装入铁砂使之下沉,然后抛出铁砂,借助灌满汽油(密度比海水的密度小)的浮筒的浮力浮向海面。利用类似的原理,人们又设计出各种充气装置和用具。

(3)借用法、仿生法。

有些在逻辑原理上看起来完全无关的东西,联系在一起也会产生新的思想和方案。因而,要摆脱旧框框,从各个领域借用一切有用的信息诱发新的设想,这也是一种把无关的要素结合起来找出相似的地方的一种借用方法。例如,电模拟,以电轴代替丝杠传动等就是一种借用方法。

仿生法是通过对生物的某些特性进行分析和类比,启发出新的想法或创造性方案的一种方法。它是现代发展新技术的重要途径之一。飞机构件中的蜂窝结构,响尾蛇导弹的引导系统等就是仿生法在技术设计中应用的例子。

6.组合法

组合法是将两种或两种以上的学说、技术、产品的一部分或全部进行组合或叠加,形成新的思想或新的产品。有人统计了 20 世纪的 480 项重大发明成果。经分析发现,三四十年代是以突破性成果为主,而组合型成果为辅;五六十年代两者大致相当;80 年代,则组合型成果占多数。这说明组合型发明已经成为发明创造的主要方式之一。

组合创造的基本方法如下。

(1)主体附加。

主体附加是在原有的技术思想中补充新的内容,在原有的物质产品上添加新的附件,从而使得新的物品性能更好、功能更强。

(2)异类组合。

异类组合是将两个或两个以上的科学领域的技术思想或物质产品加以组合,组合的结果带有不同的技术特点和技术风格。

(3)同类组合。

同类组合是将两种或两种以上的相同或相近的事物进行组合。

(4)分解组合。

分解组合是在事物的不同层次上分解原来的组合,然后再以新的思想重新组合起来。重新组合的特点是改变了事物各组成部分的相互关系。

(5)辐射组合。

辐射组合是以某一新的技术为中心,与多种传统的技术组合,形成技术辐射,从而产生技术创新。

(6)坐标组合。

坐标组合方法是中国学者许国泰教授提出的。其含义是以一个坐标轴表示某技术或物质产品的特性,其他坐标轴表示外界信息要素,信息坐标相交构成“信息反应场”,创造出新的物质产品或得到新的技术思想。

7.功能分析法

人们对产品需求的原因是为了使用产品的功能。产品的必要功能是产品能满足用户用途所具有的程度,功能不足和功能过剩都会影响产品的市场前景。

功能可以分为:基本功能和辅助功能;使用功能和品位功能;必要功能和不必要功能。

基本功能是产品功能不可缺少的,也是用户购买的主要原因,如果产品失去了基本功能,就失去了存在的必要性;辅助功能只是为了更有效地实现基本功能而附加的功能。基本功能可能是产品的使用功能,也可能是品位功能。

功能分析法需要结合前一章中系统分析设计方法中的步骤,完成对产品的创新性设计。

8.同中求异与异中求同

同中求异是在相同或相似的两个或两个以上的事物中寻找它们的相异之处。它要求人们对于熟悉的事物,有意识地把它看成是陌生的,然后按照新的理论来加以研究。

异中求同是善于在两个或两个以上不同的事物之间,找出它们的相同、相似之处。它要求人们对陌生的事物持熟悉它的态度,然后采用对熟悉事物的态度来衡量、比较,进行处理。

通过上述一些创造技法的介绍,可以认为创造性思维和工作方法并不是只有少数“天才”才能掌握,而是应该能被一般的技术人员所认识的。只要针对具体目标,通过分析研究,灵活并综合应用上述某些方法,相信是有可能在实践中获得成功的。

3.4 TRIZ 创新理论与应用

TRIZ 是解决发明问题的理论，是实现发明创造、创新设计、概念设计的最有效的方法之一。TRIZ 的一系列方法和工具能够帮助研究人员尽快获得满意的解决方案。

TRIZ(系俄文首字母的缩写)意为解决发明创造问题的理论，起源于苏联(英译为 Theory of Inventive Problem Solving，TIPS)。1946 年，以苏联海军专利部阿奇舒勒(G. S. Altshuller)为首的专家开始对数以百万计的专利文献加以研究，研究认为技术系统的进化过程不是随机的，而是有客观规律可以遵循的，继而他们建立了一整套系统实用的解决发明创造问题的方法。TRIZ 是基于知识的、面向人的解决发明问题的系统化方法学，其核心是技术系统进化原理。TRIZ 理论是一门科学的创造方法学，它提供了一系列的方法和工具，包括解决技术矛盾的 40 个发明原理和阿奇舒勒矛盾矩阵，解决物理矛盾的 4 个分离原理和 11 个方法，76 个发明问题的标准解法和发明问题解决算法，以及相关的工具和算子等。

3.4.1 TRIZ 理论的基本内容

概括地说，TRIZ 理论包括以下九项基本内容。

(1)进化法则。预测技术系统的进化方向和路径。

(2)最终理想解(IFR)。系统的进化过程就是创新的过程，即系统总是向着更理想化的方向发展，最终理想解是进化的顶峰。

(3)40 个发明原理。浓缩 250 万份专利背后所隐藏的共性发明原理。

(4)工程参数和矛盾矩阵。直接解决技术矛盾的发明工具。

(5)物理矛盾的分离原理。解决参数内矛盾的发明原理。

(6)物一场模型。用于建立与已存在系统或新技术系统问题相联系的功能模型。

(7)标准解法。分 5 级 18 个子级共 76 个发明问题的标准解法。

(8)创新问题解决算法(ARIZ)。ARIZ 是针对非标准问题而提出的一套解决算法。ARIZ 是俄语创新问题解决算法的缩写，其英文全称为“Algorithm for Inventive Problem Solving”。它是 TRIZ 的一种重要工具，是创新问题解决的完整算法。

(9)知识效应库。知识效应库将解决方案、物理现象和效应应用在问题解决过程中。

3.4.2 TRIZ 理论的发明原理

TRIZ 理论认为，解决发明问题过程中所寻求的科学原理和法则是客观存在的，大量发明面临的局部问题和矛盾也是相同的，同样的技术发明原理和相应的解决问题的方案，会在后来的一次次创新课题中被重复应用，只是被应用的技术领域不同而已。通过对大量的发明专利进行分析，TRIZ 认为求解发明问题的常用方法其实是有限的，将这些方法总结为 TRIZ 理论的 40 个发明原理(Inventive Principle，IP)。这些发明原理是解决技术矛盾的关键。表 3.1 中列出了 40 个发明原理。

表 3.1 TRIZ 理论的 40 个发明原理

序号	原理名称	序号	原理名称
1	分离原理	21	快速原理
2	抽取原理	22	变害为利原理
3	局部质量原理	23	反馈原理
4	非对称原理	24	中介物原理
5	组合原理	25	自服务原理
6	一物多用原理	26	复制原理
7	嵌套原理	27	替代原理
8	重力补偿原理	28	机械系统替代原理
9	预加反作用原理	29	气动与液压结构原理
10	预先作用原理	30	柔性壳体或薄膜原理
11	预制防范原理	31	多孔化原理
12	等势原理	32	色彩原理
13	反向作用原理	33	同质性原理
14	曲线、曲面化原理	34	抛弃与再生原理
15	动态化原理	35	性态转化原理
16	部分超越原理	36	相变原理
17	多维原理	37	热膨胀原理
18	机械振动原理	38	加速氧化原理
19	周期性作用原理	39	惰性环境原理
20	有效作用持续原理	40	复合材料原理

1. 分离原理

分离原理也称为分离法，即将整体进行分割，具有以下三个方面的含义。

(1)将一个物体分成相互独立的部分。

(2)将物体分成容易组装及拆卸的部分。

(3)增加物体相互独立部分的程度。

2. 抽取原理

抽取原理也称为提取法或抽取法，即将物体中有用或者有害的部分抽取出来进行相应的处理，具有以下两个方面的含义。

(1)将一个物体中能产生负面影响的部分或属性抽取出来。

(2)将物体中的关键部分抽取出来。

3. 局部质量原理

局部质量原理也称为局部质量改善法，是指改变物体的特定区域的特征，从而获得必要的特性，具有以下三个方面的含义。

(1)将物体或环境的均匀结构变成不均匀结构。

(2)使组成物体的不同部分完成不同的功能。

(3)使物体的每一部分均处于最有利于其工作的条件。

4. 非对称原理

非对称原理是指利用不对称性进行创新设计,具有以下两个方面的含义。

(1)将物体形状由对称变为不对称。

(2)如果物体是不对称的,增加其不对称的程度。

5. 组合原理

组合原理也称为组合法,是指在不同的物体或同一物体内部的各部分之间建立一种联系,使其具有共同的唯一的结果,具有以下两个方面的含义。

(1)在空间上把相同或相近的物体加以组合。

(2)在时间上合并相似或相连的操作。

6. 一物多用原理

一物多用原理也称为多用性原理或多元性原理,使一个物体能够具有多项功能,可以减少原设计中完成这些功能的物体数量。

7. 嵌套原理

嵌套原理也称为套叠法、嵌套法,是指设法使两个物体内部相契合或置入,具有以下两个方面的含义。

(1)将一个物体放在另一个物体中,而后者又置于第三个物体之中,依此类推。

(2)使一个物体穿过另一个物体的空腔。

8. 重力补偿原理

重力补偿原理也称为巧提重物法,是对物体重力进行等效补偿,以实现预期目标,具有以下两个方面的含义。

(1)将物体与具有上升力的另一个物体结合以抵消其质量。

(2)将物体与空气动力或液体动力等介质力相互作用以抵消其质量。

9. 预加反作用原理

预加反作用原理是指预先知道可能会出现的故障,并设法消除、控制故障的发生,具有以下两个方面的含义。

(1)预先施加反作用,用来消除不利影响。

(2)如果一个物体处于或将处于受拉伸的状态,则预先施加压力。

10. 预先作用原理

预先作用原理也称预先作用法,是指在事件发生前执行某种作用,以对其执行实施便利,具有以下两个方面的含义。

(1)在操作开始之前,使物体局部或全部产生所需的变化。

(2)预先对物体进行特殊安排,使其在时间上有准备,或已处于易操作的位置。

11. 预制防范原理

预制防范原理也称为预操作原理,是指事先做好准备工作,给出应急防范措施,提高系统的可靠性。例如,建筑物中设计有消防栓和灭火器、汽车上的防撞钢梁以及照相机上的防红眼装置等。

12. 等势原理

等势原理是指在势场内应避免位置的改变，如在重力场中不改变物体的工作状态，以避免物体提升或下降。例如，大型物体运输时要保证其重心平衡、生产线中的传送带的水平设计、水利连通器的应用等。

13. 反向作用原理

反向作用原理也称为逆向法，是指施加相反的作用，或使其在位置、方向上具有相反性，具有以下三个方面的含义。

(1)将一个问题中所规定的操作改为相反的操作。

(2)使物体中的运动部分静止、静止部分运动。

(3)使一个物体或过程进行倒置。

14. 曲线、曲面化原理

曲线、曲面化原理是指利用曲线或曲面替代原有的线性特征，具有以下三个方面的含义。

(1)将直线用曲线代替，将平面用曲面代替，将立方体结构用球形结构代替。

(2)利用滚筒、球体或螺旋等结构。

(3)用旋转运动代替直线运动，采用离心力。

例如，圆珠笔尖的设计、洗衣机中的滚筒等。

15. 动态化原理

动态化原理是指通过运动或柔性处理，提高系统的适应性，具有以下三个方面的含义。

(1)使一个物体或其环境在操作的每一个阶段自动调整，达到最佳的性能。

(2)将物体分成相互有关系的元件，元件之间可以改变相对位置。

(3)将物体不动的部分变为可运动的或者可以改变的。

例如，可以调节高度的座椅、可以折叠的椅子、机械装置中的柔性机构、可以弯曲的饮用吸管等。

16. 部分超越原理

部分超越原理也称为未到达或超过的作用原理，是指当期望的效果很难百分之百实现时，应该采用略小于或略大于的结果，以此使问题的解答更加简化。例如，机械优化时，未取得最优结果，但是使目标函数降低(如质量减轻了)的中间结果也是工程可用的；注射针剂时，要先抽取较多的药液，用于排除空气时补充其不足；等离子切割时发出过剩的离子火焰等。

17. 多维原理

多维原理是指通过改变系统的维度来进行创新的方法，具有以下四个方面的含义。

(1)将一维空间中运动或静止的物体变成二维空间中运动或静止的物体，将二维空间中的物体变成三维空间中的物体。

(2)将物体用多层排列替换为单层排列。

(3)使物体倾斜或改变其方向。

(4)使用给定表面的反面或另一面。

18. 机械振动原理

机械振动原理是指利用振动或振荡将一种规则的、周期性的变化包含在平均值附近，具有以下五个方面的含义。

(1)使物体处于振动状态,如电动剃须刀、振动辅助加工技术等。

(2)如果振动存在,则提高它的频率,如超洁净制造中提高超声波频率的兆声波清洗技术等。

(3)利用共振频率,如核磁共振技术等。

(4)利用压电振动代替机械振动。

(5)使用超声波振动与电磁场耦合。

19. 周期性作用原理

周期性作用原理改变物体的作用方式为周期性动作执行,希望获得某种预期创新结果,具有以下三个方面的含义。

(1)从连续性作用过渡到周期性作用或脉冲作用。例如,特种车辆警示声音采用周期性信号,周期性行走机构等。

(2)对已经是周期性的运动改变其运动频率,如通过调频来传递信息等。

(3)在两个无脉动的运动间隙中增加其他作用。

20. 有效作用持续原理

有效作用持续原理也称为有效作用的连续性原理,是指因发生连续性动作,使系统的效率得到提高,具有以下三个方面的含义。

(1)物体的所有部件都满负荷地工作,以提供持续可靠的性能。

(2)消除运动过程中的间歇运动和空转运动。

(3)将往复运动修改为旋转运动。

21. 快速原理

快速原理也称为紧急行动原理,是指以最快的速度完成或越过某个有害或者有危险的阶段。例如,超高速加工,材料处理中的淬火以及照相机闪光灯的设计等。

22. 变害为利原理

变害为利原理是指在有害的因素已经存在的情况下,设法增加其对系统有利的影响,具有以下三个方面的含义。

(1)利用有害因素,特别是对环境有害的因素,获得有益的结果。

(2)通过与其他有害因素的结合消除有害因素。

(3)将有害因素加强到不再是有害的程度。例如,治病时的以毒攻毒,森林救火时用逆火灭火等。

23. 反馈原理

反馈原理也称为反馈法,是指利用反馈进行创新,具有以下两个方面的含义。

(1)引入反馈,进行反向联系,以改善过程或动作。

(2)如果反馈已经存在,则改变反馈的大小或者灵敏度。

24. 中介物原理

中介物原理是指利用中间载体进行发明创新的方法,具有以下两个方面的含义。

(1)利用可以迁移或有传送作用的中间物体。例如,机械传动中的惰轮,弹琴用的拨片,门把手等。

(2)把一个容易分开的物体暂时附加给另一个物体,形成创造过程。例如,餐厅的托盘,化学反应中的催化剂等。

25. 自服务原理

自服务原理是指系统在执行主要功能的同时，完成了其他的辅助性功能或其他的相关功能，有以下两个方面的含义。

(1)使物体通过附加功能产生自己服务的功能，进而完成辅助和修理工作。

(2)利用废弃的材料、能量或物质。

26. 复制原理

复制原理是指利用复制品、模型等来代替原有的物品，具有以下三个方面的含义。

(1)用简单或价格便宜的复制品代替复杂的、昂贵的、操作不便的或易损坏的物体。

(2)用光学复制或图像代替物体本身，可以放大或缩小复制品来改变比例。

(3)如果利用可见光的复制有困难，则采用红外线或紫外线的复制。

27. 替代原理

替代原理是指利用一些低成本物体代替昂贵物体，用一些不耐用的物体代替耐用的物体，同时放弃或降低某些品质或性能方面的要求。例如，一次性的纸杯，一次性的餐具，一次性的雨衣和拖鞋等。

28. 机械系统替代原理

机械系统替代原理也称为机械系统替代法，是指利用物理场或其他形式的作用来替代机械系统的作用，具有以下四个方面的含义。

(1)利用光学、声学、嗅觉等设计原理代替部分机械系统。

(2)利用电场、磁场和电磁场完成同物体之间的相互作用。

(3)由固定场转为移动场，由静态场转为动态场，由随机场转为确定场。

(4)将铁磁颗粒应用到场的作用之中。

29. 气动与液压结构原理

气动与液压结构原理也称为压力法，是指利用气体或液体代替物体的固体部分，用于实现膨胀或减震的功能。例如，汽车上的安全气囊，高压水洗车，带有气垫的运动鞋等。

30. 柔性壳体或薄膜原理

柔性壳体或薄膜原理也称为柔化原理，是指将传统构造改为薄膜或柔性壳体构造，或充分利用薄膜或柔性材料使对象产生变化，具有以下两个方面的含义。

(1)利用柔性壳或薄膜代替传统的结构。例如，饮料瓶材料采用塑料代替原来的玻璃。

(2)利用软壳或薄膜使物体与外部介质环境隔离。例如，计算机键盘上的防护膜。

31. 多孔化原理

多孔化原理是指利用物体多孔的性质改变气体、液体或固体的形式，形成创新设计，具有以下两个方面的含义。

(1)将物体做成多孔的或利用插入或涂层等附加多孔元件。例如，蜂窝结构、空心砖等。

(2)如果物体已是多孔的，则利用这些孔引入或形成有用的物质或功能。例如，活性炭吸附有害物质，医用脱脂棉吸附药液等。

32. 色彩原理

色彩原理是指通过改变系统的色彩，提升系统价值或解决问题，具有以下四个方面的含义。

(1)改变物体或外部环境的颜色。

(2)改变物体或外部环境的透明度或可视性。

(3)采用有颜色的添加物,使难以看到的物体或过程能够被观察到。

(4)如果已采用了某种添加物,则借助其发光的性质。

33. 同质性原理

同质性原理也称为同化原理,是指采用相同或者相似的物体制造与某种物体相互作用的物体。例如,可食用的包装膜包裹食品,采用金刚石刀具切割钻石材料等。

34. 抛弃与再生原理

抛弃与再生原理也称为自生自弃原理,是指抛弃与再生的过程合二为一,在系统中除去的同时对其进行恢复,具有以下两个方面的含义。

(1)已完成自己的使命或已无用的物体部分应当剔除或在工作过程中直接变化。例如,药品的糖衣,胶囊火箭发动机的分级推进器等。

(2)抛弃的部分在工作过程中直接利用。例如,自动铅笔等。

35. 性态转化原理

性态转化原理是指改变物体的属性,以提供一种有用的创新,具有以下四个方面的含义。

(1)改变物体的物理状态,即令其在气态、液态、固态之间变化。

(2)改变物体的浓度或黏度,如采用浓缩饮料代替非浓缩的饮料。

(3)改变物体的灵活度或柔性,如在机械系统中增加弹簧装置。

(4)改变物体的温度,如高温烹饪、低温保鲜等。

36. 相变原理

相变原理是指对相变时发生的现象进行利用。例如,利用水结冰时在某种条件下产生体积膨胀的原理制成冰压设备。

37. 热膨胀原理

热膨胀原理是指将热能转换为机械能或机械作用,具有以下两个方面的含义。

(1)利用材料的热胀冷缩性质。例如,铁轨中预留的缝隙,机械装配中的过盈装配,使用气体受热膨胀原理实现增压等。

(2)使用具有不同热膨胀系数的材料。

38. 加速氧化原理

加速氧化原理是使氧化的级别从一个较低的级别提升至一个较高的级别,进而加速氧化过程,以期得到应有的创新。操作过程可以用富氧空气代替普通空气,用纯氧代替富氧空气,用离子氧代替纯氧,用臭氧代替离子氧。

39. 惰性环境原理

惰性环境原理是指制造惰性的环境,以支持所需要的创新效应,具有以下三个方面的含义。

(1)用惰性介质代替普通介质,如将白炽灯置于氩气环境中防止灯丝失效。

(2)添加惰性或中性添加剂到物体中。

(3)在真空中进行某一过程。

40.复合材料原理

复合材料原理是指用复合材料代替均质材料。例如,碳纤维材料、玻璃纤维材料、复合地板等。

3.4.3 TRIZ 理论的技术矛盾

1. TRIZ 理论的矛盾组成

TRIZ 理论认为所有实际问题都可以归结为三种不同的类型,即管理问题、技术问题和物理矛盾问题,并表现为三种相应的结构模型,即管理模型、技术模型和物理矛盾模型。其中,技术模型和物理矛盾模型具有良好的结构性,因为它们的解决直接得到 TRIZ 理论工具的支持,而管理模型或者是通过转化为前述两种结构模型后解决,或者是采用与 TRIZ 理论没有直接关系的方法来解决。

产品是多种功能的复合体,为了实现产品的功能,需要克服零部件设计中产生的性能矛盾。这种矛盾在 TRIZ 理论中又称为冲突,是制约产品发展的关键。矛盾普遍存在于产品的设计中。按照传统设计中的折中法并没有彻底解决矛盾,而是以一种折中的方式降低了矛盾的程度。在 TRIZ 理论中,产品的创新在于解决或移走设计中的冲突,而产生强有力的解。因此,创新的本质是发现矛盾并解决矛盾,只有解决矛盾的设计才是真正意义上的创新设计。

TRIZ 理论将矛盾分为三类,即管理矛盾、技术矛盾和物理矛盾。

(1)管理矛盾是指为了避免某些现象或希望取得某些结果,需要做一些事情,但不知如何去做。例如,希望提高产品质量,降低原材料的成本,但不知方法。TRIZ 理论认为,管理矛盾是非标准的矛盾,不能直接消除,通常将其转化为技术矛盾或物理矛盾来解决。

(2)技术矛盾是指一个作用同时导致有用及有害两种结果,也可指有用作用的引入或有害效应的消除导致一个或几个子系统或系统变坏。技术矛盾表现为系统中两个参数之间的矛盾。

(3)物理矛盾是指为了实现某种功能,一个子系统或元件应具有一种特性,但同时出现了与此特性相反的特性。

2. TRIZ 理论的技术矛盾

技术矛盾是由系统中两个因素导致的,这两个因素相互促进、相互制约。所有的人工系统、机器、设备、组织或工艺流程,它们都是相互联系、相互作用的各种因素的综合体。TRIZ 理论将这些因素总结成通用参数,来描述系统性能,如速度、强度、温度、可靠性等。如果改进系统中一个元素的参数,而引起了系统中另一个参数的变化,就是同一系统不同参数之间产生了矛盾,称之为技术矛盾,即参数间的矛盾。

技术矛盾出现的几种情况如下。

(1)在一个子系统中引入一种有用的功能,导致另一个子系统产生一种有害功能,或加强了已存在的一种有害功能。

(2)消除一种有害功能导致另一个子系统的有用功能变差。

(3)有用功能的加强或有害功能的减少使另一个子系统或系统变得太复杂。

对于一个技术系统,通常先对系统的内部构成和主要功能进行分析,并用语言进行描述,再确定应该改善或去除的特性以及由此带来的不良反应,最后确定技术矛盾,再采用

TRIZ 理论解决技术矛盾的专用方法进行解决。

3. 通用工程参数

产品设计中的矛盾是普遍存在的，应该有一种通用化、标准化的方法描述设计中的矛盾，设计人员使用这些标准化的方法共同研究与交流将促进产品创新。

TRIZ 理论提出使用 39 个通用工程参数描述矛盾。实际应用中，首先要把一组或多组矛盾均用 39 个通用工程来表示，利用该方法把实际工程设计中的矛盾转化为一般的或标准的技术矛盾。

39 个通用工程参数中常用到运动物体与静止物体两个术语。运动物体是指自身或借助于外力可在一定的空间内运动的物体。静止物体是指自身或借助于外力都不能使其在空间内运动的物体。而物体也可理解为一个系统。表 3.2 是 39 个通用工程参数名称的汇总。

表 3.2　39 个通用工程参数名称

序号	名称	序号	名称
1	运动物体的质量	21	功率
2	静止物体的质量	22	能量损失
3	运动物体的长度	23	物质损失
4	静止物体的长度	24	信息损失
5	运动物体的面积	25	时间损失
6	静止物体的面积	26	物质或事物的数量
7	运动物体的体积	27	可靠性
8	静止物体的体积	28	测量精度
9	速度	29	制造精度
10	力	30	作用于物体的有害因素
11	应力，压强	31	物体产生的有害因素
12	形状	32	可制造性
13	稳定性	33	操作流程的方便性
14	强度	34	可维修性
15	运动物体的作用时间	35	适用性，通用性
16	静止物体的作用时间	36	系统的复杂性
17	温度	37	控制和测量的复杂性
18	照度	38	自动化程度
19	运动物体的能量消耗	39	生产率
20	静止物体的能量消耗		

3.4.4 阿奇舒勒矛盾矩阵

1. 阿奇舒勒矛盾矩阵的含义

消除矛盾的重要途径之一就是采用所介绍的40个发明原理。但问题是消除矛盾时，需要用到哪些最有效的原理？设计人员在确定了技术矛盾后，怎样能够快速地找到相应的发明原理？阿奇舒勒矛盾矩阵能帮助设计人员解决这一问题。

阿奇舒勒通过对大量发明专利的研究，总结出工程领域内常用的表述系统性能的39个通用工程参数，并由39×39个通用工程参数和40个发明原理构成了矛盾矩阵表——阿奇舒勒矛盾矩阵。在阿奇舒勒矛盾矩阵中，将39个通用工程参数横向、纵向顺次排列，横向代表恶化的参数，纵向代表改善的参数。在工程参数纵横交叉的方格内的数字，表示建议使用的40个发明原理的序号，这些原理是最有可能解决问题的原理与方法，是解决技术矛盾的关键所在。在工程参数纵横交叉的方格内存在三种情况：第一种情况是方格内有1～4组数，表示建议使用的40个发明原理的序号；第二种情况是在没有数的方格中，"＋"方格处于相同参数的交叉点，表示系统矛盾由一个因素导致，这是物理矛盾，不在技术矛盾的应用范围之内；第三种情况是在没有数的方格中，"－"方格处于不同参数的交叉点，表示暂时没有找到合适的发明原理来解决这类技术矛盾。

在矛盾矩阵表中，只要清楚了待改善的参数和恶化的参数，就可以在矛盾矩阵中找到一组相对应的发明原理序号，这些原理构成了矛盾可能解的集合。矛盾矩阵表所体现的最基本的内容，就是创新的规律性。需要强调的是矛盾矩阵所提供的发明原理，往往并不能直接解决技术问题，而只是提供了最有可能解决技术问题的探索方向。在解决实际技术问题时，还必须根据所提供的发明原理及所要解决问题的特定条件，探求解决技术问题的具体方案。

2. 矛盾矩阵的应用步骤

为了使用起来更加方便并提高解决问题的效率，总结出矛盾矩阵的应用步骤。

应用矛盾矩阵解决工程矛盾时，建议使用以下12个步骤。

第1步：确定技术系统的名称。

第2步：确定技术系统的主要功能。

第3步：对技术系统进行详细的分解，划分系统的级别，列出超系统、系统、子系统各基本的零部件，以及各种辅助功能。

第4步：对技术系统、关键子系统、零部件之间的相互依赖关系和作用进行描述。

第5步：确定技术系统应改善的特性和应消除的特性。

第6步：将确定的参数，对应表3.2所列的39个通用工程参数进行重新描述。通用工程参数的定义和描述是一项难度颇大的工作，不仅需要对39个通用工程参数充分理解，更需要丰富的专业技术知识。

第7步：对通用工程参数的矛盾进行描述。欲改善的工程参数与随之被恶化的工程参数之间存在的就是技术矛盾。

第8步：对矛盾进行反向描述。假如降低一个被恶化的参数的程度，欲改善的参数将被削弱，或另一个恶化的参数被改善。

第9步：查找阿奇舒勒矛盾矩阵表，得到所推荐的发明原理的序号。

第10步：按照序号查找发明原理，得到发明原理名称。

第 11 步:将所推荐的发明原理逐个应用到具体问题上,探讨每个原理在具体问题上如何应用和实现。

第 12 步:筛选出最理想的解决方案,进入产品的方案设计阶段。

如果所查找到的发明原理都不适用于具体的问题,需要重新定义通用工程参数和矛盾,再次应用和查找矛盾矩阵。

3.4.5 TRIZ 理论中定义的功能及科学效应

传统的科学效应多为按照其所属领域进行组织划分,侧重于效应的内容、推导和属性的说明。由于发明者对自身领域之外的其他领域知识通常具有局限性,因此效应搜索很困难。

TRIZ 理论中,按照“从技术目标到实现方法”的方式组织效应库,发明者可根据 TRIZ 理论的分析工具决定需要实现的“技术目标”,然后选择需要的“实现方法”,即相应的科学效应。TRIZ 理论效应库的组织结构,便于发明者对科学效应进行应用。

通过对 250 多万份全世界高水平发明专利的分析研究,阿奇舒勒指出,在工业和自然科学中的问题和解决方案是重复的,技术进化模式也是重复的,只有百分之一的解决方案是真正的发明。而其余部分只是以一种新的方式来应用以前已存在的知识或概念。因此,对于一个新的技术问题,绝大多数情况下都能从已经存在的原理和方法中找到该问题的解决方案。基于对世界专利库的大量专利的分析,TRIZ 理论总结了大量的物理、化学和几何效应,每一个效应都可能用来解决某一类发明问题。为方便查找,TRIZ 理论将这些效应归纳到各种功能之下,常见的功能共有 30 个,每个功能被赋予一个相应的代码,具体见表 3.3。

表 3.3 功能代码表

序号	实现的功能	功能的代码
1	测量温度	F1
2	降低温度	F2
3	提高温度	F3
4	稳定温度	F4
5	探测物体的位移和运动	F5
6	控制物体位移	F6
7	控制液体及气体的运动	F7
8	控制浮质(气体中的悬浮微粒,如烟、雾等)的流动	F8
9	搅拌混合物形成溶液	F9
10	分解混合物	F10
11	稳定物体位置	F11
12	产生/控制力,形成高的压力	F12
13	控制摩擦力	F13
14	解体物体	F14
15	积蓄机械能与热能	F15

续表 3.3

序号	实现的功能	功能的代码
16	传递能量	F16
17	建立移动的物体和固定的物体之间的交互作用	F17
18	测量物体的尺寸	F18
19	改变物体的尺寸	F19
20	检查表面状态和性质	F20
21	改变表面性质	F21
22	检查物体容量的状态和特征	F22
23	改变物体空间性质	F23
24	形成要求的结构,稳定物体结构	F24
25	探测电场和磁场	F25
26	探测辐射	F26
27	产生辐射	F27
28	控制电磁场	F28
29	控制光	F29
30	产生及加强化学变化	F30

3.4.6 ARIZ 算法简介

ARIZ 算法是 TRIZ 理论中解决发明问题最强有力的工具,它专门用于解决复杂、困难的发明问题。在经历了不断完善和发展的过程后,ARIZ 算法以其易操作性、系统性、实用性及流程化等特性,成为 TRIZ 理论发明问题解决理论的重要支撑。对于那些情境复杂、矛盾不明显的非标准问题,它显得更加有效和可行。因此,它在全球创新科学研究与应用领域占据着首屈一指的地位。但 ARIZ 算法本身过于复杂,不易掌握,对使用者要求较高,其应用远不及其他工具方法那样广泛。ARIZ 算法是解决发明问题的完整算法,其主导思想如下。

(1)矛盾理论。

发明问题的特征是存在矛盾,ARIZ 算法强调发现并解决问题中的矛盾。ARIZ 算法采用一套逻辑过程,通过对问题不断地描述、不断地标准化,将初始问题最根本的矛盾冲突清晰地呈现出来,形成解决问题的模型。

(2)克服对问题的思维定式。

思维定式是创新设计的最大思想障碍。ARIZ 算法强调,在问题解决的过程中要开阔思路,克服思维定式。它主要通过一系列算法和步骤来克服思维的惯性,具体表现在以下几个方面。

①将初始问题转化为“缩小问题”和“扩大问题”两种形式。“缩小问题”是在尽量保持系

统不变的基础上，通过引入约束激化矛盾，目的是发现隐含冲突。“扩大问题”是对可选择的改变取消约束，目的是激发解决问题的新思路。

②系统变化方法。系统有物理、化学、几何、时间及成本等参数，可以变化这些参数的量，加强矛盾冲突或发现隐含问题。系统往往不是孤立的，它包含子系统，并隶属于超系统，在过程上处于前系统和后系统之间。系统变化方法是考虑系统内问题是否可以转移到其超系统、前系统、后系统及系统的不同时间段。有时候，系统内难以解决的问题在系统以外很容易解决。

③强调应用系统内外和超系统的所有可用资源。解决系统问题要充分考虑系统内外能够影响系统的资源，主要包括七种资源类型：物质、能量/场效果、可用空间、可用时间、物体结构、系统功能和系统参数。可用资源的种类和形式是随着技术的进步不断扩展的。

(3)集成应用 TRIZ 理论的大多数工具。

ARIZ 算法集成应用了 TRIZ 理论中的大多数工具，包括技术矛盾理论、物理矛盾理论、物一场分析、标准解法和技术系统进化模式。

(4)充分利用 TRIZ 理论效应库并不断扩充。

ARIZ 算法包含的效应库是人类通过长期的实践得到的宝贵智慧结晶，它重点解决物理矛盾，并已研发出相应支持软件。对系统问题和矛盾进行分析描述以后，可以搜索效应库，借鉴类似问题的解决方案。如果发现本次系统的解决方案具有典型性和通用性，可以将其加入效应库。

习　　题

1. 创造性的思维活动具有哪些特点？请列举出 2～3 个创造性的方法。
2. 用你身边的实例说明其创造性体现在哪些方面？
3. 试说明在产品设计过程中，创造性设计主要体现在哪些环节上？
4. 试举例说明 TRIZ 理论包含哪些发明原理？
5. 简述 TRIZ 理论技术矛盾的含义。

第4章 可靠性设计方法

4.1 机械可靠性研究的背景与内容

4.1.1 可靠性研究的背景

现代可靠性设计方法的研究源于第二次世界大战时真空管的应用。当时美国在远东军事基地有60%的军用飞机电子装置处于故障状态，检查结果是真空管发生了故障。但出故障的真空管却完全符合出厂指标，多次检查后仍找不出原因。后来技术人员做出一种推断：关于真空管的制造技术，有超出以往制造技术和检查能力以外的某种特性。当它被掌握和发现以后，是可以防止该故障产生的。这种特性就是可靠性。后来在设计、制造和检查中考虑了可靠性，结果大大减少了故障。这样，可靠性设计的问题就提到日程上来了。在当时，美国从军品到民品，小到真空管，大到登月飞船等，都要进行可靠性设计。而阿波罗登月火箭成功发射的关键，就是解决了可靠性问题，其可靠性达到99.999 999 9%。1947年，美国学者A. M. Freudenthal教授提出了应力－强度干涉模型，标志着机械可靠性设计方法的诞生。

可靠性研究已经受到工业界的普遍关注，其原因在于：首先，由于市场竞争激烈，产品更新快，许多新元件、新材料、新工艺等未及成熟实验就被采用，因而造成故障。其次，随着产品或系统日益向大容量、高性能参数发展，尤其是机电一体化技术的发展使整机或系统变得复杂，零部件的数量大增，致使其发生故障的机会增多，往往由于一个小零件、小装置的失效而酿成大事故。再次，为了维护用户的利益，国际上通常实行了产品责任索赔办法。例如，近年来汽车、药品等产品的召回制度就是弥补可靠性缺陷而采取的一种补救措施。同时，由于可靠性造成的产品责任赔偿金额也越来越大，甚至一次责任赔偿可能使一个工厂破产。最后，产品或系统可靠性的提高可使用户获得较大的经济效益和社会效益。经济效益和社会效益不仅随产品可靠性的提高而提高，而且和产品的容量及性能参数也有关系。

正是由于上述原因，所以可靠性已是产品市场竞争的重要指标，是影响产品价格的一个因素，是投标和验收的重要内容。而且在国外，产品可靠性的指标数据是生产工厂的技术保密内容之一。

机床行业是先进制造装备的基石。近年来，可靠性设计在机床行业已经引起重视。有研究表明：我国数控机床的可靠性指标MTBF(平均寿命)普遍小于300 h，大大低于国际平均水平1 000 h。高档数控机床都是企业的关键设备，用来加工企业的关键零部件，可靠性不能有半点差池，否则严重影响产品的质量和交货期。机床专家研究认为：我国机床和国外机床相比只差“最后一公里”，这就是可靠性！当前，机床产品的可靠性差是某些用户不愿意购买的主要原因。对于高档机床，在低价和可靠性之间，用户往往选择可靠性。因此，可靠性差极大地影响了国产数控机床占领国内市场、走向世界，极大地制约了我国机床行业的发展。

4.1.2 应力－强度干涉模型

传统的机械零件设计方法是以计算安全系数为主要内容的。安全系数法对问题的提法是：零件的安全系数 $=\dfrac{\text{零件的强度}}{\text{零件的应力}}\left(n=\dfrac{F}{S}\right)$ 是多大？而在计算安全系数时却是以零件材料的强度 F 和零件所承受的应力 S 都是取单值为前提的。

机械可靠性设计方法则认为零件的应力、强度以及其他的设计参数，如载荷、几何尺寸和物理量等都是多值的，即呈分布状态。互不干涉的应力和强度分布曲线如图 4.1 所示。

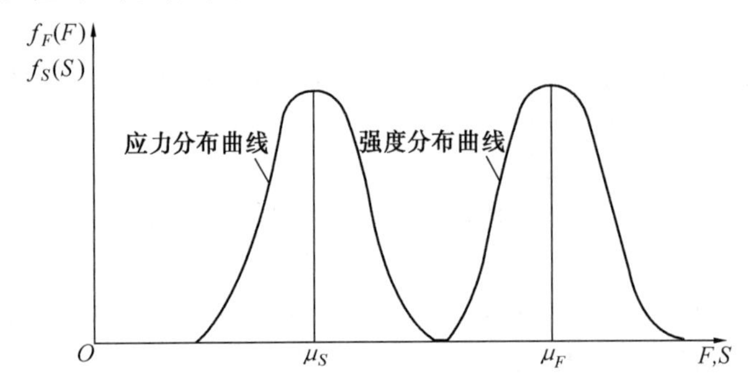

图 4.1 互不干涉的应力和强度分布曲线图

为了便于说明问题，假设强度分布和应力分布都是正态分布。对于同样大小的强度平均值 μ_F 和应力平均值 μ_S，其平均安全系数的数值仍等于$\dfrac{\mu_F}{\mu_S}$。但这时的零件是否安全，不仅取决于平均安全系数的大小，还取决于强度分布和应力分布的离散程度，即还应根据强度和应力分布的标准离差 σ_F 和 σ_S 的大小而定。如果像图 4.1 所示的应力和强度两个分布的尾部不发生干涉或重叠，则这时零件不会破坏。但是，在零件工作过程中，随着时间的推移和环境等因素的变化以及材料强度的老化等原因，将可能导致应力和强度分布曲线发生干涉，即出现两个分布曲线的尾部发生干涉，如图 4.2 所示。

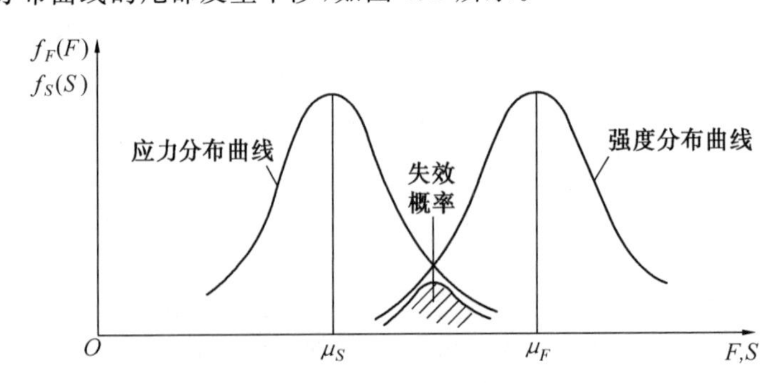

图 4.2 机械零件的应力和强度分布曲线相互干涉

这说明，有可能出现应力大于强度的工作条件，即零件将发生失效。因为应力分布和强度分布的干涉部分(即重叠部分) 在性质上是表示零件的失效概率，即不可靠的。

应当注意,因为失效概率是两个分布的合成,所以仍为一种分布。而图中的阴影部分,即两个分布的重叠部分的面积不能作为失效概率的定量表示。

为了说明安全系数法的不合理,现在进一步分析如下。

首先,将应力分布和强度分布的标准离差 σ_F 和 σ_S 保持不变,而以相同的比例 K 改变两个分布的平均值 μ_F 和 μ_S。当 $K>1$ 时,如图4.3中的虚线所示,μ_{F1} 和 μ_{S1} 向右移,且安全系数 $n=\dfrac{\mu_{F1}}{\mu_{S1}}=\dfrac{K\mu_F}{\mu_{S1}}=\dfrac{\mu_F}{\mu_S}$ 保持不变。此时,失效概率变小,即可靠度增大。而当 $K<1$ 时,情况恰好相反。

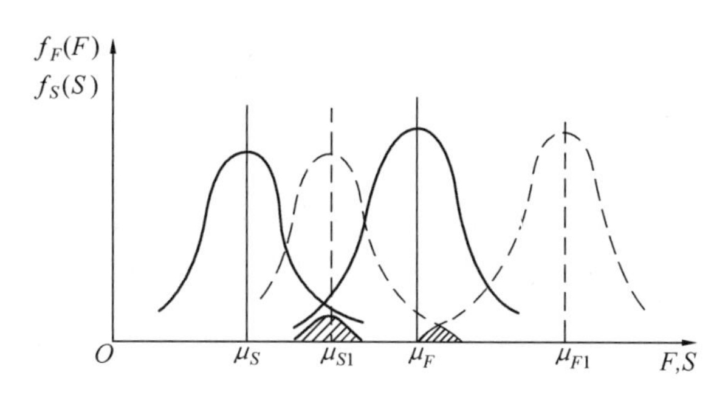

图4.3 μ_F 和 μ_S 按比例右移后失效概率的变化

这说明,虽然用$\dfrac{\mu_F}{\mu_S}$计算所得的平均安全系数保持不变,但由于 μ_F 和 μ_S 的改变,可靠度也将随之改变。因此,按照单值安全系数进行零件设计的方法是不合理的。

其次,若保持平均值 μ_F 和 μ_S 不变,但标准离差 σ_F 和 σ_S 改变,也会出现类似的结果,如图4.4所示。图中示出了三种情况。第一种情况是原来的分布,此时重叠部分较大,失效概率较大。第二种情况是 σ_F 和 σ_S 中只有一种减小了,结果都导致失效概率减小。第三种情况是 σ_F 和 σ_S 都减小,以致分布的重叠部分变小,接近零,从而使失效概率接近为零。可见,对于同一安全系数,由于 σ_F 和 σ_S 的改变,也会出现不同的可靠度。这同样说明按单值安全系数进行零件设计的方法是不合理的。

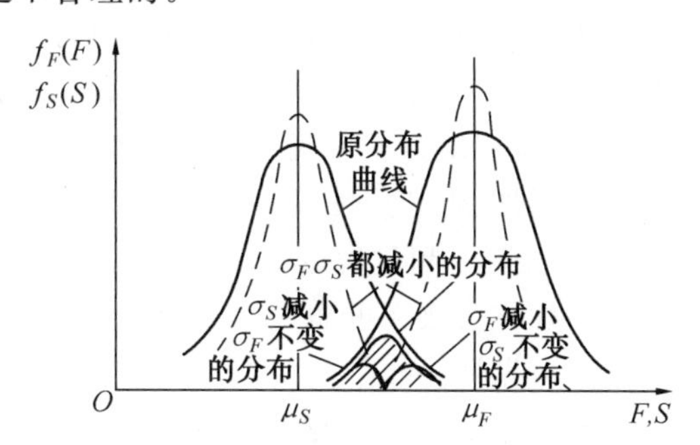

图4.4 应力和强度分布的标准离差 σ_F 和 σ_S 改变对失效概率的影响

当然,还可以保持安全系数不变,而同时改变 μ_F、μ_S 和 σ_F、σ_S。这时失效概率也将发生变化。

通过上面的简单分析和说明,可以看出,传统的按安全系数方法进行机械零件设计是不合理的,它是一种陈旧的概念和设计方法。

4.1.3 机械可靠性设计的主要内容

可靠性学科的内容很广，但主要是以下两个方面。

(1) 可靠性理论基础，如可靠性数学，可靠性物理，可靠性设计技术，可靠性环境技术，可靠性数据处理技术，可靠性基础实验以及人在操作过程中的可靠性等。

(2) 可靠性应用技术，如使用要求调查，现场数据收集和分析，失效分析，零件、机器和系统的可靠性设计和预测，软件可靠性，可靠性评价和验证，包装、运输、保管和使用的可靠性规范，可靠性标准等。

上述内容大致可概括为管理、设计、分析、理论、数据、实验和评价等分支。我们这里只讨论可靠性设计的问题。

可靠性设计是可靠性学科的重要分支，它的重要内容之一是可靠性预测，其次是可靠性分配。可靠性预测是一种预报方法，即从所得的失效数据预报一个零部件或系统实际可能达到的可靠度，预报这些零部件或系统在规定的条件下和在规定的时间内，完成规定功能的概率。

4.2 可靠性的概念和指标

可靠性最早只是一个抽象的、定性的评价指标，如很可靠、比较可靠、不大可靠、根本不可靠等。现在可靠性有了一种具体定义，即可靠性是“产品在规定条件下和规定时间内完成规定功能的能力”。这其中的两个规定具有某种数值的概念。一个数值是“规定时间内”，它具有一定寿命的数值概念。不能认为寿命越长越好，需要有一个最经济有效的使用寿命。当然，这个规定的时间指的是产品出厂后的一段时间，这一段时间可以称为产品的保险期。另一个数值是“规定功能”，它说的是保持功能参数在一定界限值之内的能力，不能任意扩大界限值的范围。

产品丧失规定的功能称为出故障，对不可修复或不予修复的产品而言，称其为失效。为保持或恢复产品能完成规定功能的能力而采取的技术管理措施称为维修。可以维修的产品在规定条件下使用，在规定的时间内按规定的程序和方法进行维修时，保持或恢复到能完成规定功能的能力，称为产品的维修性或维修度。我们把可以维修的产品在某时刻所具有的或能维持规定功能的能力称为可用性、可利用度或有效度。

产品完成规定功能包括：(1) 性能不超过规定范围的性能可靠性。(2) 结构不断裂破损的结构可靠性。这两方面的可靠性称为狭义可靠性。把狭义可靠性、可用性和保险期综合起来考虑时的可靠性则称为广义可靠性。

当所考虑的产品是由部件或子系统所组成的系统时，我们不能期望它的组成部件或子系统都是等寿命的。因为影响各组成部件或子系统的因素是复杂的，所以研究可靠性目前都应当考虑应用概率和统计的数学方法。因此，可靠性中都是用概率和统计的数学方法来对可靠性的数值指标进行描述。

可靠性的数值标准常用以下指标(或称特征值)。

(1) 可靠度(Reliability)。

(2) 失效率或故障率(Failure Rate)。

(3) 平均寿命(Mean Life)。

(4) 有效寿命(Useful Life)。

(5) 维修度(Maintainability)。

(6) 有效度(Availability)。

(7) 重要度(Importance)。

它们统称为可靠性尺度。有了尺度,则在设计和生产时就可用数学方法来计算和预测,也可以用实验方法来评定产品或系统的可靠性。

4.2.1 可靠性的主要指标

1. 可靠度和故障概率密度函数

前面已经提到:产品在规定条件下、规定时间内,保持规定工作能力的概率就是它的可靠度。也就是说,某个零部件在规定的寿命期限内和在规定的使用条件下,无故障地进行工作的概率,就是该零部件的可靠度。

在规定的使用条件下,可靠度是时间的函数。

若令 $R(t)$ 代表零件的可靠度,$Q(t)$ 代表零件失效的概率或零件的故障概率,则当对总数为 N 个零件进行实验,经过 t 时间后,有 $N_Q(t)$ 个零件失效,$N_R(t)$ 个零件仍正常工作,那么该类零件的可靠度定义为

$$R(t)=\frac{N_R(t)}{N} \tag{4.1}$$

它的故障(失效) 概率定义为

$$Q(t)=\frac{N_Q(t)}{N} \tag{4.2}$$

因为 $N_R(t)+N_Q(t)=N$,所以 $R(t)+Q(t)=1$,即

$$R(t)=1-Q(t) \tag{4.3}$$

为了以后设计计算的需要,下面给出随机变量取值的统计规律方面的概念。

一般在处理统计数据时,概率可以用频率来解释。例如,在可靠性中,可以用 $Q(1\ 000)=0.05$ 表示从0到1 000 h内,平均100件产品中大约有5件发生故障,有95件产品的寿命(或无故障工作时间) 大于1 000 h。而使用频率公式估计概率时,若假定在实验中,有 N 件产品从0时刻投入使用,到 t 时刻有 $N_Q(t)$ 件产品发生故障,则故障的估计式(或故障分布函数)就是 $Q(t)=\frac{N_Q(t)}{N}$。当把这种实验所得的数据按取值的顺序间隔分组,整理出对应于每一间隔的取值频率数,画成如图4.5所示的直方图时,它将反映随机变量取值的统计规律性。如果取横坐标为某类零件的寿命间隔,纵坐标是它发生故障的个数(或频次),则该直方图就反映了某类零件在各个寿命间隔时间内故障发生(寿命的长短) 的可能性大小,即故障概率的大小。显然,直方图反映故障概率的分布状态,因此,可称为故障分布函数。在可靠性中用 $Q(t)$ 表示。故障分布函数是指随机变量 t 取值小于或等于某一规定数值 t 的概率分布,它是用来描述随机变量取值规律的一个函数。

当把直方图中的分组间隔分得很细密时,则它将稳定地趋近于某条曲线 $f(t)$,如图4.5所示。曲线 $f(t)$ 反映着故障概率的频谱,在可靠性里称为零件故障(或失效) 概率密度函

数。

故障概率密度函数 $f(t)$ 也是用来描述随机变量取值规律的一个函数，它定义为：在时间 t 附近的单位时间内失效的产品数 $\frac{\mathrm{d}}{\mathrm{d}t}N_Q(t)$ 和产品总数 N 之比，即

$$f(t)=\frac{1}{N}\frac{\mathrm{d}}{\mathrm{d}t}N_Q(t) \tag{4.4}$$

或

$$f(t)=\frac{\mathrm{d}}{\mathrm{d}t}\frac{N_Q(t)}{N}=\frac{\mathrm{d}}{\mathrm{d}t}Q(t) \tag{4.4a}$$

故障分布函数又称累计故障概率密度函数，它和故障概率密度函数的关系是

$$Q(t)=\int_0^t f(t)\mathrm{d}t \tag{4.5}$$

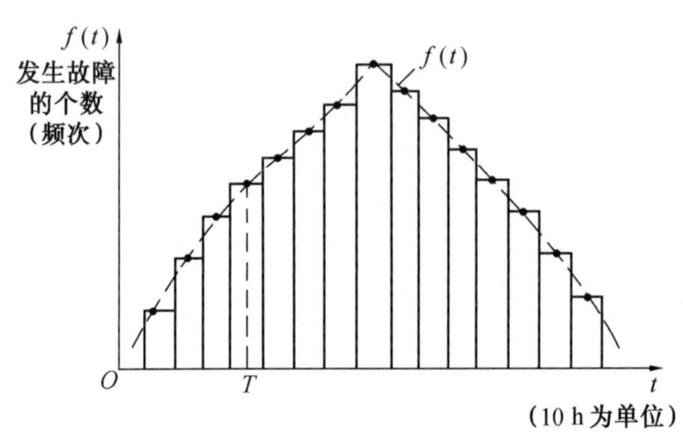

图 4.5 机械零件寿命－故障个数直方图

当把图 4.5 的直方图画成如图 4.6 所示的连续曲线形式时，式(4.5) 说明，$Q(t)$ 代表在 t 时刻 $f(t)$ 曲线下面 AA 线左侧的面积。而此时右侧的面积则代表可靠度 $R(t)$，且有

$$R(t)=\int_t^{\infty} f(t)\mathrm{d}t \tag{4.6}$$

把图 4.6 的纵坐标乘以零件总数 N，而由于 $N_Q(t)=NQ(t)$，所以此时标以 $Q(t)$ 的面积就代表已失效的零件数 $N_Q(t)$。同样，由于 $N_R(t)=NR(t)$，则此阴影线标出的面积就代表在时刻 t 尚未失效的零件数 $N_R(t)$。而 $f(t)$ 就代表在时刻 t 零件可能发生失效的比例 $\frac{\mathrm{d}}{\mathrm{d}t}Q(t)$。

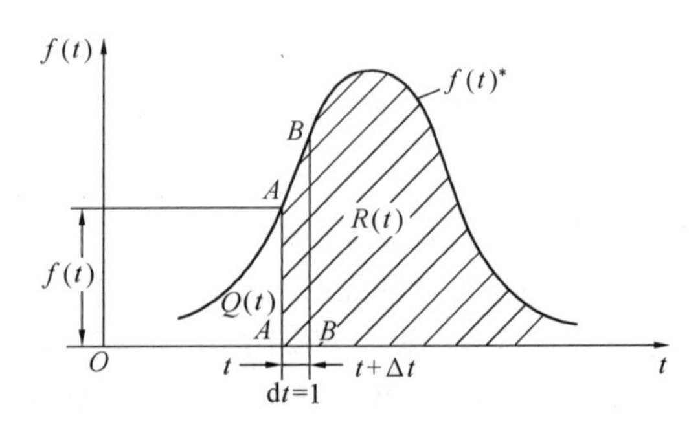

图 4.6 零件的失效概率密度曲线 $f(t)$

若再在距 AA 为 $\mathrm{d}t=1$ 处取直线 BB，则面积 $AABB$ 代表在紧接时刻 t 之后，单位时间失

效的零件数$\dfrac{\mathrm{d}}{\mathrm{d}t}\dfrac{N_Q(t)}{N}=\dfrac{\mathrm{d}}{\mathrm{d}t}Q(t)=f(t)$。

现在给出失效率的概念。失效率 $\lambda(t)$ 的定义为

$$\lambda(t)=\frac{t\text{ 时刻附近单位时间失效的产品数}}{t\text{ 时刻附近仍正常工作的产品数}}=\frac{N}{N_R(t)}\frac{\mathrm{d}}{\mathrm{d}t}Q(t)=\frac{1}{N_R(t)}\frac{\mathrm{d}N_Q(t)}{\mathrm{d}t} \tag{4.7}$$

由 $\lambda(t)=\dfrac{1}{N_R(t)}\dfrac{\mathrm{d}N_Q(t)}{\mathrm{d}t}$ 和 $N_R(t)=NR(t)$ 可得

$$\lambda(t)=\frac{1}{R(t)}\left[\frac{1}{N}\frac{\mathrm{d}N_Q(t)}{\mathrm{d}t}\right]=\frac{f(t)}{R(t)} \tag{4.8}$$

它表明,$\lambda(t)$ 就是在时刻 t 仍然正常工作着的每一个零件在下一单位时间内发生故障(失效)的概率。它反映某一时刻 t 残存的产品在其后紧接着的一个单位时间内失效的产品数,对 t 时刻的残存的产品数之比。它能更直观地反映每一时刻的失效情况。

例如,设有 100 个某种器件,工作 5 年失效 4 件,工作 6 年失效 7 件。求 $t=5$ 年的失效率。

当时间单位取为 $\Delta t=1$ 年时,则有

$$\lambda(5)=\frac{7-4}{(100-4)\times 1}=0.031\,2/\text{年}=3.12\%/\text{年}$$

如果时间以10^3 h 为单位,则 $\Delta t=1$ 年 $=8.76\times 10^3$ h,所以有

$$\lambda(5)=\frac{7-4}{(100-4)\times 8.76\times 10^3}=0.36\%/10^3\text{h}$$

为了以后计算的需要,给出以下几个表达式。

由式(4.3),有 $R(t)=1-Q(t)=1-\dfrac{N_Q(t)}{N}$。它的微分是$\dfrac{\mathrm{d}R(t)}{\mathrm{d}t}=-\dfrac{1}{N}\dfrac{\mathrm{d}N_Q(t)}{\mathrm{d}t}$。从而得$\dfrac{N\mathrm{d}R(t)}{\mathrm{d}t}=-\dfrac{\mathrm{d}N_Q(t)}{\mathrm{d}t}$。因而式(4.7) 可以改写成

$$\lambda(t)=\frac{1}{N_R(t)}\left(\frac{-N\mathrm{d}R(t)}{\mathrm{d}t}\right)=-\frac{N}{N_R(t)}\frac{\mathrm{d}R(t)}{\mathrm{d}t} \tag{4.7a}$$

而$\dfrac{N_R(t)}{N}=R(t)$,所以又可写成

$$\lambda(t)=-\frac{\dfrac{\mathrm{d}R(t)}{\mathrm{d}t}}{R(t)}$$

或

$$\lambda(t)\mathrm{d}t=-\frac{\mathrm{d}R(t)}{R(t)} \tag{4.9}$$

从而有

$$\int_0^t\lambda(t)\mathrm{d}t=-\int_0^t\frac{\mathrm{d}R(t)}{R(t)}=-\ln R(t)\Big|_0^t$$

因为,$R(0)=1$,则 $\ln R(0)=0$,所以

$$\int_0^t\lambda(t)\mathrm{d}t=-\ln R(t)$$

结果得

$$R(t)=\exp^{-\left[\int_0^t\lambda(t)\mathrm{d}t\right]}=\mathrm{e}^{-\int_0^t\lambda(t)\mathrm{d}t} \tag{4.10}$$

2. 平均寿命

平均寿命又称平均失效时间(MTBF),它是一个和可靠性有关的很有用的数量指标。它是失效的平均间隔时间,即平均无故障工作时间。

根据概率论中的定义,随机变量 t 的均值为

$$\mu_t = \int_0^{\infty} tf(t)\mathrm{d}t \tag{4.11}$$

将式(4.4a) 的 $f(t)$ 代入,可得

$$\mu_t = \int_0^{\infty} t\left[\frac{\mathrm{d}Q(t)}{\mathrm{d}t}\right]\mathrm{d}t = \int_0^{\infty} t\left\{\frac{\mathrm{d}}{\mathrm{d}t}[1-R(t)]\right\}\mathrm{d}t = \int_0^{\infty} t\left[\frac{\mathrm{d}R(t)}{\mathrm{d}t}\right]\mathrm{d}t$$

或
$$\mu_t = -tR(t)\Big|_{t=0}^{t=\infty} + \int_0^{\infty}[t+R(t)]\mathrm{d}t$$

因为 $t=\infty$ 时,$R(t)=0$,所以

$$\mu_t = \int_0^{\infty} R(t)\mathrm{d}t \tag{4.12}$$

寿命 t 的均值当然就是平均失效时间(MTBF),所以有

$$\mathrm{MTBF} = \mu_t = \int_0^{\infty} R(t)\mathrm{d}t \tag{4.12a}$$

根据式(4.12a),可以计算出几种分布规律的 MTBF 值。

(1) 正态分布的 MTBF。

$$\mathrm{MTBF} = \mu_t = \int_0^{\infty}\int_t^{\infty} \frac{1}{\sigma\sqrt{2\pi}}\mathrm{e}^{-\frac{1}{2}\left(\frac{t-\mu}{\sigma}\right)^2}\mathrm{d}t\mathrm{d}t \tag{4.13}$$

(2) 指数分布的 MTBF。

$$\mathrm{MTBF} = \int_0^{\infty} R(t)\mathrm{d}t = \int_0^{\infty}\mathrm{e}^{-\lambda t}\mathrm{d}t = -\frac{1}{\lambda}\mathrm{e}^{-\lambda t}\Big|_0^{\infty} = \frac{1}{\lambda} \tag{4.14}$$

即此时的 MTBF 和失效率 λ 是互为倒数的关系。

(3) 韦布尔分布的 MTBF。

$$\mathrm{MTBF} = \int_0^{\infty} R(t)\mathrm{d}t = \int_0^{\infty} tf(t)\mathrm{d}t = \theta\Gamma\left(\frac{1}{b}+1\right) \tag{4.15}$$

式中,$\Gamma\left(\frac{1}{b}+1\right)$ 是伽马函数,可利用相应的数值表查算。

3. 维修度和有效度

把发生故障的产品或系统进行修复,使之恢复完好状态的过程称为维修。前面所提到的平均无故障工作时间(MTBF) 或平均寿命,指的都是可以维修的产品或系统在一次故障发生后到下一次故障发生之前无故障工作时间的平均值。有些产品是不可修复或不必修复的,这时的平均寿命则是指从开始使用起直到发生故障之前的无故障工作时间的平均值,记为 MTTF。

由于产品或系统发生故障的原因、部位和系统所处的环境以及修理工人的水平等的不同,所以维修所需的时间通常是一个随机变量,是否可以修好,即修好的概率也是随机变量。与可靠度一样,可以给出一个描述维修时间概率规律的尺度,称为维修度。它是指产品发生故障后尽快修复到正常状态的能力。它的定义是:对可以修复的产品或系统,在规定的条件下,按规定的程序和方法,在规定时间内,通过维修保持和恢复到能完成规定功能状态

的概率,并可用函数 $M(t)$ 表示。

维修度正好和可靠度对应。不同的是,维修度是从非正常状态恢复到正常状态的概率,而可靠度则是从正常状态变为不正常状态的概率。

越容易维修的系统对相同的 t 来说 $M(t)$ 就越大。$M(t)$ 是时间 t 的单调递增函数,并且可用正态分布、对数正态分布或指数分布来描述。但常用的是指数分布,即常描述为

$$M(t)=1-e^{-\mu t} \tag{4.16}$$

式中,μ 是在单位时间内完成维修的瞬时概率,称为修复率。它相当于可靠度函数 $R(t)=e^{-\lambda t}$ 或故障概率 $Q(t)=1-e^{-\lambda t}$ 中的失效率 λ。同样,$\frac{1}{\lambda}$ 对应于平均寿命MTBF,$\frac{1}{\mu}$ 则是平均维修时间或平均故障停机时间 MTTR 或 MDT。

如果把系统的修理考虑进来,则除可靠度之外,还须有一个表示整个产品或系统利用状态的尺度。这个尺度就是有效度或可利用度。有效度就是产品或系统在特定的瞬时能维持其功能的概率。这称为瞬时有效率。有效度的计算除了要考虑系统的组成外,还要考虑维修组织情况(例如,一组还是两组修理工等)。对于失效率为 λ、修复率为 μ 的一个单元一个修理工的单一系统,其有效度 $A(t)$ 可表示为

$$A(t)=\frac{\mu}{\mu+\lambda}+\left[\frac{\lambda e^{-(\mu+\lambda)t}}{\mu+\lambda}\right]=\frac{\mu}{\mu+\lambda}+\frac{\lambda}{\mu+\lambda}e^{-(\mu+\lambda)t} \tag{4.17}$$

式中,常数项 $\frac{\mu}{\mu+\lambda}$ 是固有有效率,是产品或系统在长时间使用时的平均有效度。第二项是过渡项。

可以看出,原来不考虑维修时的失效率 λ,现在变成考虑维修以后的 $\frac{\lambda}{\mu+\lambda}$,而原来的修复率 μ 变成现在的 $\frac{\mu}{\mu+\lambda}$。即当考虑维修以后,失效率 λ 比原来减小了。

4.2.2 三种失效率 —— 失效模式

失效率是可靠性研究的一项重要内容,可靠性的度量与失效率密切相关。产品的失效(或故障)有其规律,但认识其规律并非易事,需要通过实验,有时甚至要付出很大的代价。例如,1952 年,英国彗星型喷气客机的使用虽然开创了喷气客机的时代,但是自投入使用以后,到 1954 年就已失事四次,死亡 80 余人。经检查,并未发现有结构材料方面的缺陷。然而,在对第五次的空中爆炸检查后,发现它和第四次失事的检查结果相似。因此,英国民航管理部门不得不撤销该机的飞行,组织专家研究原因,并针对分析结果对实物进行模拟实验,终于找到失事原因,即“失效机理”是结构材料的疲劳。因为飞机在高空飞行时,气密客舱内保持常压,而机体外部是稀薄的气层,相对于客舱而言是高压;而当飞机降落后,客舱内压力与舱外平衡。这样飞机每次起飞和降落就相当于机体金属受到一次高低压的应力冲击。因而在多次飞行中,飞机机体金属相当于承受着多次的应力循环冲击,从而导致金属疲劳而破裂。这一失效规律是用很多人的生命换来的。

大量的研究表明,机电产品零件典型失效率曲线,即失效或故障模式如图 4.7 所示。它明显地可以划分为三个区域,即早期失效区域、正常工作区域和功能失效区域。

早期失效区域的失效率较高,故障率由较高的值迅速下降,一般属于试车的跑合期。

正常工作区域出现的失效具有随机性，故障率变化不太大，有的微微下降或上升，可以称为使用寿命期或偶然故障期。在此区域内，故障率较低。

功能失效区域的失效率迅速上升。一般情况下，零件表现为耗损、疲劳或老化所致的失效。

失效率曲线的三个区域反映了产品零件的三种失效率或故障模式。它们均具有一定的概率分布特性。了解它们的特性对研究产品的可靠性有很大帮助。下面简单说明在机械可靠性研究中常用的几种概率分布。

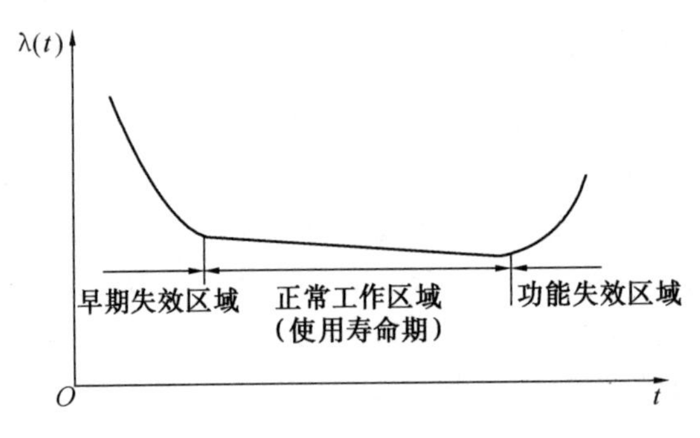

图 4.7 机电产品零件典型失效曲线

1. 指数分布

当失效率为常数时，有 $\lambda(t)=\lambda$。此时可靠度为

$$R(t)=\mathrm{e}^{-\int_0^t \lambda(t)\mathrm{d}t}=\mathrm{e}^{-\lambda\int_0^t \mathrm{d}t}=\mathrm{e}^{-\lambda t} \tag{4.18}$$

结果给出

$$f(t)=\lambda(t)R(t)=\lambda R(t)=\lambda \mathrm{e}^{-\lambda t} \tag{4.19}$$

随机失效一般具有指数分布规律。所以，对于正常使用期内由于偶然原因而发生的失效事件，常用指数分布来描述，即认为其失效概率为常数。大量实际工作表明：处于稳定工作状态的电子机械或电子系统的故障率基本上是常数。

分布虽可描述随机变量取值的统计规律性，但还不能反映随机变量的某些重要特点。一般还要给出分布的数学期望（或称均值）μ 和方差 σ^2（或标准离差 σ）这两个特征量。

指数分布的均值 $\mu=\dfrac{1}{\lambda}$，它的方差 $\sigma^2=\left(\dfrac{1}{\lambda}\right)^2$。

2. 正态分布

正态分布是一种常见的分布，它具有对称性。产品的性能参数，如零件的应力和强度等多数是正态分布，部件的寿命也多是正态分布。功能失效区域的曲线也具有正态分布的性质。

正态分布的概率密度函数（即正态分布曲线的方程）是

$$f(t)=\frac{1}{\sigma\sqrt{2\pi}}\mathrm{e}^{-\frac{1}{2}\left(\frac{t-\mu}{\sigma}\right)^2} \tag{4.20}$$

式中，μ 是随机变量 t 的均值，$\mu=\int_{-\infty}^{\infty} tf(t)\mathrm{d}t$；$\sigma$ 是随机变量 t 的标准离差，$\sigma=\left[\int_{-\infty}^{\infty}(t-\mu)^2 f(t)\mathrm{d}t\right]^2$。

均值和标准离差(或方差)是正态分布的主要参数。均值μ决定正态分布的中心倾向或集中趋势,即正态分布曲线的位置;而标准离差σ决定正态分布曲线的形状,表征分布的离散程度。其概念可从图 4.8 的(a) 和(b) 看出。

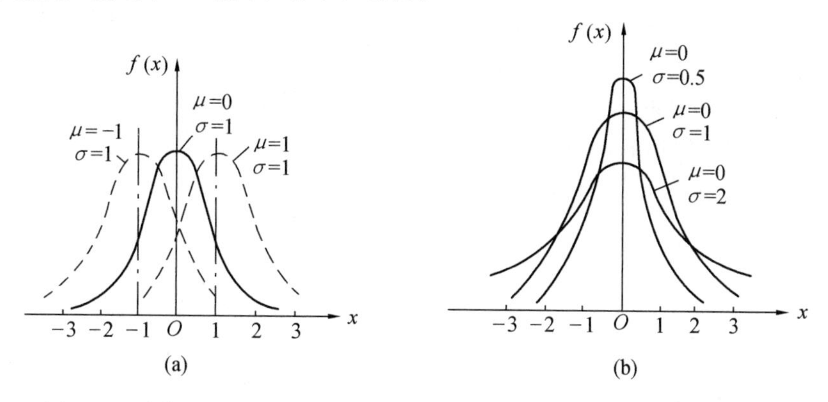

图 4.8　均值μ和标准离差σ对正态分布曲线位置的影响和对形态的影响

$\mu=0,\sigma=1$的正态分布称为标准正态分布。它的分布曲线如图 4.9 所示。概率就是曲线$f(x)$下面的面积。因此,可以利用标准正态分布面积来表述概率。此时的概率可用式$P(a\leqslant x\leqslant b)=\int_a^b f(x)\mathrm{d}x$表述。当$a=\mu-3\sigma,b=\mu+3\sigma$时,概率为 99.6%;当$a=\mu-\sigma$,$b=\mu+\sigma$时,概率为 68.2%。

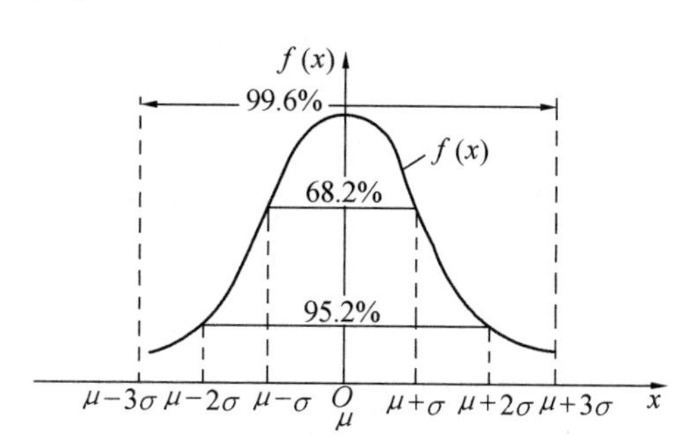

图 4.9　标准正态分布曲线

正态分布时的失效概率为

$$Q(t)=\int_{-\infty}^{t}\frac{1}{\sigma\sqrt{2\pi}}\mathrm{e}^{-\frac{1}{2}\left(\frac{t-\mu}{\sigma}\right)^2}\mathrm{d}t \tag{4.21}$$

可靠度为

$$R(t)=1-Q(t)=\int_{t}^{\infty}\frac{1}{\sigma\sqrt{2\pi}}\mathrm{e}^{-\frac{1}{2}\left(\frac{t-\mu}{\sigma}\right)^2}\mathrm{d}t \tag{4.22}$$

失效率为

$$\lambda(t)=\frac{f(t)}{R(t)}=\frac{\mathrm{e}^{-\frac{1}{2}\left(\frac{t-\mu}{\sigma}\right)^2}}{\int_{t}^{\infty}\mathrm{e}^{-\frac{1}{2}\left(\frac{t-\mu}{\sigma}\right)^2}\mathrm{d}t} \tag{4.23}$$

若令变量$z=\dfrac{t-\mu}{\sigma}$,则将一般的正态分布转化为标准正态分布。此时的z称为标准正态分布的随机变量,简称为标准变量。为了便于计算,对应于不同的z值给出相应的失效概

率 $Q(t)$，并制成正态分布函数表或标准正态分布面积表。

对机械零件来说，考虑到 $z=\frac{t-\mu}{\sigma}$ 是把应力分布参数、强度分布参数和可靠度三者联系起来的表达形式，因此有人把它称为连接方程或可靠度方程。它是在机械可靠性设计中的一个很重要的方程。此时的 z 称为连接系数、可靠性系数或安全指数系数。

如果随机变量 t 的对数 $y=\ln t$ 服从正态分布，则 t 服从对数正态分布。对数正态分布是不对称的分布，是向一侧倾斜的分布，曲线如图 4.10 所示。图 4.10(b) 是图 4.10(a) 经对数变换后的图形。

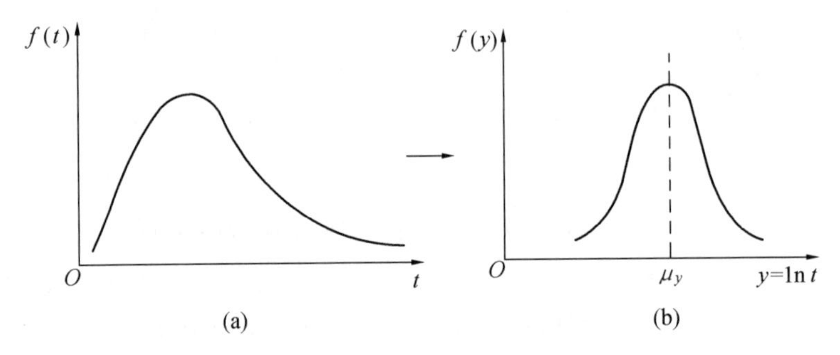

图 4.10　对数正态分布曲线

对数正态分布的概率密度函数为

$$f(y)=\frac{1}{\sigma_y\sqrt{2\pi}}\mathrm{e}^{-\frac{1}{2}\left(\frac{y-\bar{y}}{\sigma_y}\right)^2} \tag{4.24}$$

式中，$y=\ln t$；$\bar{y}=\mu_y$ 是均值。

由于 $y=\ln t$ 服从正态分布，所以关于正态分布的计算方法也适用于对数正态分布。

3. 韦布尔分布

韦布尔分布是工程实际中广泛应用的一种分布。一般地说，零件的疲劳寿命和强度等都可以用韦布尔分布来描述。它具有通用性，可以认为，正态分布、指数分布等都是它的特例。韦布尔分布是研究钢球寿命时由瑞典人韦布尔采用的。它是一种材料强度的经验公式。

韦布尔分布的失效率密度函数为

$$f(t)=\frac{b}{\theta}\left(\frac{t-\gamma}{\theta}\right)^{b-1}\mathrm{e}^{-\left(\frac{t-\gamma}{\theta}\right)^b} \tag{4.25}$$

其中，b 是形状参数；θ 是尺度参数；γ 是位置参数。

式(4.25) 称为三参数韦布尔分布失效概率密度函数。

4.3　机械系统的可靠性设计

机械系统常由许多子系统组成，而每个子系统又可能由若干单元(如零部件) 组成。因此，单元的功能及实现其功能的概率都直接影响系统的可靠度。在设计过程中，不仅要把系统设计得满足功能要求，还应设计得使其能有效地执行功能。因而就须对系统进行可靠性设计。系统的可靠性设计有两个方面的含义，其一是可靠性预测，其二是可靠性分配。

系统的可靠性预测是按系统的组成形式,根据已知的单元和子系统的可靠度计算求得的。它可以按单元→子系统→系统的顺序自下而上地落实可靠性指标。这是一种合成方法。

系统的可靠性分配是将已知系统的可靠性指标(容许失效概率)合理地分配到其组成的各子系统和单元上去,从而求出各单元应具有的可靠度,它比可靠性预测要复杂。可以说,它是按系统→子系统→单元的顺序自上而下地落实可靠性指标。这是一种分解方法。

为了计算系统的可靠度,不管是可靠性预测还是可靠性分配,首先都需要有系统的可靠性模型。

4.3.1 机械系统的可靠性模型

1. 串联系统

若产品或系统是由若干个单元(零部件)或子系统组成的(为了简略,以后子系统略),而其中的任何一个单元的可靠度都具有相互独立性,即各个单元的失效(发生故障)是互不相关的。那么,当任一个单元失效时,都会导致产品或整个系统失效,则称这种系统为串联系统或串联模型。图4.11(a)、(b)、(c)所示分别是收音机的功能框图、可靠性框图和串联系统模型图。从图中可以看出,收音机的功能框图和可靠性框图是不同的。这里的收音机可靠性框图是一个串联系统的实例。

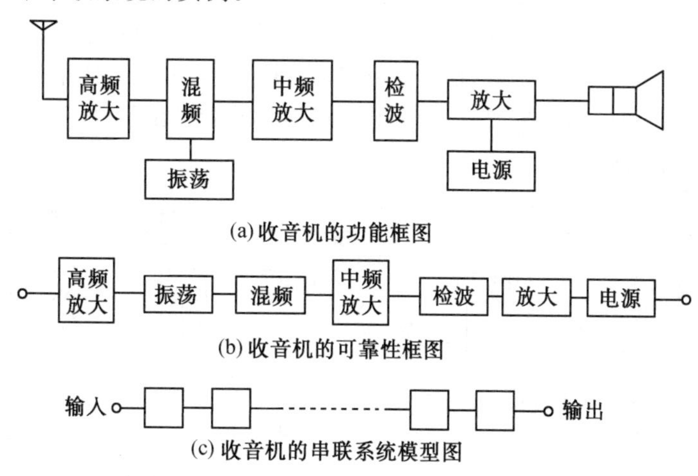

图4.11 收音机的功能、可靠性和系统模型简图

2. 并联系统

在由若干个单元组成的系统中,只有一个单元仍在发挥其功能,产品或系统就能维持其功能;或者说,只有当所有单元都失效时系统才失效,称此系统为并联系统或并联模型。并联系统又称并联储备系统。例如,现代的民用客机,一般都是由多台(如3~4台)发动机驱动。只要有台发动机还在工作,飞机就不致坠落。这就是一个并联系统的实例。并联系统模型的简图如图4.12所示。

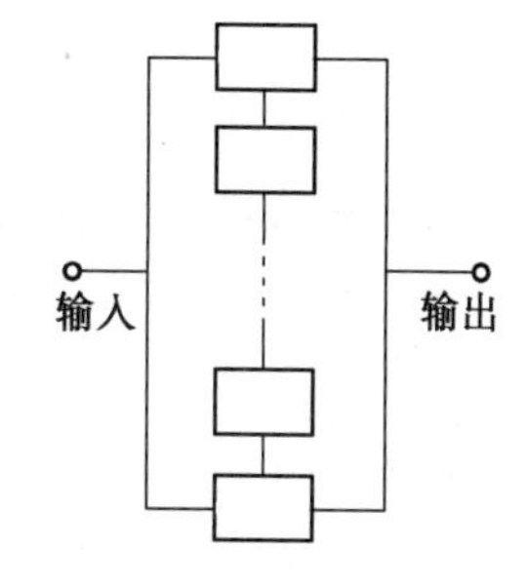

图4.12 并联系统模型的简图

3. 混联系统

混联系统是由一些串联的子系统和一些并联的子系统组合而

成的。它可分为串－并联系统(先串联再并联的系统)和并－串联系统(先并联再串联的系统),相应的模型如图4.13所示。图4.13(a)是串－并联系统或称附加通路系统;图4.13(b)是并－串联系统或称附加单元系统。

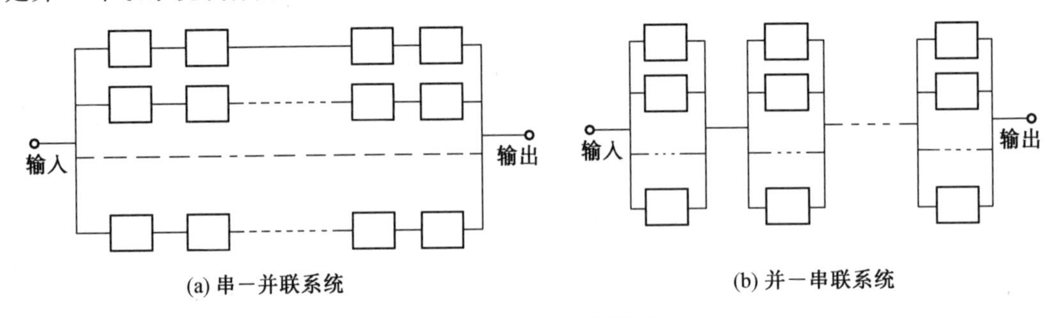

图 4.13 混联系统模型

4. 备用冗余系统

一般地说,在产品或系统的构成中,把同功能单元或部件重复配置以作为备用。当其中一个单元或部件失效时,用备用的来替代(自动或手动切换),以继续维持其功能。这种系统称为备用冗余系统或称等待系统,又称旁联系统,也有称为并联非储备系统的。这种系统的一个明显特点是有一些并联单元,但它们在同一时刻并不是全部投入运行的。例如,飞机起落架的收放系统,一般是采用液压或气动系统,并装有机械的应急释放系统。这类系统的模型如图4.14所示。图4.14(a)是一般的备用冗余系统,图4.14(b)是并－串联等待系统。当系统中某个正在工作的单元失效时,检测装置向转换装置发出信号,备用的等待工作单元即进入工作,系统仍继续工作。

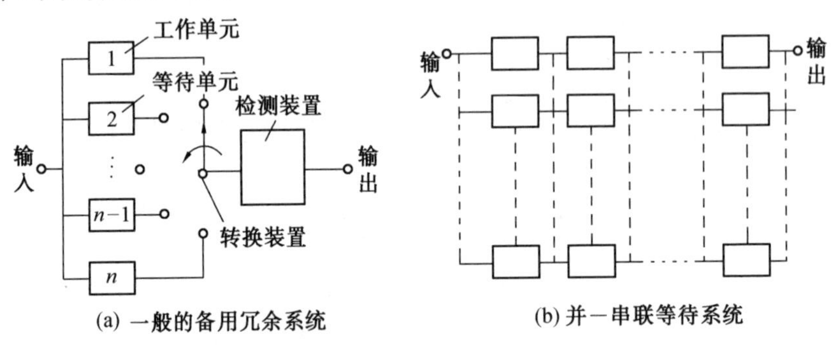

图 4.14 备用冗余系统模型

在并－串联等待系统中,并联的那些单元在同一时刻并不全都投入运行。此外,备用冗余系统是待机工作的,而并－串联系统像并联系统一样都是同机工作的,可以把它们称为工作的冗余系统(工作储备系统)。

5. 复杂系统

非串－并联系统和桥式网络系统都属于复杂系统,如图4.15所示,图4.15(a)是桥式网络系统,图4.15(b)和图4.15(c)是两个非串－并联系统。

6. 表决系统

组成系统的 n 个单元中,只要有 K 个单元不失效,系统就不会失效,这样的系统称为 n 中取 K 系统,简写成 K/n 系统。例如,有4台发动机的飞机,设计要求至少有2台发动机正

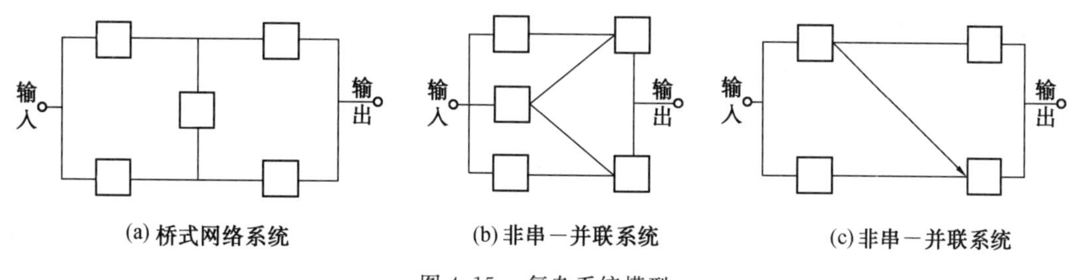

图 4.15 复杂系统模型

常工作飞机才能安全飞行，这种发动机系统就是表决系统，它是一个 2/4 系统。

n 中取 K 系统可分成两类。一类称为 n 中取 K 好系统。此时要求组成系统的 n 个单元中有 K 个以上完好，系统才能正常工作，记为 $K/n[G]$。另一类称为 n 中取 K 坏系统。它是指组成系统的 n 个单元中有 K 个以上失效，系统就不能正常工作，记为 $K/n[F]$。显然，串联系统是 $K/n[G]$ 系统，并联系统是 $K/n[F]$ 系统。

严格地说，上述六种系统中，除串联系统外，都可称为冗余系统或储备系统。因为并联、混联、备用冗余系统等，实际上也都是部分单元在工作，而另一些单元是作为备用的。

备用冗余系统又可分为冷储备系统和热储备系统两类。储备单元在储备期间没有失效的称为冷储备系统；而储备单元在储备期间可能失效时，则称为热储备系统。因此，并联系统和表决系统是热储备系统。

冗余系统近年来在机械系统中已有广泛的应用，如在动力装置、安全装置和液压系统等中都有应用。

对于冗余系统，在进行其可靠性设计时，常常需要解决这样的问题，即在确定最优的单元或部件可靠度的同时，还要确定其最优的冗余数，以便使整个系统的可靠度为最优。求解这样的问题是系统可靠性优化的问题。

4.3.2 机械系统的可靠性预测

根据系统的可靠性模型，由单元的可靠度通过计算即可预测出系统的可靠度。

1. 串联系统的可靠度计算

在前节中已经指出，串联系统要能正常工作必须是组成它的所有单元都能正常工作。应用概率乘法定律，可知串联系统的可靠度为

$$R_S(t)=\prod_{i=1}^{n}R_i(t) \tag{4.26}$$

式中，$R_S(t)$ 是系统的可靠度；$R_i(t)$ 是单元 i 的可靠度，$i=1,2,\cdots,n$。

例如，某一机械产品由 5 个单元串联组成，已知各单元的可靠度预测值为：$R_1(t)=0.99$；$R_2(t)=0.99$；$R_3(t)=0.98$；$R_4(t)=0.97$；$R_5(t)=0.96$。则该产品的可靠度预测值为

$$R_S(t)=0.99\times0.99\times0.98\times0.97\times0.96=0.895=89.5\%$$

由于 $0\leqslant R_i(t)\leqslant 1$，则由式(4.26)可知，串联系统的可靠度将因其组成单元数的增加而降低，且其值要比可靠度最低的那个单元的可靠度还低。因此，最好采用等可靠度单元组成系统，并且组成单元越少越好。

如果在串联系统中，各单元的可靠度函数服从指数分布，则系统的失效率等于各组成单

元失效率之和，即

$$\lambda_S = \sum_{i=1}^{n} \lambda_i \tag{4.27}$$

这样，根据式(4.18)可得系统的可靠度为

$$R_S(t) = e^{\lambda_S t} = e^{-(\sum \lambda_i)t} \tag{4.28}$$

所以，根据组成单元的失效率，就可以计算出系统的可靠度来。同样根据式(4.14)可得系统的平均无故障工作时间为

$$\mathrm{MTBF} = \frac{1}{\lambda_S} = \frac{1}{\sum_{i=1}^{n} \lambda_i} \tag{4.29}$$

例 4.1 某电子产品由 8 个部件组成，各部件的可靠度函数服从指数分布，其失效率已知是：No. 1——1.2×10^{-4}；No. 2——10^{-4}；No. 3——1.45×10^{-4}；No. 4——0.1×10^{-4}；No. 5——0.7×10^{-4}；No. 6——0.25×10^{-4}；No. 7——0.2×10^{-4}；No. 8——0.18×10^{-4}。试预测产品在 1 000 h 和 10 h 的可靠性。

解 由于部件的可靠度函数服从指数分布，所以产品的失效率等于部件失效率之和，即

$$\begin{aligned} \lambda_S &= \sum \lambda_i = (1.2 + 1 + 1.45 + 0.1 + 0.7 + 0.25 + 0.2 + 0.18) \times 10^{-4} \\ &= 5.08 \times 10^{-4} = 0.000\,508 \end{aligned}$$

从而可得 1 000 h 和 10 h 的可靠度分别为

$$R_S(1\,000) = e^{-\lambda_S t} = e^{-0.000\,508 \times 1\,000} = e^{-0.508} = 0.601 = 60.1\%$$

$$R_S(10) = e^{-0.000\,508 \times 10} = 0.994 = 99.4\%$$

对于串联系统，虽然提高其组成单元的可靠度或降低它们的失效率可以提高整个系统的可靠度，但提高单元可靠度必将提高产品的制造成本，因此宜权衡其得失。例如，对于一个由 10 个单元组成的串联系统，假定这 10 个单元的可靠度相同，则当失效率从 10% 降低到 1%，系统的可靠度将从 0.002 6% 升高到 36.6%。然而，这个数值对一般产品或系统来说，并不是很理想的。但失效率从 10% 降到 1% 却是件不容易的事。这样一权衡，可能是得不偿失的。

如果把同种零部件进行并联组合，即可在不提高零件可靠度(即不降低失效率)的条件下，提高产品或系统的可靠度。

2. 并联系统的可靠度计算

由于这类系统只有当所有的组成单元都失效时系统才失效，所以应用概率乘法定理，得系统的失效概率或故障概率(不可靠度)为

$$Q_S(t) = \prod_{i=1}^{n} Q_i(t) \tag{4.30}$$

式中，$Q_S(t)$ 是系统的失效概率；$Q_i(t)$ 是第 i 个组成单元的失效概率。

由式(4.30)可写出系统的可靠度为

$$R_S(t) = 1 - Q_S(t) = 1 - \prod_{i=1}^{n} [1 - R_i(t)] \tag{4.31}$$

由于 $1 - R_i(t)$ 是个小于 1 的数值，则由式(4.31)可知，并联系统恰好和串联系统相反，

它的可靠度总是大于系统中任一个单元的可靠度。或者说,各单元的可靠度均低于系统的可靠度。另外,并联系统的组成单元越多,系统的可靠度越大。或者说,每个单元的可靠度可以越低。

当单元的可靠度函数为指数分布,且每个单元的可靠度函数都相等时,则并联系统的可靠度为

$$R_S(t)=1-(1-e^{-\lambda t})^n \tag{4.32}$$

式中,n 是组成系统的单元数目。

根据式(4.14),系统的平均故障工作时间为

$$MTBF=\frac{1}{\lambda_S(t)} \tag{4.33}$$

此时

$$\lambda_S(t)=\frac{-d[R_S(t)]/dt}{R_S(t)}=\frac{n\lambda e^{-\lambda t}(1-e^{-\lambda t})^{n-1}}{1-(1-e^{-\lambda t})}$$

或用下式计算系统的 MTBF 为

$$MTBF=\int_0^{\infty}R_S(t)dt=\frac{1}{\lambda}+\frac{1}{2\lambda}+\cdots+\frac{1}{n\lambda} \tag{4.34}$$

例 4.2 某飞机由 3 台发动机驱动。只要有一台发动机工作,飞机就不致坠落。各台发动机的失效率分别为:0.01%/h;0.02%/h;0.03%/h。每航行一次飞行 10 h。试预测此飞机的可靠度。

解 先计算各台发动机的可靠度。

由 $\lambda_1=0.01\%/h$,即 $\lambda_1=0.000\ 1/h$,则当 $t=10$ h 时,根据 $R(t)=e^{-\lambda t}$,有

$$R_1(10)=e^{-0.000\ 1\times 10}=0.999$$

同样,由 $\lambda_2=0.02\%/h$,有

$$R_2(10)=e^{-0.000\ 2\times 10}=0.998$$

由 $\lambda_3=0.03\%/h$,有

$$R_3(10)=e^{-0.000\ 3\times 10}=0.997$$

从而可得该飞机的可靠度为

$$\begin{aligned}R_S(10)&=1-(1-0.999)\times(1-0.998)\times(1-0.997)\\&=1-0.000\ 000\ 06=0.999\ 999\ 99\end{aligned}$$

例 4.3 由两个单元组成的并联系统,设 $\lambda_1=\lambda_2=\lambda$。试求 t 时刻的系统可靠度及其 MTBF。

解 系统的可靠度是

$$R_S(t)=1-[1-R_1(t)]\times[1-R_2(t)]=R_1(t)+R_2(t)-R_1(t)R_2(t)=2e^{-\lambda t}-e^{-2\lambda t}$$

系统的失效率为

$$\lambda_S(t)=\frac{\frac{-d[R_S(t)]}{dt}}{R_S(t)}=\frac{2\lambda e^{-\lambda t}(1-e^{-\lambda t})}{1-(1-e^{-\lambda t})^2}=\frac{2\lambda(1-e^{-\lambda t})}{2-e^{-\lambda t}}$$

相应的平均无故障工作时间(平均寿命)为

$$MTBF=\frac{1}{\lambda_S(t)}=\frac{2-e^{-\lambda t}}{2\lambda(1-e^{-\lambda t})}$$

或

$$MTBF=\int_0^{\infty}R_S(t)dt=\int_0^{\infty}(2e^{-\lambda t}-e^{-2\lambda t})dt=\frac{3}{2\lambda}$$

也可由式(4.34)直接写出

$$\mathrm{MTBF}=\int_0^{\infty}R_S(t)\mathrm{d}t=\frac{1}{\lambda}+\frac{1}{2\lambda}=\frac{3}{2\lambda}$$

由于一个单元的 $\mathrm{MTBF}=\frac{1}{\lambda}$,可见两个单元并联系统的 MTBF 比一个单元的增加了 50%。

3. 混联系统的可靠度计算

混联系统是串联和并联系统的组合,其可靠度计算可直接参照串联和并联系统的公式进行。例如,对于如图 4.16 所示的并-串联系统,若设备单元 A_i 的可靠度为 $R_i(t)$,则系统的可靠度将是

$$R_{S1}(t)=\prod_{i=1}^{n}\{1-[1-R_i(t)]^m\} \tag{4.35}$$

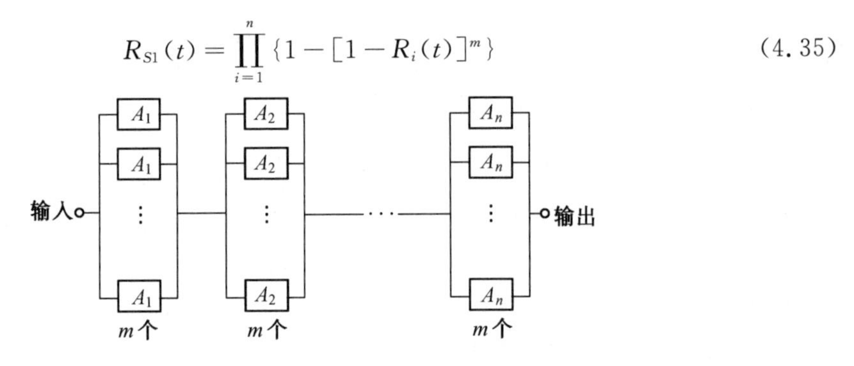

图 4.16 并-串联系统

而对于如图 4.17 所示的串-并联系统,若设备单元 A_i 的可靠度为 $R_i(t)$,则对于由 m 个串联系统组成的并联系统,它的可靠度将是

$$R_{S2}(t)=1-[1-\prod_{i=1}^{n}R_i(t)]^m \tag{4.36}$$

这两种系统的功能是一样的,但可靠度却不一样。可以证明:$R_{S1}(t)>R_{S2}(t)$。

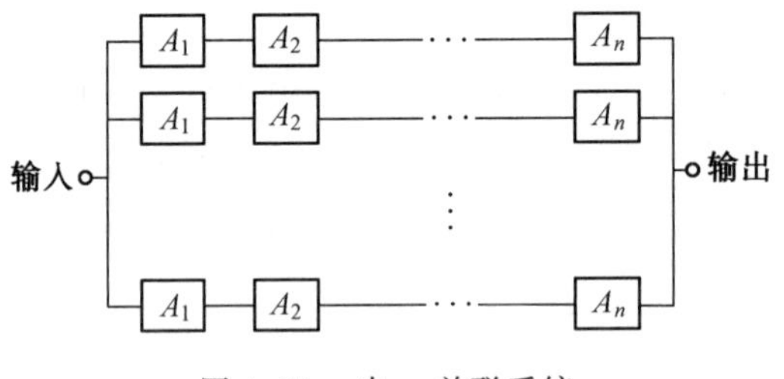

图 4.17 串-并联系统

也可以采用等效单元的办法进行计算,即首先把其中的串联和并联系统分别进行计算,得出等效单元的可靠度,然后再就等效单元组成的系统进行综合计算,从而给出系统的可靠度。例如,对于如图 4.18 所示的 7 个单元组成的混联系统,可以进行如下分步计算。图 4.18(b) 中的 S_1 是图 4.18(a) 中的单元 1、2、3 的串联等效单元,其可靠度值为 $R_{S1}=R_1R_2R_3$;S_2 是图 4.18(a) 中的单元 4 和 5 的串联等效单元,其可靠度值为 $R_{S2}=R_4R_5$;S_3 是图 4.18(a) 中的单元 6 和 7 的并联等效单元,其可靠度值为 $R_{S3}=R_6+R_7-R_6R_7$。图 4.18(c) 中的 S_4 是图 4.18(b) 中的等效单元 S_1 和 S_2 的并联等效单元,其可靠度值为 $R_{S4}=R_{S1}+R_{S2}-R_{S1}R_{S2}$。从而可以求得该混联系统的总可靠度值为 $R_S=R_{S4}R_{S3}$。相应的系统失

效率为

$$\lambda_S(t)=\frac{-\mathrm{d}R_S(t)/\mathrm{d}t}{R_S(t)}=\frac{-\mathrm{d}[R_{S4}(t)\cdot R_{S3}(t)]/\mathrm{d}t}{R_{S4}(t)\cdot R_{S3}(t)}$$

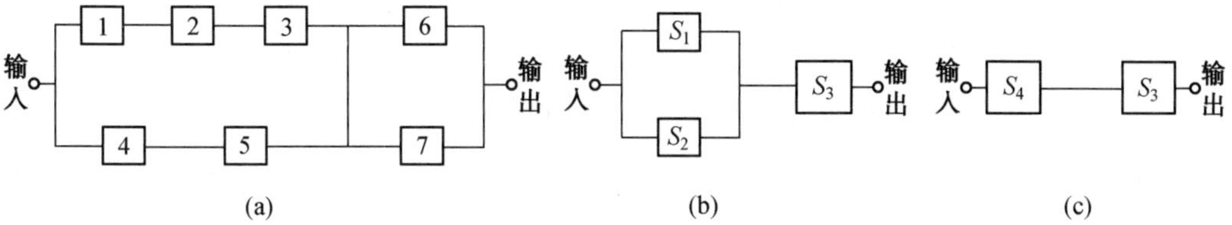

图 4.18 混联系统的等效单元系统

4. 备用冗余系统的可靠度计算

假定储备单元在储备期时间 t 内不发生故障，且转换开关(自动或手动)是完全可靠的。则当各单元的可靠度函数是指数分布，并且 $\lambda_1(t)=\lambda_2(t)=\cdots=\lambda_n(t)=\lambda$ 时，则系统的可靠度为

$$R_S(t)=\mathrm{e}^{-\lambda t}\left[1+\lambda t+\frac{(\lambda t)^2}{2!}+\frac{(\lambda t)^3}{3!}+\cdots+\frac{(\lambda t)^{n-1}}{(n-1)!}\right]=\sum_{K=0}^{n-1}\frac{(\lambda t)^K}{K!}\mathrm{e}^{-\lambda t} \quad (4.37)$$

系统的平均无故障工作时间为

$$\mathrm{MTBF}=\frac{n}{\lambda}$$

它表明：1 个单元的 $\mathrm{MTBF}=\frac{1}{\lambda}$，2 个单元的备用冗余系统的 $\mathrm{MTBF}=\frac{2}{\lambda}$。而前面曾给出，2 个单元并联系统的 $\mathrm{MTBF}=\frac{3}{2\lambda}$。可见 2 个单元的备用冗余系统的 MTBF 比并联系统的 MTBF 高。

例 4.4 设某汽车的制动系统中，装有同功能两套刹车装置，其失效率为 $\lambda_1=\lambda_2=0.1\times 10^{-5}\,\mathrm{h}^{-1}$。试预测工作时间 $t=3\,000$ h 内的可靠度和失效率。

解 根据式(4.37)，有

$$\begin{aligned}R_S(3\,000)&=\mathrm{e}^{-0.000\,001\times 3\,000}\times(1+0.000\,001\times 3\,000)\\&=\mathrm{e}^{-0.03}\times 1.003=0.999\,995=99.999\,5\%\end{aligned}$$

它的失效率为

$$\lambda_S(t)=\frac{\dfrac{-\mathrm{d}[R_S(t)]}{\mathrm{d}t}}{R_S(t)}=\frac{-\dfrac{\mathrm{d}}{\mathrm{d}t}[\mathrm{e}^{-\lambda t}(1+\lambda t)]}{\mathrm{e}^{-\lambda t}(1+\lambda t)}=\frac{-(-\lambda\mathrm{e}^{-\lambda t}-\lambda^2 t\mathrm{e}^{-\lambda t}+\lambda\mathrm{e}^{-\lambda t})}{\mathrm{e}^{-\lambda t}(1+\lambda t)}=\frac{\lambda^2 t}{1+\lambda t}$$

则

$$\lambda(3\,000)=\frac{(0.000\,001)^2\times 3\,000}{1+0.000\,001\times 3\,000}=2.99\times 10^{-9}\,\mathrm{h}^{-1}$$

如果两个单元的失效率分别为 λ_1 和 λ_2，系统转换装置的可靠度为 R_{SW}，则该备用冗余系统的可靠度为

$$R_S(t)=\mathrm{e}^{-\lambda_1 t}+R_{SW}\frac{\lambda_1}{\lambda_2-\lambda_1}(\mathrm{e}^{-\lambda_1 t}-\mathrm{e}^{-\lambda_2 t})$$

例如，一个备用冗余系统由失效率为 $\lambda_1=0.000\,2\,\mathrm{h}^{-1}$ 的发电机及失效率为 $0.001\,\mathrm{h}^{-1}$ 的备用电池组成。其失效检测和转换装置在 10 h 内的可靠度为 $R_{SW}=0.99$。求该电源系统工作 10 h 的可靠度。

由上式可得

$$R_S(10)=e^{-0.0002\times10}+0.99\frac{0.0002}{0.001-0.0002}\times(e^{-0.002\times10}-e^{-0.001\times10})=0.99997$$

即系统工作 10 h 的可靠度为 99.997%。

5. 表决系统的可靠度计算

设表决系统中每个单元的可靠度为 $R(t)$，则系统的可靠度为

$$\begin{aligned}R_S(t)&=R^n(t)+nR^{n-1}[1-R(t)]+\cdots+\frac{n!}{K!\ (n-K)!}R^K(t)[1-R(t)]^{n-K}\\&=\sum C_n^K[R(t)]^K[1-R(t)]^{n-K}=\sum C_n^K[R(t)]^K[Q(t)]^{n-K}\end{aligned}\tag{4.38}$$

当各单元的可靠度函数服从指数分布，且失效率相同时，它的

$$\text{MTBF}=\frac{1}{n\lambda}+\frac{1}{(n-1)\lambda}+\cdots+\frac{1}{K\lambda}\tag{4.39}$$

显然，此时的 MTBF 要比并联系统的小。

例 4.5 设有一架装有 3 台发动机的飞机，它至少需要 2 台发动机正常工作才能飞行，假定飞机的事故仅由发动机引起，而且在整个飞行期间失效率为常数，其 MTBF = 2 000 h。试计算工作时间为 20 h 和 100 h 时飞机的可靠度。

解 因为 $n=3, K=2$，即系统是 $K/n[G]=2/3[G]$ 表决系统，所以有

$$R_S(t)=R^3(t)+3R^2(t)[1-R(t)]=3R^2(t)-2R^3(t)=3e^{-2\lambda t}-2e^{-3\lambda t}$$

则

$$R(10)=3e^{-2\times\frac{1}{2000}\times10}-2e^{-3\times\frac{1}{2000}\times10}=0.9999$$

$$R(100)=3e^{-2\times\frac{1}{2000}\times100}-2e^{-3\times\frac{1}{2000}\times100}=0.9931$$

例 4.6 设每个单元的 $R(t)=e^{-\lambda t}$，且 $\lambda=0.001\ h^{-1}$，求当 $t=100$ h 时，① 两单元串联系统的可靠度 R_2；② 两单元并联系统的可靠度 R_3；③2/3[G] 系统的可靠度 R_4。

解 一个单元当 $t=100$ h 的可靠度为

$$R_1=R(100)=e^{-0.001\times100}=e^{-0.1}=0.905$$

则可算得

$$R_2=R_1^2=e^{-0.2}=0.819$$

$$R_3=1-(1-R_1)^2=1-(1-e^{-0.1})^2=0.991$$

$$R_4=3R_1^2-2R_1^3=3\times e^{-0.2}-2e^{-0.3}=0.975$$

若 $t=1000$ h，则 R_1、R_2、R_3 和 R_4 为

$$R_1=R(1000)=e^{-0.001\times1000}=e^{-1}=0.368$$

$$R_2=R_1^2=e^{-2}=0.135$$

$$R_3=1-(1-R_1)^2=1-(1-e^{-1})^2=0.600$$

$$R_4=3R_1^2-2R_1^3=3e^{-2}-2e^{-3}=0.306$$

可见当 $R_1=0.905$ 时，有 $R_2<R_1<R_4<R_3$，而当 $R_1=0.368$ 时，有 $R_2<R_4<R_1<R_3$。

实际上可以证明：

当 $R_1>0.5$ 时，有 $R_2<R_1<R_4<R_3$；

当 $R_1=0.5$ 时，有 $R_2<R_1=R_4<R_3$；

当 $R_1 < 0.5$ 时，有 $R_2 < R_4 < R_1 < R_3$。

可见，两个单元的串联系统可靠度最低，两个单元的并联系统可靠度最高。当 $R < 0.5$ 时，2/3[G] 系统的可靠度甚至不如一个单元的系统。所以必须采取措施来改善 2/3[G] 系统的可靠性特性。

6. 复杂系统的可靠度计算

当系统可以分解为串联、并联和混联系统时，复杂系统可靠度的计算就可以按照前面说明的方法进行。但在实际中，有的系统是不能简单地分解成串联、并联等来进行计算的。例如，桥式网络系统和非串-并联系统就是这类系统。对于这类复杂系统，可以采用分解法、布尔真值表法或卡诺图法进行计算。

(1) 分解法。

首先选出系统中的关键单元以简化系统，然后根据这个单元是处于正常的还是失效的状态，再用全概率公式计算系统的可靠度。

以图 4.19(a) 所示的桥式系统为例。若选单元 A_5 为关键单元，则当 A_5 正常工作时，系统简化成图 4.19(b)；当 A_5 失效时，系统简化成图 4.19(c)。因而系统正常工作的事件 A 和单元$A_i(i=1,2,3,4,5)$ 正常工作的事件的关系为

$$A = A_5(A_1 \cup A_3) \cdot (A_2 \cup A_4) \cup \bar{A}_5(A_1A_2 \cup A_3A_4) \quad (4.40)$$

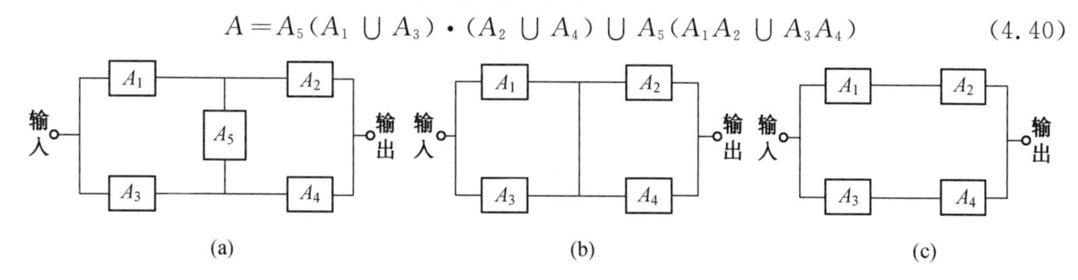

图 4.19 桥式系统分解法计算逻辑图

这里的符号 ∪ 具有“或”的含义，“·”具有“与”的含义。从而可写出如图 4.19(a) 所示的桥式系统的可靠度为

$$R_S(t) = R_5(t)[1 - Q_1(t)Q_3(t)][1 - Q_2(t)Q_4(t)] + Q_5(t)[R_1(t)R_2(t) + R_3(t)R_4(t) - R_1(t)R_2(t)R_3(t)R_4(t)] \quad (4.41)$$

如果在某时刻，5 个单元的可靠度分别为 $R_1 = 0.8, R_2 = 0.7, R_3 = 0.8, R_4 = 0.7, R_5 = 0.9$，则

$$R_S = 0.9 \times (1 - 0.2 \times 0.2)(1 - 0.3 \times 0.3) + 0.1 \times [0.8 \times 0.7 + 0.8 \times 0.7 - 0.8 \times 0.7 \times 0.8 \times 0.7] = 0.866\ 88$$

这个方法似乎简单，但关键单元的选择很重要。选得不好，非但不能简化计算，还可能得出错误的结果。而且对于很复杂的系统，这个方法也无能为力。因为即使选出一个关键单元，剩下的系统可能仍很复杂，以致难以直接计算系统的可靠度。

(2) 布尔真值表法。

此法又称为状态穷举列表法。它是把系统模型看成一个开关网络，每一个单元只有工作状态和失效状态这两种状态。然后把系统的所有可能状态列举出来组成布尔真值表。列表时可以用“0”代表单元失效，“1”代表单元工作；“F”代表系统失效，“S”代表系统工作。把系统所有能正常工作的状态的概率相加，就是系统能正常工作的概率，即系统的可靠度。

例 4.7 有 4 个单元组成的系统如图 4.20 所示。它共有 $2^4=16$ 种状态，见表 4.1。从表中可得，序号 4,8,10,12,13,14,15,16 等 8 种状态是系统的正常工作状态，其余 8 种是系统的失效状态。

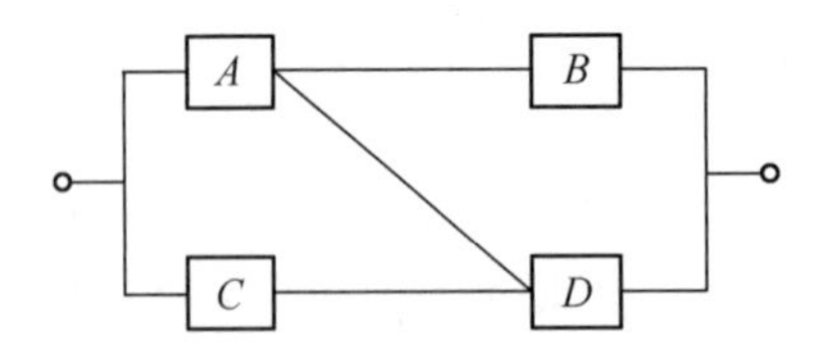

图 4.20 布尔真值表算法图例

表 4.1 布尔真值表

序号	A $R_A=0.9$	B $R_B=0.8$	C $R_C=0.7$	D $R_D=0.6$	系统状态	概率
1	0	0	0	0	F	
2	0	0	0	1	F	
3	0	0	1	0	F	
4	0	0	1	1	S	0.008 4
5	0	1	0	1	F	
6	0	1	0	1	F	
7	0	1	1	0	F	
8	0	1	1	1	S	0.033 6
9	1	0	0	0	F	
10	1	0	0	1	S	0.034 2
11	1	0	1	0	F	
12	1	0	1	1	S	0.075 6
13	1	1	0	0	S	0.086 4
14	1	1	0	1	S	0.129 6
15	1	1	1	0	S	0.201 6
16	1	1	1	1	S	0.302 4
Σ						0.871 8

系统的 8 种正常工作状态的概率分别是

$$R_4=Q_AQ_BR_CR_D=(1-0.9)(1-0.8)\times 0.7\times 0.6=0.008\,4$$

$$R_8=Q_AR_BR_CR_D=(1-0.9)\times 0.8\times 0.7\times 0.6=0.033\,6$$

$$R_{10}=0.034\,2$$

$$R_{12}=0.075\,6$$

其他见表 4.1。结果得系统的可靠度为

$$R_S=R_4+R_8+R_{10}+R_{12}+R_{13}+R_{14}+R_{15}+R_{16}=0.871\,8$$

布尔真值表法宜用于单元数不多的情况，一般单元数不宜超过 6 个，否则计算过于烦琐。

(3) 卡诺图法。

卡诺图法是逻辑电路网络分析的一种方法，它可以利用布尔真值表的结果作图，也可以直接根据系统状态作图。当用卡诺图法计算系统可靠度时，它也可称为概率图法。

例如，对例4.7所列的布尔真值表，可绘制如图4.21所示的卡诺图。图中用“×”表示系统正常工作状态。按照卡诺图规则，可得系统正常工作状态为$S=AB+\overline{A}CD+A\overline{B}D$。这样则得系统的可靠度为

$$R_S=R_AR_B+Q_AR_CR_D+R_AQ_BR_D=0.9\times0.8+(1-0.9)\times 0.7\times0.6+0.9\times(1-0.8)\times0.6=0.8700$$

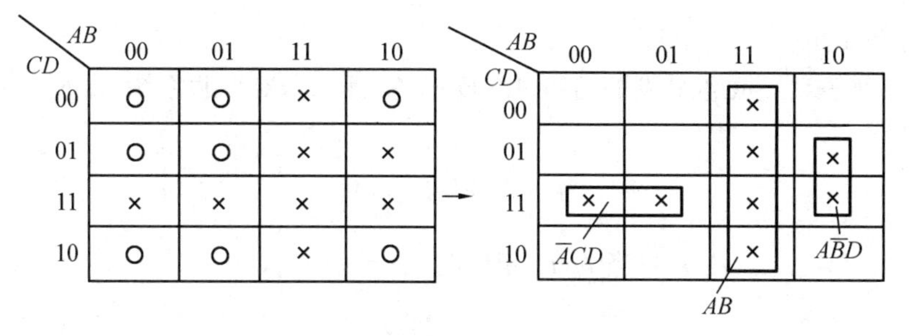

图4.21　卡诺图

例4.8　如图4.22所示的桥式网络控制系统，其中的单元E是系统的失效检测和转换装置。若已知：$R_A=0.9$，$R_B=0.8$，$R_C=0.7$，$R_D=0.6$，$R_E=0.9$，试用卡诺图法求系统的可靠度。

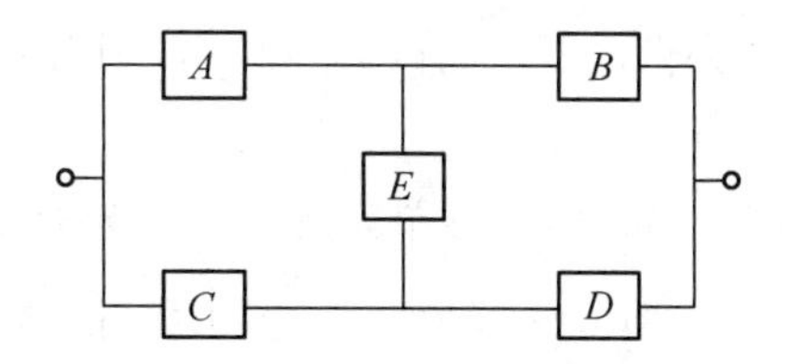

图4.22　桥式网络控制系统

该系统的卡诺图如图4.23所示。应用卡诺图规则，可得出系统处于工作状态的事件为

$$S=AB+\overline{A}CD+A\overline{B}CD+\overline{A}BC\overline{D}E+A\overline{B}\overline{C}DE \tag{4.42}$$

则系统的可靠度为

$$R_S=R_AR_B+Q_AR_CR_D+R_AQ_BR_CR_D+Q_AR_BR_CQ_DR_E+R_AQ_BQ_CR_DR_E \tag{4.43}$$

将给定的值代入，可得$R_S=0.88692$。

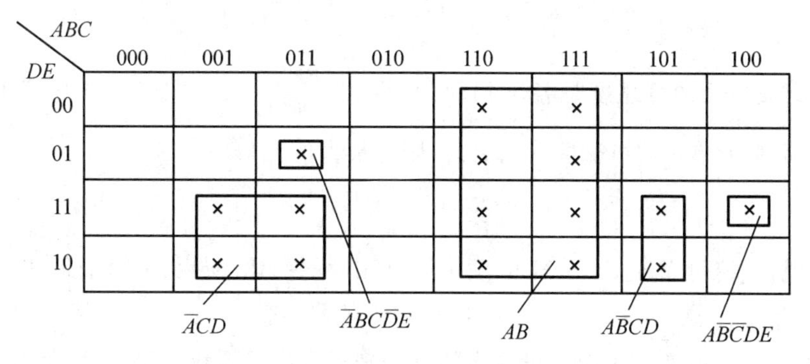

图4.23　例4.8系统的卡诺图

4.3.3 机械系统的可靠性分配

系统是由若干单元组成的，因此在系统的可靠度目标确定之后，应进一步把它分配给系统的组成单元——零部件或子系统。这项工作就是可靠性分配。它对复杂产品和大型系统来说，尤其重要。系统可靠度的分配应是合理的，而不是无原则的分配。所以，就要考虑分配的方法。

1. 等同分配法

此时，全部子系统或各组成单元的可靠度相等。因此，对串联系统，由 $R_S(t)=[R(t)]^n$，有

$$R_i(t)=[R_S(t)]^{\frac{1}{n}} \tag{4.44}$$

或由 $\lambda_S(t)=\sum_{i=1}^{n}\lambda_i(t)$ 并且当 $\lambda_i(t)$ 相同时，有

$$\lambda_i(t)=\frac{\lambda_S(t)}{n} \tag{4.45}$$

对并联系统，由 $R_S(t)=1-[1-R_i(t)]^n$ 有

$$R_i(t)=1-[1-R_S(t)]^{\frac{1}{n}} \tag{4.46}$$

例如，某机械产品由3个完全相同的部件串联而成。已知此机械产品的可靠度目标值为0.98，试把此值分配给每个部件。若产品的 $\lambda_S(t)=0.01\%\ \mathrm{h}^{-1}$，求各单元的最大失效率 $\lambda_i(t)$。

此时的 $R_i(t)=\sqrt[3]{0.98}=0.993\,3$，即各单元的可靠度为 $R_i(t)=99.33\%(i=1,2,3)$。

同时 $\lambda_i(t)=\dfrac{0.000\,1}{3}=0.000\,033=33\times10^{-6}\ \mathrm{h}^{-1}$，即各组成单元的最大失效率为 $\lambda_i(t)=33\times10^{-6}\ \mathrm{h}^{-1}(i=1,2,3)$。

2. 按可靠度变化率的分配方法

对已有的机械系统改进其可靠度，也是可靠度分配问题。

对串联系统，自 $R_S(t)=\prod_{i=1}^{n}R_i(t)$ 可知，$R_i(t)$ 对某单元 i 的可靠度 $R_i(t)$ 的变化率是

$$\frac{\partial R_S(t)}{\partial R_i(t)}=\prod_{\substack{j=1\\ j\neq i}}^{n}R_j(t)=\frac{R_S(t)}{R_i(t)} \tag{4.47}$$

由于各组成单元的可靠度是各不相同的，因此，$\dfrac{\partial R_S(t)}{\partial R_i(t)}(1\leqslant i\leqslant n)$ 中必有一个最大的。假如用第 K 个单元的可靠度代入上式，则得最大的比值为

$$\frac{R_S}{R_K}=\max_{1\leqslant i\leqslant n}\frac{R_S}{R_i} \tag{4.48}$$

这就是说，系统可靠度 R_S 对第 K 项单元可靠度的变化率最大。这个条件等效于

$$R_K=\min_{1\leqslant i\leqslant n}R_i \tag{4.49}$$

因此，如果要用改变一个单元可靠度的办法来提高串联系统的可靠度，就应当提高可靠度最低的那个单元的可靠度。

对于并联系统，若前提条件仍和上面相同，则系统可靠度 $R_S(t)$ 对某个单元 i 的可靠度

$R_i(t)$ 的变化率为

$$\frac{\partial R_S(t)}{\partial R_i(t)}=\prod_{\substack{j=1\\j\neq i}}^{n}[1-R_j(t)]=\frac{1-R_S}{1-R_i} \tag{4.50}$$

按照前面的做法,用 R_K 代入得最大比值为

$$\frac{1-R_S}{1-R_i}=\max_{1\leqslant i\leqslant n}\frac{1-R_S}{1-R_i} \tag{4.51}$$

它等效于

$$R_K=\max_{1\leqslant i\leqslant n}R_i \tag{4.52}$$

这就是说,如果要用改变一个单元可靠度的办法来提高并联系统的可靠度,就应当提高可靠度最大的那个单元的可靠度。

这两个结论都是通过系统可靠度对单元可靠度的变化率得出的。按这样的概念进行系统的组成单元可靠度的分配的方法,就称为按可靠度变化率的分配方法。

3. *按相对失效率比的分配方法*

每个单元分配到的容许失效率应正比于预计的失效率,即预计的失效率越大,分配给它的失效率也就越大。按这个原则进行系统的组成零件失效率的分配时,就称为按相对失效率比的分配方法。

若单元 i 分配到的失效率是 $\lambda_i(t)$ 时,则对串联系统有

$$e^{-\lambda_S(t)}=e^{-\lambda_1(t)}e^{-\lambda_2(t)}\cdots e^{-\lambda_n(t)} \tag{4.53}$$

所以

$$\lambda_S(t)=\sum_{i=1}^{n}\lambda_i(t) \tag{4.54}$$

定义各子系统做失效率分配时的加权系统

$$\omega_i=\frac{\lambda_i(t)}{\lambda_S(t)}=\frac{\lambda_i}{\sum_{i=1}^{n}\lambda_i(t)} \tag{4.55}$$

按照此概念进行可靠性分配时,显然有

$$\sum_{i=1}^{n}\omega_i=1$$

和

$$\sum_{i=1}^{n}\lambda_i=\omega_1\lambda_S+\omega_2\lambda_S+\cdots+\omega_n\lambda_S \tag{4.56}$$

同时,自 $R_S(t)=e^{-\int_0^t\lambda_S(t)dt}$ 可计算出系统的 $\lambda_S(t)$。从而就能算出 $\lambda_i(i=1,2,\cdots,n)$ 及相应的 $R_i(t)$ 来。

例 4.9 由 3 个子系统串联的系统,预计失效率分别为:0.003 h^{-1},0.002 h^{-1},0.001 h^{-1}。取任务时间为 40 h,要求系统的可靠度为 0.96。试求子系统的可靠度分配。

解 本例给出 $\lambda_1=0.003\ h^{-1}$,$\lambda_2=0.002\ h^{-1}$,$\lambda_3=0.001\ h^{-1}$,则有 3 个权因子(加权系统)值

$$\omega_1=\frac{\lambda_1}{\sum_{i=1}^{3}\lambda_i}=\frac{0.003}{0.003+0.002+0.001}=0.5$$

$$\omega_2=\frac{\lambda_2}{\sum_{i=1}^{3}\lambda_i}=\frac{0.002}{0.006}=0.333\ 3$$

$$\omega_3=\frac{\lambda_3}{\sum_{i=1}^{3}\lambda_i}=\frac{0.001}{0.006}=0.1667$$

由 $R_S(40)=\mathrm{e}^{-\int_0^t\lambda_S(t)\mathrm{d}t}=\mathrm{e}^{-\lambda_S(40)}=0.96$，得 $\lambda_S(t)=0.001\,02\ \mathrm{h}^{-1}$。结果得

$$\lambda_1=\omega_1\lambda_S=0.5\times0.001\,02=0.000\,51(\mathrm{h}^{-1})$$

$$\lambda_2=\omega_2\lambda_S=0.333\,3\times0.001\,02=0.000\,34(\mathrm{h}^{-1})$$

$$\lambda_3=\omega_3\lambda_S=0.166\,7\times0.001\,02=0.000\,17(\mathrm{h}^{-1})$$

相应的单元分配的可靠度分别为

$$R_1(40)=\mathrm{e}^{-\lambda_1 t}=\mathrm{e}^{-0.000\,51\times40}=0.979\,8$$

$$R_2(40)=\mathrm{e}^{-\lambda_2 t}=\mathrm{e}^{-0.000\,34\times40}=0.986\,5$$

$$R_3(40)=\mathrm{e}^{-0.000\,17\times40}=0.993\,2$$

因此

$$R_S=R_1R_2R_3=0.96$$

4. AGREE 法

AGREE 法是美国国防部研究开发局所属的电子设备可靠性顾问团于 1957 年 6 月提出的一种分配方法，又称为按重要度的分配方法。

先给出重要度的概念。

$$\text{重要度}=E_i=\frac{\text{某设备故障引起的系统故障的次数}}{\text{所有设备发生故障的总次数}}$$

或

$$E_i=\frac{\text{第 } i \text{ 个单元失效引起系统故障的次数}}{\text{各单元的失效总次数}}$$

AGREE 法是一种比较适用的可靠度分配方法。它考虑了各单元的复杂性、重要性及工作时间等的差别。但它要求各单元工作期间的失效率为一常数，且作为互相独立的串联系统。

AGREE 法的单元 i 的失效率分配公式为

$$\lambda_i(t)=\frac{n_i[-\ln R_S(t)]}{NE_it_i} \tag{4.57}$$

单元 i 的可靠度分配公式为

$$R_i(t)=1-\frac{1-R_S^{\frac{n_i}{N}}}{E_i} \tag{4.58}$$

式中，$R_S(t)$ 是系统要求的可靠度；E_i 是单元 i 的重要度；t_i 是系统要求单元 i 的工作时间；n_i 是单元 i 的组件数；N 是系统的总组件数。$\frac{n_i}{N}$ 反映了第 i 个单元的复杂性的因子。

式(4.57) 的导出概念可叙述如下。

当考虑到某个单元 i 的重要度时，则该单元预计的可靠度将是

$$R_i=1-E_i[1-R_i(t)]\quad(i=1,2,\cdots,N) \tag{4.59}$$

整个系统(串联系统) 的可靠度为

$$R_S(t)=\prod_{i=1}^{N}R_i(t)=\prod_{i=1}^{N}[1-E_i(1-R_i)]=\prod_{i=1}^{N}[1-E_i(1-\mathrm{e}^{-\lambda_it_i})]$$

$$=\prod_{i=1}^{N}\{1-E_i[1-(1-\lambda_it_i)]\}=\prod_{i=1}^{N}(1-E_i\lambda_it_i)$$

$$= \prod_{i=1}^{N} e^{-E_i \lambda_i t_i} = e^{(-\sum_{i=1}^{N} E_i \lambda_i t_i)} \tag{4.60}$$

这里说明一下，在上式推导过程中，是取近似公式 $e^x \approx 1+x$ 进行的。

如果系统的可靠度指标要求为 $R_S(t)$，并按平均分配原则分给 N 个单元，则每个单元的可靠度为

$$\sqrt[N]{R_S(t)} = e^{-E_i \lambda_i t_i} \quad (i=1,2,\cdots,N) \tag{4.61}$$

两边同时取对数，则有

$$\frac{1}{N} \ln R_S(t) = -E_i \lambda_i t_i \tag{4.62}$$

从而可求得第 i 个单元的失效率分配值为

$$\lambda_i = -\frac{\ln R_S(t)}{N E_i t_i} \tag{4.63}$$

如果还要考虑复杂性因素，设第 i 个单元本身是由 n_i 个更小的单元组成的，则得

$$\lambda_i = -\frac{n_i \ln R_S(t)}{N E_i t_i} \tag{4.64}$$

例 4.10 要求机载电子设备工作 12 h 的可靠度为 0.923。这台设备的各子系统（单元）的有关数据见表 4.2。试对各子系统做可靠度分配，并求其平均寿命。

表 4.2 子系统数据表

子系统（单元）	子系统的组件数 n_i	需要时间 t_i	重要度 E_i
发射机	102	12	1.0
接收机	91	12	1.0
控制设备	242	12	1.0
起飞用的自动装置	95	3	0.3
电源	40	12	1.0

解 从表 4.2 中可得出系统的总组件数 $N=570$。

由式(4.45) 和式(4.46)，可计算出各子系统的可靠性和失效率以及相应的平均寿命分别为

$$R_1(12) = 1 - \frac{1-0.923^{\frac{102}{570}}}{1.0} = 0.985\ 8$$

$$\lambda_1(12) = \frac{102 \times (-\ln 0.923)}{570 \times 1.0 \times 12} = \frac{1}{780}$$

$$(\text{MTBF})_1 = 780\ \text{h}$$

$$R_2(12) = 1 - \frac{1-0.923^{\frac{91}{570}}}{1.0} = 0.987\ 3$$

$$\lambda_2(12) = \frac{91 \times (-\ln 0.923)}{570 \times 1.0 \times 12} = \frac{1}{720}$$

$$(\text{MTBF})_2 = 720\ \text{h}$$

$$R_3(12)=1-\frac{1-0.923^{\frac{242}{570}}}{1.0}=0.9666$$

$$\lambda_3(12)=\frac{242\times(-\ln 0.923)}{570\times 1.0\times 12}=\frac{1}{330}$$

$$(\text{MTBF})_3=330\ \text{h}$$

$$R_4(12)=1-\frac{1-0.923^{\frac{95}{570}}}{0.3}=0.9868$$

$$\lambda_4(12)=\frac{95\times(-\ln 0.923)}{570\times 0.3\times 3}=\frac{1}{63}$$

$$(\text{MTBF})_4=63\ \text{h}$$

$$R_5(12)=1-\frac{1-0.923^{\frac{40}{570}}}{1.0}=0.9944$$

$$\lambda_5(12)=\frac{40\times(-\ln 0.923)}{570\times 1.0\times 12}=\frac{1}{200}$$

$$(\text{MTBF})_5=200\ \text{h}$$

五个子系统组成的系统的可靠度是

$$R_S(t)=R_1R_2R_3R_4R_5\approx 0.923$$

5. *按相对失效率比和重要度的分配方法*

此法有时简称为 $W-E$ 方法。顾名思义,这种方法就是利用失效率比和重要度作为参数,进行可靠度和失效率分配的方法。它适用于串联系统,且系统组成单元的故障率服从指数分配的情况。此法考虑了各单元不同的重要度 E_i 和不同的工作时间 t_i。

根据上述要求,此时有$\lambda_S(t)=\sum_{i=1}^{n}\lambda_i(t_i)$,则系统的可靠度为$R_S(t)=e^{-\lambda_S t}$,各组成单元的可靠度为 $R_i(t_i)=e^{-\lambda_i t_i}$。这些式中的 t 是系统的工作时间,t_i 是系统组成单元的工作时间。

按此法分配的单元 i 的失效率为

$$\lambda_i(t_i)\leqslant\frac{\omega_i\lambda_S t}{E_i t_i}\tag{4.65}$$

若按系统要求的可靠度指标 $R_S(t)$ 来分配,则各单元的可靠度为

$$R_i(t_i)\geqslant 1-\frac{1-R_S(t)^{\omega_i}}{E_i}\tag{4.66}$$

式(4.65)和式(4.66)中,$\omega_i=\dfrac{\lambda_i(t_i)}{\lambda_S(t)}$。

在计算时,需要系统的可靠度大于或等于其目标值。

例 4.11 设有一个由三个单元组成的串联系统。系统失效率的目标值为 $\lambda_S(t)=300\%/10^3\ \text{h}$,$t_i=t=10\ \text{h}$,$E_i=1.0$,单元的失效服从指数分布,试求出三个单元的失效率和可靠度的分配值。

解 首先假定三个单元的失效率分别为 $\lambda_1=0.00128\ \text{h}^{-1}$,$\lambda_2=0.00135\ \text{h}^{-1}$,$\lambda_3=0.00139\ \text{h}^{-1}$。这样,系统的失效率为

$$\lambda_3=\sum_{i=1}^{3}\lambda_i=0.00402\ \text{h}^{-1}$$

由于 $t_i=t=10\ \text{h}$,则得各单元的可靠度分别为

$$R_1(t_1)=R_1(10)=\mathrm{e}^{-0.001\,28\times 10}=0.987\,2$$

$$R_2(t_2)=R_2(10)=\mathrm{e}^{-0.001\,35\times 10}=0.986\,5$$

$$R_3(t_3)=R_3(10)=\mathrm{e}^{-0.001\,39\times 10}=0.986\,1$$

$$R_S(t)=R_S(10)=\mathrm{e}^{-0.004\,02\times 10}=0.960\,5$$

而系统的可靠度目标是 $R_S(10)=\mathrm{e}^{-0.003\times 10}=0.970\,4$。它大于计算值0.960 5，即系统的可靠度预测值小于其目标值。因此，应按式(4.65)和式(4.66)继续进行分配计算。

先求出 $\omega_i, i=1,2,3$。得 $\omega_1=\frac{\lambda_1}{\lambda_S}=\frac{0.001\,28}{0.004\,02}=0.318\,4$，$\omega_2=\frac{\lambda_2}{\lambda_S}=\frac{0.001\,35}{0.004\,02}=0.335\,8$，$\omega_3=\frac{\lambda_3}{\lambda_S}=\frac{0.001\,39}{0.004\,02}=0.345\,8$。由式(4.65)，可分别计算得

$$\lambda_1=\frac{\omega_1\lambda_S t}{E_1 t_1}=\frac{0.318\,4\times 0.003\times 10}{1\times 10}=0.000\,955\,2$$

$$\lambda_2=\frac{\omega_2\lambda_S t}{E_2 t_2}=\frac{0.335\,8\times 0.003\times 10}{1\times 10}=0.001\,007\,4$$

$$\lambda_3=\frac{\omega_3\lambda_S t}{E_3 t_3}=\frac{0.345\,8\times 0.003\times 10}{1\times 10}=0.001\,037\,4$$

相应的可靠度分别为

$$R_1=\mathrm{e}^{-\lambda_1 t_1}=\mathrm{e}^{-0.000\,955\,2\times 10}=0.990\,4$$

$$R_2=\mathrm{e}^{-\lambda_2 t_2}=\mathrm{e}^{-0.001\,007\,4\times 10}=0.989\,9$$

$$R_3=\mathrm{e}^{-\lambda_3 t_3}=\mathrm{e}^{-0.001\,037\,4\times 10}=0.989\,6$$

重新分配后系统的失效率为

$$\lambda_S=\sum_{i=1}^{3}\lambda_i=0.000\,955\,2+0.001\,007\,4+0.001\,037\,4=0.003$$

相应的系统可靠度为 $R_S=\mathrm{e}^{-0.003\times 10}=0.970\,4$。这和要求的可靠度目标值是一致的，所以三个单元的可靠度按重新分配后的数值取值。

6. *花费最小的分配方法*

在实际机械系统中，各组成单元的可靠度大不相同，最好的可靠度分配方法，是按照最优化方法的要求，列出可靠性分配的成本目标函数和约束条件，然后求解。例如，花费最小就是这样的一种分配方法。由于这类问题一般都是有约束条件的，所以，又称为条件极值法。

设有串联系统，$C_i(R_S,R_i)$ 是第 i 个单元或子系统的花费函数，约束条件为 $\prod_{i=1}^{n}R_i\geqslant R_S$。花费最小时的目标函数写为 $\min\sum_{i=1}^{n}C_i(R_S,R_i)$。

若单元或子系统的可靠度 R_i 和制造费用 Z_i 之间的关系可用下式表示：

$$R_i=1-\mathrm{e}^{[-\alpha_i(Z_i-\beta_i)]} \tag{4.67}$$

则

$$Z_i=\beta_i-\frac{\ln(1-R_i)}{\alpha_i} \tag{4.68}$$

式中，α_i、β_i 是常数。

这表明，提高每个单元的可靠度所能获得的经济价值是不同的。因而在分配中就要考

虑到这个因素。现在的问题是，在给出系统的可靠度目标值 R_S 后，要把它分配给各单元或子系统，但要使系统的费用 C_S 为最小。这个问题就是在 $R_S=\prod_{i=1}^{n}R_i$ 的限制条件下，求

$$\min Z=\sum_{i=1}^{n}Z_i \tag{4.69}$$

或

$$\min C_S=\min\prod_{i=1}^{n}C_i(R_S,R_i) \tag{4.70}$$

时的 R_i 的分配问题。

当采用古典的拉格朗日乘子法求解时，则有函数

$$F=\sum_{i=1}^{n}Z_i+\lambda\left(R_S-\prod_{i=1}^{n}R_i\right) \tag{4.71}$$

式中，λ 是拉格朗日乘子。

把 $R_i=1-e^{[-\alpha_i(Z_i-\beta_i)]}$ 代入，并由极值条件 $\dfrac{\partial F}{\partial Z_i}=0$，可得

$$1-\lambda\frac{\alpha_i e^{[-\alpha_i(Z_i-\beta_i)]}}{R_i}\prod_{i=1}^{n}R_i=1-\lambda\frac{\alpha_i(1-R_i)}{R_i}R_S=0 \tag{4.72}$$

或

$$\lambda=\frac{R_i}{R_S}\frac{1}{\alpha_i(1-R_i)} \tag{4.73}$$

从优化效率概念出发，要求 $\lambda_1=\lambda_2=\cdots=\lambda_n$。则有

$$\frac{\alpha_i(1-R_i)}{R_i}=\frac{\alpha_j(1-R_j)}{R_j}\quad(i\neq j=1,2,\cdots,n) \tag{4.74}$$

此外，还有约束条件 $R_S=\prod_{i=1}^{n}R_i$。

通过上面两个条件可以解出各单元或子系统的可靠度 R_i 来。

例 4.12 设系统由两个单元组成，它们的相应值分别为：$\alpha_1=0.9,\beta_1=4.0;\alpha_2=4.0,\beta_2=0$。若系统的可靠度 $R_S=0.72$，试把它分配给这两个单元。

解 把 α_i 值分别代入式(4.73)，有

$$\lambda_1=\frac{R_1}{0.72}\times\frac{1}{0.9(1-R_1)}$$

$$\lambda_2=\frac{R_2}{0.72}\times\frac{1}{0.4(1-R_2)}$$

由式(4.74)，得

$$\frac{R_1}{0.72\times0.9(1-R_1)}=\frac{R_2}{0.72\times0.4(1-R_2)}$$

外加约束条件 $R_1R_2=R_S=0.72$，则可解得 $R_1=0.9,R_2=0.8$。

这就是两个单元可靠度的分配值，此时的制造费用最小。

由式(4.68)可得制造成本，分别为

$$Z_1=6.56,\quad Z_2=4.03$$

系统的总成本为

$$Z=Z_1+Z_2=10.59$$

这一组解是如图 4.24 所示曲线的一组结果。图上结果说明，此时的可靠性分配是取成

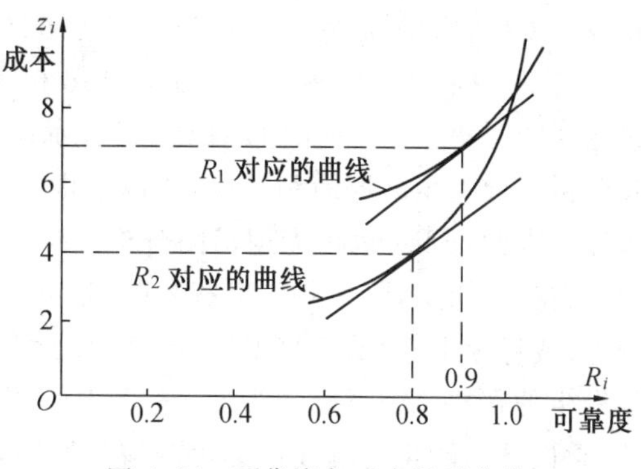

图 4.24 可靠度与成本关系曲线

本——可靠度曲线上微分(斜率)相等,即优化效率 λ 相等的两个对应点的结果。

也可以把多变量问题分解成一系列单变量的子问题,采用动态规划方法求最小花费。

上面的例子是一个简单的两级串联系统的可靠性分配问题。实际中有时系统比较复杂,变量较多,目标函数和约束条件等的数学模型表达形式也可能不同。因此,解法也就超出了古典的拉格朗日乘子法的范围。而且,在实际中还会遇到这样的问题,为了提高系统可靠度,用提高单元可靠度的方法已无多大潜力。这时就应用并联、储备等冗余技术,把某一个或几个单元适当扩大为分系统。由于每个单元的成本费用不同,在扩大时应考虑到使系统总成本费用达到最小。这时就要讨论每个分系统有多少个储备单元比较合适的可靠性分配问题。因而就要求设计人员不仅要确定冗余数,而且必须确定每个单元的可靠度。这就是系统模型一段中提到的所谓确定最优的单元或子系统的可靠度问题。所以,目前围绕着系统可靠性分配的优化问题出现了不少研究成果。

4.4 失效分析方法及其典型应用案例

4.4.1 失效分析方法

机械系统失效分析方法包含失效模式、影响和严重度分析(Failure Mode Effect and Criticality Analysis,FMECA),失效树分析(Failure Tree Analysis,FTA)以及失效模式和影响分析(Failure Mode and Effect Analysis,FMEA)等分析方法。

1. FMECA

FMECA 是在系统设计过程中,通过对系统各组成单元潜在的各种失效模式及其对系统功能的影响,与产生后果的严重程度进行分析,提出可能采取的预防改进措施,以提高产品可靠度的一种设计分析方法。这种方法是在 1950 年前后引入到可靠性设计中来的。它是按照一定的失效模式,把一个个单元失效、分系统失效检出,是一种自下而上逐步寻查失效的顺向分析方法;也是一种对未来将要生产的产品作为对象,通过各组成单元可能产生的失效模式,来推断该产品(或系统)可能发生的失效模式及其原因的一种定性分析的方法。通过这种分析还可以发现消除产品(或系统)失效的可靠线索,提示改进可靠度的方向。

由于 FMECA 是用程序记录表来进行的一种定性分析方法,所以不一定非用可靠度数据;即使不熟悉可靠度知识,也能得出分析结果。因此,它具有较广的应用范围,但此法比较费时间。

2. FTA

FTA 是 1962 年前后引入到可靠性设计中的一种分析方法。它是根据产品或系统可能产生的失效,去寻找一切可能导致此失效的原因的一种失效分析方法。它是把可能发生的失效结构画成树形图,沿着树形图的分析,去探索产品发生失效的原因,查明哪些单元是失效源。所以，FTA 是从上而下展开的逆向分析方法。

FTA 中最关键的一步是构造出失效树图，即找出系统产生失效和导致系统失效的各因素之间的逻辑关系，并用图形把它们表示出来的一种图示方法。由于 FTA 是用逻辑方法来分析失效发生的原因和过程，所以它也采用"与门""或门"等逻辑符号并进行相应的逻辑运算。因此，FTA 也称为逻辑图分析。

在失效树上，除一些逻辑符号外，还有用来表示失效的因果事件的符号。代表系统失效事件(或称顶事件)的符号如图 4.25(a)所示，它也用来表示分系统的失效事件。引起顶事件发生的直接原因可以分为多个层次。那些原始的或最基本的原因称为初始事件或基本事件，它们是不能再分解或不必再分解的原因，如图 4.25(b)所示。

有时为了简化失效树，可把树中的独立部分用一个准基本事件或称模块来代替，其符号如图 4.25(c)所示。准基本事件有时也表示一个原因不明或故意不予讨论下去的失效事件。

失效树实际上是以顶事件为根的具有若干层次的干、枝的一种类似倒挂着的树的图形，所以才称为树形图。对于大型复杂系统，要画出其失效树，工作量可能很大。所以，现在已借助计算机来进行。

在基本事件发生的概率已知的条件下，可以应用逻辑分析法求出顶事件发生(即系统失效)的概率。所以，FTA 是一种定量的分析方法。

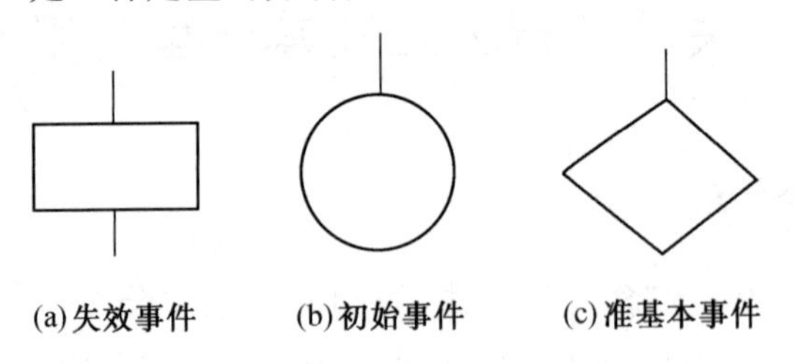

图 4.25 失效树的符号

3. FMEA

FMEA 是一种归纳分析方法。FMEA 需要对系统运行过程中潜在的失效进行识别，并对失效产生的影响与原因进行分析，通过计算得出失效模式的风险优先顺序，对风险等级较大的失效模式进行预防和改进，避免失效模式发生的一种系统化的分析方法。

20 世纪 50 年代，美国格鲁曼飞机制造公司首先利用 FMEA 方法对飞机的操作系统进行失效模式分析，减少了飞机发生事故的可能性。随后，FMEA 方法在航天工业中得到了发展，为保证阿波罗登月计划的成功提供了技术保障。1977 年，福特公司作为最早实施 FMEA 技术的公司之一，将 FMEA 技术操作标准写入其操作手册。20 世纪 90 年代，FMEA 方法作为一种标准化的技术在美国汽车行业的福特、通用和克莱斯勒等公司中得到了广泛的应用，为提高产品质量、确保产品生产过程稳定提供了条件。20 世纪 80 年代初期，FMEA 方法引入我国，并应用于国内航空、航天、电子等高科技领域，形成了相应的国家标准《系统可靠性分析技术失效模式和效应分析程序》(GB/T 7826—1987)。

现在，作为产品设计过程关键的可靠性分析工具，FMEA 技术经过半个多世纪的发展及不断积累，已成为质量学中一种重要的技术，在航空、航天、机械、汽车、电子等基础工业领域都得到了应用和认可。

FMEA首先需要对生产工艺或产品生产过程进行潜在失效特征分析，识别出产品实现过程的各环节风险。之后，进一步研究、论证，细化对风险的描述，分析风险管控现状，确定风险的影响。根据影响程度、发生的概率、可检测性，确定风险大小，将定性的问题转化为量化的结果。

FMEA的分析步骤：确定失效名称；确定失效的影响后果；确定严重度、发生度、探测度等指标的等级。FMEA过程中重要的步骤之一就是对可能的失效模式进行风险评估。风险优先数（Risk Priority Number，RPN）方法是一种较为简单的失效模式风险评估方法，其具体数值是以严重度（S）、发生度（O）和探测度（D）等级的乘积作为计算结果。

4.4.2 失效树分析典型应用案例

作为一种复杂系统失效分析方法，FTA可以探索系统内事件的内在联系，查明失效源，找出薄弱环节，提高系统设计与故障诊断的效率。下面举例说明FTA在机械可靠性设计中的应用。

例4.13 已知场地剪草机用的发动机是空冷双缸小型内燃机，使用汽油、柴油的混合原料，最大功率是3 kW。油箱在气缸上方以重力方式给油，无燃料泵。启动可以用电池供电的电动机，也可以用拉索启动。试对其进行FTA分析。

解 对这个问题，我们用“内燃机不能启动”作为失效树的顶事件，然后自上而下地分析，画出失效树图。首先分析不能启动的直接原因有：燃料室内无燃料；活塞在气缸内形成的压力低于额定值；燃料室内无点火的火花。它们用“或门”与顶事件连接，形成失效树的第一级。再分别对这三个中间失效事件的发生原因进行跟踪分析，最后形成如图4.26所示的失效树图。

在进行定量分析计算时，先根据经验或统计数据确定各基本事件的发生概率，然后由基本事件的发生概率自下而上地进行逻辑计算，最后可得顶事件的发生概率，即该产品（或系统）的失效概率。

图中各基本事件的发生概率分别是

$C_1=0.08, C_2=0.02, C_3=0.01, C_4=C_5=C_6=C_7=0.001, C_8=0.04,$

$C_9=0.03, C_{10}=0.02, C_{11}=C_{12}=0.01, D_1=0.02, D_2=0.001$

由与门输出事件发生的概率公式，可得

$$P_5=C_1\times C_2=0.001\,6,\quad P_7=C_8\times C_9=0.001\,2$$

由或门输出事件发生的概率公式，可得

$$P_2=D_1+P_5+C_3=0.02+0.001\,6+0.01=0.031\,6$$

$$P_6=C_6+P_7+C_7+D_2=0.001+0.001\,2+0.001+0.001=0.004\,2$$

$$P_3=C_4+P_6+C_5=0.001+0.004\,2+0.001=0.006\,2$$

$$P_4=C_{10}+C_{11}+C_{12}=0.002+0.01+0.01=0.04$$

最后，得顶事件发生的故障概率为

$$P_1=P_2+P_3+P_4=0.031\,6+0.006\,2+0.04=0.077\,8$$

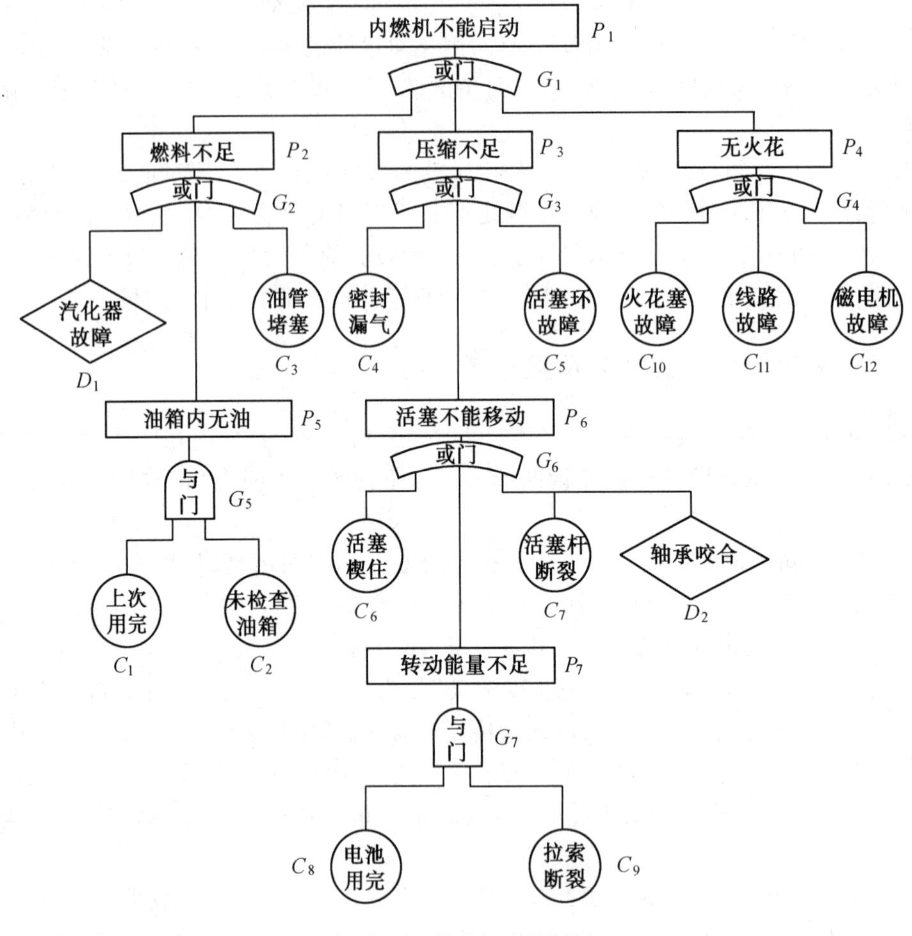

图 4.26 剪草机失效树图

4.5 滚珠丝杠组件的可靠性分析应用案例

4.5.1 滚珠丝杠闭环驱动系统的可靠性模型

在各类高精度机电设备中,滚珠丝杠闭环驱动系统是最常用的驱动机构之一,是机电设备的核心部件,其可靠性分析是整个机电设备可靠性预测和分配的基础。滚珠丝杠闭环驱动系统由若干单元(如零部件)组成,而各单元的功能及实现其功能的概率直接影响系统的可靠度。滚珠丝杠闭环驱动系统的简化模型如图 4.27 所示。

滚珠丝杠闭环驱动系统中包括主要零部件有:驱动器、伺服电机、滚珠丝杠、支撑轴承、滚动导轨、反馈元件等。这些零部件失效相互独立,如果其中一个零部件发生故障,就会导致整个闭环系统的故障或失效。因此滚珠丝杠闭环驱动系统是一个串联系统,其可靠性模型应该采用串联模型。

滚珠丝杠闭环驱动系数的可靠性模型如图 4.28 所示。每个方框代表系统的一个独立元件,方框之间采用直线连接,表示各元件之间的功能关系。

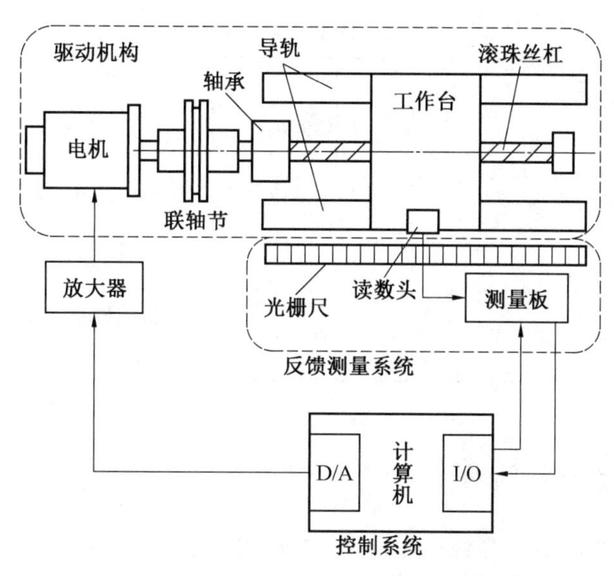

图 4.27 滚珠丝杠闭环驱动系统的简化模型

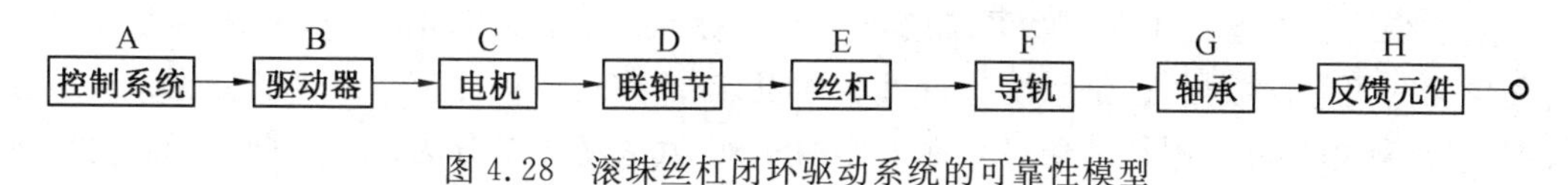

图 4.28 滚珠丝杠闭环驱动系统的可靠性模型

串联系统对应的数学模型为 $R_S(t)=\prod_{i=1}^{n}R_i(t)$，式中 $R_S(t)$ 为系统的可靠度；$R_i(t)$ 为单元的可靠度；n 为单元个数。

4.5.2 失效模式和影响分析

针对滚珠丝杠闭环驱动系统进行失效模式和影响分析(FMEA)分析，利用归纳、演绎的方法对系统可能发生的故障进行研究，分析失效的原因、后果和影响及严重程度，从而识别系统设计存在的薄弱环节，并提出有效的改进、补偿措施和解决预案，以提高其可靠性水平。

滚珠丝杠闭环驱动系统的主要功能是实现工作台的高精度位置和速度控制，其技术指标一般为位置精度和运动直线度。以此为指标分析得出该系统的 FMEA 表见表 4.3。

表 4.3 滚珠丝杠闭环驱动系统的 FMEA 表

主要故障模式	主要故障原因	影响		
		局部影响	高一层次影响	最终影响
无法使能	驱动器过流、欠压或温度过高	功能丧失	装备功能丧失	增加维修时间
电机故障	电机线圈烧坏、线路断路	功能丧失	装备功能丧失	增加维修时间
位置精度降低	滚珠丝杠、导轨、轴承等磨损或润滑不良；联轴节松动	性能指标降低	装备性能降低	增加维修时间

续表 4.3

主要故障模式	主要故障原因	影响		
		局部影响	高一层次影响	最终影响
直线度精度降低	导轨磨损或变形	性能指标降低	装备性能降低	增加维修时间
卡死	滚珠丝杠磨损严重	功能丧失	装备功能丧失	增加维修时间
飞车	测量元件污染或损坏	功能丧失	装备功能丧失或其他严重故障	增加维修时间

4.5.3 可靠性指标预测

对于机电设备来说，其可靠性指标包括一般采用故障平均间隔时间和故障维修时间来衡量。在本实例中，计算滚珠丝杠闭环驱动系统工作到 10 000 h 时的可靠度。

为了得到滚珠丝杠闭环驱动系统的可靠性指标，首先需要组成滚珠丝杠闭环驱动系统的各单元的可靠性数据，这是系统进行可靠性设计、研究、分析、评定和改进的依据。可靠性数据收集、处理与分析则是一切可靠性工作的基础，其来源主要分为行业数据、试验数据、预估数据。对于成熟的产品，例如选用的电机、丝杠、轴承等产品，可直接采用厂家给出的数据。

在本实例的分析中，为了方便计算，假设控制系统、驱动器和电机等运动元件的额定使用寿命假设均为 50 000 h。联轴节作为机械连接件，在准确连接的情况下，可以认为其额定使用寿命远大于相对运动元件，计算时可以不考虑。在工程设计时，以上可靠性数据可以根据具体的器件型号，向生产厂家咨询获得。产品的可靠度为

$$R(t) = P \quad (T > t) \tag{4.75}$$

式中，t 为规定的时间；T 为系统寿命。

为了计算产品在额定工作时间下的可靠度，需要将各单元的额定使用寿命转换为可靠度指标。按照滚动轴承的可靠度国家标准，其可靠度与额定使用寿命的关系如式(4.76)所示。

$$\ln R = \left(\frac{L_n}{L_{10}}\right)^{\beta} \ln 0.9 \tag{4.76}$$

式中，L_{10} 为基本额定寿命，此时产品可靠度为 90%；L_n 为可靠度 R 时的产品寿命；轴承类零部件的 $\beta=1.5$。

从而计算得到轴承等元件 10 000 h 时的可靠度为 $R=99.06\%$。

滚珠丝杠闭环驱动系统作为串联系统，系统的可靠度为组成该系统的各元件可靠度的乘积，即

$$R_S = R_1 R_2 \cdots R_n = \prod_{i=1}^{n} R_i \tag{4.77}$$

不考虑联轴节的失效，滚珠丝杠闭环驱动系统共有 7 个元件，则可以计算得到滚珠丝杠闭环驱动系统在 10 000 h 时的可靠度为 93.6%。

习　　题

1.试从材料性能和工艺方面分析一下机械结构出现可靠性问题的原因。

2.从机械零件可靠度方程及其应用示例可以看出，利用它不仅可以通过给定的材料强度和应力许用值及其标准离差进行零件的可靠度计算，也可以通过给定的可靠度值反求出零件的尺寸。请用你所做过的课程作业或课程设计（或某个产品设计）中的某个零件（如传动轴）作为实例进行上述两种计算。

3.系统可靠性计算有几种？试说明它们在设计中能起到什么作用？

4.举一个由3～4个零件组成的机构，采用失效树的方法对它进行定性的失效分析。

第5章 有限元分析方法

5.1 有限元分析方法的基本概念

有限元分析方法是随着计算机的发展而迅速发展起来的一种现代设计计算方法。它是20世纪50年代首先在连续体力学领域——飞机结构静、动态特性分析中应用的一种有效的数值分析方法，随后很快就被广泛地应用于求解热传导、电磁场、流体力学等连续性问题。

下面通过用有限元法分析一个机床立柱的实例，具体地介绍有限元分析方法(以后简称有限元法)。

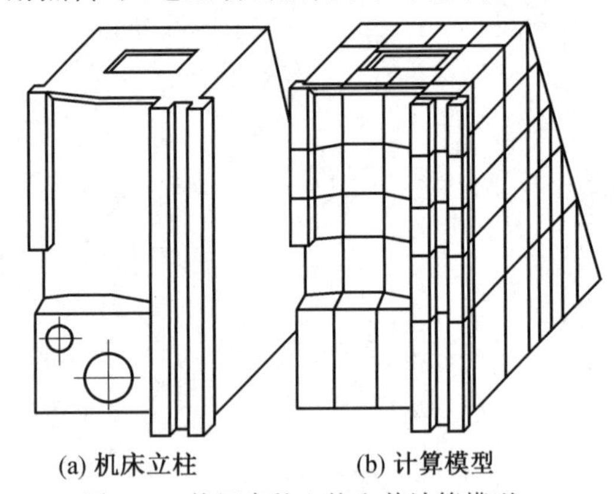

图 5.1 某机床的立柱和其计算模型

图 5.1(a)为机床立柱的原形，图 5.1(b)为用有限元法进行分析时简化的计算模型。图中是用一些方形、三角形和直线把立柱划分成网格的，这些网格称为单元。这样也就是把立柱划分成矩形板单元、三角形板单元和梁单元。网格间相互连接的交点称为节点，网格与网格的交界线称为边界。显然，图中的节点数是有限的，单元数目也是有限的，所以称为有限单元。这就是有限元一词的由来。有限元法分析计算的思路和做法可归纳如下。

5.1.1 物体离散化

例如，将如图 5.1(a)所示的某个工程结构离散为由各种单元组成的计算模型，如图 5.1(b)(每种单元可以是一维、二维或三维的情况)所示，这一步称为单元剖分。离散后单元与单元之间利用单元的节点相互连接起来；单元节点的设置、性质、数目等应视问题的性质、描述变形形态的需要和计算精度而定(一般情况，单元划分越细则描述变形情况越精确，即越接近实际变形，但计算量越大)。所以，有限元法中分析的结构已不是原有的物体或结构物，而是同样材料的由众多单元以一定方式连接成的离散物体。这样，用有限元分析计算所获得的结果只是近似的。如果划分单元数目非常多而又合理，则所获得的结果就与实际情况相接近。

5.1.2 单元特性分析

1. 选择位移模式

在有限元法中，选择节点位移作为基本未知量时称为位移法；选择节点力作为基本未知量时称为力法;取一部分节点力和一部分节点位移作为基本未知量时称为混合法。位移法易于实现计算自动化,所以在有限元法中应用范围较广。

当采用位移法时,物体或结构物离散化之后,就可把单元中的一些物理量如位移、应变和应力等由节点位移来表示。这时可以对单元中位移的分布采用一些能逼近原函数的近似函数予以描述。通常,在有限元法中将位移表示为坐标变量的简单函数。这种函数称为位移模式或位移函数,如$\{d\}=\sum_{i=1}^{n}\alpha_i\varphi_i$,其中,$\alpha_i$ 是待定系数;φ_i 是与坐标有关的某种函数。

2.分析单元的力学性质

根据单元的材料性质、形状、尺寸、节点数目、位置及其含义等,找出单元节点力和节点位移的关系式,这是单元分析中的关键一步。此时需要应用弹性力学中的几何方程和物理方程来建立力和位移的方程式,从而导出单元刚度矩阵,这是有限元法的基本步骤之一。

3.计算等效节点力

物体离散化后,假定力是通过节点从一个单元传递到另一个单元。但是,对于实际的连续体,力是从单元的公共边界传递到另一个单元中去的。因而,这种作用在单元边界上的表面力、体积力或集中力都需要等效地移到节点上去,也就是用等效的节点力来替代所有作用在单元上的力。

5.1.3 单元组集

利用结构力的平衡条件和边界条件把各个单元按原来的结构重新连接起来,形成整体的有限元方程,即

$$[K]\{q\}=\{F\} \tag{5.1}$$

式中,$[K]$ 是整体结构的刚度矩阵;$\{q\}$ 是节点位移列阵;$\{F\}$ 是载荷列阵。

5.1.4 节点位移的求解

解有限元方程式(5.1)得出位移。这里,可以根据方程组的具体特点来选择合适的计算方法。

通过上述分析可以看出,有限元法的基本思想是"一分一合",分是为了进行单元分析,合则是为了对整体结构进行综合分析。

5.2 有限元法中单元特性的导出方法

前面已经指出,进行有限元分析的基本步骤之一就是要找出所剖分的单元的刚度矩阵(刚阵)、质量矩阵(质阵)、热刚阵等。一般来说,建立刚阵的方法可以采用:(1) 直接方法;(2) 虚功原理法;(3) 能量变分原理方法;(4) 加权残数法。

下面主要叙述直接方法、虚功原理法及能量变分原理方法。

5.2.1 直接方法

直接方法是直接应用物理概念来建立单元的有限元方程和分析单元特性的一种方法,

这种方法仅能用于简单形状的单元，如梁单元。但它可以帮助理解有限元法的物理概念。

图 5.2(a) 所示是 xOy 平面中的简支梁弯曲简图，EI 为梁的抗弯刚度。现在，以它为例用直接方法建立单元的刚度矩阵。

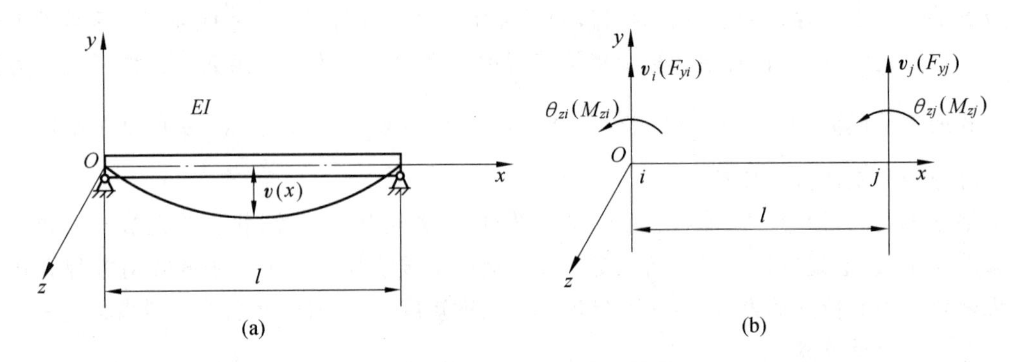

图 5.2　平面简支梁和它的计算模型

梁在横向外载荷(可以是集中力、力矩或分布载荷等)作用下产生弯曲变形，对于平面弯曲问题，每个点(包括支承点)处的位移有两个，即挠度和倾角；相应地也有两个节点力，即与挠度对应的剪力和与倾角对应的弯矩。我们规定挠度和剪力向上为正，倾角和弯矩逆时针方向为正。

为使问题简化，把图示的梁看成是一个单元，如图 5.2(b) 所示。当令左支承点为节点 i，右支承点为节点 j 时，则节点位移和节点力可以分别写成 v_i、θ_{zi}、v_j、θ_{zj} 和 F_{yi}、M_{zi}、F_{yj}、M_{zj}。也可写成矩阵形式

$$\{q\}=[v_i \quad \theta_{zi} \quad v_j \quad \theta_{zj}]^{\mathrm{T}}$$

称为单元的节点位移列阵。

$$\{F\}=[F_{yi} \quad M_{zi} \quad F_{yj} \quad M_{zj}]^{\mathrm{T}}$$

称为单元的节点力列阵。若 $\{F\}$ 为外载荷，则称为载荷列阵。

显然，梁的节点力和节点位移是有联系的。在弹性小位移范围内，这种联系是线性的，可用下式表示：

$$\begin{Bmatrix} F_{yi} \\ M_{zi} \\ F_{yj} \\ M_{zj} \end{Bmatrix}=\begin{bmatrix} k_{11} & k_{12} & k_{13} & k_{14} \\ k_{21} & k_{22} & k_{23} & k_{24} \\ k_{31} & k_{32} & k_{33} & k_{34} \\ k_{41} & k_{42} & k_{43} & k_{44} \end{bmatrix}\begin{Bmatrix} v_i \\ \theta_{zi} \\ v_j \\ \theta_{zj} \end{Bmatrix}$$

或

$$\{F\}=[K]\{q\} \tag{5.2}$$

它代表了单元的载荷和位移之间(或力和变形之间)的联系，称为单元的有限元方程。式中，$[K]$ 称为单元刚阵，它是单元的特性矩阵。

从方程中可以看出 $F_{yi}=k_{11}v_i+k_{12}\theta_{zi}+k_{13}v_j+k_{14}\theta_{zj}$，$M_{zi}=k_{21}v_i+k_{22}\theta_{zi}+k_{23}v_j+k_{24}\theta_{zj}$ 等，从而可以得出这样的物理概念，即单元刚度矩阵中任一元素 k_{ij} 表示 j 节点的单位位移对 i 节点力的贡献。如 $[K]$ 中第 1 列各元素就分别代表当在 i 节点处挠度方向产生单位位移 $v_i=1$ 时，它们对其他各位移(包括 v_i)方向上引起的节点力 F_{yi}、M_{zi}、F_{yj}、M_{zj} 的贡献。由功的互等定理有 $k_{ij}=k_{ji}$，所以单元刚度矩阵是对称的。对于图 5.2 所示的梁单元平面弯曲问题，可以计算出各系数 k_{ij} 的数值。

例如，若假设 $v_i=1,\theta_{zi}=v_j=\theta_{zj}=0$（图5.3），由梁的变形公式得

$$\text{挠度 } v_i=\frac{F_{yi}l^3}{EI}-\frac{M_{zi}l^2}{2EI}=1$$

$$\text{倾角 } \theta_i=-\frac{F_{yi}l^2}{2EI}+\frac{M_{zi}l}{EI}=0$$

解得

$$F_{yi}=\frac{12EI}{l^3}=k_{11},\quad M_{zi}=\frac{6EI}{l^2}=k_{21}$$

再从平衡条件

$$F_{yj}=-F_{yi}\quad \text{和}\quad M_{zj}=-F_{yi}l-M_{zi}$$

得

$$F_{yj}=\frac{-12EI}{l^3}=k_{31},\quad M_{zj}=\frac{6EI}{l^2}=k_{41}$$

同理，若再假设 $\theta_{zi}=1,v_i=v_j=\theta_{zj}=0$（图5.4），由梁的变形边界条件，又可得

$$k_{12}=\frac{6EI}{l^2},\quad k_{22}=\frac{4EI}{l},\quad k_{32}=\frac{-6EI}{l^2},\quad k_{42}=\frac{2EI}{l}$$

类似地，还可求出

$$k_{13}=\frac{-12EI}{l^3},\quad k_{23}=\frac{-6EI}{l},\quad k_{33}=\frac{12EI}{l^3},\quad k_{43}=\frac{-6EI}{l^2}$$

$$k_{14}=\frac{6EI}{l^2},\quad k_{24}=\frac{2EI}{l},\quad k_{34}=\frac{-6EI}{l^2},\quad k_{44}=\frac{4EI}{l}$$

所以，平面弯曲梁单元的刚度矩阵或单元特性矩阵为

$$[K]=\frac{EI}{l^3}\begin{bmatrix}12 & 6l & -12 & 6l\\ 6l & 4l^2 & -6l & 2l^2\\ -12 & -6l & 12 & -6l\\ 6l & 2l^2 & -6l & 4l^2\end{bmatrix}\tag{5.3}$$

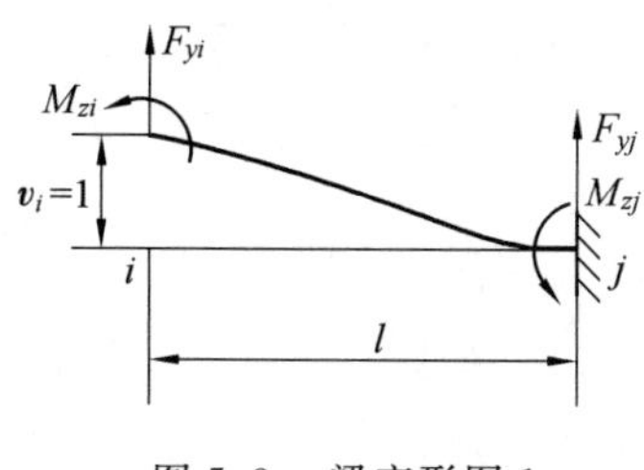

图5.3 梁变形图1

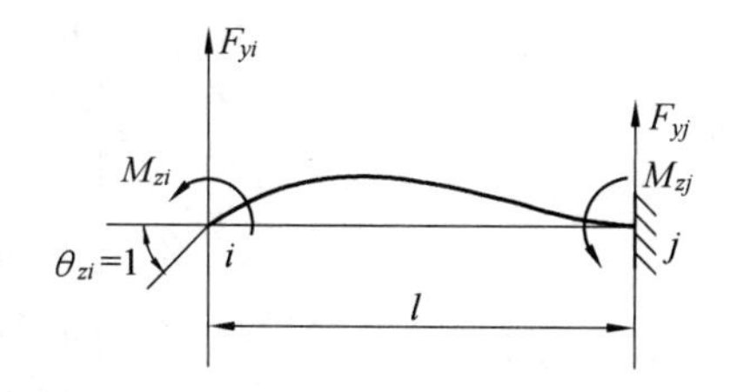

图5.4 梁变形图2

5.2.2 虚功原理法

以平面问题中的三角形单元为例，说明其方法步骤。

1.设定位移函数

设三节点三角形单元内的位移函数为：$\{d(x,y)\}=[u(x,y)\quad v(x,y)]^{\mathrm{T}}$，它是未知的，当单元很小时，单元内一点的位移可以通过节点的位移插值来表示。对如图5.5所示的三角形，可假设单元内位移为 x、y 的线性函数，即

$$u(x,y)=\alpha_1+\alpha_2x+\alpha_3y$$
$$v(x,y)=\alpha_4+\alpha_5x+\alpha_6y$$

或写成矩阵形式

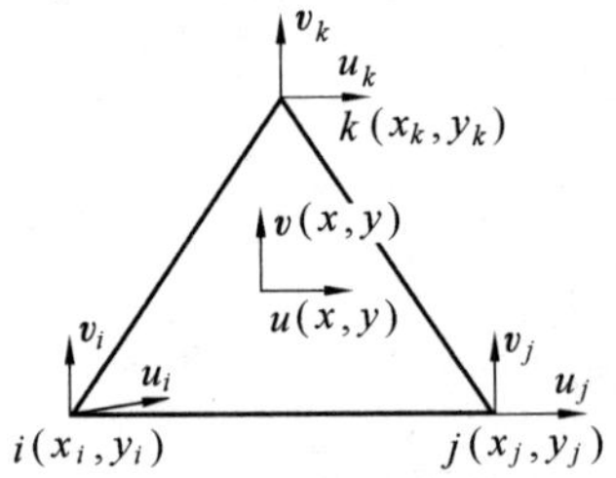

$$\{d\}=\begin{Bmatrix}u\\v\end{Bmatrix}=\begin{bmatrix}1&x&y&0&0&0\\0&0&0&1&x&y\end{bmatrix}\begin{Bmatrix}\alpha_1\\\alpha_2\\\alpha_3\\\alpha_4\\\alpha_5\\\alpha_6\end{Bmatrix}=[S]\{\alpha\} \tag{5.4}$$

图 5.5 三角形单元

$u(x,y)$、$v(x,y)$ 既然是单元内某点的位移表达式，当然单元的三个节点 i、j、k 上的位移也可用它来表示，所以有

$$\left.\begin{aligned}u_i&=\alpha_1+\alpha_2x_i+\alpha_3y_i,\quad v_i=\alpha_4+\alpha_5x_i+\alpha_6y_i\\u_j&=\alpha_1+\alpha_2x_j+\alpha_3y_j,\quad v_j=\alpha_4+\alpha_5x_j+\alpha_6y_j\\u_k&=\alpha_1+\alpha_2x_k+\alpha_3y_k,\quad v_k=\alpha_4+\alpha_5x_k+\alpha_6y_k\end{aligned}\right\}$$

写成矩阵形式为

$$\{q\}=\begin{Bmatrix}u_i\\v_i\\u_j\\v_j\\u_k\\v_k\end{Bmatrix}=\begin{bmatrix}1&x_i&y_i&0&0&0\\0&0&0&1&x_i&y_i\\1&x_j&y_j&0&0&0\\0&0&0&1&x_j&y_j\\1&x_k&y_k&0&0&0\\0&0&0&1&x_k&y_k\end{bmatrix}\begin{Bmatrix}\alpha_1\\\alpha_2\\\alpha_3\\\alpha_4\\\alpha_5\\\alpha_6\end{Bmatrix}=[c]\{\alpha\}$$

为了能用单元节点位移$\{q\}$ 表示单元内某点位移$\{d\}$，即把 $d\{x,y\}$ 表达成节点位移插值函数的形式，应从上式中解出$\{\alpha\}=[c]^{-1}\{q\}$。可用矩阵求逆法求出

$$[c]^{-1}=\frac{1}{2A}\begin{bmatrix}a_i&0&a_j&0&a_k&0\\b_i&0&b_j&0&b_k&0\\c_i&0&c_j&0&c_k&0\\0&a_i&0&a_j&0&a_k\\0&b_i&0&b_j&0&b_k\\0&c_i&0&c_j&0&c_k\end{bmatrix}$$

式中，A 是三角形面积。

$$2A=\begin{vmatrix}1&x_i&y_i\\1&x_j&y_j\\1&x_k&y_k\end{vmatrix}=x_iy_i+x_jy_k+x_ky_i-x_iy_k-x_jy_i-x_ky_j$$

$$\left.\begin{aligned}a_i&=x_jy_k-x_ky_j,\quad a_j=x_ky_i-x_iy_k,\quad a_k=x_iy_j-x_jy_i\\b_i&=y_j-y_k,\quad b_j=y_k-y_i,\quad b_k=y_i-y_j\\c_i&=x_k-x_j,\quad c_j=x_i-x_k,\quad c_k=x_j-x_i\end{aligned}\right\} \tag{5.5}$$

为不使 A 为负值，图 5.5 中 i、j、k 的顺序必须按逆时针方向标注。

把$\{\alpha\}=[c]^{-1}\{q\}$ 代入式(5.4) 中，得

$$\begin{Bmatrix} u \\ v \end{Bmatrix} = \frac{1}{2A}\begin{bmatrix} 1 & x & y & 0 & 0 & 0 \\ 0 & 0 & 0 & 1 & x & y \end{bmatrix}\begin{bmatrix} a_i & 0 & a_j & 0 & a_k & 0 \\ b_i & 0 & b_j & 0 & b_k & 0 \\ c_i & 0 & c_j & 0 & c_k & 0 \\ 0 & a_i & 0 & a_j & 0 & a_k \\ 0 & b_i & 0 & b_j & 0 & b_k \\ 0 & c_i & 0 & c_j & 0 & c_k \end{bmatrix}\begin{Bmatrix} u_i \\ v_i \\ u_j \\ v_j \\ u_k \\ v_k \end{Bmatrix}$$

相乘后得

$$u(x,y) = \frac{1}{2A}[(a_i + b_i x + c_i y)u_i + (a_j + b_j x + c_j y)u_j + (a_k + b_k x + c_k y)u_k]$$

$$v(x,y) = \frac{1}{2A}[(a_i + b_i x + c_i y)v_i + (a_j + b_j x + c_j y)v_j + (a_k + b_k x + c_k y)v_k]$$

或写成

$$\left.\begin{aligned} u(x,y) &= N_i u_i + N_j u_j + N_k u_k \\ v(x,y) &= N_i v_i + N_j v_j + N_k v_k \end{aligned}\right\} \tag{5.6}$$

可简写为

$$\{d\} = [N]\{q\} \tag{5.6a}$$

此式即为单元内某点的位移用节点位移插值表示的多项式。称$[N]$为形状函数,其中的

$$\left.\begin{aligned} N_i &= (a_i + b_i x + c_i y)/2A \\ N_j &= (a_j + b_j x + c_j y)/2A \\ N_k &= (a_k + b_k x + c_k y)/2A \end{aligned}\right\} \tag{5.6b}$$

2. 由位移函数求应变

由弹性力学知 $\varepsilon_x = \frac{\partial u}{\partial x}$,$\varepsilon_y = \frac{\partial v}{\partial y}$,$\gamma_{xy} = \frac{\partial u}{\partial y} + \frac{\partial v}{\partial x}$,可得

$$\{\varepsilon\} = \begin{Bmatrix} \frac{\partial u}{\partial x} \\ \frac{\partial v}{\partial y} \\ \frac{\partial u}{\partial y} + \frac{\partial v}{\partial x} \end{Bmatrix} = \begin{bmatrix} \frac{\partial}{\partial x} & 0 \\ 0 & \frac{\partial}{\partial y} \\ \frac{\partial}{\partial y} & \frac{\partial}{\partial x} \end{bmatrix}\begin{Bmatrix} u \\ v \end{Bmatrix} = \frac{1}{2A}\begin{Bmatrix} b_i u_i + b_j u_j + b_k u_k \\ c_i v_i + c_j v_j + c_k v_k \\ c_i v_i + c_j v_j + c_k v_k + b_i u_i + b_j u_j + b_k u_k \end{Bmatrix}$$

或写成

$$\{\varepsilon\} = \frac{1}{2A}\begin{bmatrix} b_i & 0 & b_j & 0 & b_k & 0 \\ 0 & c_i & 0 & c_j & 0 & c_k \\ c_i & b_i & c_j & b_j & c_k & b_k \end{bmatrix}\begin{Bmatrix} u_i \\ v_i \\ u_j \\ v_j \\ u_k \\ v_k \end{Bmatrix} = [B]\{q\} \tag{5.7}$$

3. 根据胡克定律,通过应变求应力

对于平面问题,有

$$\{\sigma\} = [D]\{\varepsilon\} = [D][B]\{q\} \tag{5.8}$$

式中，$[D]$ 对平面应力问题为

$$[D]=\frac{E}{1-\mu^2}\begin{bmatrix}1 & \mu & 0\\ \mu & 1 & 0\\ 0 & 0 & \frac{1-\mu}{2}\end{bmatrix} \tag{5.9}$$

4. 由虚功原理求单元的刚度矩阵

根据虚功原理，当结构受载荷作用处于平衡状态时，在任意给出的节点虚位移下，外力（节点力）$\{F\}$ 及内力 $\{\sigma\}$ 所做的虚功之和应等于零，即

$$\delta A_F+\delta A_\sigma=0$$

现给单元节点以任意虚位移

$$\{\delta q\}=[\delta u_i \quad \delta v_i \quad \delta u_j \quad \delta v_j \quad \delta u_k \quad \delta v_k]^{\mathrm{T}}$$

则单元内各点将产生相应的虚位移 δu、δv 和虚应变 $\delta\varepsilon_x$、$\delta\varepsilon_y$、$\delta\gamma_{xy}$，它们都为坐标 x、y 的函数。可分别按式(5.6a) 和式(5.7) 求得

$$\begin{Bmatrix}\delta u\\ \delta v\end{Bmatrix}=[N]\{\delta q\} \tag{5.10}$$

$$\{\delta\varepsilon\}=[B]\{\delta q\} \tag{5.11}$$

求单元节点力的虚功

$$\delta A_F=\delta u_i F_{xi}+\delta v_i F_{yi}+\delta u_j F_{xj}+\delta v_j F_{yj}+\delta u_k F_{xk}+\delta v_k F_{yk}$$

或

$$\delta A_F=\{\delta q\}^{\mathrm{T}}\{F\} \tag{5.12}$$

再求内力虚功

$$\delta A_\sigma=-\int_V(\delta\varepsilon_x\sigma_x+\delta\varepsilon_y\sigma_y+\delta\gamma_{xy}\tau_{xy})\mathrm{d}V$$

式中，V 为单元体积。

上式写成矩阵形式为

$$\delta A_\sigma=-\int_V\{\delta\varepsilon\}^{\mathrm{T}}\{\sigma\}\mathrm{d}V \tag{5.13}$$

将式(5.11) 和式(5.8) 代入式(5.13)，得

$$\delta A_\sigma=-\int_V\{\delta q\}^{\mathrm{T}}[B]^{\mathrm{T}}[D][B]\{q\}\mathrm{d}V$$

式中，$\{\delta q\}^{\mathrm{T}}$ 和 $\{q\}$ 可视为常值，将其移出积分号之外，即

$$\delta A_\sigma=-\{\delta q\}^{\mathrm{T}}\int_V[B]^{\mathrm{T}}[D][B]\mathrm{d}V\{q\} \tag{5.14}$$

将式(5.12) 和式(5.14) 代入虚功方程，得

$$\{\delta q\}^{\mathrm{T}}\{F\}=\{\delta q\}^{\mathrm{T}}\int_V[B]^{\mathrm{T}}[D][B]\mathrm{d}V\{q\}$$

式中，$\{\delta q\}^{\mathrm{T}}$ 是任意的，可消去，得

$$\{F\}=\int_V[B]^{\mathrm{T}}[D][B]\mathrm{d}V\{q\} \tag{5.15}$$

或

$$\{F\}=[K]\{q\}$$

式中

$$[K]=\int_V [B]^{\mathrm{T}}[D][B]\mathrm{d}V \tag{5.15a}$$

把$[B]$及$[D]$代入式(5.15a),得平面应力问题三角形单元刚度矩阵为

$$[K_{rs}]=\frac{Et}{4(1-\mu^2)A}\begin{bmatrix} b_r b_s+\frac{1-\mu}{2}c_r c_s & \mu b_r b_s+\frac{1-\mu}{2}c_r b_s \\ \mu c_r b_s+\frac{1-\mu}{2}b_r c_s & c_r c_s+\frac{1-\mu}{2}b_r b_s \end{bmatrix} \tag{5.16}$$

$$(r=i,j,k;\ s=i,j,k)$$

5.2.3 能量变分原理方法

1. 最小位能原理

弹性体受外力作用产生变形时伴随着产生变形能U和外力能W,所以系统总位能Π可写成为

$$\Pi=U-W \tag{5.17}$$

式中

$$U=\frac{1}{2}\int_V \{\varepsilon\}^{\mathrm{T}}\{\sigma\}\mathrm{d}V,\quad W=\{F\}^{\mathrm{T}}\{q\}$$

而

$$\{\varepsilon\}=[\varepsilon_x\quad \varepsilon_y\quad \varepsilon_z\quad \gamma_{xy}\quad \gamma_{yz}\quad \gamma_{zx}]^{\mathrm{T}}$$

是应变列阵;

$$\{\sigma\}=[\sigma_x\quad \sigma_y\quad \sigma_z\quad \tau_{xy}\quad \tau_{yz}\quad \tau_{zx}]^{\mathrm{T}}$$

是应力列阵。

由于$\{\varepsilon\}$和$\{\sigma\}$是位移u、v、w的函数,所以$\Pi=U-W$是一个函数的函数,即泛函。这个泛函是弹性体的总位能,用变分法求能量泛函的极值方法就是能量变分原理。

$$U(u,v,w)=\frac{1}{2}\int_V\left\{\frac{\mu E}{(1+\mu)(1-2\mu)}\left(\frac{\partial u}{\partial x}+\frac{\partial v}{\partial y}+\frac{\partial w}{\partial z}\right)^2+2G\left[\left(\frac{\partial u}{\partial x}\right)^2+\left(\frac{\partial v}{\partial y}\right)^2+\left(\frac{\partial w}{\partial z}\right)^2\right]+G\left[\left(\frac{\partial w}{\partial y}+\frac{\partial v}{\partial z}\right)^2+\left(\frac{\partial u}{\partial z}+\frac{\partial w}{\partial x}\right)^2+\left(\frac{\partial v}{\partial x}+\frac{\partial u}{\partial y}\right)^2\right]\right\}\mathrm{d}V \tag{5.18}$$

将式(5.17)对位移求变分,得最小位能原理为

$$\delta\Pi=\delta U-\delta W=0 \tag{5.19}$$

它的意义是:在所有满足连续条件(几何关系和位移已知的边界条件)的很多组可能位移中(我们把每一组位移称为容许函数),只有真正满足平衡方程式的那组位移u、v、w才能使物体的总位能为最小。该组位移u、v、w的值就是问题的正确解答。

现在对式(5.17)进行具体的变分计算。因为

$$\begin{aligned}\delta U&=\int_V(\sigma_x\delta\varepsilon_x+\sigma_y\delta\varepsilon_y+\sigma_z\delta\varepsilon_z+\tau_{xy}\delta\gamma_{xy}+\tau_{yz}\delta\gamma_{yz}+\tau_{zx}\delta\gamma_{zx})\mathrm{d}V\\&=\int_V\{\sigma\}^{\mathrm{T}}\{\delta\varepsilon\}\mathrm{d}V=\int_V\{\delta\varepsilon\}^{\mathrm{T}}\{\sigma\}\mathrm{d}V\end{aligned}$$

而

$$\delta W=\int_V(X\delta u+Y\delta v+Z\delta w)\mathrm{d}V+\int_{S_\sigma}(\overline{X}\delta u+\overline{Y}\delta v+\overline{Z}\delta w)\mathrm{d}S$$

或

$$\delta W=\{F\}^{\mathrm{T}}\{\delta q\}=\{\delta q\}^{\mathrm{T}}\{F\}$$

式中，X、Y、Z 是物体在 x、y、z 方向上的体积力；$\overline{X}$、$\overline{Y}$、$\overline{Z}$ 是物体在 x、y、z 方向上的表面力。

自 $\delta\Pi=\delta U-\delta W=0$ 的极值条件有 $\delta U=\delta W$，即

$$\int_V\{\delta\varepsilon\}^{\mathrm{T}}\{\sigma\}\mathrm{d}V=\{\delta\varepsilon\}^{\mathrm{T}}\{F\}\tag{5.20}$$

这是虚位移原理(虚功原理)。所以虚位移原理是最小位能原理的一种表达形式。只不过上述用虚功原理方法求单元刚度矩阵是直接引用虚功原理来进行的，而能量变分原理方法是从位能的泛函表达式出发进行变分求极值的结果。能量变分原理方法的应用范围可以扩大到机械结构位移场以外的其他领域。如求解热传导、电磁场、流体力学等连续性问题。

2. 能量变分原理的应用

下面以如图 5.6 所示的一个简支的平面直梁弯曲问题为例来说明能量变分原理的应用。

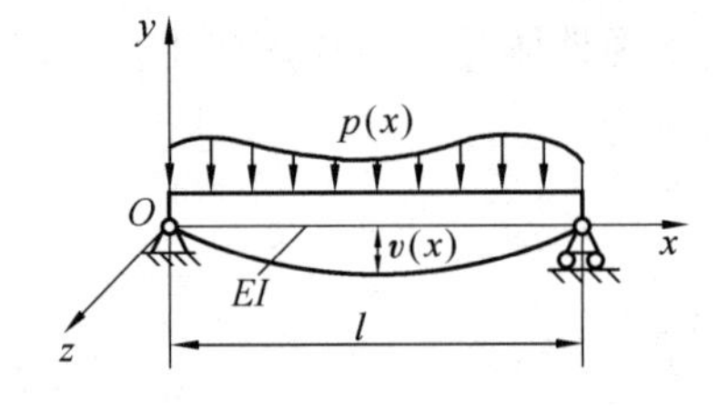

图 5.6　受分布载荷作用的简支梁

对于平面直梁弯曲问题，只应考虑弯曲产生的应变能，其值为

$$U=\frac{EI}{2}\int_0^l\left(\frac{\mathrm{d}^2v}{\mathrm{d}x^2}\right)^2\mathrm{d}x$$

外载荷的位能为

$$W=\int_0^l p(x)\mathrm{d}x$$

两式中的 v 是挠度，$p(x)$ 是分布载荷。则系统总位能[为了简化，用 p 代替 $p(x)$] 为

$$\Pi=U-W=\frac{EI}{2}\int_0^l\left(\frac{\mathrm{d}^2v}{\mathrm{d}x^2}\right)^2\mathrm{d}x-\int_0^l pv\mathrm{d}x$$

把 v 和 $\frac{\mathrm{d}^2v}{\mathrm{d}x^2}$ 看成变量，所以上式的变分为

$$\delta\Pi=\frac{EI}{2}\int_0^l 2\,\frac{\mathrm{d}^2v}{\mathrm{d}x^2}\,\frac{\mathrm{d}^2\delta v}{\mathrm{d}x^2}\mathrm{d}x-\int_0^l p\delta v\mathrm{d}x$$

它的极值条件给出

$$\int_0^l\left(EI\,\frac{\mathrm{d}^4v}{\mathrm{d}x^4}-p\right)\delta v\mathrm{d}x=0$$

由于 δv 是任意的，则只有在下面条件成立时才能满足要求：

$$EI\,\frac{\mathrm{d}^4v}{\mathrm{d}x^4}-p=0$$

当 $p(x)=0$ 时，则得

$$EI\,\frac{\mathrm{d}^4v}{\mathrm{d}x^4}=0$$

上述方程就是直梁的基本微分方程。

求解直梁的问题可在给定的边界条件下解上述微分方程式，求出 $v(x)$。这就是解微分方程的边值问题。这对简单梁问题并不困难，但对复杂结构则比较困难，有时甚至不可能。

所以，就产生了“泛函变分的近似解法”或称“变分问题中的直接解法”。里兹法就是其中的一种。

里兹法是假设一个线性组合形式的函数 $y=\sum_{i=1}^{n}\alpha_i\varphi_i$，它是一个容许函数(可能位移函数)，其中的 α_i 是待定系数。然后，把该函数代入所论问题的泛函 Π 中去，求其变分 $\delta\Pi$，再从极值条件 $\delta\Pi=0$，即 $\frac{\partial\Pi}{\partial\alpha_i}=0(i=1,2,\cdots,n)$ 给出的方程组中解出 α_i 待定系数之值。最后把求得的 α_i 值代入设定的函数 $y=\sum_{i=1}^{n}\alpha_i\varphi_i$ 中去，即可得到问题的正确解。里兹法是对所论问题的整个区域来设定可能的线性函数的，因此难度较大。而我们用能量变分原理的有限元法进行泛函变分近似计算时，是在离散处理后的单元体上设定可能位移函数的，这就比较容易。这说明，有限元法实质上就是里兹方法，或者说有限元法是里兹法的进一步发展。

现在采用能量变分原理的有限元法来计算平面直梁问题。

设定梁单元的位移函数为

$$v(x)=\alpha_1+\alpha_2x+\alpha_3x^2+\alpha_4x^3 \tag{5.21}$$

式中，α_i 为待定系数(其数目和自由度数目相等)。

此时，梁单元的自由度为 $\{q\}^{\mathrm{T}}=[v_i \quad \theta_{xi} \quad v_j \quad \theta_{xj}]$。把式(5.21)写成矩阵形式，则

$$v(x)=[1 \quad x \quad x^2 \quad x^3]\begin{Bmatrix}\alpha_1\\\alpha_2\\\alpha_3\\\alpha_4\end{Bmatrix}=[S]\{\alpha\} \tag{5.22}$$

对式(5.21)求导数得转角为

$$\theta(x)=\frac{\mathrm{d}v}{\mathrm{d}x}=\alpha_2+2\alpha_3x+3\alpha_4x^2 \tag{5.23}$$

利用边界条件确定 α_i。将

$$v_i=v(0)=\alpha_1$$
$$\theta_{zi}=v'(0)=\alpha_2$$
$$v_j=v(l)=\alpha_1+\alpha_2l+\alpha_3l^2+\alpha_4l^3$$
$$\theta_{zj}=v'(l)=\alpha_2+2\alpha_3l+3\alpha_4l^2$$

四个式子写成矩阵形式，即为

$$\{q\}=\begin{Bmatrix}v_i\\\theta_{zi}\\v_j\\\theta_{zj}\end{Bmatrix}=\begin{bmatrix}1&0&0&0\\0&1&0&0\\1&l&l^2&l^3\\0&1&2l&3l^2\end{bmatrix}\begin{Bmatrix}\alpha_1\\\alpha_2\\\alpha_3\\\alpha_4\end{Bmatrix}=[C]\{\alpha\} \tag{5.24}$$

式中

$$[C]=\begin{bmatrix}1&0&0&0\\0&1&0&0\\1&l&l^2&l^3\\0&1&2l&3l^2\end{bmatrix}$$

将矩阵$[C]$求逆，可得

$$[C]^{-1}=\frac{1}{l^3}\begin{bmatrix} l^3 & 0 & 0 & 0 \\ 0 & l^3 & 0 & 0 \\ -3l & -2l^2 & 3l & -l^2 \\ 2 & l & -2 & l \end{bmatrix}$$

所以

$$\{\alpha\}=\begin{Bmatrix} \alpha_1 \\ \alpha_2 \\ \alpha_3 \\ \alpha_4 \end{Bmatrix}=[C]^{-1}\{q\}=\frac{1}{l^3}\begin{bmatrix} l^3 & 0 & 0 & 0 \\ 0 & l^3 & 0 & 0 \\ -3l & -2l^2 & 3l & -l^2 \\ 2 & l & -2 & l \end{bmatrix}\begin{Bmatrix} v_i \\ \theta_{zi} \\ v_j \\ \theta_{zj} \end{Bmatrix} \tag{5.25}$$

将式(5.25)代入式(5.21)，可得

$$v(x)=[S][C]^{-1}\{q\}=\frac{1}{l^3}[1 \quad x \quad x^2 \quad x^3]\begin{bmatrix} l^3 & 0 & 0 & 0 \\ 0 & l^3 & 0 & 0 \\ -3l & -2l^2 & 3l & -l^2 \\ 2 & l & -2 & l \end{bmatrix}\begin{Bmatrix} v_i \\ \theta_{zi} \\ v_j \\ \theta_{zj} \end{Bmatrix}$$

展开后得

$$v(x)=N_1 v_i+N_2\theta_{xi}+N_3 v_j+N_4\theta_{xj}=[N]\{q\} \tag{5.26}$$

式中

$$\left.\begin{aligned} N_1&=\frac{1}{l^3}(l^3-3lx^2+2x^3) \\ N_2&=\frac{1}{l^3}(l^3x-2l^2x^2+lx^3) \\ N_3&=\frac{1}{l^3}(3lx^2-2x^3) \\ N_4&=\frac{1}{l^3}(-l^3x^2+lx^3) \end{aligned}\right\} \tag{5.26a}$$

式(5.26)就是梁单元的插值函数，$[N]$称为形状函数。

把式(5.26)代入泛函式

$$\Pi(v)=\int_0^l\left[\frac{1}{2}EI\left(\frac{\mathrm{d}^2v}{\mathrm{d}x^2}\right)^2-p(x)v(x)\right]\mathrm{d}x$$

并进行变分求极值的计算，由于此时是考虑一个单元，并且有

$$(v'')^2=(v_iN_1''+\theta_{zi}N_2''+v_jN_3''+\theta_{zj}N_4'')^2=\{q\}^{\mathrm{T}}[N''][N'']^{\mathrm{T}}\{q\}$$

$$p(x)v(x)=p(v_iN_1+\theta_{zi}N_2+v_jN_3+\theta_{zj}N_4)=p\{q\}^{\mathrm{T}}[N]$$

这样，则单元的泛函式可写成

$$\Pi_i(v)=\int_0^l\frac{1}{2}EI\{q\}^{\mathrm{T}}[N''][N'']^{\mathrm{T}}\{q\}\mathrm{d}x-\int_0^l p\{q\}^{\mathrm{T}}[N]\mathrm{d}x$$

或写成

$$\Pi_i(v)=\frac{1}{2}\{q\}^{\mathrm{T}}[K]\{q\}-\{q\}^{\mathrm{T}}\{F\}$$

式中

$$[K]=EI\int_0^l [N''][N'']^{\mathrm{T}}\mathrm{d}x$$

此时泛函$\Pi_i(v)$已离散为多元二次函数$\Pi(v_i,\theta_{zi},v_j,\theta_{zj})$。其泛函极值条件$\delta\Pi_i=0$已转化为一般多元函数的极值条件

$$\frac{\partial\Pi_i(v)}{\partial q}=0\quad(q=v_i,\theta_{zi},v_j,\theta_{zj})$$

它给出

$$\frac{\partial\Pi_i}{\partial v_i}=\int_0^l EI(v_iN_1''^2+\theta_{zi}N_1''N_2''+v_jN_1''N_3''+\theta_{zj}N_1''N_4'')\mathrm{d}x-\int pN_1\mathrm{d}x=0$$

$$\frac{\partial\Pi}{\partial\theta_{zi}}=\int_0^l EI(v_iN_1''N_2''+\theta_{zi}N_2''^2+v_jN_2''N_3''+\theta_{zj}N_2''N_4'')\mathrm{d}x-\int_0^l pN_2\mathrm{d}x=0$$

$$\frac{\partial\Pi_i}{\partial\theta_j}=\int_0^l EI(v_iN_1''N_3''+\theta_{zi}N_2''N_3''+v_jN_3''^2+\theta_{zj}N_3''N_4'')\mathrm{d}x-\int_0^l pN_3\mathrm{d}x=0$$

$$\frac{\partial\Pi_i}{\partial\theta_{zj}}=\int_0^l EI(v_iN_1''N_4''+\theta_{zi}N_2''N_4''+v_jN_3''N_4''+\theta_{zj}v_4''^2)\mathrm{d}x-\int_0^l pN_4\mathrm{d}x=0$$

或写成

$$[K]\{q\}=\{F\}$$

式中

$$[K]=EI\begin{bmatrix}\int_0^l N_1''^2\mathrm{d}x & \int_0^l N_1''N_2''\mathrm{d}x & \int_0^l N_1''N_3''\mathrm{d}x & \int_0^l N_1''N_4''\mathrm{d}x\\ \int_0^l N_1''N_2''\mathrm{d}x & \int_0^l N_2''^2\mathrm{d}x & \int_0^l N_2''N_3''\mathrm{d}x & \int_0^l N_2''N_4''\mathrm{d}x\\ \int_0^l N_1''N_3''\mathrm{d}x & \int_0^l N_2''N_3''\mathrm{d}x & \int_0^l N_3''^2\mathrm{d}x & \int_0^l N_3''N_4''\mathrm{d}x\\ \int_0^l N_1''N_4''\mathrm{d}x & \int_0^l N_2''N_4''\mathrm{d}x & \int_0^l N_3''N_4''\mathrm{d}x & \int_0^l N_4''^2\mathrm{d}x\end{bmatrix}$$

$$\{F\}=\begin{Bmatrix}\int_0^l PN_1\mathrm{d}x\\ \int_0^l PN_2\mathrm{d}x\\ \int_0^l PN_3\mathrm{d}x\\ \int_0^l PN_4\mathrm{d}x\end{Bmatrix},\quad \{q\}=\begin{Bmatrix}v_i\\ \theta_{zi}\\ v_j\\ \theta_{zj}\end{Bmatrix}$$

至此就完成了单元分析。它给出的结果是有限元方程$[K]\{q\}=\{F\}$。把式(5.26a)代入$[K]$并积分,得

$$[K]=\frac{EI}{l^3}\begin{bmatrix}12 & 6l & -12 & 6l\\ 6l & 4l^2 & -6l & 2l^2\\ -12 & -6l & 12 & -6l\\ 6l & 2l^2 & -6l & 4l^2\end{bmatrix}$$

上式说明,由能量变分原理所得到的单元特性矩阵和直接方法求得的完全一样。

3. 位移函数

从前面的叙述中已经看到,在单元特性分析时常需设定位移函数。在有限元法中,一般

设定位移函数是多项式 $y=\sum_{i=1}^{n}\alpha_i\varphi_i$ 的形式(其中 α_i 是待定系数),并用它近似地描述实际的位移变化规律。至于在符合要求的条件下如何选择不同形式的函数,可以通过计算进行比较,以便确定一种较为理想的函数。

从数学意义上看,设定的位移函数,至少应具有分片连续的一阶导数,这样才能使泛函积分有意义。这是因为泛函中被积函数含有应变 $\left(\frac{\partial u}{\partial x},\frac{\partial v}{\partial y},\frac{\partial w}{\partial z}\right)$,它们都是位移的一阶导数。之所以设定位移函数为多项式,主要是考虑这样会使数学运算容易。多项式可以是直线、斜线或二次曲线形式。至于多少阶次能更近似地反映真实情况,可以通过一维的情况来说明。

如图 5.7 所示可知,把一个高次多项式在不同的阶次截断,其近似于实际的程度就明显地改变。从图(a)至(c)可知,多项式 $u(x)$ 是逐渐逼近精确解的。这就说明,多项式的阶次越接近能够决定其精确解的 m 阶多项式,就越接近其真实的解。

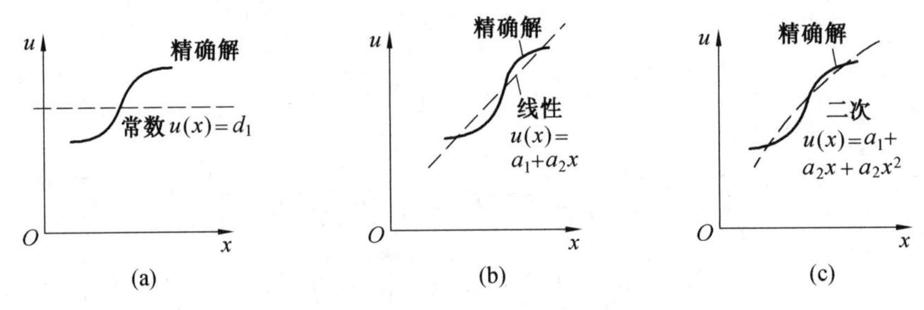

图 5.7 不同阶次的多项式近似真实解程度的曲线

选择多项式的阶次应考虑几种因素,即完备性、协调性和对称性。多项式项数应等于单元节点的自由度数。一般来说,用一个由低阶算起的完全的多项式就能保证完备性。协调性则要求位移函数在单元内都是 x、y 的连续函数,而在相邻单元的交界面上,两单元间应有相同的位移。对称性是指该多项式位移函数应当与局部坐标系(单元坐标)的方位无关,即几何各向同性。也就是,位移函数的形式不应随局部坐标的更换而改变。例如,对于二维问题,可根据下述宝塔形的形式选择多项式。

$$
\begin{array}{ccccccccc}
 & & & & \alpha_1 & & & & \\
 & & & \alpha_2 x & | & \alpha_3 y & & & \\
 & & \alpha_4 x^2 & & \alpha_5 xy & & \alpha_6 y^2 & & \\
 & \alpha_7 x^3 & & \alpha_8 x^2 y & | & \alpha_9 xy^2 & & \alpha_{10} y^3 & \\
\alpha_{11} x^4 & & \alpha_{12} x^3 y & & \alpha_{13} x^2 y^2 & & \alpha_{14} xy^3 & & \alpha_{15} y^4 \\
 & & & & \uparrow & & & &
\end{array}
$$

常数项

线性项

二次项

三次项

四次项

对称轴

若从物理、几何方面考虑,要求设定的位移函数在单元内部和边界上处处都能满足力的平衡条件和变形协调条件,否则单元之间在变形后会重叠或裂开;在位移函数的设定中必须至少满足单元的常应变要求;单元变形除本身的变形外,还有其他相邻单元通过节点传来的刚体位移,这样,位移函数也应包含有代表刚体运动的项。

例如,对三节点平面三角形单元,位移函数设定为

$$u(x,y)=\alpha_1+\alpha_2 x+\alpha_3 y$$
$$v(x,y)=\alpha_4+\alpha_5 x+\alpha_6 y$$

该函数包含有代表刚体移动的常数项,有一阶导数存在,项目数也与自由度数目相等,而且也是对称的。

另外,位移函数也可用插值多项式的方式来表示。例如,三节点平面三角形单元位移函数也可写为

$$u(x,y)=N_i u_i+N_j u_j+N_k u_k$$
$$v(x,y)=N_i v_i+N_j v_j+N_k v_k$$
$$\{d\}=[N]\{q\}$$

式中,$[N]$ 是形状函数矩阵。如果我们能选到合适的形状函数矩阵$[N]$,就会很方便地写出位移函数的插值多项式。

下面通过梁的插值多项式 $v(x)=v_i N_1+\theta_{zi}N_2+v_j N_3+\theta_{zj}N_4$ 说明形状函数矩阵$[N]$的概念。

当 $v_i=1,\theta_{zi}=v_j=\theta_{zj}=0$ 时,单元的位移分布状态就是 N_1 所代表的几何意义;N_2 代表当 $\theta_{zi}=1,v_i=v_j=\theta_{zj}=0$ 时单元的位移分布状态。同样 N_3 和 N_4 都是代表单元的位移分布状态。它们相应的几何图形如图 5.8 所示。

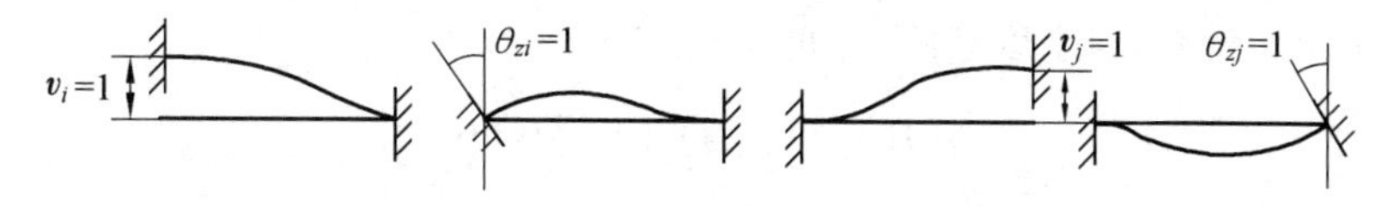

图 5.8　梁单元形状函数的几何意义

这说明位移函数是形状函数的线性组合。只要求出待定的节点位移 $\{q\}=[v_i \quad \theta_{zi} \quad v_j \quad \theta_{zj}]^{\mathrm{T}}$,就确定了位移函数 $v(x)$ 的值。

5.2.4　加权残数法

将假设的场变量的函数(称为试函数)引入问题的控制方程式及边界条件,利用最小二乘法等方法使残差最小,便得到近似的场变量函数形式。这个方法的优点是不需建立要解决的问题的泛函式。所以,即使没有泛函表达式也能解题。

5.3　有限元法的解题步骤和计算实例

5.3.1　有限元法的解题步骤

1. 单元剖分和插值函数的确定

根据构件的几何特性、载荷情况及所要求的变形点,建立由各种单元所组成的计算模型。再按单元的性质和精度要求,写出表示单元内任意点的位移函数 $u(x,y,z)$、$v(x,y,z)$、$w(x,y,z)$ 或 $\{d\}=[S(x,y,z)]\{\alpha\}$。

利用节点处的边界条件,写出以 $\{\alpha\}$ 表示的节点位移 $\{q\}=$

$[u_1 \quad v_1 \quad w_1 \quad u_2 \quad v_2 \quad w_2 \quad \cdots]^T$ 并写成

$$\{q\} = [C]\{\alpha\}$$

求$[C]^{-1}$ 及$\{\alpha\} = [C]^{-1}\{q\}$，并代入$\{d\} = [S]\{\alpha\}$，得

$$\{d\} = [S][C]^{-1}\{q\} = [N]\{q\}$$

它是用节点位移表示单元体内任意点位移的插值函数式。

2. 单元特性分析

根据位移插值函数，由弹性力学中给出的应变和位移关系，可计算出应变为

$$\{\varepsilon\} = [B]\{q\}$$

式中，$[B]$是应变矩阵。相应的变分为

$$\{\delta\varepsilon\} = [B]\{\delta q\}$$

由物理关系，得应变与应力的关系式为

$$\{\sigma\} = [D]\{\varepsilon\} = [D][B]\{q\}$$

式中，$[D]$为弹性矩阵。

由虚位移原理$\int_V \{\delta\varepsilon\}^T\{\sigma\}dV = \{\delta q\}^T\{F\}$，可得单元的有限元方程，或力与位移之间的关系式为

$$\{F\} = [K]\{q\}$$

式中，$[K]$是单元特性，即刚度矩阵，并可写成

$$[K] = \int_V [B]^T[D][B]dV$$

3. 单元组集

把各单元按节点组集成与原结构相似的整体结构，得到整体结构的节点与节点位移的关系

$$\{F\} = [K]\{q\}$$

式中，$[K]$是整体结构的刚度矩阵；$\{F\}$是总的载荷列阵；$\{q\}$是整体结构所有节点的位移列阵。

组集载荷列阵前，应将非节点载荷离散并转移到相应单元的节点上。转移方法根据力的性质不同分别取不同的算式：$\{F\} = \int_V [N]\{p\}dV$（体积力转移），或$\{F\} = \int_S [N]\{\bar{F}\}ds$（表面力转移），或$\{F\} = \{P\}[N]$（集中力转移）。

4. 解有限元方程

可采用不同的计算方法解有限元方程，得出各节点的位移。在解题之前，还要对$[K]$进行边界条件处理，然后再解出节点位移$\{q\}$。

5. 计算应力

若要求计算应力，则在计算出节点位移$\{q\}$后，自$\{\varepsilon\} = [B]\{q\}$和$\{\sigma\} = [D]\{\varepsilon\} = [D][B]\{q\}$，并令$[R] = [D][B]$为应力矩阵，则由式$\{\sigma\} = [R]\{q\}$即可求出相应的节点应力。

5.3.2 梁单元的计算实例

例 5.1 用有限元法求解如图 5.9(a) 所示的两端固定梁（轴）中点的变形和两端的支反力以及应力。

1. 单元剖分

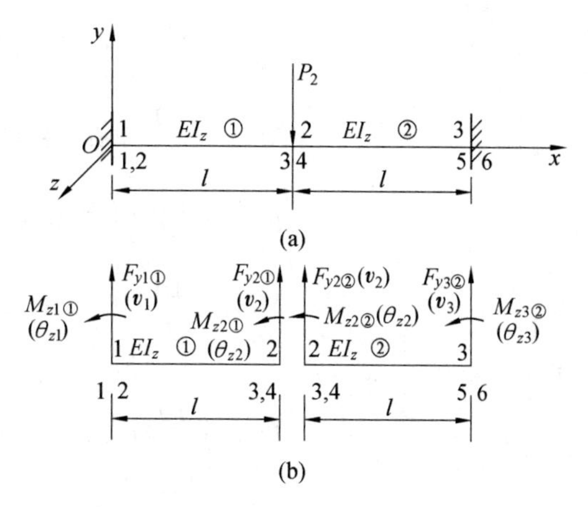

图 5.9　两端固定梁(轴)的计算模型

对于如图 5.9(a) 所示梁两端的固定支点以及外力作用的中点,均应作为节点来处理。把结构剖分为两单元 ① 和 ②,并标注出各节点和各自由度的序号,如图 5.9(b) 所示。图中轴上方的数字 1、2、3 是节点序号,轴下方的数字 1、2、3、4、5、6 是节点自由度(位移) 的序号(在本例中,它们分别代表 v_1、θ_{z1}、v_2、θ_{z2}、v_3、θ_{z3})。

2. 单元特性分析

由式(5.3),可分别写出单元 ① 和 ② 的刚阵,即

$$
\begin{array}{c} \\ [K]_{①} = \dfrac{EI_z}{l^3} \end{array}
\begin{array}{c}
\begin{matrix} \quad 1 & \quad 2 & \quad 3 & \quad 4 \end{matrix} \\
\begin{bmatrix} 12 & 6l & -12 & 6l \\ 6l & 4l^2 & -6l & 2l^2 \\ -12 & -6l & -12 & -6l \\ 6l & 2l^2 & -6l & 4l^2 \end{bmatrix}
\end{array}
\begin{array}{c} \\ 1 \\ 2 \\ 3 \\ 4 \end{array}
$$

$$
\begin{array}{c} \\ [K]_{②} = \dfrac{EI_z}{l^3} \end{array}
\begin{array}{c}
\begin{matrix} \quad 3 & \quad 4 & \quad 5 & \quad 6 \end{matrix} \\
\begin{bmatrix} 12 & 6l & -12 & 6l \\ 6l & 4l^2 & -6l & 2l^2 \\ -12 & -6l & -12 & -6l \\ 6l & 2l^2 & -6l & 4l^2 \end{bmatrix}
\end{array}
\begin{array}{c} \\ 3 \\ 4 \\ 5 \\ 6 \end{array}
$$

单元刚阵的上方和右方的数字代表节点位移的序号。

根据式(5.2),又可写出两单元节点力和节点位移的关系为

$$\{F\}_{①} = [K]_{①}\{q\}_{①} \tag{5.27}$$

$$\{F\}_{②} = [K]_{②}\{q\}_{②} \tag{5.28}$$

两式中的节点力、节点位移分别为

$$
\{F\}_{①} = \begin{Bmatrix} F_{y1①} \\ M_{z1①} \\ F_{y2①} \\ M_{z2①} \end{Bmatrix} \begin{matrix} 1 \\ 2 \\ 3 \\ 4 \end{matrix}, \quad \{q\}_{①} = \begin{Bmatrix} v_1 \\ \theta_{z1} \\ v_2 \\ \theta_{z2} \end{Bmatrix} \begin{matrix} 1 \\ 2 \\ 3 \\ 4 \end{matrix}
$$

$$
\{F\}_{②} = \begin{Bmatrix} F_{y2②} \\ M_{z2②} \\ F_{y3②} \\ M_{z3②} \end{Bmatrix} \begin{matrix} 3 \\ 4 \\ 5 \\ 6 \end{matrix}, \quad \{q\}_{②} = \begin{Bmatrix} v_2 \\ \theta_{z2} \\ v_3 \\ \theta_{z3} \end{Bmatrix} \begin{matrix} 3 \\ 4 \\ 5 \\ 6 \end{matrix}
$$

将式(5.27) 和式(5.28) 展开,则得

$$\left.\begin{aligned}
F_{y1①} &= \frac{EI_z}{l^3}(12v_1 + 6l\theta_{z1} - 12v_2 + 6l\theta_{z2}) \\
M_{z1①} &= \frac{EI_z}{l^3}(6lv_1 + 4l^2\theta_{z1} - 6lv_2 + 2l^2\theta_{z2}) \\
F_{y2①} &= \frac{EI_z}{l^3}(-12v_1 - 6l\theta_{z1} + 12v_2 - 6l\theta_{z2}) \\
M_{z2①} &= \frac{EI_z}{l^3}(6lv_1 + 2l^2\theta_{z1} - 6lv_2 + 4l^2\theta_{z2})
\end{aligned}\right\} \tag{5.29}$$

和

$$\left.\begin{aligned}
F_{y2②} &= \frac{EI_z}{l^3}(12v_2 + 6l\theta_{z2} - 12v_3 + 6l\theta_{z3}) \\
M_{z2②} &= \frac{EI_z}{l^3}(6lv_2 + 4l^2\theta_{z2} - 6lv_3 + 2l^2\theta_{z3}) \\
F_{y3②} &= \frac{EI_z}{l^3}(-12v_2 - 6l\theta_{z2} + 12v_3 - 6l\theta_{z3}) \\
M_{z3②} &= \frac{EI_z}{l^3}(6lv_2 + 2l^2\theta_{z2} - 6lv_3 + 4l^2\theta_{z3})
\end{aligned}\right\} \tag{5.30}$$

3. 单元组集

把单元 ①、② 组合起来，形成原结构的整体。因为各个节点是处于平衡状态的，所以节点 1、3 的内力 $F_{y1①}$、$M_{z1①}$ 和 $F_{y3②}$、$M_{z3②}$ 分别等于节点 1、3 处的支反力和支反弯矩，即

$$F_{y1①} = F_{y1},\quad M_{z1①} = M_{z1}$$
$$F_{y3②} = F_{y3},\quad M_{z3②} = M_{z3}$$

而对于节点 2，两个单元的节点内力及内力矩之和的大小应分别等于节点 2 的外载荷(集中力和集中力矩)P_2 和 0，即

$$F_{y2①} + F_{y2②} = -P_2$$
$$M_{z2①} + M_{z2②} = 0$$

将式(5.29) 和式(5.30) 的八个式子代入上述六个关系式，并将其整理成矩阵形式，则得

$$\{F\} = \begin{Bmatrix} F_{y1} \\ M_{z1} \\ -P_2 \\ 0 \\ F_{y3} \\ M_{z3} \end{Bmatrix} = \begin{Bmatrix} F_{y1①} \\ M_{z1①} \\ F_{y2①} + F_{y2②} \\ M_{z2①} + M_{z2②} \\ F_{y3②} \\ M_{z3②} \end{Bmatrix}$$

$$
\begin{array}{c}
\\ \\
\text{节点 1}\begin{cases}1\\2\end{cases}\\
\text{节点 2}\begin{cases}3\\4\end{cases}\\
\text{节点 3}\begin{cases}5\\6\end{cases}
\end{array}
=\frac{EI_z}{l^3}
\begin{array}{c}
\overbrace{\begin{array}{cc}\quad\quad&\quad\quad\end{array}}^{\text{节点 1}}\;\overbrace{\begin{array}{cc}\quad\quad\quad&\quad\quad\quad\end{array}}^{\text{节点 2}}\;\overbrace{\begin{array}{cc}\quad\quad&\quad\quad\end{array}}^{\text{节点 3}}\\
\begin{array}{cccccc}1&2&3&4&5&6\end{array}\\
\begin{bmatrix}
12 & 6l & -12 & 6l & 0 & 0\\
6l & 4l^2 & 6l & 2l^2 & 0 & 0\\
-12 & -6l & 12+12 & -6l+6l & -12 & 6l\\
6l & 2l^2 & -6l+6l & 4l^2+4l^2 & -6l & 2l^2\\
0 & 0 & -12 & -6l & 12 & -6l\\
0 & 0 & 6l & 2l^2 & -6l & 4l^2
\end{bmatrix}
\end{array}
\begin{Bmatrix} v_1\\ \theta_{z1}\\ v_2\\ \theta_{z2}\\ v_3\\ \theta_{z3}\end{Bmatrix}
\tag{5.31}
$$

或写成

$$
\{F\}=\begin{bmatrix} [K]_{①} & \\ & [K]_{②} \end{bmatrix}\begin{Bmatrix} v_1\\ \theta_{z1}\\ v_2\\ \theta_{z2}\\ v_3\\ \theta_{z3}\end{Bmatrix}=[K]\{q\} \tag{5.31a}
$$

式中

$$
[K]=\begin{bmatrix} [K]_{①} & \\ & [K]_{②} \end{bmatrix}
$$

称为全结构的总刚度矩阵(简称总刚阵)。它是由该结构两个单元刚阵的各刚度系数组集而成的。从式(5.31)中总刚阵 K 的组成方法可以得出结论如下。

从单元刚阵组集成全结构总刚阵,就是将各个单元的对应于各自由度的刚度系数,按原节点自由度对应的行号和列号对号入座,填入与全结构总刚阵相对应的行号和列号的位置中去。对于几个单元共用的节点,则应将这几个单元对应于该节点各自由度的刚度系数相加,作为全结构刚阵中该节点自由度的刚度系数。而在没有刚度系数与之对应的地方,就填入 0。

因为各单元刚阵是对称的,因而由它们组集起来的全结构总刚阵也是对称的。这一结论从式(5.31)也可直观地看出来。

以上归纳出的总刚阵的两点结论是有普遍意义的。

4. 求解变形

将式(5.31)写成展开的形式,则得

$$\left.\begin{aligned}
&\frac{12EI_z}{l^3}v_1+\frac{6EI_z}{l^2}\theta_{z1}-\frac{12EI_z}{l^3}v_2+\frac{6EI_z}{l^2}\theta_{z2}=F_{y1}\\
&\frac{6EI_z}{l^2}v_1+\frac{4EI_z}{l}\theta_{z1}-\frac{6EI_z}{l^2}v_2+\frac{2EI_z}{l}\theta_{z2}=M_{z1}\\
&-\frac{12EI_z}{l^3}v_1+\frac{6EI_z}{l^2}\theta_{z1}+\frac{24EI_z}{l^3}v_2+0\times\theta_{z2}-\frac{12EI_z}{l^3}v_3+\frac{6EI_z}{l^2}\theta_{z3}=-P_2\\
&\frac{6EI_z}{l^2}v_1+\frac{2EI_z}{l}\theta_{z1}+0\times v_2+\frac{8EI_z}{l}\theta_{z2}-\frac{6EI_z}{l^2}v_3+\frac{2EI_z}{l}\theta_{z3}=0\\
&-\frac{12EI_z}{l^3}v_2-\frac{6EI_z}{l^2}\theta_{z2}+\frac{12EI_z}{l^3}v_3-\frac{6EI_z}{l^2}\theta_{z3}=F_{y3}\\
&\frac{6EI_z}{l^2}v_2+\frac{2EI_z}{l}\theta_{z2}-\frac{6EI_z}{l^2}v_3+\frac{4EI_z}{l}\theta_{z3}=M_{z3}
\end{aligned}\right\}\qquad(5.32)$$

首先求变形，因而可以暂时先不考虑方程组(5.32)中代表支反力 F_{y1}、M_{z1}、F_{y3}、M_{z3} 的第1、2、5、6式，而只考虑第3、4两式的关系。并且因为由结构支承条件给出两端为刚性固支，即

$$v_1=\theta_{z1}=v_3=\theta_{z3}=0$$

所以第3、4两式最后变为

$$\frac{24EI_z}{l^3}v_2+0\times\theta_{z2}=-P_2\quad 和\quad 0\times v_2+\frac{8EI_z}{l}\theta_{z2}=0$$

或写成矩阵形式

$$\frac{EI_z}{l^3}\begin{bmatrix}24 & 0\\ 0 & 8l^2\end{bmatrix}\begin{Bmatrix}v_2\\ \theta_{z2}\end{Bmatrix}=\begin{Bmatrix}-P_2\\ 0\end{Bmatrix}\qquad(5.33)$$

由两个方程式求解两个未知数 v_2、θ_{z2}，所以只有唯一的一组解。

根据结构支承条件，将六阶方程组(5.32)减缩成为二阶方程组(5.33)的过程称为边界条件处理。处理之后，方程组是对称正定的。

由上面边界条件处理的过程可以总结得出边界条件处理的一般方法：对于一般情况，如果全结构的支承(边界)条件给出第 i 号自由度的位移等于零，则其边界条件处理的过程就相当于把全结构总刚阵的第 i 行和第 i 列消去，把位移和力的列阵中第 i 个元素也消去，使原来的全结构方程组变成由减缩后的刚阵、减缩后的节点位移列阵和力的列阵组成的减缩方程组。

求解减缩后的方程组，则可求得各节点的位移。

减缩后的全结构刚阵、节点位移列阵和力的列阵分别是

$$[K_r]=\frac{EI_z}{l^3}\begin{bmatrix}24 & 0\\ 0 & 8l^2\end{bmatrix},\quad \{q_r\}=\begin{Bmatrix}v_2\\ \theta_{z2}\end{Bmatrix},\quad \{F_r\}=\begin{Bmatrix}-P_2\\ 0\end{Bmatrix}$$

而减缩方程组(5.33)也可写成

$$[K_r]\{q_r\}=\{F_r\}$$

又

$$[K_r]^{-1}=\frac{l^3}{192EI_z}\begin{bmatrix}8 & 0\\ 0 & \frac{24}{l^2}\end{bmatrix}$$

因而 $$\{q_r\}=\begin{Bmatrix}v_2\\ \theta_{z2}\end{Bmatrix}=[K_r]^{-1}\{F_r\}=\frac{l^3}{192EI_z}\begin{bmatrix}8 & 0\\ 0 & \frac{24}{l^2}\end{bmatrix}\begin{Bmatrix}-P_2\\ 0\end{Bmatrix}$$

由此解得两端固定梁中点的挠度和倾角

$$v_2=\frac{-8l^3}{192EI_z}P_2=-\frac{P_2l^3}{24EI_z},\quad \theta_{z2}=0$$

负号表示挠度 v_2 方向向下。

从上面的解题过程看到:在实际计算变形时,可以只考虑外力而不考虑支反力的作用。也就是说,在计算变形时,节点载荷列阵的组成,就是将各个外加节点载荷按照它们对应的自由度序号对号入座,填入到载荷列阵的相应位置中去。而对应于外载荷为零和只有支反力的各个自由度,在其节点载荷列阵的相应位置上就填入0。

5. 求解支反力和应力

求支反力、支反力矩 F_{y1}、M_{z1},F_{y3}、M_{z3} 的数值,可将已求得的 v_2、θ_{z2} 的数值以及 $v_1=\theta_{z1}=v_3=\theta_{z3}=0$ 一起代入方程组(5.32)的第1、2、5、6各式,可得

$$-\frac{12EI_z}{l^3}\times\left(-\frac{P_2l^3}{24EI_z}\right)=F_{y1}$$

$$-\frac{6EI_z}{l^2}\times\left(-\frac{P_2l^3}{24EI_z}\right)=M_{z1}$$

$$-\frac{12EI_z}{l^3}\times\left(-\frac{P_2l^3}{24EI_z}\right)=F_{y3}$$

$$\frac{6EI_z}{l^2}\times\left(-\frac{P_2l^3}{24EI_z}\right)=M_{z3}$$

整理后即得

$$F_{y1}=\frac{P_2}{2},\quad M_{z1}=\frac{P_2l}{4}$$

$$F_{y3}=\frac{P_2}{2},\quad M_{z3}=-\frac{P_2l}{4}$$

下面再求该梁各处的应力。

由材料力学可知,对于直梁弯曲问题,只考虑 ε_x 和 σ_x,并且有

$$\varepsilon_x=y\frac{\mathrm{d}^2v}{\mathrm{d}x^2}$$

和

$$\sigma_x=E\varepsilon_x=Ey\frac{\mathrm{d}^2v}{\mathrm{d}x^2}\tag{5.34}$$

由式(5.26)可得

$$v''=[N'']\{q\}=N_1''v_i+N_2''\theta_{zi}+N_3''v_j+N_4''\theta_{zj}$$

又对式(5.26a)求导并代入式(5.34),得

$$\sigma_x=\frac{Ey}{l^3}[(-6l+12x)v_i+(-4l^2+6lx)\theta_{zi}+(6l-12x)v_j+(-2l^2+6lx)\theta_{zj}]$$

对于单元①,在上式中代入 $v_i=v_1=0$,$\theta_{zi}=\theta_{z1}=0$,$v_j=v_2=-\frac{P_2l^3}{24EI_z}$,$\theta_{z1}=\theta_{z2}=0$,可

得

$$\sigma_x = -\frac{Ey}{l^3}(6l-12x)\frac{P_2 l^3}{24EI_z} = -y\frac{(6l-12x)}{24I_z}P_2$$

对于节点 1 处，$x=0$，所以 $\sigma_x = -y\dfrac{l}{4I_z}P_2$；

对于节点 2 处，$x=l$，所以 $\sigma_x = y\dfrac{l}{4I_z}P_2$；

对于节点 1、2 中间，$x=\dfrac{l}{2}$ 处，$\sigma_x = -y\dfrac{(6l-6l)}{24I_z}P_2 = 0$。

以上求得的支反力和应力的结果与用材料力学求得的结果是一致的。

5.3.3　三角形单元的计算实例

例 5.2　如图5.10(a)所示是一平面墙梁。载荷沿梁的上边均匀分布，其单位长度上的均布载荷 $p=100$ N/cm。假定 $\mu=0$，墙梁的厚度 $t=0.1$ cm。在不计自重情况下，试求其位移和应力。

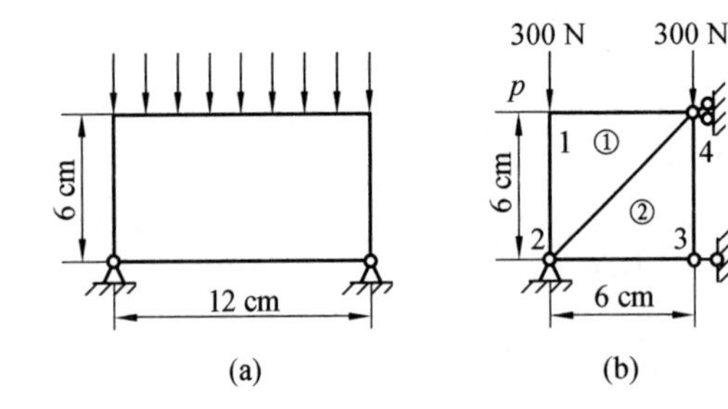

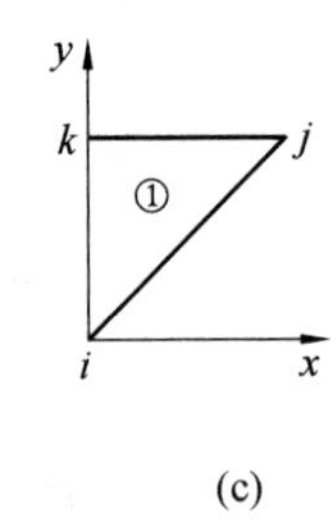

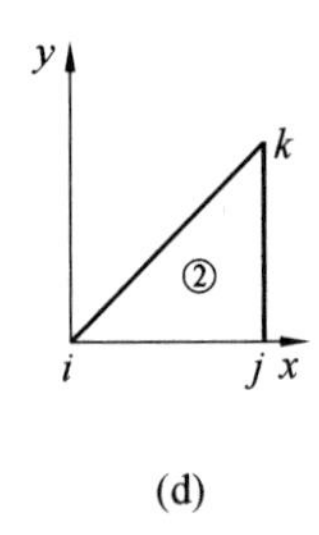

图 5.10　平面墙梁的受荷状态及三角形单元的剖分

1. 单元剖分

由于该墙梁及外载荷相对于其垂直方向的中线是对称的，所以只需取其一半作为计算对象，如图 5.10(b) 所示。其中节点 3、4 处于墙梁的对称轴线上，由于结构与受力的对称性，因此节点 3、4 无 x 方向位移，故可简化为如图 5.10(b) 所示的边界约束形式。把作用在上边的均布载荷转移到节点 1、4 上，其值各为 300 N。

把计算部分(图 5.10(b))分为两个单元 ① 和 ②，并对两个单元分别编出节点号码 i、j、k，如图 5.10(c) 和图 5.10(d) 所示。

2. 计算单元刚阵

计算单元刚阵所使用的公式，参见本章式(5.16) 和式(5.5)。

对单元 ①，由于 $x_i=0, y_i=0, x_j=6, y_j=6, x_k=0, y_k=6$，则

$$A_1 = \frac{1}{2}\begin{vmatrix} 1 & x_i & y_i \\ 1 & x_j & y_j \\ 1 & x_k & y_k \end{vmatrix} = \frac{1}{2}\begin{vmatrix} 1 & 0 & 0 \\ 1 & 6 & 6 \\ 1 & 0 & 6 \end{vmatrix} = 18(\text{cm}^2)$$

而

$$b_i = y_j - y_k = 0,\quad b_j = y_k - y_i = 6,\quad b_k = y_i - y_j = -6$$
$$c_i = -x_j + x_k = -6,\quad c_j = -x_k + x_i = 0,\quad c_k = -x_i + x_j = 6$$

对于单元 ②，由于 $x_i=0, y_i=0, x_j=6, y_j=0, x_k=6, y_k=6$，则

$$A_1 = \frac{1}{2}\begin{vmatrix} 1 & 0 & 0 \\ 1 & 6 & 0 \\ 1 & 6 & 6 \end{vmatrix} = 18(\text{cm}^2)$$

而

$$b_i = -6,\quad b_j = 6,\quad b_k = 0,\quad c_i = 0,\quad c_j = -6,\quad c_k = 6$$

根据上列数值及 $\mu = 0$，$t = 0.1\ \text{cm}$，可得各单元的刚阵$\left(此时\dfrac{Et}{4(1-\mu^2)A} = \dfrac{0.1E}{72}\right)$为

$$\begin{matrix} 3 & 4 & 7 & 8 & 1 & 2 \end{matrix}$$

$$[K]_{①} = \frac{0.1E}{72}\begin{bmatrix} 18 & 0 & 0 & -18 & -18 & 18 \\ 0 & 36 & 0 & 0 & 0 & -36 \\ 0 & 0 & 36 & 0 & -36 & 0 \\ -18 & 0 & 0 & 18 & 18 & -18 \\ -18 & 0 & -36 & 18 & 54 & -18 \\ 18 & -36 & 0 & -18 & -18 & 54 \end{bmatrix}\begin{matrix} 3 \\ 4 \\ 7 \\ 8 \\ 1 \\ 2 \end{matrix}$$

$$\begin{matrix} 3 & 4 & 5 & 6 & 7 & 8 \end{matrix}$$

$$[K]_{②} = \frac{0.1E}{72}\begin{bmatrix} 36 & 0 & -36 & 0 & 0 & 0 \\ 0 & 18 & 18 & -18 & -18 & 0 \\ -36 & 18 & 54 & -18 & -18 & 0 \\ 0 & -18 & -18 & 54 & 18 & -36 \\ 0 & -18 & -18 & 18 & 18 & 0 \\ 0 & 0 & 0 & -36 & 0 & 36 \end{bmatrix}\begin{matrix} 3 \\ 4 \\ 5 \\ 6 \\ 7 \\ 8 \end{matrix}$$

3. 组成总刚阵

按节点位移序号组成全结构的刚阵

$$\begin{matrix} 1 & 2 & 3 & 4 & 5 & 6 & 7 & 8 \end{matrix}$$

$$[K] = \frac{0.1E}{72}\begin{bmatrix} -54 & -18 & -18 & 0 & 0 & 0 & -36 & 18 \\ -18 & 54 & 18 & -36 & 0 & 0 & 0 & -18 \\ -18 & 18 & 18+36 & 0+0 & -36 & 0 & 0+0 & -18+0 \\ 0 & -36 & 0+0 & 36+18 & 18 & -18 & 0-18 & 0+0 \\ 0 & 0 & -36 & 18 & 54 & -18 & -18 & 0 \\ 0 & 0 & 0 & -18 & -18 & 54 & 18 & -36 \\ -36 & 0 & 0+0 & 0-18 & -18 & 18 & 36+18 & 0+0 \\ 18 & -18 & -18+0 & 0+0 & 0 & -36 & 0+0 & 18+36 \end{bmatrix}\begin{matrix} 1 \\ 2 \\ 3 \\ 4 \\ 5 \\ 6 \\ 7 \\ 8 \end{matrix}$$

4. 边界条件处理

由于对称轴上 $u_3 = u_4 = 0$，又因为节点2是固定铰支座，即 $u_2 = v_2 = 0$，所以只需考虑 u_1、v_1、v_3、v_4 四个位移，因此，减缩的刚阵是

$$\begin{matrix} 1 & 2 & 6 & 8 \end{matrix}$$

$$[K] = \frac{0.1E}{72}\begin{bmatrix} 54 & -18 & 0 & 18 \\ -18 & 54 & 0 & -18 \\ 0 & 0 & 54 & -36 \\ 18 & -18 & -36 & 54 \end{bmatrix}\begin{matrix} 1 \\ 2 \\ 6 \\ 8 \end{matrix}$$

节点力列阵是$\{F\}=\begin{Bmatrix}0\\-300\\0\\0\\0\\0\\0\\-300\end{Bmatrix}$，与减缩列阵对应的减缩节点力列阵为$\{F_r\}=\begin{Bmatrix}0\\-300\\0\\-300\end{Bmatrix}$。

5. 线性方程组的建立与求解

将 F_r、K_r 值代入 $F_r=K_r a_r$，得

$$\begin{Bmatrix}0\\-300\\0\\-300\end{Bmatrix}=\frac{0.1E}{72}\begin{bmatrix}54 & -18 & 0 & 18\\-18 & 54 & 0 & -18\\0 & 0 & 54 & -36\\18 & -18 & -36 & 54\end{bmatrix}\begin{Bmatrix}u_1\\v_1\\v_3\\v_4\end{Bmatrix}$$

由 $q_r=K_r^{-1}F_r$，则可求得各未知位移。由于

$$K_r^{-1}=\frac{40}{E}\begin{bmatrix}\frac{3}{7} & \frac{1}{14} & -\frac{1}{7} & -\frac{3}{14}\\\frac{1}{14} & \frac{3}{7} & \frac{1}{7} & \frac{3}{14}\\-\frac{1}{7} & \frac{1}{7} & \frac{5}{7} & \frac{4}{7}\\-\frac{3}{14} & \frac{3}{14} & \frac{4}{7} & \frac{6}{7}\end{bmatrix}$$

则可解出位移为

$$u_1=\frac{1\ 714}{E},\quad v_1=\frac{-7\ 714}{E},\quad v_3=\frac{-10\ 000}{E},\quad v_4=\frac{-14\ 000}{E}$$

6. 单元应力分量的计算

此墙梁属于平面应力问题。首先计算各单元的应力矩阵$[R]=[D][B]$。

$$[R]_{①}=\frac{E}{2\times 18}\begin{bmatrix}0 & 0 & 6 & 0 & -6 & 0\\0 & -6 & 0 & 0 & 0 & 6\\-3 & 0 & 0 & 3 & 3 & -3\end{bmatrix}$$

$$[R]_{②}=\frac{E}{2\times 18}\begin{bmatrix}-6 & 6 & 6 & 0 & 0 & 0\\0 & 0 & 0 & -6 & 0 & 6\\0 & -3 & -3 & 3 & 3 & 0\end{bmatrix}$$

再根据式(5.8) 计算各单元的应力。对单元 ①

$$\{\sigma\}=\begin{Bmatrix}\sigma_x\\ \sigma_y\\ \tau_{xy}\end{Bmatrix}=[D][B]\{q\}=[R]\{q\}=\frac{E}{2\times 18}\begin{bmatrix}0&0&6&0&-6&0\\0&-6&0&0&0&6\\-3&0&0&3&3&-3\end{bmatrix}\begin{Bmatrix}u_2\\v_2\\u_4\\v_4\\u_1\\v_1\end{Bmatrix}$$

$$=\frac{E}{2\times 18}\begin{bmatrix}0&0&6&0&-6&0\\0&-6&0&0&0&6\\-3&0&0&3&3&-3\end{bmatrix}\begin{Bmatrix}0\\0\\0\\ \dfrac{-14\ 000}{E}\\ \dfrac{1\ 714}{E}\\ \dfrac{-7\ 714}{E}\end{Bmatrix}$$

即

$$\begin{Bmatrix}\sigma_x\\ \sigma_y\\ \tau_{xy}\end{Bmatrix}=\begin{Bmatrix}-285.66\\-1\ 285.6\\-381\end{Bmatrix}(\mathrm{N/cm^2})$$

对单元 ②,同理可得

$$\{\sigma\}=\begin{Bmatrix}\sigma_x\\ \sigma_y\\ \tau_{xy}\end{Bmatrix}=\frac{E}{2\times 18}\begin{bmatrix}-6&6&6&0&0&0\\0&0&0&-6&0&6\\0&-3&-3&3&3&0\end{bmatrix}\begin{Bmatrix}u_2\\v_2\\u_3\\v_3\\u_4\\v_4\end{Bmatrix}$$

$$=\frac{E}{2\times 18}\begin{bmatrix}-6&6&6&0&0&0\\0&0&0&-6&0&6\\0&-3&-3&3&3&0\end{bmatrix}\begin{Bmatrix}0\\0\\0\\ \dfrac{-10\ 000}{E}\\0\\ \dfrac{-14\ 000}{E}\end{Bmatrix}$$

即

$$\begin{Bmatrix}\sigma_x\\ \sigma_y\\ \tau_{xy}\end{Bmatrix}=\begin{Bmatrix}0\\-666.6\\-833.3\end{Bmatrix}(\mathrm{N/cm^2})$$

5.4 结构分析的有限元法

由于具体结构的复杂性,在用有限元法进行分析时仅用梁单元、三角形单元是不够的,还要考虑使用平面矩形单元、板的弯曲单元等，并要考虑多种单元的组合问题。

5.4.1 矩形单元

取边长为 $2a$ 及 $2b$ 的矩形单元，并将原点设在单元的形心处。四个节点分别以 i、j、k、l 表示。此时每个节点上有沿坐标方向的位移 u 及 v。为方便起见，取线性坐标 $\xi=x/a$ 及 $\eta=y/b$，如图 5.11 所示。

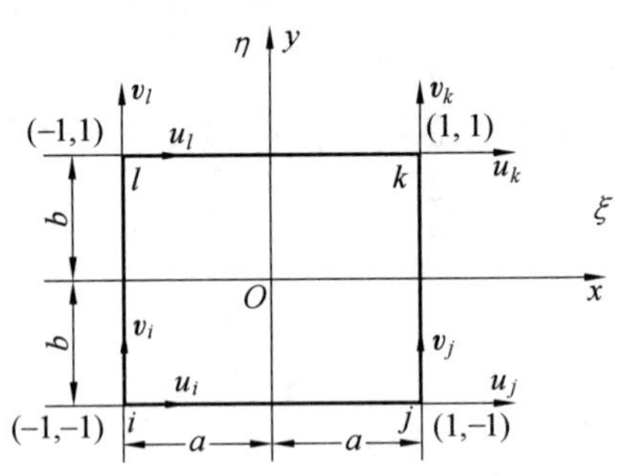

图 5.11　矩形单元各节点的线性坐标值及其位移

对图示的矩形单元，它的位移模式可用双线性函数设定为

$$u(x,y)=\alpha_1+\alpha_2x+\alpha_3y+\alpha_4xy$$
$$v(x,y)=\alpha_5+\alpha_6x+\alpha_7y+\alpha_8xy$$

也可通过位移插值函数写出

$$u(x,y)=N_iu_i+N_ju_j+N_ku_k+N_lu_l$$
$$v(x,y)=N_iv_i+N_jv_j+N_kv_k+N_lv_l$$

其中，形状函数可取为

$$N_i=\frac{1}{4}(1+\xi\xi_i)(1+\eta\eta_i)\qquad (i=i,j,k,l)$$

式中，ξ_i 和 η_i 是相对应的节点坐标。所以有

$$N_i=\frac{1}{4}(1-\xi)(1-\eta),\quad N_j=\frac{1}{4}(1+\xi)(1-\eta)$$

$$N_k=\frac{1}{4}(1+\xi)(1+\eta),\quad N_l=\frac{1}{4}(1-\xi)(1+\eta)$$

由位移函数可求出单元平面变形的应变为

$$\{\varepsilon\}=\begin{Bmatrix}\varepsilon_x\\ \varepsilon_y\\ \gamma_{xy}\end{Bmatrix}=\begin{Bmatrix}\dfrac{\partial u}{\partial x}\\ \dfrac{\partial v}{\partial y}\\ \dfrac{\partial u}{\partial y}+\dfrac{\partial v}{\partial x}\end{Bmatrix}=[B]\{q\}$$

式中

$$[B]=\frac{1}{4ab}\times$$
$$\begin{bmatrix}-(b-y) & 0 & (b-y) & 0 & (b+y) & 0 & -(b+y) & 0\\ 0 & -(a-x) & 0 & -(a+x) & 0 & (a+x) & 0 & (a-x)\\ -(a-x) & -(b-y) & -(a+x) & (b+y) & (a+x) & (b+y) & (a-x) & -(b+y)\end{bmatrix}$$

对平面应力问题，则

$$[D]=\frac{E}{1-\mu^2}\begin{bmatrix}1 & \mu & 0\\ \mu & 1 & 0\\ 0 & 0 & \dfrac{1-\mu}{2}\end{bmatrix}$$

根据$[K]=\int_V [B]^{\mathrm{T}}[D][B]\mathrm{d}V$，当单元厚度 t 为常值时，可得单元刚度矩阵为

$$[K]=t\int_s [B]^{\mathrm{T}}[D][B]\mathrm{d}x\mathrm{d}y$$

5.4.2 薄板弯曲问题

当板的厚度 t 与板在其他两方向的尺寸之比小于 1/15 时，可认为是薄板。对一般机器的箱体、支承件等，在用有限元计算将其离散为单元时，大都采用这类薄板单元。在空间力系作用下，薄板除了产生平面变形外，还产生连弯带扭的变形。因此这是薄板平面问题与弯曲问题的组合问题。

薄板弯曲问题在小变形时有如下的基本假设。

(1) 法线假设。在板变形前垂直于中面的法线段，在板变形后仍然垂直于弯曲了的中面。法线假设类似于梁弯曲的平截面假设。

(2) 正应力假设。在平行于中面的截面上，正应力 σ_z 远小于 σ_x，σ_y，τ_{xy}，所以 σ_z 可忽略不计。

(3) 小挠度假设。板的中面只发生弯曲变形，且挠度很小。假设中面内各点没有平行于中面的变形，即 $u|_{x=0}=0$，$v|_{x=0}=0$。

根据上述假设，如图 5.12 所示的薄板内各点的位移具有如下形式：

$$u=-z\frac{\partial w}{\partial x},\quad v=-z\frac{\partial w}{\partial y},\quad w=w(x,y)$$

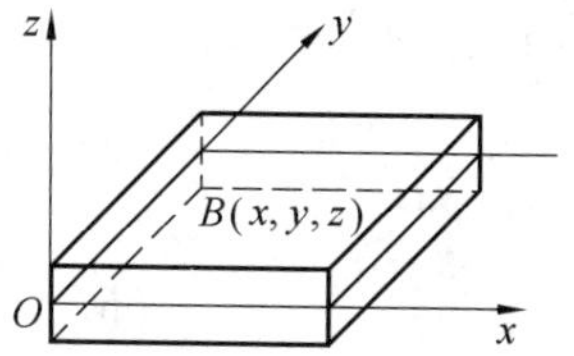

图 5.12 薄板的坐标系及板内某点的坐标

式中，u、v、w 是板内某点对于坐标轴方向的位移分量。

利用几何方程，可以写出板内各点的应变分量是

$$\{\varepsilon\}=\begin{Bmatrix}\varepsilon_x\\ \varepsilon_y\\ \gamma_{xy}\end{Bmatrix}=\begin{Bmatrix}\dfrac{\partial u}{\partial x}\\ \dfrac{\partial v}{\partial y}\\ \dfrac{\partial u}{\partial y}+\dfrac{\partial v}{\partial x}\end{Bmatrix}=-z\begin{Bmatrix}\dfrac{\partial^2 w}{\partial x^2}\\ \dfrac{\partial^2 w}{\partial y^2}\\ 2\dfrac{\partial^2 w}{\partial x\partial y}\end{Bmatrix} \tag{5.35}$$

式中，$-\dfrac{\partial^2 w}{\partial x^2}$、$-\dfrac{\partial^2 w}{\partial y^2}$ 分别是当板弯曲挠度很小时，薄板弹性曲面在 x 方向和 y 方向的曲率，而 $-2\dfrac{\partial^2 w}{\partial x\partial y}$ 代表在 x 方向和 y 方向的扭率。三者统称为曲率，它们表示板弯曲变形的程度。

略去 σ_z 后，板内各点的应力与应变关系为

$$\{\sigma\}=\begin{Bmatrix}\sigma_x\\ \sigma_y\\ \tau_{xy}\end{Bmatrix}=[D]\{\varepsilon\}=-z[D]\begin{Bmatrix}\dfrac{\partial^2 w}{\partial x^2}\\ \dfrac{\partial^2 w}{\partial y^2}\\ 2\dfrac{\partial^2 w}{\partial x\partial y}\end{Bmatrix} \tag{5.36}$$

式中，$[D]=\frac{E}{1-\mu^2}\begin{bmatrix}1 & \mu & 0\\ \mu & 1 & 0\\ 0 & 0 & \frac{1-\mu}{2}\end{bmatrix}$是平面应力问题时的弹性矩阵。

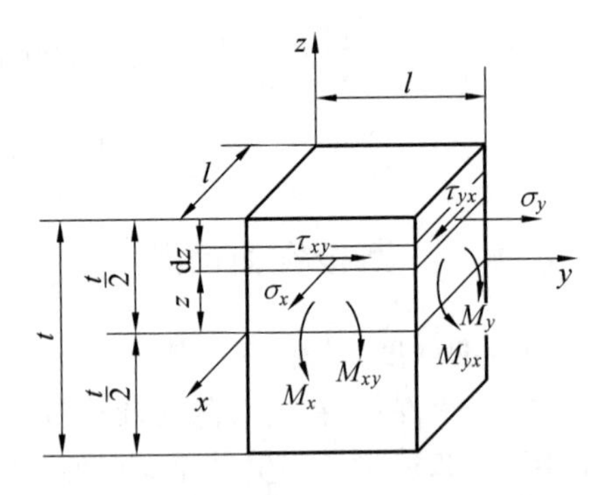

图 5.13　薄板内微元体上的弯矩和扭矩

由式(5.36)看出，板内各点的应变与坐标 z 成正比关系，应力也与坐标 z 成正比关系，即沿板厚度方向线性变化。因此σ_x及σ_y在板的横截面上将合成弯矩 M(也称线力矩)，如图 5.13 所示。它们能确定薄板各点的应力状态，因而也可以称为薄板的广义应力。在 x 为常数的横截面上，单位宽度板上正应力σ_x合成的弯矩以及切应力τ_{xy}合成的扭矩分别为

$$M_x=\int_{-\frac{t}{2}}^{\frac{t}{2}} z\sigma_x \mathrm{d}z=\frac{-Et^3}{12(1-\mu^2)}\left(\frac{\partial^2 w}{\partial x^2}+\mu\frac{\partial^2 w}{\partial y^2}\right)$$

$$M_{xy}=\int_{-\frac{t}{2}}^{\frac{t}{2}} z\tau_{xy} \mathrm{d}z=\frac{-Et^3}{12(1+\mu)}\frac{\partial^2 w}{\partial x\partial y}$$

同样在 y 为常数的横截面上，σ_y 和 τ_{yx} 产生的弯矩和扭矩分别为

$$M_y=\int_{-\frac{t}{2}}^{\frac{t}{2}} z\sigma_x \mathrm{d}z=\frac{-Et^3}{12(1-\mu^2)}\left(\mu\frac{\partial^2 w}{\partial x^2}+\frac{\partial^2 w}{\partial y^2}\right)$$

$$M_{yx}=\int_{-\frac{t}{2}}^{\frac{t}{2}} z\tau_{xy} \mathrm{d}z=\frac{-Et^3}{12(1+\mu)}\frac{\partial^2 w}{\partial x\partial y}=M_{xy}$$

写成矩阵形式为

$$[M]=\begin{Bmatrix}M_x\\ M_y\\ M_{xy}\end{Bmatrix}=\frac{Et^3}{12(1-\mu^2)}\begin{bmatrix}1 & \mu & 0\\ \mu & 1 & 0\\ 0 & 0 & \frac{1-\mu}{2}\end{bmatrix}\begin{Bmatrix}-\frac{\partial^2 w}{\partial x^2}\\ -\frac{\partial^2 w}{\partial y^2}\\ -2\frac{\partial^2 w}{\partial x\partial y}\end{Bmatrix}$$

也可简写为

$$[M]=[D]\{\chi\}$$

式中

$$[D]=\frac{Et^3}{12(1-\mu^2)}\begin{bmatrix}1 & \mu & 0\\ \mu & 1 & 0\\ 0 & 0 & \frac{1-\mu}{2}\end{bmatrix}$$

称为薄板弯曲问题的弹性矩阵。

$$\{\chi\}=\begin{Bmatrix}-\frac{\partial^2 w}{\partial x^2}\\ -\frac{\partial^2 w}{\partial y^2}\\ -2\frac{\partial^2 w}{\partial x\partial y}\end{Bmatrix}$$

5.4.3 矩形薄板单元的位移函数

根据基本假设,对于任一节点,节点位移有挠度 w,绕 x 轴的转角 θ_x 和绕 y 轴的转角 θ_y 三个分量。一般把 w 沿 z 轴正方向定为正向,转角 θ_x、θ_y 按右手螺旋法则规定为正向,如图 5.14 所示。这样单元四个节点应有 12 个位移分量(即 12 个自由度)。因而,可假设单元内挠度 w 由下列多项式组成:

$$w=\alpha_1+\alpha_2 x+\alpha_3 y+\alpha_4 x^2+\alpha_5 xy+\alpha_6 y^2+\alpha_7 x^3+\alpha_8 x^2 y+\alpha_9 xy^2+\alpha_{10} y^3+\alpha_{11} x^3 y+\alpha_{12} xy^3$$

其中 α_i 是待定系数。

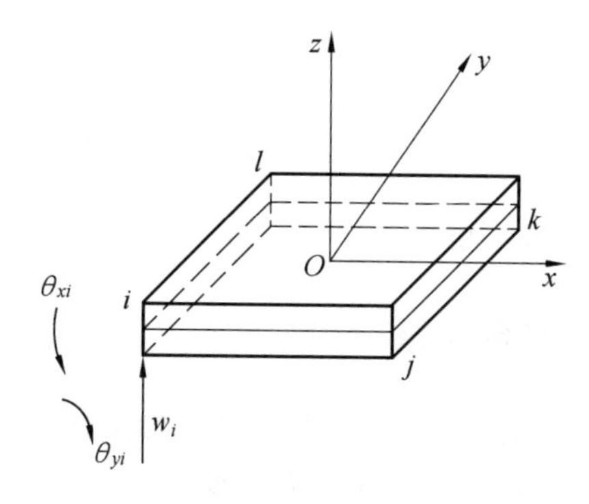

图 5.14 矩形薄板单元节点的位移

上面的多项式由全一次、全二次、全三次及不完全的四次多项式组成,符合完备性要求。前三项反映在无弯曲时的刚体位移;不完全四次项是对称的,使单元对 x 轴和 y 轴具有同等的变形能力。但是,采用这种位移函数使得相邻的两个单元在边界线上的转角具有不相同的数值,因而相邻单元的变形将不协调。所以,采用此种位移函数的单元称为非协调单元。

如果用各个节点位移的插值来表示 w,则可写成

$$\begin{aligned}w=&N_i w_i+N_{xi}\theta_{xi}+N_{yi}\theta_{yi}+N_j w_j+N_{xj}\theta_{xj}+N_{yj}\theta_{yj}+N_k w_k+N_{xk}\theta_{xk}+\\&N_{yk}\theta_{yk}+N_l w_l+N_{xl}\theta_{xl}+N_{yl}\theta_{yl}=[N]\{q\}\end{aligned}\tag{5.37}$$

式中,$N_i,N_{xi},N_{xy},\cdots,N_{yl}$ 是形状函数,它们可写成通式

$$N_i=\frac{1}{8}(1+\xi_i\xi)(1+\eta_i\eta)(2+\xi_i\xi+\eta_i\eta-\xi^2-\eta)$$

$$N_{xi}=-\frac{b}{8}\tau_i(1+\xi_i\xi)(1+\eta_i\eta)(1-\eta^2)$$

$$N_{yi}=\frac{a}{8}\xi_i(1+\xi_i\xi)(1+\eta_i\eta)(1-\xi^2)$$

$$\xi=\frac{x}{a},\quad \eta=\frac{y}{b}\qquad (i=i,j,k,l)$$

式中,ξ_i、η_i 是各节点在线性坐标系中的坐标值。

5.4.4 矩形薄板单元的刚度矩阵

将式(5.37) 代入式(5.35) 中,得

$$\{\varepsilon\} = z[B]\{q\}$$

式中

$$[B]=\begin{Bmatrix} \dfrac{\partial^2 N_i}{\partial x^2} & \dfrac{\partial^2 N_{xi}}{\partial x^2} & \dfrac{\partial^2 N_{yi}}{\partial x^2} & \cdots & \dfrac{\partial^2 N_{yl}}{\partial x^2} \\ \dfrac{\partial^2 N_i}{\partial y^2} & \dfrac{\partial^2 N_{xi}}{\partial y^2} & \dfrac{\partial^2 N_{yi}}{\partial y^2} & \cdots & \dfrac{\partial^2 N_{yl}}{\partial y^2} \\ 2\dfrac{\partial^2 N_i}{\partial x\partial y} & 2\dfrac{\partial^2 N_{xi}}{\partial x\partial y} & 2\dfrac{\partial^2 N_{yi}}{\partial x\partial y} & \cdots & 2\dfrac{\partial^2 N_{yl}}{\partial x\partial y} \end{Bmatrix}$$

$$\{q\} = [w_i \quad \theta_{xi} \quad \theta_{yi} \quad \cdots \quad w_l \quad \theta_{xl} \quad \theta_{yl}]^{\mathrm{T}}$$

再由

$$[K] = \int_V [B]^{\mathrm{T}}[D][B]\mathrm{d}V$$

则可得到矩形板弯曲单元的刚度矩阵。

式中,$[D]$ 是前述弯曲问题的弹性矩阵。

5.4.5 板和梁单元的组合问题

对受空间力系的复杂的机器大件结构,通常情况下都离散成每个节点为六个自由度的板和梁单元组合的计算模型。而对于板又包括有平面应力问题的三角形和矩形单元以及弯曲问题的矩形和三角形板单元。

对于六个自由度的矩形单元,根据小位移下力的独立作用原理,可以由受平面力系的平面单元和受弯曲力的板单元组合而成。其组合形式如图 5.15 所示。

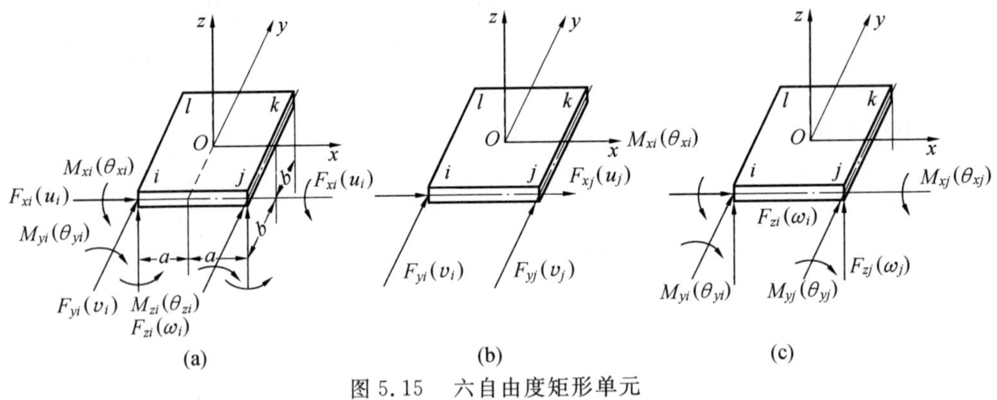

图 5.15 六自由度矩形单元

为了图面清晰,图中只表示了两个节点的组合。从这里看出,六个自由度的问题可以由平面问题的两个自由度和弯曲问题的三个自由度以及绕 z 轴转动的一个自由度组合而成。这个绕 z 轴转动的位移实际上并不存在,因为这个方向变形几乎为零,即刚度极大。这里设置转角 θ_z 仅是为了单元组合的需要。

在平面应力状态下(图 5.15(b)),矩形平面单元的节点力与节点位移的关系是

$$\begin{matrix} i \\ \\ j \\ \\ k \\ \\ l \\ \\ \end{matrix}\begin{Bmatrix} F_{xi} \\ F_{yi} \\ F_{xj} \\ F_{yj} \\ F_{xk} \\ F_{yk} \\ F_{xl} \\ F_{yl} \end{Bmatrix} = \begin{matrix} i & j & k & l \end{matrix} \begin{bmatrix} k_{ii}^a & k_{ij}^a & k_{ik}^a & k_{il}^a \\ k_{ji}^a & k_{jj}^a & k_{jk}^a & k_{jl}^a \\ k_{ki}^a & k_{kj}^a & k_{kk}^a & k_{kl}^a \\ k_{li}^a & k_{lj}^a & k_{lk}^a & k_{ll}^a \end{bmatrix} \begin{Bmatrix} u_i \\ v_i \\ u_j \\ v_j \\ u_k \\ v_k \\ u_l \\ v_l \end{Bmatrix} = [K_{rs}^a]\{q^a\}$$

式中，$[K_{rs}^a](r,s=i,j,k,l)$ 是 2×2 阶子矩阵。

在弯曲应力状态下(图 5.15(c))，矩形薄板单元的节点力与节点位移的关系是

$$\begin{matrix} \\ i \\ \\ \\ j \\ \\ \\ k \\ \\ \\ l \\ \\ \end{matrix}\begin{Bmatrix} F_{xi} \\ M_{xi} \\ M_{yi} \\ F_{xj} \\ M_{xj} \\ M_{yj} \\ F_{xk} \\ M_{xk} \\ M_{yk} \\ F_{xl} \\ M_{xl} \\ M_{yl} \end{Bmatrix} = \begin{matrix} i & j & k & l \end{matrix} \begin{bmatrix} k_{ii}^b & k_{ij}^b & k_{ik}^b & k_{il}^b \\ k_{ji}^b & k_{jj}^b & k_{jk}^b & k_{jl}^b \\ k_{ki}^b & k_{kj}^b & k_{kk}^b & k_{kl}^b \\ k_{li}^b & k_{lj}^b & k_{lk}^b & k_{ll}^b \end{bmatrix} \begin{Bmatrix} w_i \\ \theta_{xi} \\ \theta_{yi} \\ w_j \\ \theta_{xj} \\ \theta_{yj} \\ w_k \\ \theta_{xk} \\ \theta_{yk} \\ w_l \\ \theta_{xl} \\ \theta_{yl} \end{Bmatrix} = [K_{rs}^b]\{q^b\}$$

式中，$[K_{rs}^b](r,s=i,j,k,l)$ 是 3×3 阶子矩阵。

组合后的六自由度板单元的矩阵是 24×24 阶的，其节点力和位移的关系式是

$$\{F\}_{24\times 1} = [K]_{24\times 24}\{q\}_{24\times 1}$$

其中

$$\{F\} = [F_{xi} \quad F_{yi} \quad F_{zi} \quad M_{xi} \quad M_{yi} \quad M_{zi} \quad F_{xj} \quad F_{yj} \quad F_{zj} \quad M_{xj} \quad M_{yj} \quad M_{zj} \quad F_{xk} \quad F_{yk} \quad F_{zk} \quad M_{xk} \quad M_{yk} \quad M_{zk} \quad F_{xl} \quad F_{yl} \quad F_{zl} \quad M_{xl} \quad M_{yl} \quad M_{zl}]^{\mathrm{T}}$$

$$\{q\} = [u_i \quad v_i \quad w_i \quad \theta_{xi} \quad \theta_{yi} \quad \theta_{zi} \quad u_j \quad v_j \quad w_j \quad \theta_{xj} \quad \theta_{yj} \quad \theta_{zj} \quad u_k \quad v_k \quad w_k \quad \theta_{xk} \quad \theta_{yk} \quad \theta_{zk} \quad u_l \quad v_l \quad w_l \quad \theta_{xl} \quad \theta_{yl} \quad \theta_{zl}]^{\mathrm{T}}$$

$$[K]_{24\times 24} = \begin{matrix} i & j & k & l \end{matrix} \begin{bmatrix} k_{ii}^b & k_{ij}^b & k_{ik}^b & k_{il}^b \\ k_{ji}^b & k_{jj}^b & k_{jk}^b & k_{jl}^b \\ k_{ki}^b & k_{kj}^b & k_{kk}^b & k_{kl}^b \\ k_{li}^b & k_{lj}^b & k_{lk}^b & k_{ll}^b \end{bmatrix} \begin{matrix} i \\ j \\ k \\ l \end{matrix}$$

其中的$[K_{rs}](r,s=i,j,k,l)$ 是 6×6 阶的子矩阵，可表达为

$$
[K_{rs}]=\begin{array}{c} \begin{matrix} u & v & w & \theta_x & \theta_y & \theta_z \end{matrix} \\ \left[\begin{array}{cc|ccc|c} [K_{rs}^a] & & 0 & 0 & 0 & 0 \\ & & 0 & 0 & 0 & 0 \\ \hline 0 & 0 & & & & 0 \\ 0 & 0 & & [K_{rs}^b] & & 0 \\ 0 & 0 & & & & 0 \\ \hline 0 & 0 & 0 & 0 & 0 & 10^{11} \end{array}\right] \begin{matrix} u \\ v \\ w \\ \theta_x \\ \theta_y \\ \theta_z \end{matrix} \end{array}
$$

当$[K_{rs}]$为主子矩阵，即当$r=s$时，则把θ_x对应的主元素赋以一个计算机允许的大数，如10^{11}。其他情况如$r\neq s$，则为零。

当用板、梁单元组合来计算空间问题时，要把各种单元的刚度矩阵按节点自由度组集成结构的总刚度矩阵(这时梁单元也应用六个自由度的空间梁单元的刚度矩阵)。组集之前需要考虑坐标变换问题。因为矩形板单元、梁单元或其他单元的刚度矩阵都是相对于自己的单元局部坐标系推导出来的，而构件中每个单元局部坐标系相对于整体构件的坐标系(称统一坐标系)来说是随单元所在的平面而变化的。所以，为了进行不同平面内不同类型的单元在节点处的组集，并写出相应于统一坐标系中的平衡方程式$F=Kq$，就必须将各个单元在局部坐标系中的刚度矩阵转换到统一坐标系中去。

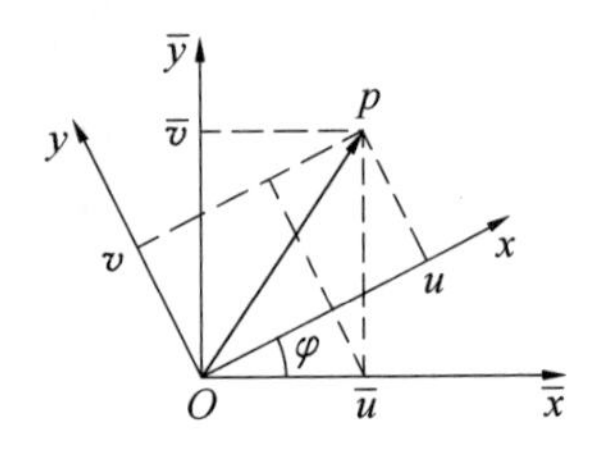

图 5.16　平面内两种坐标的变换

两种坐标的变换方法可以用如图 5.16 所示的二维问题为例来说明。

平面内的某向量Op在$\bar{x}$、$\bar{y}$统一坐标轴上的投影值是$\bar{u}$和$\bar{v}$，在x、y上的投影值是u和v，其几何关系为

$$
\begin{aligned} u&=\bar{u}\cos\varphi+\bar{v}\sin\varphi \\ v&=-\bar{u}\sin\varphi+\bar{v}\cos\varphi \end{aligned}
$$

写成矩阵形式为

$$
\begin{Bmatrix} u \\ v \end{Bmatrix}=\begin{bmatrix} \cos\varphi & \sin\varphi \\ -\sin\varphi & \cos\varphi \end{bmatrix}\begin{Bmatrix} \bar{u} \\ \bar{v} \end{Bmatrix}=\begin{bmatrix} \lambda_{x\bar{x}} & \lambda_{y\bar{x}} \\ \lambda_{x\bar{y}} & \lambda_{y\bar{y}} \end{bmatrix}\begin{Bmatrix} \bar{u} \\ \bar{v} \end{Bmatrix}
$$

$\lambda_{p\bar{q}}$称为方向余弦，也可简写为

$$
\{q\}=[\lambda]\{\bar{q}\}
$$

同样

$$
\{\bar{q}\}=[\lambda]^{\mathrm{T}}\{q\}
$$

也成立。

对三维只有挠度的情况，可写成

$$
\begin{Bmatrix} u \\ v \\ w \end{Bmatrix}=\begin{bmatrix} \lambda_{x\bar{x}} & \lambda_{x\bar{y}} \\ \lambda_{y\bar{x}} & \lambda_{y\bar{y}} \\ \lambda_{z\bar{x}} & \lambda_{z\bar{y}} \end{bmatrix}\begin{Bmatrix} \bar{u} \\ \bar{v} \\ \bar{w} \end{Bmatrix}
$$

同样，只有转角时，有

$$\begin{Bmatrix}\theta_x\\\theta_y\\\theta_z\end{Bmatrix}=[\lambda]\begin{Bmatrix}\bar{\theta}_x\\\bar{\theta}_y\\\bar{\theta}_z\end{Bmatrix}$$

当一个节点具有六个自由度时，则

$$\{q\}=\begin{Bmatrix}u\\v\\w\\\theta_x\\\theta_y\\\theta_z\end{Bmatrix}=\begin{bmatrix}[\lambda] & 0\\0 & [\lambda]\end{bmatrix}\begin{Bmatrix}\bar{u}\\\bar{v}\\\bar{w}\\\bar{\theta}_x\\\bar{\theta}_y\\\bar{\theta}_z\end{Bmatrix}=[\Lambda]\{\bar{q}\}$$

对于梁单元，有两个节点，若每个节点有六个自由度时，就有

$$\{q\}=\begin{Bmatrix}q_i\\ \hdashline q_j\end{Bmatrix}=\begin{bmatrix}[\lambda] & 0 & 0 & 0\\0 & [\lambda] & 0 & 0\\0 & 0 & [\lambda] & 0\\0 & 0 & 0 & [\lambda]\end{bmatrix}\begin{Bmatrix}\bar{q}_i\\ \hdashline \bar{q}_j\end{Bmatrix}=\begin{bmatrix}[\Lambda] & 0\\0 & [\Lambda]\end{bmatrix}\begin{Bmatrix}\bar{q}_i\\\bar{q}_j\end{Bmatrix}=[T]\{\bar{q}\}$$

式中，$[T]$ 称为转换矩阵。

对四个节点的矩形板单元，其转换矩阵为

$$[T]=\begin{bmatrix}[\Lambda] & 0 & 0 & 0\\0 & [\Lambda] & 0 & 0\\0 & 0 & [\Lambda] & 0\\0 & 0 & 0 & [\Lambda]\end{bmatrix}=\begin{bmatrix}[\lambda] & 0 & 0 & 0 & 0 & 0 & 0 & 0\\0 & [\lambda] & 0 & 0 & 0 & 0 & 0 & 0\\0 & 0 & [\lambda] & 0 & 0 & 0 & 0 & 0\\0 & 0 & 0 & [\lambda] & 0 & 0 & 0 & 0\\0 & 0 & 0 & 0 & [\lambda] & 0 & 0 & 0\\0 & 0 & 0 & 0 & 0 & [\lambda] & 0 & 0\\0 & 0 & 0 & 0 & 0 & 0 & [\lambda] & 0\\0 & 0 & 0 & 0 & 0 & 0 & 0 & [\lambda]\end{bmatrix}$$

同样，节点力的坐标变换是

$$\{\bar{F}\}=[T]^{\mathrm{T}}\{F\}$$

把单元的节点力与节点位移的关系式 $\{F\}=[K]\{q\}$ 及 $\{q\}=[T]\{\bar{q}\}$ 代入上式，则有

$$\{\bar{F}\}=[T]^{\mathrm{T}}[K][T]\{\bar{q}\}$$

记为

$$\{\bar{F}\}=[\bar{K}]\{\bar{q}\}$$

式中

$$[\bar{K}]=[T]^{\mathrm{T}}[K][T]$$

是把局部坐标定义的单元刚度矩阵 $[K]$ 转变为以统一坐标系定义的单元刚度矩阵的计算公式。这个计算式适用于各种单元的情况，只是坐标转换矩阵 $[T]$ 各不相同。

5.5 结构动力学问题的有限元法

5.5.1 结构的动力学方程

用有限元法也可以分析结构振动问题以及动态响应问题，即在动载荷下物体的应力、变形以及振动频率和振幅等问题。

动力学问题的有限元法也同静力学一样，要把物体离散为有限个数的单元体。不过此时物体受到载荷作用时，将要引起单元的惯性力 ——$\rho\{\ddot{d}\}\mathrm{d}V$ 和相应的阻尼力 ——$\gamma\{\dot{d}\}\mathrm{d}V$ 的作用。因此，在考虑单元特性时，不仅要考虑前述的静力学问题时的刚度矩阵$[K]$，还要考虑此刻的动力学问题引发的阻尼矩阵和质量矩阵这两个新的单元特性。

下面我们仍利用虚位移原理以有限元方法来推导弹性体结构的运动方程式。

在静力学的结构分析有限元法中，我们是把连续体剖分成通过节点连接的单元，并且把单元体内任意点的位移函数表示成

$$\{d\}=[N]\{q\}$$

并有

$$\{\varepsilon\}=[B]\{q\}$$

和

$$\{\sigma\}=[D][B]\{q\}$$

但是在结构动力学中，一般地说，$\{d\}=[N]\{q\}$ 的关系是不成立的。不过，当单元数目增多，因而有足够多的节点位移时，则$\{d\}=[N]\{q\}$ 还是位移函数的一个很好的近似表达式。然而这时的$\{q\}$ 应从结构系统的动力方程来确定。

现在对动载荷作用下的结构应用虚位原理。在任一特定的瞬时，可以假定位移$\{d\}$ 得到虚位移$\{\delta d\}$，且结构内部产生和$\{\delta d\}$ 相协调的虚应变$\{\delta\varepsilon\}$。这样，对于一个已知的瞬态应力分布$\{\sigma\}$，就可以计算结构在给定瞬时的虚应变能为

$$\delta U=\int_V\{\delta\varepsilon\}^{\mathrm{T}}\{\sigma\}\mathrm{d}V \tag{5.38}$$

不过此时外力所做的虚功除 δW 外，还将包括惯性力和阻尼力所做的虚功 δW_1，即还应包括

$$\delta W_1=-\int_V\rho\{\delta d\}^{\mathrm{T}}\{\ddot{d}\}\mathrm{d}V-\int_\gamma\gamma\{\delta d\}^{\mathrm{T}}\{\dot{d}\}\mathrm{d}V \tag{5.39}$$

根据虚位移原理，可以写出

$$\delta U=\delta W+\delta W_1$$

或

$$\int_V\{\delta\varepsilon\}^{\mathrm{T}}\{\sigma\}\mathrm{d}V=\delta W-\int_V\rho\{\delta d\}^{\mathrm{T}}\{\ddot{d}\}\mathrm{d}V-\int_\gamma\gamma\{\delta d\}^{\mathrm{T}}\{\dot{d}\}\mathrm{d}V \tag{5.40}$$

如果用 F、P 分别表示体积力和集中力，则式中的

$$\delta W=\int_V\rho\{\delta d\}^{\mathrm{T}}F\mathrm{d}V+\{\delta q\}^{\mathrm{T}}P$$

因为

$$\{d\}=[N]\{q\},\quad \{\varepsilon\}=[B]\{q\}$$

则

$$\{\delta d\}=[N]\{\delta q\},\quad \{\delta\varepsilon\}=[B]\{\delta q\}$$

结果可得

$$\int_V\{\delta q\}^{\mathrm{T}}[B]^{\mathrm{T}}[D][B]\{q\}\mathrm{d}V=\int_V\{\delta q\}^{\mathrm{T}}[N]^{\mathrm{T}}F\mathrm{d}V+\{\delta q\}^{\mathrm{T}}P-$$
$$\int_V\rho\{\delta d\}^{\mathrm{T}}[N]^{\mathrm{T}}\{\ddot{d}\}\mathrm{d}V-\int_\gamma\gamma\{\delta q\}^{\mathrm{T}}[N]^{\mathrm{T}}\{\dot{d}\}\mathrm{d}V \tag{5.41}$$

考虑到$\{\delta q\}$的任意性,等号两边的$\{\delta q\}^{\mathrm{T}}$可以消去,则得

$$\int_V[B]^{\mathrm{T}}[D][B]\{q\}\mathrm{d}V=\int_V[N]^{\mathrm{T}}F\mathrm{d}V+P-$$
$$\int_V\rho[N]^{\mathrm{T}}\{\ddot{d}\}\mathrm{d}V-\int_\gamma\gamma[N]^{\mathrm{T}}\{\dot{d}\}\mathrm{d}V \tag{5.42}$$

自

$$\{d\}=[N]\{q\}$$

得($\{\dot{q}\}$和$\{\ddot{q}\}$分别代表$\{q\}$的一阶和二阶导数)

$$\{\dot{d}\}=[N]\{\dot{q}\},\quad \{\ddot{d}\}=[N]\{\ddot{q}\}$$

所以

$$\int_V[B]^{\mathrm{T}}[D][B]\{q\}\mathrm{d}V=\int_V[N]^{\mathrm{T}}\gamma[N]\{\dot{q}\}\mathrm{d}V+$$
$$\int_V[N]^{\mathrm{T}}\rho[N]\{\ddot{q}\}\mathrm{d}V=P+\int_V[N]^{\mathrm{T}}F\mathrm{d}V \tag{5.42a}$$

或写成

$$[K]\{q\}+[C]\{\dot{q}\}+[M]\{\ddot{q}\}=P+\int_V[N]^{\mathrm{T}}F\mathrm{d}V \tag{5.43}$$

式中,$[C]$称为单元的阻尼矩阵,$[C]=\int_V[N]^{\mathrm{T}}\gamma[N]\mathrm{d}V$;$[M]$称为单元的质量矩阵,它代表单元的惯性特性,$[M]=\int_V[N]^{\mathrm{T}}\rho[N]\mathrm{d}V$;$[K]$是单元的刚度矩阵,$[K]=\int_V[B]^{\mathrm{T}}[D][B]\mathrm{d}V$;$P$是集中力的列阵;$\int_V[N]^{\mathrm{T}}F\mathrm{d}V$代表体积力引起的等效集中力。

前已指出,对于结构系统动力学问题,$\{d\}=[N]\{q\}$是近似的。因此单元的阻尼矩阵$[C]=\int_V[N]^{\mathrm{T}}\gamma[N]\mathrm{d}V$和质量矩阵$[M]=\int_V[N]^{\mathrm{T}}\rho[N]\mathrm{d}V$也是近似的。但单元剖分较细时,其精度还是足够的。另外,对于静力学问题,形状函数$[N]$是由静态位移的分布确定的,就是说它仅是位置坐标的函数,即有$N(x,y,z)$。但是对做强迫振动或自由振动的结构单元,形状函数还要考虑频率ω的影响,即此时有$N(x,y,z,\omega)$。

当考虑频率ω的影响时,则相应的刚阵和质阵将分别变成

$$[K]=[K_0]+\omega^4[K_4]+\cdots$$
$$[M]=[M_0]+\omega^2[K_2]+\cdots$$

其中的$[K_0]$和$[M_0]$代表单元的静力刚阵(与静力问题中的刚阵相似)和静力质阵。而$[K_4]$和$[M_2]$以及其他的高次项分别代表它们的动力修正。

用和静力学问题中求刚阵$[K]$的相似办法来求单元的质阵时,也要考虑单元的局部坐

标和全结构系统的统一坐标之间的转换。这时有

$$\{d\}=[T]\{\bar{d}\}$$

和

$$\{\ddot{d}\}=[T]\{\ddot{\bar{d}}\} \quad 及 \quad \{\delta d\}=[T]\{\delta\bar{d}\}$$

由虚位移原理有

$$\{\delta\bar{d}\}^{\mathrm{T}}(-[\bar{M}]\{\ddot{\bar{d}}\})=\{\delta d\}^{\mathrm{T}}(-[M]\{\ddot{d}\})$$

将前述各式代入上式，从而得

$$[\bar{M}]=[T]^{\mathrm{T}}[M][T] \tag{5.44}$$

直接把$[M]=\int_V \rho[N]^{\mathrm{T}}[N]\mathrm{d}V$ 代入上式得

$$[\bar{M}]=\int_V [T]^{\mathrm{T}}[N]^{\mathrm{T}}[N][T]\mathrm{d}V=\int_V \rho[\bar{N}]^{\mathrm{T}}[\bar{N}]\mathrm{d}V \tag{5.45}$$

其中的$[\bar{N}]=[N][T]$。

如果单元上除了均匀的质量外，在节点上还有真实的集中质量，则除单元质阵$[M]$或$[\bar{M}]$外，还应有和集中质量对应的质阵$[M_c]$和$[\bar{M}_c]$。它是一个对角矩阵，其阶数等于节点位移$\{q\}$的个数。对于没有任何集中质量的那些节点，则在$[M_c]$和$[\bar{M}_c]$的相应位置上填以“0”元素。此时单元的质阵是两者之和，即$[M]+[M_c]$或$[\bar{M}]$和$[\bar{M}_c]$。

阻尼较小的结构，其阻尼可以看成是比例阻尼。对于比例阻尼，其阻尼矩阵可以写成和质阵(或刚阵)成比例。即可以按类似于质阵$[M]$的方式来确定。例如，可选取

$$[C]=a_0[M] \tag{5.46}$$

或取为质阵$[M]$及刚阵$[K]$的比例之和

$$[C]=a_0[M]+a_1[K] \tag{5.47}$$

或甚至取

$$[C]=[M]\sum_{b=0}^{n-1}a_b([M]^{-1}[K])^b \tag{5.48}$$

其中，a_b由$(b+1)$个频率下同类结构实验的$(b+1)$个阻尼比确定。

结构阻尼是结构内部由于材料的内摩擦引起的非黏性阻尼，它近似于线性。对于简谐振动来说，它和位移(应变)成比例，并与速度同方向。这时的阻尼矩阵也可以写成和刚阵成比例，如$[C]=a[K]$。

对于某些复杂的结构，当不能确定其阻尼性质时，它的阻尼系数可按临界阻尼的某个百分数来取值，即取

$$\gamma=c\gamma_{临}$$

式中，c是实际阻尼与临界阻尼之比，它应小于1。临界阻尼

$$\gamma_{临}=2\sqrt{km}=2m\omega$$

式中，$\omega=\sqrt{\dfrac{k}{m}}$是结构的固有频率。

资料上推荐的阻尼比一般在0.02～0.24的范围内，这需要考虑材料和结构形式等因素选取。

对于无阻尼的自由振动，$[C]=0$，$P=0$，运动方程式(5.43)变成(不考虑体积力的作用

时)

$$[M]\{\ddot{q}\}+[K]\{q\}=0 \tag{5.49}$$

由于自由振动是简谐的,则位移可以写成

$$\{q\}=\{\delta\}e^{j\omega t} \tag{5.50}$$

式中,$\{\delta\}$ 是位移$\{q\}$ 的振幅列阵;ω 是自由振动的频率;t 是时间。

把式(5.50) 代入式(5.49) 中,由于

$$\{\ddot{q}\}=(j\omega)^2\{\delta\}e^{j\omega t}=-\omega^2\{\delta\}e^{j\omega t}$$

所以得

$$[M](-\omega^2\{\delta\}e^{j\omega t})+[K]\{\delta\}e^{j\omega t}=0$$

或

$$(-\omega^2[M]+[K])\{\delta\}=0 \tag{5.51}$$

这就是无阻尼自由振动系统的运动方程式。

和在静力学问题中的$[K]$ 组成全结构刚阵 K 一样,也可以用同样方法由$[M]$ 和$[C]$ 组成全结构的质阵 M 和阻尼矩阵 C。这样,对于自由振动,结构系统的运动方程可以分别写成:

对有阻尼的自由振动

$$(-\omega^2M+j\omega C+K)\delta=0 \tag{5.52}$$

对无阻尼的自由振动

$$(-\omega^2M+K)\delta=0 \tag{5.53}$$

在结构动力学计算中,求解结构的自由振动特性即固有频率和振动模态(振型) 是其主要内容。计算经验表明,结构的阻尼对结构的频率和振型的影响不大。所以求频率和振型时可以不考虑阻尼的影响。因此,常用无阻尼的自由振动来求结构的频率和振型。

对于无阻尼的自由振动,式(5.53) 的行列式

$$|-\omega^2M+K|=0 \tag{5.54}$$

是系统的特征方程式。从中可以求出自由振动系统的固有频率 ω^2 来。方法是把 $|-\omega^2M+K|=0$ 展开,得出一个 ω^2 的 n 阶多项式。这个多项式的根就给出了固有频率(特征值)。正是这些固有频率才使$(-\omega^2M+K)\delta=0$ 中的 δ 得到非零解。这样得到的频率的数目等于质阵 M 主对角线上非零质量系数的数目。

把从特征方程中求出的特征值(固有频率 ω_i^2) 代入方程$(-\omega^2M+K)\delta=0$ 可以求出特征向量(振动模态)δ 的相对比值,从而得到给定频率的振幅(振型)δ。

若结构系统的某些节点有刚性约束条件,就和在静力学问题中一样,根据这些约束条件进行边界条件处理,就得到和减缩刚阵 K_r 对应的减缩质阵 M_r。这时的运动方程就变成

$$(-\omega^2M_r+K_r)\delta=0 \tag{5.53a}$$

5.5.2 单元的质量矩阵

已给出单元的质量矩阵

$$[M]=\int_V[N]^T\rho[N]dV \tag{5.55}$$

式中,$[N]$ 是单元的形状函数;ρ 是物体的密度。

根据式(5.55)可以计算出各种单元的质量矩阵$[M]$。例如,平面弯曲问题的梁单元的质量矩阵为

$$[M]=\frac{\rho AL}{420}\begin{bmatrix}15b & 22l & 54 & -13l \\ 22l & 4l^2 & 13l & -3l^2 \\ 54 & 13l & 156 & -22l \\ -13l & -3l^2 & -22l & 4l^2\end{bmatrix}$$

式中,A是梁的截面积。

平面问题中的三角形单元的质量矩阵为

$$[M]=\frac{\rho AL}{12}\begin{bmatrix}2 & 0 & 1 & 0 & 1 & 0 \\ 0 & 2 & 0 & 1 & 0 & 1 \\ 1 & 0 & 2 & 0 & 1 & 0 \\ 0 & 1 & 0 & 2 & 0 & 1 \\ 1 & 0 & 1 & 0 & 2 & 0 \\ 0 & 1 & 0 & 1 & 0 & 2\end{bmatrix}$$

式中,A是单元面积;t是单元的厚度。

上面给出的质量矩阵是一致质量矩阵。如果不是用形状函数$[N]$求出的,而是把质量集中地分配在它们的节点上,则此质量矩阵称为集中质量矩阵;质量分配按静力学平行力的分解法则进行。

如两节点梁单元的集中质量矩阵为

$$\begin{matrix} & v_i & \theta_{xi} & v_j & \theta_{xj} & \\ [M]= & \left[\begin{matrix} m/2 \\ 0 \\ 0 \\ 0 \end{matrix}\right. & \begin{matrix} 0 \\ 0 \\ 0 \\ 0 \end{matrix} & \begin{matrix} 0 \\ 0 \\ m/2 \\ 0 \end{matrix} & \left.\begin{matrix} 0 \\ 0 \\ 0 \\ 0 \end{matrix}\right] & \begin{matrix} v_i \\ \theta_{xi} \\ v_j \\ \theta_{xj} \end{matrix}\end{matrix}$$

三节点平面三角形的集中质量矩阵为

$$[M]=\frac{m}{3}\begin{bmatrix}1 & 0 & 0 & 0 & 0 & 0 \\ 0 & 1 & 0 & 0 & 0 & 0 \\ 0 & 0 & 1 & 0 & 0 & 0 \\ 0 & 0 & 0 & 1 & 0 & 0 \\ 0 & 0 & 0 & 0 & 1 & 0 \\ 0 & 0 & 0 & 0 & 0 & 1\end{bmatrix}$$

上两式中,m分别为梁单元和三角形单元的质量。从集中质量矩阵的形式可以看出,它们都是对角阵。这对结构系统固有频率的计算很有利。

平面问题中的矩形板单元的质量矩阵、板弯曲问题中的矩形板单元的质量矩阵、板弯曲问题中的矩形板单元的质量矩阵、板弯曲问题中的三角形板单元的质量矩阵、平面问题和弯曲问题组合时矩形板单元的质量矩阵以及三维问题四面体单元的质量矩阵的具体计算,可以参考有关书籍或资料。

5.5.3 求解自由振动问题实例

下面通过一个平面固支梁(轴)的例子,说明用有限元法解自由振动问题的方法。

设有如图 5.17 所示的两端固支梁(如机床的传动轴),现在求解它的固有频率和中点的振动状态。

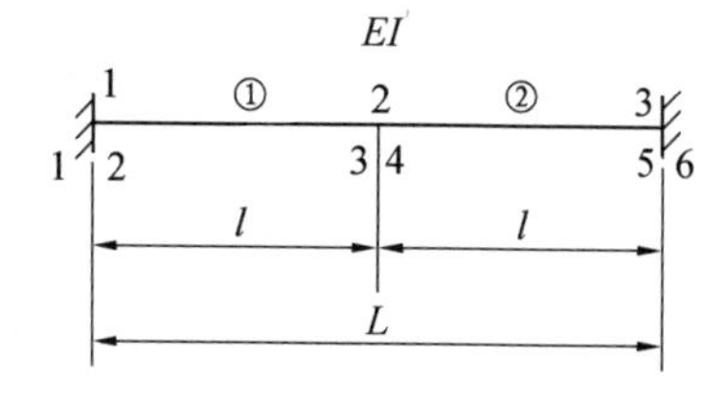

图 5.17 两端固支梁

将该轴分为两个单元。为了简化问题,这里不考虑频率的影响。这样,则得系统的总刚阵和总质阵为

$$[K]=\begin{bmatrix} [K]_{①} & \\ & [K]_{②} \end{bmatrix}$$

$$[K]_{①}=[K]_{②}=\frac{EI_z}{l^3}\begin{array}{c} \begin{array}{cccc} 3 & 4 & 5 & 6 \\ 1 & 2 & 3 & 4 \end{array} \\ \begin{bmatrix} 12 & 6l & -12 & 6l \\ 6l & 4l^2 & -6l & 2l^2 \\ -12 & -6l & 12 & -6l \\ 6l & 2l^2 & -6l & 4l^2 \end{bmatrix} \end{array}\begin{array}{cc} 1 & 3 \\ 2 & 4 \\ 3 & 5 \\ 4 & 6 \end{array}$$

$$[M]=\begin{bmatrix} [M]_{①} & \\ & [M]_{②} \end{bmatrix}$$

$$[M]_{①}=[M]_{②}=\frac{\rho Al}{420}\begin{array}{c} \begin{array}{cccc} 3 & 4 & 5 & 6 \\ 1 & 2 & 3 & 4 \end{array} \\ \begin{bmatrix} 156 & 22l & 54 & -13l \\ 22l & 4l^2 & 13l & -3l^2 \\ 54 & 13l & 156 & -22l \\ -13l & -3l^2 & -22l & 4l^2 \end{bmatrix} \end{array}\begin{array}{cc} 1 & 3 \\ 2 & 4 \\ 3 & 5 \\ 4 & 6 \end{array}$$

所以

$$[K]=\frac{EI}{l^3}\begin{array}{c} \begin{array}{cccccc} 1 & 2 & 3 & 4 & 5 & 6 \end{array} \\ \begin{bmatrix} 12 & 6l & -12 & 6l & 0 & 0 \\ 6l & 4l^2 & -6l & 2l^2 & 0 & 0 \\ -12 & -6l & 12+12 & -6l+6l & -12 & 6l \\ 6l & 2l^2 & -6l+6l & 4l^2+4l^2 & -6l & 2l^2 \\ 0 & 0 & -12 & -6l & 12 & -6l \\ 0 & 0 & 6l & 2l^2 & -6l & 4l^2 \end{bmatrix} \end{array}\begin{array}{c} 1 \\ 2 \\ 3 \\ 4 \\ 5 \\ 6 \end{array}$$

$$[M]=\frac{\rho Al}{420}\begin{bmatrix} 156 & 22l & 54 & -13l & 0 & 0 \\ 22l & 4l^2 & 13l & -3l^2 & 0 & 0 \\ 54 & 13l & 312 & 0 & 54 & -13l \\ -13l & -3l^2 & 0 & 8l^2 & 13l & -3l^2 \\ 0 & 0 & 54 & 13l & 156 & -22l \\ 0 & 0 & -13l & -3l^2 & -22l & 4l^2 \end{bmatrix}\begin{matrix}1\\2\\3\\4\\5\\6\end{matrix}$$

(列编号：1　2　3　4　5　6)

$$\{\delta\}=\begin{Bmatrix} v_1 \\ \theta_{z1} \\ v_2 \\ \theta_{z2} \\ v_3 \\ \theta_{z3} \end{Bmatrix}\begin{matrix}1\\2\\3\\4\\5\\6\end{matrix}$$

从上面可以看到，全结构总质量矩阵也是对称矩阵。

在5.3节里，我们曾叙述了计算静态变形求解方程组前，就要根据结构支承条件来减缩结构总刚阵、节点位移列阵和力列阵，并称此为边界条件处理。在计算动态特性求解方程组前，也应进行边界条件处理，并可采用类似的减缩方法。在我们这个例子中，由于支承条件给出 $v_1=\theta_{z1}=v_3=\theta_{z3}=0$，因此应把它们从 δ 列阵中划去，即将$[K]$和$[M]$中的第1、2、5、6行和第1、2、5、6列划去。令单元的长度 $l=\frac{L}{2}$，将减缩后的 K_r、M_r 和 δ_r 代入式(5.53)，则得固支梁的运动方程式

$$\left(-\omega^2\frac{\rho AL}{840}\begin{bmatrix}312 & 0 \\ 0 & 2L^2\end{bmatrix}+\frac{EI}{L^3}\begin{bmatrix}192 & 0 \\ 0 & 16L^2\end{bmatrix}\right)\begin{Bmatrix}v_2 \\ \theta_{z2}\end{Bmatrix}=\begin{Bmatrix}0 \\ 0\end{Bmatrix} \tag{5.56}$$

令 $\beta=\frac{840EI}{\omega^2\rho AL^4}$，则得

$$\left(-\begin{bmatrix}312 & 0 \\ 0 & 2L^2\end{bmatrix}+\beta\begin{bmatrix}192 & 0 \\ 0 & 16L^2\end{bmatrix}\right)\begin{Bmatrix}v_2 \\ \theta_{z2}\end{Bmatrix}=\begin{Bmatrix}0 \\ 0\end{Bmatrix} \tag{5.56a}$$

$$\begin{bmatrix}-(312-192\beta) & 0 \\ 0 & -L^2(2-16\beta)\end{bmatrix}\begin{Bmatrix}v_2 \\ \theta_{z2}\end{Bmatrix}=\begin{Bmatrix}0 \\ 0\end{Bmatrix} \tag{5.56b}$$

此式若有解，则其系数行列式应为0，即

$$\begin{vmatrix}-(312-192\beta) & 0 \\ 0 & -L^2(2-16\beta)\end{vmatrix}=0$$

或

$$L^2(312-192\beta)(2-16\beta)=0$$

由此解得

$$\beta_1=\frac{312}{192},\quad \beta_2=\frac{2}{16}$$

而

$$\omega^2=\frac{840EI}{\beta\rho AL^4}$$

所以

$$\omega_1=\sqrt{\frac{840EI}{\beta_1\rho AL^4}}=\frac{1}{L^2}\sqrt{\frac{840}{\beta_1}}\sqrt{\frac{EI}{\rho A}}=\frac{22.736}{L^2}\sqrt{\frac{EI}{\rho A}}$$

$$\omega_2=\sqrt{\frac{840EI}{\beta_2\rho AL^4}}=\frac{1}{L^2}\sqrt{\frac{840}{\beta_2}}\sqrt{\frac{EI}{\rho A}}=\frac{81.976}{L^2}\sqrt{\frac{EI}{\rho A}}$$

用一般力学公式算得的频率精确值为

$$\omega_1=\frac{22.738}{L^2}\sqrt{\frac{EI}{\rho A}}$$

$$\omega_2=\frac{61.670}{L^2}\sqrt{\frac{EI}{\rho A}}$$

我们计算得到的频率的误差分别为 1.62% 和 32.93%。若将单元划分得更小，单元数量增加，则计算误差可以减小。

将上面解得的 ω 值代入式(5.56)，或将解得的 β 值代入式(5.56a)，可以分别得到两个方程组

$$\begin{bmatrix}0 & 0\\0 & 24L^2\end{bmatrix}\begin{Bmatrix}v_2\\\theta_{z2}\end{Bmatrix}=\begin{Bmatrix}0\\0\end{Bmatrix}$$

$$\begin{bmatrix}-288 & 0\\0 & 0\end{bmatrix}\begin{Bmatrix}v_2\\\theta_{z2}\end{Bmatrix}=\begin{Bmatrix}0\\0\end{Bmatrix}$$

由此可以解得在二阶时的 $\theta_{z2}=0$，$v_2=0$。这与一般力学公式解得的结果也是一致的。

5.5.4 动力学方程的求解方法

结构系统动力学问题主要是通过方程式(系统的自由振动方程)$[M]\{\ddot{q}\}+[C]\{\dot{q}\}+[K]\{q\}=0$ 求解系统的特征值，即系统的固有频率(即自由振动频率)和相应的振型(即振动模态)。这在矩阵运算中称为特征问题的求解，也就是求解矩阵的特征值和特征向量，以及通过方程式(系统的强迫振动方程)$[M]\{\ddot{q}\}+[C]\{\dot{q}\}+[K]\{q\}=P+\int_V[N]^{\mathrm{T}}F\mathrm{d}V$ 求解系统的动力响应，以求得系统的动态位移(振型)和相应的速度及加速度。

求解系统特征值问题的方法，有雅可比方法、幂迭代法和反迭代法、子空间迭代法等。

求解系统响应问题的方法，有振型叠加法和逐步积分法等。

有关系统特征值问题和系统响应问题的具体计算方法，可以参考结构系统动力学问题的有关文献。

5.6 有限元法的前后置处理

有限元法是一种被广泛应用于工程中的基本数值分析方法。它所分析的区域可以具有任意形状、载荷和边界条件，可以联合使用不同类型、形状和物理性质的单元，有限元网格与真实结构具有高度的物理相似，不是难以形象化的数学抽象，易于为工程技术人员所理解。

使用有限元法所要克服的最大障碍之一，是将一般的几何区域离散为有效的有限元网络以及对分析结果的处理。不仅网格生成过程枯燥、冗长和容易出错，而且有限元分析的精

度和花费直接依赖于单元的尺寸、形状和单元在区域中的数量。有限元分析的结果是大量的数据，如节点位移、单元的应力和应变等，对于这些数据的分析也要做大量细致的工作。

有限元法前处理的目的是为减少数据准备的工作量，采用特殊剖分(最优剖分)以使得分析结果逼近真实解。将分析结果可视化，是有限元法后置处理所要解决的问题。

5.6.1 有限元网格自动生成

自动网格剖分要求有限元分析输入文件既要能直接从几何模型中产生几何描述，又可根据事后误差估计和精化预测要求，具有自适应网格精化的能力。

因为自动网格剖分具有潜在的巨大收益，这一领域受到许多研究者的关注。目前，多数研究集中于自由网格剖分，如二维四叉树和三维八叉树、三角化或子结构化这样的技术。一般来说，这些剖分技术所产生的三角形单元的精度低于四边形单元。这些方法中的一部分已被扩展到用于生成全四边形网格。另一种方法是使用参数空间映射来生成全四边形或三角形网格。这项技术并不是完全自动的，所以在分析中必须先将几何区域分解成能与参数空间映射较好的区域。

尽管映射技术费力而且要有专门经验，但为了追求分析精度和采用较少的单元及节点，许多熟练分析人员宁可使用这种方法而不使用其他技术。对于形状简单的几何体，还可以用扫描变换这种基本的计算机图形学方法生成二维四边形单元和三维六面体单元，此时不需要生成几何模型，可以认为它是映射法的一个特例。

1. 结构几何模型表示方法

几何模型一般由两种途径生成:一种是由其他计算机辅助设计软件生成的几何模型转换得到;另一种是由有限元前处理软件内部生成。目前除结构几何描述的单元分解法被直接运用于有限元网格剖分之外，常用的几何表示模式还有:边界表示(简称B-ReP)及结构的立体几何表示(简称CSG)等。

(1) 单元分解表示模式。

这种表示模式的思想是:将几何形体所在的空间依据一定的规则划分为许多单元，这些单元可以是四面体或六面体单元等。单元可能有以下三种情况。

① 单元在形体中。

② 单元在形体边界上。

③ 单元在形体外。

对于第一种情况，单元记为实;第三种情况单元记为空;在第二种情况下，可以划分为更小的单元，直到满足形体的几何精度要求为止。

采用这种模式可以描述任何形状的几何体。然而这种表示模式是近似的，对于较复杂的形体，必须在边界上划分出很细的单元。为克服这个缺点，可在原单元的基础上增加三种单元，即含有形体顶点的单元，称为顶点单元;含有形体一条边的单元，称为边单元;含有一个面的单元，称为面单元。

(2) 边界表示模式。

边界表示的思想是采用描述三维几何体表面的方法来描述几何形体。一般可以认为:一个形体是由有界的平面或曲面构成的一个封闭实体;每个有界面是由有限条边围成的封闭区域;封闭区域由曲面方程等定义;而曲面也可以用多个平面多边形来组合。因此，在边界表示中，形体由面组成，面由多边形组成，多边形由边组成，边由一系列有序的顶点组成。

例如图5.18(a)所示的立方体，设p_i表示顶点，e_i表示边，f_i表示面，则其边界表示如图5.18(b)所示。

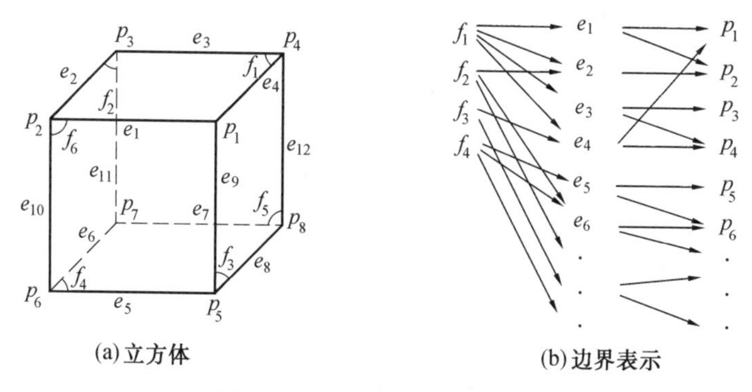

图5.18　结构的边界表示模式

(3) 结构立体几何表示模式。

结构立体几何表示的思想是采用一些简单的体素，如圆锥体、长方体、棱锥、圆环、劈和球等，通过一系列的布尔运算——并、交、差来构成复杂形体。"并"运算可理解为"堆积"，是把若干个基本体素按一定的次序和位置堆积起来，组成一个完整的形体。"差"可理解为"挖切"，是在一个形体上按一定的次序切角、开槽、钻孔等而形成的新的形体。"交"可理解为"相贯"，是用相交的方式组合两个或两个以上的形体生成新的形体。

例如图5.19所示的形体，即是用布尔运算生成的。

在边界表示中，形体的面、边及其关系的表示具有实用性。但这种表示方法要求准确地描述多边形和它的边、顶点的几何和拓扑信息，这对手工构成是很困难的。如果信息描述不准确，将会导致由这些信息生成的图形与实物不符合。例如，可能出现两个面之间有间隙，面上的多边形不闭合等。结构立体几何表示能够直观地表达形体，但对于某些图形的处理，不能提供有效的数据。

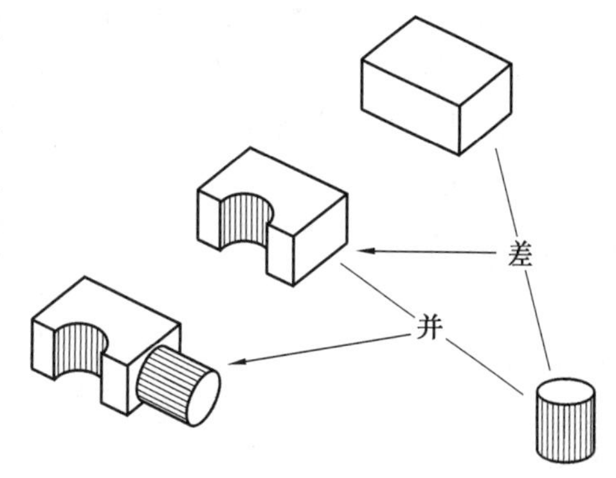

图5.19　由布尔运算得到的形体

许多集成化的计算机辅助设计程序，综合采用上述后两种表示(即CSG和B-ReP)模式，如在形体生成时采用CSG模式，当要做某些图形处理时，要对表示模式进行转换。例如，许多有限元网格剖分方法在构成剖分区域时采用的是B-ReP模式，这样可以充分利用两种模式的优点。

2. 映射网格生成方法

映射网格生成方法主要用于生成四边形单元，对于三条边组成的映射区域生成三角形单元。在有限元分析中，接近边界的单元特性对分析精度起到重要的作用，而四边形单元的分析精度优于三角形单元。

映射网格生成方法是基于边界的有规则网格剖分方法。最简单的映射网格生成是在平面四边形区域上生成网格，每条边是简单的直线和曲线，这样可以在每一条边上按一定的规则生成节点，然后分割区域。边界上的线段可设置分割份数，以及节点分割比例因子。

(1) 线段的剖分。

直线段由两顶点 p_1 及 p_2 定义。设将线段分为 N 段，即生成 $N+1$ 个节点，定义参数 $t \in [0,1]$，则第 i 点的参数为

$$t_i = \begin{cases} t_0 + \dfrac{i}{N}(t_N - t_0) & (q=1) \\ t_0 + \dfrac{1-q^i}{1-q^N}(t_N - t_0) & (q \neq 1) \end{cases} \tag{5.57}$$

式中，$i=1,2,\cdots,N$；q 为参数分割的比例因子，且

$$q = \frac{t_{i+1} - t_i}{t_i - t_{i-1}} \tag{5.58}$$

则对应于 t_i 的分割点坐标为

$$p(t_i) = [t_i \quad 1]\begin{bmatrix} -1 & 1 \\ 1 & 0 \end{bmatrix}\begin{Bmatrix} p_1 \\ p_2 \end{Bmatrix} \tag{5.59}$$

曲线段上节点生成时，首先将其描述为参数曲线。例如，一般的三次参数曲线可表示如下：

$$\left.\begin{aligned} x(t) &= a_x t^3 + b_x t^2 + c_x t + d_x \\ y(t) &= a_y t^3 + b_y t^2 + c_y t + d_y \\ z(t) &= a_z t^3 + b_z t^2 + c_z t + d_z \end{aligned}\right\} \tag{5.60}$$

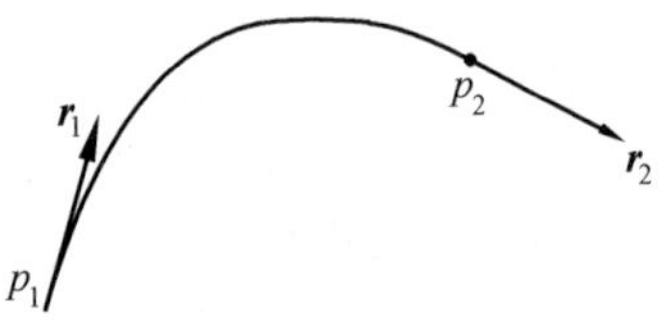

式中，$0 \leqslant t \leqslant 1$。只要计算出分割点参数 t_i，即可由式(5.60) 计算得到分割点坐标 $p(t_i)$。如图 5.20 所示的三次埃尔米特(Hermite) 曲线段，由 p_1、p_2 及切线矢量 $\boldsymbol{r}_1$ 和 $\boldsymbol{r}_2$ 确定(读者可能在其他资料中看到采用的下角标为 1 和 4，那是为了与其他曲线表示方法的下角标一致)，对应于式(5.57) 的分割点坐标为

图 5.20 三次埃尔米特曲线段

$$p(t_i) = T_i M_h G_h \tag{5.61}$$

式中

$$[T_i] = [t_i^3 \quad t_i^2 \quad t_i \quad 1]$$

称为参数矩阵；

$$[M_h] = \begin{bmatrix} 2 & -2 & 1 & 1 \\ -3 & 3 & -2 & -1 \\ 0 & 0 & 1 & 0 \\ 1 & 0 & 0 & 0 \end{bmatrix}$$

称为埃尔米特矩阵；

$$\{G_h\} = [p_1 \quad p_2 \quad r_1 \quad r_2]^{\mathrm{T}}$$

称为几何矩阵。

由式(5.61) 可以看出，只要已知曲线的参数方程，则能简单地导出分割点坐标的表达式。

(2) 二维区域的剖分。

一般的映射网格区域是由三条或四条边定义的。每一条边可以是简单的线段或复合线

段(用 C 表示线段),如图 5.21(a) 所示。这些线段在同一个曲面上,如果没有定义曲面,则应生成一个孔斯(Coons) 曲面片,允许四条边界可以是任意类型的参数曲线。在参数空间中的定义如图 5.21(b) 所示,这样,区域中的任意一点都可以简单地由超限插值确定。

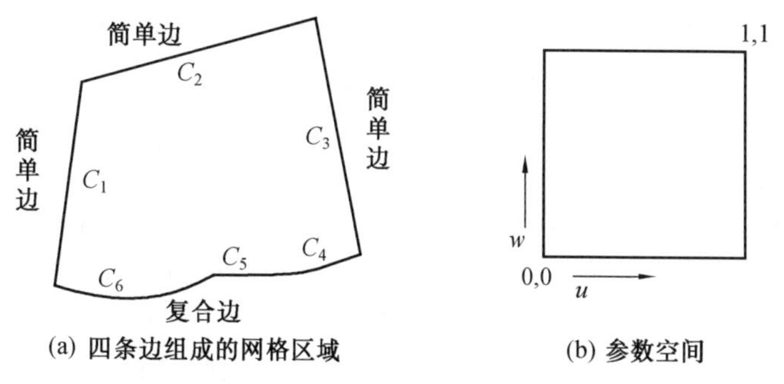

(a) 四条边组成的网格区域　　(b) 参数空间

图 5.21　映射网格区域

3. 自由网格生成方法

自由网格剖分适合于全自动过程,自由网格剖分可分为拓扑分解法、基于栅格法的四叉树和八叉树技术、节点连接方法及几何分解法等。下面仅对前两种方法加以说明。

(1) 拓扑分解法。

二维平面区域是由直线或曲线边和顶点构成的封闭域。在剖分中,首先将区域初步分解成一组粗略的三角形单元,或者说分解为一组类似于单元的仅具有三个顶点的区域,此时并不考虑单元真正的尺寸和形状,这些粗略的单元还将要进行进一步的剖分。

① 对于多连通域,即具有内环的区域,应将其转换为单连通域。先处理距离外环最近的内环,用一条直线连接外环到内环最后的顶点,将其并入外环,再处理下一个内环,直到处理完所有内环为止。当内环或外环为(或有) 曲线段时,应依据一定的判据,按照映射网格生成方法中叙述的方法,对曲线段进行剖分。

② 然后,利用区域边界的顶点,将区域分割为一组互不相交的粗略的三角形单元。此时应注意这些三角形单元的有效性,即所有三角形的并集应为原区域。具体做法是:每次寻找一个相邻的两条边组成一个三角形,并且这个三角形的边界和内部均不包含区域中其他的顶点和边界。可以证明,至少存在着一个这样的三角形,如图 5.22(a) 所示。这种方法称为环切边界。

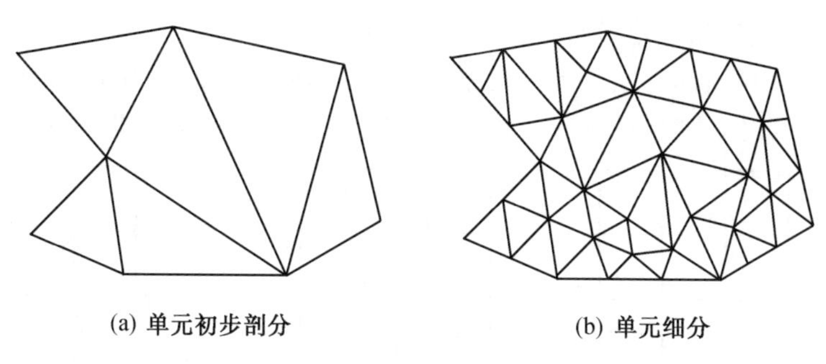

(a) 单元初步剖分　　(b) 单元细分

图 5.22　拓扑分解法

③ 粗略的三角形单元生成后,可以利用其他适用于凸区域的网格剖分方法(如映射法) 进行单元细分,如图 5.22(b) 所示。在这一步工作中,与映射网格部分相似,要求保证粗略

的三角形单元间节点剖分一致。

拓扑分解法可以推广到三维网格剖分,其方法和二维做法相似。对于具有孔的多面体,可以先将其在孔处切开,处理为没有孔的单连通域;然后选择一个具有三条边与其相连的顶点,从角部切下一个四面体,如果没有仅与三条边相连的顶点,则取一条边,切下一个四面体,直到最后一个四面体被切除。在四面体切除中,必须检查其状态,即没有任何其他顶点或边在被切除四面体的表面上或内部。

(2) 基于栅格的四叉树和八叉树技术。

直接的栅格方法是几何造型中单元分解表示模式在有限元网格剖分中的应用。对于二维区域,首先生成一幅网格模板。这个模板可以是矩形或三角形的栅格,如图 5.23(a) 所示。栅格可以看成是一个个单元,对于处于剖分区域以内的单元,予以保留;处于剖分区域以外的单元,则删除之;包含一个顶点或一个边的单元,要视不同情况予以处理,即对单元进行删除、裁剪、分割和调整相邻单元节点等操作,如图 5.23(b) 所示。

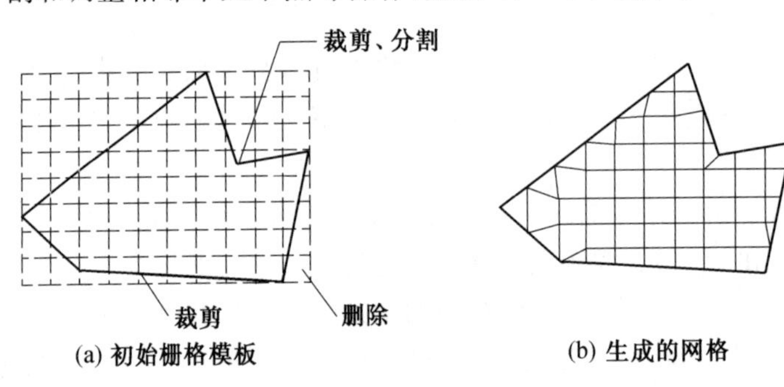

(a) 初始栅格模板　(b) 生成的网格

图 5.23　用栅格法实现网格剖分

当区域边界的某条线段长度过分小于栅格尺寸时,上述方法可能丢掉这条边,导致网格与原区域不符。为解决这一问题,可以在边界上用其他方法进行一层单元剖分,内部区域仍使用栅格,依靠调整节点坐标,形成最后的网格剖分。

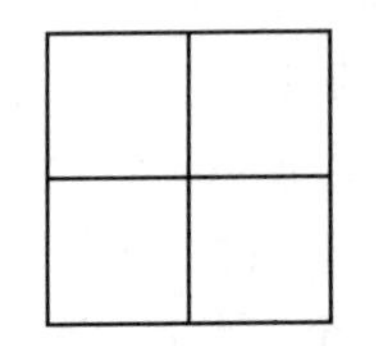
(a) 基于矩形的四分元

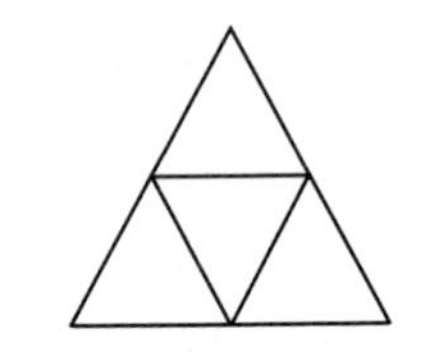
(b) 基于三角形的四分元

图 5.24　不同类型的四分元

四叉树技术是将待剖分的二维区域分解为四分元,四分元有矩形和三角形两种,如图 5.24 所示。

对于处理于区域内部的四分元一直分解到满足网格剖分密度为止。由于相邻的四分元可能具有不同的尺寸,这时,要实现不同尺寸四分元的过渡,如图 5.25 所示。

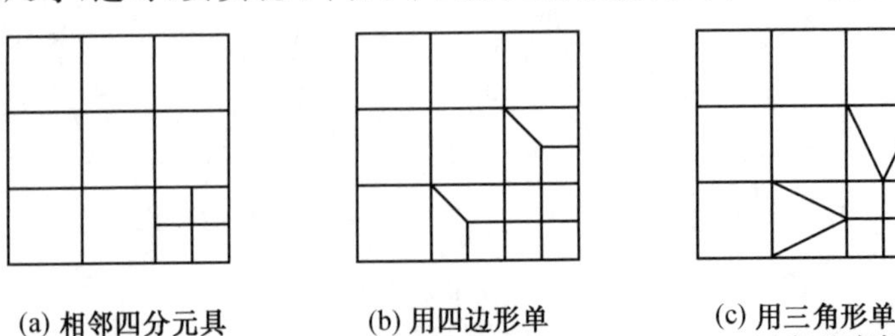
(a) 相邻四分元具有不同尺寸　(b) 用四边形单元实现过渡　(c) 用三角形单元实现过渡

图 5.25　不同尺寸四分元的过渡

无限地分割四分元是难以做到,也是不必要的,这样总会有四分元包含一个顶点或一条边,与栅格法一样,需要对这些四分元进行处理。

三维八叉树技术是将三维区域分解为八分元。八分元有六面体和四面体两种,具体方法从略。

4. 网格的光滑与松弛

三角形单元的最优形状是等边三角形;四边形单元的最优形状则是正方形。对于三角形剖分,如果一个内部网格节点具有大于或小于六个单元与其相连,则认为是不规则的,对于四边形单元则应为四个。因此,通常使用的网格具有较少的不规则节点,特别是接近边界的单元要处于临界形状。即使在调整内部节点坐标后,共用一个节点的单元数量控制着最终单元的形状。

(1) 单元的形状性能系数。

形状性能系数从某种程度上反映了有限元分析的精度。可以通过三角形单元的形状性能系数 α 来评价单元形状。设有三角形 ABC,对于等边三角形的 $\alpha(ABC)=1$;等腰直角三角形的 $\alpha(ABC)=0.866$;顶角为30°的等腰三角形的 $\alpha(ABC)=0.7637$;顶角为30°的直角三角形的 $\alpha(ABC)=0.75$。

对于四边形 $ABCD$,可以沿两边对角线将其分为四个三角形,如图5.26(a)所示。对于每个三角形,设按 α 数值大小升序排列,则四边形 $ABCD$ 的形状性能系数为

$$\beta=(\alpha_3\cdot\alpha_4)/(\alpha_1\cdot\alpha_2) \tag{5.62}$$

其中,$\alpha_1\geqslant\alpha_2\geqslant\alpha_3\geqslant\alpha_4$,$\{\alpha_1,\alpha_2,\alpha_3,\alpha_4\}=\{\alpha(ABC),\alpha(ACD),\alpha(ABD),\alpha(BCD)\}$。

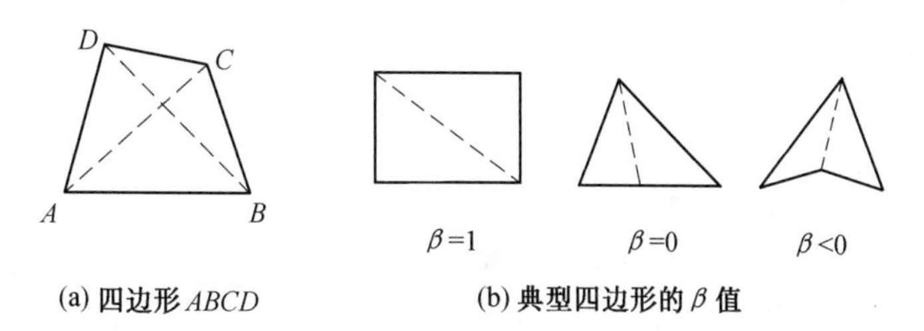

图5.26 四边形的形状性能系数

有效的四边形形状性能系数在0~1之间,当四边形为非凸时,形状性能系数小于0,图5.26(b)表示了典型四边形的形状系数值。图中标出了三个四边形的 β 值,其中的 $\beta<0$ 的四边形是奇异的,是不宜采用的。

(2) 网格光滑。

网格光滑是为了重新定位区域内部节点的坐标,以改善网格的形状。对内部节点 p_i,共用该节点的单元节点为 p_{nj}、p_{nk} 和 p_{nl}(对三角形单元有 $p_{nk}=p_{nl}$),引入形状因子 $w\in[0,1]$,则有

$$p_i=\frac{1}{N(2-w)}\sum_{n=1}^{N}(p_{nj}+p_{nk}-w\cdot p_{nk}) \tag{5.63}$$

式中,N 是共用节点 p_i 的单元数。$w=1$ 为四边形单元网格的等参光滑;$w=0$ 为三角形单元网格的拉普拉斯光滑。一般对所有节点重新定位两次,则网格的规则性会明显改善,提高单元形状性能系数。

网格的光滑使得三角形尽可能等边,且避免了接近180°的角。然而网格光滑并不能完

全和有效地消除钝角三角形。因为任何连接四条边的内部节点，其周围四个角的均值为 90°，若其中之一小于 90°，则至少有一个其他角为钝角；而连接多于四条边的节点，其周围生成钝角的机会较少。同样，连接边大于 9 或 10 的内部节点周围易出现小于 30° 的角，这也可能导致钝角三角形。由此可见，三角形网格内部节点的连接边应趋于 6，四边形网格内部节点连接边应趋于 4，则能生成近于规则的网格。

(3) 网格松弛。

网格松弛的目的是为了减小单元连接的不规则度。对于三角形网格来说，网格松弛比较简单且有效。下面介绍三角形网格的松弛方法。

定义节点的度为连接该节点的边的个数 d_k，定义节点的最优度为 D_k。对于内部节点有 $D_k=6$，对于边界节点应有 $D_k \leqslant 6$。设边界节点 k 处的内角为 ϕ_k，以 60° 分割可得单元数 $V_k \in [1,6]$

$$V_k=\begin{cases}1 & (0^\circ < \phi_k \leqslant \alpha_1)\\ 2 & (\alpha_1 < \phi_k \leqslant \alpha_2)\\ 3 & (\alpha_2 < \phi_k \leqslant \alpha_3)\\ 4 & (\alpha_3 < \phi_k \leqslant \alpha_4)\\ 5 & (\alpha_4 < \phi_k \leqslant \alpha_5)\\ 6 & (\alpha_5 < \phi_k < 360^\circ)\end{cases} \tag{5.64}$$

式中，$\alpha_i=60^\circ\sqrt{i(i+1)}$ 是区间(0°,360°)的分点。边界节点的最优度为 $D_k=V_k+1$。定义每一节点的残度为 $E_k=d_k-D_k$。设网格节点数为 N，整个网格的不规则性以网格全部节点残度的平方和来度量，即

$$R=\sum_{k=1}^{N}E_k^2=\sum_{k=1}^{N}(d_k-D_k)^2 \tag{5.65}$$

由式(5.65)可见，在网格松弛过程中，应减小节点的正残度和增加节点的负残度，使得不规则度减小。节点的度等于连接该节点的边数，只有通过调整连接节点的边来实现网格松弛，如图 5.27 所示。从图中可以看出，将 $kmjn$ 的内部剖分边由 kj 改变为 mn 后就显著改善了单元的不规则度。

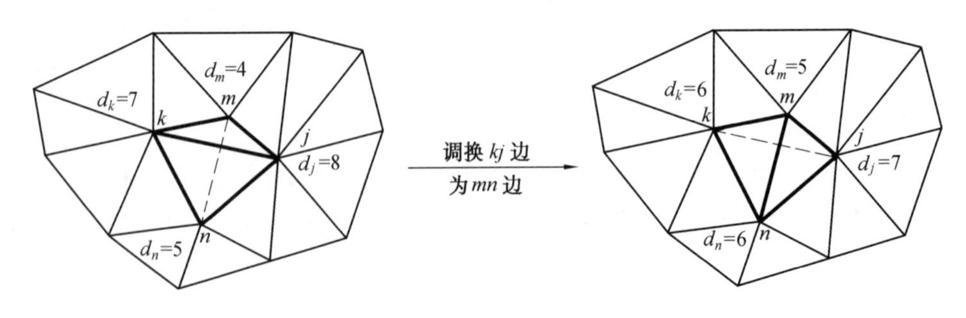

图 5.27 调换连接节点的边来实现网格松弛

5.6.2 有限元法的后置处理

后置处理是通过直观的图形来描述有限元分析的结果，以便于对其进行分析、检查和校

核。后置处理输出的图形包括网格、静态变形、振型、应力及应变等。

1. 网格图

网格图的简单显示可用线框来绘制。例如，四边形单元由四条边显示，六面体单元由十二条边显示等。所以，绘制出单元每条边即绘制出了网格图。当网格节点较多，或采用三维实体单元时，很难看出结构的几何形状，所以有时必须对网格进行消隐处理，使得网格图表达的意义更明确。

消隐处理方法的基本原理是：空间物体各个面在投影平面上投影后产生重叠，这样，某些面可能被其他面全部或部分遮挡，而变得全部或部分不可见。将相互重叠部分根据边界相交划分为多个子区域，相应物体表面的线段被划分为多个子线段；每个子线段非端点上的任意点可见性即代表该子线段的可见性，通常取子线段的中点来判断。

在有限元网格图消隐中，如果对每条线段和每个面进行上述的运算，则计算量是相当大的。对全为三维实体单元的网格，判断线段和面是否应该参与运算可按如下方法进行。

(1) 从给定节点向任一方向作射线，穿过形体表面的次数若为奇数，则表明该节点处于形体内部，因而与此节点相连的线段及面不必参与运算。这种方法必须基于几何模型，即已知形体的表面。

(2) 若与给定节点相连的每个单元面皆为两个单元的公共面，则与此节点相连的线段和面不必参与运算。

根据有限元模型的特殊性，可以用深度优先的方法来进行消隐处理。根据深度由大到小依次用区域填充的方法绘出每个单元，深度小的单元覆盖了深度大的单元，这样即得到消隐效果。但是，这种方法在某些地方(如单元尺寸相差太大，而单元又是相邻的情况下)会产生不太理想的效果，即产生不正确的消隐。这种方法也不便于直接利用绘图机输出。

2. 节点位移的描述

用结构的变形图来描述节点位移比较直观。变形图可以表示结构在静载下的位移和自由振动的振型。显示变形图与显示网格图的方法相似，所不同的是节点的坐标位置发生了变化，变形后的节点坐标为

$$X = X_0 + \Delta X \tag{5.66}$$

式中，X_0 为节点坐标；ΔX 为变形量。

一般情况下，变形量相对于结构尺寸很小，致使按式(5.66)计算得到的坐标值难以反映结构的变形，所以必须将其改为

$$X = X_0 + \alpha \Delta X \tag{5.67}$$

式中，α 为放大系数。取合适的 α 值，即可得到表达明确的变形图。为了比较变形前与变形后的结构，可将它们重叠显示。

振型图绘制与变形图绘制相似，为了得到动态的视觉效果，可以绘制一组相应的变形图，节点坐标为

$$X_i = X_0 + \alpha \sin\left(\frac{2\pi}{N} i\right) \Delta \vec{X} \tag{5.68}$$

式中，N 为显示图幅数；$i = 0, 1, \cdots, N-1$；$\Delta \vec{X}$ 为振型向量，但不包括转角。

有时可能关心结构上某些节点的变形数值，这时可以用二维坐标图来表示结构的变形情况。例如，用横坐标表示节点在整体坐标系中的位置，纵坐标表示变形量。

3. 应力图和应变图

应力图和应变图一般较多地采用等值线来描述，并且只需要绘制结构的表面或某一方向的应力和应变。设最大和最小应力和应变值为 $\pi_{\max}$ 和 $\pi_{\min}$，等值线数为 $N>2$，则等应力值或等应变值可以按下式确定：

$$\pi_i=(\pi_{\max}+\pi^*)Q^{i-1}-\pi^* \quad (i=1,2,\cdots,N) \tag{5.69}$$

式中，π 为基准平移值，保证 $\pi_{\min}+\pi^*>0$；Q 为应力降低系数。

$$Q=\left(\frac{\pi_{\min}+\pi^*}{\pi_{\max}+\pi^*}\right)^{\frac{1}{N-1}} \tag{5.70}$$

等值线的绘制方法是：在结构表面或截面上利用插值方法得到离散的数据点，将单元坐标系下的数值，变换到整体坐标系下。确定绘制等值线的值，通过对数据进行搜索、提取，即可得到等值点，用等值线跟踪的办法即可绘出等值线。等值线应该既不相交也不分叉。

5.6.3 有限元法前后置处理的应用实例

1. 仿真转台的有限元计算

仿真转台是用于飞行器半物理仿真的重要设备，要求精度高。整个转台在载荷作用下，其动态特性（振动频率和各阶振型）直接影响到转台的仿真精度。因此，对转台的动态特性有严格要求。图 5.28 所示为某型三轴转台的几何模型。它由偏摆轴系、俯仰轴系及横滚轴系组成。

三个框架的材料都是铸造铝合金的，其弹性模量为 $E=70$ GPa，泊松比 $\mu=0.33$，密度 $\rho=2.7\times10^3$ kg/m^3。轴的材料是钢，其弹性模量为 $E=210$ GPa，泊松比 $\mu=0.29$，密度 $\rho=7.8\times10^3$ kg/m^3。

由于结构较复杂，不宜采用映射网格剖分，所以采用自由网格剖分生成四面体单元。单元网格剖分如图 5.29 所示。计算结果给出整机的前 4 阶自然频率分别 65 Hz、68 Hz、79 Hz 和 89 Hz。图 5.30 所示为第 4 阶振型。

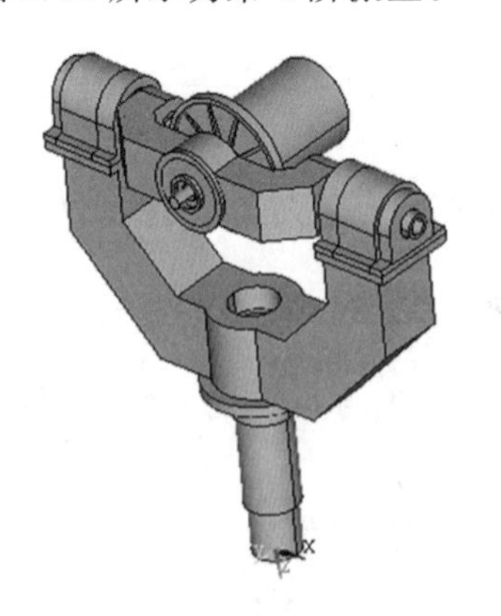

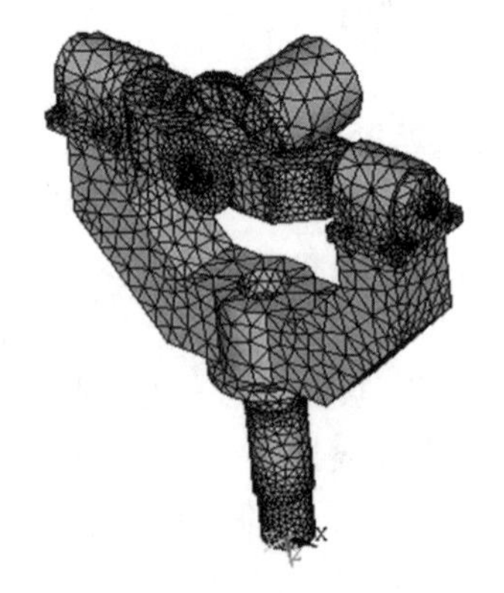

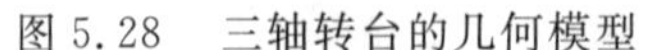

图 5.28 三轴转台的几何模型　　图 5.29 单元网格剖分图

2. 钻井台架结构的有限元分析

石油钻井台架一般为角钢、槽钢、工字钢构成的桁架结构。作为钻井设备中的关键支承部件，台架在工作时受到液压缸载荷的直接作用。因此，分析工作条件下台架的变形和应力状态对于台架的设计尤为重要。由于台架本身由钢结构组成，因此在建立几何模型时，采用

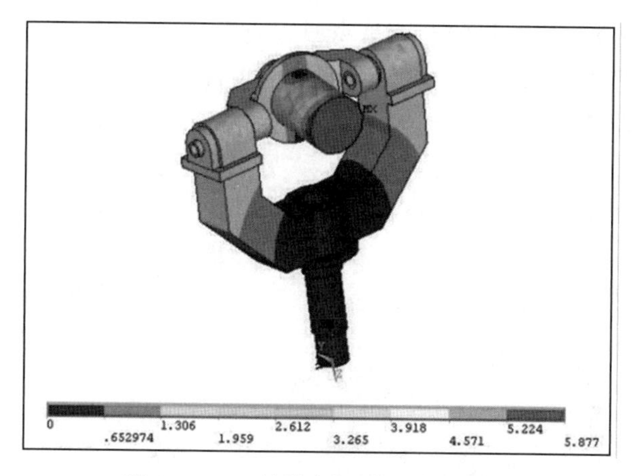

图 5.30　三轴转台振型图(第 4 阶)

了板壳单元。这样既保证了计算精度,又提高了计算效率,节约了计算时间。图 5.31 所示为 14 t 载荷条件下,结构的位移云图。最大的位移输出为 1.265 mm。图 5.32 所示为局部的应力云图,最大应力(Von Mises) 输出为 101 MPa。

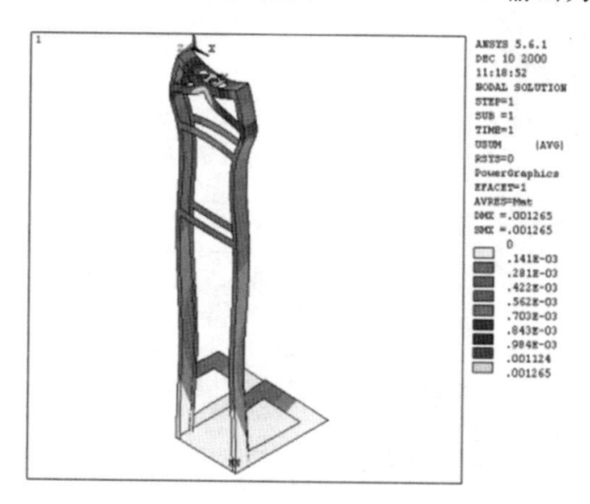

图 5.31　结构的位移云图

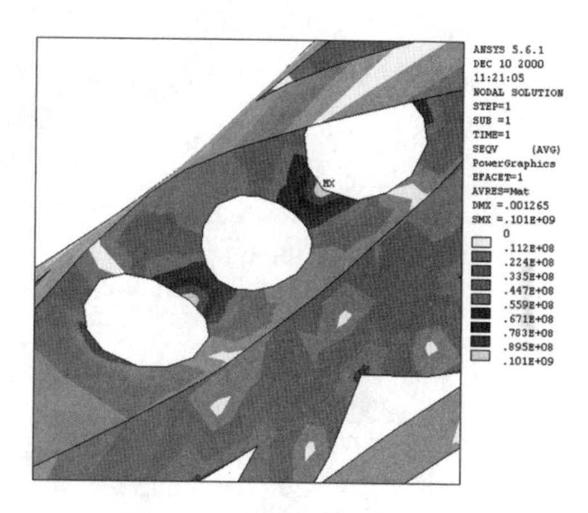

图 5.32　结构的局部应力云图

5.7　有限元分析方法的工程应用案例

5.7.1　超精密机床的有限元建模与分析

1. 超精密飞刀切削加工机床及其有限元模型

图 5.33 所示为龙门式结构的超精密飞刀切削加工机床。机床的主轴和导轨分别采用气体静压轴承和液体静压轴承支承,使运动部件获得较高的刚度和运动精度。主轴和工作台分别与永磁同步电机和直线电机直接连接,以减少传动误差。在超精密飞刀切削加工机床的加工过程中,电机驱动主轴以一定的转速带动刀具旋转,直线电机驱动工作台以一定的速度进给,完成大口径光学元件平面的铣削加工。

在超精密切削加工中,切削力会引起机床系统的振动,导致加工质量下降。研究振动行为的难点在于准确建立机床整机的动力学模型。通常，机床结合部的动态特性对机床整机的动态特性起着重要的影响。因此，在对机床系统进行动力学建模时，结合部的合理等效是精确模拟机床动力学特性的关键。机床结合部主要分为两种，一种为非接触结合部，主要为机床主轴和工作台的气体静压或液体静压轴承；另一种为接触结合部，如螺纹连接、机械结合面等。机床的横梁与立柱、立柱与床身等的结合部均为接触结合部。

对于流体静压轴承等非接触结合部，在建模时考虑气膜承载面的压力分布特征，利用弹簧－阻尼单元组等效气膜承载面的动力学特性。对于螺纹连接等接触结合部，利用有限元软件的接触单元，在相互接触的表面之间建立接触对来等效结合部的接触行为。建立超精密机床系统动力学模型如图 5.34 所示。

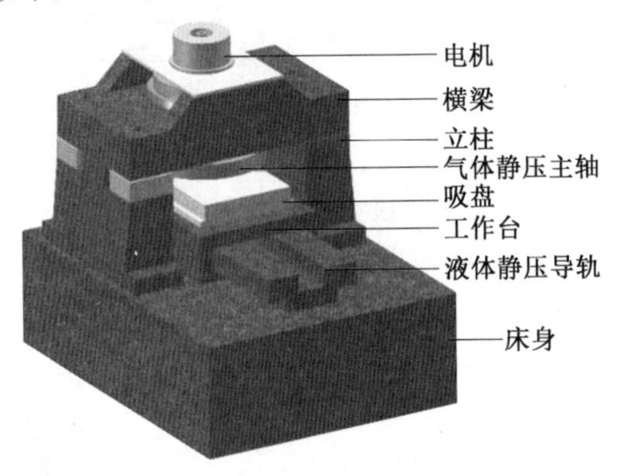

图 5.33　超精密飞刀切削加工机床的模型图

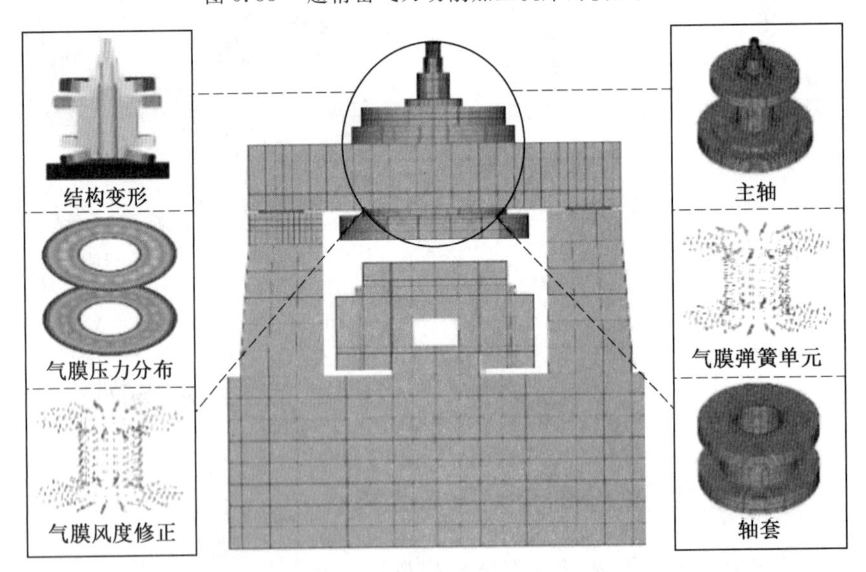

图 5.34　超精密飞刀切削加工机床的有限元模型

2. 超精密飞刀切削加工机床的有限元动力学分析

图 5.35 所示为超精密飞刀切削加工机床的模态分析结果。从图中可以看出，由于采用龙门式构型和大止推板的设计，机床系统的一阶固有频率达 134 Hz，机床的一阶振型为主轴在 X 轴方向的径向平动，同时带动横梁和立柱的左右摆动。二阶振型为主轴在 Z 轴方向的径向平动，同时带动龙门框架结构沿 Z 向前后摆动，其对应的固有频率为 158 Hz；三阶振

型为主轴绕X轴的扭转振动，同时带动横梁绕X轴前后扭转，三阶固有频率为223 Hz；四阶振型为主轴沿Y轴方向的上下振动，同时带动横梁上下运动，四阶固有频率为248 Hz；五阶振型为立柱带动横梁的左右摆动，带动主轴绕Z轴的扭转运动，五阶固有频率为259 Hz；六阶振型为主轴绕Z轴的扭转振动，同时带动横梁和立柱的左右摆动，六阶固有频率为278 Hz。

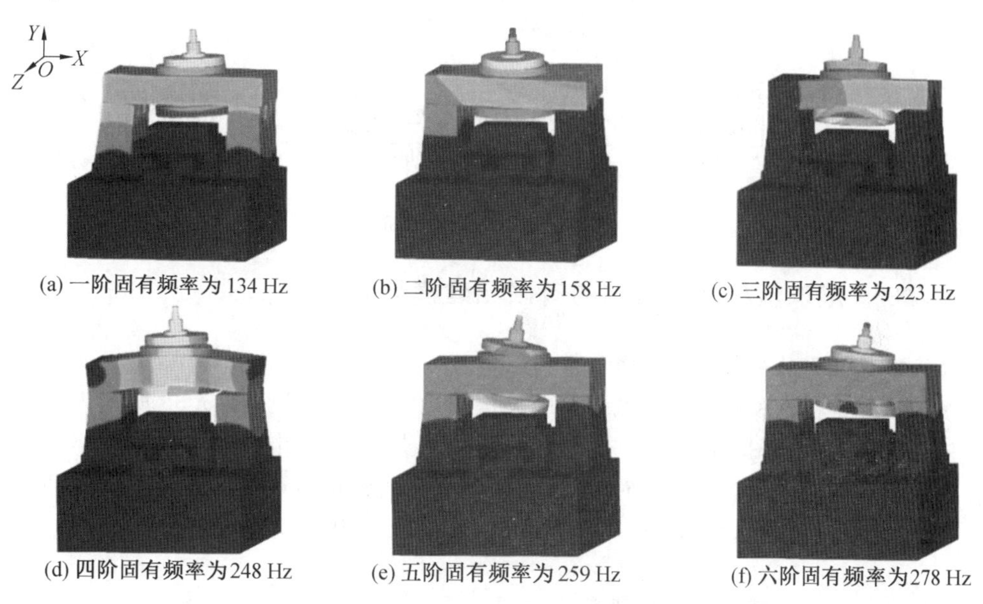

图5.35　超精密飞刀切削加工机床的模态分析结果

3. 超精密飞刀切削加工机床的动力学测试实验

机床动力学特性的测试是验证有限元模型和结果的有效性，实现模态参数识别的重要手段。图5.36所示为机床的动态性能测试装置。该装置通过模态测试仪来采集分析机床的振动数据，包含力锤、加速度传感器和快速傅里叶变换(FFT)分析仪。实验时将3个加速度传感器安装在主轴刀盘圆周上，且传感器的空间方位相互垂直。在靠近刀具处沿竖直方向锤击，所得到的机床动态性能的测试结果如图5.37所示。实验结果表明，所建立的有限元模型能够反映机床的动力学特性，验证了模拟结果的有效性。

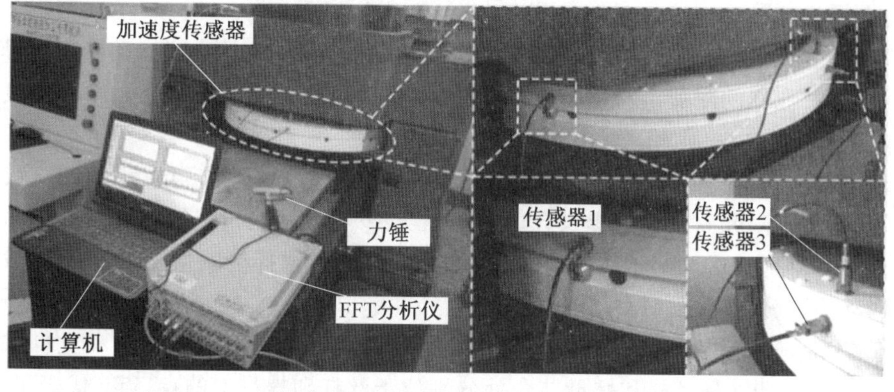

图5.36　超精密飞刀切削加工机床的动力学特性测试装置

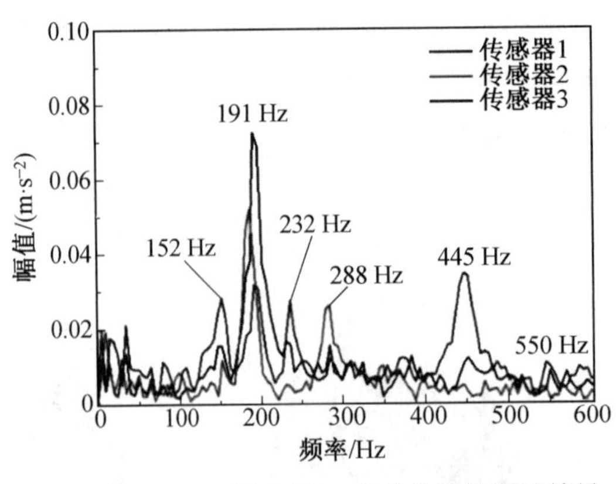

图 5.37 动力学特性测试结果

5.7.2 滚珠丝杠驱动机构的有限元建模与分析

1. 滚珠丝杠驱动机构及其有限元模型

滚珠丝杠是精密和超精密机械装备中关键的运动转换部件。图 5.38 所示为典型的滚珠丝杠驱动机构示意图。滚珠丝杠的两端采用轴承支承，伺服电机通过联轴器驱动滚珠丝杠转动。滚珠丝杠受到转矩作用时，丝杠和螺母之间的滚珠沿滚道滚动将丝杠受到的转矩转化为驱动工作台直线运动的轴向力，再通过螺母带动工作台实现直线运动。

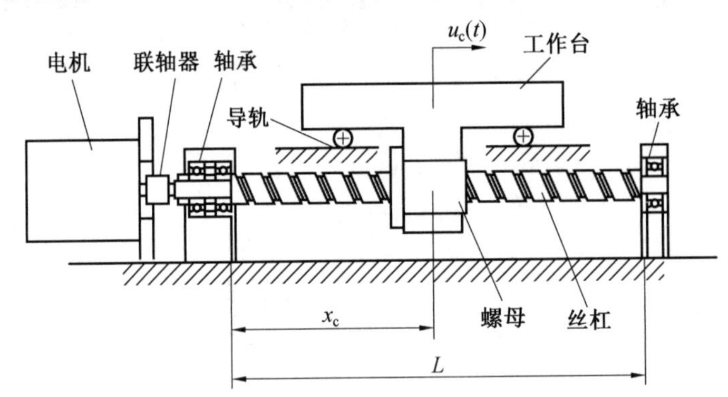

图 5.38 滚珠丝杠驱动机构示意图

滚珠丝杠驱动机构中的刚度参数主要包括：滚珠丝杠螺母刚度，即指丝杠和螺母与滚珠链的接触刚度；丝杠的刚度，包括其丝杠的轴向和扭转刚度；此外，还有支承轴承刚度和联轴器扭转刚度。

滚珠丝杠驱动机构的有限元分析难点在于：如何实现滚珠丝杠副从转动到直线运动的传动特性，通用有限元软件没有提供合适的单元类型来描述这种传动特性。因此，采用模态分析无法精确得到滚珠丝杠驱动机构的动力学特性，这里选择谐响应分析来解决滚珠丝杠驱动机构动力学分析难题。

图 5.39 是滚珠丝杠驱动机构谐响应分析的动力学简化模型。电机轴和丝杠轴采用梁单元模拟，点 1 和点 2 是丝杠和螺母结合处分别位于丝杠和螺母上的点，点 3 代表工作台，采用质量单元来表示，电机端轴承副的轴向刚度 k_{b1}、联轴器的扭转刚度 k_c 和螺母的轴向刚度 k_n 均采用弹簧单元来表示。

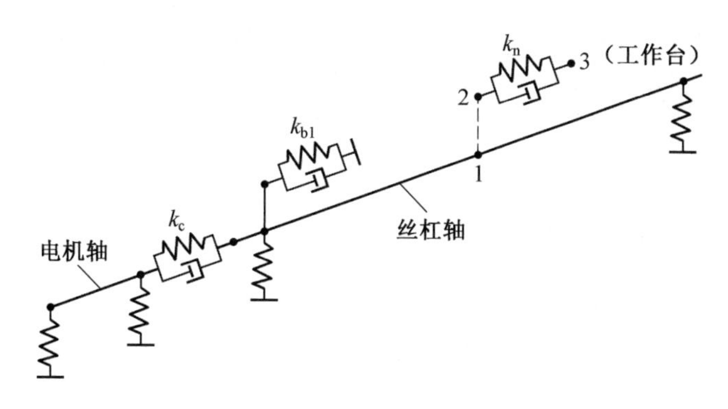

图 5.39 滚珠丝杠驱动机构谐响应分析的动力学简化模型

滚珠丝杠副从转动到直线运动的传动特性则采用耦合方程实现，定义有限元模型中点 1 和点 2 的节点位移耦合方程如式(5.71) 所示。

$$u_{2x}(\omega)=u_{1x}(\omega)+R_{1x}(\omega)\cdot\frac{l}{2\pi} \tag{5.71}$$

式中，$u_{1x}(\omega)$ 和 $u_{2x}(\omega)$ 为点 1 和点 2 在 x 方向的位移；$R_{1x}(\omega)$ 为点 1 绕 x 轴的转角。

式(5.71) 实现了丝杠轴上工作台位置 x_c 点的位移和转角到工作台位移的传递，而刚度为 k_n 的弹簧则将螺母副的弹性变形传递到工作台上。根据耦合方程理论，式(5.71) 同时实现了点 1 转矩和点 2 轴向力的转换；而点 1 和点 2 形成的一对轴向相互作用力也分别施加到丝杠和螺母上。

2. 滚珠丝杠驱动机构的有限元分析

采用有限元软件对滚珠丝杠驱动机构进行谐响应分析，滚珠丝杠驱动系统的具体参数见表 5.1。丝杠材料为钢，密度为 9.85×10^3 kg/m^3，弹性模量为 210 GPa，泊松比为 0.27。电机轴的输入频率为 1.0 ～ 500.0 Hz 的正弦力矩信号。

$$T_m = A\sin(\omega t) \tag{5.72}$$

式中，A 为转矩信号的幅值，为计算方便，取其值为 1 N · m。

表 5.1 滚珠丝杠驱动系统的参数

参数名称	数值
丝杠平均直径(d)	25.4 mm
丝杠导程(l)	25.4 mm
丝杠长度(L)	1 100 mm
螺母刚度(k_n)	3 000 N/μm
轴承的轴向刚度(k_{b1})	6 000 N/μm
联轴器的扭转刚度(k_c)	6 800 N · m/rad
电机转子的转动惯量(J_m)	13.9×10^{-5} kg · m^2
工作台质量(m_c)	80 kg
工作台位置(x_c)	800 mm
阻尼比 (ζ)	0.01

通过谐响应分析可以得到有限元模型中任意节点随输入信号频率变化的位移幅值和相位，进而可以计算得到驱动机构的传递函数。利用谐响应分析计算得到工作台位移随频率的变化如图 5.40 所示。

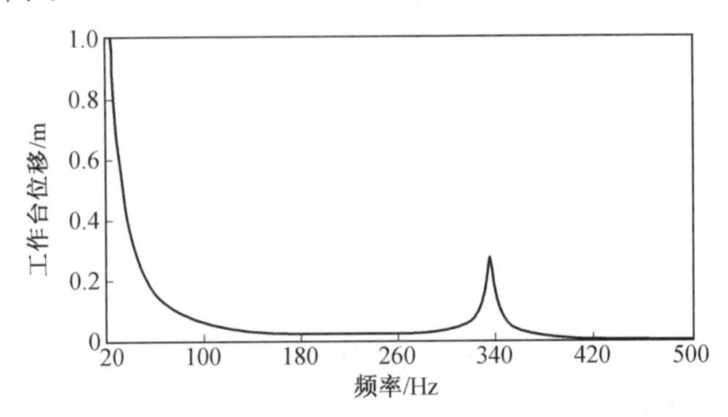

图 5.40 滚珠丝杠传动机构的谐响应分析结果

对图 5.40 的数据进行处理，得到滚珠丝杠驱动机构的频率响应幅值为：

$$20\log_{10}G(\omega)=20\log_{10}\frac{u_c(\omega)}{A} \tag{5.73}$$

式中，$u_c(\omega)$ 为工作台的位移输出。

将对数幅值增益为 $20\log_{10}G(\omega)$ 和相角为 $\varphi(\omega)$ 随频率的变化曲线分别绘制在不同的对数坐标系中，就得到了系统的 Bode 图，如图 5.41 所示。

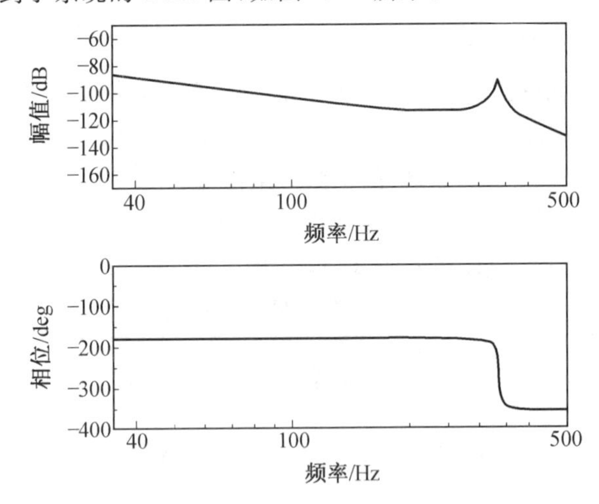

图 5.41 谐响应分析得到的滚珠丝杠驱动机构 Bode 图

3. 滚珠丝杠驱动机构的动力学测试实验

滚珠丝杠驱动机构的谐响应分析结果可以通过频率特性响应实验来进行测试和验证。采用频谱分析仪输出 1 ～ 500 Hz 的扫频信号给伺服电机，采用高精度位移传感器、激光干涉仪或者电容位移传感器采集工作台的位置信号。计算在频谱分析的幅值和相位，得到滚珠丝杠驱动机构的开环 Bode 图，如图 5.42 所示。

对比图 5.41 和图 5.42，有限元分析和频率特性实验得到的滚珠丝杠一阶自振频率分别是 338 Hz 和 349 Hz，计算误差小于 5%。有限元分析和实验得到的传递函数幅值有一定量的偏移，这主要是因为实验中频谱分析仪的放大器环节造成的。

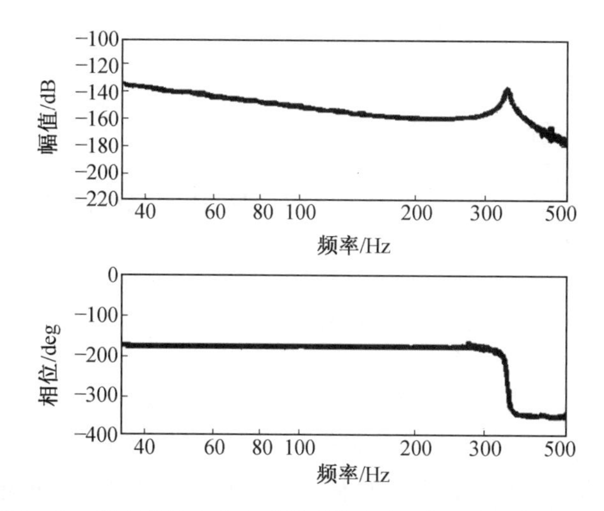

图 5.42 频率特性响应实验得到的滚珠丝杠驱动机构 Bode 图

习 题

1. 简述有限元法的基本思路及其数学基础。它的解题方法是解析性的还是数值性的，为什么？

2. 有限元分析法的解题精度与单元的位移函数或形状函数的设定有直接关系。请说明它们之间存在什么关系；为使它们合理，应满足哪些条件（通过某一种单元的一种位移函数和形状函数形式进行说明）？

3. 单元刚度矩阵在有限元分析法中起什么作用，它的物理意义是什么？

4. 当结构划分出单元后，根据单元刚度矩阵如何组成总体刚度矩阵？如何从物理意义上去理解这种组成方法（可以用两个单元为例）？

5. 某机械结构需要采用有限元法进行分析计算，但需要用平面板单元和梁单元对它进行剖分。试说明必须经过哪些具体步骤，才能计算出该结构的静态位移（要求写出每一步的表达式或运算式，但不必进行具体计算）。

6. 用有限元法求解结构的动力问题时，如何建立其动力方程？方程式中出现质量矩阵和阻尼矩阵，试说明它们的物理意义。如何计算其中各元素的数值？

第 6 章 优化设计方法

6.1 优化设计概述

优化设计方法是现代机械设计理论与方法中非常重要的组成部分。根据本书第 1 章机械结构设计三类问题提法中的描述，优化设计问题可以看作在外载荷和给定约束条件下，何种结构几何尺寸或形状、拓扑情况下，结构特性取得最佳的问题。这种类比尽管不足以系统全面地概括优化设计问题，但是也的确表现了优化设计方法作为现代机械设计理论与方法的基本特点。作为现代机械设计理论与方法体系中的重要内容，优化设计方法摒弃了传统的凭借经验或直观判断来确定结构方案，也不是像过去"安全寿命可行设计"方法那样：在满足所提出的要求的前提下，先确定结构方案，再根据安全寿命等准则，对该方案进行强度、刚度等的分析、校核，然后进行修改，以确定结构尺寸。而是借助计算机和数值计算方法，从大量的可行设计方案中寻找出一种最佳的设计方案，从而实现用理论设计代替经验设计，用精确计算代替近似计算，用优化设计代替一般的安全寿命的可行性设计。

机械优化设计包括建立优化设计问题的数学模型和选择恰当的优化方法与程序两方面的内容。由于机械优化设计是应用数学方法寻求机械设计的最优方案，所以首先要根据实际的机械设计问题建立相应的数学模型，即用数学形式来描述实际设计问题：在建立数学模型时需要应用专业知识确定设计的限制条件和所追求的目标，确立设计变量之间的相互关系等。机械优化设计问题的数学模型可以是解析式、实验数据或经验公式。虽然它们的形式不同，但都可以反映设计变量之间的数量关系。

数学模型一旦建立，机械优化设计问题就变成一个数学求解问题。应用数学规划方法的理论，根据数学模型的特点，可以选择适当的优化方法，进而可以选取或自行编制计算机程序，以计算机作为工具求得最佳设计参数。

6.1.1 机械优化设计问题示例

在优化设计中，通常是根据分析对象的设计要求，应用有关专业的基础理论和具体技术知识进行推导来建立相应的方程或方程组。对机械类的分析对象来说，主要是根据力学、机械设计基础知识和各专业机械设备的具体知识来推导方程或方程组(动力学问题中多为偏微分或常微分方程组的形式)，这些方程反映结构诸参数之间的内在联系，通过它可以研究各参数对设计对象工作性能的影响。

下面通过几个具体的例子，说明机械优化设计中建立方程组的方法和步骤(公式的推导尽量简略，以减少篇幅)。

例 6.1 平面四连杆机构的优化设计。

平面四连杆机构的设计主要是根据运动学的要求，确定其几何尺寸，以实现给定的运动规律。

如图 6.1 所示是一个曲柄摇杆机构。图中 x_1、x_2、x_3、x_4 分别是曲柄 AB、连杆 BC、摇杆 CD 和机架 AD 的长度。φ 是曲柄输入角，ψ_0 是摇杆输出的起始位置角。这里，规定 φ_0 为摇杆的右极限位置角 ψ_0 时的曲柄起始位置角，它们可以由 x_1、x_2、x_3 和 x_4 确定。通常规定曲柄长度 $x_1=1.0$，而在这里 x_4 是给定的，并设 $x_4=5.0$，所以只有 x_2 和 x_3 是设计变量。

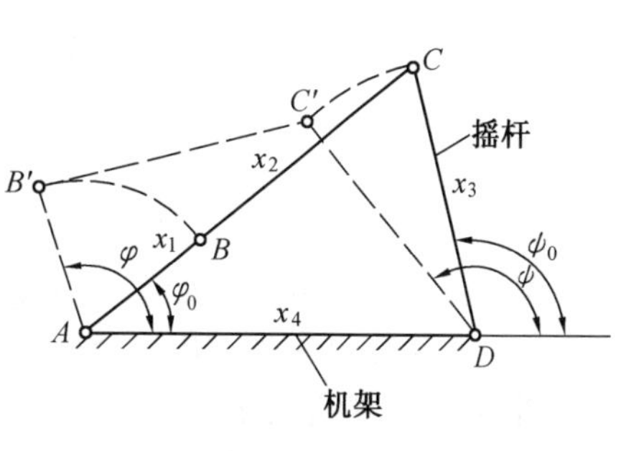

图 6.1　曲柄摇杆机构

设计时，可在给定最大和最小传动角的前提下，当曲柄从 φ_0 位置转到 $\varphi_0+90°$ 时，要求摇杆的输出角最优地实现一个给定的运动规律 $f_0(\varphi)$。例如，要求

$$\psi=f_0(\varphi)=\psi_0+\frac{2}{3\pi}(\varphi-\varphi_0)^2$$

对于这样的设计问题，可以取机构的期望输出角 $\psi=f_0(\varphi)$ 和实际输出角 $\psi_j=f_j(\varphi)$ 的平方误差积分准则作为目标函数，使 $f(x)=\int_{\varphi_0}^{\varphi_0+\frac{\pi}{2}}(\psi-\psi_j)^2\mathrm{d}\varphi$ 最小。

当把输入角 φ 取 s 个点进行数值计算时，它可以化约为 $f(x)=f(x_3,x_4)=\sum\limits_{i=0}^{s}(\psi_i-\psi_{ji})^2$ 最小。

相应的约束条件如下。

(1) 曲柄与机架共线位置时的传动角。

最大传动角　$\gamma_{\max}\leqslant 135°$

最小传动角　$\gamma_{\min}\geqslant 45°$

对本问题可以计算出

$$\gamma_{\max}=\arccos\left(\frac{x_2^2+x_3^2-36}{2x_2x_3}\right)$$

$$\gamma_{\min}=\arccos\left(\frac{x_2^2+x_3^2-16}{2x_2x_3}\right)$$

所以

$$x_2^2+x_3^2-2x_2x_3\cos 135°-36\geqslant 0$$

$$x_2^2+x_3^2-2x_2x_3\cos 45°-16\geqslant 0$$

(2) 曲柄存在条件。

$$x_2\geqslant x_1$$

$$x_3\geqslant x_1$$

$$x_4\geqslant x_1$$

$$x_2+x_3\geqslant x_1+x_4$$

$$x_4-x_1\geqslant x_2-x_3$$

(3) 边界约束。

当 $x_1=1.0$ 时，若给定 x_4，则可求出 x_2 和 x_3 的边界值。例如，当 $x_4=0.5$ 时，则有曲柄存在条件和边界值限制条件如下：

$$x_2 + x_3 - 6 \geqslant 0$$
$$4 - x_2 + x_3 \geqslant 0$$

和

$$1 \leqslant x_2 \leqslant 7$$
$$1 \leqslant x_3 \leqslant 7$$

例 6.2 齿轮减速器的优化设计。

齿轮减速器是一种应用广泛的传动装置。传统的设计方法虽已较完善，但它们多属校核性质的，即从给定的条件出发，根据经验类比和理论计算，用试凑的方法确定主要参数，然后进行强度、刚度等方面的校核。如不合格，则对某些参数进行修改后，再重复上述过程，直至满足各项要求为止。显然，这种方法不能保证得到最优设计方案。

这里通过一个常见的二级圆柱齿轮减速器(其传动简图如图 6.2 所示)，说明在对它进行优化设计时，建立其相应的数学模型的方法。设计时，通常给定传递的功率 P、总传动比 i 和输出的转数 n。要求在满足强度的条件下，使其体积最小，以达到使结构紧凑、质量最小的目的。

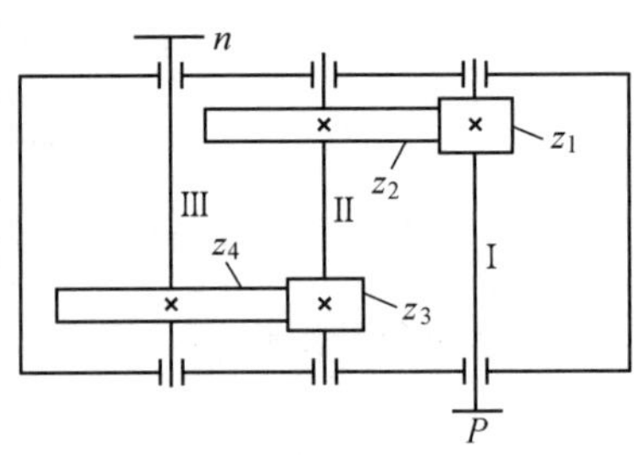

图 6.2 减速器传动简图

从如图 6.2 所示的减速器传动简图中可以看出，它由两对圆柱齿轮传动共四个齿轮组成，它们的齿数分别为 z_1、z_2、z_3 和 z_4，相应的齿数比分别是 $i_{\text{I}} = \frac{z_2}{z_1}$ 和 $i_{\text{II}} = \frac{z_4}{z_3}$，两组传动齿轮的法面模数分别设为 $m_{n\text{I}}$ 和 $m_{n\text{II}}$，齿轮的螺旋角为 β。在这里 z_1、z_2、z_3、z_4、i_{I}、i_{II}、$m_{n\text{I}}$、$m_{n\text{II}}$ 和 β 都是设计参数。但由于设计时已给定总传动比 i，且有 $i = i_{\text{I}} i_{\text{II}}$，所以 $i_{\text{II}} = \frac{i}{i_{\text{I}}}$。从而只要能确定四个齿轮的齿数中的两个即可。例如，我们可以给定两个小齿轮的齿数 z_1 和 z_3 为设计变量。因此，这个优化设计问题的独立设计变量为 z_1、z_3、$m_{n\text{I}}$、$m_{n\text{II}}$、i_{I} 和 β 六个。可见不是所有的设计参数都是设计变量。

上面提到，设计时要使该减速器的体积最小，这就是本优化设计问题追求的目标函数。它可以归结为使减速器的总中心距 A 为最小，写成

$$A = \frac{1}{2\cos\beta}[m_{n\text{I}} z_1 (1 + i_{\text{I}}) + m_{n\text{II}} z_3 (1 + i_{\text{II}})] \rightarrow \min \tag{6.1}$$

保证总中心距 A 为最小时应满足的条件是本优化设计问题的约束条件，它们是：齿面的接触强度和齿根的弯曲强度以及中间轴 Ⅱ 上的大齿轮 z_2 不与低速轴 Ⅲ 发生干涉。

(1) 齿面接触强度计算。

$$\frac{[\sigma_{\text{H}}]^2 \psi m_{n\text{I}}^3 z_1^3 i_{\text{I}}}{6.845 \times 10^6 K_{\text{I}} T_{\text{I}}} - \cos^3\beta \geqslant 0 \tag{6.2a}$$

$$\frac{[\sigma_{\text{H}}]^2 \psi m_{n\text{II}}^3 z_3^3 i_{\text{II}}}{6.845 \times 10^6 K_{\text{II}} T_{\text{II}}} - \cos^3\beta \geqslant 0 \tag{6.2b}$$

式中，$[\sigma_{\text{H}}]$ 是许用接触应力；T_{I} 是高速轴 Ⅰ 的扭矩；T_{II} 是中间轴 Ⅱ 的扭矩；K_{I}、K_{II} 是载荷系数；ψ 是齿宽系数。

(2) 齿根弯曲强度计算。

高速级大、小齿轮的齿根弯曲强度条件为

$$\frac{[\sigma_W]_1\psi Y_1}{3K_{\text{I}}T_{\text{I}}}(1+i_{\text{I}})m_{n\text{I}}^3 z_1^2-\cos^2\beta\geqslant 0 \tag{6.3a}$$

$$\frac{[\sigma_W]_2\psi Y_2}{3K_{\text{I}}T_{\text{I}}}(1+i_{\text{I}})m_{n\text{I}}^3 z_1^2-\cos^2\beta\geqslant 0 \tag{6.3b}$$

低速级大、小齿轮的齿根弯曲强度条件为

$$\frac{[\sigma_W]_3\psi Y_3}{3K_{\text{II}}T_{\text{II}}}(1+i_{\text{II}})m_{n\text{II}}^3 z_3^2-\cos^2\beta\geqslant 0 \tag{6.3c}$$

$$\frac{[\sigma_W]_4\psi Y_4}{3K_{\text{II}}T_{\text{II}}}(1+i_{\text{II}})m_{n\text{II}}^3 z_3^2-\cos^2\beta\geqslant 0 \tag{6.3d}$$

式中，$[\sigma_W]_1$、$[\sigma_W]_2$、$[\sigma_W]_3$ 和 $[\sigma_W]_4$ 分别是齿轮 z_1、z_2、z_3 和 z_4 的许用弯曲应力；Y_1、Y_2、Y_3、Y_4 分别是齿轮 z_1、z_2、z_3 和 z_4 的齿形系数。

(3) 根据不干涉条件，有

$$\frac{m_{n\text{II}}z_3(1+i_{\text{II}})}{2\cos\beta}-\left(m_{n\text{I}}+\frac{m_{n\text{I}}z_1 i_{\text{I}}}{2\cos\beta}+s\right)\geqslant 0$$

式中，s 是低速轴 Ⅲ 的轴线和中间轴 Ⅱ 上大齿轮 z_2 齿顶间距离。取 $s=5$ mm，则得

$$m_{n\text{II}}z_3(1+i_{\text{II}})-2\cos\beta(5+m_{n\text{I}})-m_{n\text{I}}z_1 i_{\text{I}}\geqslant 0 \tag{6.4}$$

(4) 另外，还要考虑传动平稳、轴向力不宜过大、高速级与低速级的大齿轮 z_3 和 z_4 浸油深度大致相同、小齿轮分度圆尺寸不能太小等因素，来建立一些边界约束条件

$$z_i\leqslant x_i\leqslant b_i \tag{6.5}$$

式中，$i=1,2,\cdots,6$(6是设计变量的个数)。这样，则可写出二级圆柱齿轮减速器优化设计的数学模型为

$$A=\frac{1}{2\cos\beta}[m_{n\text{I}}z_1(1+i_{\text{I}})+m_{n\text{II}}z_3(1+i_{\text{II}})]\rightarrow\min$$

s.t.[①]

$$\frac{[\sigma_H]^2\psi m_{n\text{I}}^3 z_1^3 i_{\text{I}}}{6.845\times 10^6 K_{\text{I}}T_{\text{I}}}-\cos^3\beta\geqslant 0$$

$$\frac{[\sigma_H]^2\psi m_{n\text{II}}^3 z_3^3 i_{\text{II}}}{6.845\times 10^6 K_{\text{II}}T_{\text{II}}}-\cos^3\beta\geqslant 0$$

$$\frac{[\sigma_W]_1\psi Y_1}{3K_{\text{I}}T_{\text{I}}}(1+i_{\text{I}})m_{n\text{I}}^3 z_1^2-\cos^2\beta\geqslant 0$$

$$\frac{[\sigma_W]_2\psi Y_2}{3K_{\text{I}}T_{\text{I}}}(1+i_{\text{I}})m_{n\text{I}}^3 z_1^2-\cos^2\beta\geqslant 0$$

$$\frac{[\sigma_W]_3\psi Y_3}{3K_{\text{II}}T_{\text{II}}}(1+i_{\text{II}})m_{n\text{II}}^3 z_3^2-\cos^2\beta\geqslant 0$$

$$\frac{[\sigma_W]_4\psi Y_4}{3K_{\text{II}}T_{\text{II}}}(1+i_{\text{II}})m_{n\text{II}}^3 z_3^2-\cos^2\beta\geqslant 0$$

$$m_{n\text{II}}z_3(1+i_{\text{II}})-2\cos\beta(5+m_{n\text{I}})-m_{n\text{I}}z_1 i_{\text{I}}\geqslant 0$$

$$a_1\leqslant z_1\leqslant b_1$$

$$a_2\leqslant z_3\leqslant b_2$$

$$a_3\leqslant m_{n\text{I}}\leqslant b_3$$

---

① s.t.为 Subject to 的简写，代表受约束于。

$$a_4 \leqslant m_{n\mathrm{II}} \leqslant b_4$$
$$a_5 \leqslant i_{\mathrm{I}} \leqslant b_5$$
$$a_6 \leqslant \beta \leqslant b_6$$

或简化写成

$$f(\boldsymbol{x}) = A = \frac{1}{2\cos\beta}[m_{n\mathrm{I}} z_1(1+i_{\mathrm{I}}) + m_{n\mathrm{II}} z_3(1+i_{\mathrm{II}})] \to \min$$

s. t. $$g_j(\boldsymbol{x}) \leqslant 0 \quad (j=1,2,\cdots,7)$$
$$x_{i\min} \leqslant x_i \leqslant x_{i\max} \quad (i=1,2,\cdots,6)$$

例 6.3 汽车悬挂系统的优化设计。

图 6.3 所示是 5 个自由度的汽车悬挂系统。图中的 m_1 是驾驶该车的司机及其座位的质量，它由弹簧 k_1 和阻尼器 δ_1 支持。其他部分，如车体、车轮、车轴等的质量、弹簧和阻尼分别用 m_2、m_4、m_5 和 k_2、k_3 以及 δ_2、δ_3 表示，如图 6.3 所示。k_4、k_5 和 δ_4、δ_5 表示轮胎的刚度和阻尼系数。车体对其质量中心的惯性矩用 I 表示。L 表示轮距长度。$f_1(t)$ 和 $f_2(t)$ 表示由于道路表面起伏不平引起的前、后轮的位移函数。z_i 是坐标。

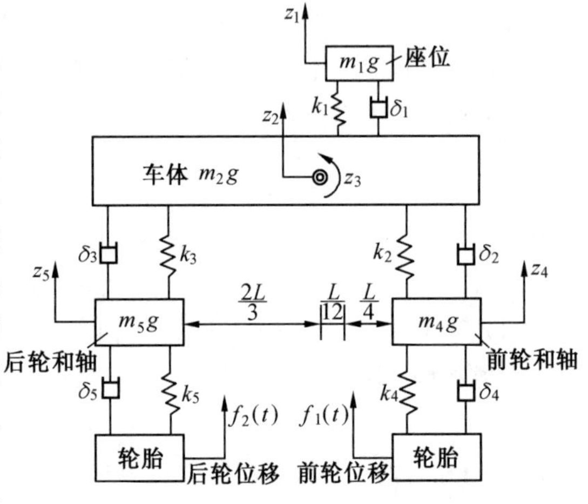

图 6.3 汽车悬挂系统

在汽车结构系统设计中，希望汽车能在不同速度和道路条件下，司机座位的最大加速度为最小，同时还须满足一系列的动态响应和设计变量的约束。设计变量是系统的弹簧常数 k_i 和阻尼系数 δ_i。当然司机座位的最大加速度 d 也可以是设计变量。所以，本优化问题的设计变量取为 k_1、k_2、k_3、δ_1、δ_2、δ_3 和 d，即

$$\boldsymbol{x} = [k_1 \quad k_2 \quad k_3 \quad \delta_1 \quad \delta_2 \quad \delta_3 \quad d]^{\mathrm{T}}$$

汽车的运动方程可以根据拉格朗日运动方程导出。拉格朗日运动方程的一般形式是

$$\frac{\mathrm{d}}{\mathrm{d}t}\frac{(\partial T)}{\partial z_i} - \frac{(\partial T)}{\partial z_i} + \frac{\partial V}{\partial z_i} - F_{Qi} = 0 \quad (i=1,2,\cdots,5)$$

系统的动能 T 可表示为 $T=\frac{1}{2}(m \times v^2)$，即

$$T = \frac{1}{2}m_1 z_1^2 + \frac{1}{2}m_2 z_2^2 + \frac{1}{2}I z_3^2 + \frac{1}{2}m_4 z_4^2 + \frac{1}{2}m_5 z_5^2 = \frac{1}{2}\sum_{i=1}^{5} m_i z_i^2 \quad (m_3 = I)$$

保守力(恢复力) 的位能 V 可表示为

$$V = \frac{1}{2}(k \times z^2)$$

由于车体与司机座位间的相对位移是 $z_2 - z_1 + \frac{L}{12}z_3$；车体与前、后轮间相对位移分别为 $z_4 - z_2 + \frac{L}{3}z_3$ 和 $z_5 - z_2 + \frac{2L}{3}z_3$；前、后轮与路面间相对位移分别为 $z_4 - f_1(t)$ 和 $z_5 - f_2(t)$。所以有

$$V=\frac{1}{2}k_1\left(z_2-z_1+\frac{L}{12}z_3\right)^2+\frac{1}{2}k_2\left(z_4-z_2+\frac{L}{3}z_3\right)^2+\frac{1}{2}k_3\left(z_5-z_2+\frac{2L}{3}z_3\right)^2+\frac{1}{2}k_4(z_4-f_1(t))^2+\frac{1}{2}k_5(z_5-f_2(t))^2$$

非保守力(阻尼力)F_{Qi} 可以通过下面方法给出。它的虚功是

$$\sum_{i=1}^{5}F_{Qi}\delta z_i=-\delta_1\left(\dot{z}_2-\dot{z}_1+\frac{L}{12}\dot{z}_3\right)\left(\delta z_2-\delta z_1+\frac{L}{12}\delta z_3\right)-\delta_2\left(\dot{z}_4-\dot{z}_2+\frac{L}{3}\dot{z}_3\right)\left(\delta z_4-\delta z_2+\frac{L}{3}\delta z_3\right)-\delta_3\left(\dot{z}_5-\dot{z}_2+\frac{2L}{3}\dot{z}_3\right)\left(\delta z_5-\delta z_2+\frac{2L}{3}\delta z_3\right)-\delta_4(\dot{z}_4-\dot{f}_1(t))\delta z_4-\delta_5(\dot{z}_5-\dot{f}_2(t))\delta z_5$$

这样,则当 $i=1$ 时,自

$$\frac{\mathrm{d}}{\mathrm{d}t}\left(\frac{\partial T}{\partial z_1}\right)-\frac{\partial T}{\partial z_1}+\frac{\partial V}{\partial z_1}-F_{Q1}=0$$

有

$$\frac{\mathrm{d}}{\mathrm{d}t}\left(\frac{\partial T}{\partial z_1}\right)=m_1\ddot{z}_1$$

$$\frac{\partial T}{\partial z_1}=0$$

$$\frac{\partial V}{\partial z_1}=k_1z_1-k_1z_2-\frac{L}{12}k_1z_3$$

$$F_{Q1}=\delta_1\dot{z}_1-\delta_2\dot{z}_2-\frac{L}{12}\delta_1\dot{z}_3$$

从而给出

$$M_1\ddot{z}_1+\delta_1\dot{z}_1-\delta_2\dot{z}_2-\frac{L}{12}\delta_1\dot{z}_3+k_1z_1-k_2z_2-\frac{L}{12}k_1z_3=0$$

同样可得 $i=2,3,4,5$ 时的运动方程式。

如果把 $z_1,z_2,\cdots,z_5,\dot{z}_1,\dot{z}_2,\cdots,\dot{z}_5$ 都写成向量 $\boldsymbol{z}=[z_1\quad z_2\quad\cdots\quad z_5\quad\dot{z}_1\quad\dot{z}_2\quad\cdots\quad\dot{z}_5]^{\mathrm{T}}$,则五个运动方程式可统一写成如下的状态方程

$$\boldsymbol{M}\ddot{\boldsymbol{z}}(t)+\boldsymbol{D}\dot{\boldsymbol{z}}(t)+\boldsymbol{K}\boldsymbol{z}(t)=f(t)$$

式中,$f(t)$ 是广义力。

通过变换,也可写成下面的形式:

$$\dot{\boldsymbol{z}}(t)=\boldsymbol{M}(\boldsymbol{x})\boldsymbol{z}(t)+\boldsymbol{F}(t)\tag{6.6}$$

式中,$\boldsymbol{M}(\boldsymbol{x})$ 是由质量、刚度系数、阻尼系数及 L 和 I 组成的矩阵,而不是单纯的质量矩阵;$\boldsymbol{F}(t)$ 是由 m_4、m_5、k_4、k_5、$f_1(t)$、$f_2(t)$ 组成的矩阵。

$$\boldsymbol{z}(t)=[z_1\quad z_2\quad z_3\quad z_4\quad z_5\quad\dot{z}_1\quad\dot{z}_2\quad\dot{z}_3\quad\dot{z}_4\quad\dot{z}_5]^{\mathrm{T}}$$

前、后轮的垂直位移和路面有关,设它们分别为按正弦规律变化的函数 $f_1(t)$ 和 $f_2(t)$,其值可表达成

$$f_1(t)=\begin{cases}v(t) & (0\leqslant t\leqslant t_1)\\0 & (\text{非上述情况})\end{cases}\tag{6.7}$$

$$f_2(t)=f_1(t-t_0)(\text{即比前轮滞后 }t_0)$$

式中,t_1 是路面不平的停止时间。

根据运动方程和位移函数 $f_1(t)$、$f_2(t)$,可以建立数学模型。

设计要求是在路面条件下和车速在一定范围内尽量使司机舒适些。因此，设计的目标是通过调整汽车悬挂特征 k 和 δ 等(m 不便于调整，所以不作为设计变量)，使司机座位的最大绝对加速度 $\max[\ddot{z}_1(t)]$ 达到最小，即 $f=\max[\ddot{z}_1(t)] \rightarrow \min(i=1,2,\cdots,p)$，其中的 $\ddot{z}_1(t)$ 是对第 i 种道路条件 $f_1'(t)$ 和 $f_2'(t)$ 下的司机座位加速度。当规定最大加速度的上限值为 d(可由设计者选取)时，则 $|\ddot{z}_1^i(t)| \leqslant d_0$ 极端情况下 $|\ddot{z}_1^i(t)| \leqslant \theta_0$($\theta_0$ 最大允许加速度)。

此外，还应考虑到汽车的运动要受到一定的约束，因而对车体和司机座位(也要考虑其他乘车人员的座位)之间的相对位移，车体与前、后轮间的相对位移以及路面和前、后轮间的相对位移等，即汽车的各组成部件之间的相对位移，要规定一个允许值。例如，车体与司机座位间的相对位移规定为

$$\left| z_2^i - z_1^i + \frac{L}{12} z_3^i \right| \leqslant 0$$

若设函数 $\eta(t)$ 是连续的，则上述约束条件 $\eta(t) \leqslant 0(0 \leqslant t \leqslant \tau)$ 相当于积分约束条件 $\int_0^\tau [\eta(t) + |\eta(t)|] dt = 0$。所以，对上述的连续函数形式的约束条件，可以统一写成积分形式，即

$$\psi_i = \int_0^\tau L_j[t, \boldsymbol{z}(t), \boldsymbol{x}] dt = 0 \quad (j=1,2,\cdots,p)$$

式中，L_j 是拉格朗日函数。

设计变量的变化范围

$$x_{j\min} \leqslant x_j \leqslant x_{j\max}$$

可以写成

$$g_s(\boldsymbol{x}) \leqslant 0$$

这样，该优化问题的数学模型是：

目标函数

$$f = \max |\ddot{z}_1(t)| \rightarrow \min$$

或写成

$$f = d \quad (d \text{ 是 } |\ddot{z}_1^i(t)| \leqslant d \text{ 中的最小者})$$

约束条件

$$\dot{\boldsymbol{z}}(t) = \boldsymbol{M}(\boldsymbol{x})\boldsymbol{z}(t) + \boldsymbol{F}(t) \quad (\text{状态方程的形式})$$

$$\psi_j = \int_0^\tau L_j[t, \boldsymbol{z}(t), \boldsymbol{x}] dt = 0 \quad (\text{函数约束的形式})$$

$$g_s(\boldsymbol{x}) \leqslant 0$$

例 6.4 单工序加工时，单件生产率的优化。

在机械加工时，工艺人员常把单件生产率最大，或单件加工的工时最短作为追求的目标。现在说明此优化问题数学模型的建立方法。

设 t_p 是生产准备时间；t_m 是加工时间；t_c 是刀具更换时间或嵌入一片不重磨刀片所需的时间。若用 T 表示刀具寿命，则每个工件占用的刀具更换时间为 $t_e = t_c \frac{t_m}{T}$ $\left(\frac{t_m}{T}\right.$ 表示刀具切削刃在其寿命期间内平均可以加工的工件数$\left.\right)$。这样，则单件生产时间(min/ 件)为

$$t = t_p + t_m + t_e = t_p + t_m + t_c \frac{t_m}{T}$$

因而单位时间内生产的工件数，即生产率为

$$q = \frac{1}{t} = \frac{1}{t_p + t_m + t_c \dfrac{t_m}{T}}$$

刀具寿命 T 和切削速度 v 存在 $vT^n = C$ 的关系，加工时间和切削速度成反比，即有 $t_m = \frac{\lambda}{v}$（λ 是切削加工常数），则有

$$t = t_p + \frac{\lambda}{v} + \frac{t_c \lambda}{C^{\frac{1}{n}}} v^{\frac{1}{n}-1} \tag{6.8}$$

式(6.8) 就是本优化问题的目标函数。

在实际加工中，典型的约束条件有：

进给速度约束条件 $s_{\min} \leqslant s \leqslant s_{\max}$

切削速度约束条件 $v_{\min} \leqslant v \leqslant v_{\max}$

表面粗糙度约束条件

$$\frac{s^2}{8R} \leqslant Ra_{\max}$$

式中，R 是刀尖半径；$Ra_{\max}$ 是允许的表面粗糙度。

或写成 $s \leqslant \sqrt{8RRa_{\max}} = s_a$ （s_a 是一个常数值）

把它和进给速度约束结合起来，则有约束

$$s_{\min} \leqslant s \leqslant \min(s_{\max}, s_a)$$

功率约束条件

$$\frac{F_\gamma h^a s^\beta v}{4\,500} \leqslant P$$

式中，h 是切削深度；F_γ 是切削阻力；P 是电动机功率。

考虑到约束条件中的变量是 s 和 v，所以宜把目标函数式(6.8) 中的变量也用 s 和 v 表述。这可以通过用 $t_m = \frac{\lambda_0}{sv}$，$\lambda_0 = \lambda_s$（$\lambda_0$ 是切削加工常数），$Ts^{\frac{1}{m_0}} v^{\frac{1}{n_0}} = C_0$（其中的 m_0、n_0 和 C_0 均为常数）来处理。则得单件的生产时间为

$$t = t_p + \frac{\lambda_0}{sv} + t_c \frac{\lambda_0}{C_0} s^{\frac{1}{m_0}-1} v^{\frac{1}{n_0-1}} = t_p + \frac{\lambda_0}{sv} + t_c \frac{\lambda_0}{c_0} s^m v^n$$

或采用下述形式：

$$t = t_p + \frac{\lambda_0}{sv} + \lambda_0 a s^m v^n \quad \left(\text{其中的 } a = \frac{t_0}{C_0}\right)$$

可以把它改写成

$$\frac{t}{\lambda_0} = \frac{t_p}{\lambda_0} + \frac{1}{sv} + a s^m v^n$$

由于 $\frac{t_p}{\lambda_0}$ 是常值项，可以从目标函数中略去，则本问题的数学模型可以表述为求 s 和 v，使目标函数(单件加工时间 —— 每一个工件的加工时间的分钟数值) 为

$$f(s,v)=\frac{1}{sv}+as^{m}v^{n}\rightarrow \min$$

s. t.

$$v_{\min}\leqslant v\leqslant v_{\max}$$

$$s_{\min}\leqslant s\leqslant \min(s_{\max},s_{a})$$

$$\frac{F_{\gamma}h^{\alpha}s^{\beta}v}{4\ 500}\leqslant P$$

当然还可以举出一些其他行业的例子。但不管是哪个专业范围内的问题,都可以按照如下的方法和步骤来建立相应的优化设计问题的数学模型。

(1) 根据设计要求,应用专业范围内的现行理论和经验等,对优化对象进行分析。必要时,需要对传统设计中的公式进行改进,并尽可能反映该专业范围内的现代技术进步的成果。

(2) 对结构诸参数进行分析,以确定设计的原始参数、设计常数和设计变量(说明见6.1.2节)。

(3) 根据设计要求,确定并构造目标函数和相应的约束条件,有时要构造多个目标函数。

(4) 必要时对数学模型进行规范化,以消除诸组成项间由于量纲不同等原因导致的数量悬殊的影响。

有时不了解结构(或系统)的内部特性,则可建立黑箱模型。

6.1.2 优化设计问题的数学模型

1. 设计变量

一个设计方案可以用一组基本参数的数值来表示。这些基本参数可以是构件长度、截面尺寸、某些点的坐标值等几何量,也可以是质量、惯性矩、力或力矩等物理量,还可以是应力、变形、固有频率、效率等代表工作性能的导出量。但是,对某个具体的优化设计问题,并不是要求对所有的基本参数都用优化方法进行修改调整。例如,对某个机械结构进行优化设计,一些工艺、结构布置等方面的参数,或者某些工作性能的参数,可以根据已有的经验预先取为定值。这样,对这个设计方案来说,它们就成为设计常数。而除此之外的基本参数,则需要在优化设计过程中不断进行修改、调整,一直处于变化的状态,这些基本参数称为设计变量,又称为优化参数。

设计变量的全体实际上是一组变量,可用一个列向量表示

$$\boldsymbol{x}=[x_{1}\quad x_{2}\quad \cdots\quad x_{n}]^{\mathrm{T}}$$

称为设计变量向量。向量中分量的次序完全是任意的,可以根据使用的方便任意选取。这些设计分量可以是一些结构尺寸参数,也可以是一些化学元素的含量或电路参数等。一旦规定了这样一种向量的组成,则其中任意一个特定的向量都可以说是一个"设计"。由 n 个设计变量为坐标所组成的实空间称为设计空间。一个"设计",可用设计空间中的一点表示,此点可看成是设计变量向量的端点(始点取在坐标原点),称为设计点。

2. 约束条件

设计空间是所有设计方案的集合,但这些设计方案有些是工程上所不能接受的(如面积取负值等)。如果一个设计满足所有对它提出的要求,就称为可行(或可接受)设计,反之则

称为不可行(或不可接受)设计。

一个可行设计必须满足某些设计限制条件,这些限制条件称为约束条件,简称约束。在工程问题中,根据约束的性质可以把它们区分成性能约束和侧面约束两大类。针对性能要求而提出的限制条件称为性能约束。例如,选择某些结构必须满足受力的强度、刚度或稳定性等要求,桁架某点变形不超过给定值。不是针对性能要求,只是对设计变量的取值范围加以限制的约束称为侧面约束。例如,允许选择的尺寸范围,桁架的高在其上下限范围之间的要求就属于侧面约束。侧面约束也称为边界约束。

约束又可按其数学表达形式分成等式约束和不等式约束两种类型。等式约束

$$h(\boldsymbol{x})=0$$

要求设计点在 n 维设计空间的约束曲面上,不等式约束

$$g(\boldsymbol{x})\leqslant 0$$

要求设计点在设计空间中约束曲面 $g(\boldsymbol{x})=0$ 的一侧(包括曲面本身)。所以,约束是对设计点在设计空间中的活动范围所加的限制。凡满足所有约束条件的设计点,它在设计空间中的活动范围称为可行域。如满足不等式约束

$$g_j(\boldsymbol{x})\leqslant 0 \quad (j=1,2,\cdots,m)$$

的设计点活动范围,它是由 m 个约束曲面

$$g_j(\boldsymbol{x})=0 \quad (j=1,2,\cdots,m)$$

所形成的n维子空间(包括边界)。满足两个或更多个 $g_j(\boldsymbol{x})=0$ 点的集合称为交集。在三维空间中两个约束的交集是一条空间曲线,三个约束的交集是一个点。在n维空间中r个不同约束的交集的维数是$(n-r)$的子空间。等式约束 $h(\boldsymbol{x})=0$ 可看成是同时满足 $h(\boldsymbol{x})\leqslant 0$ 和 $h(\boldsymbol{x})\geqslant 0$ 两个不等式的约束,代表 $h(\boldsymbol{x})=0$ 曲面。

约束函数有的可以表示成显式形式,即反映设计变量之间明显的函数关系,如例 6.1 中的约束条件,这类约束称为显式约束。有的只能表示成隐式形式,如例 6.3 中的复杂结构的性能约束函数(变形、应力、频率等),需要通过有限元法或动力学计算求得,机构的运动误差要用数值积分来计算,这类约束称为隐式约束。

3. 目标函数

在所有的可行设计中,有些设计比另一些要好些,如果确实是这样,则“较好”的设计比“较差”的设计必定具备某些更好的性质。倘若这种性质可以表示成设计变量的一个可计算函数,则我们就可以考虑优化这个函数,以得到“更好”的设计。这个用来使设计得以优化的函数称为目标函数。用它可以评价设计方案的好坏,所以它又被称为评价函数,记为 $f(\boldsymbol{x})$,用以强调它对设计变量的依赖性。目标函数可以是结构质量、体积、功耗、产量、成本或其他性能指标(如变形、应力等)和经济指标等。

建立目标函数是整个优化设计过程中比较重要的问题。当对某一个性能有特定的要求,而这个要求又很难满足时,则若针对这一性能进行优化将会取得满意的效果。但在某些设计问题中,可能存在两个或两个以上需要优化的指标,这将是多目标函数的问题。例如,设计一台机器,期望得到最低的造价和最少的维修费用。

目标函数是 n 维变量的函数,它的函数图像只能在 $n+1$ 维空间中描述出来。为了在 n 维设计空间中反映目标函数的变化情况,常采用目标函数等值面的方法。目标函数等值面的数学表达式为

$$f(\boldsymbol{x})=c \tag{6.9}$$

(c 为一系列常数)代表一族 n 维超曲面。如在二维设计空间中 $f(x_1,x_2)=c$,代表 x_1-x_2 设计平面上的一族曲线。

4. 优化问题的数学模型

优化问题的数学模型是实际优化设计问题的数学抽象。在明确设计变量、约束条件、目标函数之后,就可以将优化设计问题表示成一般数学形式。

求设计变量向量 $\boldsymbol{x}=[x_1 \quad x_2 \quad \cdots \quad x_n]^{\mathrm{T}}$ 使

$$f(\boldsymbol{x}) \to \min$$

且满足约束条件

$$h_k(\boldsymbol{x})=0 \quad (k=1,2,\cdots,l) \tag{6.10}$$
$$g_j(\boldsymbol{x}) \leqslant 0 \quad (j=1,2,\cdots,m)$$

利用可行域概念,可将数学模型的表达进一步简化。设同时满足 $g_j(\boldsymbol{x}) \leqslant 0(j=1,2,\cdots,m)$ 和 $h_k(\boldsymbol{x})=0(k=1,2,\cdots,l)$ 的设计点集合为 R,即 R 为优化问题的可行域,则优化问题的数学模型可简练地写成:

求 x 使

$$\min_{x\in R} f(\boldsymbol{x}) \tag{6.11}$$

符号 $\in$ 表示“从属于”。

在实际优化问题中,对目标函数一般有两种要求形式:目标函数极小化 $f(\boldsymbol{x}) \to \min$ 或目标函数极大化 $f(\boldsymbol{x}) \to \max$。由于求 $f(\boldsymbol{x})$ 的极大化与求 $-f(\boldsymbol{x})$ 极小化等价,所以今后优化问题的数学表达一律采用目标函数极小化形式。

可以从不同的角度对优化问题进行分类。例如,按其有无约束条件分成无约束优化问题和约束优化问题。也可以按约束函数和目标函数是否同时为线性函数,分成线性规划问题和非线性规划问题。如某些生产计划安排问题的目标函数和约束条件都是线性的,属于线性规划问题;而当目标函数或约束条件中有一个是非线性时,就属于非线性规划问题。还可以按问题规模的大小进行分类,例如,设计变量和约束条件的个数都在 50 以上的属大型,10 以下的属小型,10 ~ 50 属中型。随着计算机容量的增大和运算速度的提高,划分界限将会有所变动。

5. 优化问题的几何解释

无约束优化问题就是在没有限制的条件下,对设计变量求目标函数的极小点。在设计空间内,目标函数是以等值面的形式反映出来的,则无约束优化问题的极小点即为等值面的中心。

约束优化问题是在可行域内对设计变量求目标函数的极小点,此极小点在可行域内或在可行域边界上。用图 6.4 可以说明有约束的二维优化问题极值点所处位置的不同情况。图 6.4(a) 是约束函数和目标函数均为线性函数的情况,等值线为直线,可行域为 n 条直线围成的多角形,则极值点处于多角形的某一顶点上。图 6.4(b) 是约束函数和目标函数均为非线性函数的情况,极值点位于可行域内等值线的中心处,约束对极值点的选取无影响,这时的约束为不起作用约束,约束极值点和无约束极值点相同。图 6.4(c)、(d) 均为约束优化问题极值点处于可行域边界的情况,约束对极值点的位置影响很大。图 6.4(c) 中的约束 $g_1(\boldsymbol{x})=0$ 在极值点处是起作用约束,图 6.4(d) 中的约束 $g_2(\boldsymbol{x})=0$ 在极值点处是起作用约束，而图 6.4(e) 中的约束 $g_1(\boldsymbol{x})=0$ 和 $g_2(\boldsymbol{x})=0$ 同时在极值点处为起作用约束。多维问题最优解的几何解释可借助于二维问题进行想象。

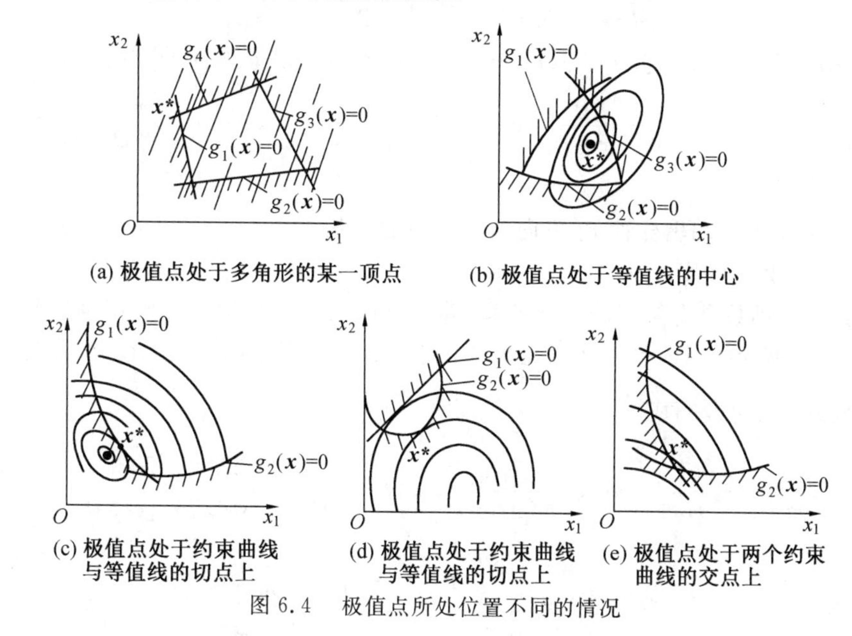

(a) 极值点处于多角形的某一顶点 (b) 极值点处于等值线的中心

(c) 极值点处于约束曲线与等值线的切点上 (d) 极值点处于约束曲线与等值线的切点上 (e) 极值点处于两个约束曲线的交点上

图 6.4 极值点所处位置不同的情况

6.1.3 优化设计问题的极值条件

在机械优化设计问题示例中，我们可以看到，机械优化设计问题一般是非线性规划问题，实质上是多元非线性函数的极小化问题。由此可见，机械优化设计是建立在多元函数的极值理论基础上的。无约束优化问题就是数学上的无条件极值问题，而约束优化问题则是数学上的条件极值问题。微分学中所研究的极值问题仅限于等式条件极值，很少涉及优化设计中经常出现的不等式条件极值。为了便于学习以后各章所列举的优化方法，有必要先对极值理论做概略介绍，重点讨论等式约束优化问题的极值条件和不等式约束优化问题的极值条件。

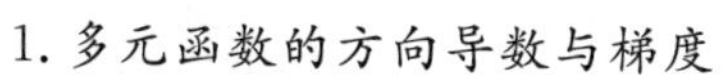

1. 多元函数的方向导数与梯度

(1) 方向导数。

二元函数 $f(x_1,x_2)$ 在 $\boldsymbol{x}_0(x_{10},x_{20})$ 点处沿某一方向 $\boldsymbol{d}$ 的变化率如图 6.5 所示，其定义应为

$$\left.\frac{\partial f}{\partial \boldsymbol{d}}\right|_{x_0}=\lim_{\Delta d\to 0}\frac{f(x_{10}+\Delta x_1,x_{20}+\Delta x_2)-f(x_{10},x_{20})}{\Delta \boldsymbol{d}}$$

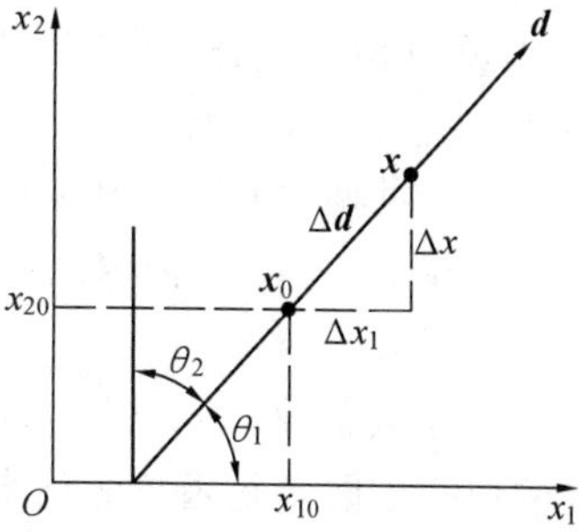

图 6.5 二维空间中的方向

称它为该函数沿此方向的方向导数。据此，偏导数 $\left.\frac{\partial f}{\partial x_1}\right|_{x_0}$、$\left.\frac{\partial f}{\partial x_2}\right|_{x_0}$ 也可看成是函数 $f(x_1,x_2)$ 分别沿 x_1、x_2 坐标轴方向的方向导数。所以方向导数是偏导数概念的推广，偏导数是方向导数的特例。

方向导数与偏导数之间的数量关系是

$$\left.\frac{\partial f}{\partial \boldsymbol{d}}\right|_{x_0}=\left.\frac{\partial f}{\partial x_1}\right|_{x_0}\cos\theta_1+\left.\frac{\partial f}{\partial x_2}\right|_{x_0}\cos\theta_2$$

依此类推，即可得到 n 元函数 $f(x_1,x_2,\cdots,x_n)$ 在 $\boldsymbol{x}_0$ 点处沿 $\boldsymbol{d}$ 方向的方向导数为

$$\left.\frac{\partial f}{\partial \boldsymbol{d}}\right|_{x_0}=\left.\frac{\partial f}{\partial x_1}\right|_{x_0}\cos\theta_1+\left.\frac{\partial f}{\partial x_2}\right|_{x_0}\cos\theta_2+\cdots+\left.\frac{\partial f}{\partial x_n}\right|_{x_0}\cos\theta_n=\sum_{i=1}^{n}\left.\frac{\partial f}{\partial x_i}\right|_{x_0}\cos\theta_i \tag{6.12}$$

式中，$\cos\theta_i$ 为 $\boldsymbol{d}$ 方向和坐标轴 x_i 方向之间夹角的余弦。

(2) 二元函数的梯度。

考虑到二元函数具有鲜明的几何解释，并且可以象征性地把这样解释推广到多元函数中去，所以梯度概念的引入也先从二元函数入手。二元函数 $f(x_1,x_2)$ 在 $\boldsymbol{x}_0$ 点处的方向导数$\left.\frac{\partial f}{\partial \boldsymbol{d}}\right|_{x_0}$ 的表达式可改写成

$$\left.\frac{\partial f}{\partial \boldsymbol{d}}\right|_{x_0}=\left.\frac{\partial f}{\partial x_1}\right|_{x_0}\cos\theta_1+\left.\frac{\partial f}{\partial x_2}\right|_{x_0}\cos\theta_2=\begin{bmatrix}\frac{\partial f}{\partial x_1} & \frac{\partial f}{\partial x_2}\end{bmatrix}_{x_0}\begin{bmatrix}\cos\theta_1\\ \cos\theta_2\end{bmatrix}$$

令

$$\nabla f(\boldsymbol{x}_0)\equiv\begin{bmatrix}\frac{\partial f}{\partial x_1}\\ \frac{\partial f}{\partial x_2}\end{bmatrix}_{x_0}=\begin{bmatrix}\frac{\partial f}{\partial x_1} & \frac{\partial f}{\partial x_2}\end{bmatrix}_{x_0}^{\mathrm{T}}$$

并称它为函数 $f(x_1,x_2)$ 在 $\boldsymbol{x}_0$ 点处的梯度。

设

$$\boldsymbol{d}\equiv\begin{bmatrix}\cos\theta_1\\ \cos\theta_2\end{bmatrix}$$

为 $\boldsymbol{d}$ 方向单位向量，则有

$$\left.\frac{\partial f}{\partial \boldsymbol{d}}\right|_{x_0}=\nabla f(\boldsymbol{x}_0)^{\mathrm{T}}\boldsymbol{d}=\|\nabla f(\boldsymbol{x}_0)\|\cos(\nabla f,\boldsymbol{d}) \tag{6.13}$$

在 $\boldsymbol{x}_0$ 点处函数沿各方向的方向导数是不同的，它随 $\cos(\nabla f,\boldsymbol{d})$ 变化，即随所取方向的不同而变化。其最大值发生在 $\cos(\nabla f,\boldsymbol{d})$ 取值为 1 时，也就是当梯度方向和 $\boldsymbol{d}$ 方向重合时其值最大。可见梯度方向是函数值变化最快的方向，而梯度的模就是函数变化率的最大值。

当在 x_1-x_2 平面内画出 $f(x_1,x_2)$ 的等值线

$$f(x_1,x_2)=c$$

(c 为一系列常数)时，从图 6.6 可以看出，在 $\boldsymbol{x}_0$ 处等值线的切线方向 $\boldsymbol{d}$ 是函数变化率为零的方向，即有

$$\left.\frac{\partial f}{\partial \boldsymbol{d}}\right|_{x_0}=\|\nabla f(\boldsymbol{x}_0)\|\cos(\nabla f,\boldsymbol{d})=0$$

所以 $\cos(\nabla f,\boldsymbol{d})=0$

可知梯度 $\nabla f(\boldsymbol{x}_0)$ 和切线方向 $\boldsymbol{d}$ 垂直，从而推得梯度方向为等值面的法线方向。梯度 $\nabla f(\boldsymbol{x}_0)$ 方向为函数变化率最大方向，也就是最速上升方向。负梯度 $-\nabla f(\boldsymbol{x}_0)$ 方向为函数变化率取最小值方向，即最速下降方向。与梯度成锐角的方向为函数上升方向，与负

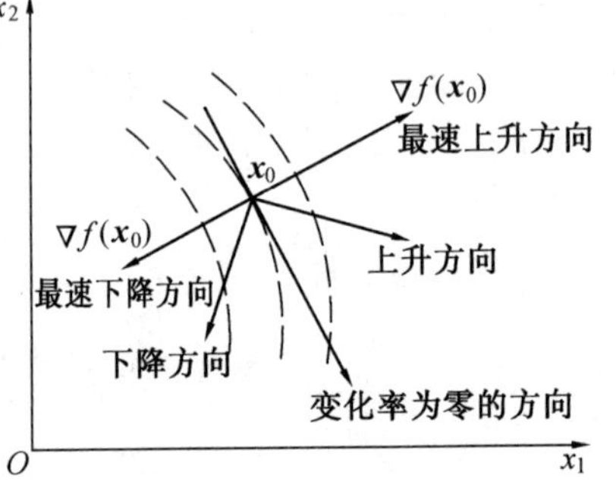

图 6.6 梯度方向与等值线的关系

梯度成锐角的方向为函数下降方向。

(3) 多元函数的梯度。

将二元函数推广到多元函数，则对于函数 $f(x_1,x_2,\cdots,x_n)$ 在 $x_0(x_{10},x_{20},\cdots,x_{n0})$ 处的梯度 $\nabla f(\boldsymbol{x}_0)$，可定义为

$$\nabla f(\boldsymbol{x}_0) \equiv \begin{Bmatrix} \dfrac{\partial f}{\partial x_1} \\ \dfrac{\partial f}{\partial x_2} \\ \vdots \\ \dfrac{\partial f}{\partial x_n} \end{Bmatrix}_{\boldsymbol{x}_0} = \left[\frac{\partial f}{\partial x_1} \quad \frac{\partial f}{\partial x_2} \quad \cdots \quad \frac{\partial f}{\partial x_n}\right]^{\mathrm{T}}_{\boldsymbol{x}_0}$$

对于 $f(x_1,x_2,\cdots,x_n)$ 在 $\boldsymbol{x}_0$ 处沿 $\boldsymbol{d}$ 的方向导数可表示为

$$\left.\frac{\partial f}{\partial \boldsymbol{d}}\right|_{\boldsymbol{x}_0} = \sum_{i=1}^{n} \left.\frac{\partial f}{\partial x_i}\right|_{\boldsymbol{x}_0} \cos\theta_i = \nabla f(\boldsymbol{x}_0)^{\mathrm{T}}\boldsymbol{d} = \|\nabla f(\boldsymbol{x}_0)\| \cos(\nabla f, \boldsymbol{d}) \tag{6.14}$$

函数的梯度方向与函数等值面 $f(\boldsymbol{x})=c$ 相垂直，也就是和等值面上过 $\boldsymbol{x}_0$ 的一切曲线相垂直，如图6.7所示。

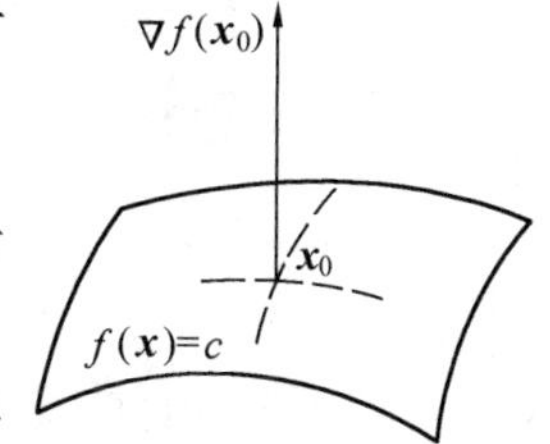

图6.7　梯度方向与等值面的关系

2. 多元函数的泰勒展开

多元函数的泰勒(Taylor)展开在优化方法中十分重要，许多方法及其收敛性证明都是从它出发的。

二元函数 $f(x_1,x_2)$ 在 $\boldsymbol{x}_0(x_{10},x_{20})$ 点处的泰勒展开式为(推导从略)

$$f(\boldsymbol{x}) = f(\boldsymbol{x}_0) + \nabla f(\boldsymbol{x}_0)^{\mathrm{T}}\Delta\boldsymbol{x} + \frac{1}{2}\Delta\boldsymbol{x}^{\mathrm{T}}\boldsymbol{G}(\boldsymbol{x}_0)\Delta\boldsymbol{x} + \cdots \tag{6.15}$$

其中
$$\boldsymbol{G}(\boldsymbol{x}_0) \equiv \begin{bmatrix} \dfrac{\partial^2 f}{\partial x_1^2} & \dfrac{\partial^2 f}{\partial x_1 \partial x_2} \\ \dfrac{\partial^2 f}{\partial x_2 \partial x_1} & \dfrac{\partial^2 f}{\partial x_2^2} \end{bmatrix}, \quad \Delta\boldsymbol{x} \equiv \begin{Bmatrix} \Delta x_1 \\ \Delta x_1 \end{Bmatrix}$$

$\boldsymbol{G}(\boldsymbol{x}_0)$ 称为函数 $f(x_1,x_2)$ 在 $\boldsymbol{x}_0$ 点处的海赛(Hessian)矩阵，它是由函数 $f(x_1,x_2)$ 在 $\boldsymbol{x}_0$ 处的二阶偏导数所组成的对称方阵。

将二元函数的泰勒展开推广到多元函数时，则 $f(x_1,x_2,\cdots,x_n)$ 在 $\boldsymbol{x}_0$ 点处泰勒展开式的矩阵形式为

$$f(\boldsymbol{x}) = f(\boldsymbol{x}_0) = + \nabla f(\boldsymbol{x}_0)^{\mathrm{T}}\Delta\boldsymbol{x} + \frac{1}{2}\Delta x^{\mathrm{T}}\boldsymbol{G}(\boldsymbol{x}_0)\Delta\boldsymbol{x} + \cdots$$

其中

$$\nabla f(\boldsymbol{x}_0) = \left[\frac{\partial f}{\partial x_1} \quad \frac{\partial f}{\partial x_2} \quad \cdots \quad \frac{\partial f}{\partial x_n}\right]^{\mathrm{T}}_{\boldsymbol{x}_0}$$

为函数 $f(\boldsymbol{x})$ 在 $\boldsymbol{x}_0$ 点处的梯度；

$$G(\boldsymbol{x}_0)=\begin{bmatrix}\dfrac{\partial^2 f}{\partial x_1^2} & \dfrac{\partial^2 f}{\partial x_1\partial x_2} & \cdots & \dfrac{\partial^2 f}{\partial x_1\partial x_n}\\ \dfrac{\partial^2 f}{\partial x_2\partial x_1} & \dfrac{\partial^2 f}{\partial x_2^2} & \cdots & \dfrac{\partial^2 f}{\partial x_2\partial x_n}\\ \vdots & \vdots & & \vdots\\ \dfrac{\partial^2 f}{\partial x_n\partial x_1} & \dfrac{\partial^2 f}{\partial x_n\partial x_2} & \cdots & \dfrac{\partial^2 f}{\partial x_n^2}\end{bmatrix}_{\boldsymbol{x}_0} \tag{6.16}$$

为函数 $f(\boldsymbol{x})$ 在 $\boldsymbol{x}_0$ 点处的海赛矩阵。

在优化计算中，当某点附近的函数值采用泰勒展开式做近似表达时，研究该点邻域的极值问题需要分析二次型函数是否正定。当对任何非零向量 $\boldsymbol{x}$ 使

$$f(\boldsymbol{x})=\boldsymbol{x}^{\mathrm{T}}\boldsymbol{G}\boldsymbol{x}>0$$

即二次型函数正定，$\boldsymbol{G}$ 为正定矩阵。

3. 无约束优化问题的极值条件

无约束优化问题是使目标函数取得极小值，所谓极值条件就是指目标函数取得极小值时极值点所应满足的条件。

对于二元函数 $f(x_1,x_2)$，若在 $\boldsymbol{x}_0(x_{10},x_{20})$ 点处取得极值，其必要条件是

$$\left.\frac{\partial f}{\partial x_1}\right|_{\boldsymbol{x}_0}=\left.\frac{\partial f}{\partial x_2}\right|_{\boldsymbol{x}_0}=0$$

即

$$\nabla f(\boldsymbol{x}_0)=\boldsymbol{0}\text{（黑体字“}\boldsymbol{0}\text{”代表零向量）}$$

为了判断从上述必要条件求得的 $\boldsymbol{x}_0$ 是否是极值点，需要建立极值的充分条件。根据二元函数 $f(x_1,x_2)$ 在 $\boldsymbol{x}_0$ 点处的泰勒展开式，考虑上述极值必要条件，经过分析可得相应的充分条件为

$$\left.\frac{\partial f}{\partial x_1^2}\right|_{\boldsymbol{x}_0}>0$$

$$\left[\frac{\partial^2 f}{\partial x_1^2}\frac{\partial^2 f}{\partial x_2^2}-\left(\frac{\partial^2 f}{\partial x_1\partial x_2}\right)^2\right]_{\boldsymbol{x}_0}>0$$

此条件反映了 $f(x_1,x_2)$ 在 $\boldsymbol{x}_0$ 点处的海赛矩阵 $\boldsymbol{G}(\boldsymbol{x}_0)$ 的各阶主子式均大于零，即

$$\left.\frac{\partial f}{\partial x_1^2}\right|_{\boldsymbol{x}_0}>0$$

$$|\boldsymbol{G}(\boldsymbol{x}_0)|=\begin{vmatrix}\dfrac{\partial^2 f}{\partial x_1^2} & \dfrac{\partial^2 f}{\partial x_1\partial x_2}\\ \dfrac{\partial^2 f}{\partial x_2\partial x_1} & \dfrac{\partial^2 f}{\partial x_2^2}\end{vmatrix}_{\boldsymbol{x}_0}>0$$

所以，二元函数在某点处取得极值的充分条件是要求在该点处的海赛矩阵为正定。

对于多元函数 $f(x_1,x_2,\cdots,x_n)$，若在 $\boldsymbol{x}^*$ 点处取得极值，则极值的必要条件为

$$\nabla f(\boldsymbol{x}^*)=\begin{bmatrix}\dfrac{\partial f}{\partial x_1} & \dfrac{\partial f}{\partial x_2} & \cdots & \dfrac{\partial f}{\partial x_n}\end{bmatrix}_{\boldsymbol{x}^*}^{\mathrm{T}}=\boldsymbol{0} \tag{6.17}$$

极值的充分条件为

$$G(\boldsymbol{x}^*)=\begin{bmatrix}\frac{\partial^2 f}{\partial x_1^2} & \frac{\partial^2 f}{\partial x_1\partial x_2} & \cdots & \frac{\partial^2 f}{\partial x_1\partial x_n}\\ \frac{\partial^2 f}{\partial x_2\partial x_1} & \frac{\partial^2 f}{\partial x_2^2} & \cdots & \frac{\partial^2 f}{\partial x_2\partial x_n}\\ \vdots & \vdots & & \vdots\\ \frac{\partial^2 f}{\partial x_n\partial x_1} & \frac{\partial^2 f}{\partial x_n\partial x_2} & \cdots & \frac{\partial^2 f}{\partial x_n^2}\end{bmatrix}_{\boldsymbol{x}^*} \text{正定} \tag{6.18}$$

即要求 $G(\boldsymbol{x}^*)$ 的各阶主子式均大于零。

一般说来,多元函数的极值条件在优化方法中仅具有理论意义。因为对于复杂的目标函数,海赛矩阵不易求得,它的正定性就更难判定了。

4. 等式约束优化问题的极值条件

求解等式约束优化问题

$$\min f(\boldsymbol{x})$$

$$\text{s.t.} \quad h_k(\boldsymbol{x})=0 \quad (k=1,2,\cdots,m)$$

需要导出极值存在的条件,这是求解等式约束优化问题的理论基础。对这一问题在数学上有两种处理方法:消元法(降维法)和拉格朗日乘子法(升维法),现分别予以介绍。

(1) 消元法。

对于 n 维情况

$$\min f(x_1,x_2,\cdots,x_n)$$

$$\text{s.t.} \quad h_k(x_1,x_2,\cdots,x_n)=0 \quad (k=1,2,\cdots,l)$$

由 l 个约束方程将 n 个变量中的前 l 个变量用其余 $(n-l)$ 个变量表示,即有

$$\begin{aligned}x_1&=\varphi_1(x_{l+1},x_{l+2},\cdots,x_n)\\x_2&=\varphi_2(x_{l+1},x_{l+2},\cdots,x_n)\\&\vdots\\x_l&=\varphi_l(x_{l+1},x_{l+2},\cdots,x_n)\end{aligned}$$

将这些函数关系代入到目标函数中,从而得到只含 $x_{l+1},x_{l+2},\cdots,x_n$ 共 $(n-l)$ 个变量的函数 $F(x_{l+1},x_{l+2},\cdots,x_n)$,这样就可以利用无约束优化问题的极值条件求解。

消元法虽然看起来很简单,但实际求解困难却很大。因为将 l 个约束方程联立往往求不出解来。即便能求出解,当把它们代入目标函数之后,也会因函数十分复杂而难于处理。所以这种方法作为一种分析方法实用意义不大,而对某些数值迭代方法来说,却有很大的启发意义。

(2) 拉格朗日乘子法。

拉格朗日乘子法是求解等式约束优化问题的另一种经典方法,它是通过增加变量将等式约束优化问题变成无约束优化问题,所以又称为升维法。

对于具有 l 个等式约束的 n 维优化问题

$$\min f(\boldsymbol{x})$$

$$\text{s.t.} \quad h_k(\boldsymbol{x})=0 \quad (k=1,2,\cdots,l)$$

在极值点 $\boldsymbol{x}^*$ 处有

$$\mathrm{d}f(\boldsymbol{x}^*)=\sum_{i=1}^{n}\frac{\partial f}{\partial x_i}\mathrm{d}x_i=\nabla f(\boldsymbol{x}^*)\mathrm{d}\boldsymbol{x}=0$$

$$\mathrm{d}h_k(\boldsymbol{x}^*)=\sum_{i=1}^{n}\frac{\partial h_k}{\partial x_i}\mathrm{d}x_i=\nabla h_k(\boldsymbol{x}^*)\mathrm{d}\boldsymbol{x}=0$$

$$\sum_{i=1}^{n}\left(\frac{\partial f}{\partial x_i}+\lambda_1\frac{\partial h_1}{\partial x_i}+\lambda_2\frac{\partial h_2}{\partial x_i}+\cdots+\lambda_l\frac{\partial h_l}{\partial x_i}\right)\mathrm{d}x_i=0 \tag{6.19}$$

可以通过其中的 l 个方程

$$\frac{\partial f}{\partial x_i}+\lambda_1\frac{\partial h_1}{\partial x_i}+\lambda_2\frac{\partial h_2}{\partial x_i}+\cdots+\lambda_l\frac{\partial h_l}{\partial x_i}=0 \tag{6.20}$$

来求解 l 个 $\lambda_1,\lambda_2,\cdots,\lambda_l$，使得 l 个变量的微分 $\mathrm{d}x_1,\mathrm{d}x_2,\cdots,\mathrm{d}x_l$ 的系数为零。这样，式(6.19)的等号左边就只剩下$(n-l)$ 个变量的微分 $\mathrm{d}x_{l+1},\mathrm{d}x_{l+2},\cdots,\mathrm{d}x_n$ 的项，即它变成

$$\sum_{j=l+1}^{n}\left(\frac{\partial f}{\partial x_j}+\lambda_1\frac{\partial h_1}{\partial x_j}+\lambda_2\frac{\partial h_2}{\partial x_j}+\cdots+\lambda_l\frac{\partial h_l}{\partial x_j}\right)\mathrm{d}x_j=0 \tag{6.21}$$

但 $\mathrm{d}x_{l+1},\mathrm{d}x_{l+2},\cdots,\mathrm{d}x_n$ 应是任意的量，则应有

$$\frac{\partial f}{\partial x_j}+\lambda_1\frac{\partial h_1}{\partial x_j}+\lambda_2\frac{\partial h_2}{\partial x_j}+\cdots+\lambda_l\frac{\partial h_l}{\partial x_j}=0\quad(j=l+1,l+2,\cdots,n) \tag{6.22}$$

式(6.20)和式(6.22)及等式约束 $h_k(\boldsymbol{x})(k=1,2,\cdots,l)$ 就是点 $\boldsymbol{x}$ 达到约束极值的必要条件。

式(6.20)和式(6.22)可以合并写成

$$\frac{\partial f}{\partial x_i}+\lambda_1\frac{\partial h_1}{\partial x_i}+\lambda_2\frac{\partial h_2}{\partial x_i}+\cdots+\lambda_l\frac{\partial h_l}{\partial x_i}=0\quad(i=1,2,\cdots,n) \tag{6.23}$$

把原来的目标函数 $f(\boldsymbol{x})$ 改造成为如下形式的新的目标函数：

$$F(\boldsymbol{x},\boldsymbol{\lambda})=f(\boldsymbol{x})+\sum_{k=1}^{l}\lambda_k h_k(\boldsymbol{x}) \tag{6.24}$$

式中，$h_k(\boldsymbol{x})$ 是原目标函数 $f(\boldsymbol{x})$ 的等式约束条件；待定系数 λ_k 称为拉格朗日乘子；$F(\boldsymbol{x},\boldsymbol{\lambda})$ 称为拉格朗日函数。这样，拉格朗日乘子法可以叙述如下：

把 $F(\boldsymbol{x},\boldsymbol{\lambda})$ 作为一个新的无约束条件的目标函数来求解它的极值点，所得结果就是在满足约束条件 $h_k(\boldsymbol{x})=0(k=1,2,\cdots,l)$ 的原目标函数 $f(\boldsymbol{x})$ 的极值点。由 $F(\boldsymbol{x},\boldsymbol{\lambda})$ 具有极值的必要条件

$$\frac{\partial F}{\partial x_i}=0\quad(i=1,2,\cdots,n)$$

$$\frac{\partial F}{\partial \lambda_k}=h_k(\boldsymbol{x})=0\quad(k=1,2,\cdots,l)$$

可得 $l+n$ 个方程，从而解得 $\boldsymbol{x}=[x_1\quad x_2\quad\cdots\quad x_n]^{\mathrm{T}}$ 和 $\lambda_k(k=1,2,\cdots,l)$ 共 $l+n$ 个未知变量的值。由上述方程组求得的 $\boldsymbol{x}^*=[x_1^*\quad x_2^*\quad\cdots\quad x_n^*]^{\mathrm{T}}$ 是函数 $f(\boldsymbol{x})$ 极值点的坐标值。

按照式(6.23)给出的条件，拉格朗日乘子法也可以用另一种方式表示为

$$\nabla F=\nabla f(\boldsymbol{x}^*)+\boldsymbol{\lambda}^{\mathrm{T}}\nabla h(\boldsymbol{x}^*)=\boldsymbol{0} \tag{6.25}$$

式中，$\boldsymbol{\lambda}^{\mathrm{T}}=[\lambda_1\quad\lambda_2\quad\cdots\quad\lambda_l]$。

$$\nabla h(\boldsymbol{x}^*)^{\mathrm{T}}=[\nabla h_1(\boldsymbol{x}^*)\quad\nabla h_2(\boldsymbol{x}^*)\quad\cdots\quad\nabla h_l(\boldsymbol{x}^*)]$$

例 6.5 用拉格朗日乘子法计算在约束条件 $h(x_1,x_2)=2x_1+3x_2-6=0$ 的情况下，目标函数 $f(x_1,x_2)=4x_1^2+5x_2^2$ 的极值点坐标。

改造的目标函数是 $F(\boldsymbol{x},\lambda)=4x_1^2+5x_2^2+\lambda(2x_1+3x_2-6)$，则由$\dfrac{\partial F}{\partial x_1}$和$\dfrac{\partial F}{\partial x_2}$等于零，两

式解得极值点坐标是

$$x_1=-\frac{1}{4}\lambda,\quad x_2=-\frac{3}{10}\lambda$$

把它们代入$\frac{\partial F}{\partial\lambda}=0$(即约束条件 $2x_1+3x_2-6=0$) 中去，得 $\lambda=-\frac{30}{7}$，即极值点 $\boldsymbol{x}^*$ 坐标是 $x_1^*=1.071$，$x_2^*=1.286$。

5. 不等式约束优化问题的极值条件

在工程上大多数优化问题都可表示为具有不等式约束条件的优化问题。因此研究不等式约束极值条件是很有意义的。受到不等式约束的多元函数极值的必要条件是著名的库恩－塔克(Kuhn－Tucker) 条件，它是非线性优化问题的重要理论。下面是库恩－塔克条件。对于多元函数不等式的约束优化问题

$$\min f(\boldsymbol{x})$$

s. t. $$g_j(\boldsymbol{x})\leqslant 0\quad (j=1,2,\cdots,m)$$

(其中设计变量向量 $\boldsymbol{x}=[x_1\quad x_2\quad\cdots\quad x_i\quad\cdots\quad x_n]^{\mathrm{T}}$ 为 n 维向量，它受有 m 个不等式约束的限制) 同样可以应用拉格朗日乘子法推导出相应的极值条件。为此，需要引入 m 个松弛变量$\bar{\boldsymbol{x}}=[x_{n+1}\quad x_{n+2}\quad\cdots\quad x_{n+m}]^{\mathrm{T}}$，使不等式约束 $g_j(\boldsymbol{x})\leqslant 0(j=1,2,\cdots,m)$ 变成等式约束 $g_j(\boldsymbol{x})+x_{n+j}^2=0(j=1,2,\cdots,m)$，从而组成相应的拉格朗日函数。

$$F(\boldsymbol{x},\bar{\boldsymbol{x}},\boldsymbol{\mu})=f(\boldsymbol{x})+\sum_{j=1}^{m}\mu_j(g_j(\boldsymbol{x})+x_{n+j}^2)\tag{6.26}$$

式中，μ 是对应于不等式约束的拉格朗日乘子向量，$\mu=[\mu_1\quad\mu_2\quad\cdots\quad\mu_j\quad\cdots\quad\mu_m]^{\mathrm{T}}$，并有非负的要求，即 $\mu\geqslant 0$。

根据无约束极值条件，可以得到具有不等式约束多元函数极值条件

$$\left.\begin{aligned}&\frac{\partial f(\boldsymbol{x}^*)}{\partial x_i}+\sum_{j=1}^{m}\mu_j\frac{\partial g_j(\boldsymbol{x}^*)}{\partial x_i}=0\quad (i=1,2,\cdots,n)\\&\mu_j g_j(\boldsymbol{x}^*)=0\quad (j=1,2,\cdots,m)\\&\mu_j\geqslant 0\quad (j=1,2,\cdots,m)\end{aligned}\right\}\tag{6.27}$$

这就是著名的库恩－塔克条件。

若引入起作用约束的下标集合

$$J(\boldsymbol{x}^*)=\{j\mid g_j(\boldsymbol{x}^*)=0,j=1,2,\cdots,m\}$$

库恩－塔克条件又可写成

$$\left.\begin{aligned}&\frac{\partial f(\boldsymbol{x}^*)}{\partial x_i}+\sum_{j\in J}^{m}\mu_j\frac{\partial g_j(\boldsymbol{x}^*)}{\partial x_i}=0\quad (i=1,2,\cdots,n)\\&g_j(\boldsymbol{x}^*)=0\quad (j\in J)\\&\mu_j\geqslant 0\quad (j\in J)\end{aligned}\right\}\tag{6.28}$$

将上式偏微分形式表示为梯度形式，得

$$\nabla f(\boldsymbol{x}^*)+\sum_{j\in J}^{m}\mu_j\nabla g_j(\boldsymbol{x}^*)=0\tag{6.29}$$

或 $$-\nabla f(\boldsymbol{x}^*)=\sum_{j\in J}\mu_j\nabla g_i(\boldsymbol{x}^*)$$

它表明库恩－塔克条件的几何意义是，在约束极小值点 $\boldsymbol{x}^*$ 处，函数 $f(\boldsymbol{x})$ 的负梯度一

定能表示成所有起作用约束在该点梯度(法向量)的非负线性组合。

下面以二维问题为例,说明其几何意义。

如图6.8所示是考虑 $g_1(\boldsymbol{x})$ 和 $g_2(\boldsymbol{x})$ 两个约束都起作用的情况,并考虑在点 $\boldsymbol{x}^k$ 处目标函数的负梯度 $-\nabla f(\boldsymbol{x}^k)$ 时的图形。约束函数的梯度 $\nabla g_1(\boldsymbol{x}^k)$ 和 $\nabla g_2(\boldsymbol{x}^k)$,它们分别垂直于 $g_1(\boldsymbol{x})=0$ 和 $g_2(\boldsymbol{x})=0$ 两曲面,并形成一个锥形夹角区域。此时可能出现两种情况。

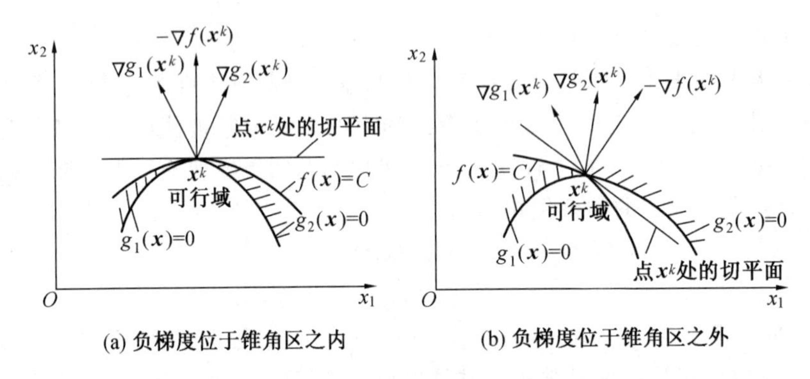

图6.8 库恩-塔克条件的几何意义

第一,$-\nabla f(\boldsymbol{x}^k)$ 落在 $\nabla g_1(\boldsymbol{x}^k)$ 和 $\nabla g_2(\boldsymbol{x}^k)$ 所张成的锥角区外的一侧,如图6.8(b)所示。这时,当过点 $\boldsymbol{x}^k$ 作出与 $-\nabla f(\boldsymbol{x}^k)$ 垂直的切平面,并从 $\boldsymbol{x}^k$ 出发向此切平面的 $-\nabla f(\boldsymbol{x}^k)$ 所在一侧移动时,目标函数值可以减小。由于这一侧有一部分区域是可行域(在图中,这样的区域是由 $f(\boldsymbol{x})=C$ 和 $g_2(\boldsymbol{x})=0$ 形成的),结果是既可减小目标函数值,又不破坏约束条件。这说明 $\boldsymbol{x}^k$ 仍可沿约束曲面移动而不致破坏约束条件,且目标函数值还能够得到改变(减小)。所以点 $\boldsymbol{x}^k$ 不是稳定的最优点,即它不是约束最优点或局部极值点。

第二,$-\nabla f(\boldsymbol{x}^k)$ 落在 ∇g_1 和 ∇g_2 张成的锥角之内,如图6.8(a)所示。此时,作出和 $-\nabla f(\boldsymbol{x}^k)$ 垂直的过 $\boldsymbol{x}^k$ 的目标函数等值面的切平面,把空间分成两个区域。当从 $\boldsymbol{x}^k$ 出发向包含 $-\nabla f(\boldsymbol{x}^k)$ 的一侧移动时,将可使目标函数值减小。但这一侧的任何一点都不落在可行区域内。显然,此时的点 $\boldsymbol{x}^k$ 就是约束最优点或局部极值点 $\boldsymbol{x}^*$。沿此点再做任何移动都将破坏约束条件,故它是稳定点。

由于 $-\nabla f(\boldsymbol{x}^*)$ 和 $\nabla g_1(\boldsymbol{x}^*)$、$\nabla g_2(\boldsymbol{x}^*)$ 在一个平面内,则前者可看成是后两者的线性组合。又因 $-\nabla f(\boldsymbol{x}^*)$ 处于 $\nabla g_1(\boldsymbol{x}^*)$ 和 $\nabla g_2(\boldsymbol{x}^*)$ 的夹角之间,所以线性组合的系数为正,即有

$$-\nabla f(\boldsymbol{x}^*)=\mu_1\nabla g_1(\boldsymbol{x}^*)+\mu_2\nabla g_2(\boldsymbol{x}^*)$$

式中,$\mu_1>0$;$\mu_2>0$。

这就是目标函数在两个起作用的约束条件下,使 $\boldsymbol{x}^*$ 成为条件极值点的必要条件。

当约束条件有三个且同时起作用时,则要求 $-\nabla f(\boldsymbol{x}^*)$ 处于 $\nabla g_1(\boldsymbol{x}^*)$、$\nabla g_2(\boldsymbol{x}^*)$ 和 $\nabla g_3(\boldsymbol{x}^*)$ 形成的角锥之内。

对于同时具有等式和不等式约束的优化问题

$$\min f(\boldsymbol{x})$$

$$\text{s.t.}\quad \begin{aligned} &g_j(\boldsymbol{x})\leqslant 0\quad (j=1,2,\cdots,m)\\ &h_k(\boldsymbol{x})=0\quad (k=1,2,\cdots,l)\end{aligned}$$

库恩-塔克条件可表述为

$$\left.\begin{aligned}&\frac{\partial f}{\partial x_i}+\sum_{j\in J}\mu_j\frac{\partial g_j}{\partial x_i}+\sum_{k=1}^{l}\lambda_k\frac{\partial h_k}{\partial x_i}=0\quad(i=1,2,\cdots,n)\\&g_j(\boldsymbol{x})=0\quad(j\in J)\\&\mu_j\geqslant 0\quad(j\in J)\end{aligned}\right\}\tag{6.30}$$

注意，对应于等式约束的拉格朗日乘子，并没有非负的要求。

6.1.4 优化设计问题的基本解法

1. 解析解法与数值解法

求解优化问题可以用解析解法，也可以用数值的近似解法。解析解法就是把所研究的对象用数学方程（数学模型）描述出来，然后再用数学解析方法（如微分、变分方法等）求出优化解。但是，在很多情况下，优化设计的数学描述比较复杂，因而不便于甚至不可能用解析方法求解；另外，有时对象本身的机理无法用数学方程描述，只能通过大量实验数据用插值或拟合方法构造一个近似函数式，再来求其优化解，并通过实验来验证；或直接以数学原理为指导，从任取一点出发通过少量实验（探索性的计算），并根据实验计算结果的比较，逐步改进而求得优化解。这种方法是属于近似的、迭代性质的数值解法。数值解法不仅可用于求复杂函数的优化解，也可以用于处理没有数学解析表达式的优化设计问题。因此，它是实际问题中常用的方法，很受重视。其中具体方法较多，并且目前还在发展。但是，应当指出，对于复杂问题，不能把所有参数都完全考虑并表示出来，只能是一个近似的最优化的数学描述。由于它本来就是一种近似，那么，采用近似性质的数值方法对它们进行解算，也就谈不到对问题的精确性有什么影响了。

不管是解析解法，还是数值解法，都分别具有针对无约束条件和有约束条件的具体方法。

可以按照对函数导数计算的要求，把数值方法分为需要计算函数的二阶导数、一阶导数和零阶导数（即只要计算函数值而不需计算其导数）的方法。

2. 优化准则法与数学规划法

在机械优化设计中，大致可分为两类设计方法。一类是优化准则法，它是从一个初始设计 $\boldsymbol{x}^k$ 出发（k 不是指数，而是上角标，本书中某些条件下将 $\boldsymbol{x}^{(k)}$ 简写为 $\boldsymbol{x}^k$），着眼于在每次迭代中满足的优化条件，按着迭代公式（其中 $\boldsymbol{C}^k$ 为一对角矩阵）

$$\boldsymbol{x}^{k+1}=\boldsymbol{C}^k\boldsymbol{x}^k\tag{6.31}$$

来得到一个改进的 $\boldsymbol{x}^{k+1}$，而无须再考虑目标函数和约束条件的信息状态。

另一类设计方法是数学规划法，它虽然也是从一个初始设计 $\boldsymbol{x}^k$ 出发，对结构进行分析，但是按照如下迭代公式：

$$\boldsymbol{x}^{k+1}=\boldsymbol{x}^k+\Delta\boldsymbol{x}^k\tag{6.32}$$

得到一个改进的设计 $\boldsymbol{x}^{k+1}$。

在这类方法中，许多算法是沿着某个搜索方向 $\boldsymbol{d}^k$ 以适当步长 α_k 的方式实现对 $\boldsymbol{x}^k$ 的修改，以获得 $\Delta\boldsymbol{x}^k$ 的值。此时式(6.32)可写成

$$\boldsymbol{x}^{k+1}=\boldsymbol{x}^k+\alpha_k\boldsymbol{d}^k\tag{6.33}$$

而它的搜索方向 $\boldsymbol{d}^k$ 是根据几何概念和数学原理，由目标函数和约束条件的局部信息状态形成的。也有一些算法是采用直接逼近的迭代方式获得 $\boldsymbol{x}^k$ 的修改量 $\Delta\boldsymbol{x}^k$ 的。

在数学规划法中，采用 $\boldsymbol{x}^{k+1}=\boldsymbol{x}^{k}+\alpha_{k}\boldsymbol{d}^{k}$ 进行迭代运算时，求 n 维函数 $f(\boldsymbol{x})=f(x_1, x_2, \cdots, x_n)$ 的极值点的具体算法可以简述如下：

首先，选定初始设计点 $\boldsymbol{x}^0$，从 $\boldsymbol{x}^0$ 出发沿某一规定方向 $\boldsymbol{d}^0$ 求函数 $f(\boldsymbol{x})$ 的极值点，设此点为 $\boldsymbol{x}^1$；然后，再从 $\boldsymbol{x}^1$ 出发沿某一规定方向 $\boldsymbol{d}^1$ 求函数 $f(\boldsymbol{x})$ 的极值点，设此点为 $\boldsymbol{x}^2$。如此继续，如图 6.9 所示。一般地说，从点 $\boldsymbol{x}$ 出发，沿某一规定方向 $\boldsymbol{d}^k$ 求函数 $f(\boldsymbol{x}^k)$ 的极值点 $\boldsymbol{x}^k(k=1, 2, \cdots, n)$。这样的搜索过程就组成求 n 维函数 $f(\boldsymbol{x})$ 极值（优化值）的基本过程。它实际上是通过一系列（n 个）的一维搜索过程来完成的。其中的每一次一维搜索过程都可以统一叙述为：在过点 $\boldsymbol{x}^k$ 沿 $\boldsymbol{d}^k$ 方向上，求一元函数 $f(\boldsymbol{x}^{k+1})=f(\boldsymbol{x}^k+\alpha_k\boldsymbol{d}^k)$ 的极值点的问题。既然是在过点 $\boldsymbol{x}^k$ 沿 $\boldsymbol{d}^k$ 方向上求 $f(\boldsymbol{x}^k+\alpha_k\boldsymbol{d}^k)$ 的极值点，那么这里只有 α_k 是唯一的变量。因为无论 α_k 取什么值，点 $\boldsymbol{x}^{k+1}=\boldsymbol{x}^k+\alpha_k\boldsymbol{d}^k$ 总是位于过 $\boldsymbol{x}^k$ 点的 $\boldsymbol{d}^k$ 方向上。所以这个问题就是以 α_k 为变量的一元函数 $\varphi(\alpha_k)$ 求极值的问题。这种一元函数求极值的过程可简称为一维搜索过程，它是确定 α_k 的值使 $f(\boldsymbol{x}^k+\alpha_k\boldsymbol{d}^k)$ 取极值的过程。所以，数学规划法的核心一是建立搜索方向 $\boldsymbol{d}^k$，二是计算最佳步长 α_k。

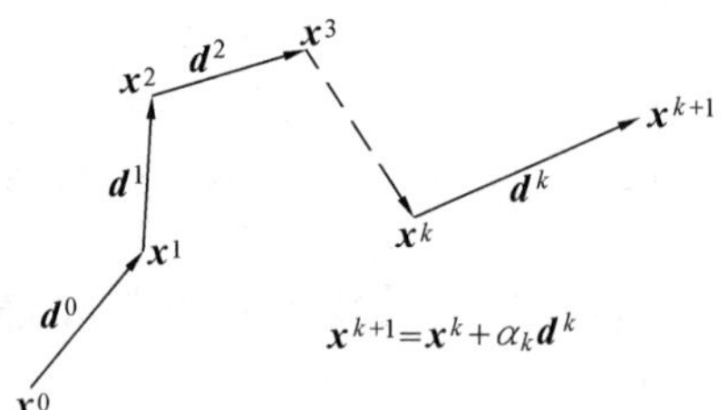

图 6.9 寻求极值点的搜索过程

3. 迭代终止条件

由于数值迭代是逐步逼近最优点而获得近似解的，所以要考虑优化问题的收敛性及迭代过程的终止条件。

收敛性是指某种迭代程序产生的序列 $\{\boldsymbol{x}^k\}(k=0,1,\cdots)$ 收敛于

$$\lim_{k\to\infty}\boldsymbol{x}^{k+1}=\boldsymbol{x}^*$$

点列 $\{\boldsymbol{x}^k\}$ 收敛的必要和充分条件是：对于任意指定的实数 $\varepsilon>0$，都存在一个只与 ε 有关而与 $\boldsymbol{x}$ 无关的自然数 N，使得当两自然数 $m, p>N$ 时，满足

$$\|\boldsymbol{x}^m-\boldsymbol{x}^p\|\leqslant\varepsilon$$

或

$$\sqrt{\sum_{i=1}^{n}(x_i^m-x_i^p)^2}\leqslant\varepsilon$$

或

$$|x_i^m-x_i^p|\leqslant\varepsilon_i=\frac{\varepsilon}{\sqrt{n}}$$

根据这个收敛条件，可以确定迭代终止准则，一般采用以下几种迭代终止准则。

(1) 当相邻两设计点的移动距离已达到充分小时。若用向量模计算它的长度，则

$$\|\boldsymbol{x}^{k+1}-\boldsymbol{x}^k\|\leqslant\varepsilon_1$$

或用 $\boldsymbol{x}^{k+1}$ 和 $\boldsymbol{x}^k$ 的坐标轴分量之差表示为

$$|x_i^{k+1}-x_i^k|\leqslant\varepsilon_2\quad(i=1,2,\cdots,n)$$

(2) 当函数值的下降量已达到充分小时。即

$$|f(\boldsymbol{x}^{k+1})-f(\boldsymbol{x}^k)|\leqslant\varepsilon_3$$

或用其相对值

$$\left|\frac{f(\boldsymbol{x}^{k+1})-f(\boldsymbol{x}^k)}{f(\boldsymbol{x}^k)}\right|\leqslant\varepsilon_4$$

(3) 当某次迭代点的目标函数梯度已达到充分小时，即

$$\| \nabla f(\boldsymbol{x}^k) \| \leqslant \varepsilon_5$$

采用哪种收敛准则,可视具体问题而定。可以取 $\varepsilon_i \leqslant 10^{-2} \sim 10^{-3}(i=1,2,\cdots,5)$。

一般地说,采用优化准则法进行设计时,由于对其设计的修改较大,所以迭代的收敛速度较快,迭代次数平均为十多次,且与其结构的大小无关。因此可用于大型、复杂机械的优化设计,特别是需要利用有限元法进行性能约束计算时较为合适。但是,数学规划法在数学方面有一定的理论基础,它已经发展成为应用数学的一个重要分支。其计算结果的可信程度较高,精确程度也好些。它是优化方法的基础,而且目前优化准则法和数学规划法的解题思路和手段实质上也很相似。所以,必须对数学规划法有系统的了解。当然,也没有必要对其中类型繁多的具体方法都进行叙述。这里只着重介绍某些典型的和目前看来比较有效的方法,以期了解一些重要优化方法的思路和实质,达到启发思路、举一反三的目的。

6.2 一维搜索方法

6.2.1 一维搜索的内涵与思想

采用数学规划法求解多元函数 $f(\boldsymbol{x})$ 的极值点 $\boldsymbol{x}^*$ 时,需要进行一系列如下格式的迭代过程:

$$\boldsymbol{x}^{(k+1)} = \boldsymbol{x}^{(k)} + \alpha_k \boldsymbol{d}^{(k)} \quad (k=0,1,2,\cdots) \tag{6.34}$$

式中,$\boldsymbol{x}^{(k)}$ 是第 k 步迭代计算的出发点,开始迭代计算时,$\boldsymbol{x}^{(k)}=\boldsymbol{x}^{(0)}$;$\boldsymbol{x}^{(k+1)}$ 是经过第 k 步迭代计算得到的新设计点,也是第 $k+1$ 步迭代计算的出发点,在这一步迭代计算时,$\boldsymbol{x}^{(k+1)}=\boldsymbol{x}^{(1)}$;$\boldsymbol{d}^{(k)}$ 是第 k 步迭代计算时,设计点移动的方向,或者称为搜索方向;α_k 是第 k 步迭代计算时,在 $\boldsymbol{d}^{(k)}$ 方向上所取的步长大小,或称为步长因子。

在任意一次迭代计算过程中,当出发点 $\boldsymbol{x}^{(k)}$ 和搜索方向 $\boldsymbol{d}^{(k)}$ 确定之后,就把求多元目标函数的极小值这个多维优化问题,变成了求一个变量 α 的最优值 α_k(最优步长因子①)的一维优化问题,即求

$$f(\boldsymbol{x}^{(k+1)}) = f(\boldsymbol{x}^{(k)} + \alpha \boldsymbol{d}^{(k)}) = \varphi(\alpha) \tag{6.35}$$

的极值问题,这称为一维搜索。图 6.10 为一维搜索过程的示意图。由 $\boldsymbol{x}^{(k)}$ 点出发,当搜索方向 $\boldsymbol{d}^{(k)}$ 给定之后,$\boldsymbol{x}^{(k)}+\alpha\boldsymbol{d}^{(k)}$ 总在 $\boldsymbol{d}^{(k)}$ 所在平面内,所以,此时多维目标函数的极小值问题就变成求解一个变量 α 的最优值的一维问题。实际的机械优化设计大多为多维问题,一维问题的情况很少,但是求多元函数极值点,需要进行一系列的一维搜索,因此,一维搜索也就成为优化方法当中最基本的方法,也是优化方法的

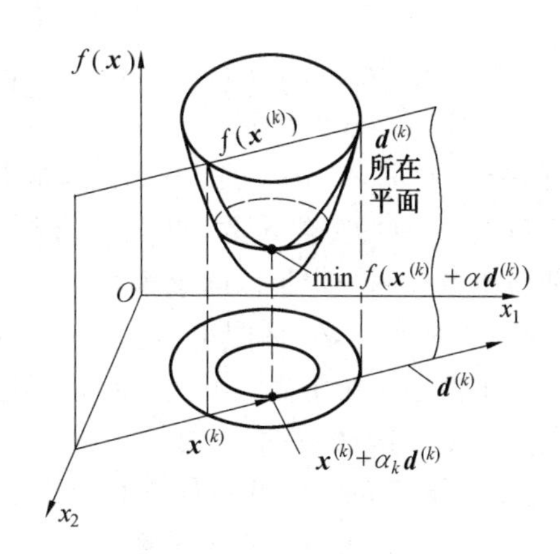

图 6.10 一维搜索过程示意图

---

① 严格地说,只有在 $\| \boldsymbol{d}^{(k)} \| = 1$ 的条件下,最优步长 $\| \alpha_k \boldsymbol{d}^{(k)} \|$ 才等于最优步长因子 α_k。

基础。

在一维搜索中，由于目标函数可以看成步长因子 α 的一元函数，根据一元函数极值的必要条件 $\varphi'(\alpha_k)=0$，则可以采用解析法求解 $\varphi(\alpha)$ 的极小点 α_k。为了直接利用 $f(\boldsymbol{x})$ 的函数式求解最优步长因子 α_k，可把 $f(\boldsymbol{x}^{(k)}+\alpha\boldsymbol{d}^{(k)})$ 简写成 $f(\boldsymbol{x}+\alpha\boldsymbol{d})$ 的形式进行泰勒展开，取到二次项，即

$$f(\boldsymbol{x}+\alpha\boldsymbol{d})\approx f(\boldsymbol{x})+\alpha\boldsymbol{d}^{\mathrm{T}}\nabla f(\boldsymbol{x})+\frac{1}{2}(\alpha\boldsymbol{d})^{\mathrm{T}}\boldsymbol{G}(\boldsymbol{x})(\alpha\boldsymbol{d})$$

$$=f(\boldsymbol{x})+\alpha\boldsymbol{d}^{\mathrm{T}}\nabla f(\boldsymbol{x})+\frac{1}{2}\alpha^2\boldsymbol{d}^{\mathrm{T}}\boldsymbol{G}(\boldsymbol{x})\boldsymbol{d}$$

令

$$\frac{\mathrm{d}f(\boldsymbol{x}+\alpha\boldsymbol{d})}{\mathrm{d}\alpha}=0$$

从而求得

$$\alpha_k=-\frac{\boldsymbol{d}^{\mathrm{T}}\nabla f(\boldsymbol{x})}{\boldsymbol{d}^{\mathrm{T}}\boldsymbol{G}(\boldsymbol{x})\boldsymbol{d}} \tag{6.36}$$

由上面的推导可知，采用解析解法求解一维搜索问题需要求解目标函数在 $\boldsymbol{x}=\boldsymbol{x}^{(k)}$ 点处的梯度 $\nabla f(\boldsymbol{x}^{(k)})$ 和海赛矩阵 $\boldsymbol{G}(\boldsymbol{x}^{(k)})$，这对函数关系复杂、求导困难或无法求导的函数，采用解析法将是非常困难的，所以在优化设计中，求解最优步长因子 α_k 主要采用数值解法，即利用计算机通过迭代计算求得最优步长因子的近似解。

采用数值解法求解一维优化问题即一维搜索的基本步骤如下。

(1) 先确定 α_k 所在的区间，即搜索区间。

(2) 根据区间消去法的基本原理不断缩小搜索区间，从而获得 α_k 的数值近似解。

6.2.2 搜索区间的确定与区间消去法原理

求解关于步长因子 α 的一元函数 $f(\alpha)$ 极小点的一维搜索过程，首先要在其给定的搜索方向上确定一个搜索区间，这个搜索区间需要满足单谷性(或称单峰性)，即在所考虑的区间内部，函数 $f(\alpha)$ 有唯一的极小点 α^*，如图 6.11 所示。如果函数 $f(\alpha)$ 在区间$[a, b]$上有多个极值点，则称为多峰函数，如图 6.12 所示。对于多峰函数 $f(\alpha)$，只要适当划分区间，也可以使该函数在每一个子区间上都是单峰的。为了确定极小点 α^* 所在的单谷区间$[a,b]$，应使函数 $f(\alpha)$ 在$[a,b]$区间里形成“高 — 低 — 高”趋势。

对于性态比较明显的单变量函数，单峰区间可以根据实际情况人为地选定；但对于性态复杂的单变量函数，一般需要利用数值计算的方法来确定单峰区间。外推法(也称为进退法)就是确定单峰区间的一种数值计算方法。

1.采用外推法确定搜索区间

采用外推法确定搜索区间的基本思想是：按照一定的规律给出一些试算点，依次比较各试算点的函数值大小，直到满足单峰区间的条件，即函数值呈现“大 — 小 — 大”的变化形式，则为所确定的搜索区间。外推法的具体实现过程为，从 $\alpha=0$ 开始，以初始步长 h_0 向前试探。如果函数值上升，则步长变号，即改变试探方向；如果函数值下降，则维持原来的试探方向，并将步长加倍($h_0\Leftarrow 2h_0$)，区间的始点、中间点依次沿试探方向移动一步。此过程一直进行到函数值再次上升时为止，即可找到搜索区间的终点，形成函数值的“高 — 低 — 高”趋势。

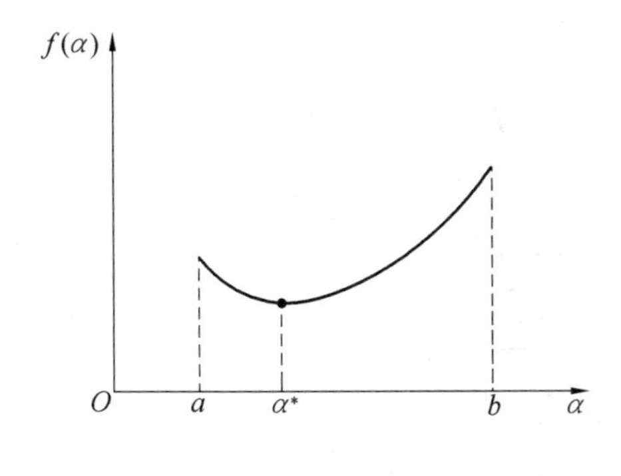

图 6.11　函数的单谷区间

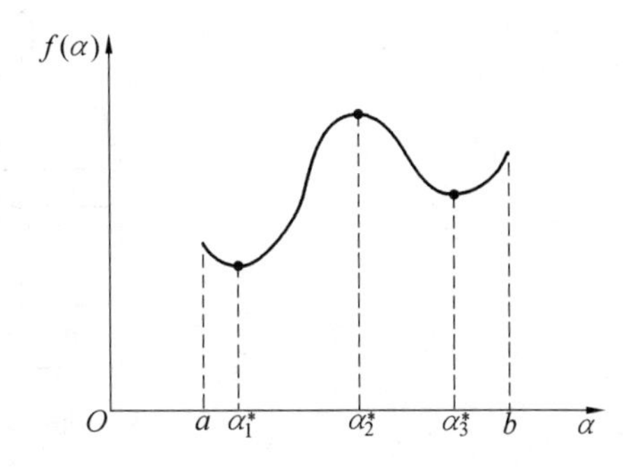

图 6.12　多峰函数曲线

图 6.13 表示沿 α 的正向试探。每走一步都将区间的始点、中间点沿试探方向移动一步(进行换名)。经过 3 步最后确定搜索区间$[\alpha_1,\alpha_3]$,并且得到区间始点、中间点和终点 $\alpha_1<\alpha_2<\alpha_3$,及所对应的函数值 $y_1>y_2<y_3$。

在图 6.14 中,如果开始的试探方向为函数值上升方向,即开始沿着 α 的正向试探,但由于函数值上升而改变了试探方向,最后得到始点、中间点和终点 $\alpha_1>\alpha_2>\alpha_3$,及它们的对应函数值 $y_1>y_2<y_3$,从而形成单谷区间$[\alpha_3,\alpha_1]$为一维搜索区间。

由于外推法在实现的过程中,包含有对 $f(\alpha)$ 的前进和后退的计算过程,因此,区间消去法又称为进退法。

上述确定搜索区间的外推法,其程序框图如图 6.15 所示。

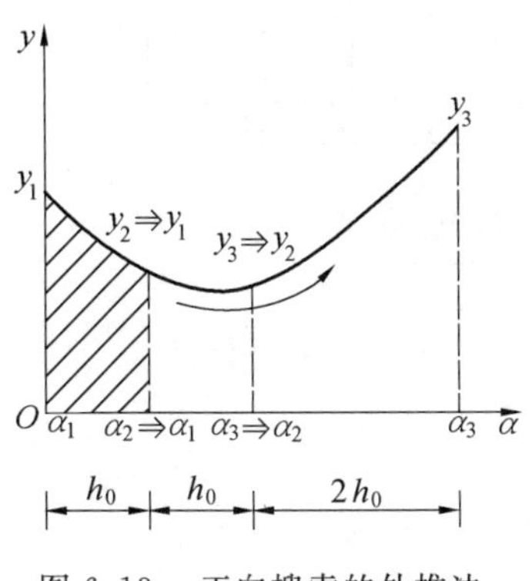

图 6.13　正向搜索的外推法

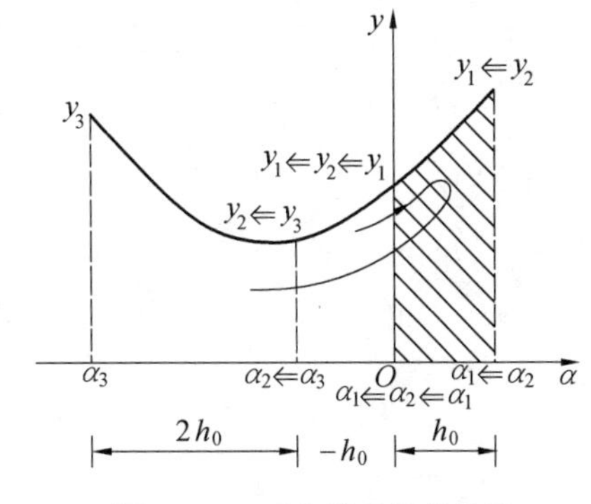

图 6.14　反向搜索的外推法

例 6.6　试用外推法确定函数 $f(\alpha)=\alpha^2-6\alpha+9$ 的初始一维搜索区间$[a,b]$,设初始点 $\alpha_0=0$,初始步长 $h=1$。

解　根据给定的初始点和初始步长,直接按照外推法的程序框图(图 6.15)进行求解。

(1) 取 $\alpha_1=0$,因为 $h=1$,则

$$\alpha_2=\alpha_1+h=0+1=1$$
$$y_1=f(\alpha_1)=f(\alpha_0)=9$$
$$y_2=f(\alpha_2)=4$$

(2) 因为 $y_1>y_2$,故向前试探

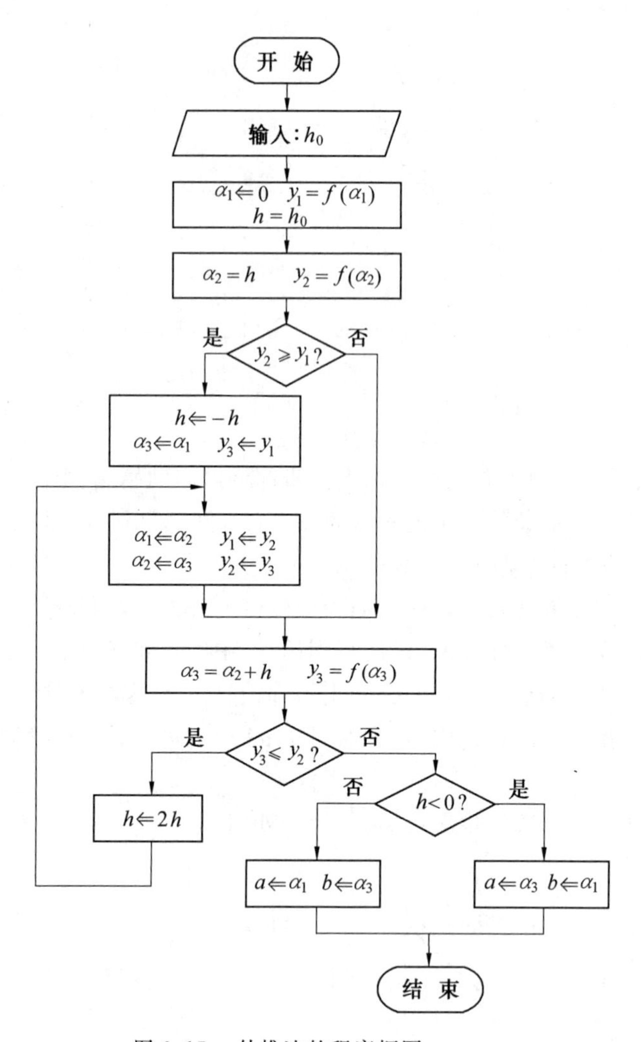

图 6.15 外推法的程序框图

$$h \Leftarrow 2h = 2 \times 1 = 2$$

$$\alpha_3 = \alpha_2 + h = 1 + 2 = 3$$

$$y_3 = f(\alpha_3) = 0$$

(3) 因为有 $y_2 > y_3$，再继续向前试探

$$\alpha_1 \Leftarrow \alpha_2 = 1, y_1 \Leftarrow y_2 = 4$$

$$\alpha_2 \Leftarrow \alpha_3 = 1, y_2 \Leftarrow y_3 = 0$$

再将步长增加两倍，即

$$h \Leftarrow 2h = 2 \times 2 = 4$$

$$\alpha_3 = \alpha_2 + h = 3 + 4 = 7$$

$$y_3 = 16$$

(4) 比较 y_2 与 y_3 可知，因 $y_3 > y_2$，故已寻得初始搜索区间$[a,b]=[1,7]$。此时，相邻 3 点的函数值分别是 4、0、16，确实形成了“高 — 低 — 高”的一维搜索区间。

2. 区间消去法原理

当含有极值点的单谷搜索区间$[a,b]$确定之后，应逐步缩短搜索区间，从而找到极小点的数值近似解。这里采用区间消去法来实现搜索区间的逐步缩短。首先,在搜索区间$[a,b]$内任取两点 $a_1,b_1,a_1<b_1$,并计算函数值 $f(a_1),f(b_1)$,比较函数值的大小将有下列 3 种情况。

(1)$f(a_1)<f(b_1)$。由于函数为单谷,所以极小点 α^* 不可能在区间$[b_1,b]$内,而应在区间$[a,b_1]$内,这时可以去掉区间$[b_1,b]$,把搜索区间缩小为$[a,b_1]$,如图 6.16(a) 所示。

(2)$f(a_1)>f(b_1)$。同理,极小点不可能在区间$[a,a_1]$内,而应在区间$[a_1,b]$内,这时可以去掉区间$[a,a_1]$,把搜索区间缩小为$[a_1,b]$,如图 6.16(b) 所示。

(3)$f(a_1)=f(b_1)$。这时极小点只能在区间$[a_1,b_1]$内,这时可以去掉区间$[b_1,b]$或者$[a,a_1]$,甚至将两段同时去掉,只保留区间$[a_1,b_1]$,如图 6.16(c) 所示。

根据上述分析,在区间$[a,b]$内插入两个点,并通过比较其函数值大小,就可以把搜索区间$[a,b]$缩短成$[a,b_1]$、$[a_1,b]$或$[a_1,b_1]$。对于第一种情况,如果要把搜索区间$[a,b_1]$进一步缩短,只需在其内再取一点算出函数值并与 $f(a_1)$ 加以比较,即可实现搜索区间的再次缩短。对于第二种情况,同样只需再计算一点函数值并与 $f(b_1)$ 加以比较,就可以把搜索区间继续缩短。第三种情况如果只保留区间$[a_1,b_1]$,则在区间$[a_1,b_1]$内缺少已算出的函数值,要想实现搜索区间$[a_1,b_1]$的进一步缩短,需在其内部再取两个点(而不是一个点),并计算出相应的函数值加以比较才行。如果经常发生这种情形,这就增加了计算工作量。因此,为了避免多计算函数值,我们把第三种情况合并到前面两种情况中去,即形成下列两种情况。

(1)$f(a_1)<f(b_1)$,则取区间$[a,b_1]$为缩短后的搜索区间。

(2)$f(a_1)\geqslant f(b_1)$,则取区间$[a_1,b]$为缩短后的搜索区间。

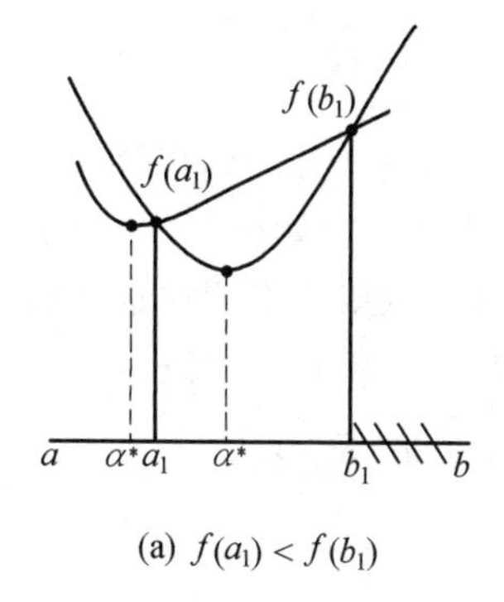

(a) $f(a_1)<f(b_1)$

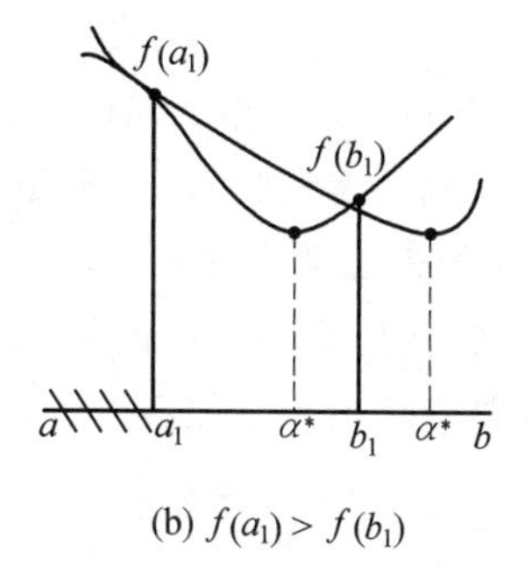

(b) $f(a_1)>f(b_1)$

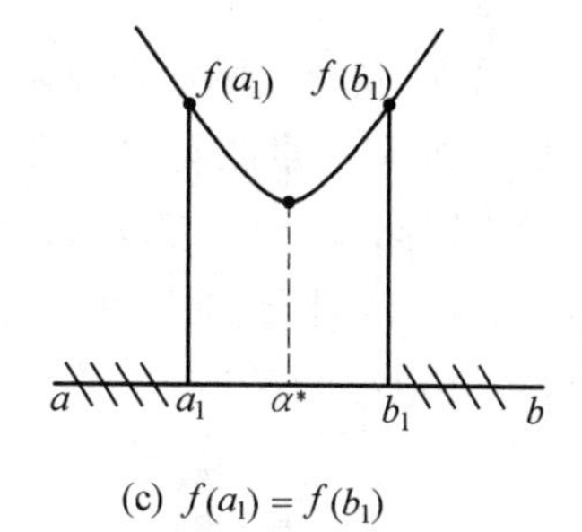

(c) $f(a_1)=f(b_1)$

图 6.16　区间消去法原理

3. 一维搜索方法的分类

通过前面的分析可知,采用区间消去法需要在区间内取定插入点并计算其函数值,然而,对于插入点的位置,是可以用不同的方法来确定的,这样就形成了不同的一维搜索方法。概括起来,可将一维搜索方法分为两大类。

一类是应用序列消去原理的直接法。这类方法是按着某种给定的规律来确定区间内插入点的位置,属于直接法的有黄金分割法、斐波那契法等。这类方法只关心插入点的位置如何使区间加快缩短,而不考虑函数值的分布关系。例如,黄金分割法是按等比例0.618 缩短率进行搜索区间缩短的。

另一类是利用多项式逼近的近似法(又称为插值法)。这类方法是根据某些点处的某些信息，如函数值、一阶导数、二阶导数等，构造一个插值函数来逼近原来的函数，用插值函数的极小点作为搜索区间的插入点。属于插值法的一维搜索方法有二次插值法、三次插值法等。

由于直接法仅对实验点函数值的大小进行比较，而函数值本身的特性没有得到充分利用，对一些简单的函数(如二次函数)，也需要像一般函数那样进行同样多的函数值计算；插值法则是利用函数在已知实验点的值(或导数值)来确定新实验点的位置。当函数具有比较好的解析性质时(如连续可微性)，插值方法比直接方法效果要好些。

6.2.3 黄金分割法

黄金分割法(又称为0.618法)适用于$[a,b]$区间上的任何单谷函数求极小值问题，这种方法原理简单、应用范围广，是一种典型的一维搜索直接方法。

1. 黄金分割法的基本原理

黄金分割法的实现过程是，在搜索区间$[a,b]$内适当插入两点α_1、α_2，并计算其函数值。α_1、α_2将区间分成3部分。根据区间消去法的基本原理，通过比较α_1和α_2两点函数值的大小，删去其中的一段，使搜索区间得以缩短。然后再在保留下来的搜索区间上做同样的处置，如此迭代下去，使搜索区间无限缩小，从而得到极小点的数值近似解。

首先，黄金分割法中插入点α_1、α_2的位置需要满足相对于区间$[a,b]$两端点的对称性要求，即满足

$$\left.\begin{aligned}\alpha_1 &= b-\lambda(b-a)\\ \alpha_2 &= a+\lambda(b-a)\end{aligned}\right\} \tag{6.37}$$

式中，λ是待定常数。

另外，黄金分割法还要求在保留下来的搜索区间内再插入一点，其所形成的搜索区间新3段，与原来搜索区间的3段具有相同的比例分布，即满足相似性要求。如图6.17所示，设原搜索区间$[a,b]$长度为1，经区间消去法消去搜索区间$[\alpha_2,b]$后，保留下来的搜索区间$[a,\alpha_2]$长度为λ，区间缩短率为λ。为了保持相同的比例分布，新插入点α_3应在$\lambda(1-\lambda)$位置上，α_1在原搜索区间的$(1-\lambda)$位置应相当于在保留搜索区间的λ^2位置，故有

$$1-\lambda=\lambda^2$$

$$\lambda^2+\lambda-1=0$$

取方程的正根，得

$$\lambda=\frac{\sqrt{5}-1}{2}\approx 0.618$$

所谓“黄金分割”是指将一线段分成两段的方法，使整段长与较长段的长度比值等于较长段与较短段长度的比值，这个比值为λ。可见黄金分割法的基本思想是，每次缩小后的新区间长度与原区间长度的比值始终是一个常数，此常数为0.618，也就是说每次的区间缩小率都等于0.618，所以，黄金分割法又被称为0.618法。

2. 黄金分割法的搜索过程

采用黄金分割法求解一维优化问题，可以通过以下基本步骤来实现。

(1) 给定初始搜索区间$[a,b]$(可以采用前面所介绍的外推法确定搜索区间)、收敛精

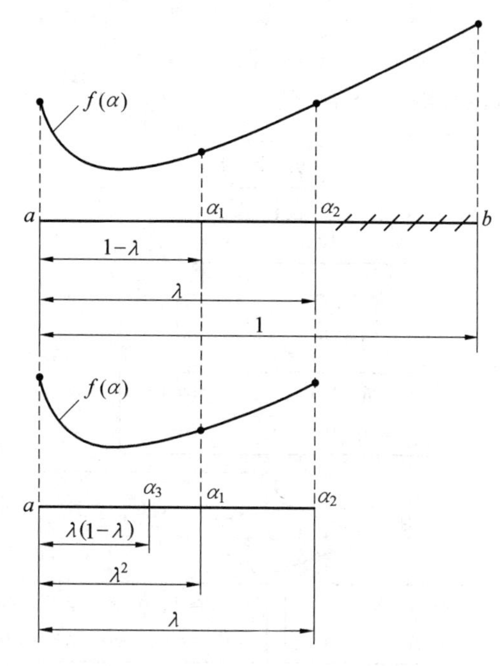

图 6.17　黄金分割法的基本原理

度 ε，令 $\lambda=0.618$。

(2) 取点。

$$\alpha_1=b-\lambda(b-a)$$
$$\alpha_2=a+\lambda(b-a)$$

计算对应的函数值

$$y_1=f(\alpha_1),\quad y_2=f(\alpha_2)$$

(3) 比较函数值 y_1 和 y_2 的大小，有以下两种情况。

若 $y_1<y_2$，则极小点在 a 和 α_2 之间，故令

$$b\Leftarrow\alpha_2$$
$$\alpha_2\Leftarrow\alpha_1$$
$$y_2\Leftarrow y_1$$
$$\alpha_1=b-\lambda(b-a)$$
$$y_1=f(\alpha_1)$$

若 $y_1\geqslant y_2$，则极小点在 α_1 和 b 之间，故令

$$a\Leftarrow\alpha_1$$
$$\alpha_1\Leftarrow\alpha_2$$
$$y_1\Leftarrow y_2$$
$$\alpha_2=a+\lambda(b-a)$$
$$y_2=f(\alpha_2)$$

(4) 进行收敛精度判断，检查区间是否缩短到足够小，即是否满足 $|b-a|\leqslant\varepsilon$，如果条件不满足则返回到步骤(3)；如果条件满足，进行下一步。

(5) 取最后两个实验点的平均值，即 $(a+b)/2$ 作为极小点的数值近似解，即

$$\alpha^* = (a+b)/2$$
$$y^* = f(\alpha^*)$$

黄金分割法的程序框图如图 6.18 所示。

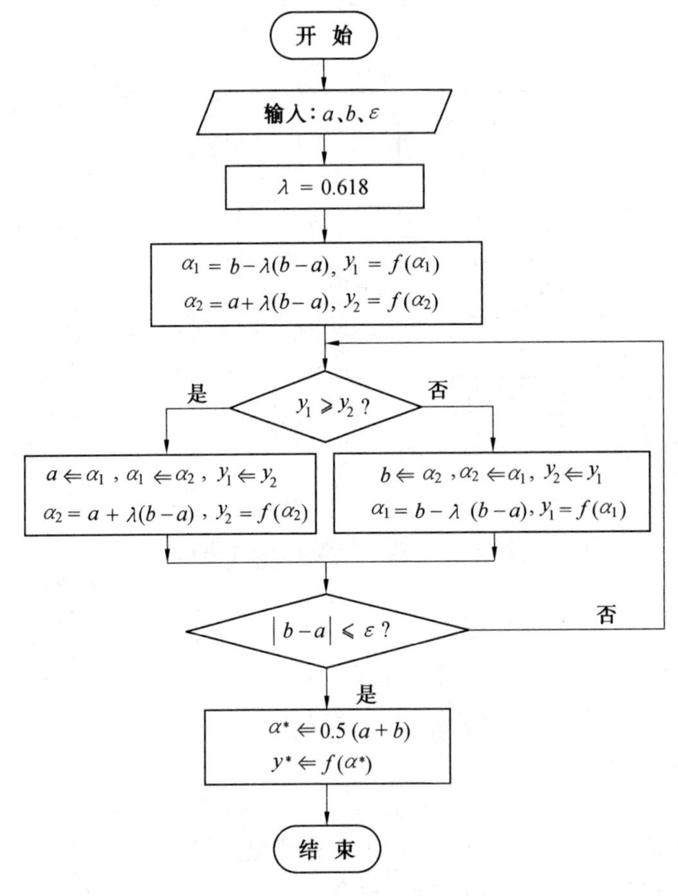

图 6.18　黄金分割法的程序框图

例 6.7　用黄金分割法求函数 $f(\alpha)=\alpha^2-6\alpha+9$ 的最优解。已知初始区间为[1,7]，迭代精度 $\varepsilon=0.4$。

解　(1) 显然，此时的 $a=1$，$b=7$，则根据式(6.37)，在初始区间$[a,b]$内插入两点 α_1 和 α_2，即

$$\alpha_1 = b-\lambda(b-a) = 7-0.618\times(7-1) = 3.292$$
$$\alpha_2 = a+\lambda(b-a) = 1+0.618\times(7-1) = 4.708$$

计算相应的函数值

$$y_1 = f(\alpha_1) = 0.085\ 264$$
$$y_2 = f(\alpha_2) = 2.917\ 264$$

(2) 比较 y_1 与 y_2，由于 $y_1 < y_2$，应消去区间$[\alpha_2,b]=[4.708,7]$，取$[a,\alpha_2]=[1,4.708]$为新搜索区间，即搜索区间的端点 $a=1$ 保持不变，$b \Leftarrow \alpha_2 = 4.708$。

第一次迭代：在新的区间$[a,b]=[1,4.708]$内取一个新的插入点 α_1

$$\alpha_1 = b-\lambda(b-a) = 4.708-0.618(4.708-1) = 2.416\ 456$$

计算函数值

$$y_1 = f(\alpha_1) = 0.340\ 524$$

(3) 判断终止条件

$$b - a = 3.708 > \varepsilon$$

搜索区间还需继续缩短。

各次缩短的计算数据见表6.1。搜索区间缩短6次后，已有搜索区间长度

$$b - a = 3.085\ 305 - 2.750\ 917 = 0.334\ 388 < \varepsilon$$

计算即可结束，近似最优解为

$$\alpha^* = (a + b)/2 = 2.918\ 11$$

相应的函数极值为 $y^* = f(\alpha^*) = 0.006\ 70$，上述搜索过程如图6.19所示。

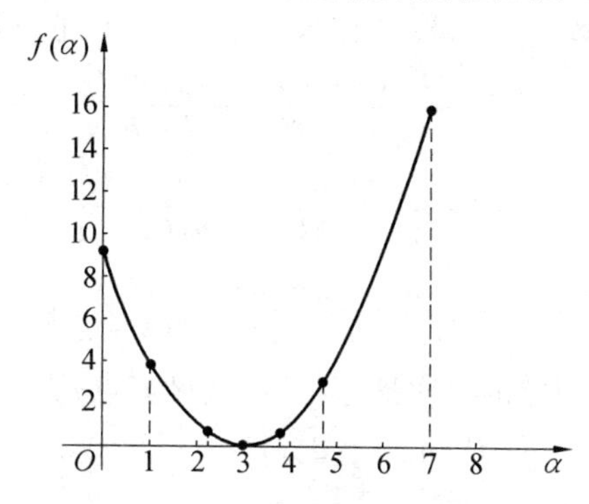

图6.19 函数 $f(\alpha) = \alpha^2 - 6\alpha + 9$ 的黄金分割法搜索过程

表6.1 例6.7计算结果

区间缩短次数	a	b	α_1	α_2	y_1	y_2
0	1	7	3.292	4.708	0.085 264	2.917 264
1	1	4.078	2.416 456	3.292	0.340 524	0.085 264
2	2.416 456	4.078	3.292	3.826 30	0.085 264	0.693 273
3	2.416 456	3.826 30	2.957 434	3.292	0.001 812	0.085 264
4	2.416 456	3.292	2.750 914	2.957 434	0.062 044	0.001 812
5	2.750 917	3.292	2.957 434	3.085 305	0.001 812	0.007 277
6	2.750 917	3.085 305	2.878 651	2.957 434	0.014 725	0.001 812

6.2.4 二次插值方法

在某一给定的搜索区间内，如果某些点处的函数值已知，则可以根据这些点的函数值信息，利用插值的方法建立函数的某种近似表达式，进而求出函数的极小点，并用它作为原来函数极小点的近似值，这种方法称为插值方法，又称为函数逼近法。

同样在已经确定的搜索区间内进行一维搜索时，可以利用若干点处的函数值信息来构造低次插值多项式，用它作为函数的近似表达式，并用这个多项式的极小点作为原函数极小点的近似。常用的低次插值多项式为二次多项式，利用二次多项式所进行的插值方法称为二次插值法，二次插值法也是求解一维优化问题时常用的一种优化方法。

1. 二次插值法的基本原理

已知在目标函数 $y=f(\alpha)$ 单谷区间中的三点 $a<\alpha_2<b$（若仅是区间端点 a、b 已知，则中间点 α_2 可以取为 $\alpha_2=\dfrac{a+b}{2}$）及其相应函数值 $f(a)>f(\alpha_2)<f(b)$，列出如下的二次插值多项式

$$P(\alpha)=a_1\alpha^2+a_2\alpha+a_3 \tag{6.38}$$

式中，a_1、a_2、a_3 是待定系数，该二次插值多项式应满足条件

$$\begin{aligned} P(a)&=a_1a^2+a_2a+a_3=y_1=f(a)\\ P(\alpha_2)&=a_1\alpha_2^2+a_2\alpha_2+a_3=y_2=f(\alpha_2)\\ P(b)&=a_1b^2+a_2b+a_3=y_3=f(b) \end{aligned} \tag{6.39}$$

将式(6.39)中待定系数 a_1、a_2、a_3 看作未知量，求解上述三元一次方程组，可以得到

$$a_1=-\frac{(\alpha_2-b)y_1+(b-a)y_2+(a-\alpha_2)y_3}{(a-\alpha_2)(\alpha_2-b)(b-a)}$$

$$a_2=\frac{(\alpha_2^2-b^2)y_1+(b^2-a^2)y_2+(a^2-\alpha_2^2)y_3}{(a-\alpha_2)(\alpha_2-b)(b-a)}$$

$$a_3=\frac{(b-\alpha_2)b\alpha_2y_1+(a-b)aby_2+(\alpha_2-a)\alpha_2ay_3}{(a-\alpha_2)(\alpha_2-b)(b-a)}$$

函数 $P(\alpha)$ 是关于 α 的确定的二次插值函数，其极值点 α_p^* 可通过极值必要条件求得，即

$$P'(\alpha_p^*)=2a_1\alpha_p^*+a_2=0$$

得到

$$\alpha_p^*=-\frac{a_2}{2a_1} \tag{6.40}$$

将系数 a_1 和 a_2 代入上式，可得

$$\alpha_p^*=-\frac{a_2}{2a_1}=\frac{1}{2}\,\frac{(\alpha_2^2-\alpha_3^2)y_1+(\alpha_3^2-\alpha_1^2)y_2+(\alpha_1^2-\alpha_2^2)y_3}{(\alpha_2-b)y_1+(b-a)y_2+(a-\alpha_2)y_3} \tag{6.41}$$

为了简化，令

$$c_1=\frac{y_3-y_1}{b-a}$$

$$c_2=\frac{\dfrac{y_2-y_1}{\alpha_2-a}-c_1}{\alpha_2-b}$$

则得到 $f(\alpha)$ 极小点 α^* 的近似解 α_p^* 为

$$\alpha_p^*=\frac{1}{2}\left(a+b-\frac{c_1}{c_2}\right) \tag{6.42}$$

二次插值法的迭代过程如图 6.20 所示。如果搜索区间长度 $|b-a|$ 足够小，则由 $|\alpha_p^*-\alpha^*|<|b-a|$ 便得出所要求的近似极小点 $\alpha^*\approx\alpha_p^*$；如果不满足上述要求，则必须进一步缩短搜索区间[$a$,$b$]。根据前述的区间消去法原理，需要已知区间内两点的函数值。其中点 α_2 的函数值 $y_2=f(\alpha_2)$ 已知，另外一点可取 α_p^* 点并计算其函数值 $y_p^*=f(\alpha_p^*)$。当 $y_2<y_p^*$ 时，取[a,α_p^*]为缩短后的搜索区间，如图 6.20(a) 所示。在新的区间内再用二次插值法插入新的极小点近似值 $\tilde{\alpha}_p^*$，如图 6.20(b) 所示。然后继续判断收敛条件是否满足，如此不断进行下去，直到满足要求为止。

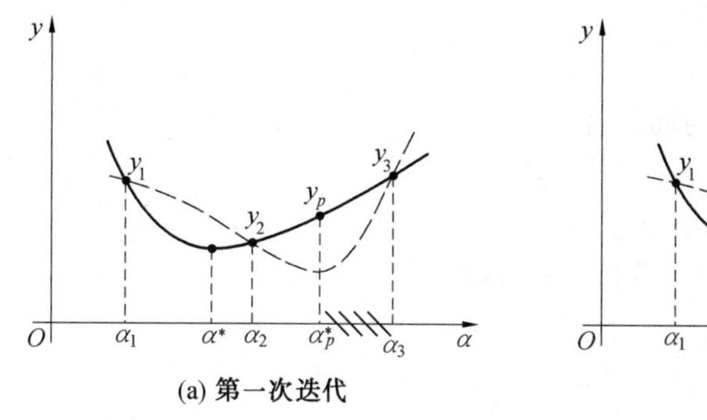

(a) 第一次迭代　　(b) 第二次迭代

图 6.20　二次插值法的迭代过程

2.二次插值法的区间缩短

为了在每次计算插入点的坐标时能应用同一计算公式，新搜索区间端点的坐标及函数值名称需换成原搜索区间端点的坐标及函数值名称，即在每个新搜索区间上仍取 a、α_2、b 三点及其相应函数值 $y_1 > y_2 < y_3$，这样当计算插入点 α_p^* 位置时仍可以应用原来的计算公式。

根据 α_p^* 与 α_2 的相对位置，y_p^* 与 y_2 的大小，二次插值法进行搜索区间缩短之前可以分为四种情况，即

(1)$\alpha_p^* > \alpha_2$，$y_2 \geqslant y_p^*$。

(2)$\alpha_p^* > \alpha_2$，$y_2 < y_p^*$。

(3)$\alpha_p^* < \alpha_2$，$y_2 \geqslant y_p^*$。

(4)$\alpha_p^* < \alpha_2$，$y_2 < y_p^*$。

对上述四种情况在进行搜索区间缩短时，应采用不同的换名方式，即

① 当 $\alpha_p^* > \alpha_2$，$y_2 \geqslant y_p^*$ 时，$a \Leftarrow \alpha_2$，$y_1 \Leftarrow y_2$，$\alpha_2 \Leftarrow \alpha_p^*$，$y_2 \Leftarrow y_p^*$，$b$ 不变。

② 当 $\alpha_p^* > \alpha_2$，$y_2 < y_p^*$ 时，$b \Leftarrow \alpha_p^*$，$y_3 \Leftarrow y_p^*$，a 和 α_2 不变。

③ 当 $\alpha_p^* < \alpha_2$，$y_2 \geqslant y_p^*$ 时，$b \Leftarrow \alpha_2$，$y_3 \Leftarrow y_2$，$\alpha_2 \Leftarrow \alpha_p^*$，$y_2 \Leftarrow y_p^*$，$a$ 不变。

④ 当 $\alpha_p^* < \alpha_2$，$y_2 < y_p^*$ 时，$a \Leftarrow \alpha_p^*$，$y_1 \Leftarrow y_p^*$，α_2 和 b 不变。

上述换名情况见表 6.2。

表 6.2　二次插值法的换名情况

α_p^* 位置	$\alpha_p^* > \alpha_2$		$\alpha_p^* < \alpha_2$	
函数值大小比较	$y_2 \geqslant y_p^*$	$y_2 < y_p^*$	$y_2 \geqslant y_p^*$	$y_2 < y_p^*$
换名示意图	$y_2 \Rightarrow y_1$，$y_p^* \Rightarrow y_2$；a　α_2　α_p^*　b　α；$\alpha_2 \Downarrow a$，$\alpha_p^* \Downarrow \alpha_2$	y_2，$y_p^* \Rightarrow y_3$；a　α_2　α_p^*　b　α；$\alpha_p^* \Downarrow b$	$y_p^* \Rightarrow y_2$，$y_2 \Rightarrow y_3$；a　α_p^*　α_2　b　α；$\alpha_p^* \Downarrow \alpha_2$，$\alpha_2 \Downarrow b$	$y_p^* \Rightarrow y_1$，y_2；a　α_p^*　α_2　b　α；$\alpha_p^* \Downarrow a$

3.二次插值法的搜索过程

二次插值法的具体步骤如下。

(1) 确定初始插值点。

在搜索区间 $[a,b]$ 内取一点 α_2

$$\alpha_2=(a+b)/2$$

计算 a、α_2、b 三个插值点对应的函数值

$$y_1=f(a),\quad y_2=f(\alpha_2),\quad y_3=f(b)$$

(2) 按式(6.42)计算 $P(\alpha)$ 的极小点 α_p^*。

在进行此步时，首先要对 $a_{32}=0$ 进行判断，若 $a_{32}=0$ 成立，即

$$a_{32}=\frac{\dfrac{y_2-y_1}{\alpha_2-a}-c_1}{\alpha_2-b}=0$$

或

$$\frac{y_2-y_1}{\alpha_2-a}=c_1=\frac{y_3-y_1}{b-a}$$

这说明三个插值点 $P_1(a,y_1)$、$P_2(\alpha_2,y_2)$、$P_3(b,y_3)$ 在同一条直线上。另外，如果发生 $(\alpha_p^*-a)(b-\alpha_p^*)\leqslant 0$ 的情况，则说明 α_p^* 落在搜索区间 $[a,b]$ 之外。以上两种情况只是在搜索区间已缩得很小，三个插值点已经十分接近的时候，由于计算机的舍入误差才可能导致其发生，因此，对这种情况的合理处置就是把中间插值点 α_2 及其函数值 y_2 作为最优解输出。

(3) 判断是否满足精度要求。

① 若 $|\alpha_p^*-\alpha_2|<\varepsilon$，说明搜索区间已足够小，当 $y_p^*=f(\alpha_p^*)<y_2=f(\alpha_2)$ 时，输出 $\alpha^*=\alpha_p^*$，$y^*=y_p^*$；否则，输出 $\alpha^*=\alpha_2$，$y^*=y_2$。

② 若 $|\alpha_p^*-\alpha_2|\geqslant\varepsilon$，则按照二次插值法的区间缩短原理进行搜索区间缩短后，返回到步骤(2)。

例 6.8 用二次插值法求非二次函数 $f(\alpha)=e^{\alpha+1}-5(\alpha+1)$ 在区间 $[-0.5,2.5]$ 上的极小点，允许误差 $\varepsilon=0.005$。

解 (1) 初始插值点。

在初始搜索区间上取 $a=-0.5$，$b=2.5$，$\alpha_2=\dfrac{a+b}{2}=1$，计算相应的函数值

$$y_1=f(a)=-0.851\,279,\quad y_2=f(\alpha_2)=-2.610\,944,\quad y_3=f(b)=15.615\,452$$

(2) 计算 α_p^* 与 y_p^*。

$$c_1=5.488\,910,\quad c_2=4.441\,347$$

$$\alpha_p^*=\frac{1}{2}\left(a+b-\frac{c_1}{c_2}\right)=0.382\,067$$

$$y_p^*=f(\alpha_p^*)=-2.927\,209$$

(3) 缩短搜索区间。因为 $\alpha_p^*<\alpha_2$，$y_2>y_p^*$，经过区间消去后，得

$$a=-0.5,\quad \alpha_2=0.382\,067,\quad b=1$$

$$y_1=-0.851\,279,\quad y_2=-2.927\,209,\quad y_3=-2.610\,944$$

(4) 在新搜索区间内重复步骤(2)。

$$c_1=-1.173\,11,\quad c_2=-1.910\,196$$

$$\alpha_p^*=0.557\,065,\quad y_p^*=-3.040\,450$$

(5) 检查终止条件。$|\alpha_p^*-\alpha_2|=|0.557\,065-0.382\,067|=0.174\,998>\varepsilon$，不满足迭代终止条件，返回步骤(2)，经 5 次插值计算后有

$$|\alpha_p^* - \alpha_2| = 0.002\ 971 < \varepsilon$$

得最优解

$$\alpha^* = \alpha_p^* = 0.608\ 188$$

$$y^* = y_p^* = -3.047\ 188$$

本题的各次插值计算结果见表 6.3。

表 6.3　例 6.8 的计算结果

计算次数	1	2	3	4	5
a	−0.5	0.5	0.382 067	0.557 065	0.593 226
α_2	1.0	0.382 067	0.557 065	0.593 226	0.605 217
b	2.5	1.0	1.0	1.0	1.0
y_1	−0.851 279	−0.851 279	−2.927 209	−3.040 450	−3.046 534
y_2	−2.610 944	−2.927 209	−3.040 450	−3.046 534	−3.047 145
y_3	15.615 452	−2.610 944	−2.610 944	−2.610 944	−2.610 944
c_1	5.188 910	−1.173 11	0.511 811	0.969 682	1.078 40
c_2	1.441 347	1.910 196	2.616 433	2.797 449	2.841 548
α_p^*	0.382 067	0.557 065	0.593 226	0.605 217	0.608 188
y_p^*	2.927 209	−3.040 450	−3.046 534	−3.047 115	−3.047 188

6.3　无约束优化问题的求解方法

6.3.1　概述

在众多机械优化设计的实际问题中，大多数都是属于在一定的限制条件下追求某一指标为最小的约束优化问题。研究机械优化设计中的无约束优化问题是出于以下几个方面的考虑。

首先，在机械优化设计中，也有些实际问题，其数学模型本身就是一个无约束优化问题，或者除了在非常接近最终极小点的情况下，都可以按无约束问题来处理。

其次，研究无约束优化问题的解法也可以为更好地求解约束优化问题打下良好的基础。

最后，约束优化问题的求解可以通过一系列无约束优化方法来达到。无约束优化方法已经逐渐成为对某些工程问题进行分析的一个有效的方法。

所以，无约束优化方法是最优化技术中极为重要和基本的内容之一，也是最优化技术的基础。无约束优化问题的一般形式可表示为

求 n 维设计变量

$$\boldsymbol{x} = [x_1 \quad x_2 \quad \cdots \quad x_n]^{\mathrm{T}}$$

使目标函数

$$f(\boldsymbol{x}) \rightarrow \min, \quad \boldsymbol{x} \in \mathbf{R}^n$$

对于上述无约束优化问题的求解，可以利用无约束极值存在的必要条件来求得，也就是将求目标函数极值的问题变成求解方程

$$\nabla f(\boldsymbol{x}^*) = 0$$

的问题，即求 $\boldsymbol{x}^*$，使其满足

$$\left.\begin{aligned} \frac{\partial f(\boldsymbol{x}^*)}{\partial x_1} &= 0 \\ \frac{\partial f(\boldsymbol{x}^*)}{\partial x_2} &= 0 \\ &\vdots \\ \frac{\partial f(\boldsymbol{x}^*)}{\partial x_n} &= 0 \end{aligned}\right\} \tag{6.43}$$

解上述方程组，求得驻点后，再根据极值点所需满足的充分条件（海赛矩阵正定）来判定是否为极小值点。但是式(6.43)是一个含有 n 个未知量、n 个方程的方程组，并且在实际中一般是非线性的。对于非线性方程组的求解，一般是很难用解析法求解的，需要采用数值计算方法逐步求出非线性联立方程组的解。但是，与其用数值计算方法求解非线性方程组，倒不如用数值计算方法直接求解无约束极值问题。因此，本章将介绍求解无约束优化问题常用的数值解法。

采用数值解法求解无约束优化问题的基本过程是从给定的初始点 $\boldsymbol{x}^{(0)}$ 出发，沿某一搜索方向 $\boldsymbol{d}^{(0)}$ 进行搜索，确定最优步长 α_0 使目标函数值沿方向 $\boldsymbol{d}^{(0)}$ 下降最大，得到 $\boldsymbol{x}^{(1)}$ 点，依此方式按式(6.44)不断进行，形成迭代的下降算法。

$$\boldsymbol{x}^{(k+1)} = \boldsymbol{x}^{(k)} + \alpha_k \boldsymbol{d}^{(k)} \quad (k=0,1,2,\cdots) \tag{6.44}$$

各种无约束优化方法的区别就在于确定其搜索方向 $\boldsymbol{d}^{(k)}$ 的方法不同。所以，搜索方向的构成问题乃是无约束优化方法的关键。

图 6.21 是按迭代式(6.44)对无约束优化问题进行极小化计算的程序框图，其中关键的两个步骤是确定搜索方向 $\boldsymbol{d}^{(k)}$ 和确定最优步长 α_k。显然，$\boldsymbol{d}^{(k)}$ 的不同形成方法，就形成了不同类型的无约束优化方法。实际上，在 $\boldsymbol{x}^{(k+1)} = \boldsymbol{x}^{(k)} + \alpha_k \boldsymbol{d}^{(k)}$ 中，在给定搜索方向 $\boldsymbol{d}^{(k)}$ 的情况下，确定使 $f(\boldsymbol{x}^{(k)} + \alpha_k \boldsymbol{d}^{(k)})$ 取得极小值的 $\alpha_k = \alpha^*$ 的方法也是不同的。求取 α^* 的一维搜索方法已经在 6.2 节中进行了介绍。

根据确定搜索方向 $\boldsymbol{d}^{(k)}$ 所使用信息性质的不同，无约束优化方法可以分为两类：一类是利用目标函数的一阶或二阶导数信息的无约束优化方法，如最速下降法、牛顿法、共轭梯度法及变尺度法等；另一类是只利用目标函数值信息的无约束优化方法，如坐标轮换法、鲍威尔法及单形替换法等。第一类方法由于考虑了函数的变化率，因而收敛速度较快，但计算工作量一般较大；而第二类方法能够避免在迭代过程中求解海赛矩阵，进而可以有效地减小计算工作量。

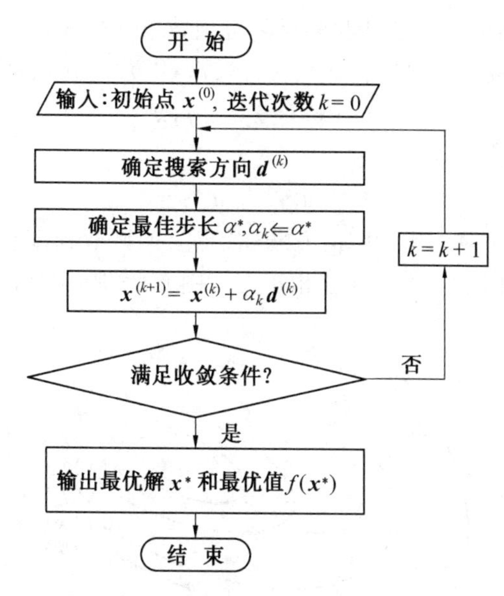

图 6.21 无约束极小化程序框图

6.3.2 最速下降法

最速下降法是求解无约束多元函数极值问题的古老算法之一,早在1847年就已由柯西(Cauchy)提出。该方法形式直观、原理简单,是其他更为实用有效的无约束和约束优化方法的理论基础。因此,最速下降法是无约束优化方法中最基本的方法之一。下面将介绍最速下降法的基本原理。

1. 最速下降法的基本原理

我们知道正梯度方向是函数值增加最快的方向,而负梯度方向是函数值下降最快的方向。优化设计的目的是追求目标函数值最小,因此,一个很自然的想法就是从某点出发,取该点的负梯度方向 $-\nabla f(\boldsymbol{x})$(最速下降方向)作为搜索方向,即令

$$\boldsymbol{d}^{(k)}=-\nabla f(\boldsymbol{x}^{(k)})$$

或取梯度方向的单位向量作为搜索方向,即

$$\boldsymbol{d}^{(k)}=-\frac{\nabla f(\boldsymbol{x}^{(k)})}{\|\nabla f(\boldsymbol{x}^{(k)})\|}$$

进而形成以下迭代的算法:

$$\boldsymbol{x}^{(k+1)}=\boldsymbol{x}^{(k)}-\alpha_k \nabla f(\boldsymbol{x}^{(k)}) \quad (k=0,1,2,\cdots) \tag{6.45}$$

或写成

$$\boldsymbol{x}^{(k+1)}=\boldsymbol{x}^{(k)}-\alpha_k \frac{\nabla f(\boldsymbol{x}^{(k)})}{\|\nabla f(\boldsymbol{x}^{(k)})\|} \quad (k=0,1,2,\cdots)$$

最速下降法是以负梯度方向作为搜索方向,所以最速下降法又称为梯度法(Gradient Method)。

为了使目标函数值沿搜索方向 $-\nabla f(\boldsymbol{x})$ 能获得最大的下降值,其步长因子 α_k 应取一维搜索的最优步长,即有

$$f(\boldsymbol{x}^{(k+1)})=f[\boldsymbol{x}^{(k)}-\alpha_k \nabla f(\boldsymbol{x}^{(k)})]=\min_{\alpha} f[\boldsymbol{x}^{(k)}-\alpha \nabla f(\boldsymbol{x}^{(k)})]=\min_{\alpha} \varphi(\alpha) \tag{6.46}$$

根据一元函数极值的必要条件和多元复合函数求导公式，得

$$\varphi'(\alpha) = -\{\nabla f[\boldsymbol{x}^{(k)} - \alpha_k \nabla f(\boldsymbol{x}^{(k)})]\}^{\mathrm{T}} \nabla f(\boldsymbol{x}^{(k)}) = 0 \tag{6.47}$$

$$[\nabla f(\boldsymbol{x}^{(k+1)})]^{\mathrm{T}} \nabla f(\boldsymbol{x}^{(k)}) = 0 \tag{6.48}$$

或写成

$$[\boldsymbol{d}^{(k+1)}]^{\mathrm{T}} \boldsymbol{d}^{(k)} = 0 \tag{6.49}$$

由此可知，在最速下降法中，相邻两个迭代点上的函数梯度相互正交，而搜索方向就是负梯度方向，因此相邻两个搜索方向互相正交。图 6.22 所示为二维目标函数采用最速下降法的搜索过程示意图。

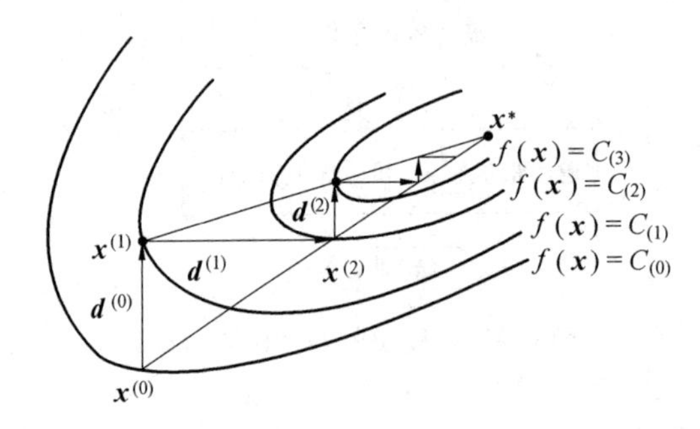

图 6.22　二维目标函数采用最速下降法的搜索过程示意图

2. 最速下降法的计算步骤

(1) 取初始点 $\boldsymbol{x}^{(0)} \in \mathbf{R}^n$，收敛精度为 $\varepsilon > 0$，并令 $k \Leftarrow 0$。

(2) 计算 $\boldsymbol{x}^{(k)}$ 点的梯度 $\nabla f(\boldsymbol{x}^{(k)})$，以及搜索方向 $\boldsymbol{d}^{(k)} = -\dfrac{\nabla f(\boldsymbol{x}^{(k)})}{\|\nabla f(\boldsymbol{x}^{(k)})\|}$。

(3) 检验是否满足收敛性判断准则 $\|\nabla f(\boldsymbol{x}^{(k)})\| \leqslant \varepsilon$。若满足，则停止迭代，得点 $\boldsymbol{x}^* = \boldsymbol{x}^{(k)}$ 及目标函数值 $f(\boldsymbol{x}^*) = f(\boldsymbol{x}^{(k)})$，否则进行下一步计算。

(4) 进行一维搜索，求最优步长 α_k，即

$$\min_{\alpha} f(\boldsymbol{x}^{(k)} + \alpha \boldsymbol{d}^{(k)}) = f(\boldsymbol{x}^{(k)} + \alpha_k \boldsymbol{d}^{(k)})$$

(5) 令 $\boldsymbol{x}^{(k+1)} = \boldsymbol{x}^{(k)} + \alpha_k \boldsymbol{d}^{(k)}$，$k \Leftarrow k+1$，转步骤(2)。

最速下降法算法的程序框图如图 6.23 所示。

3. 最速下降法的特点

(1) 最速下降法理论明确、方法简单、概念清楚，每迭代一次除需进行一维搜索外，只需计算函数的一阶偏导数，计算量小。

(2) 由式(6.49)可知，相邻两次迭代的梯度方向是互相正交的，即$[\boldsymbol{d}^{(k+1)}]^{\mathrm{T}} \boldsymbol{d}^{(k)} = 0$，这也可以从图 6.24 中表现出来。设迭代从 $\boldsymbol{x}^{(0)}$ 点开始，$\boldsymbol{d}^{(0)} = -\nabla f(\boldsymbol{x}^{(0)})$ 方向进行一维搜索得到 $\boldsymbol{x}^{(1)}$ 点，显然 $\boldsymbol{x}^{(1)}$ 点就是向量 $\boldsymbol{d}^{(0)}$ 与函数等值线 $f(\boldsymbol{x}) = C_{(1)}$ 的切点，$\boldsymbol{d}^{(0)}$ 是等值线 $f(\boldsymbol{x}) = C_{(1)}$ 的切线。则迭代从 $\boldsymbol{x}^{(1)}$ 点出发沿 $\boldsymbol{d}^{(1)} = -\nabla f(\boldsymbol{x}^{(1)})$ 方向进行一维搜索，而由梯度的性质可知，$\boldsymbol{d}^{(1)}$ 就是等值线 $f(\boldsymbol{x}) = C_{(1)}$ 在点 $\boldsymbol{x}^{(1)}$ 的法线，所以 $\boldsymbol{d}^{(0)}$ 与 $\boldsymbol{d}^{(1)}$ 必为正交向量，也即$[\boldsymbol{d}^{(1)}]^{\mathrm{T}} \boldsymbol{d}^{(0)} = \mathbf{0}$。同理，以后的迭代中也总是前后两次迭代方向互为正交，因此，随着迭代过程的进行，最速下降法的搜索路径呈现“之”字形的锯齿现象，越靠近极小点，搜索点的密度越大，降低了收敛速度。

(3) 迭代次数与目标函数等值线形状和初始点的位置选择有关。当等值线族为圆族

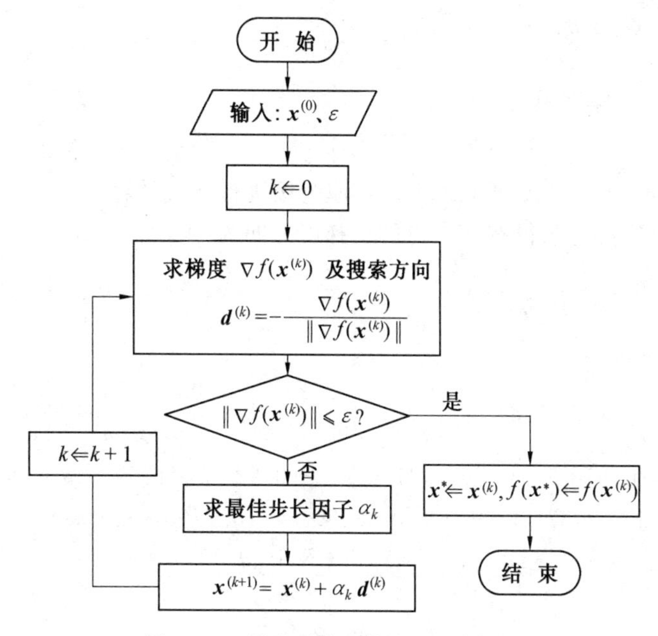

图 6.23 最速下降法算法的程序框图

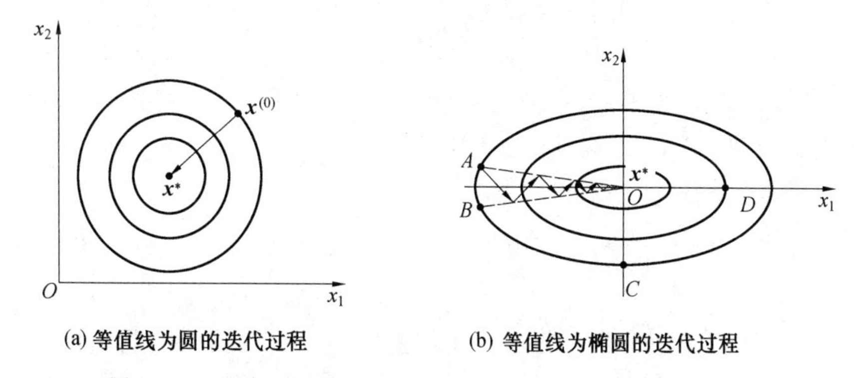

图 6.24 不同形状目标函数采用最速下降法的迭代过程

时,则一次迭代就能达到极小点 x^*,这是因为圆周上任意一点的负梯度方向总是指向圆心,如图 6.24(a) 所示。但是,当目标函数的等值线为椭圆族时,此时取不同位置作为初始点,收敛的快慢就会有很大的不同,如图 6.24(b) 所示,若初始点取在 x_1 轴 D 点或者 x_2 轴上 C 点,则一次搜索到达极小点;若初始点取在 A、B 位置,则收敛次数增多,不易达到最优点 x^*,并且形成的椭圆族越扁(椭圆的长短轴相差越大),迭代的次数将越多。

(4) 按负梯度方向搜索并不等同于以最短时间到达最优点。因为"负梯度方向是函数值最速下降方向"仅是迭代点邻域内的一种局部性质,从局部上看,在一点附近函数的下降是快的,但从整体上看则走了许多弯路,下降得并不算快。因此,从整个迭代过程来看,最速下降法并不具有"最速下降"的性质。

例 6.9 试用最速下降法求目标函数为 $f(x) = x_1^2 + x_2^2 - x_1 x_2 - 10x_1 - 4x_2 + 60$ 的极小值,设初始点 $x^{(0)} = [0 \quad 0]^T$,收敛精度 $\varepsilon = 10^{-2}$。

解 (1) 计算初始点 $x^{(0)}$ 处目标函数的梯度和梯度模。

目标函数的梯度为

$$\nabla f(\boldsymbol{x}^{(0)})=\begin{bmatrix}\dfrac{\partial f(\boldsymbol{x})}{\partial x_1} & \dfrac{\partial f(\boldsymbol{x})}{\partial x_2}\end{bmatrix}^{\mathrm{T}}_{\boldsymbol{x}^{(0)}}=[2x_1-x_2-10 \quad 2x_2-x_1-4]^{\mathrm{T}}_{\boldsymbol{x}^{(0)}}=[-10 \quad -4]^{\mathrm{T}}$$

在 $\boldsymbol{x}^{(0)}$ 处目标函数的梯度模为

$$\|\nabla f(\boldsymbol{x}^{(0)})\|=\sqrt{(-10)^2+(-4)^2}=10.770\ 329$$

由于 $\|\nabla f(\boldsymbol{x}^{(0)})\|=10.770\ 329>\varepsilon$，应继续进行迭代计算。

(2) 第一次迭代首先求得在 $\boldsymbol{x}^{(0)}$ 点的负梯度方向为

$$\boldsymbol{d}^{(0)}=-\frac{1}{10.770\ 329}[-10 \quad -4]^{\mathrm{T}}=[0.928\ 5 \quad 0.371\ 4]^{\mathrm{T}}$$

由式(6.45)求得

$$\boldsymbol{x}^{(1)}=\boldsymbol{x}^{(0)}+\alpha\boldsymbol{d}^{(0)}=\begin{Bmatrix}0\\0\end{Bmatrix}+\alpha\begin{Bmatrix}0.928\ 5\\0.371\ 4\end{Bmatrix}=\begin{Bmatrix}0.928\ 5\alpha\\0.371\ 4\alpha\end{Bmatrix}=\begin{Bmatrix}x_1^{(1)}\\x_2^{(1)}\end{Bmatrix}$$

$$f(\boldsymbol{x}^{(0)}+\alpha\boldsymbol{d}^{(0)})=(0.928\ 5\alpha)^2+(0.371\ 4\alpha)^2-(0.928\ 5\times0.371\ 4\alpha^2)-10\times0.928\ 5\alpha-4\times0.371\ 4\alpha+60=0.655\ 2\alpha^2-10.770\ 6\alpha+60$$

令
$$\frac{\mathrm{d}f(\boldsymbol{x}^{(1)})}{\mathrm{d}\alpha}=\frac{\mathrm{d}f(\boldsymbol{x}^{(0)}+\alpha\boldsymbol{d}^{(0)})}{\mathrm{d}\alpha}=0$$

求得最优步长
$$\alpha_0=8.219\ 3$$

则
$$\boldsymbol{x}^{(1)}=\begin{Bmatrix}x_1^{(1)}\\x_2^{(1)}\end{Bmatrix}=\begin{Bmatrix}7.631\ 6\\3.052\ 7\end{Bmatrix},\quad \nabla f(\boldsymbol{x}^{(1)})=\begin{Bmatrix}2.210\ 5\\-5.526\ 2\end{Bmatrix}$$

$$\|\nabla f(\boldsymbol{x}^{(1)})\|=\sqrt{(2.210\ 5)^2+(-5.526\ 2)^2}=5.951\ 9>\varepsilon$$

未达到收敛要求，应继续进行迭代计算。

(3) 第二次迭代。

$$\boldsymbol{d}^{(1)}=-\frac{1}{5.951\ 5}[2.210\ 5 \quad -5.526\ 2]^{\mathrm{T}}=[-0.371\ 4 \quad 0.928\ 5]^{\mathrm{T}}$$

$$\boldsymbol{x}^{(2)}=\boldsymbol{x}^{(1)}+\alpha\boldsymbol{d}^{(1)}=\begin{Bmatrix}7.631\ 6\\3.052\ 7\end{Bmatrix}+\alpha\begin{Bmatrix}-0.371\ 4\\0.928\ 5\end{Bmatrix}=\begin{Bmatrix}x_1^{(2)}\\x_2^{(2)}\end{Bmatrix}$$

同理令
$$\frac{\mathrm{d}f(\boldsymbol{x}^{(2)})}{\mathrm{d}\alpha}=\frac{\mathrm{d}f(\boldsymbol{x}^{(1)}+\alpha\boldsymbol{d}^{(1)})}{\mathrm{d}\alpha}=0$$

求得最优步长
$$\alpha_1=2.212\ 9$$

则
$$\boldsymbol{x}^{(2)}=\begin{Bmatrix}x_1^{(2)}\\x_2^{(2)}\end{Bmatrix}=\begin{Bmatrix}6.809\ 7\\5.107\ 3\end{Bmatrix},\quad \nabla f(\boldsymbol{x}^{(2)})=\begin{Bmatrix}-1.487\ 9\\-0.595\ 1\end{Bmatrix}$$

$$\|\nabla f(\boldsymbol{x}^{(2)})\|=\sqrt{(-1.487\ 9)^2+(-0.595\ 1)^2}=1.602\ 5>\varepsilon$$

经过两次迭代仍未达到预期的收敛精度，因此，应继续迭代下去。经过 8 次迭代后，$\|\nabla f(\boldsymbol{x}^{(8)})\|=0.005\ 3$，已小于计算精度，可终止迭代。本例中各次迭代的计算结果见表 6.4，图 6.25 显示了本问题的迭代过程，从图中也可以明显地看出“之”字形的锯齿状的搜索路径。

表 6.4 例 6.9 的计算结果

k	$x_1^{(k)}$	$x_2^{(k)}$	$\nabla f(\boldsymbol{x}^{(k)})$	$\|\nabla f(\boldsymbol{x}^{(k)})\|$	$f(\boldsymbol{x}^{(k)})$
0	0	0	$[10\quad -4]^{\mathrm{T}}$	10.770 3	60
1	7.631 6	3.052 7	$[2.210\,5\quad -5.326\,2]^{\mathrm{T}}$	5.951 9	15.736 8
2	6.809 7	5.107 3	$[1.487\,9\quad -0.595\,1]^{\mathrm{T}}$	1.602 5	9.151
3	7.945 2	5.561 5	$[0.328\,9\quad -0.822\,2]^{\mathrm{T}}$	0.885 6	8.171 3
4	7.822 9	5.867 2	$[-0.221\,4\quad -0.088\,5]^{\mathrm{T}}$	0.238 4	8.025 5
5	7.991 8	5.934 8	$[0.048\,9\quad -0.122\,3]^{\mathrm{T}}$	0.131 8	8.003 791
6	7.973 7	5.980 2	$[0.032\,9\quad -0.013\,2]^{\mathrm{T}}$	0.035 5	8.000 564
7	7.998 8	5.990 3	$[0.007\,3\quad -0.018\,2]^{\mathrm{T}}$	0.019 6	8.000 083 9
8	7.996 1	5.997 1	$[-0.004\,9\quad -0.001\,9]^{\mathrm{T}}$	0.005 3	8.000 013 6

最速下降法采用了函数的负梯度方向作为下一步的搜索方向，在整个搜索过程中收效速度较慢，越是接近极值点收敛越慢，这是它的主要缺点。但是，应用最速下降法可以使目标函数在开始几步下降很快，所以它可与其他无约束优化方法配合使用，特别是一些更有效的方法都是在对它进行改进后，或在它的启发下获得的，因此最速下降法仍是许多有约束和无约束优化方法的基础。

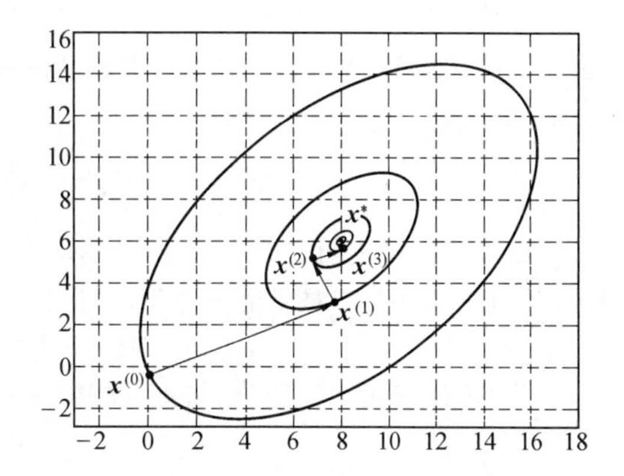

图 6.25 例 6.9 最速下降法搜索过程

6.3.3 牛顿型方法

由于最速下降法在迭代过程中存在锯齿状搜索路径，最初几步迭代数值下降很快，但是总体下降得并不快，而且越接近极值点下降得越慢，其主要原因是梯度法在确定搜索方向时只考虑目标函数在迭代点的局部性质，即利用一阶偏导数(梯度)信息。本节所介绍的牛顿型方法主要包括牛顿法和阻尼牛顿法，这类方法在确定搜索方向时进一步利用了目标函数的二阶偏导数，考虑了梯度变化的趋势，从而更为全面地确定合适的搜索方向，以便很快地搜索到目标函数的极小点。

1. 牛顿法的基本原理

牛顿法是一种收敛速度很快的方法，其基本思路是利用二次曲面(线)来逐点近似原目标函数，以二次曲面(线)的极小点来近似原目标函数的极小点并逐渐逼近该点。下面以简单的一维问题来说明牛顿法的寻优过程。

如图 6.26 所示，设已知一元目标函数 $f(x)$ 的初始点 $A(x^{(k)}, f(x^{(k)}))$，过 A 点作一条与原目标函数 $f(x)$ 相切的二次曲面(线)—— 抛物线 $\varphi(x)$，求此抛物线的极小点的坐标 $x^{(k+1)}$。将 $x^{(k+1)}$ 代入原目标函数 $f(x)$ 求得 $f(x^{(k+1)})$ 值或 B 点，过 B 点再作一条与 $f(x)$ 相切的二次曲线，得下一个近似点 C，并依次进行下去直至找到原目标函数的极小点的坐标值 x^* 为止。

取原目标函数在各迭代点附近展开的泰勒二次多项式(即泰勒多项式只取到二次项或前三项),作为每次迭代计算时用以逼近目标函数的二次曲面(线)的函数表达式。

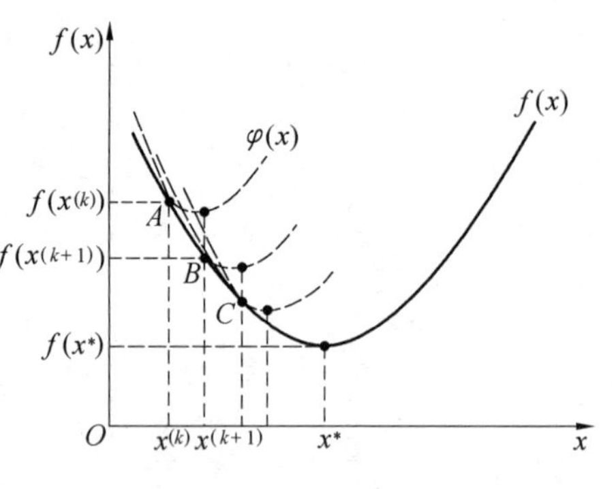

图 6.26 一维问题牛顿法寻优过程

对于一元函数 $f(x)$ 在 $x^{(k)}$ 进行泰勒展开到二次项,得二次函数 $\varphi(x)$,即

$$\varphi(x)=f(x^{(k)})+f'(x^{(k)})(x-x^{(k)})+\frac{1}{2}f''(x^{(k)})(x-x^{(k)})^2 \tag{6.50}$$

此二次函数的极小点,可由 $\varphi'(x^{(k)})=0$ 求得。

对于n维问题,设目标函数 $f(\boldsymbol{x})$ 具有连续的一、二阶偏导数,$\boldsymbol{x}^{(k)}$ 为 $f(\boldsymbol{x})$ 在极小点附近的一个近似点。将 $f(\boldsymbol{x})$ 在 $\boldsymbol{x}^{(k)}$ 处做泰勒展开,保留到二次项,得

$$f(\boldsymbol{x})\approx f(\boldsymbol{x}^{(k)})+[\nabla f(\boldsymbol{x}^{(k)})]^{\mathrm{T}}[\boldsymbol{x}-\boldsymbol{x}^{(k)}]+\frac{1}{2}[\boldsymbol{x}-\boldsymbol{x}^{(k)}]^{\mathrm{T}}\nabla^2 f(\boldsymbol{x}^{(k)})[\boldsymbol{x}-\boldsymbol{x}^{(k)}]$$

式中,$\nabla^2 f(\boldsymbol{x}^{(k)})$ 为 $f(\boldsymbol{x})$ 在 $\boldsymbol{x}^{(k)}$ 点处的海赛矩阵,可以用 $\boldsymbol{G}(\boldsymbol{x}^{(k)})$ 表示。用 $\varphi(\boldsymbol{x})$ 表示上述 $f(\boldsymbol{x})$ 的二次泰勒多项式,即

$$\varphi(\boldsymbol{x})=f(\boldsymbol{x}^{(k)})+[\nabla f(\boldsymbol{x}^{(k)})]^{\mathrm{T}}[\boldsymbol{x}-\boldsymbol{x}^{(k)}]+\frac{1}{2}[\boldsymbol{x}-\boldsymbol{x}^{(k)}]^{\mathrm{T}}\boldsymbol{G}(\boldsymbol{x}^{(k)})[\boldsymbol{x}-\boldsymbol{x}^{(k)}] \tag{6.51}$$

由无约束优化问题的极值条件可知,当 $\nabla\varphi(\boldsymbol{x})=0$ 时可求得二次曲面(线)$\varphi(\boldsymbol{x})$ 的极值点,且当在该点处的海赛矩阵为正定时为极小点,即

$$\nabla\varphi(\boldsymbol{x})=\nabla f(\boldsymbol{x}^{(k)})+\boldsymbol{G}(\boldsymbol{x}^{(k)})[\boldsymbol{x}-\boldsymbol{x}^{(k)}]=0 \tag{6.52}$$

若 $\boldsymbol{G}(\boldsymbol{x}^{(k)})$ 为可逆矩阵,将上式等号两边左乘以$[\boldsymbol{G}(\boldsymbol{x}^{(k)})]^{-1}$,并整理后得

$$\boldsymbol{x}=\boldsymbol{x}^{(k)}-[\boldsymbol{G}(\boldsymbol{x}^{(k)})]^{-1}\nabla f(\boldsymbol{x}^{(k)}) \tag{6.53}$$

当目标函数 $f(\boldsymbol{x})$ 是正定的二次函数时,牛顿法变得极为简单、有效,这时海赛矩阵 $\boldsymbol{G}(\boldsymbol{x}^{(k)})$ 是一个常数矩阵,式(6.51) 即是精确表达式,而利用式(6.53) 进行一次迭代计算所求得的 $\boldsymbol{x}$ 就是最优点 $\boldsymbol{x}^*$。

2. 牛顿法的迭代公式

在一般情况下 $f(\boldsymbol{x})$ 不一定为二次函数,因此不能通过一次迭代就求出极小点,即极小点不在 $-[\boldsymbol{G}(\boldsymbol{x}^{(k)})]^{-1}\nabla f(\boldsymbol{x}^{(k)})$ 方向上,但由于在 $\boldsymbol{x}^{(k)}$ 点附近,函数 $\varphi(\boldsymbol{x})$ 与 $f(\boldsymbol{x})$ 是近似的,所以这个方向可以作为近似方向,可以用式(6.53) 求出的点 $\boldsymbol{x}$ 作为一个逼近点 $\boldsymbol{x}^{(k+1)}$,这时式(6.53) 即可改写成牛顿法的一般迭代公式

$$\boldsymbol{x}^{(k+1)}=\boldsymbol{x}^{(k)}-[\boldsymbol{G}(\boldsymbol{x}^{(k)})]^{-1}\nabla f(\boldsymbol{x}^{(k)}) \tag{6.54}$$

式中,$-[\boldsymbol{G}(\boldsymbol{x}^{(k)})]^{-1}\nabla f(\boldsymbol{x}^{(k)})$ 是牛顿方向。

通过这种迭代,逐次向极小点 $\boldsymbol{x}^*$ 逼近。

例 6.10 试用牛顿法求目标函数 $f(\boldsymbol{x})=x_1^2+25x_2^2$ 的极小值。

解 取初始点 $\boldsymbol{x}^{(0)}=[2\quad 2]^{\mathrm{T}}$,则在初始点处的目标函数的梯度、海赛矩阵及其逆矩阵分别为

$$\nabla f(\boldsymbol{x}^{(0)})=\begin{Bmatrix}\dfrac{\partial f(\boldsymbol{x}^{(0)})}{\partial x_1}\\[2mm]\dfrac{\partial f(\boldsymbol{x}^{(0)})}{\partial x_2}\end{Bmatrix}=\begin{Bmatrix}2x_1\\50x_2\end{Bmatrix}=\begin{Bmatrix}4\\100\end{Bmatrix}$$

$$G(x^{(0)}) = \nabla^2 f(x^{(0)}) = \begin{bmatrix} \dfrac{\partial^2 f(x^{(0)})}{\partial x_1^2} & \dfrac{\partial^2 f(x^{(0)})}{\partial x_1 x_2} \\ \dfrac{\partial^2 f(x^{(0)})}{\partial x_2 x_1} & \dfrac{\partial^2 f(x^{(0)})}{\partial x_2^2} \end{bmatrix} = \begin{bmatrix} 2 & 0 \\ 0 & 50 \end{bmatrix}$$

$$[G(x^{(0)})]^{-1} = [\nabla^2 f(x^{(0)})]^{-1} = \begin{bmatrix} \dfrac{1}{2} & 0 \\ 0 & \dfrac{1}{50} \end{bmatrix}$$

代入牛顿法迭代公式，得

$$x^{(1)} = x^{(0)} - [G(x^{(0)})]^{-1} \nabla f(x^{(0)}) = \begin{Bmatrix} 2 \\ 2 \end{Bmatrix} - \begin{bmatrix} \dfrac{1}{2} & 0 \\ 0 & \dfrac{1}{50} \end{bmatrix} \begin{Bmatrix} 4 \\ 100 \end{Bmatrix} = \begin{Bmatrix} 0 \\ 0 \end{Bmatrix}$$

$$f(x^{(1)}) = 0$$

因目标函数 $f(x)$ 为二次函数，故 $x^{(1)} = \begin{Bmatrix} 0 \\ 0 \end{Bmatrix}$ 为目标函数的极小点。

3. 阻尼牛顿法

从牛顿法迭代公式的推导中可以看出，迭代点的位置是按照极值条件确定的，其中并未含有沿下降方向进行搜索的概念。因此，对于非二次函数或者初始点选择不当时，采用上述牛顿法有可能会使函数值上升，即出现 $f(x^{(k+1)}) > f(x^{(k)})$ 的情况，这就有可能导致迭代结果收敛于极大点或者不收敛等情况。基于这种原因需要对古典的牛顿法做一些修改，于是便出现了阻尼牛顿法，其修正方法是，用 $x^{(k)}$ 求 $x^{(k+1)}$ 时不是直接利用原来的迭代公式计算，而是沿着 $x^{(k)}$ 点处的牛顿方向进行一维搜索，将该方向上的最优点作为 $x^{(k+1)}$，于是式(6.54) 改写为

$$x^{(k+1)} = x^{(k)} - \alpha_k [G(x^{(k)})]^{-1} \nabla f(x^{(k)}) \tag{6.55}$$

其中搜索方向取牛顿方向，即

$$d^{(k)} = -[G(x^{(k)})]^{-1} \nabla f(x^{(k)}) \tag{6.56}$$

式(6.55) 中，α_k 为沿牛顿方向进行一维搜索的最优步长，可称为阻尼因子。α_k 可通过如下极小化过程求得：

$$\min_{\alpha} f(x^{(k)} + \alpha d^{(k)}) = f(x^{(k)} + \alpha_k d^{(k)}) \tag{6.57}$$

这种阻尼牛顿法通常又称为广义牛顿方法，或称修正牛顿法。原来的牛顿法相当于阻尼牛顿法的搜索步长 α_k 恒取 1 的情况。虽然相对于原来的牛顿法，阻尼牛顿法的计算工作量多了一些，但是在目标函数 $f(x)$ 的海赛矩阵为正定的情况下，它能保证每次迭代都能使函数值有所下降。即使初始点选择不当，用这种搜索方法也会成功。同时，它还保留了古典牛顿法收敛快的优点。

4. 阻尼牛顿法的计算步骤

(1) 取初始点 $x^{(0)}$，收敛精度为 $\varepsilon > 0$，并令 $k \Leftarrow 0$。

(2) 计算 $x^{(k)}$ 点的梯度 $\nabla f(x^{(k)})$ 及其梯度模 $\| \nabla f(x^{(k)}) \|$。

(3) 检查是否满足收敛性判断准则 $\| \nabla f(x^{(k)}) \| < \varepsilon$。若满足，则迭代停止，得点 $x^* = x^{(k+1)}$ 及目标函数值 $f(x^*) = f(x^{(k+1)})$；否则进行下一步计算。

(4) 计算海赛矩阵 $\boldsymbol{G}(\boldsymbol{x}^{(k)})$，并求其逆矩阵 $[\boldsymbol{G}(\boldsymbol{x}^{(k)})]^{-1}$，确定牛顿方向 $\boldsymbol{d}^{(k)}=-[\boldsymbol{G}(\boldsymbol{x}^{(k)})]^{-1}\nabla f(\boldsymbol{x}^{(k)})$，并沿牛顿方向进行一维搜索，求出在 $\boldsymbol{d}^{(k)}$ 方向上的最优步长 α_k，即 $\min\limits_{\alpha} f(\boldsymbol{x}^{(k)}+\alpha\boldsymbol{d}^{(k)})=f(\boldsymbol{x}^{(k)}+\alpha_k\boldsymbol{d}^{(k)})$。

(5) 令 $\boldsymbol{x}^{(k+1)}=\boldsymbol{x}^{(k)}+\alpha_k\boldsymbol{d}^{(k)}$，$k\Leftarrow k+1$，转步骤(2)。

阻尼牛顿法的程序框图如图 6.27 所示。

5. 阻尼牛顿法的特点

(1) 阻尼牛顿法具有二阶收敛速度，即对于正定二次函数，应用阻尼牛顿法只要一次迭代就可以达到极小点。

(2) 对目标函数性态有较严格的要求。除了要求目标函数具有连续的一、二阶偏导数以外，为了保证函数的稳定下降，海赛矩阵必须正定。同时，为了能求逆矩阵形成牛顿方向，又要求海赛矩阵必须非奇异。

(3) 计算较为复杂。除了求目标函数的梯度以外，还要计算目标函数的二阶偏导数矩阵和它的逆矩阵，占用计算机的存储量也很大。

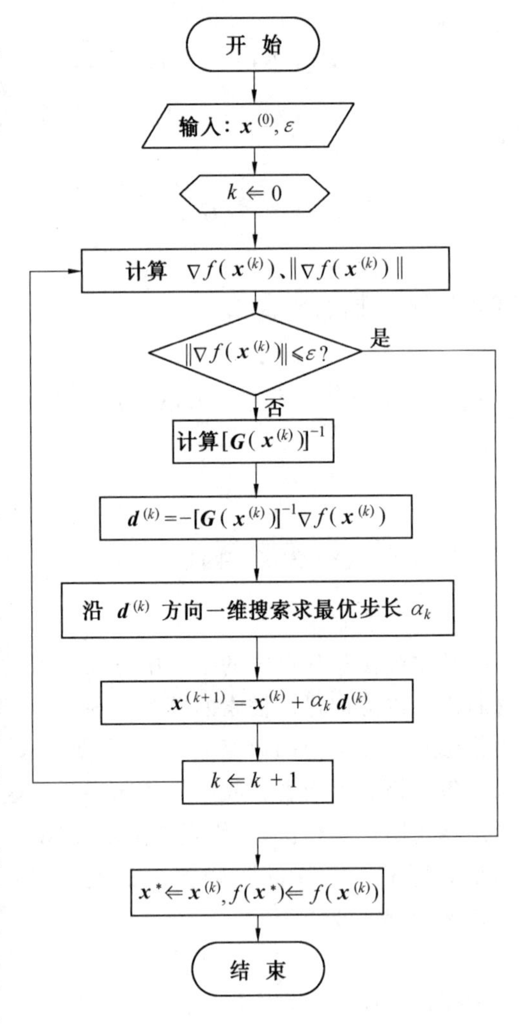

图 6.27 阻尼牛顿法的程序框图

同最速下降法一样，牛顿型方法也是求解无约束优化问题的一种古老的算法。由于阻尼牛顿法存在上述(2)、(3) 所述的缺点，限制了其在解决实际问题中的应用。为了克服阻尼牛顿法的缺点而发挥其优点，人们研究了很多改进的算法，如后面将要介绍的变尺度法就是在阻尼牛顿法的基础上形成的一种新的无约束优化方法。

6.3.4 共轭方向与共轭梯度法

牛顿型方法虽然具有收敛速度快的优点，但是在迭代过程中，需要计算目标函数的海赛矩阵及其逆矩阵。因此，不适用于目标函数的变量较多和因次较高以及海赛矩阵为奇异矩阵时的优化过程。最速下降法最初几步迭代速度较快，越接近极值点时效果越差，在搜索过程中存在锯齿状的搜索路径。但是，最速下降法还具有计算简单、对初始点的选择要求低等优点，这些都是牛顿法所不及的。所以在最速下降法的基础上，发展了共轭方向法，以期获得在极值点附近有较快的收敛速度。共轭方向法是以共轭方向为基础的一类算法，这类算法避免了最速下降法收敛慢的缺点和牛顿法那样求二阶偏导数矩阵及其逆矩阵的复杂计算，在实际工程中得到了广泛的应用。形成共轭方向的方法不同，将产生不同的共轭方向法，共轭梯度法就是共轭方向法的一种。

1. 共轭方向的概念和性质

(1) 问题的提出。

二次函数是最简单的非线性函数,可以证明二阶偏导数矩阵为正定的目标函数在极值点附近又都近似于二次函数,所以研究二次函数的无约束极值问题,可以推广到一般无约束极值问题。首先考虑目标函数为二次函数的情形,二次函数的一般矩阵表达式为

$$f(\boldsymbol{x})=\frac{1}{2}\boldsymbol{x}^{\mathrm{T}}\boldsymbol{A}\boldsymbol{x}+\boldsymbol{B}^{\mathrm{T}}\boldsymbol{x}+\boldsymbol{C} \tag{6.58}$$

为了直观起见,首先考虑二维情况,即以二元二次函数为例来进行说明。如图 6.28 所示,二元二次函数的等值线为一族椭圆,从初始点 $\boldsymbol{x}^{(0)}$ 出发,首先按照最速下降法搜索极小点,即取 $\boldsymbol{d}^{(0)}=-\nabla f(\boldsymbol{x}^{(0)})$ 作为搜索方向进行一维搜索,找到一维极小点 $\boldsymbol{x}^{(1)}$,再从 $\boldsymbol{x}^{(1)}$ 出发继续搜索。如果仍采用最速下降法,这时应沿着 $\boldsymbol{x}^{(1)}$ 点的负梯度方向进行搜索,即 $\boldsymbol{d}^{(1)}=-\nabla f(\boldsymbol{x}^{(1)})$。前面已经指出 $\boldsymbol{d}^{(0)}$ 和 $\nabla f(\boldsymbol{x}^{(1)})$ 正交,即

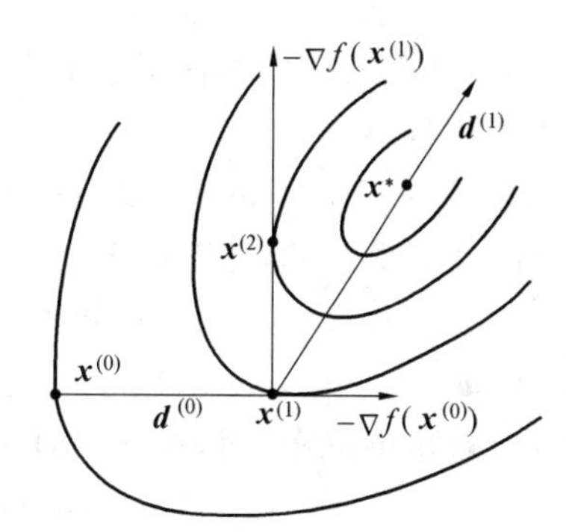

图 6.28 二元二次函数的负梯度方向与共轭方向

$$[\nabla f(\boldsymbol{x}^{(1)})]^{\mathrm{T}}\boldsymbol{d}^{(0)}=0 \tag{6.59}$$

这样迭代下去,将出现锯齿状的搜索路径。为了避免锯齿状的搜索路径的产生,我们要寻找一个方向 $\boldsymbol{d}^{(1)}$,使其在 $\boldsymbol{x}^{(1)}$ 点直接指向目标函数的极小点 $\boldsymbol{x}^{*}$。下面就介绍这样直接指向极小点 $\boldsymbol{x}^{*}$ 的搜索方向 $\boldsymbol{d}^{(1)}$ 需要满足什么样的条件。

若 $\boldsymbol{d}^{(1)}$ 直指极小点,则可以写成

$$\boldsymbol{x}^{*}=\boldsymbol{x}^{(1)}+\alpha_1\boldsymbol{d}^{(1)} \tag{6.60}$$

式中,α_1 是 $\boldsymbol{d}^{(1)}$ 方向上的最优步长因子。

当 $\boldsymbol{x}^{(1)}\neq\boldsymbol{x}^{*}$ 时,$\alpha_1\neq 0$,因为 $\boldsymbol{x}^{*}$ 是极小点,所以应该满足极值点的必要条件,即

$$\nabla f(\boldsymbol{x}^{*})=0 \tag{6.61}$$

由式(6.58)求导,得

$$\nabla f(\boldsymbol{x}^{*})=\boldsymbol{A}\boldsymbol{x}^{*}+\boldsymbol{B}=0 \tag{6.62}$$

将式(6.60)代入式(6.62),得

$$\nabla f(\boldsymbol{x}^{*})=\boldsymbol{A}\boldsymbol{x}^{(1)}+\boldsymbol{A}\alpha_1\boldsymbol{d}^{(1)}+\boldsymbol{B}=0 \tag{6.63}$$

由于在 $\boldsymbol{x}^{(1)}$ 点的梯度可以表示为

$$\nabla f(\boldsymbol{x}^{(1)})=\boldsymbol{A}\boldsymbol{x}^{(1)}+\boldsymbol{B} \tag{6.64}$$

于是,式(6.63)可以简化成

$$\nabla f(\boldsymbol{x}^{(1)})+\boldsymbol{A}\alpha_1\boldsymbol{d}^{(1)}=0 \tag{6.65}$$

将式(6.65)左乘$[\boldsymbol{d}^{(0)}]^{\mathrm{T}}$,并根据式(6.59)和 $\alpha_1\neq 0$,则有

$$[\boldsymbol{d}^{(0)}]^{\mathrm{T}}\boldsymbol{A}\boldsymbol{d}^{(1)}=0 \tag{6.66}$$

式(6.66)即为从 $\boldsymbol{x}^{(1)}$ 点出发直接指向目标函数的极小点 $\boldsymbol{x}^{*}$ 的搜索方向 $\boldsymbol{d}^{(1)}$ 所需满足的条件。

从上面的推导可知,对正定的二元二次函数,可从任意初始点 $\boldsymbol{x}^{(0)}$ 出发,沿 $\boldsymbol{d}^{(0)}$ 和 $\boldsymbol{d}^{(1)}$ 方

向,经二次搜索后即可达到极小点 $\boldsymbol{x}^*$。

把满足式(6.66)的两个向量 $\boldsymbol{d}^{(0)}$ 与 $\boldsymbol{d}^{(1)}$ 称为对于 $\boldsymbol{A}$ 的共轭向量,或称 $\boldsymbol{d}^{(0)}$ 与 $\boldsymbol{d}^{(1)}$ 为 $\boldsymbol{A}$ 的共轭方向。

(2) 共轭方向的概念。

设 $\boldsymbol{A}$ 为 $n\times n$ 阶实对称正定矩阵,而 $\boldsymbol{d}_1$、$\boldsymbol{d}_2$ 为在 n 维欧氏空间 $\mathbf{R}^n$ 中的两个非零向量,如果满足式

$$\boldsymbol{d}_1^{\mathrm{T}}\boldsymbol{A}\boldsymbol{d}_2=\mathbf{0} \tag{6.67}$$

则称向量 $\boldsymbol{d}_1$ 与 $\boldsymbol{d}_2$ 关于实对称正定矩阵 $\boldsymbol{A}$ 是共轭的,或简称 $\boldsymbol{d}_1$ 与 $\boldsymbol{d}_2$ 关于 $\boldsymbol{A}$ 共轭,或 $\boldsymbol{d}_1$ 与 $\boldsymbol{d}_2$ 为 $\boldsymbol{A}$ 的共轭方向。

如果非零向量组 $\boldsymbol{d}_1,\boldsymbol{d}_2,\cdots,\boldsymbol{d}_k\in\mathbf{R}^n$,且这个向量组中的任意两个向量关于 $n\times n$ 阶实对称正定矩阵 $\boldsymbol{A}$ 是共轭的,即满足式

$$\boldsymbol{d}_i^{\mathrm{T}}\boldsymbol{A}\boldsymbol{d}_j=\mathbf{0}\quad(i\neq j;i,j=1,2,\cdots,k) \tag{6.68}$$

则称向量组 $\boldsymbol{d}_1,\boldsymbol{d}_2,\cdots,\boldsymbol{d}_k$ 关于矩阵 $\boldsymbol{A}$ 是共轭的,或简称该向量组为 $\boldsymbol{A}$ 的共轭方向。

当 $\boldsymbol{A}=\boldsymbol{I}$(单位矩阵)时,式(6.68)变成

$$\boldsymbol{d}_i^{\mathrm{T}}\boldsymbol{d}_j=\mathbf{0}\quad(i\neq j;i,j=1,2,\cdots,k) \tag{6.69}$$

由此可见,共轭方向是正交概念的推广,正交是共轭的特例。$\boldsymbol{A}$ 的另一个特殊的例子是目标函数的海赛矩阵 $\boldsymbol{H}(\boldsymbol{x})$。

另外,即对于某一固定的 $\boldsymbol{A}$ 来说,$\boldsymbol{d}_1$ 和 $\boldsymbol{d}_2$ 也不是唯一的,即存在多于一对向量 $\boldsymbol{d}_1$ 与 $\boldsymbol{d}_2$ 满足式(6.67)。

例如,若 $\boldsymbol{A}=\begin{bmatrix}6&2\\2&3\end{bmatrix}$,$\boldsymbol{d}_1^{\mathrm{T}}=[3\quad 0]$,$\boldsymbol{d}_2=\begin{Bmatrix}2\\-6\end{Bmatrix}$,则 $\boldsymbol{d}_1^{\mathrm{T}}\boldsymbol{A}\boldsymbol{d}_2=[3\quad 0]\begin{bmatrix}6&2\\2&3\end{bmatrix}\begin{Bmatrix}2\\-6\end{Bmatrix}=[3\quad 0]\begin{Bmatrix}0\\-14\end{Bmatrix}=\mathbf{0}$;

若 $\boldsymbol{d}_1^{\mathrm{T}}=[0\quad 3]$,$\boldsymbol{d}_2=\begin{Bmatrix}-6\\4\end{Bmatrix}$,同样可得 $\boldsymbol{d}_1^{\mathrm{T}}\boldsymbol{A}\boldsymbol{d}_2=[0\quad 3]\begin{bmatrix}6&2\\2&3\end{bmatrix}\begin{Bmatrix}-6\\4\end{Bmatrix}=[0\quad 3]\begin{Bmatrix}-28\\0\end{Bmatrix}=\mathbf{0}$。

(3) 共轭方向的性质。

性质 1 设 $\boldsymbol{A}$ 为 $n\times n$ 阶对称正定矩阵,若非零向量组 $\boldsymbol{d}^{(1)},\boldsymbol{d}^{(2)},\cdots,\boldsymbol{d}^{(n)}$ 是对 $\boldsymbol{A}$ 共轭的,则这 n 个向量是线性无关的。

性质 2 从任意初始点 $\boldsymbol{x}^{(0)}$ 出发,顺次沿 n 个 $\boldsymbol{A}$ 的共轭方向 $\boldsymbol{d}^{(1)},\boldsymbol{d}^{(2)},\cdots,\boldsymbol{d}^{(n)}$ 进行一维搜索,最多经过 n 次迭代就可以找到由式(6.58)所表示的二次函数的极小点 $\boldsymbol{x}^*$。此性质表明共轭方向法具有二次收敛性(Quadratically Convergent)。

性质 3 在 n 维空间中互相共轭的非零向量的个数不超过 n 个。

2. 共轭梯度法

采用共轭方向进行搜索的方法统称为共轭方向法。实际上,提供共轭向量组的方法有许多种,从而可以形成各种具体的共轭方向法。共轭梯度法就是共轭方向法的一种,它与其他共轭方向算法的区别,就在于在该方法中每一个共轭向量都是依赖于迭代点处的负梯度而构造出来的。下面将介绍共轭梯度法中共轭方向的形成。

(1) 共轭方向的构成。

对于无约束优化问题，如果要采用共轭方向法进行寻优，根据共轭方向的定义(式(6.67))，必须先求得矩阵 $\boldsymbol{A}$，即海赛矩阵 $\boldsymbol{G}(\boldsymbol{x})$，才能确定共轭方向。当目标函数是二次函数时，海赛矩阵 $\boldsymbol{G}(\boldsymbol{x})$ 是函数的二次项常系数矩阵，比较容易求得；当目标函数是非二次函数时，则计算海赛矩阵较为麻烦，在维数多时计算量和存储量都很大，其求解更加困难。而这里介绍的共轭梯度法，不必计算目标函数的海赛矩阵，而是利用目标函数的梯度来确定共轭方向，使得计算简便而且效果好。

对于正定二次函数 $f(\boldsymbol{x})=\frac{1}{2}\boldsymbol{x}^{\mathrm{T}}\boldsymbol{A}\boldsymbol{x}+\boldsymbol{B}^{\mathrm{T}}\boldsymbol{x}+\boldsymbol{C}$，从任意给定的初始点 $\boldsymbol{x}^{(0)}$ 出发，先沿着负梯度方向 $\boldsymbol{d}^{(0)}=-\nabla f(\boldsymbol{x}^{(0)})$ 进行一维搜索，求得极小点 $\boldsymbol{x}^{(1)}$。然后每迭代一步就构成一个共轭方向，经过 $k+1$ 次迭代，产生 k 个互相共轭方向，第 $k+1$ 个迭代点就是极小点，如图 6.29 所示。

考虑第 k 步迭代，从迭代点 $\boldsymbol{x}^{(k)}$ 出发，进行一维搜索，求极小点 $\boldsymbol{x}^{(k+1)}$，即

$$\boldsymbol{x}^{(k+1)}=\boldsymbol{x}^{(k)}+\alpha_k\boldsymbol{d}^{(k)} \tag{6.70}$$

式中，最优步长因子 α_k 可由下式求得：

$$f(\boldsymbol{x}^{(k)}+\alpha_k\boldsymbol{d}^{(k)})=\min_{\alpha} f(\boldsymbol{x}^{(k)}+\alpha\boldsymbol{d}^{(k)}) \tag{6.71}$$

在 $\boldsymbol{x}^{(k)}$ 和 $\boldsymbol{x}^{(k+1)}$ 两点，函数梯度分别为

$$\nabla f(\boldsymbol{x}^{(k)})=\boldsymbol{A}\boldsymbol{x}^{(k)}+\boldsymbol{B} \tag{6.72}$$

$$\nabla f(\boldsymbol{x}^{(k+1)})=\boldsymbol{A}\boldsymbol{x}^{(k+1)}+\boldsymbol{B} \tag{6.73}$$

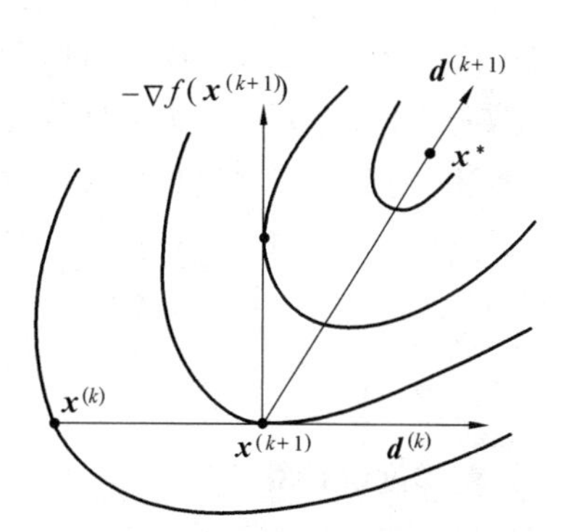

图 6.29 共轭梯度法的几何说明

由式(6.73)减式(6.72)得

$$\nabla f(\boldsymbol{x}^{(k+1)})-\nabla f(\boldsymbol{x}^{(k)})=\boldsymbol{A}(\boldsymbol{x}^{(k+1)}-\boldsymbol{x}^{(k)}) \tag{6.74}$$

为简便起见，令

$$\boldsymbol{g}^{(k)}=\nabla f(\boldsymbol{x}^{(k)}),\quad \boldsymbol{g}^{(k+1)}=\nabla f(\boldsymbol{x}^{k+1})$$

并根据式(6.70)，将式(6.74)简化为

$$\boldsymbol{g}^{(k+1)}-\boldsymbol{g}^{(k)}=\alpha_k\boldsymbol{A}\boldsymbol{d}^{(k)} \tag{6.75}$$

将式(6.75)左乘$[\boldsymbol{d}^{(k+1)}]^{\mathrm{T}}$，得到

$$[\boldsymbol{d}^{(k+1)}]^{\mathrm{T}}(\boldsymbol{g}^{(k+1)}-\boldsymbol{g}^{(k)})=\alpha_k[\boldsymbol{d}^{(k+1)}]^{\mathrm{T}}\boldsymbol{A}\boldsymbol{S}^{(k)} \tag{6.76}$$

为使第$(k+1)$次的搜索方向 $\boldsymbol{d}^{(k+1)}$ 与 $\boldsymbol{d}^{(k)}$ 对 $\boldsymbol{A}$ 共轭，应使下式成立：

$$[\boldsymbol{d}^{(k+1)}]^{\mathrm{T}}\boldsymbol{A}\boldsymbol{d}^{(k)}=\boldsymbol{0} \tag{6.77}$$

将式(6.77)代入式(6.76)中，得

$$[\boldsymbol{d}^{(k+1)}]^{\mathrm{T}}(\boldsymbol{g}^{(k+1)}-\boldsymbol{g}^{(k)})=\boldsymbol{0} \tag{6.78}$$

式(6.78)表明了共轭方向与梯度之间的关系，同时也表明了沿着 $\boldsymbol{d}^{(k)}$ 方向进行一维搜索，所得到的终点 $\boldsymbol{x}^{(k+1)}$ 和起点 $\boldsymbol{x}^{(k)}$ 的梯度之差 $\boldsymbol{g}^{(k+1)}-\boldsymbol{g}^{(k)}$ 与 $\boldsymbol{d}^{(k)}$ 的共轭方向 $\boldsymbol{d}^{(k+1)}$ 正交。

式(6.78)中已不再含矩阵 $\boldsymbol{A}$，即海赛矩阵 $\boldsymbol{G}(\boldsymbol{X})$，共轭方向 $\boldsymbol{d}^{(k+1)}$ 只与相邻两迭代点 $\boldsymbol{x}^{(k)}$ 和 $\boldsymbol{x}^{(k+1)}$ 的梯度有关。

共轭梯度法在 $\boldsymbol{x}^{(k+1)}$ 点构成一个新的共轭方向 $\boldsymbol{d}^{(k+1)}$，是利用迭代点 $\boldsymbol{x}^{(k+1)}$ 的负梯度向量 $-\nabla f(\boldsymbol{x}^{(k+1)})$ 与前一次迭代的搜索方向 $\boldsymbol{d}^{(k)}$ 两者的线性组合，即令

$$\boldsymbol{d}^{(k+1)}=-\boldsymbol{g}^{(k+1)}+\beta_k\boldsymbol{d}^{(k)} \tag{6.79}$$

式中，β_k 要使得 $\boldsymbol{d}^{(k+1)}$ 与 $\boldsymbol{d}^{(k)}$ 共轭，故称为共轭系数，它可以根据共轭方向与梯度的关系求得。将式(6.79)代入到式(6.78)中，得

$$[-\boldsymbol{g}^{(k+1)}+\beta_k\boldsymbol{d}^{(k)}]^{\mathrm{T}}(\boldsymbol{g}^{(k+1)}-\boldsymbol{g}^{(k)})=\boldsymbol{0} \tag{6.80}$$

由于 $-\boldsymbol{g}^{(k)}$ 与 $-\boldsymbol{g}^{(k+1)}$ 正交，故有

$$[-\boldsymbol{g}^{(k+1)}]^{\mathrm{T}}(-\boldsymbol{g}^{(k)})=\boldsymbol{0} \tag{6.81}$$

$$\beta_k[\boldsymbol{d}^{(k)}]^{\mathrm{T}}\boldsymbol{g}^{(k+1)}=\boldsymbol{0} \tag{6.82}$$

因此，将式(6.80)展开并考虑式(6.81)和式(6.82)，得

$$-[\boldsymbol{g}^{(k+1)}]^{\mathrm{T}}\boldsymbol{g}^{(k+1)}+\beta_k[\boldsymbol{g}^{(k)}]^{\mathrm{T}}\boldsymbol{g}^{(k)}=\boldsymbol{0}$$

即

$$\beta_k=\frac{[\boldsymbol{g}^{(k+1)}]^{\mathrm{T}}\boldsymbol{g}^{(k+1)}}{[\boldsymbol{g}^{(k)}]^{\mathrm{T}}\boldsymbol{g}^{(k)}}=\frac{\|\nabla f[\boldsymbol{x}^{(k+1)}]\|^2}{\|\nabla f[\boldsymbol{x}^{(k)}]\|^2} \tag{6.83}$$

式中，$\|\nabla f[\boldsymbol{x}^{(k)}]\|$、$\|\nabla f[\boldsymbol{x}^{(k+1)}]\|$ 是点 $\boldsymbol{x}^{(k)}$、$\boldsymbol{x}^{(k+1)}$ 的梯度的模。

将式(6.83)代入式(6.79)中，就可利用相邻两个迭代点 $\boldsymbol{x}^{(k)}$、$\boldsymbol{x}^{(k+1)}$ 的梯度来求得共轭方向 $\boldsymbol{d}^{(k+1)}$，所以，这种方法称为共轭梯度法。

综上所述，得到一组共轭梯度法的计算公式

$$\left.\begin{aligned}&\boldsymbol{x}^{(k+1)}=\boldsymbol{x}^{(k)}+\alpha_k\boldsymbol{d}^{(k)}\\&\boldsymbol{d}^{(k+1)}=-\nabla f(\boldsymbol{x}^{(k+1)})+\beta_k\boldsymbol{d}^{(k)}\\&\beta_k=\frac{\|\nabla f[\boldsymbol{x}^{(k+1)}]\|^2}{\|\nabla f[\boldsymbol{x}^{(k)}]\|^2}\end{aligned}\right\} \tag{6.84}$$

(2) 共轭梯度法计算步骤。

① 取初始点 $\boldsymbol{x}^{(0)}$，收敛精度为 $\varepsilon>0$，输入维数 n。

② 计算目标函数 $f(\boldsymbol{x})$ 在初始点 $\boldsymbol{x}^{(0)}$ 处的梯度

$$\boldsymbol{g}^{(0)}=\nabla f(\boldsymbol{x}^{(0)}) \tag{6.85}$$

并令 $k\Leftarrow0$，取第一次搜索方向 $\boldsymbol{d}^{(0)}$ 为目标函数在初始点 $\boldsymbol{x}^{(0)}$ 处的负梯度方向，即

$$\boldsymbol{d}^{(0)}=-\boldsymbol{g}^{(0)} \tag{6.86}$$

③ 沿 $\boldsymbol{d}^{(k)}$ 方向进行一维搜索，求最优步长 α_k，即

$$\min_{\alpha} f(\boldsymbol{x}^{(k)}+\alpha\boldsymbol{d}^{(k)})=f(\boldsymbol{x}^{(k)}+\alpha_k\boldsymbol{d}^{(k)}) \tag{6.87}$$

④ 令

$$\boldsymbol{x}^{(k+1)}=\boldsymbol{x}^{(k)}+\alpha_k\boldsymbol{d}^{(k)} \tag{6.88}$$

⑤ 计算点 $\boldsymbol{x}^{(k+1)}$ 处的目标函数的梯度和梯度模，即

$$\boldsymbol{g}^{(k+1)}=\nabla f(\boldsymbol{x}^{(k+1)}),\quad \|\boldsymbol{g}^{(k+1)}\|=\|\nabla f[\boldsymbol{x}^{(k+1)}]\| \tag{6.89}$$

⑥ 检验是否满足收敛性判断准则，即

$$\|\boldsymbol{g}^{(k+1)}\|<\varepsilon \tag{6.90}$$

若式(6.90)成立，则停止迭代，得点 $\boldsymbol{x}^*=\boldsymbol{x}^{(k+1)}$ 及目标函数值 $f(\boldsymbol{x}^*)=f(\boldsymbol{x}^{(k+1)})$；否则，进行下一步计算。

⑦ 判断$(k+1)$是否等于 n，若 $k+1=n$，则令 $\boldsymbol{x}^{(0)}=\boldsymbol{x}^{(k+1)}$，并转步骤(2)；若 $k+1<n$，则进行下一步计算。

⑧ 计算

$$\beta_k=\frac{\|\boldsymbol{g}^{(k+1)}\|^2}{\|\boldsymbol{g}^{(k)}\|^2} \tag{6.91}$$

⑨ 求下一步迭代的搜索方向

$$\boldsymbol{d}^{(k+1)} = -\boldsymbol{g}^{(k+1)} + \beta_k \boldsymbol{d}^{(k)} \tag{6.92}$$

令 $k \Leftarrow k+1$，转步骤 ③。

共轭梯度法程序框图如图 6.30 所示。

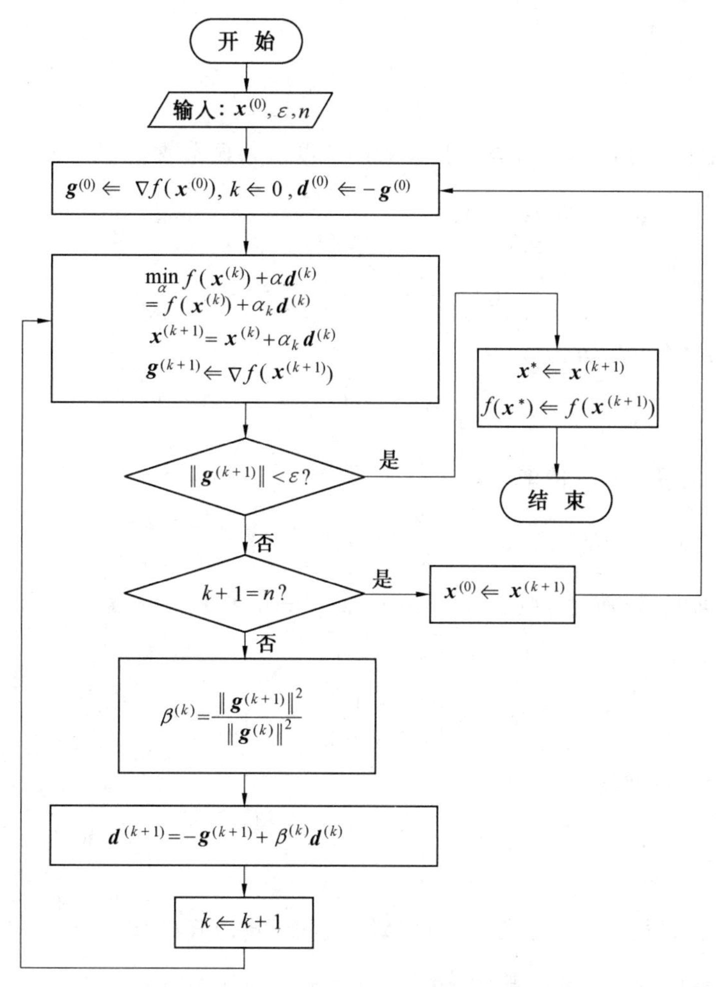

图 6.30　共轭梯度法的程序框图

例 6.11　用共轭梯度法求二次函数 $f(\boldsymbol{x}) = x_1^2 + 2x_2^2 - 4x_1 - 2x_1x_2$ 的极小点和极小值。

解　取初始点

$$\boldsymbol{x}^{(0)} = \begin{Bmatrix} 1 \\ 1 \end{Bmatrix}$$

则在 $\boldsymbol{x}^{(0)}$ 点的梯度为 $\boldsymbol{g}^{(0)} = \nabla f(\boldsymbol{x}^{(0)}) = \begin{Bmatrix} 2x_1 - 2x_2 - 4 \\ 4x_2 - 2x_1 \end{Bmatrix}_{\boldsymbol{x}^{(0)}} = \begin{Bmatrix} -4 \\ 2 \end{Bmatrix}$

取

$$\boldsymbol{d}^{(0)} = -\boldsymbol{g}^{(0)} = \begin{Bmatrix} 4 \\ -2 \end{Bmatrix}$$

沿 $\boldsymbol{d}^{(0)}$ 方向进行一维搜索，得

$$\boldsymbol{x}^{(1)}=\boldsymbol{x}^{(0)}+\alpha_0\boldsymbol{d}^{(0)}=\begin{Bmatrix}1\\1\end{Bmatrix}+\alpha_0\begin{Bmatrix}4\\-2\end{Bmatrix}=\begin{Bmatrix}1+4\alpha_0\\1-2\alpha_0\end{Bmatrix}$$

其中，α_0 为最优步长，可通过 $f(\boldsymbol{x}^{(1)})=\min\limits_{\alpha}\varphi(\alpha)=\min\limits_{\alpha}f(\boldsymbol{x}+\alpha S^{(0)})$，$\varphi'(\alpha_0)=0$

求得

$$\alpha_0=\frac{1}{4}$$

则

$$\boldsymbol{x}^{(1)}=\begin{Bmatrix}1+4\alpha_0\\1-2\alpha_0\end{Bmatrix}=\begin{Bmatrix}2\\0.5\end{Bmatrix}$$

为建立第二个共轭方向 $\boldsymbol{d}^{(1)}$，需计算 $\boldsymbol{x}^{(1)}$ 点处的梯度及共轭系数 β_0 值，即

$$\boldsymbol{g}^{(1)}=\nabla f(\boldsymbol{x}^{(1)})=\begin{Bmatrix}2x_1-2x_2-4\\4x_2-2x_1\end{Bmatrix}_{\boldsymbol{x}^{(1)}}=\begin{Bmatrix}-1\\-2\end{Bmatrix}$$

$$\beta_0=\frac{\|\boldsymbol{g}^{(1)}\|^2}{\|\boldsymbol{g}^{(0)}\|^2}=\frac{5}{20}=\frac{1}{4}$$

从而求得第二个共轭方向

$$\boldsymbol{d}^{(1)}=-\boldsymbol{g}^{(1)}+\beta_0\boldsymbol{d}^{(0)}=\begin{Bmatrix}1\\2\end{Bmatrix}+\frac{1}{4}\begin{Bmatrix}4\\-2\end{Bmatrix}=\begin{Bmatrix}2\\1.5\end{Bmatrix}$$

再沿 $\boldsymbol{d}^{(1)}$ 方向进行一维搜索，得

$$\boldsymbol{x}^{(2)}=\boldsymbol{x}^{(1)}+\alpha_1\boldsymbol{d}^{(1)}=\begin{Bmatrix}2\\0.5\end{Bmatrix}+\alpha_1\begin{Bmatrix}2\\1.5\end{Bmatrix}=\begin{Bmatrix}2+2\alpha_1\\0.5+1.5\alpha_1\end{Bmatrix}$$

其中，α_1 为最优步长，可通过 $f(\boldsymbol{x}^{(2)})=\min\limits_{\alpha}\varphi(\alpha)=\min\limits_{\alpha}f(\boldsymbol{x}^{(1)}+\alpha\boldsymbol{d}^{(1)})$，$\varphi'(\alpha_1)=0$

求得

$$\alpha_1=1$$

则

$$\boldsymbol{x}^{(2)}=\begin{Bmatrix}2+2\alpha_1\\0.5-1.5\alpha_1\end{Bmatrix}=\begin{Bmatrix}4\\2\end{Bmatrix}$$

计算 $\boldsymbol{x}^{(2)}$ 点处的梯度

$$\boldsymbol{g}^{(2)}=\nabla f(\boldsymbol{x}^{(2)})=\begin{Bmatrix}2x_1-2x_2-4\\4x_2-2x_1\end{Bmatrix}_{\boldsymbol{x}^{(2)}}=\begin{Bmatrix}0\\0\end{Bmatrix}=\boldsymbol{0}$$

说明 $\boldsymbol{x}^{(2)}$ 点满足极值必要条件，再根据 $\boldsymbol{x}^{(2)}$ 点的海赛矩阵 $\boldsymbol{G}(\boldsymbol{x}^{(2)})=\begin{bmatrix}2&-2\\-2&4\end{bmatrix}$ 是正定的，可知 $\boldsymbol{x}^{(2)}$ 满足极值充分必要条件，故 $\boldsymbol{x}^{(2)}$ 为函数的极小点，即

$$\boldsymbol{x}^*=\boldsymbol{x}^{(2)}=\begin{Bmatrix}4\\2\end{Bmatrix}$$

而函数极小值为 $f(\boldsymbol{x}^*)=-8$。

从共轭梯度法的计算过程可以看出，第一个搜索方向取作负梯度方向，这是最速下降法，其余各步的搜索方向是将负梯度偏转一个角度，也就是对负梯度进行修正，所以共轭梯度法实质上是对最速下降法进行的一种改进，故它又被称为旋转梯度法。共轭梯度法具有二次收敛性，对于上面例子中的二次函数，采用共轭梯度法只要经过两次搜索便达到了极值点。

共轭梯度法是 1964 年由弗莱彻(Fletcher) 和里伍斯(Reeves) 两人提出的。该方法所需的存储量少，而且可避免如牛顿法那样计算二阶偏导数矩阵及其逆矩阵，计算简单，在收敛速度上比最速下降法快，所以经常被用于多变量的优化设计。

6.3.5 变尺度法

变尺度法是在牛顿法基础上发展起来的一种无约束优化方法，它同时也与最速下降法有着密切的联系。它克服了最速下降法收敛速度慢以及牛顿法需要计算海赛矩阵、计算工作量大的缺点，特别对多维优化问题具有显著的优越性。

1. 变尺度法的概念

变量的尺度变换是放大或缩小各个坐标，通过尺度变换可以把函数的偏心程度降低到最低限度。尺度变换技巧能显著地改进几乎所有极小化方法的收敛性质。例如，目标函数 $f(\boldsymbol{x}) = x_1^2 + 25x_2^2$ 的等值线为椭圆族，如果采用最速下降法求极小值需进行 10 次迭代才能达到极小点 $\boldsymbol{x}^* = [0 \quad 0]^{\mathrm{T}}$。但是，若做尺度变换，即令

$$\left.\begin{aligned} y_1 &= x_1 \\ y_2 &= 5x_2 \end{aligned}\right\} \tag{6.93}$$

就可以将等值线为椭圆的函数 $f(x_1, x_2)$ 变换成等值线为圆的函数 $\varphi(y_1, y_2) = y_1^2 + y_2^2$，从而消除了函数的偏心，这时若采用最速下降法只需一次迭代即可求得极小点。

对于一般二次函数

$$f(\boldsymbol{x}) = \frac{1}{2}\boldsymbol{x}^{\mathrm{T}}\boldsymbol{A}\boldsymbol{x} + \boldsymbol{B}^{\mathrm{T}}\boldsymbol{x} + \boldsymbol{C}$$

如果进行尺度变换

$$\boldsymbol{x} \Leftarrow \boldsymbol{Q}\boldsymbol{X}$$

则在新的坐标系中，函数 $f(\boldsymbol{x})$ 的二次项变为

$$\frac{1}{2}\boldsymbol{x}^{\mathrm{T}}\boldsymbol{A}\boldsymbol{x} \Rightarrow \frac{1}{2}\boldsymbol{x}^{\mathrm{T}}\boldsymbol{Q}^{\mathrm{T}}\boldsymbol{A}\boldsymbol{Q}\boldsymbol{x}$$

选择这样变换的目的，仍然是为了降低二次项的偏心程度。若矩阵 $\boldsymbol{A}$ 是正定的，则总存在矩阵 $\boldsymbol{Q}$ 使得

$$\boldsymbol{Q}^{\mathrm{T}}\boldsymbol{A}\boldsymbol{Q} = \boldsymbol{I} \tag{6.94}$$

式中，$\boldsymbol{I}$ 是单位矩阵。

采用上述变换后，将使函数偏心度变为零。用 $\boldsymbol{Q}^{-1}$ 右乘式(6.94) 两边，得

$$\boldsymbol{Q}^{\mathrm{T}}\boldsymbol{A} = \boldsymbol{Q}^{-1} \tag{6.95}$$

用 $\boldsymbol{Q}$ 左乘式(6.95) 两边，得

$$\boldsymbol{Q}\boldsymbol{Q}^{\mathrm{T}}\boldsymbol{A} = \boldsymbol{I} \tag{6.96}$$

所以

$$\boldsymbol{Q}\boldsymbol{Q}^{\mathrm{T}} = \boldsymbol{A}^{-1} \tag{6.97}$$

这说明二次函数矩阵 $\boldsymbol{A}$ 的逆矩阵可以通过尺度变换矩阵 $\boldsymbol{Q}$ 来求得。对于二次函数，其二次项系数矩阵 $\boldsymbol{A}$ 就是海赛矩阵 $\boldsymbol{G}(\boldsymbol{X}^{(k)})$。因此，牛顿法中第 k 步的牛顿方向便可写成

$$\boldsymbol{d}^{(k)} = -[\boldsymbol{G}(\boldsymbol{x}^{(k)})]^{-1}\nabla f(\boldsymbol{x}^{(k)}) = -\boldsymbol{Q}\boldsymbol{Q}^{\mathrm{T}}\nabla f(\boldsymbol{x}^{(k)}) \tag{6.98}$$

牛顿法迭代公式变为

$$\boldsymbol{x}^{(k+1)} = \boldsymbol{x}^{(k)} + \alpha_k \boldsymbol{d}^{(k)} = \boldsymbol{x}^{(k)} - \alpha_k \boldsymbol{Q}\boldsymbol{Q}^{\mathrm{T}}\nabla f(\boldsymbol{x}^{(k)}) \tag{6.99}$$

$\boldsymbol{Q}\boldsymbol{Q}^{\mathrm{T}}$ 实际上是在 $\boldsymbol{x}$ 空间内测量距离大小的一种度量，称为尺度矩阵，可以用 $\boldsymbol{H}$ 来表示，即

$$\boldsymbol{H}=\boldsymbol{Q}\boldsymbol{Q}^{\mathrm{T}} \tag{6.100}$$

则牛顿法迭代公式可用尺度矩阵表示出来,即

$$\boldsymbol{x}^{(k+1)}=\boldsymbol{x}^{(k)}-\alpha_k\boldsymbol{H}\nabla f(\boldsymbol{x}^{(k)}) \tag{6.101}$$

将式(6.101)和最速下降法的迭代公式

$$\boldsymbol{x}^{(k+1)}=\boldsymbol{x}^{(k)}-\alpha_k\nabla f(\boldsymbol{x}^{(k)}) \tag{6.102}$$

进行比较,可以看出,牛顿法和最速下降法迭代公式只差一个尺度矩阵 $\boldsymbol{H}$,那么牛顿法就可看成是经过尺度变换后的最速下降法。

当目标函数为二次函数时,经过尺度变换,函数的偏心率减小到零,使得二元二次函数的椭圆族等值线将变成圆族等值线;三元二次函数的等值面将变为球面,使设计空间中任意点处函数的梯度都通过极小点,这时若采用最速下降法只需一次迭代就可达到极小点。这也就是说对变换前的二次函数,在使用牛顿方法时,其牛顿方向包含了尺度变换矩阵,直接指向极小点,因此只需一次迭代就能找到极小点。

2. 变尺度矩阵的建立

(1) 变尺度法的基本思想。

对于一般函数 $f(\boldsymbol{x})$,当用牛顿法寻求极小点时,其牛顿迭代公式为

$$\boldsymbol{x}^{(k+1)}=\boldsymbol{x}^{(k)}-\alpha_k[\boldsymbol{G}(\boldsymbol{x}^{(k)})]^{-1}\nabla f(\boldsymbol{x}^{(k)})\quad(k=0,1,2,\cdots) \tag{6.103}$$

为了避免在迭代公式中计算海赛矩阵的逆矩阵$[\boldsymbol{G}(\boldsymbol{x}^{(k)})]^{-1}$,可以在迭代过程中逐步地建立变尺度矩阵,即令

$$\boldsymbol{H}^{(k)}\equiv[\boldsymbol{G}(\boldsymbol{x}^{(k)})]^{-1}$$

即构造一个矩阵序列$\{\boldsymbol{H}^{(k)}\}$来逼近海赛矩阵的逆矩阵序列$\{[\boldsymbol{G}(\boldsymbol{x}^{(k)})]^{-1}\}$。每迭代一次,尺度就改变一次,这正是"变尺度"的含义。同时,令

$$\boldsymbol{g}^{(k)}=\nabla f(\boldsymbol{x}^{(k)})$$

这样,式(6.103)就变为

$$\boldsymbol{x}^{(k+1)}=\boldsymbol{x}^{(k)}-\alpha_k\boldsymbol{H}^{(k)}\boldsymbol{g}^{(k)}\quad(k=0,1,2,\cdots) \tag{6.104}$$

其中,α_k 是从 $\boldsymbol{x}^{(k)}$ 出发,沿方向 $\boldsymbol{d}^{(k)}=-\boldsymbol{H}^{(k)}\boldsymbol{g}^{(k)}$ 进行一维搜索而得到的最优步长。

式(6.104)就是变尺度法的基本迭代公式。注意到当 $\boldsymbol{H}^{(k)}=\boldsymbol{I}$(单位矩阵)时,式(6.104)就变成了最速下降法的迭代公式。以上就是变尺度法的基本思想。

(2) 变尺度矩阵 $\boldsymbol{H}^{(k)}$ 的基本要求。

为了保证变尺度矩阵 $\boldsymbol{H}^{(k)}$ 确实与$[\boldsymbol{H}(\boldsymbol{x}^{(k)})]^{-1}$ 相近似,并且具有容易计算的特点,$\boldsymbol{H}^{(k)}$ 需要满足以下三个基本要求。

① 为使搜索方向朝着目标函数值下降的方向,要求$\{\boldsymbol{H}^{(k)}\}$中的每一个矩阵都是对称正定矩阵。

若目标函数 $f(\boldsymbol{x})$ 由 $\boldsymbol{x}^{(k)}$ 点沿着 $\boldsymbol{d}^{(k)}$ 方向具有下降的性质,即

$$f(\boldsymbol{x}^{(k+1)})<f(\boldsymbol{x}^{(k)})$$

根据梯度的性质,可知搜索方向 $\boldsymbol{d}^{(k)}$ 与负梯度方向 $-\nabla f(\boldsymbol{x}^{(k)})$ 之间的夹角应成锐角,即满足

$$[-\nabla f(\boldsymbol{x}^{(k)})]^{\mathrm{T}}\boldsymbol{d}^{(k)}>0$$

将变尺度法的搜索方向 $\boldsymbol{d}^{(k)}=-\boldsymbol{H}^{(k)}\boldsymbol{g}^{(k)}$ 代入上式,并用 $\boldsymbol{g}^{(k)}$ 替换 $\nabla f(\boldsymbol{x}^{(k)})$,整理后得到

$$[\boldsymbol{g}^{(k)}]^{\mathrm{T}}\boldsymbol{H}^{(k)}\boldsymbol{g}^{(k)} > 0$$

由此可知，$\boldsymbol{H}^{(k)}$ 为对称正定矩阵。

② 要求$\{\boldsymbol{H}^{(k)}\}$之间的迭代具有简单的形式，即可令 $\boldsymbol{H}^{(k+1)}=\boldsymbol{H}^{(k)}+\boldsymbol{E}^{(k)}$，其中 $\boldsymbol{E}^{(k)}$ 为校正矩阵，此式称为校正公式。校正矩阵 $\boldsymbol{E}^{(k)}$ 取不同的形式，可形成不同的变尺度法。

③ 构造$\{\boldsymbol{H}^{(k)}\}$时，必须满足拟牛顿条件。

所谓拟牛顿条件，可由下面的推导给出。首先将 $f(\boldsymbol{x})$ 在 $\boldsymbol{x}^{(k)}$ 点进行泰勒展开，取到二次项，即

$$f(\boldsymbol{x}) \approx f(\boldsymbol{x}^{(k)}) + [\nabla f(\boldsymbol{x}^{(k)})]^{\mathrm{T}}[\boldsymbol{x}-\boldsymbol{x}^{(k)}] + \frac{1}{2}[\boldsymbol{x}-\boldsymbol{x}^{(k)}]^{\mathrm{T}}\boldsymbol{H}(\boldsymbol{x}^{(k)})[\boldsymbol{x}-\boldsymbol{x}^{(k)}]$$

上述二次函数的梯度为

$$\nabla f(\boldsymbol{x}) = \nabla f(\boldsymbol{x}^{(k)}) + \boldsymbol{H}(\boldsymbol{X}^{(k)})[\boldsymbol{x}-\boldsymbol{x}^{(k)}] = \boldsymbol{g}^{(k)} + \boldsymbol{H}(\boldsymbol{x}^{(k)})[\boldsymbol{x}-\boldsymbol{x}^{(k)}]$$

如果取 $\boldsymbol{x}=\boldsymbol{x}^{(k+1)}$ 为极值点附近第 $k+1$ 次迭代点，则有

$$\boldsymbol{g}^{(k+1)} = \nabla f(\boldsymbol{x}^{(k+1)}) = \boldsymbol{g}^{(k)} + \boldsymbol{H}(\boldsymbol{x}^{(k)})[\boldsymbol{x}^{(k+1)}-\boldsymbol{x}^{(k)}]$$

$$\boldsymbol{g}^{(k+1)} - \boldsymbol{g}^{(k)} = \boldsymbol{H}(\boldsymbol{x}^{(k)})[\boldsymbol{x}^{(k+1)}-\boldsymbol{x}^{(k)}] \tag{6.105}$$

令

$$\Delta\boldsymbol{g}^{(k)} = \boldsymbol{g}^{(k+1)} - \boldsymbol{g}^{(k)},\quad \Delta\boldsymbol{x}^{(k)} = \boldsymbol{x}^{(k+1)} - \boldsymbol{x}^{(k)}$$

式(6.105)变为

$$\Delta\boldsymbol{g}^{(k)} = \boldsymbol{H}(\boldsymbol{x}^{(k)})\Delta\boldsymbol{x}^{(k)}$$

若矩阵 $\boldsymbol{H}(\boldsymbol{x}^{(k)})$ 为可逆矩阵，则用$[\boldsymbol{H}(\boldsymbol{x}^{(k)})]^{-1}$ 左乘以上式两边，得

$$\Delta\boldsymbol{x}^{(k)} = [\boldsymbol{H}(\boldsymbol{x}^{(k)})]^{-1}\Delta\boldsymbol{g}^{(k)} \tag{6.106}$$

从式(6.106)可见，海赛矩阵的逆矩阵与前后两个迭代点的梯度差和向量差有关，所以我们就联想到如果迫使 $\boldsymbol{H}^{(k+1)}$ 满足类似于上式的关系，即

$$\Delta\boldsymbol{x}^{(k)} = \boldsymbol{H}^{(k+1)}\Delta\boldsymbol{g}^{(k)} \tag{6.107}$$

那么 $\boldsymbol{H}^{(k+1)}$ 就能很好地近似于$[\boldsymbol{H}(\boldsymbol{X}^{(k)})]^{-1}$，加快收敛速度。式(6.107)所代表的条件就称为拟牛顿条件(或拟牛顿方程)。

根据上述拟牛顿条件，不通过求海赛矩阵的逆矩阵就可以构造一个矩阵 $\boldsymbol{H}^{(k+1)}$ 来逼近海赛矩阵的逆矩阵，这类方法统称为拟牛顿法。由于变尺度矩阵的建立应用了拟牛顿条件，所以变尺度法也是属于一种拟牛顿法。还可以证明，变尺度法对于具有正定矩阵 $\boldsymbol{A}$ 的二次函数能产生对 $\boldsymbol{A}$ 共轭的搜索方向。因此，变尺度法又可以看成是一种共轭方向法。

3. DFP 算法

在变尺度法中，DFP 算法是较常用的一个，它是戴维登(Davidon)于 1959 年提出的，后来由弗莱彻(Fletcher)和鲍威尔(Powell)于 1963 年做了改进后而发明的一种变尺度法，故用三人名字的英文字头命名。在 DFP 算法中的校正矩阵 $\boldsymbol{E}^{(k)}$ 取下列形式：

$$\boldsymbol{E}^{(k)} = \alpha_k\boldsymbol{U}_k\boldsymbol{U}_k^{\mathrm{T}} + \beta_k\boldsymbol{V}_k\boldsymbol{V}_k^{\mathrm{T}} \tag{6.108}$$

式中，$\boldsymbol{U}_k$、$\boldsymbol{V}_k$ 是 n 维待定向量；α_k、β_k 是待定常数。

根据校正矩阵 $\boldsymbol{E}^{(k)}$ 要满足的拟牛顿条件为

$$\Delta\boldsymbol{x}^{(k)} = \boldsymbol{H}^{(k+1)}\Delta\boldsymbol{g}^{(k)}$$

即

$$\Delta\boldsymbol{x}^{(k)} = (\boldsymbol{H}^{(k)} + \boldsymbol{E}^{(k)})\Delta\boldsymbol{g}^{(k)} \tag{6.109}$$

有

$$(\alpha_k\boldsymbol{U}_k\boldsymbol{U}_k^{\mathrm{T}} + \beta_k\boldsymbol{V}_k\boldsymbol{V}_k^{\mathrm{T}})\Delta\boldsymbol{g}^{(k)} = \Delta\boldsymbol{x}^{(k)} - \boldsymbol{H}^{(k)}\Delta\boldsymbol{g}^{(k)}$$

即

$$\alpha_k\boldsymbol{U}_k\boldsymbol{U}_k^{\mathrm{T}}\Delta\boldsymbol{g}^{(k)} + \beta_k\boldsymbol{V}_k\boldsymbol{V}_k^{\mathrm{T}}\Delta\boldsymbol{g}^{(k)} = \Delta\boldsymbol{x}^{(k)} - \boldsymbol{H}^{(k)}\Delta\boldsymbol{g}^{(k)} \tag{6.110}$$

满足上面方程的待定向量 $\boldsymbol{U}_k$ 和 $\boldsymbol{V}_k$ 有多种取法，我们取

$$\alpha_k \boldsymbol{U}_k \boldsymbol{U}_k^{\mathrm{T}} \Delta \boldsymbol{g}^{(k)} = \Delta \boldsymbol{x}^{(k)}$$

$$\beta_k \boldsymbol{V}_k \boldsymbol{V}_k^{\mathrm{T}} \Delta \boldsymbol{g}^{(k)} = -\boldsymbol{H}^{(k)} \Delta \boldsymbol{g}^{(k)}$$

注意到 $\boldsymbol{U}_k^{\mathrm{T}} \Delta \boldsymbol{g}^{(k)}$ 和 $\boldsymbol{V}_k^{\mathrm{T}} \Delta \boldsymbol{g}^{(k)}$ 都是数量，不妨取

$$\boldsymbol{U}_k = \Delta \boldsymbol{x}^{(k)}$$

$$\boldsymbol{V}_k = \boldsymbol{H}^{(k)} \Delta \boldsymbol{g}^{(k)}$$

这样就可以定出

$$\left.\begin{aligned} \alpha_k &= \frac{1}{[\Delta \boldsymbol{x}^{(k)}]^{\mathrm{T}} \Delta \boldsymbol{g}^{(k)}} \\ \beta_k &= -\frac{1}{[\Delta \boldsymbol{g}^{(k)}]^{\mathrm{T}} \boldsymbol{H}^{(k)} \Delta \boldsymbol{g}^{(k)}} \end{aligned}\right\} \tag{6.111}$$

则得到

$$\boldsymbol{E}^{(k)} = \frac{\Delta \boldsymbol{x}^{(k)} [\Delta \boldsymbol{x}^{(k)}]^{\mathrm{T}}}{[\Delta \boldsymbol{x}^{(k)}]^{\mathrm{T}} \Delta \boldsymbol{g}^{(k)}} - \frac{\boldsymbol{H}^{(k)} \Delta \boldsymbol{g}^{(k)} [\Delta \boldsymbol{g}^{(k)}]^{\mathrm{T}} \boldsymbol{H}^{(k)}}{[\Delta \boldsymbol{g}^{(k)}]^{\mathrm{T}} \boldsymbol{H}^{(k)} \Delta \boldsymbol{g}^{(k)}} \tag{6.112}$$

从而可得 DFP 算法的校正公式

$$\boldsymbol{H}^{(k+1)} = \boldsymbol{H}^{(k)} + \frac{\Delta \boldsymbol{x}^{(k)} [\Delta \boldsymbol{x}^{(k)}]^{\mathrm{T}}}{[\Delta \boldsymbol{x}^{(k)}]^{\mathrm{T}} \Delta \boldsymbol{g}^{(k)}} - \frac{\boldsymbol{H}^{(k)} \Delta \boldsymbol{g}^{(k)} [\Delta \boldsymbol{g}^{(k)}]^{\mathrm{T}} \boldsymbol{H}^{(k)}}{[\Delta \boldsymbol{g}^{(k)}]^{\mathrm{T}} \boldsymbol{H}^{(k)} \Delta \boldsymbol{g}^{(k)}} \quad (k=0,1,2,\cdots) \tag{6.113}$$

4. DFP 算法的计算步骤

对一般多元目标函数 $f(\boldsymbol{x})$，用 DFP 算法求目标函数的极小点 $\boldsymbol{x}^*$，其基本步骤如下。

(1) 取初始点 $\boldsymbol{x}^{(0)}$，收敛精度为 $\varepsilon > 0$，输入维数 n。

(2) 令 $k \Leftarrow 0, \boldsymbol{H}^{(k)} = \boldsymbol{H}^{(0)} = \boldsymbol{I}$(单位矩阵)，计算 $\boldsymbol{g}^{(k)} = \nabla f(\boldsymbol{x}^{(k)})$ 确定搜索方向为

$$\boldsymbol{d}^{(k)} = -\boldsymbol{H}^{(k)} \boldsymbol{g}^{(k)}$$

(3) 沿 $\boldsymbol{d}^{(k)}$ 方向进行一维搜索，求最优步长 α_k，即

$$\min_{\alpha} f(\boldsymbol{x}^{(k)} + \alpha \boldsymbol{d}^{(k)}) = f(\boldsymbol{x}^{(k)} + \alpha_k \boldsymbol{d}^{(k)})$$

计算

$$\boldsymbol{x}^{(k+1)} = \boldsymbol{x}^{(k)} + \alpha_k \boldsymbol{d}^{(k)}, \quad \boldsymbol{g}^{(k+1)} = \nabla f(\boldsymbol{x}^{(k+1)}), \quad \| \boldsymbol{g}^{(k+1)} \| = \| \nabla f(\boldsymbol{x}^{(k+1)}) \|$$

$$\Delta \boldsymbol{x}^{(k+1)} = \boldsymbol{x}^{(k+1)} - \boldsymbol{x}^{(k)}, \quad \Delta \boldsymbol{g}^{(k)} = \boldsymbol{g}^{(k+1)} - \boldsymbol{g}^{(k)}$$

(4) 检验是否满足收敛性判断准则，即

$$\| \boldsymbol{g}^{(k+1)} \| < \varepsilon$$

若满足，则停止迭代，得极小点 $\boldsymbol{x}^* = \boldsymbol{x}^{(k+1)}$，极小值 $f(\boldsymbol{x}^*) = f(\boldsymbol{x}^{(k+1)})$；否则进行下一步计算。

(5) 判断 k 是否等于 n，若 $k=n$，令 $\boldsymbol{x}^{(0)} = \boldsymbol{x}^{(k+1)}$，并转步骤(2)；若 $k<n$，则进行下一步计算。

(6) 计算变尺度矩阵

$$\boldsymbol{E}^{(k)} = \frac{\Delta \boldsymbol{x}^{(k)} [\Delta \boldsymbol{x}^{(k)}]^{\mathrm{T}}}{[\Delta \boldsymbol{x}^{(k)}]^{\mathrm{T}} \Delta \boldsymbol{g}^{(k)}} - \frac{\boldsymbol{H}^{(k)} \Delta \boldsymbol{g}^{(k)} [\Delta \boldsymbol{g}^{(k)}]^{\mathrm{T}} \boldsymbol{H}^{(k)}}{[\Delta \boldsymbol{g}^{(k)}]^{\mathrm{T}} \boldsymbol{H}^{(k)} \Delta \boldsymbol{g}^{(k)}}$$

$$\boldsymbol{H}^{(k+1)} = \boldsymbol{H}^{(k)} + \boldsymbol{E}^{(k)}$$

(7) 求下一步迭代的搜索方向

$$\boldsymbol{d}^{(k+1)} = -\boldsymbol{H}^{(k+1)} \boldsymbol{g}^{(k+1)}$$

令 $k \Leftarrow k+1$，转步骤(3)。

DFP 算法的程序框图如图 6.31 所示。

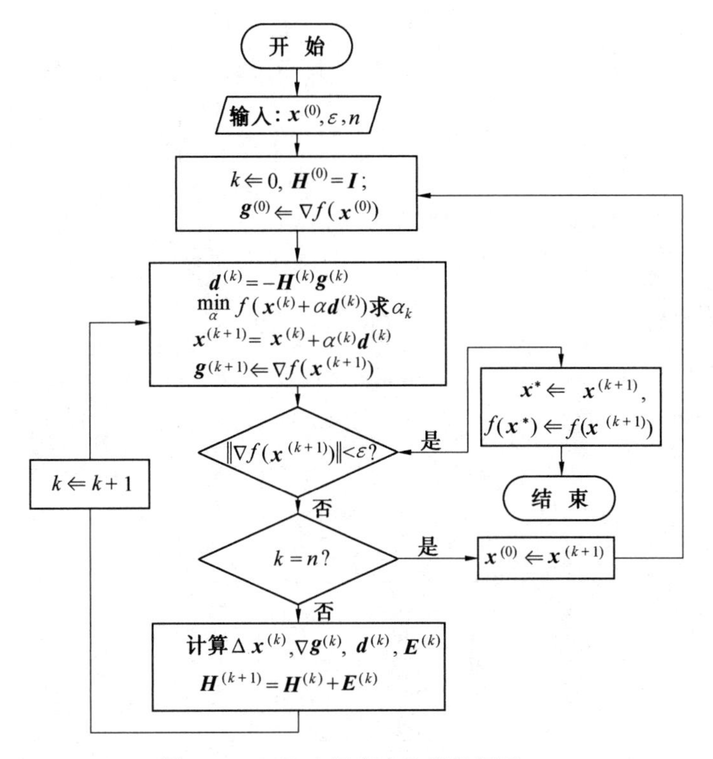

图 6.31　DFP 变尺度法的程序框图

例 6.12　用 DFP 算法求解 $f(\boldsymbol{x})=x_1^2+x_2^2-x_1x_2-10x_1-4x_2+60$ 的极值解。

解　取 $\boldsymbol{x}^{(0)}=\begin{Bmatrix}x_1^{(0)}\\x_2^{(0)}\end{Bmatrix}=\begin{Bmatrix}0\\0\end{Bmatrix}$，$\boldsymbol{H}^{(0)}=\begin{bmatrix}1&0\\0&1\end{bmatrix}$，计算目标函数梯度。

$$\nabla f(\boldsymbol{x})=\begin{Bmatrix}2x_1-x_2-10\\2x_2-x_1-4\end{Bmatrix}$$

$$\nabla f(\boldsymbol{x}^{(0)})=\begin{Bmatrix}-10\\-4\end{Bmatrix}$$

根据式(6.104)，则搜索方向 $\boldsymbol{d}^{(0)}$ 及新的迭代点 $\boldsymbol{x}^{(1)}$ 为

$$\boldsymbol{d}^{(0)}=-\boldsymbol{H}^{(0)}\nabla f(\boldsymbol{x}^{(0)})=-\begin{bmatrix}1&0\\0&1\end{bmatrix}\begin{Bmatrix}-10\\-4\end{Bmatrix}=\begin{Bmatrix}10\\4\end{Bmatrix}$$

$$\boldsymbol{x}^{(1)}=\boldsymbol{x}^{(0)}+\alpha_0\boldsymbol{d}^{(0)}=\begin{Bmatrix}0\\0\end{Bmatrix}+\alpha_0\begin{Bmatrix}10\\4\end{Bmatrix}$$

式中，α_0 是最优步长。

可通过

$$f(\boldsymbol{x}^{(1)})=\min_{\alpha}\varphi(\alpha)=\min_{\alpha}f(\boldsymbol{x}^{(0)}+\alpha\boldsymbol{d}^{(0)}),\quad \varphi'(\alpha_0)=0$$

求得

$$\alpha_0=0.763\ 1$$

于是，得

$$\boldsymbol{x}^{(1)}=\boldsymbol{x}^{(0)}+\alpha_0\boldsymbol{d}^{(0)}=\begin{Bmatrix}0\\0\end{Bmatrix}+0.763\ 1\begin{Bmatrix}10\\4\end{Bmatrix}=\begin{Bmatrix}7.631\\3.052\end{Bmatrix}$$

$$\nabla f(\boldsymbol{x}^{(1)})=\begin{Bmatrix}2.211\\-5.526\end{Bmatrix}$$

$$\Delta\boldsymbol{x}^{(0)}=\boldsymbol{x}^{(1)}-\boldsymbol{x}^{(0)}=\begin{Bmatrix}7.631\\3.052\end{Bmatrix}$$

$$\Delta\boldsymbol{g}^{(0)}=\nabla f(\boldsymbol{x}^{(1)})-\nabla f(\boldsymbol{x}^{(0)})=\begin{Bmatrix}12.211\\-1.526\end{Bmatrix}$$

按照式(6.112)计算

$$\boldsymbol{E}^{(0)}=\frac{\begin{Bmatrix}7.631\\3.052\end{Bmatrix}\begin{bmatrix}7.631 & 3.052\end{bmatrix}}{\begin{bmatrix}7.631 & 3.052\end{bmatrix}\begin{Bmatrix}12.211\\-1.526\end{Bmatrix}}-\frac{\begin{bmatrix}1 & 0\\0 & 1\end{bmatrix}\begin{Bmatrix}12.211\\-1.526\end{Bmatrix}\begin{bmatrix}12.211 & -1.526\end{bmatrix}\begin{bmatrix}1 & 0\\0 & 1\end{bmatrix}}{\begin{bmatrix}12.211 & -1.526\end{bmatrix}\begin{bmatrix}1 & 0\\0 & 1\end{bmatrix}\begin{Bmatrix}12.211\\-1.526\end{Bmatrix}}$$

则得

$$\boldsymbol{H}^{(1)}=\boldsymbol{H}^{(0)}+\boldsymbol{E}^{(0)}=\begin{bmatrix}1 & 0\\0 & 1\end{bmatrix}+\frac{\begin{Bmatrix}7.631\\3.052\end{Bmatrix}\begin{bmatrix}7.631 & 3.052\end{bmatrix}}{\begin{bmatrix}7.631 & 3.052\end{bmatrix}\begin{Bmatrix}12.211\\-1.526\end{Bmatrix}}-$$

$$\frac{\begin{bmatrix}1 & 0\\0 & 1\end{bmatrix}\begin{Bmatrix}12.211\\-1.526\end{Bmatrix}\begin{bmatrix}12.211 & -1.526\end{bmatrix}\begin{bmatrix}1 & 0\\0 & 1\end{bmatrix}}{\begin{bmatrix}12.211 & -1.526\end{bmatrix}\begin{bmatrix}1 & 0\\0 & 1\end{bmatrix}\begin{Bmatrix}12.211\\-1.526\end{Bmatrix}}$$

$$=\begin{bmatrix}1 & 0\\0 & 1\end{bmatrix}+\begin{bmatrix}0.658 & 0.263\\0.263 & 0.105\end{bmatrix}-\begin{bmatrix}0.985 & -0.123\\-0.123 & 0.0153\end{bmatrix}$$

$$=\begin{bmatrix}0.673 & 0.386\\0.386 & 1.0897\end{bmatrix}$$

由于 $\boldsymbol{H}^{(1)}$ 与海赛矩阵的逆矩阵$[\boldsymbol{H}(\boldsymbol{x}^{(0)})]^{(-1)}=\frac{1}{3}\begin{bmatrix}2 & 1\\1 & 2\end{bmatrix}$比较有一定的误差，故需要再构造新的搜索方向

$$\boldsymbol{d}^{(1)}=-\boldsymbol{H}^{(1)}\nabla f(\boldsymbol{x}^{(1)})=-\begin{bmatrix}0.673 & 0.386\\0.386 & 1.0897\end{bmatrix}\begin{Bmatrix}2.211\\-5.526\end{Bmatrix}=\begin{Bmatrix}0.646\\5.169\end{Bmatrix}$$

及新的迭代点 $\boldsymbol{x}^{(2)}$

$$\boldsymbol{x}^{(2)}=\boldsymbol{x}^{(1)}+\alpha_1\boldsymbol{d}^{(1)}=\begin{Bmatrix}7.631\\3.052\end{Bmatrix}+\alpha_1\begin{Bmatrix}0.646\\5.169\end{Bmatrix}=\begin{Bmatrix}x_1^{(2)}\\x_2^{(2)}\end{Bmatrix}$$

式中，α_1 为最优步长，可通过 $f(\boldsymbol{x}^{(2)})=\min\limits_{\alpha}\varphi(\alpha),\varphi'(\alpha_1)=0$ 求得

$$\alpha_1=0.5701$$

于是

$$\boldsymbol{x}^{(2)}=\boldsymbol{x}^{(1)}+\alpha_1\boldsymbol{d}^{(1)}=\begin{Bmatrix}7.631\\3.052\end{Bmatrix}+0.5701\begin{Bmatrix}0.646\\5.169\end{Bmatrix}=\begin{Bmatrix}7.9999\\5.9999\end{Bmatrix}\approx\begin{Bmatrix}8\\6\end{Bmatrix}$$

根据极值点的充要条件可以证明 $\boldsymbol{x}^*=\begin{Bmatrix}8\\6\end{Bmatrix}$，即为目标函数的极值点。

当初始矩阵 $\boldsymbol{H}^{(0)}$ 选为对称正定矩阵时，DFP 算法将保证以后的迭代矩阵 $\{\boldsymbol{H}^{(k)}\}$ 都是对称正定的，即使将 DFP 算法用于非二次函数也是如此，从而保证算法总是下降的。这种算法用于高维问题(如 20 个设计变量以上)，收敛速度快，效果好。DFP 算法是无约束优化方法中最有效的方法之一，因为它不单纯是利用向量传递信息，还采用了矩阵来传递信息，但是，DFP 算法由于舍入误差和一维搜索的不精确，有可能导致 $\{\boldsymbol{H}^{(k)}\}$ 奇异，从而使数值稳定性方面不够理想。所以在 1970 年(Broyden、Fletcher、Goldfarb、Shanno) 又导出了更稳定的变尺度算法，称为 BFGS 算法，其变尺度计算公式为

$$\boldsymbol{H}^{(k+1)}=\boldsymbol{H}^{(k)}+\frac{1}{[\Delta\boldsymbol{x}^{(k)}]^{\mathrm{T}}\Delta\boldsymbol{g}^{(k)}}\left\{\Delta\boldsymbol{x}^{(k)}[\Delta\boldsymbol{x}^{(k)}]^{\mathrm{T}}+\frac{\Delta\boldsymbol{x}^{(k)}[\Delta\boldsymbol{x}^{(k)}]^{\mathrm{T}}[\Delta\boldsymbol{g}^{(k)}]^{\mathrm{T}}\boldsymbol{H}^{(k)}\Delta\boldsymbol{g}^{(k)}}{[\Delta\boldsymbol{x}^{(k)}]^{\mathrm{T}}\Delta\boldsymbol{g}^{(k)}}-\right.$$
$$\left.\boldsymbol{H}^{(k)}\Delta\boldsymbol{g}^{(k)}[\Delta\boldsymbol{x}^{(k)}]^{\mathrm{T}}-\Delta\boldsymbol{x}^{(k)}[\Delta\boldsymbol{g}^{(k)}]^{\mathrm{T}}\boldsymbol{H}^{(k)}\right\} \tag{6.114}$$

式中符号含义同式(6.113)。

BFGS 算法的计算步骤与 DFP 算法相同。

6.3.6 坐标轮换法

坐标轮换法是将多维问题转变为一系列较少维数问题的降维方法，它将多变量的优化问题轮流地转化成单变量(其余变量视为常量) 的优化问题，因此又称这种方法为变量轮换法。在搜索过程中只需目标函数值信息，而不需要求解目标函数的导数。因此，相对于前面所介绍的几种优化方法而言，这种方法比较简单、直观。

1. 坐标轮换法的基本原理

坐标轮换法搜索过程中，每次搜索只允许一个变量变化，其余变量保持不变，即沿坐标方向轮流地进行搜索的寻优方法。我们首先以二元函数 $f(x_1, x_2)$ 为例说明坐标轮换法的寻优过程，如图 6.32 所示。从初始点 $\boldsymbol{x}_0^{(1)}$ 出发，沿第一个坐标方向搜索，即 $\boldsymbol{d}_1^{(1)}=\boldsymbol{e}_1=[1\quad 0]^{\mathrm{T}}$，得 $\boldsymbol{x}_1^{(1)}=\boldsymbol{x}_0^{(1)}+\alpha_1^{(1)}\boldsymbol{d}_1^{(1)}$，$\alpha_1^{(1)}$ 为按照一维搜索方法确定的最优步长因子，即 $\alpha_1^{(1)}$ 满足：$\min\limits_{\alpha} f(\boldsymbol{x}_0^{(1)}+\alpha\boldsymbol{d}_1^{(0)})=f(\boldsymbol{x}_0^{(1)}+\alpha_1^{(1)}\boldsymbol{d}_1^{(0)})$，然后从 $\boldsymbol{x}_1^{(1)}$ 出发沿 $\boldsymbol{d}_2^{(1)}=\boldsymbol{e}_2=[0\quad 1]^{\mathrm{T}}$ 方向搜索，得 $\boldsymbol{x}_2^{(1)}=\boldsymbol{x}_1^{(1)}+\alpha_2^{(1)}\boldsymbol{d}_2^{(1)}$，同样步长因子 $\alpha_2^{(1)}$ 满足 $\min\limits_{\alpha} f(\boldsymbol{x}_1^{(1)}+\alpha\boldsymbol{d}_2^{(1)})=f(\boldsymbol{x}_1^{(1)}+\alpha_2^{(1)}\boldsymbol{d}_2^{(1)})$，$\boldsymbol{x}_2^{(1)}$ 为一轮($k=1$) 的终点。检验本轮始点 $\boldsymbol{x}_0^{(1)}$ 与终点 $\boldsymbol{x}_2^{(1)}$ 间距离是否满足精度要求，即判断 $\|\boldsymbol{x}_2^{(1)}-\boldsymbol{x}_0^{(1)}\|\leqslant\varepsilon$ 的条件是否满足。若满足则取得极值点 $\boldsymbol{x}^*=\boldsymbol{x}_2^{(1)}$，否则令 $\boldsymbol{x}_0^{(2)}\Leftarrow\boldsymbol{x}_2^{(1)}$，重新依次沿坐标方向进行下一轮($k=2$) 的搜索。

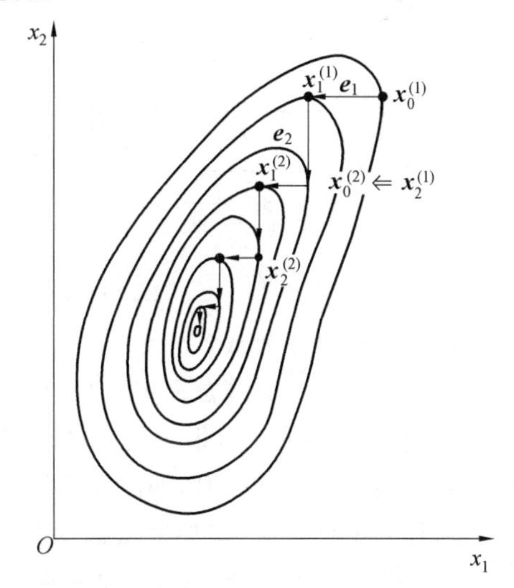

图 6.32 坐标轮换法的寻优过程

对于 n 个变量的目标函数，若在第 k 轮沿第 i 个坐标方向 $\boldsymbol{d}_i^{(k)}$ 进行搜索，其迭代公式为

$$\boldsymbol{x}_i^{(k)}=\boldsymbol{x}_{i-1}^{(k)}+\alpha_i^{(k)}\boldsymbol{d}_i^{(k)}\quad(k=1,2,\cdots;i=1,2,\cdots,n) \tag{6.115}$$

式中，$\boldsymbol{x}_i^{(k)}$ 的右上角标 k 表示正在进行的第 k 轮搜索；i 为在第 k 轮搜索中的第 i 个点(如对于上述二维问题，$i=1,2$)。这里，搜索方向取坐标方向，即 $\boldsymbol{d}_i^{(k)}=\boldsymbol{e}_i(i=1,\cdots,n)$。若 $\|\boldsymbol{x}_n^{(k)}-$

$\boldsymbol{x}_0^{(k)}\|\leqslant\varepsilon$，则极小点为 $\boldsymbol{x}^*=\boldsymbol{x}_n^{(0)}$；否则 $\boldsymbol{x}_0^{(k+1)}\Leftarrow\boldsymbol{x}_n^{(k)}$，进行下一轮搜索，一直到满足精度要求为止。按此计算步骤设计出如图 6.33 所示的程序框图。

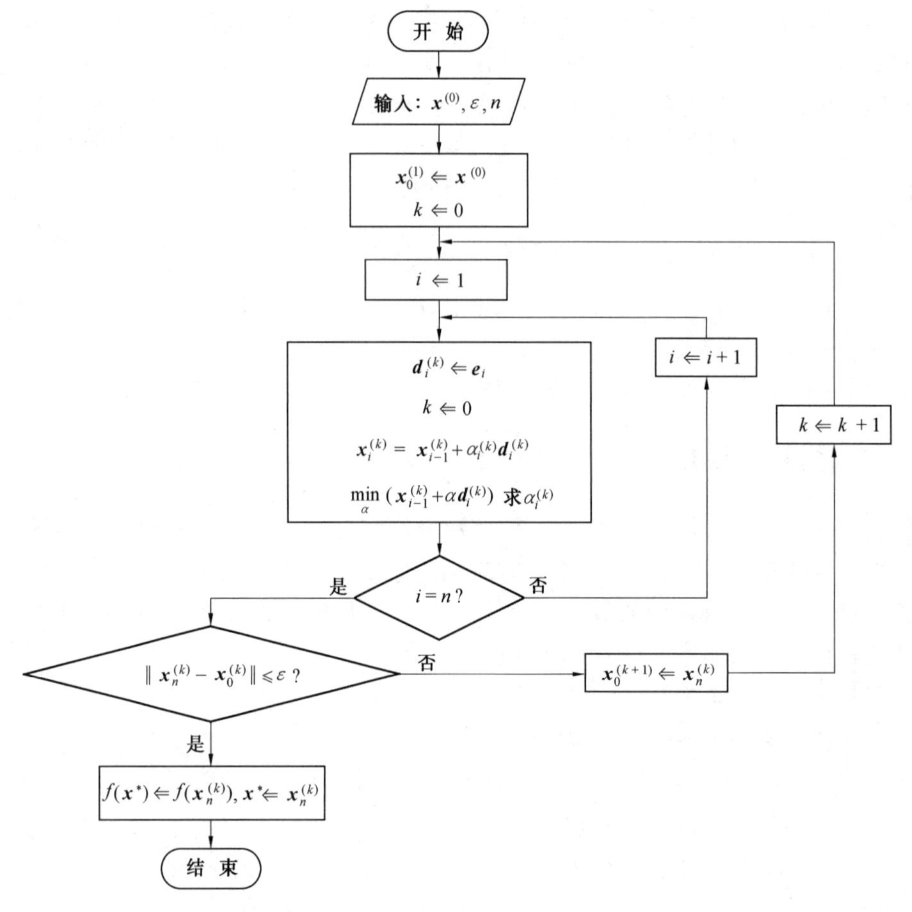

图 6.33 坐标轮换法程序框图

2. 坐标轮换法的效能特点

坐标轮换法具有算法简单、程序易于实现等特点。但是，这种方法的收敛效率与目标函数等值面(线) 的形状有很大关系，如果目标函数为二元二次函数，其等值线为圆或长短轴为平行于坐标轴的椭圆时，如图 6.34(a) 所示，此方法表现出很高的收敛效率，经过两次搜索即可达到最优点 $\boldsymbol{x}^*$。如果目标函数的等值线为长短轴不平行于坐标轴的椭圆时，如图 6.34(b) 所示，则需多次迭代才能达到最优点 $\boldsymbol{x}^*$，收敛效率显著降低。如果目标函数的等值线为与坐标轴斜交的脊线，如图 6.34(c) 所示，若沿着脊线方向进行搜索则一步可达到最优点，但因坐标轮换法总是沿坐标轴方向搜索而不能沿脊线方向搜索，所以搜索就将终止到脊线上而不能找到最优点 $\boldsymbol{x}^*$。搜索失败。

从上述分析可以看出，采用坐标轮换法只能轮流沿着坐标方向搜索，尽管也能使目标函数值步步下降，但要经过多次曲折迂回的路径才能达到极值点，尤其在极值点附近步长很小，收敛速度很慢，所以坐标轮换法不是一种很好的搜索方法。但是，在坐标轮换法的基础上可以构造出更好的搜索方法，如鲍威尔(Powell) 方法。

例 6.13 用坐标轮换法求目标函数 $f(\boldsymbol{x})=x_1^2+x_2^2-x_1x_2-10x_1-4x_2+60$ 的无约

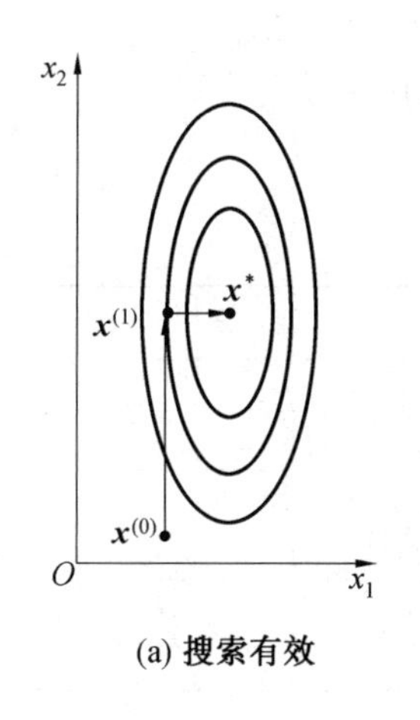

(a) 搜索有效

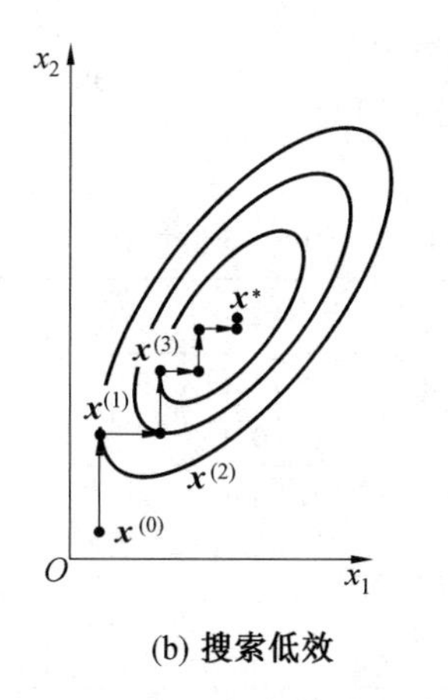

(b) 搜索低效

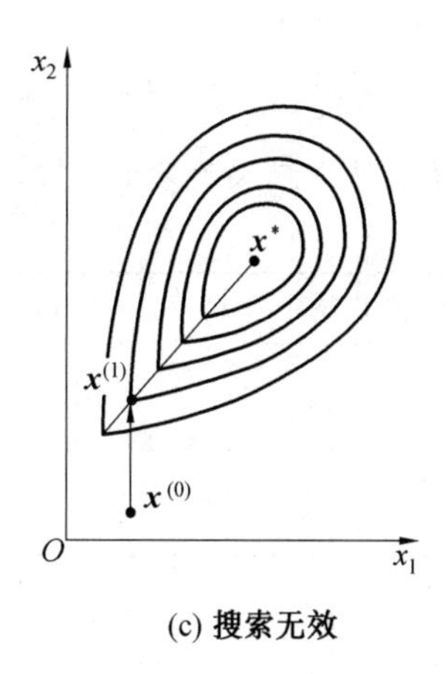

(c) 搜索无效

图 6.34 坐标轮换法的效能

束最优解，取初始点 $\boldsymbol{x}^{(0)}=\begin{Bmatrix}0\\0\end{Bmatrix}$，精度要求 $\varepsilon=0.1$。

解 做第一轮迭代计算，沿 $\boldsymbol{d}_1^{(1)}=\boldsymbol{e}_1=[1\quad 0]^{\mathrm{T}}$ 方向进行一维搜索，即

$$\boldsymbol{x}_1^{(1)}=\boldsymbol{x}_0^{(1)}+\alpha_1^{(1)}\boldsymbol{d}_1^{(1)}=\boldsymbol{x}_0^{(1)}+\alpha_1^{(1)}\boldsymbol{e}_1$$

式中，$\boldsymbol{x}_0^{(1)}$ 为第一轮的起始点，取

$$\boldsymbol{x}_0^{(1)}=\boldsymbol{x}^{(0)}$$

$$\boldsymbol{x}_1^{(1)}=\begin{Bmatrix}0\\0\end{Bmatrix}+\alpha_1^{(1)}\begin{Bmatrix}1\\0\end{Bmatrix}=\begin{Bmatrix}\alpha_1^{(1)}\\0\end{Bmatrix}$$

按最优步长原则确定步长 $\alpha_1^{(1)}$，即极小化

$$\min_{\alpha} f(\boldsymbol{x}_1^{(1)})=\min_{\alpha} f(\boldsymbol{x}_0^{(1)}+\alpha\boldsymbol{d}_1^{(0)})=f(\boldsymbol{x}_0^{(1)}+\alpha_1^{(1)}\boldsymbol{d}_1^{(0)})=(\alpha_1^{(1)})^2-10\alpha_1^{(1)}+60$$

得

$$\alpha_1^{(1)}=5$$

$$\boldsymbol{x}_1^{(1)}=\begin{Bmatrix}5\\0\end{Bmatrix}$$

以 $\boldsymbol{x}_1^{(1)}$ 为新起点，沿 $\boldsymbol{d}_2^{(1)}=\boldsymbol{e}_2=[0\quad 1]^{\mathrm{T}}$ 方向一维搜索，即

$$\boldsymbol{x}_2^{(1)}=\boldsymbol{x}_1^{(1)}+\alpha_2^{(1)}\boldsymbol{d}_2^{(1)}=\boldsymbol{x}_1^{(1)}+\alpha_2^{(1)}\boldsymbol{e}_2=\begin{Bmatrix}5\\0\end{Bmatrix}+\alpha_2^{(1)}\begin{Bmatrix}0\\1\end{Bmatrix}=\begin{Bmatrix}5\\\alpha_2^{(1)}\end{Bmatrix}$$

按最优步长原则确定 $\alpha_2^{(1)}$，即极小化

$$\min_{\alpha} f(\boldsymbol{x}_2^{(1)})=\min f(\boldsymbol{x}_1^{(1)}+\alpha\boldsymbol{d}_2^{(0)})=f(\boldsymbol{x}_1^{(1)}+\alpha_2^{(1)}\boldsymbol{d}_2^{(0)})=(\alpha_2^{(1)})^2-9\alpha_2^{(1)}+35$$

得

$$\alpha_2^{(1)}=4.5$$

$$\boldsymbol{x}_2^{(1)}=\begin{Bmatrix}5\\4.5\end{Bmatrix}$$

按终止准则检验第一轮迭代的搜索效果，即检验

$$\|\boldsymbol{x}_2^{(1)}-\boldsymbol{x}_0^{(1)}\|=\sqrt{5^2+4.5^2}=6.70>\varepsilon$$

不满足终止准则。此时令 $\boldsymbol{x}_0^{(2)}=\boldsymbol{x}_2^{(1)}$，继续进行第二轮迭代计算，经过五轮迭代计算后

$$\|\boldsymbol{x}_2^{(5)}-\boldsymbol{x}_0^{(5)}\|=0.08<\varepsilon$$

满足了终止准则的要求，故最优解为

$$x^* = x_2^{(5)} = \begin{Bmatrix} 8.02 \\ 6.01 \end{Bmatrix}, \quad f^* = f(x^*) = 8.0003$$

各轮迭代计算结果见表 6.5。

表 6.5 例 6.13 的计算结果

迭代轮序号 k	$x_0^{(k)}$	$x_1^{(k)}$	$x_2^{(k)}$	$\|x_2^{(k)} - x_0^{(k)}\|$
1	$\begin{Bmatrix} 0 \\ 0 \end{Bmatrix}$	$\begin{Bmatrix} 5 \\ 0 \end{Bmatrix}$	$\begin{Bmatrix} 5 \\ 4.5 \end{Bmatrix}$	6.7
2	$\begin{Bmatrix} 5 \\ 4.5 \end{Bmatrix}$	$\begin{Bmatrix} 7.25 \\ 4.5 \end{Bmatrix}$	$\begin{Bmatrix} 7.25 \\ 6.625 \end{Bmatrix}$	3.09
3	$\begin{Bmatrix} 7.25 \\ 6.625 \end{Bmatrix}$	$\begin{Bmatrix} 8.313 \\ 6.625 \end{Bmatrix}$	$\begin{Bmatrix} 8.313 \\ 6.156 \end{Bmatrix}$	1.16
4	$\begin{Bmatrix} 8.313 \\ 6.156 \end{Bmatrix}$	$\begin{Bmatrix} 8.08 \\ 6.156 \end{Bmatrix}$	$\begin{Bmatrix} 8.08 \\ 6.04 \end{Bmatrix}$	0.26
5	$\begin{Bmatrix} 8.08 \\ 6.04 \end{Bmatrix}$	$\begin{Bmatrix} 8.02 \\ 6.04 \end{Bmatrix}$	$\begin{Bmatrix} 8.02 \\ 6.01 \end{Bmatrix}$	0.08

6.3.7 鲍威尔方法

1964 年鲍威尔在坐标轮换法的基础上，提出了一种效率很高的探求目标函数极值点的优化算法，称为鲍威尔方法。鲍威尔方法是直接利用函数值来构造共轭方向的一种共轭方向法。在 6.3.4 节介绍的共轭梯度法中，虽然也利用了共轭方向的概念，但是形成共轭方向时，总是需要计算目标函数的梯度，即必须计算一阶导数，而鲍威尔法则不需要对函数做求导计算，只需要目标函数的函数值信息即可求出用于搜索的共轭方向。

1. 共轭方向的生成

我们以具有正定矩阵 $\boldsymbol{A}$ 的二次函数

$$f(\boldsymbol{x}) = \frac{1}{2}\boldsymbol{x}^{\mathrm{T}}\boldsymbol{A}\boldsymbol{x} + \boldsymbol{B}^{\mathrm{T}}\boldsymbol{x} + \boldsymbol{C}$$

为例来介绍鲍威尔方法中共轭方向的形成过程。

如图 6.35 所示，设 $\boldsymbol{x}^{(k)}$、$\boldsymbol{x}^{(k+1)}$ 为从不同点出发，沿同一方向 $\boldsymbol{d}^{(j)}$ 进行一维搜索而得到的两个极小点。根据梯度和等值线相垂直的性质，$\boldsymbol{d}^{(j)}$ 和 $\boldsymbol{x}^{(k)}$、$\boldsymbol{x}^{(k+1)}$ 两点处的梯度 $\boldsymbol{g}^{(k)} = \nabla f(\boldsymbol{x}^{(k)})$、$\boldsymbol{g}^{(k+1)} = \nabla f(\boldsymbol{x}^{(k+1)})$ 之间存在如下关系：

$$[\boldsymbol{d}^{(j)}]^{\mathrm{T}}\boldsymbol{g}^{(k)} = \boldsymbol{0}$$

$$[\boldsymbol{d}^{(j)}]^{\mathrm{T}}\boldsymbol{g}^{(k+1)} = \boldsymbol{0}$$

另一方面，对于上述二次函数，其 $\boldsymbol{x}^{(k)}$、$\boldsymbol{x}^{(k+1)}$ 两点处的梯度可表示为

$$\boldsymbol{g}^{(k)} = \nabla f(\boldsymbol{x}^{(k)}) = \boldsymbol{A}\boldsymbol{x}^{(k)} + \boldsymbol{B}$$

$$\boldsymbol{g}^{(k+1)} = \nabla f(\boldsymbol{x}^{(k+1)}) = \boldsymbol{A}\boldsymbol{x}^{(k+1)} + \boldsymbol{B}$$

两式相减，得

$$\boldsymbol{g}^{(k+1)} - \boldsymbol{g}^{(k)} = \boldsymbol{A}(\boldsymbol{x}^{(k+1)} - \boldsymbol{x}^{(k)})$$

因而有

$$[\boldsymbol{d}^{(j)}]^{\mathrm{T}}(\boldsymbol{g}^{(k+1)} - \boldsymbol{g}^{(k)}) = [\boldsymbol{d}^{(j)}]^{\mathrm{T}}\boldsymbol{A}(\boldsymbol{x}^{(k+1)} - \boldsymbol{x}^{(k)}) = \boldsymbol{0} \tag{6.116}$$

若取方向 $\boldsymbol{d}^{(k)}=\boldsymbol{x}^{(k+1)}-\boldsymbol{x}^{(k)}$，则得到

$$[\boldsymbol{d}^{(j)}]^{\mathrm{T}}\boldsymbol{A}\boldsymbol{d}^{(k)}=\mathbf{0} \tag{6.117}$$

式(6.117)说明 $\boldsymbol{d}^{(k)}$ 和 $\boldsymbol{d}^{(j)}$ 对 $\boldsymbol{A}$ 共轭。根据共轭方向的性质，若从不同点沿 $\boldsymbol{d}^{(j)}$ 方向分别对函数做两次一维搜索，得到两个极小点 $\boldsymbol{x}^{(k)}$、$\boldsymbol{x}^{(k+1)}$，则这两点的连线所形成的方向 $\boldsymbol{d}^{(k)}=\boldsymbol{x}^{(k+1)}-\boldsymbol{x}^{(k)}$ 就是与 $\boldsymbol{d}^{(j)}$ 对 $\boldsymbol{A}$ 共轭的方向。通过上面的分析可知：对于二维问题，沿着此共轭方向做一次一维搜索即可找到目标函数的极小点。

2. 鲍威尔法基本算法

对于如图 6.36 所示二维情况，采用鲍威尔法对其求解，其基本实现过程如下。

(1) 任选一初始点 $\boldsymbol{x}^{(0)}$，令 $\boldsymbol{x}_0^{(1)}\Leftarrow\boldsymbol{x}^{(0)}$，选择两个线性无关的向量，如坐标轴单位向量 $\boldsymbol{e}_1=[1\quad 0]^{\mathrm{T}}$ 和 $\boldsymbol{e}_2=[0\quad 1]^{\mathrm{T}}$ 作为初始搜索方向。

(2) 从 $\boldsymbol{x}_0^{(1)}$ 出发，顺次沿 $\boldsymbol{e}_1$、$\boldsymbol{e}_2$ 进行一维搜索，得两点 $\boldsymbol{x}_1^{(1)}$、$\boldsymbol{x}_2^{(1)}$，连线两点得一个新的搜索方向，即

$$\boldsymbol{d}^{(1)}=\boldsymbol{x}_2^{(1)}-\boldsymbol{x}_0^{(1)}$$

用 $\boldsymbol{d}^{(1)}$ 代替 $\boldsymbol{e}_1$ 形成两个线性无关的向量 $\boldsymbol{e}_2$、$\boldsymbol{d}^{(1)}$，作为下一轮迭代的搜索方向。再从 $\boldsymbol{x}_2^{(1)}$ 出发，沿 $\boldsymbol{d}^{(1)}$ 做一维搜索得点 $\boldsymbol{x}^{(1)}$，并以此点作为下一轮迭代的初始点，即令 $\boldsymbol{x}_0^{(2)}\Leftarrow\boldsymbol{x}^{(1)}$。

(3) 从 $\boldsymbol{x}_0^{(2)}$ 出发，顺次沿 $\boldsymbol{e}_2$、$\boldsymbol{d}^{(1)}$ 进行一维搜索，得到两点 $\boldsymbol{x}_1^{(2)}$、$\boldsymbol{x}_2^{(2)}$，连线两点再得到一个新的搜索方向，即

$$\boldsymbol{d}^{(2)}=\boldsymbol{x}_2^{(2)}-\boldsymbol{x}_0^{(2)}$$

$\boldsymbol{x}_0^{(2)}$、$\boldsymbol{x}_2^{(2)}$ 两点是从不同点 $\boldsymbol{x}_2^{(1)}$、$\boldsymbol{x}_1^{(2)}$ 出发，分别沿 $\boldsymbol{d}^{(1)}$ 方向进行一维搜索而得到的极小点，根据前面所叙述的理论，$\boldsymbol{x}_0^{(2)}$、$\boldsymbol{x}_2^{(2)}$ 两点连线的方向 $\boldsymbol{d}^{(2)}$ 与 $\boldsymbol{d}^{(1)}$ 一起对 $\boldsymbol{A}$ 共轭。再从 $\boldsymbol{x}_2^{(2)}$ 出发，沿 $\boldsymbol{d}^{(2)}$ 进行一维搜索得点 $\boldsymbol{x}^{(2)}$。因为 $\boldsymbol{x}^{(2)}$ 相当于从 $\boldsymbol{x}_2^{(1)}$ 出发分别沿着关于 $\boldsymbol{A}$ 的两个共轭方向 $\boldsymbol{d}^{(1)}$、$\boldsymbol{d}^{(2)}$ 进行两次一维搜索而得到的点，所以 $\boldsymbol{x}^{(2)}$ 点即是二维问题的极小点 $\boldsymbol{x}^*$。

同理，将上述二维情况的基本算法扩展到 n 维情况，则鲍威尔基本算法的原理为：从初始点出发，顺次沿 n 个线性无关的方向所构成的搜索方向组进行一维搜索得到一个终点，由终点和初始点的连线形成一个新的搜索方向，用这个新的搜索方向替换原来搜索方向中的第一个方向，而将新方向排在原方向组的最后，这样就形成了一个新的搜索方向组。同时规定，从这一轮的搜索终点出发沿新形成的搜索方向进行一维搜索而得到的极小点，作为下一轮迭代的初始点，这样就形成了算法的循环。因为这种方法在迭代中逐次生成共轭方向，而共轭方向又是较好的搜索方向，所以鲍威尔法又称为方向加速法。

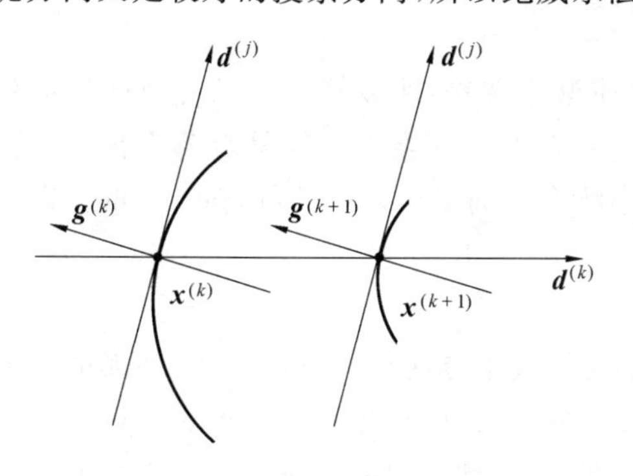

图 6.35 一维搜索形成共轭方向示意图

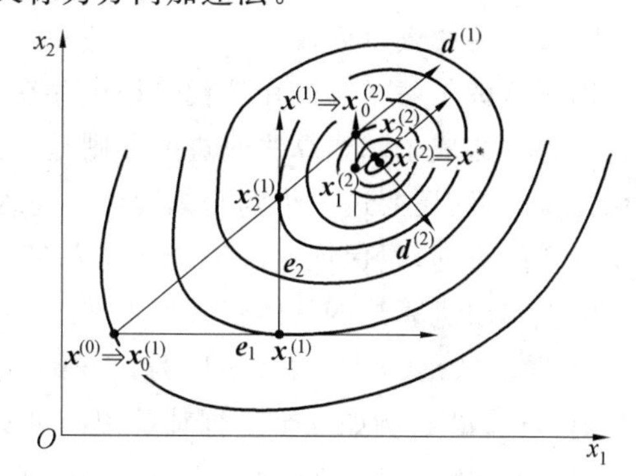

图 6.36 二维情况下的鲍威尔法

3.鲍威尔基本算法的退化现象

通过前面鲍威尔基本算法的介绍可知,在共轭方向形成的过程中,每一轮迭代都用连接始点和终点所产生的搜索方向去替换原搜索方向组中的第一个向量,而不管它的“好坏”,这样就有可能造成在迭代过程中新形成的 n 个搜索方向会变成线性相关而不能形成共轭方向,即可能形不成 n 维空间,进而求不到极小点,我们称鲍威尔基本算法的这种缺陷为退化现象。下面以三维问题为例来说明鲍威尔基本算法的退化现象。

对一个三维问题,首先由初始点 $\boldsymbol{x}^{(0)} \Leftarrow \boldsymbol{x}_0^{(1)}$ 出发,沿着三个坐标轴方向 $\boldsymbol{e}_1$、$\boldsymbol{e}_2$、$\boldsymbol{e}_3$ 进行第一轮搜索,得到 $\boldsymbol{x}_3^{(1)}$ 点,连接始点 $\boldsymbol{x}_0^{(1)}$ 和终点 $\boldsymbol{x}_3^{(1)}$,形成搜索方向 $\boldsymbol{d}^{(1)}$,在这一轮中 $\boldsymbol{e}_1$、$\boldsymbol{e}_2$、$\boldsymbol{e}_3$ 和 $\boldsymbol{d}_1$ 是不共面的一组向量,如图 6.37 所示。

新生方向可表示为

$$\boldsymbol{d}^{(1)} = \alpha_1 \boldsymbol{e}_1 + \alpha_2 \boldsymbol{e}_2 + \alpha_3 \boldsymbol{e}_3 \tag{6.118}$$

如果在某种条件下 $\alpha_1 = 0$,即在 $\boldsymbol{e}_1$ 方向上搜索没有进展,迭代点的位移为零,则此时 $\boldsymbol{d}^{(1)} = \alpha_2 \boldsymbol{e}_2 + \alpha_3 \boldsymbol{e}_3$,则 $\boldsymbol{d}^{(1)}$ 必与 $\boldsymbol{e}_2$、$\boldsymbol{e}_3$ 共面,共面的三个向量必线性相关。

由图 6.38 可看出,在随后的各轮的方向组中各向量必在由 $\boldsymbol{e}_2$、$\boldsymbol{e}_3$ 所决定的平面内,使以后的搜索局限在二维平面内进行。显然,这种降维后的搜索将无法获得三维目标函数的最优点。

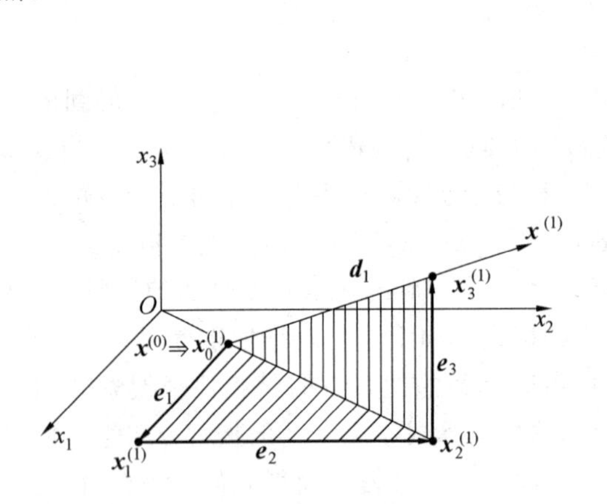

图 6.37 三维问题的鲍威尔基本算法

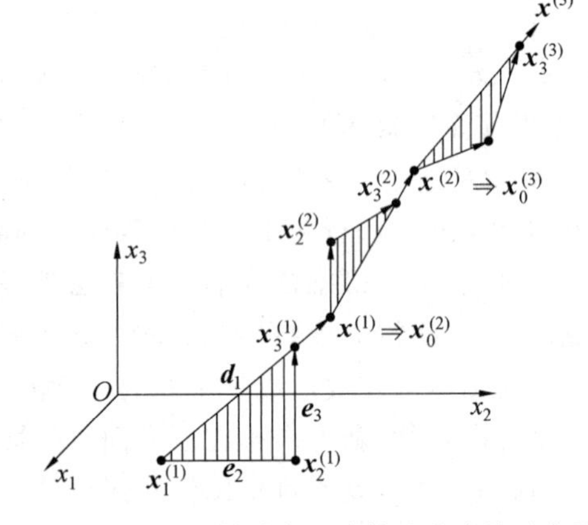

图 6.38 三维问题鲍威尔基本算法的降维示意图

4.改进的鲍威尔方法

因为鲍威尔基本算法在迭代过程中存在上述退化现象,所以鲍威尔又对他的基本算法进行改进。鲍威尔基本算法改进的原则是:首先要判断原搜索方向组是否需要替换;其次,如果需要替换,还要进一步判断原搜索方向组中哪个方向最坏,然后再用新产生的方向替换这个最坏的方向,以保证逐次生成共轭方向。

鲍威尔改进算法的具体步骤如下。

(1) 取初始点 $\boldsymbol{x}^{(0)}$,收敛精度为 $\varepsilon > 0$,确定初始搜索方向组,它由 n 个线性无关的向量 $\boldsymbol{d}_1^{(1)}, \boldsymbol{d}_2^{(1)}, \cdots, \boldsymbol{d}_n^{(1)}$(例如 n 个坐标轴单位向量 $\boldsymbol{e}_1, \boldsymbol{e}_2, \cdots, \boldsymbol{e}_n$)所组成,令 $\boldsymbol{x}_0^{(1)} \Leftarrow \boldsymbol{x}^{(0)}$,$k \Leftarrow 0$。

(2) 从 $\boldsymbol{x}_0^{(k)}$ 出发,顺次沿 $\boldsymbol{d}_1^{(k)}, \boldsymbol{d}_2^{(k)}, \cdots, \boldsymbol{d}_n^{(k)}$ 进行一维搜索得 $\boldsymbol{x}_1^{(k)}, \boldsymbol{x}_2^{(k)}, \cdots, \boldsymbol{x}_n^{(k)}$,即

$$\min_{\alpha} f(\boldsymbol{x}_{i-1}^{(k)} + \alpha \boldsymbol{d}_i^{(k)}) = f(\boldsymbol{x}_{i-1}^{(k)} + \alpha_i^{(k)} \boldsymbol{d}_i^{(k)})$$

$$x_i^{(k)} = x_{i-1}^{(k)} + \alpha_i^{(k)} d_i^{(k)} \quad (i=1,2,\cdots,n)$$

这一步相当于最优步长的坐标轮换法。

(3) 接着以 $x_n^{(k)}$ 为起点,沿方向

$$d_{n+1}^{(k)} = x_n^{(k)} - x_0^{(k)}$$

移动一个 $x_n^{(k)} - x_0^{(k)}$ 的距离,得到

$$x_{n+1}^{(k)} = x_n^{(k)} + (x_n^{(k)} - x_0^{(k)}) = 2x_n^{(k)} - x_0^{(k)}$$

$x_0^{(k)}$、$x_n^{(k)}$、$x_{n+1}^{(k)}$ 分别称为第 k 轮迭代的始点、终点和反射点。始点、终点和反射点所对应的函数值分别表示为

$$f_1 = f(x_0^{(k)})$$
$$f_2 = f(x_n^{(k)})$$
$$f_3 = f(x_{n+1}^{(k)})$$

(4) 计算第 k 轮中相邻两点目标函数值的下降量,并求出下降量最大者 $\Delta_m^{(k)}$,即

$$\Delta_m^{(k)} = \max\{f(x_{i-1}^{(k)}) - f(x_i^{(k)})\} \quad (i=1,\ 2,\cdots,\ n)$$

$\Delta_m^{(k)}$ 相应的方向为 $$d_m^{(k)} = x_i^{(k)} - x_{i-1}^{(k)}$$

(5) 判断是否满足判别条件 $f_3 < f_1$ 和 $(f_1 - 2f_2 + f_3)(f_1 - f_2 + \Delta_m^{(k)})^2 < 0.5\Delta_m^{(k)}(f_1 - f_3)^2$。

若满足上述判别条件,说明共轭性好,则下一轮迭代应对原搜索方向组进行替换,将 $d_{n+1}^{(k)}$ 补充到原搜索方向组的最后位置,而除掉 $d_m^{(k)}$,即以新方向组 $d_1^{(k)},d_2^{(k)},\cdots,d_{m-1}^{(k)},d_{m+1}^{(k)},\cdots,d_n^{(k)},d_{n+1}^{(k)}$ 作为下一轮迭代的搜索方向组。下一轮迭代的始点取为沿 $d_{n+1}^{(k)}$ 方向进行一维搜索的极小点 $x_0^{(k+1)}$。

若不满足判别条件,则下一轮迭代仍用原搜索方向组,即

$$d_i^{(k+1)} = d_i^{(k)} \quad (i=1,\ 2,\cdots,\ n)$$

同时比较 $x_n^{(k)}$ 和 $x_{n+1}^{(k)}$ 的函数值 f_2 和 f_3,取函数值相对小者作为下一轮迭代的始点 $x_0^{(k+1)}$。

(6) 检验是否满足收敛判断准则 $\| x_0^{(k+1)} - x_0^{(k)} \| \leqslant \varepsilon$ 或 $\left|\dfrac{f(x_0^{(k+1)}) - f(x_0^{(k)})}{f(x_0^{(k)})}\right| < \varepsilon$。若满足,则停止迭代,得点 $x^* = x_0^{(k+1)}$ 及目标函数值 $f(x^*) = f(x_0^{(k+1)})$;否则令 $k \Leftarrow k+1$,转步骤(2),继续进行下一轮迭代。

改进后的鲍威尔法程序框图如图 6.39 所示。

例 6.14 用鲍威尔法求函数 $f(x)=10(x_1+x_2-5)^2+(x_1-x_2)^2$ 的极小值。

解 初始点取 $x^{(0)} = x_0^{(1)} = \begin{Bmatrix}0\\0\end{Bmatrix}$,因此,$f(x^{(0)}) = f(x_0^{(1)}) = 250$。第一轮搜索方向取两坐标轴单位向量,即

$$d_1^{(1)} = e_1 = \begin{Bmatrix}1\\0\end{Bmatrix}, \quad d_2^{(1)} = e_2 = \begin{Bmatrix}0\\1\end{Bmatrix}$$

从初始点 $x_0^{(1)} = \begin{Bmatrix}0\\0\end{Bmatrix}$ 出发,首先沿 $d_1^{(1)}$ 方向进行一维搜索,求 $x_1^{(1)}$ 点。根据式

$$f(x_0^{(1)} + \alpha_1^{(1)} d_1^{(1)}) = \min_{\alpha} f(x_0^{(1)} + \alpha d_1^{(1)})$$

求出最优步长 $\alpha_1^{(1)}$,代入式 $x_1^{(1)} = x_0^{(1)} + \alpha_1^{(1)} d_1^{(1)}$,求出沿 $d_1^{(1)}$ 方向进行一维搜索的最优点 $x_1^{(1)}$。

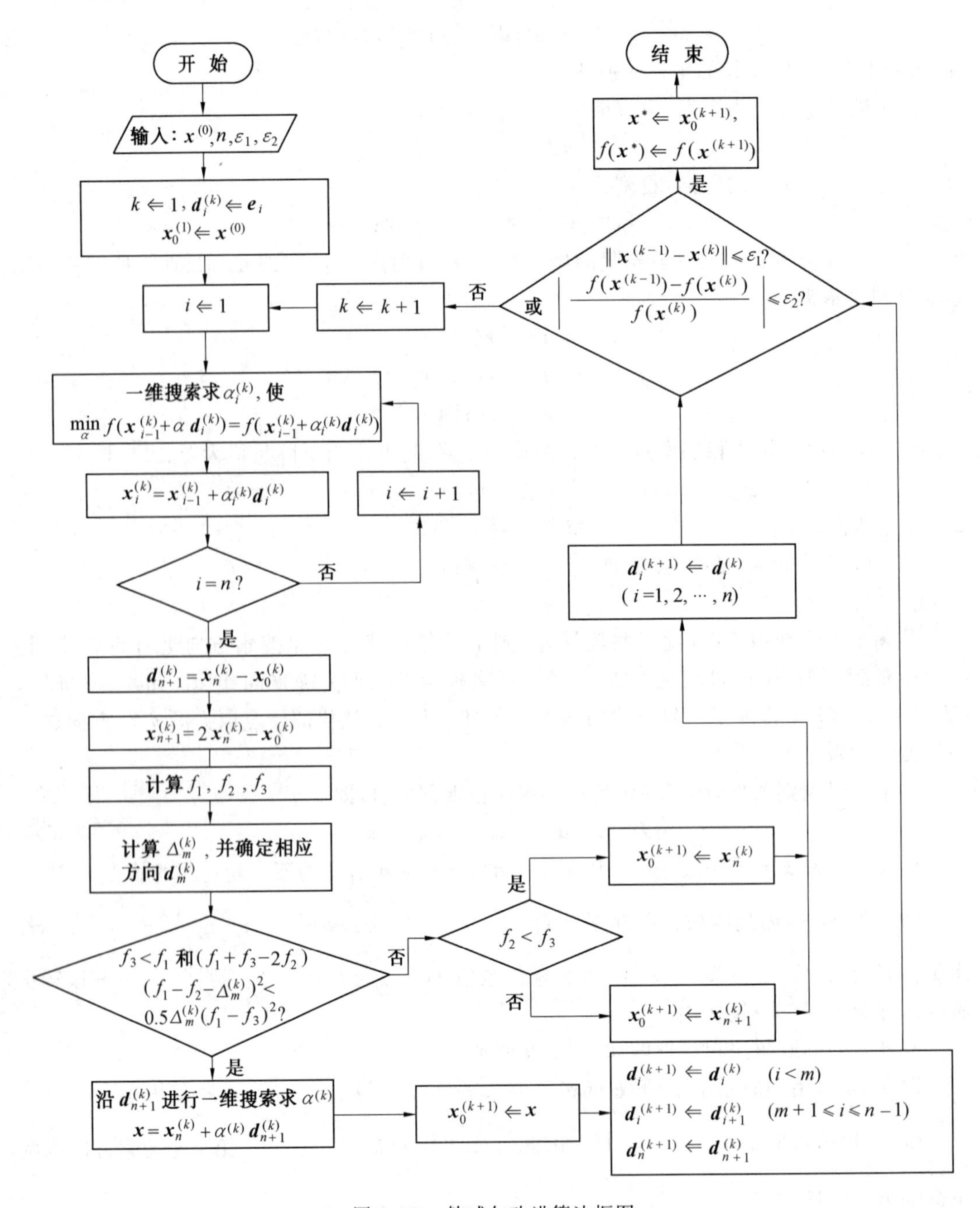

图 6.39 鲍威尔改进算法框图

因为

$$\boldsymbol{x}_0^{(1)} + \alpha \boldsymbol{d}_1^{(1)} = \begin{Bmatrix} 0 \\ 0 \end{Bmatrix} + \alpha \begin{Bmatrix} 1 \\ 0 \end{Bmatrix} = \begin{Bmatrix} \alpha \\ 0 \end{Bmatrix}$$

则有

$$f(\boldsymbol{x}_0^{(1)} + \alpha \boldsymbol{d}_1^{(1)}) = 10(\alpha - 5)^2 + \alpha^2 = 11\alpha^2 - 100\alpha + 250$$

令

$$\frac{\mathrm{d}f(\boldsymbol{x}_0^{(1)}+\alpha\boldsymbol{d}_1^{(1)})}{\mathrm{d}\alpha}=0$$

得

$$22\alpha-100=0$$

$$\alpha=\alpha_1^{(1)}=\frac{50}{11}$$

所以，计算 $\boldsymbol{x}_1^{(1)}$ 为

$$\boldsymbol{x}_1^{(1)}=\boldsymbol{x}_0^{(1)}+\alpha_1^{(1)}\boldsymbol{d}_1^{(1)}=\begin{Bmatrix}0\\0\end{Bmatrix}+\frac{50}{11}\begin{Bmatrix}1\\0\end{Bmatrix}=\begin{Bmatrix}4.545\ 5\\0\end{Bmatrix}$$

而函数值为

$$f(\boldsymbol{x}_1^{(1)})=10(4.545\ 5-5)^2+4.545\ 5^2=22.727\ 3$$

再从 $\boldsymbol{x}_1^{(1)}$ 点出发，沿 $\boldsymbol{d}_2^{(1)}=\begin{Bmatrix}0\\1\end{Bmatrix}$ 方向进行一维搜索，求 $\boldsymbol{x}_2^{(1)}$ 点，即

$$\boldsymbol{x}_2^{(1)}=\boldsymbol{x}_1^{(1)}+\alpha\boldsymbol{d}_2^{(1)}=\begin{Bmatrix}4.545\ 5\\0\end{Bmatrix}+\alpha\begin{Bmatrix}0\\1\end{Bmatrix}=\begin{Bmatrix}4.545\ 5\\\alpha\end{Bmatrix}$$

$$f(\boldsymbol{x}_1^{(1)}+\alpha\boldsymbol{d}_2^{(1)})=10(4.545\ 5+\alpha-5)^2+(4.545\ 5-\alpha)^2$$

令

$$\frac{\mathrm{d}f(\boldsymbol{x}_1^{(1)}+\alpha\boldsymbol{d}_2^{(1)})}{\mathrm{d}\alpha}=0$$

则得

$$20\times(4.545\ 5+\alpha-5)-2\times(4.545\ 5-\alpha)=0$$

$$\alpha=\alpha_2^{(1)}=0.826\ 4$$

故求得

$$\boldsymbol{x}_2^{(1)}=\boldsymbol{x}_1^{(1)}+\alpha_2^{(1)}\boldsymbol{d}_2^{(1)}=\begin{Bmatrix}4.545\ 5\\0\end{Bmatrix}+0.824\ 6\begin{Bmatrix}0\\1\end{Bmatrix}=\begin{Bmatrix}4.545\ 5\\0.826\ 4\end{Bmatrix}$$

而函数值为

$$f(\boldsymbol{x}_2^{(1)})=10(4.545\ 5+0.826\ 4-5)^2+(4.545\ 5-0.826\ 4)^2=15.218\ 4$$

计算 $\boldsymbol{x}_3^{(1)}=2\boldsymbol{x}_2^{(1)}-\boldsymbol{x}_0^{(1)}$，得

$$\boldsymbol{x}_3^{(1)}=2\begin{Bmatrix}4.545\ 5\\0.826\ 4\end{Bmatrix}-\begin{Bmatrix}0\\0\end{Bmatrix}=\begin{Bmatrix}9.091\ 0\\1.652\ 8\end{Bmatrix}$$

$$f(\boldsymbol{x}_3^{(1)})=385.239\ 2$$

计算各点函数值之差，并确定其中差值最大者 $\Delta_m^{(1)}$

$$f(\boldsymbol{x}_0^{(1)})-f(\boldsymbol{x}_1^{(1)})=250-22.727\ 3=227.272\ 7$$

$$f(\boldsymbol{x}_1^{(1)})-f(\boldsymbol{x}_2^{(1)})=22.727\ 3-15.214\ 8=7.512\ 5$$

所以

$$\Delta_m^{(1)}=f(\boldsymbol{x}_0^{(1)})-f(\boldsymbol{x}_1^{(1)})=227.272\ 7,\quad \boldsymbol{d}_m^{(1)}=\boldsymbol{d}_1^{(1)}$$

用判别准则检验

$$f_3=f(\boldsymbol{x}_2^{(1)})=385.239\ 2>f_1=f(\boldsymbol{x}_0^{(1)})=250$$

第二式不必计算即可判定第二轮搜索应仍用原方向组的方向 $\boldsymbol{d}_1^{(1)}$、$\boldsymbol{d}_2^{(1)}$，即

$$\boldsymbol{d}_1^{(2)}=\boldsymbol{d}_1^{(1)}=\boldsymbol{e}_1=\begin{Bmatrix}1\\0\end{Bmatrix},\quad \boldsymbol{d}_2^{(2)}=\boldsymbol{d}_2^{(1)}=\boldsymbol{e}_2=\begin{Bmatrix}0\\1\end{Bmatrix}$$

第二轮搜索的初始点应定为 $\boldsymbol{x}_2^{(1)}=\begin{Bmatrix}4.545\ 5\\0.826\ 4\end{Bmatrix}$

$$\boldsymbol{x}_0^{(2)}=\boldsymbol{x}_2^{(1)}=\begin{Bmatrix}4.545\ 5\\0.826\ 4\end{Bmatrix}$$

$$f(\boldsymbol{x}_0^{(2)})=15.214\ 8$$

迭代过程与第一轮相同,重复上述步骤进行计算。从 $\boldsymbol{x}_0^{(2)}$ 出发沿 $\boldsymbol{d}_1^{(2)}$ 方向进行一维搜索,找到极小点 $\boldsymbol{x}_1^{(2)}=\begin{Bmatrix}3.869\ 3\\0.826\ 4\end{Bmatrix}$,再从 $\boldsymbol{x}_1^{(2)}$ 出发沿 $\boldsymbol{d}_2^{(2)}$ 方向进行一维搜索,找到极小点 $\boldsymbol{x}_2^{(2)}=\begin{Bmatrix}3.869\ 3\\1.379\ 7\end{Bmatrix}$,并且算出

$$\boldsymbol{x}_3^{(2)}=2\boldsymbol{x}_2^{(2)}-\boldsymbol{x}_0^{(2)}=2\times\begin{Bmatrix}3.869\ 3\\1.379\ 7\end{Bmatrix}-\begin{Bmatrix}4.545\ 5\\0.826\ 4\end{Bmatrix}=\begin{Bmatrix}3.193\ 1\\1.933\ 0\end{Bmatrix}$$

$$f_1=f(\boldsymbol{x}_0^{(2)})=15.214\ 8$$

$$f_2=f(\boldsymbol{x}_2^{(2)})=6.818\ 1$$

$$f_3=f(\boldsymbol{x}_3^{(2)})=1.746\ 9$$

$$f(\boldsymbol{x}_1^{(2)})=10.185\ 2$$

计算各点函数之差,并确定其中差值最大者 Δ_m^2

$$f(\boldsymbol{x}_0^{(2)})-f(\boldsymbol{x}_1^{(2)})=15.214\ 8-10.185\ 2=5.029\ 6$$

$$f(\boldsymbol{x}_1^{(2)})-f(\boldsymbol{x}_2^{(2)})=10.185\ 2-6.818\ 1=3.367\ 1$$

所以
$$\Delta_m^{(2)}=f(\boldsymbol{x}_0^{(2)})-f(\boldsymbol{x}_1^{(2)})=5.029\ 6,\quad \boldsymbol{d}_m^{(2)}=\boldsymbol{d}_1^{(2)}$$

用判别准则检验

$$f_3=1.746\ 9<f_1=15.214\ 8$$

$$(f_1-2f_2+f_3)(f_1-f_2-\Delta_m^{(2)})^2=(15.214\ 8-2\times 6.818\ 1+1.746\ 9)\times(15.214\ 8-6.818\ 1-5.029\ 6)^2=37.702\ 4$$

$$0.5\Delta_m^{(2)}(f_1-f_3)^2=0.5\times 5.029\ 6(15.214\ 8-1.746\ 9)^2=456.145\ 3$$

所以
$$(f_1-2f_2+f_3)(f_1-f_2+\Delta_m^{(2)})^2<0.5\Delta_m^{(2)}(f_1-f_3)^2$$

满足判别式条件,因此,下一轮迭代应采用新的方向组

$$\boldsymbol{d}_1^{(3)}=\boldsymbol{d}_2^{(2)}=\boldsymbol{e}_2=\begin{Bmatrix}0\\1\end{Bmatrix}$$

$$\boldsymbol{d}_3^{(2)}=\boldsymbol{d}_2^{(3)}=\boldsymbol{x}_2^{(2)}-\boldsymbol{x}_0^{(2)}=\begin{Bmatrix}3.869\ 3\\1.379\ 7\end{Bmatrix}-\begin{Bmatrix}4.545\ 5\\0.826\ 4\end{Bmatrix}=\begin{Bmatrix}-0.676\ 2\\0.553\ 3\end{Bmatrix}$$

即去掉了原方向组中与 $\Delta_m^{(2)}$ 相应的方向 $\boldsymbol{d}_1^{(2)}$。

第三轮搜索的初始点 $\boldsymbol{x}_0^{(3)}$ 应选在 $\boldsymbol{x}_0^{(2)}$(即 $\boldsymbol{x}_2^{(1)}$)和 $\boldsymbol{x}_2^{(2)}$ 连线(即 $\boldsymbol{d}_3^{(2)}$ 方向)上的极小点。最后求得最优解为

$$\boldsymbol{x}^*=\begin{Bmatrix}2.468\ 9\\2.525\ 2\end{Bmatrix},\quad f(\boldsymbol{x}^*)=0.003\ 52$$

通过上述例题可以看出,虽然鲍威尔法利用了共轭方向,在接近最优点附近具有二次收敛性,但计算速度并不很快。以二维函数为例,每轮要进行三次一维搜索,且每一轮需要计算四个点,但是因为在计算中可以不计算目标函数的导数而只计算目标函数值,故在实际工程设计计算中仍然是一种方便和有效的算法。

6.3.8 单形替换法

1. 单形替换法的基本思想

采用单形替换法求解无约束优化问题是指在不计算目标函数导数的情况下，先计算出目标函数在若干点处的函数值，然后依据函数值的大小关系来判断函数变化的趋势，确定目标函数的下降方向，进而求得目标函数值的极值，这里所说的若干点，一般是取在单纯形的顶点上。所谓单纯形是指在 n 维空间中由 $n+1$ 个线性独立的点构成的简单图形或凸多面体。例如，如图 6.40 所示，在一维空间中由两点构成的线段；在二维空间中由不在同一直线上的三个点构成的简单图形，即三角形；在三维空间中由不在同一平面上的四个点构成的简单图形，即四面体；在 n 维空间中由 $n+1$ 个顶点构成的凸多面体等。

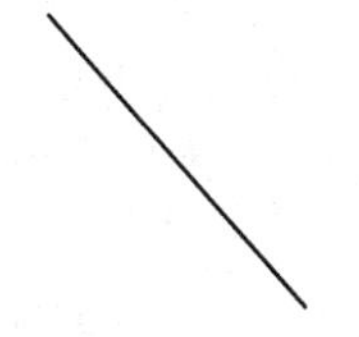
(a) 一维空间中的单纯形

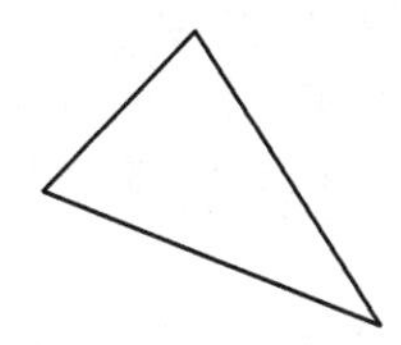
(b) 二维空间中的单纯形

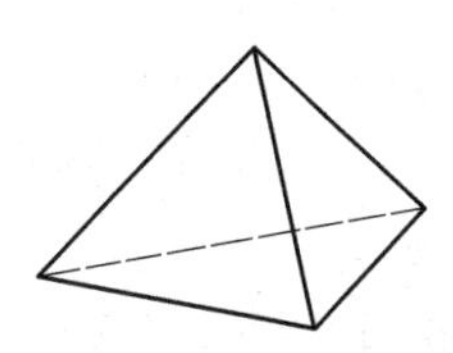
(c) 三维空间中的单纯形

图 6.40 单纯形示例

单形替换法的基本思想是指在无约束优化求解过程中，根据问题的维数 n，选取由 $n+1$ 个顶点构成的单纯形，求出这些顶点处的目标函数值并加以比较，确定它们当中有最大值的点及函数值的下降方向，再设法找到一个新的比较好的点替换那个有最大值的点，从而构成新的单纯形。随着这种取代过程的不断进行，新的单纯形将向着极小点收缩，这样经过若干次迭代，即可得到满足收敛准则的近似解。

一般来讲，为加快单形替换法的寻优过程，可采用四种基本的寻优措施，即反射、扩张、压缩和缩短边长。下面以二维问题为例来说明单形替换法的寻优过程。

如图 6.41 所示，设二维目标函数为 $f(\boldsymbol{x})=f(x_1,x_2)$，在设计平面 x_1-x_2 上 $\boldsymbol{x}_h$、$\boldsymbol{x}_l$、$\boldsymbol{x}_g$ 为线性独立（不在同一直线上）的三个点，以它们为顶点构造单纯形 —— 三角形，计算这三个顶点处的函数值 $f(\boldsymbol{x}_h)$、$f(\boldsymbol{x}_l)$、$f(\boldsymbol{x}_g)$ 并进行比较。

若

$$f(\boldsymbol{x}_h) > f(\boldsymbol{x}_g) > f(\boldsymbol{x}_l)$$

则说明点 $\boldsymbol{x}_h$ 最差，点 $\boldsymbol{x}_l$ 最好（图 6.41）。

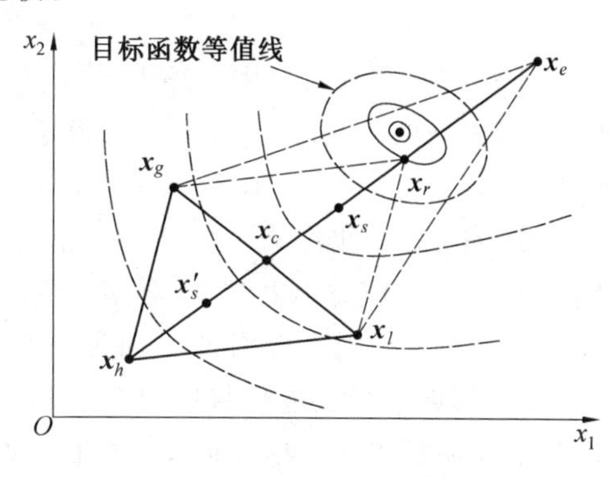

图 6.41 单形替换法示意图

在查明单纯形各顶点目标函数值的情况之后，采取以下基本策略搜索极小点。

(1) 反射。单纯形各顶点目标函数值的大小反映了目标函数在单纯形这个局部区域的变化性态。一般来说，目标函数值最好点在最差点的对称位置的可能性最大，因此首先求出最差点的反射点，以探测目标函数变化的趋向。

首先，求出单纯形除 $\boldsymbol{x}_h$ 以外的所有顶点（在本题中仅为 $\boldsymbol{x}_g$、$\boldsymbol{x}_l$ 两点）的形心点

$\boldsymbol{x}_c$(图 6.41),并以 $\boldsymbol{x}_c$ 为对称中心,求取 $\boldsymbol{x}_h$ 的关于 $\boldsymbol{x}_c$ 的对称点 $\boldsymbol{x}_r$。$\boldsymbol{x}_r$ 应在 $\boldsymbol{x}_h$ 和 $\boldsymbol{x}_c$ 连线的延长线上,并满足

$$\boldsymbol{x}_r=\boldsymbol{x}_c+(\boldsymbol{x}_c-\boldsymbol{x}_h)=2\boldsymbol{x}_c-\boldsymbol{x}_h \tag{6.119}$$

$\boldsymbol{x}_r$ 点称为最差点 $\boldsymbol{x}_h$ 的反射点。计算反射点 $\boldsymbol{x}_r$ 的目标函数值 $f(\boldsymbol{x}_r)$,根据 $f(\boldsymbol{x}_r)$ 的大小,可以推断出以下几种情况,并进而提出相应的搜索策略。

(2) 扩张。若反射点 $\boldsymbol{x}_r$ 的函数值 $f(\boldsymbol{x}_r)$ 小于最好点 $\boldsymbol{x}_l$ 的函数值 $f(\boldsymbol{x}_l)$,即当

$$f(\boldsymbol{x}_r)<f(\boldsymbol{x}_l) \tag{6.120}$$

时,则表明所取的搜索方向正确。这时,可以进一步扩大效果,继续沿 $\boldsymbol{x}_h$ 与 $\boldsymbol{x}_r$ 的连线方向向前进行扩张,在更远处取一点 $\boldsymbol{x}_e$,并使

$$\boldsymbol{x}_e=\boldsymbol{x}_c+\gamma(\boldsymbol{x}_r-\boldsymbol{x}_h) \tag{6.121}$$

式中,γ 是扩张系数,$\gamma=1.2\sim2.0$,一般取 $\gamma=2.0$。

如果 $f(\boldsymbol{x}_e)<f(\boldsymbol{x}_l)$,说明扩张有利,就用扩张点 $\boldsymbol{x}_e$ 代替最差点 $\boldsymbol{x}_h$,构成新的单纯形 $\{\boldsymbol{x}_g,\boldsymbol{x}_l,\boldsymbol{x}_e\}$;如果 $f(\boldsymbol{x}_e)\geqslant f(\boldsymbol{x}_l)$,说明扩张不利,应舍弃 $\boldsymbol{x}_e$,以反射点 $\boldsymbol{x}_r$ 代替最差点 $\boldsymbol{x}_h$ 构成新的单纯形 $\{\boldsymbol{x}_g,\boldsymbol{x}_l,\boldsymbol{x}_r\}$。

(3) 收缩。若反射点 $\boldsymbol{x}_r$ 的函数值 $f(\boldsymbol{x}_r)$ 小于最差点 $\boldsymbol{x}_h$ 的函数值 $f(\boldsymbol{x}_h)$ 但大于次差点 $\boldsymbol{x}_g$ 的函数值 $f(\boldsymbol{x}_g)$,即当

$$f(\boldsymbol{x}_h)>f(\boldsymbol{x}_r)>f(\boldsymbol{x}_g) \tag{6.122}$$

时,则表示 $\boldsymbol{x}_r$ 点走得太远,应回缩一些,即进行收缩,并且得到收缩点 $\boldsymbol{x}_s$,即

$$\boldsymbol{x}_s=\boldsymbol{x}_c+\beta(\boldsymbol{x}_r-\boldsymbol{x}_c) \tag{6.123}$$

式中,β 是收缩系数,常取 $\beta=0.5$。

这时,若

$$f(\boldsymbol{x}_s)<f(\boldsymbol{x}_h) \tag{6.124}$$

即用收缩点 $\boldsymbol{x}_s$ 代替最差点 $\boldsymbol{x}_h$,形成新的单纯形 $\{\boldsymbol{x}_g,\boldsymbol{x}_l,\boldsymbol{x}_s\}$;否则不用收缩点 $\boldsymbol{x}_s$,而用反射点 $\boldsymbol{x}_r$ 代替最差点 $\boldsymbol{x}_h$ 构成新的单纯形 $\{\boldsymbol{x}_g,\boldsymbol{x}_l,\boldsymbol{x}_r\}$。

若反射点 $\boldsymbol{x}_r$ 的函数值 $f(\boldsymbol{x}_r)$ 大于最差点 $\boldsymbol{x}_h$ 的函数值 $f(\boldsymbol{x}_h)$,即当

$$f(\boldsymbol{x}_r)>f(\boldsymbol{x}_h) \tag{6.125}$$

时,应当收缩得更多一些,即将新点收缩至 $\boldsymbol{x}_h$ 与 $\boldsymbol{x}_c$ 之间,这时所得的收缩点应为

$$\boldsymbol{x}'_s=\boldsymbol{x}_c-\beta(\boldsymbol{x}_c-\boldsymbol{x}_h) \tag{6.126}$$

这时若 $f(\boldsymbol{x}'_s)<f(\boldsymbol{x}_h)$,用收缩点 $\boldsymbol{x}'_s$ 代替最差点 $\boldsymbol{x}_h$,形成新的单纯形 $\{\boldsymbol{x}_g,\boldsymbol{x}_l,\boldsymbol{x}'_s\}$;否则不用 $\boldsymbol{x}'_s$。

(4) 缩边。如果在 $\boldsymbol{x}_h$ 与 $\boldsymbol{x}_c$ 连线方向上所有点的目标函数值 $f(\boldsymbol{x})$ 都大于 $f(\boldsymbol{x}_h)$,或式(6.124)不成立,则不能沿此方向搜索。这时可使单纯形向最好点进行收缩,即使最好点 $\boldsymbol{x}_l$ 不动,其余各顶点 $\boldsymbol{x}_g$、$\boldsymbol{x}_h$ 皆向 $\boldsymbol{x}_l$ 移近为原距离的一半,如图 6.42 所示,由单纯形 $\{\boldsymbol{x}_h,\boldsymbol{x}_g,\boldsymbol{x}_l\}$ 收缩成单纯形 $\{\boldsymbol{x}'_h,\boldsymbol{x}'_g,\boldsymbol{x}_l\}$。在此基础上,继续采用上面的搜索策略进行寻优。

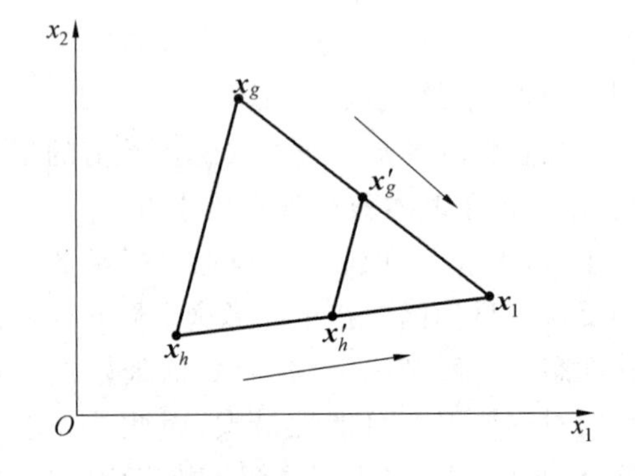

图 6.42 缩边方式的几何表示

以上说明，可以通过反射、扩张、压缩和缩边等方式得到新的单纯形，其中至少有一个顶点的函数值比原单纯形中最差点的函数值要小。

2. 单形替换法的计算步骤

原则上，上述二维条件下的措施同样适用于 n 维的情况。下面针对 n 维情况介绍单形替换法的计算步骤。

(1) 构造初始单纯形。对于 n 维变量的目标函数，其单纯形应有 $n+1$ 个顶点，即 $\boldsymbol{x}_1$，$\boldsymbol{x}_2$，…，$\boldsymbol{x}_{n+1}$。构造初始单纯形时，先在 n 维空间中取一初始点 $\boldsymbol{x}_1$，从 $\boldsymbol{x}_1$ 出发沿各坐标轴方向 $\boldsymbol{e}_i$，以步长 h 找到其余 n 个顶点 $\boldsymbol{x}_j$（$j=2,3,\cdots,n+1$），即

$$\boldsymbol{x}_{i+1}=\boldsymbol{x}_1+h\boldsymbol{e}_i \quad (i=1,2,\cdots,n) \tag{6.127}$$

式中，$\boldsymbol{e}_i$ 是第 i 个坐标轴的单位向量；h 是步长，一般取值范围为 $0.5\sim15.0$，接近最优点时要减小，构成初始单纯形的步长可取为 $1.6\sim1.7$。

这样选取顶点可保证所形成的单纯形的各个棱边线性无关，即如下几个向量：

$$\boldsymbol{x}_2-\boldsymbol{x}_1,\boldsymbol{x}_3-\boldsymbol{x}_1,\cdots,\boldsymbol{x}_{n+1}-\boldsymbol{x}_1 \tag{6.128}$$

是线性无关的。否则，就有可能会使搜索范围局限在较低维的空间内而可能找不到最优点。当然，沿各坐标轴方向可以采取不等的步长。

(2) 计算单纯形各顶点函数值

$$f_i=f(\boldsymbol{x}_i) \quad (i=1,2,\cdots,n+1) \tag{6.129}$$

(3) 比较函数值的大小，确定最好点 $\boldsymbol{x}_l$、最差点 $\boldsymbol{x}_h$ 和次差点 $\boldsymbol{x}_g$，即有

$$f_l=f(\boldsymbol{x}_l)=\min\{f_i\} \quad (i=1,2,\cdots,n+1) \tag{6.130}$$

$$f_h=f(\boldsymbol{x}_h)=\max\{f_i\} \quad (i=1,2,\cdots,n+1) \tag{6.131}$$

$$f_g=f(\boldsymbol{x}_g)=\max\{f_i\} \quad (i=1,2,\cdots,n+1,i\neq h) \tag{6.132}$$

(4) 检验是否满足收敛性判断准则

$$\left|\frac{f_h-f_l}{f_l}\right|\leqslant\varepsilon \tag{6.133}$$

若满足，则停止迭代，$\boldsymbol{x}_l$ 即为极小点，$\boldsymbol{x}^*=\boldsymbol{x}_l$，$f(\boldsymbol{x}^*)=f(\boldsymbol{x}_l)$；否则，进行下一步计算。

(5) 计算除最差点 $\boldsymbol{x}_h$ 外，其余各点的形心点为

$$X_{n+2}=\frac{1}{n}\left(\sum_{i=1}^{n+1}\boldsymbol{x}_i-\boldsymbol{x}_h\right) \quad (i\neq h) \tag{6.134}$$

求反射点(式(6.119))为

$$\boldsymbol{x}_{n+3}=2\boldsymbol{x}_{n+2}-\boldsymbol{x}_h \tag{6.135}$$

并计算目标函数值

$$f_{n+3}=f(\boldsymbol{x}_{n+3}) \tag{6.136}$$

(6) 当 $f_{n+3}<f_l$ 时，即反射点 $\boldsymbol{x}_{n+3}$ 比最好点 $\boldsymbol{x}_l$ 还要好，则按照式(6.121)进行扩张，得扩张点为

$$\boldsymbol{x}_{n+4}=\boldsymbol{x}_{n+2}+\gamma(\boldsymbol{x}_{n+3}-\boldsymbol{x}_{n+2}) \tag{6.137}$$

并计算目标函数值

$$f_{n+4}=f(\boldsymbol{x}_{n+4}) \tag{6.138}$$

若 $f_{n+4}<f_{n+3}$，即扩张点 $\boldsymbol{x}_{n+4}$ 比反射点 $\boldsymbol{x}_{n+3}$ 好，则用 $\boldsymbol{x}_{n+4}$ 代替 $\boldsymbol{x}_h$，并返回(3)；否则，用 $\boldsymbol{x}_{n+3}$ 代替 $\boldsymbol{x}_h$ 后返回(3)。

当 $f_{n+3}>f_l$ 时，即反射点 $\boldsymbol{x}_{n+3}$ 比最好点 $\boldsymbol{x}_l$ 差，则进行下一步计算。

(7) 当 $f_{n+3} < f_g$ 时，即反射点 $\boldsymbol{x}_{n+3}$ 比次差点 $\boldsymbol{x}_g$ 好，则用 $\boldsymbol{x}_{n+3}$ 代替 $\boldsymbol{x}_h$，并返回(3)；若 $f_{n+3} \geqslant f_g$，则进行下一步计算。

(8) 如果 $f_{n+3} < f_h$，计算压缩点(式(6.123))

$$\boldsymbol{x}_{n+5} = \boldsymbol{x}_{n+2} + \beta(\boldsymbol{x}_{n+3} - \boldsymbol{x}_{n+2}) \tag{6.139}$$

并计算目标函数值

$$f_{n+5} = f(\boldsymbol{x}_{n+5}) \tag{6.140}$$

若 $f_{n+3} \geqslant f_h$，计算压缩点(式 6.126)

$$\boldsymbol{x}_{n+5} = \boldsymbol{x}_{n+2} - \beta(\boldsymbol{x}_h - \boldsymbol{x}_{n+2}) \tag{6.141}$$

并计算目标函数值

$$f_{n+5} = f(\boldsymbol{x}_{n+5}) \tag{6.142}$$

求得压缩点 $\boldsymbol{x}_{n+5}$ 的目标函数值 f_{n+5} 后，将其与最差点 $\boldsymbol{x}_h$ 的目标函数值 f_h 比较，若 $f_{n+5} < f_h$，则用 $\boldsymbol{x}_{n+5}$ 代替 $\boldsymbol{x}_h$，并返回(3)；否则，进行下一步计算。

(9) 将单纯形边长缩短，即使单纯形向最好点 $\boldsymbol{x}_l$ 缩边，缩边后的新单纯形各顶点为

$$\boldsymbol{x}_i = \boldsymbol{x}_l + \frac{1}{2}(\boldsymbol{x}_i - \boldsymbol{x}_l) \quad (i = 1, 2, \cdots, n+1) \tag{6.143}$$

然后返回(3)。

单形替换法程序框图如图 6.43 所示。

例 6.15 试用单形替换法求 $f(\boldsymbol{x}) = 4(x_1 - 5)^2 + (x_2 - 6)^2$ 的极小值。

解 选取 $\boldsymbol{x}_1 = [8 \quad 9]^{\mathrm{T}}$，$\boldsymbol{x}_2 = [10 \quad 11]^{\mathrm{T}}$，$\boldsymbol{x}_3 = [8 \quad 11]^{\mathrm{T}}$ 为顶点构成初始单纯形，如图 6.44 所示。

计算单纯形各顶点的函数值

$$f_1 = f(\boldsymbol{x}_1) = 45$$

$$f_2 = f(\boldsymbol{x}_2) = 125$$

$$f_3 = f(\boldsymbol{x}_3) = 61$$

可见，最好点 $\boldsymbol{x}_l = \boldsymbol{x}_1$，最差点 $\boldsymbol{x}_h = \boldsymbol{x}_2$，次差点 $\boldsymbol{x}_g = \boldsymbol{x}_3$。

求 $\boldsymbol{x}_1$、$\boldsymbol{x}_3$ 的形心 $\boldsymbol{x}_4$，即

$$\boldsymbol{x}_4 = \frac{1}{n}\left[\sum_{i=1}^{n+1} \boldsymbol{x}_i - \boldsymbol{x}_h\right] = \frac{1}{2}(\boldsymbol{x}_1 + \boldsymbol{x}_3) = \begin{Bmatrix} 8 \\ 10 \end{Bmatrix}$$

求反射点 $\boldsymbol{x}_5$ 及其函数值 f_5，即

$$\boldsymbol{x}_5 = 2\boldsymbol{x}_4 - \boldsymbol{x}_2 = 2\begin{Bmatrix} 8 \\ 10 \end{Bmatrix} - \begin{Bmatrix} 10 \\ 11 \end{Bmatrix} = \begin{Bmatrix} 6 \\ 9 \end{Bmatrix}$$

$$f_5 = f(\boldsymbol{x}_5) = 13$$

由于 $f_5 < f_1$，故需扩张，取 $\gamma = 2$，得扩张点 $\boldsymbol{x}_6$ 及其函数值 f_6，即

$$\boldsymbol{x}_6 = \boldsymbol{x}_4 + \gamma(\boldsymbol{x}_5 - \boldsymbol{x}_4) = \begin{Bmatrix} 8 \\ 10 \end{Bmatrix} + 2\left(\begin{Bmatrix} 6 \\ 9 \end{Bmatrix} - \begin{Bmatrix} 8 \\ 10 \end{Bmatrix}\right) = \begin{Bmatrix} 4 \\ 8 \end{Bmatrix}$$

$$f_6 = f(\boldsymbol{x}_6) = 8$$

由于 $f_6 < f_5$，故以 $\boldsymbol{x}_6$ 代替 $\boldsymbol{x}_2$，由 $\boldsymbol{x}_1$、$\boldsymbol{x}_3$、$\boldsymbol{x}_6$ 构成新单纯形，进行下一循环计算。

经过 32 次循环，即 32 次单纯形替换可将目标函数值降到 1×10^{-6}，其极小点为 $\boldsymbol{x}^* = [5 \quad 6]^{\mathrm{T}}$，极小值为 $f^* = f(\boldsymbol{x}^*) = 0$。

表 6.6 列出了前 4 次迭代搜索时单纯形顶点坐标及其目标函数值的变化情况，前 3 次及最终单纯形的变化情况如图 6.44 所示。

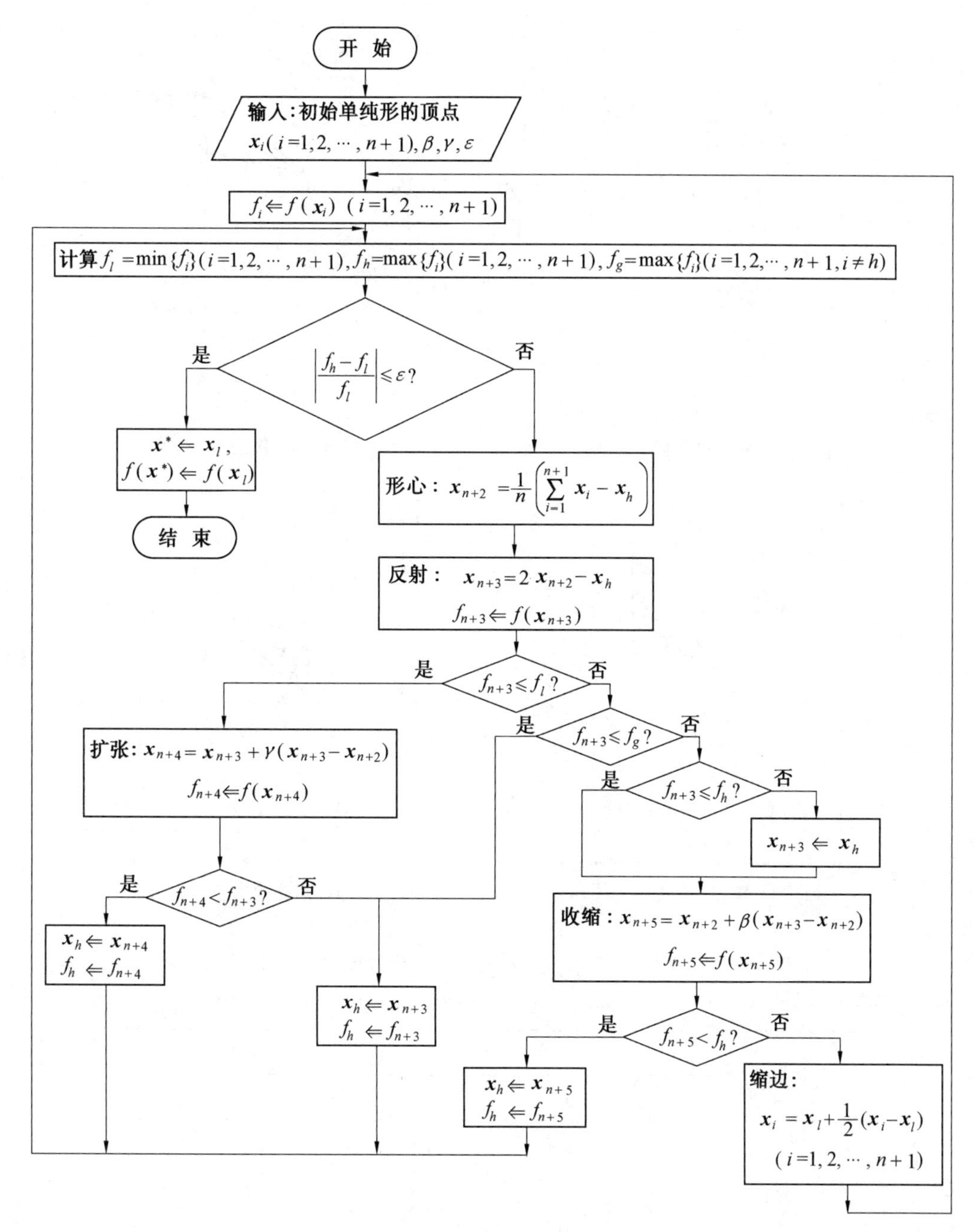

图 6.43 单形替换法程序框图

值得注意的是,当机械设计问题的维数较高,而采用单形替换法求解时,需要经过很多次的单纯形替换才能搜索到目标函数的极小点,计算时间较长。因此,单形替换法一般主要用于求解设计变量个数 $n<10$ 的小型机械优化问题。

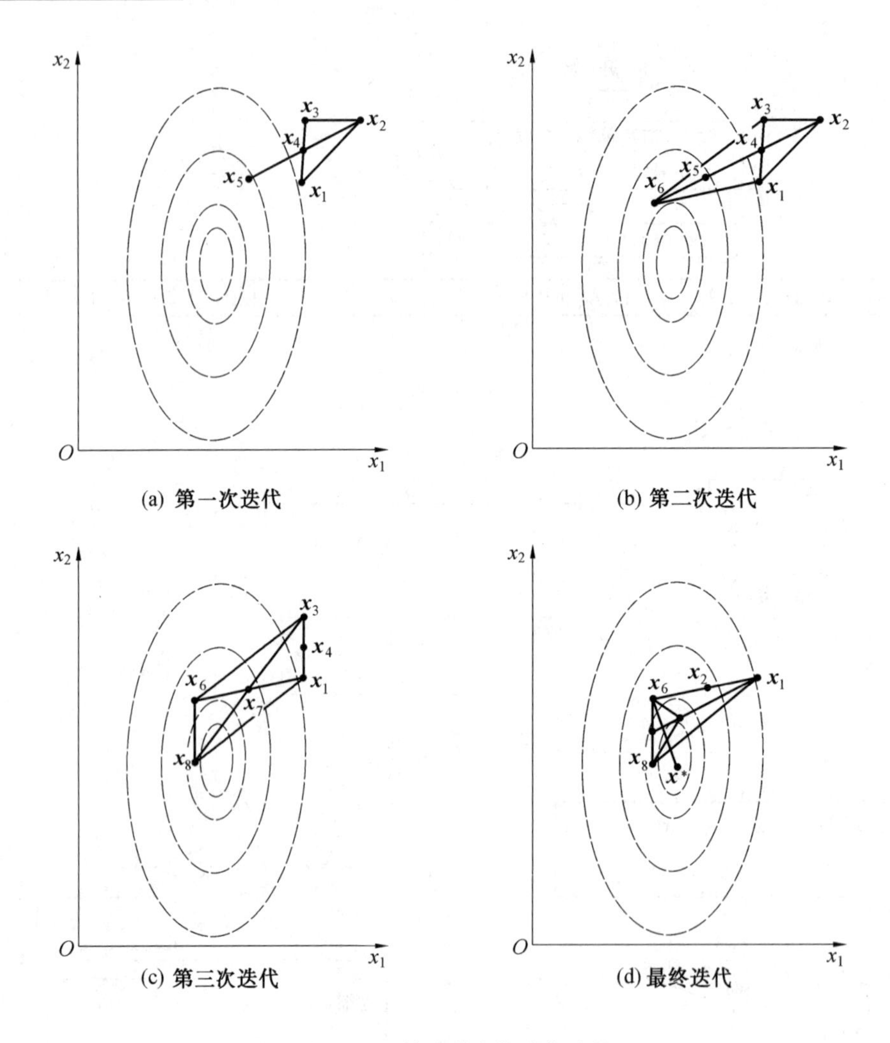

图 6.44 单纯形法的迭代过程

表 6.6 例 6.15 的计算结果

搜索序号	单纯形的顶点			$f(x)$
	x	x_1	x_2	
0	x_1	8	9	4.5
0	x_2	10	11	125
0	x_3	8	11	65
0	x_5	6	9	13
0	$x_2=x_6$	4	8	8
1	$x_1=x_5$	4	6	4
2	$x_1=x_7$	6	8	8
3	$x_1=x_7$	5	7.5	2.25
4	$x_2=x_5$	5	5.5	0.25

6.4 约束优化问题的求解方法

6.4.1 概述

机械优化设计中的问题，大多数属于约束优化设计问题，其数学模型为

$$\left.\begin{aligned} &\min f(\boldsymbol{x})=f(x_1,x_2,\cdots,x_n) \\ \text{s.t.}\quad &g_j(\boldsymbol{x})=g_j(x_1,x_2,\cdots,x_n)\leqslant 0 \quad (j=1,2,\cdots,m) \\ &h_k(\boldsymbol{x})=h_k(x_1,x_2,\cdots,x_n)=0 \quad (k=1,2,\cdots,l) \end{aligned}\right\} \tag{6.144}$$

求解式(6.144)的方法称为约束优化方法。根据求解方式的不同，可分为直接解法和间接解法等。

直接解法通常适用于仅含不等式约束的问题，它的基本思路(图6.45)是在m个不等式约束条件所确定的可行域内，选择一个初始点$\boldsymbol{x}^0$，然后决定可行搜索方向$\boldsymbol{d}$，且以适当的步长α，沿$\boldsymbol{d}$方向进行搜索，得到一个使目标函数值下降的可行的新点$\boldsymbol{x}^1$，即完成一次迭代。再以新点为起点，重复上述搜索过程，满足收敛条件后，迭代终止。每次迭代计算均按以下基本迭代格式进行：

$$\boldsymbol{x}^{k+1}=\boldsymbol{x}^k+\alpha_k\boldsymbol{d}^k \quad (k=1,2,\cdots) \tag{6.145}$$

式中，α_k是步长；$\boldsymbol{d}^k$是可行搜索方向。

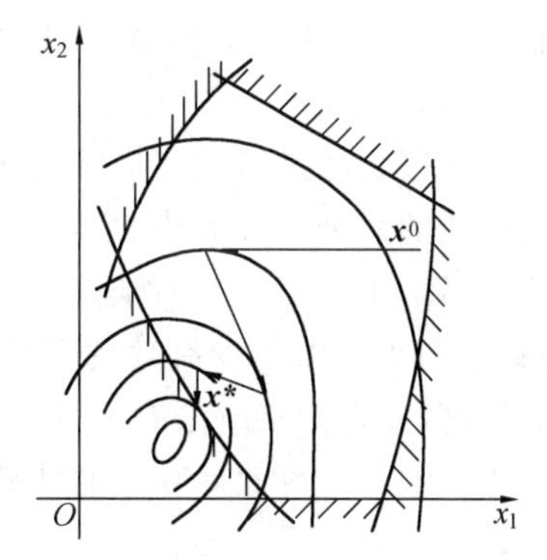

图6.45 直接解法的搜索路线

可行搜索方向是指，当设计点沿该方向做微量移动时，目标函数值将下降，且不会越出可行域。产生可行搜索方向的方法将由直接解法中的各种算法决定。

直接解法的原理简单，方法实用。其特点是：

(1) 由于整个求解过程在可行域内进行，因此，迭代计算不论何时终止，都可以获得一个比初始点好的设计点。

(2) 若目标函数为凸函数，可行域为凸集，则可保证获得全域最优解。否则，因存在多个局部最优解，当选择的初始点不相同时，可能搜索到不同的局部最优解。为此，常在可行域内选择几个差别较大的初始点分别进行计算，以便从求得的多个局部最优解中选择更好的最优解。

(3) 要求可行域为有界的非空集，即在有界可行域内存在满足全部约束条件的点，且目标函数有定义。

间接解法有不同的求解策略，其中一种解法的基本思路是将约束优化问题中的约束函数进行特殊的加权处理后，和目标函数结合起来，构成一个新的目标函数，即将原约束优化问题转化成为一个或一系列的无约束优化问题。再对新的目标函数进行无约束优化计算，从而间接地搜索到原约束问题的最优解。

间接解法的基本迭代过程是，首先将式(6.144)所示的约束优化问题转化成新的无约束目标函数

$$\phi(\boldsymbol{x},\mu_1,\mu_2)=f(\boldsymbol{x})+\sum_{j=1}^{m}\mu_1 G[g_j(\boldsymbol{x})]+\sum_{k=1}^{l}\mu_2 H[h_k(\boldsymbol{x})] \tag{6.146}$$

式中，$\phi(\boldsymbol{x},\mu_1,\mu_2)$ 是转换后的新目标函数；μ_1、μ_2 是加权因子；$\sum_{j=1}^{m}\mu_1 G[g_j(\boldsymbol{x})]$、$\sum_{k=1}^{l}\mu_2 H[h_k(\boldsymbol{x})]$ 分别为约束函数 $g_j(\boldsymbol{x})$、$h_k(\boldsymbol{x})$ 经过加权处理后构成的某种形式的复合函数或泛函数。

然后对 $\phi(\boldsymbol{x},\mu_1,\mu_2)$ 进行无约束极小化计算。由于在新目标函数中包含了各种约束条件，在求极值的过程中还改变加权因子的大小，因此可以不断地调整设计点，使其逐步逼近约束边界，从而间接地求得原约束问题的最优解。如图 6.46 所示的框图表示了这一基本迭代过程。

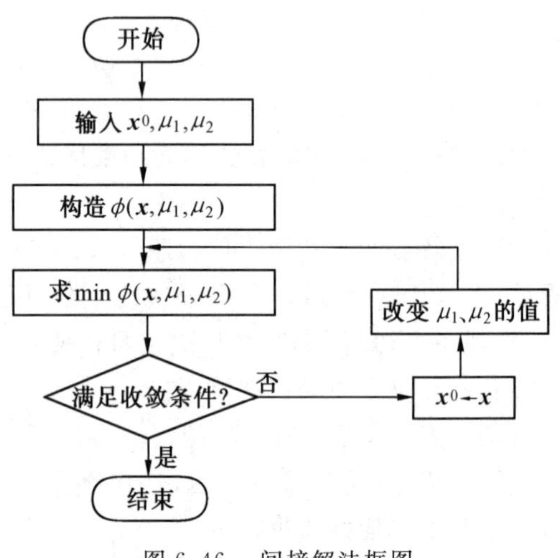

图 6.46　间接解法框图

间接解法是目前在机械优化设计中得到广泛应用的一种有效方法。其特点是：

(1) 由于无约束优化方法的研究日趋成熟，已经研究出不少有效的无约束最优化方法和程序，使得间接解法有了可靠的基础。目前，这类算法的计算效率和数值计算的稳定性也都有较大提高。

(2) 可以有效地处理具有等式约束的约束优化问题。

(3) 间接解法存在的主要问题是，选取加权因子较为困难。加权因子选取不当，不但影响收敛速度和计算精度，甚至会导致计算失败。

求解约束优化设计问题的方法很多，本节将着重介绍属于直接解法的随机方向法、复合形法、可行方向法、广义简约梯度法，属于间接解法的惩罚函数法和增广乘子法。另外，还将对约束优化方法的另一类解法 —— 二次规划法等做简要介绍。

6.4.2　随机方向法

随机方法是一种原理简单的直接解法。它的基本思路(图 6.47)是在可行域内选择一个初始点，利用随机数的概率特性，产生若干个随机方向，并从中选择一个能使目标函数值下降最快的随机方向作为可行搜索方向，记作 $\boldsymbol{d}$。从初始点 $\boldsymbol{x}^0$ 出发，沿 $\boldsymbol{d}$ 方向以一定的步长进行搜索，得到新点 $\boldsymbol{x}$，新点 $\boldsymbol{x}$ 应满足约束条件：$g_j(\boldsymbol{x})\leqslant 0(j=1,2,\cdots,m)$，且 $f(\boldsymbol{x})<f(\boldsymbol{x}^0)$，至此完成一次迭代。然后，将起始点移至 $\boldsymbol{x}$，即令 $\boldsymbol{x}^0\leftarrow\boldsymbol{x}$。重复以上过程，经过若干次迭代计算后，最终取得约束最优解。

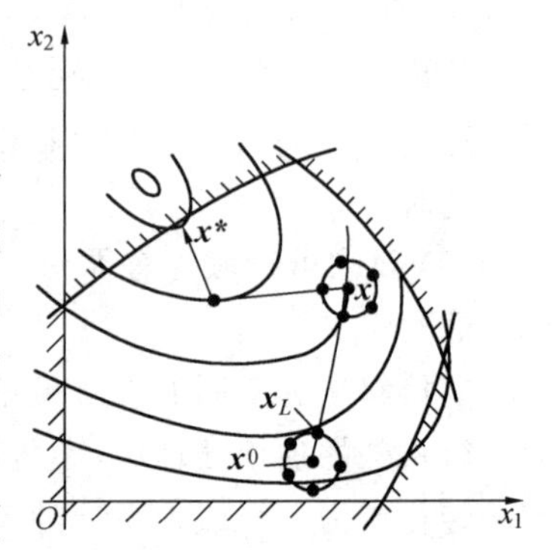

图 6.47　随机方向法的算法原理

随机方向法的优点是对目标函数的性态无特殊要求，程序设计简单，使用方便。由于可行搜索方向是从许多随机方向中选择的使目标函数下降最快的方向，加之步长还可以灵活变动，所以此算法的收敛速度比较快。若能取得一个较好的初始点，迭代次数可以大大减少。它是求解小型的机械优化设计问题的一种十分有效的算法。

1. 随机数的产生

在随机方法中，为产生可行的初始点及随机方向，需要用到大量的[0,1]和[−1,1]区间内均匀分布的随机数。在计算机内，随机数通常是按一定的数学模型进行计算后得到的。这样得到的随机数称伪随机数，它的特点是产生速度快，计算机内存占用少，并且有较好的概率统计特性。

2. 初始点的选择

随机方向法的初始点 $\boldsymbol{x}^0$ 必须是一个可行点，即满足全部不等式约束条件 $g_i(\boldsymbol{x}) \leqslant 0(i=1,2,\cdots,m)$ 的点。当约束条件较为复杂，用人工不易选择可行初始点时，可用随机选择的方法来产生。其计算步骤如下。

(1) 输入设计变量的下限值和上限值，即

$$a_i \leqslant x_i \leqslant b_i \quad (i=1,2,\cdots,n)$$

(2) 在区间[0,1]内产生 n 个伪随机数 $q_i(i=1,2,\cdots,n)$。

(3) 计算随机点 $\boldsymbol{x}$ 的各分量

$$x_i = a_i + q_i(b_i - a_i) \quad (i=1,2,\cdots,n) \tag{6.147}$$

(4) 判别随机点 $\boldsymbol{x}$ 是否可行，若随机点 $\boldsymbol{x}$ 为可行点，则取初始点 $\boldsymbol{x}^0 \leftarrow \boldsymbol{x}$；若随机点 $\boldsymbol{x}$ 为非可行点，则转步骤(2) 重新计算，直到产生的随机点是可行点为止。

3. 可行搜索方向的产生

在随机方向法中，产生可行搜索方向的方法是从 $k(k \geqslant n)$ 个随机方向中，选取一个较好的方向。其计算步骤如下。

(1) 在(−1,1) 区间内产生伪随机数 $r_i^j(i=1,2,\cdots,n;j=1,2,\cdots,k)$，按下式计算随机单位向量 $\boldsymbol{e}^j$，即

$$\boldsymbol{e}^j = \frac{1}{\left[\sum_{i=1}^{n}(r_i^j)^2\right]^{\frac{1}{2}}}\begin{bmatrix} r_1^j \\ r_2^j \\ \vdots \\ r_n^j \end{bmatrix} \quad (j=1,2,\cdots,k) \tag{6.148}$$

(2) 取一实验步长 α_0，按下式计算 k 个随机点

$$\boldsymbol{x}^j = \boldsymbol{x}^0 + \alpha_0 \boldsymbol{e}^j \quad (j=1,2,\cdots,k) \tag{6.149}$$

显然，k 个随机点分布在以初始点 $\boldsymbol{x}^0$ 为中心，以实验步长 α_0 为半径的超球面上。

(3) 检验 k 个随机点 $\boldsymbol{x}^j(j=1,2,\cdots,k)$ 是否为可行点，除去非可行点，计算余下的可行随机点的目标函数值，比较其大小，选出目标函数值最小的点 $\boldsymbol{x}_L$。

(4) 比较 $\boldsymbol{x}_L$ 和 $\boldsymbol{x}^0$ 两点的目标函数值，若 $f(\boldsymbol{x}_L) < f(\boldsymbol{x}^0)$，则取 $\boldsymbol{x}_L$ 和 $\boldsymbol{x}^0$ 的连线方向作为可行搜索方向；若 $f(\boldsymbol{x}_L) \geqslant f(\boldsymbol{x}^0)$，则将步长 α_0 缩小，转步骤(1) 重新计算，直至 $f(\boldsymbol{x}_L) < f(\boldsymbol{x}^0)$ 为止。如果 α_0 缩小到很小(如 $\alpha_0 \leqslant 10^{-6}$)，仍然找不到一个 $\boldsymbol{x}_L$ 使 $f(\boldsymbol{x}_L) < f(\boldsymbol{x}^0)$，则说明 $\boldsymbol{x}^0$ 是一个局部极小点，此时可更换初始点，转步骤(1)。

综上所述，产生可行搜索方向的条件可概括为，当 $\boldsymbol{x}_L$ 点满足

$$\left.\begin{array}{l} g_i(\boldsymbol{x}_L) \leqslant 0 \quad (j=1,2,\cdots,m) \\ f(\boldsymbol{x}_L) = \min\{f(\boldsymbol{x}^j)\}\mid_{j=1,2,\cdots,k} \\ f(\boldsymbol{x}_L) < f(\boldsymbol{x}^0) \end{array}\right\} \tag{6.150}$$

则可行搜索方向为

$$\boldsymbol{x}_L - \boldsymbol{x}^0 \tag{6.151}$$

4.搜索步长的确定

可行搜索方向 $\boldsymbol{d}$ 确定后，初始点移至 $\boldsymbol{x}_L$ 点，即 $\boldsymbol{x}^0 \leftarrow \boldsymbol{x}_L$，从 $\boldsymbol{x}^0$ 点出发沿 $\boldsymbol{d}$ 方向进行搜索，所用的步长 α 一般按加速步长法来确定。所谓加速步长法是指依次迭代的步长按一定的比例递增的方法。各次迭代的步长按下式计算：

$$\alpha = \tau\alpha \tag{6.152}$$

式中，τ 是步长加速系数，可取 $\tau=1.3$；α 是步长，初始步长取 $\alpha=\alpha_0$。

6.4.3 复合形法

复合形法是求解约束优化问题的一种重要的直接解法。它的基本思路(图 6.48)是在可行域内构造一个具有 k 个顶点的初始复合形。对该复合形各顶点的目标函数值进行比较，找到目标函数值最大的顶点(称最坏点)，然后按一定的法则求出目标函数值有所下降的可行的新点，并用此点代替最坏点，构成新的复合形，复合形的形状每改变一次，就向最优点移动一步，直至逼近最优点。

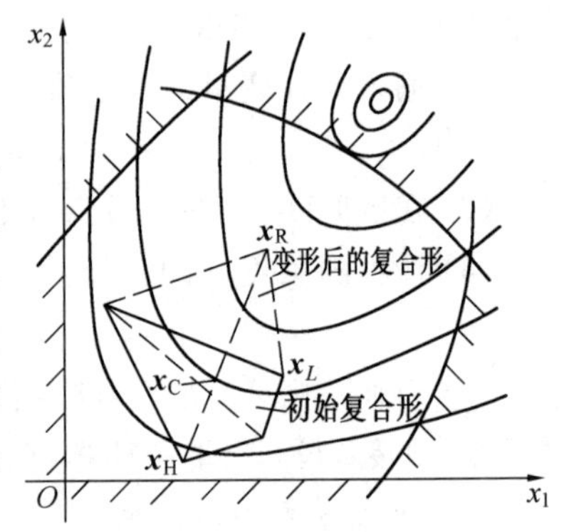

图 6.48 复合形法的算法原理

由于复合形的形状不必保持规则的图形，对目标函数及约束函数又无特殊要求，因此该法的适应性较强，在机械优化设计中得到广泛应用。

1.初始复合形的形成

复合形法是在可行域内直接搜索最优点。因此，要求初始复合形在可行域内生成，即复合形 k 个顶点必须都是可行点。

当由设计者选定一个可行点，其余的 $(k-1)$ 个可行点可以用随机法由计算机产生。各顶点按下式计算：

$$\boldsymbol{x}_j = \boldsymbol{a} + r_j(\boldsymbol{b} - \boldsymbol{a}) \quad (j=1,2,\cdots,k-1) \tag{6.153}$$

式中，$\boldsymbol{x}_j$ 是复合形中的第 j 个顶点；$\boldsymbol{a}$、$\boldsymbol{b}$ 是设计变量的下限向量和上限向量；r_j 是在[0,1]区间内的伪随机数。

用式(6.153)计算得到的 $k-1$ 个随机点不一定都在可行域内，因此，要设法将非可行点移到可行域内。通常采用的方法是，求出已经在可行域内的 L 个顶点的中心点 $\boldsymbol{x}_C$，即

$$\boldsymbol{x}_C = \frac{1}{L}\sum_{j=1}^{L}\boldsymbol{x}_j \tag{6.154}$$

然后将非可行点向中心点移动，即

$$\boldsymbol{x}_{L+1} = \boldsymbol{x}_C + 0.5(\boldsymbol{x}_{L+1} - \boldsymbol{x}_C) \tag{6.155}$$

若 $\boldsymbol{x}_{L+1}$ 仍为不可行点，则利用上式，使其继续向中心点移动。显然，只要中心点可行，$\boldsymbol{x}_{L+1}$ 点

一定可以移到可行域内。随机产生的 $k-1$ 个点经过这样的处理后，全部成为可行点，并构成初始复合形。

2. 复合形法的搜索方法

在可行域内生成初始复合形后，将采用不同的搜索方法来改变其形状，使复合形逐步向约束最优点趋近。改变复合形形状的步骤和方法与单形替换法相似，它包括反射、扩张、收缩和压缩等。

6.4.4 可行方向法

约束优化问题的直接解法中，可行方向是最大的一类，它也是求解大型约束优化问题的主要方法之一。这种方法的基本原理是在可行域内选择一个初始点 $\boldsymbol{x}^0$，当确定了一个可行方向 $\boldsymbol{d}$ 和适当的步长后，按下式

$$\boldsymbol{x}^{k+1}=\boldsymbol{x}^k+\alpha\boldsymbol{d}^k \quad (k=1,2,\cdots) \tag{6.156}$$

进行迭代计算。在不断调整可行方向的过程中，使迭代点逐步逼近约束最优点。

1. 可行方向法的搜索策略

可行方向法的第一步迭代都是从可行的初始点 $\boldsymbol{x}^0$ 出发，沿 $\boldsymbol{x}^0$ 点的负梯度方向 $\boldsymbol{d}^0=-\nabla f(\boldsymbol{x}^0)$，将初始点移动到某一个约束面（只有一个起作用的约束时）上或约束面的交集（有几个起作用的约束时）上。然后根据约束函数和目标函数的不同性状，分别采用以下几种策略继续搜索。

第一种情况如图 6.49 所示，在约束面上的迭代点 $\boldsymbol{x}^k$ 处，产生一个可行方向 $\boldsymbol{d}^k$，沿此方向进行一维最优化搜索，所得到的新点 $\boldsymbol{x}$ 在可行域内，即令 $\boldsymbol{x}^{k+1}=\boldsymbol{x}$，再沿 $\boldsymbol{x}^{k+1}$ 点的负梯度方向 $\boldsymbol{d}^{k+1}=-\nabla f(\boldsymbol{x}^{k+1})$ 继续搜索。

第二种情况如图 6.50 所示，沿可行方向 $\boldsymbol{d}^k$ 进行一维最优化搜索，所得到的新点 $\boldsymbol{x}$ 在可行域外，则设法将 $\boldsymbol{x}$ 点移动到约束面上，即取 $\boldsymbol{d}^k$ 和约束面的交点作为新的迭代点 $\boldsymbol{x}^{k+1}$。

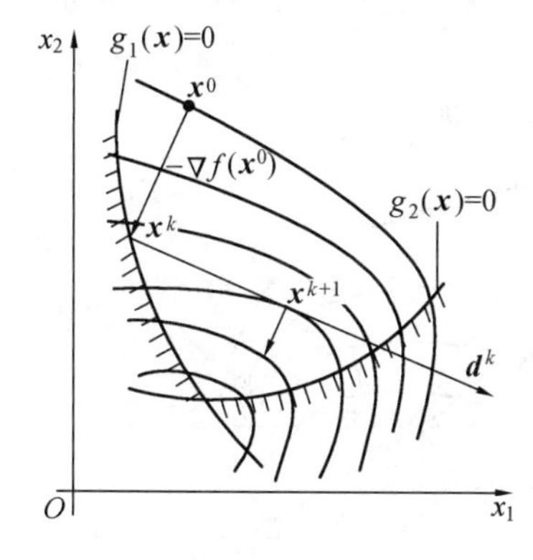

图 6.49 新点在可行域内的情况

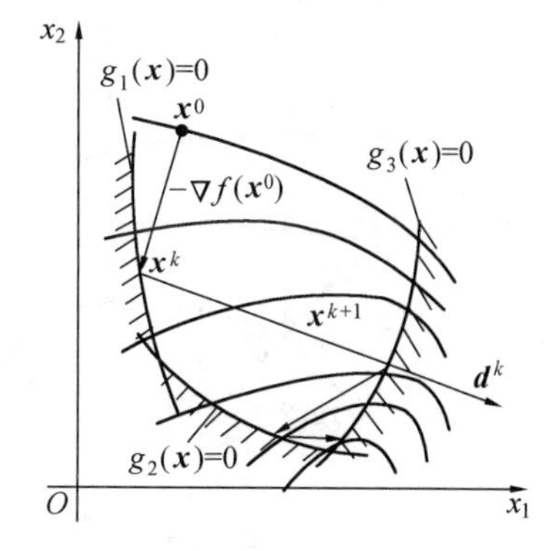

图 6.50 新点在可行域外的情况

第三种情况是沿约束面搜索。对于只具有线性约束条件的非线性规划问题（图 6.51），从 $\boldsymbol{x}^k$ 点出发，沿约束面移动，在有限的几步内即可搜索到约束最优点；对于非线性约束函数（图 6.52），沿约束面移动将会进入非可行域，使问题变得复杂得多。此时，需将进入非可行域的新点 $\boldsymbol{x}$ 设法调整到约束面上，然后才能进行下一次迭代。调整的方法是先规定约束面容差 δ，建立新的约束边界（图 6.52 上的虚线），然后将已离开约束面的 $\boldsymbol{x}$ 点，沿起作用约束

函数的负梯度方向 $-\nabla g(\boldsymbol{x})$ 返回到约束面上。其计算公式为

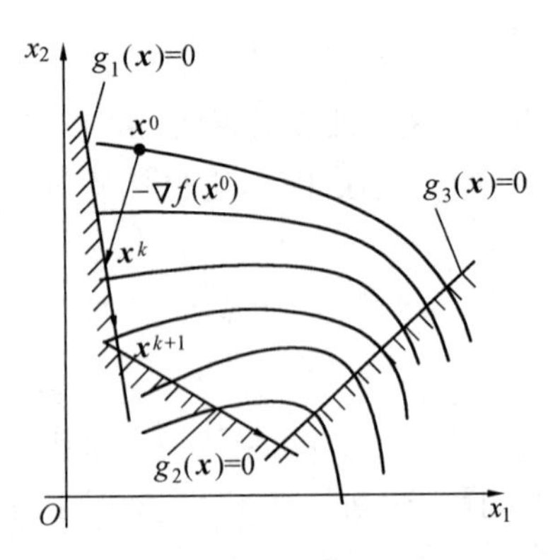

图 6.51 沿线性约束面的搜索

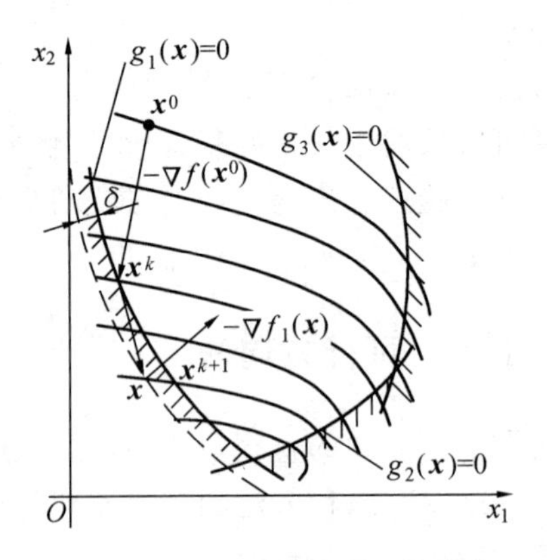

图 6.52 沿非线性约束面的搜索

$$\boldsymbol{x}^{k+1}=\boldsymbol{x}-\alpha_t\nabla g(\boldsymbol{x}) \tag{6.157}$$

式中，α_t 是调整步长，可用试探法决定，或用下式估算：

$$\alpha_t=\left|\frac{g(\boldsymbol{x})}{[\nabla g(\boldsymbol{x})]^{\mathrm{T}}\nabla g(\boldsymbol{x})}\right| \tag{6.158}$$

2. 产生可行方向的条件

可行方向是指沿该方向做微小移动后，所得到的新点是可行点，且目标函数值有所下降。显然，可行方向应满足可行和下降两个条件。

(1) 可行条件。

方向的可行条件是指沿该方向做微小移动后，所得到的新点为可行点。如图 6.53(a) 所示，若 $\boldsymbol{x}^k$ 点在一个约束面上，过 $\boldsymbol{x}^k$ 点作约束面 $g(\boldsymbol{x})=0$ 的切线 τ，显然满足可行条件的方向 $\boldsymbol{d}^k$ 应与起作用约束函数在 $\boldsymbol{x}^k$ 点的梯度 $\nabla g(\boldsymbol{x}^k)$ 的夹角大于或等于 90°。用向量关系式可表示为

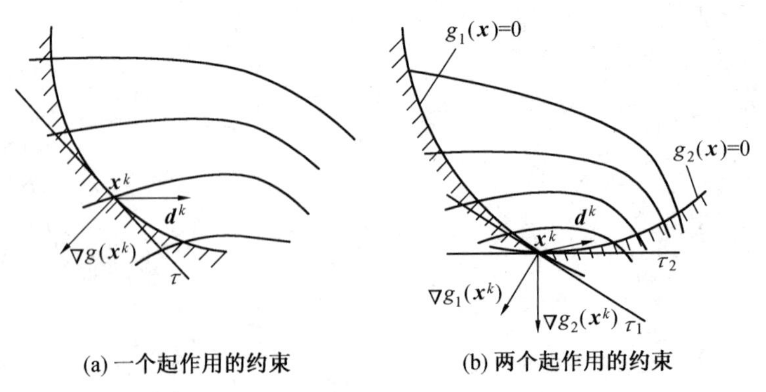

图 6.53 方向的可行条件

$$[\nabla g(\boldsymbol{x}^k)]^{\mathrm{T}}\boldsymbol{d}^k\leqslant 0 \tag{6.159}$$

若 $\boldsymbol{x}^k$ 点在 J 个约束面的交集上，如图 6.53(b) 所示，为保证方向 $\boldsymbol{d}^k$ 可行，要求 $\boldsymbol{d}^k$ 和 J 个约束函数在 $\boldsymbol{x}^k$ 点的梯度 $\nabla g_j(\boldsymbol{x}^k)(j=1,2,\cdots,J)$ 的夹角均大于等于 90°。其向量关系可表示为

$$[\nabla g_j(\boldsymbol{x}^k)]^{\mathrm{T}}\boldsymbol{d}^k \leqslant 0 \quad (j=1,2,\cdots,J) \tag{6.160}$$

(2) 下降条件。

方向的下降条件是指沿该方向做微小移动后，所得新点的目标函数值是下降的。如图6.54所示，满足下降条件的方向 $\boldsymbol{d}^k$ 应和目标函数在 $\boldsymbol{x}^k$ 点的梯度 $\nabla f(\boldsymbol{x}^k)$ 的夹角大于90°。其向量关系可表示为

$$[\nabla f(\boldsymbol{x}^k)]^{\mathrm{T}}\boldsymbol{d}^k < 0 \tag{6.161}$$

满足可行和下降条件，即式(6.160)和式(6.161)同时成立的方向称可行方向。如图6.55所示，它位于约束曲面在 $\boldsymbol{x}^k$ 点的切线和目标函数等值线在 $\boldsymbol{x}^k$ 点的切线所围成的扇形区内，该扇形区称为可行下降方向区。

综上所述，当 $\boldsymbol{x}^k$ 点位于 J 个起作用的约束面上时，满足

$$\left.\begin{aligned}&[\nabla g_j(\boldsymbol{x}^k)]^{\mathrm{T}}\boldsymbol{d}^k \leqslant 0 \quad (j=1,2,\cdots,J)\\&[\nabla f(\boldsymbol{x}^k)]^{\mathrm{T}}\boldsymbol{d}^k < 0\end{aligned}\right\} \tag{6.162}$$

的方向 $\boldsymbol{d}^k$ 称为可行方向。

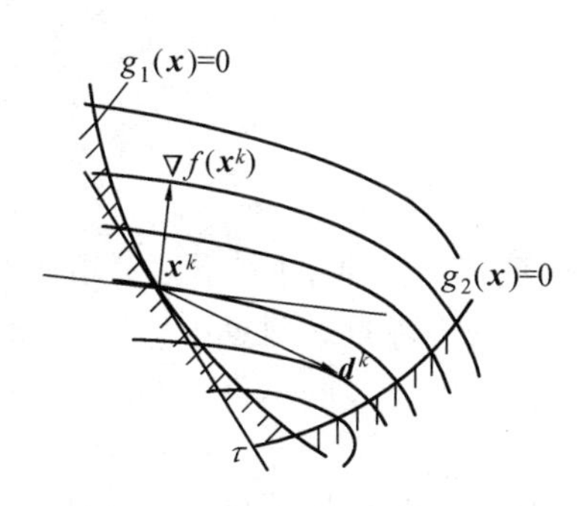

图6.54　方向的下降条件

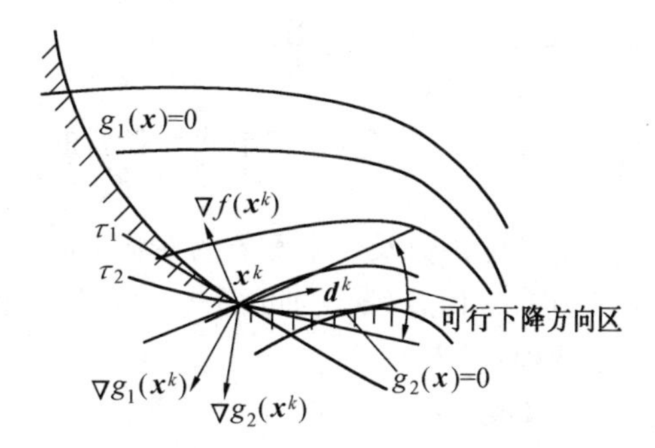

图6.55　可行下降方向区

3. 可行方向的产生方法

如上所述，满足可行、下降条件的方向位于可行下降扇形区内，在扇形区内寻找一个最有利的方向作为本次迭代的搜索方向，其方法主要有优选方向法和梯度投影法两种。

(1) 优选方向法。

在由式(6.162)构成的可行下降扇形区内选择任一方向 $\boldsymbol{d}$ 进行搜索，可得到一个目标函数值下降的可行点。现在的问题是如何在可行下降扇形区内选择一个能使目标函数下降最快的方向作为本次迭代的方向。显然，这是一个以搜索方向 $\boldsymbol{d}$ 为设计变量的约束优化问题，这个新的约束优化问题的数学模型可写成

$$\left.\begin{aligned}&\min[\nabla f(\boldsymbol{x}^k)]^{\mathrm{T}}\boldsymbol{d}\\\text{s.t.}\quad&[\nabla g_j(\boldsymbol{x}^k)]^{\mathrm{T}}\boldsymbol{d}^k \leqslant 0 \quad (j=1,2,\cdots,J)\\&[\nabla f(\boldsymbol{x}^k)]^{\mathrm{T}}\boldsymbol{d} < 0\\&\|\boldsymbol{d}\| \leqslant 1\end{aligned}\right\} \tag{6.163}$$

由于 $\nabla f(\boldsymbol{x}^k)$ 和 $\nabla g_j(\boldsymbol{x}^k)(j=1,2,\cdots,J)$ 为定值，上述各函数均为设计变量 $\boldsymbol{d}$ 的线性函数，因此式(6.163)是一个线性规划问题。用线性规划法求解后，求得的最优解 $\boldsymbol{d}^*$ 即为本次迭代的可行方向，即 $\boldsymbol{d}^k=\boldsymbol{d}^*$。

(2) 梯度投影法。

当 $\boldsymbol{x}^k$ 点目标函数的负梯度方向 $-\nabla f(\boldsymbol{x}^k)$ 不满足可行条件时，可将 $-\nabla f(\boldsymbol{x}^k)$ 方向投影到约束面(或约束面的交集)上，得到投影向量 $\boldsymbol{d}^k$，从图 6.56 中可看出，该设影向量显然满足方向的可行和下降条件。梯度投影法就是取该方向作为本次迭代的可行方向。可行方向的计算公式为

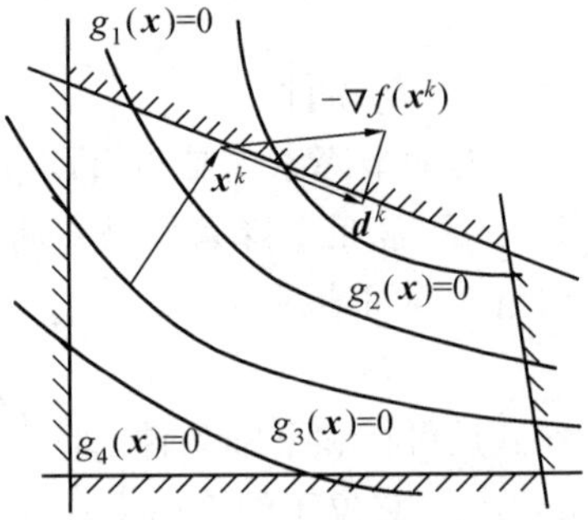

$$\boldsymbol{d}^k = -\boldsymbol{P}\nabla f(\boldsymbol{x}^k)/\|\boldsymbol{P}\nabla f(\boldsymbol{x}^k)\| \tag{6.164}$$

图 6.56 约束面上的梯度投影方向

式中，$\nabla f(\boldsymbol{x}^k)$ 是 $\boldsymbol{x}^k$ 点的目标函数梯度；$\boldsymbol{P}$ 是投影算子，为 $n\times n$ 阶矩阵，其计算公式为

$$\boldsymbol{P} = \boldsymbol{I} - \boldsymbol{G}[\boldsymbol{G}^{\mathrm{T}}\boldsymbol{G}]^{-1}\boldsymbol{G}^{\mathrm{T}} \tag{6.165}$$

式中，$\boldsymbol{I}$ 是 $n\times n$ 阶单位矩阵；$\boldsymbol{G}$ 是起作用约束函数的梯度矩阵，是 $n\times J$ 阶矩阵；

$$\boldsymbol{G} = [\nabla g_1(\boldsymbol{x}^k) \quad \nabla g_2(\boldsymbol{x}^k) \quad \cdots \quad \nabla g_J(\boldsymbol{x}^k)]$$

式中，J 是起作用的约束函数个数。

4. 步长的确定

可行方向 $\boldsymbol{d}^k$ 确定后，按下式计算新的迭代点：

$$\boldsymbol{x}^{k+1} = \boldsymbol{x}^k + \alpha_k \boldsymbol{d}^k \tag{6.166}$$

由于目标函数及约束函数的性状不同，步长 α_k 的确定方法也不同，不论是用何种方法，都应使新的迭代点 $\boldsymbol{x}^{k+1}$ 为可行点，且目标函数具有最大的下降量。确定步长 α_k 的常用方法有以下两种：

(1) 取最优步长。

如图 6.57 所示，从 $\boldsymbol{x}^k$ 点出发，沿 $\boldsymbol{d}^k$ 方向进行一维最优化搜索，取得最优步长 α^*，计算新点 $\boldsymbol{x}$ 的值

$$\boldsymbol{x} = \boldsymbol{x}^k + \alpha^* \boldsymbol{d}^k$$

若新点 $\boldsymbol{x}$ 为可行点，则本次迭代的步长取 $\alpha_k = \alpha^*$。

(2)α_k 取到约束边界的最大步长。

如图 6.58 所示，从 $\boldsymbol{x}^k$ 点沿 $\boldsymbol{d}^k$ 方向进行一维最优化搜索，得到的新点 $\boldsymbol{x}$ 为不可行点，根据可行方向法的搜索策略，应改变步长，使新点 $\boldsymbol{x}$ 返回到约束面上来。使新点 $\boldsymbol{x}$ 恰好位于约束面上的步长称为最大步长，记作 α_{M}。则本次迭代的步长取 $\alpha_k = \alpha_{\mathrm{M}}$。

5. 收敛条件

按可行方向法的原理，将设计点调整到约束面上后，需要判断迭代是否收敛，即判断该迭代点是否为约束最优点。常用的收敛条件有以下两种：

(1) 设计点 $\boldsymbol{x}^k$ 及约束允差满足

$$\left.\begin{aligned} &|[\nabla f(\boldsymbol{x}^k)]^{\mathrm{T}}\boldsymbol{d}^k| \leqslant \varepsilon \\ &\delta \leqslant \varepsilon_2 \end{aligned}\right\} \tag{6.167}$$

条件时，迭代收敛。

(2) 设计点 $\boldsymbol{x}^k$ 满足库恩－塔克条件

$$\left.\begin{aligned} &\nabla f(\boldsymbol{x}^k) + \sum_{j=1}^{J}\lambda_j \nabla g_j(\boldsymbol{x}^k) = 0 \\ &\lambda_j \geqslant 0 \quad (j=1,2,\cdots,J) \end{aligned}\right\} \tag{6.168}$$

时,迭代收敛。

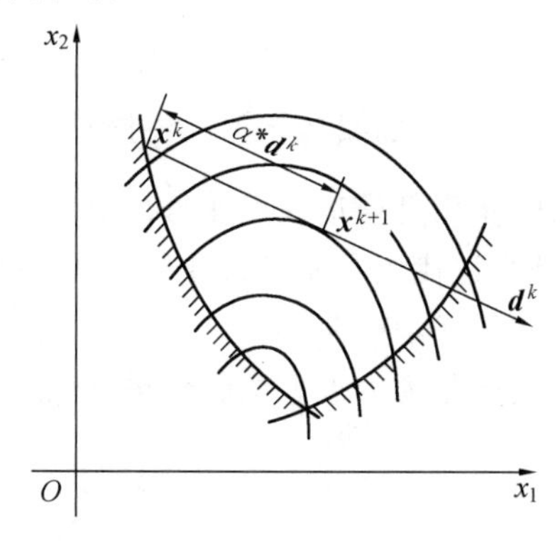

图 6.57 按最优步长确定新点

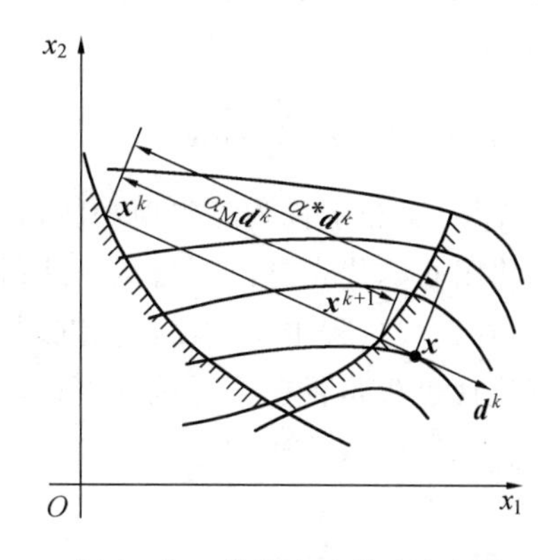

图 6.58 按最大步长确定新点

6. 可行方向法的计算步骤

(1) 在可行域内选择一个初始点 $\boldsymbol{x}^0$,给出约束允差 δ 及收敛精度值 ε。

(2) 令迭代次数 $k=0$,第一次迭代的搜索方向取 $\boldsymbol{d}^0=-\nabla f(\boldsymbol{x}^0)$。

(3) 估算实验步长 α_t,计算实验点 $\boldsymbol{x}_t$。

(4) 若实验点 $\boldsymbol{x}_t$ 满足 $-\delta \leqslant g_j(\boldsymbol{x}_t) \leqslant 0$,$\boldsymbol{x}_t$ 点必位于第 j 个约束面上,则转步骤(6);若实验点 $\boldsymbol{x}_t$ 位于可行域内,则加大实验步长 α_t,重新计算新的实验点,直至 $\boldsymbol{x}_t$ 越出可出域,再转步骤(5);若实验点位于非可行域,则直接转步骤(5)。

(5) 确定约束违反量最大的约束函数 $g_k(\boldsymbol{x}_t)$。用插值法计算调整步长 α_t 返回到约束面上,则完成一次迭代。再令 $k=k+1$,$\boldsymbol{x}^k=\boldsymbol{x}_t$,转下步。

(6) 在新的设计点 $\boldsymbol{x}^k$ 处产生新的可行方向 $\boldsymbol{d}^k$。

(7) 若 $\boldsymbol{x}^k$ 点满足收敛条件,则计算终止。约束最优解为 $\boldsymbol{x}^*=\boldsymbol{x}^k$,$f(\boldsymbol{x}^*)=f(\boldsymbol{x}^k)$。否则,改变允差 δ 的值,即令

$$\left.\begin{aligned} \delta^k &= \delta^k \quad ([\nabla f(\boldsymbol{x}^k)]^{\mathrm{T}} \boldsymbol{d}^k > \varepsilon) \\ \delta^k &= 0.5\delta^k \quad ([\nabla f(\boldsymbol{x}^k)]^{\mathrm{T}} \boldsymbol{d}^k \leqslant \varepsilon) \end{aligned}\right\} \tag{6.169}$$

再转步骤(2)。

6.4.5 惩罚函数法

惩罚函数法是一种使用广泛而有效的间接解法。它的基本原理是将约束优化问题

$$\left.\begin{aligned} &\min f(\boldsymbol{x}) \\ &\text{s.t. } g_j(\boldsymbol{x}) \leqslant 0 \quad (j=1,2,\cdots,m) \\ &h_k(\boldsymbol{x}) = 0 \quad (k=1,2,\cdots,l) \end{aligned}\right\}$$

中的不等式和等式约束函数经过加权转化后,和原目标函数结合成新的目标函数——惩罚函数

$$\phi(\boldsymbol{x}, r_1, r_2) = f(\boldsymbol{x}) + \mu_1 \sum_{j=1}^{m} G[g_i(\boldsymbol{x})] + \mu_2 \sum_{k=1}^{l} H[h_k(\boldsymbol{x})] \tag{6.170}$$

求解该新目标函数的无约束极小值,以期得到原问题的约束最优解。为此,按一定的法则改变加权因子 μ_1 和 μ_2 的值,构成一系列的无约束优化问题,求得一系列的无约束最优解,并

不断地逼近原约束优化问题的最优解。因此惩罚函数法又称序列无约束极小化方法，常称SUMT法。

式(6.170)中的$\mu_1 \sum_{j=1}^{m} G[g_i(\boldsymbol{x})]$和$\mu_2 \sum_{k=1}^{l} H[h_k(\boldsymbol{x})]$称为加权转化项。根据它们在惩罚函数中的作用，又分别称为障碍项和惩罚项。障碍项的作用是当迭代点在可行域内时，在迭代过程中将阻止迭代点越出可行域。惩罚项的作用是当迭代点在非可行域或不满足等式约束条件时，在迭代过程中将迫使迭代点逼近约束边界或等式约束曲面。

根据迭代过程是否在可行域内进行，惩罚函数法又可分为内点惩罚函数法、外点惩罚函数法和混合惩罚函数法三种。

1. 内点惩罚函数法

内点惩罚函数法简称内点法，这种方法将新目标函数定义于可行域内，序列迭代点在可行域内逐步逼近约束边界上的最优点。内点法只能用来求解具有不等式约束的优化问题。

对于只具有不等式约束的优化问题

$$\left.\begin{array}{ll} & \min f(\boldsymbol{x}) \\ \text{s.t.} & g_j(\boldsymbol{x}) \leqslant 0 \quad (j=1,2,\cdots,m) \end{array}\right\}$$

转化后的惩罚函数形式为

$$\phi(\boldsymbol{x},r) = f(\boldsymbol{x}) - r^k \sum_{j=1}^{m} \frac{1}{g_j(\boldsymbol{x})} \tag{6.171}$$

或

$$\phi(\boldsymbol{x},r) = f(\boldsymbol{x}) - r^k \sum_{j=1}^{m} \ln[-g_j(\boldsymbol{x})] \tag{6.172}$$

式中，r^k为惩罚因子，它是由大到小且趋近于0的数列，即$r^0 > r^1 > r^2 \cdots \to 0$；$\sum_{j=1}^{m} \frac{1}{g_j(\boldsymbol{x})}$或$\sum_{j=1}^{m} \ln[-g_j(\boldsymbol{x})]$为障碍项。

由于内点法的迭代过程在可行域内进行，障碍项的作用是阻止迭代点越出可行域。由障碍项的函数形式可知，当迭代点靠近某一约束边界时，其值趋近于0，而障碍项的值陡然增加，并趋近于无穷大，好像在可行域的边界上筑起了一道“围墙”，使迭代点始终不能越出可行域。显然，只有当惩罚因子$r \to 0$时，才能求得在约束边界上的最优解。下面用一简例来说明内点法的基本原理。

例 6.16 用内点法求问题

$$\begin{array}{ll} & \min f(\boldsymbol{x}) = x_1^2 + x_2^2 \\ \text{s.t.} & g(\boldsymbol{x}) = 1 - x_1 \leqslant 0 \end{array}$$

的约束最优解。

解 如图6.59所示，该问题的约束最优点为$\boldsymbol{x}^* = [0 \quad 1]^{\mathrm{T}}$，它是目标函数等值线，即$x_1^2 + x_2^2 = 1$的圆和约束函数，即$1 - x_1 = 0$的直线的切点，最优值为$f(\boldsymbol{x}^*) = 1$。

用内点法求解该问题时，首先按式(6.172)构造内点惩罚函数

$$\phi(\boldsymbol{x},r) = x_1^2 + x_2^2 - r\ln(x_1 - 1)$$

对于任意给定的惩罚因子$r(r>0)$，函数$\phi(\boldsymbol{x},r)$为凸函数。用解析法求函数$\phi(\boldsymbol{x},r)$的极小值，即令$\nabla \phi(\boldsymbol{x},r) = 0$，得方程组

$$\left.\begin{aligned}\frac{\partial \phi}{\partial x_1}&=2x_1-\frac{1}{x_1-1}=0\\ \frac{\partial \phi}{\partial x_2}&=2x_2=0\end{aligned}\right\}$$

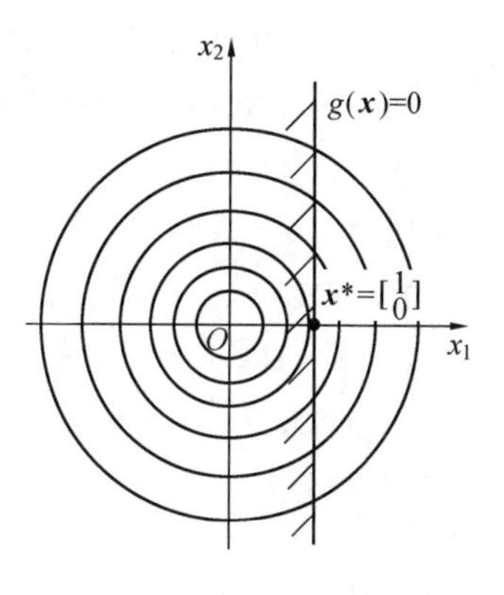

图 6.59　例题图解

联立求解得

$$\left.\begin{aligned}x_1(r)&=\frac{1\pm\sqrt{1+2r}}{2}\\ x_2(r)&=0\end{aligned}\right\}$$

当 $x_1(r)=\dfrac{1-\sqrt{1+2r}}{2}$ 时不满足约束条件 $g(x)=1-x_1\leqslant 0$，应舍去。无约束极值点为

$$x_1^*(r)=\frac{1+\sqrt{1+2r}}{2}$$

$$x_2^*(r)=0$$

当 $r=4$ 时，$\boldsymbol{x}^*(r)=[2\quad 0]^{\mathrm{T}}$，$f(\boldsymbol{x}^*(r))=4$；

当 $r=1.2$ 时，$\boldsymbol{x}^*(r)=[1.422\quad 0]^{\mathrm{T}}$，$f(\boldsymbol{x}^*(r))=2.022$；

当 $r=0.36$ 时，$\boldsymbol{x}^*(r)=[1.156\quad 0]^{\mathrm{T}}$，$f(\boldsymbol{x}^*(r))=1.136$；

当 $r=0$ 时，$\boldsymbol{x}^*(r)=[1\quad 0]^{\mathrm{T}}$，$f(\boldsymbol{x}^*(r))=1$。

由计算可知，当逐步减小 r 值，直至趋近于 0 时，$\boldsymbol{x}^*(r)$ 逼近原问题的约束最优解。

当 r 为 4、1.2、0.36 时，惩罚函数 $\phi(\boldsymbol{x},r)$ 的等值线图如图 6.60 所示。从图中可清楚地看出，当 r 逐渐减小时，无约束极值点 $\boldsymbol{x}^*(r)$ 的序列将在可行域内逐步逼近最优点。

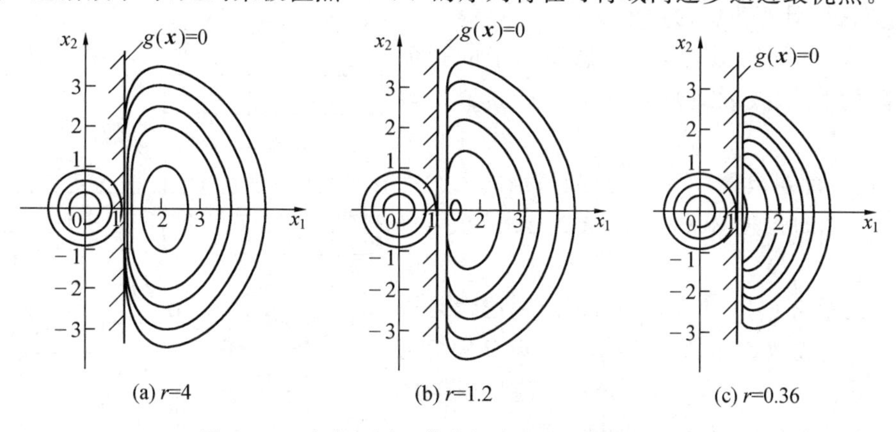

图 6.60　内点惩罚函数的极小点向最优点逼近

下面介绍内点法中初始点 $\boldsymbol{x}^0$ 惩罚因子的初值 r^0 及其缩减系数 c 等重要参数的选取和收敛条件的确定等问题。

(1) 初始点 $\boldsymbol{x}^0$ 的选取。

使用内点法时，初始点 $\boldsymbol{x}^0$ 应选择一个离约束边界较远的可行点。若 $\boldsymbol{x}^0$ 太靠近某一约束边界，构造的惩罚函数可能由于障碍项的值很大而变得畸形，使求解无约束优化问题发生困难。程序设计时，一般都考虑使程序具有人工输入和计算机自动生成可行初始点的两种功能，由使用者选用。计算机自动生成可行初始点的常用方法是利用随机数生成设计点，该方法已在本章介绍过。

(2) 惩罚因子初值 r^0 的选取。

惩罚因子初值 r^0 的选取应适当,否则会影响迭代计算的正常进行。一般来说,r^0 太大,将增加迭代次数;r^0 太小,会使惩罚函数的性态变坏,甚至难以收敛到极值点。问题函数的多样化使得 r^0 的取值相当困难,目前还无一定的有效方法。对于不同的问题,都要经过多次试算,才能决定一个适当的 r^0。

(3) 惩罚因子缩减系数 c 的选取。

在构造序列惩罚函数时,惩罚因子 r 是一个逐次递减到 0 的数列,相邻两次迭代的惩罚因子的关系为

$$r^k = cr^{k-1} \quad (k=1,2,\cdots) \tag{6.173}$$

式中,c 称为惩罚因子的缩减系数,为小于 1 的正数。一般的看法是,c 值的大小在迭代过程中不起决定性作用,通常的取值范围在 0.1 ～ 0.7 之间。

(4) 收敛条件。

内点法的收敛条件为

$$\left| \frac{\phi[\boldsymbol{x}^*(r^k), r^k] - \phi[\boldsymbol{x}^*(r^{k-1}), r^{k-1}]}{\phi[\boldsymbol{x}^*(r^{k-1}), r^{k-1}]} \right| \leqslant \varepsilon_1 \tag{6.174}$$

$$\| \boldsymbol{x}^*(r^k) - \boldsymbol{x}^*(r^{k-1}) \| \leqslant \varepsilon_2 \tag{6.175}$$

式(6.174) 说明相邻两次迭代的惩罚函数的值相对变化量充分小,式(6.175) 说明相邻两次迭代的无约束极小点已充分接近。满足收敛条件的无约束极小点 $\boldsymbol{x}^*(r^k)$ 已逼近原问题的约束最优点,迭代终点。原约束问题的最优解为

$$\boldsymbol{x}^* = \boldsymbol{x}^*(r^k), \quad f(\boldsymbol{x}^*) = f(\boldsymbol{x}^*(r^k))$$

内点法的计算步骤为:

① 选取可行的初始点 $\boldsymbol{x}^0$,惩罚因子的初值 r^0,缩减系数 c 以及收敛精度 ε_1、ε_2。令迭代次数 $k=0$。

② 构造惩罚函数 $\phi(\boldsymbol{x}, r)$,选择适当的无约束优化方法,求函数 $\phi(\boldsymbol{x}, r)$ 的无约束极值,得 $\boldsymbol{x}^*(r^k)$ 点。

③ 用式(6.174) 和式(6.175) 判别迭代是否收敛,若满足收敛条件,迭代终止。约束最优解为 $\boldsymbol{x}^* = \boldsymbol{x}^*(r^k)$,$f(\boldsymbol{x}^*) = f(\boldsymbol{x}^*(r^k))$;否则令 $r^{k+1} = cr^k$,$\boldsymbol{x}^0 = \boldsymbol{x}^*(r^k)$,$k = k+1$ 转步骤 ②。

内点法的程序框图如图 6.61 所示。

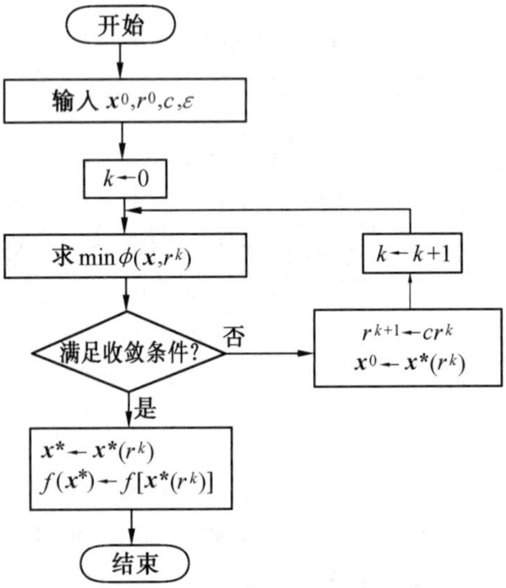

开始
输入 $\boldsymbol{x}^0, r^0, c, \varepsilon$
$k \leftarrow 0$
求 $\min \phi(\boldsymbol{x}, r^k)$
满足收敛条件?
否
$r^{k+1} \leftarrow cr^k$
$\boldsymbol{x}^0 \leftarrow \boldsymbol{x}^*(r^k)$
$k \leftarrow k+1$
是
$\boldsymbol{x}^* \leftarrow \boldsymbol{x}^*(r^k)$
$f(\boldsymbol{x}^*) \leftarrow f[\boldsymbol{x}^*(r^k)]$
结束

图 6.61 内点法的程序框图

2. 外点惩罚函数法

外点惩罚函数法简称外点法。这种方法和内点法相反,新目标函数定义在可行域之外,序列迭代点从可行域之外逐渐逼近约束边界上的最优点。外点法可以用来求解含不等式和等式约束的优化问题。

对于约束优化问题

$$
\left.\begin{array}{ll} & \min f(\boldsymbol{x}) \\ \text{s.t.} & g_j(\boldsymbol{x}) \leqslant 0 \quad (j=1,2,\cdots,m) \\ & h_k(\boldsymbol{x})=0 \quad (k=1,2,\cdots,l) \end{array}\right\}
$$

转化后的外点惩罚函数的形式为

$$
\phi(\boldsymbol{x},r)=f(\boldsymbol{x})+r\sum_{j=1}^{m}\{\max[0,g_j(\boldsymbol{x})]\}^2+r\sum_{k=1}^{l}[h_k(\boldsymbol{x})]^2 \tag{6.176}
$$

式中，r 是惩罚因子，它是由小到大，且趋近于 ∞ 的数列，即 $r^0<r^1<r^2\cdots\to\infty$；$\sum_{j=1}^{m}\{\max[0,g_j(\boldsymbol{x})]\}^2$、$\sum_{k=1}^{l}[h_k(\boldsymbol{x})]^2$ 分别为对应于不等式约束和等式约束函数的惩罚项。

由于外点法的迭代过程在可行域之外进行。惩罚项的作用是迫使迭代点逼近约束边界或等式约束曲面。由惩罚项的形式可知，当迭代点 $\boldsymbol{x}$ 不可行时，惩罚项的值大于0，使得惩罚函数 $\phi(\boldsymbol{x},r)$ 大于原目标函数，这可看成是对迭代点不满足约束条件的一种惩罚。当迭代点离约束边界越远，惩罚项的值越大，这种惩罚越重。但当迭代点不断接近约束边界和等式约束曲面时，惩罚项的值减小，且趋近于0，惩罚项的作用逐渐消失，迭代点也就趋近于约束边界上的最优点了。

下面仍用一简例来说明外点法的基本原理。

例 6.17 用外点法求问题

$$
\begin{array}{ll} & \min f(\boldsymbol{x})=x_1^2+x_2^2 \\ \text{s.t.} & g(x)=1-x_1<0 \end{array}
$$

的约束最优解。

解 前面已用内点法求解过这一问题，其约束最优解为 $\boldsymbol{x}^*=[1\quad 0]^{\mathrm{T}}$，$f(\boldsymbol{x}^*)=1$。用外点法求解时，首先按式(6.176)构造外点惩罚函数

$$
\phi(\boldsymbol{x},r)=x_1^2+x_2^2+r(1-x_1)^2
$$

对于任意给定的惩罚因子 $r(r>0)$，函数 $\phi(\boldsymbol{x},r)$ 为凸函数。用解析法求 $\phi(\boldsymbol{x},r)$ 的无约束极小值，即令 $\nabla\phi(\boldsymbol{x},r)=0$，得方程组

$$
\left.\begin{array}{l} \dfrac{\partial\phi}{\partial x_1}=2x_1-2r(1-x_1)=0 \\ \dfrac{\partial\phi}{\partial x_2}=2x_2=0 \end{array}\right\}
$$

联立求解得

$$
x_1^*(r)=\frac{r}{1+r}
$$

$$
x_2^*(r)=0
$$

当 $r=0.3$ 时，$\boldsymbol{x}^*(r)=[0.231\quad 1]^{\mathrm{T}}$，$f(\boldsymbol{x}^*(r))=0.053$；

当 $r=1.5$ 时，$\boldsymbol{x}^*(r)=[0.6\quad 0]^{\mathrm{T}}$，$f(\boldsymbol{x}^*(r))=0.36$；

当 $r=7.5$ 时，$\boldsymbol{x}^*(r)=[0.882\quad 0]^{\mathrm{T}}$，$f(\boldsymbol{x}^*(r))=0.78$；

当 $r\to\infty$ 时，$\boldsymbol{x}^*(r)=[1\quad 0]$，$f(\boldsymbol{x}^*(r))=1$。

由计算可知，当逐渐增大 r 值，直到趋近于 ∞ 时，$\boldsymbol{x}^*(r)$ 逼近原约束问题的最优解。

当 r 为0.3、1.5、7.5时，惩罚函数 $\phi(\boldsymbol{x},r)$ 的等值线图分别如图6.62所示。从图中可清楚地看出，当 r 逐渐增大时，无约束极值点 $\boldsymbol{x}^*(r)$ 的序列，将在可行域之外逐步逼近约束最

优点。

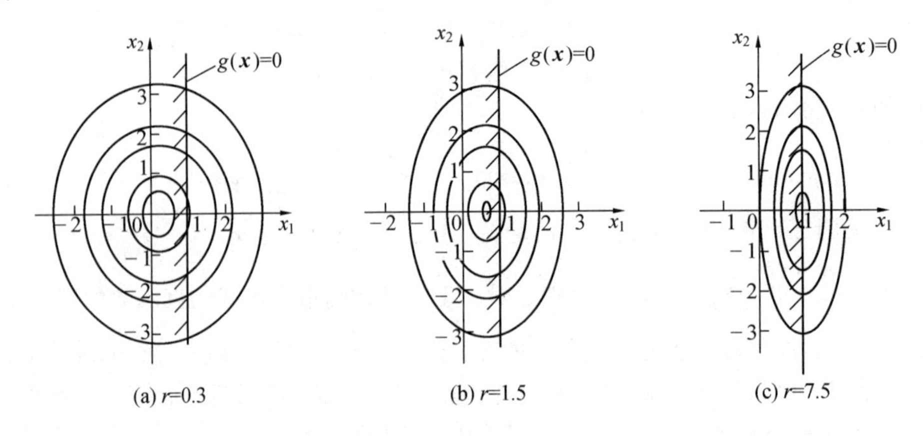

图 6.62 外点惩罚函数的极小点向约束最优点逼近

外点法的惩罚因子按下式递增：

$$r^k = cr^{k-1} \tag{6.177}$$

式中，c 是递增系数，通常取 $c = 5 \sim 10$。

与内点法相反，惩罚因子的初值 r^0 若取相当大的值，会使 $\phi(\boldsymbol{x},r)$ 的等值线变形或偏心，求 $\phi(\boldsymbol{x},r)$ 的极值将发生困难，但 r^0 取得过小，势必增加迭代次数。所以在外点法中，r^0 的合理取值也是很重要的。许多计算表明，取 $r^0 = 1, c = 10$ 常常可以取得满意的结果。有时也按经验公式来计算 r^0 值。

外点法的收敛条件和内点法相同，其计算步骤、程序框图也与内点法相近。

3. 混合惩罚函数法

混合惩罚函数法简称混合法，这种方法是把内点法和外点法结合起来，用来求解同时具有等式约束和不等式约束函数的优化问题。

对于约束优化问题

$$\left.\begin{aligned} &\min\ f(\boldsymbol{x}) \\ \text{s.t.}\quad &g_j(\boldsymbol{x}) \leqslant 0 \quad (j = 1,2,\cdots,m) \\ &h_k(\boldsymbol{x}) = 0 \quad (k = 1,2,\cdots,l) \end{aligned}\right\}$$

转化后的混合惩罚函数的形式为

$$\phi(\boldsymbol{x},r) = f(\boldsymbol{x}) - r\sum_{j=1}^{m}\frac{1}{g_j(\boldsymbol{x})} + \frac{1}{\sqrt{r}}\sum_{k=1}^{l}[h_k(\boldsymbol{x})]^2 \tag{6.178}$$

式中，$r\sum_{j=1}^{m}\frac{1}{g_j(\boldsymbol{x})}$ 是障碍项，惩罚因子 r 按内点法选取，取 $r^0 > r^1 > r^2 \cdots \to 0$ $\frac{1}{\sqrt{r}}\sum_{k=1}^{l}[h_k(\boldsymbol{x})]^2$ 是惩罚项，惩罚因子为 $\frac{1}{\sqrt{r}}$，当 $r \to 0$ 时，$\frac{1}{\sqrt{r}} \to \infty$ 满足外点法对惩罚因子的要求。

混合法具有内点法的求解特点，即迭代过程在可行域内进行，因而初始点 $\boldsymbol{x}^0$、惩罚因子的初值 r^0 均可参考内点法选取。计算步骤及程序框图也与内点法相近。

6.5 遗传算法

6.5.1 概述

近年来,遗传算法在优化方法领域获得了广泛的应用。尽管遗传算法与前面所讲述的基于数学规划法的约束问题求解方法在表现形式上不相同,但是其作为解决约束优化问题的求解方法,展现了模拟自然选择算法的优势,值得去分析和研究,并有助于解决实际的优化设计问题。遗传算法从思想上与基于数学规划法的优化方法不同,它是把函数的搜索空间看成是一个映射的遗传空间,而把此空间进行寻优搜索的可行解看成是一个矢量个体(染色体)组成的集合群体。染色体(Chromosome)是由基因(Gene)组成的矢量。

6.5.2 遗传算法的基本原理

进化论的核心问题是自然选择,主要包括遗传、变异和适者生存。在进化论中,物种每个个体的基本特征由后代所继承,但是后代又会产生异于父代的差异。由于弱肉强食的生存斗争不断地通过繁殖来进行,其结果是适应性强的个体被保留下来,适应性弱的个体被淘汰。而遗传学则认为遗传以密码的方式存在于细胞中,并以基因的形式包含在染色体内。携带某种基因的个体具备某种适应性,基因杂交和突变可产生更适应于环境的后代。经过自然选择,适应性高的基因能够最终保存下来。

在遗传算法中,目标函数被转化成对应个体的适应度(Fitness)。适应度是指根据预定的目标函数对每个个体进行评价的表述,可以用F表示,反映了个体对目标适应的概率。对应于第i个个体的适应度用F_i表示,它可用来表示个体的适应性能,并据此指导寻优搜索。F_i值越大,说明其性能越好。从生物进化角度讲,适应度是用来度量某个物种对生存环境的适应程度的。适应度高的物种(染色体群体)将获得更多的繁殖机会,适应度低的物种繁殖机会相对较少,甚至逐渐灭绝,即自然界中的“优胜劣汰”“适者生存”。因此,在遗传算法中,第i个染色体群相对应的第i个适应度F_i就可以作为比较它们对目标函数值优劣的尺度,即适应度高的F_i取得的优化效果高于其他的染色体群。通过适应度值的计算和比较,可以确定由染色体群所代表的可行解在遗传空间内寻优搜索的效果。

在采用遗传进行计算时,首先要从随机产生的一系列个体中选择适应度高(性能好)的个体组成初始寻优群体,称为初始种群。初始寻优群体类似于前面所讲述的初始可行解。

在遗传算法中,通常采用二进制或十进制的字符串进行编码来构成个体(染色体)。这样就可以在计算机上进行寻优运算的操作。然而,由目标函数转化成的对应于各个个体的适应度却是一个十进制的数值。因此,为了计算第i个个体染色体相对应的适应度F_i,需要将二进制字符串通过译码(或称解码)进行换算获取由十进制数表示的F_i。

在遗传算法中,每一个二进制的字符串代表一个染色体。优化问题的维数越高,要求遗传空间内染色体的群体个数越多。遗传空间内的可行解含有多种组合,它们组成可行解空间。改变染色体中某个基因所处的位置可以实现“杂交”或“交叉”,它体现了自然界信息交换的思想。通过这样不断杂交和选择适应度好的染色体的过程,可以实现从一个染色体种群向另一个更优种群的转换。进而实现在遗传空间内进行大范围的寻优，如此反复进行直到满足收敛准则为止。收敛准则可以是已找到某个较优的染色体，或者是已稳定于某个适应度值等。

6.5.3 遗传算法的操作步骤

综合以上对于遗传算法的说明，可以归纳出遗传算法的基本步骤如下：

第一步，通过计算机产生一个 N 个随机数形成的数群。

(1) 对作为可行解的染色体采用二进制字符串进行编码，记为$b_i(i=1,2,\cdots,N)$。

(2) 通过译码将b_i 转化成十进制数。

(3) 计算所有个体的染色体的适应度值$F_i(i=1,2,\cdots,N)$。

(4) 由$F_i(i=1,2,\cdots,N)$ 构成一个由 N 个个体组成的原始群体。

第二步，选择(选种)。选择适应度高的种群作为优良品质的种群(寻优搜索的初始点)。

第三步，交叉(杂交)→变异。进行基因重组和变异。进一步可以扩大基因组，提高算法的搜索全局最优解的能力。变异过程是对某一个染色体字符串的某个基因或基因组在繁殖过程中实现 1→0 或 0→1 的转变，以确保染色体群体中遗传基因的多样性，保证搜索能在尽可能大的空间中进行，以免丢失搜索中有用的遗传信息而导致“过早收敛”陷入局部解，从而提高优化解的质量。遗传算法的程序框图如图 6.63 所示。

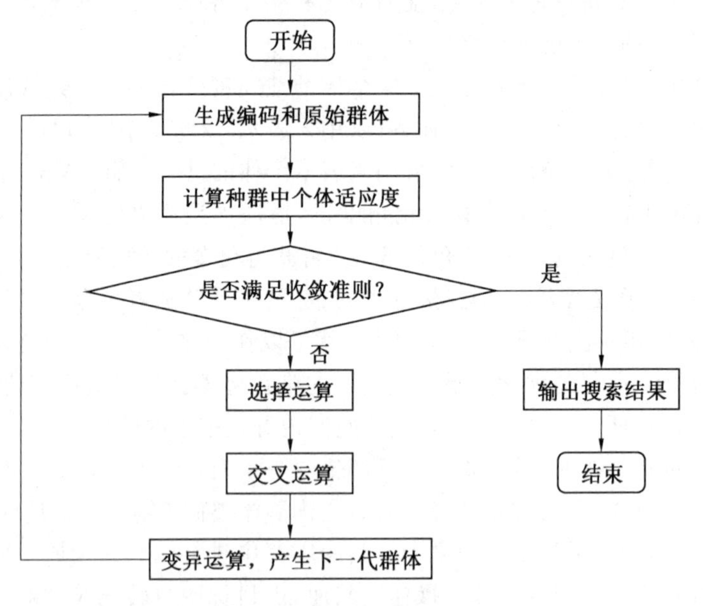

图 6.63 遗传算法的程序框图

6.5.4 遗传算法的特点

根据前述对遗传算法基本原理和操作步骤的介绍，可知该算法是由选择、杂交和变异三个过程组成的。还可以看出，遗传算法和前面讲述的约束优化问题求解方法区别在于：

(1) 遗传算法是多点搜索，而不是单点寻优。

(2) 遗传算法直接利用从目标函数转化成的适应度函数，而不采用导数等信息。因此，不要求目标函数连续或可微。

(3) 遗传算法以优化问题变量的编码为运算对象，而不是优化问题变量本身的实际值。

(4) 遗传算法是以概率原则指导搜索，而不是确定性的转化原则。

目前，遗传算法还存在一些问题，主要是计算时要求种群规模较大，耗费机时太多。其次是在求解过程中，有时会发生过早收敛于局部优化解。为此需要对选择、杂交和变异三个过程进行仔细分析研究。与传统方法相比，遗传算法比较适于求解不连续、多峰、高维、具有凹凸性的问题，而对于低维、连续、单峰等简单问题，遗传算法不能显示其优越性。

6.6 响应曲面法

6.6.1 概述

响应曲面法(Response Surface Methodology，RSM) 主要用于反映输出值受多个变量因子影响的设计问题。响应曲面法是一种优化方法，它结合数学和统计方法对多个变量值和响应值之间的关系进行建模和分析，并对响应值进行优化和预测。响应曲面法在数理统计分析和实验设计技术结合的基础上，可以表达多个变量影响因子与响应输出值之间的数学关系。该方法不仅应用于产品的设计与开发，还对产品的分析与评价有着积极的作用。

6.6.2 响应曲面法的基本原理

一般来讲，所关注质量参数或者评价指标的响应值采用Y表示，而与其相联系的k个输入变量用$\xi_1,\xi_2,\cdots,\xi_k$表示，则建立质量参数响应与输入变量之间的关系式为

$$Y=f(\xi_1,\xi_2,\cdots,\xi_k)+\varepsilon$$

其中，Y为响应值，ε表示误差。

$\xi_1,\xi_2,\cdots,\xi_k$变量因子由于其测量值的单位都是自然单位，所以通常也称为自然变量。在实际响应曲面法的应用中，将自然变量规范为无量纲量$x_1,x_2,\cdots,x_k$。规范化的响应期望值用η表示，当误差ε为0时，规范变量后的关系式变为

$$\eta=f(x_1,x_2,\cdots,x_k)$$

真实的函数表达式是未知的，RSM 就是一个对真实函数逼近的一个过程。响应曲面法一般包括以下三个方面的内容：设计、拟合实际模型和优化。为了寻找变量与响应值之间的关系，通常在在一个值域内用多项式来做一个合理的逼近关系式。

如果他们之间是线性函数关系则可以认为是一阶模型，表达式为

$$y=\beta_0+\beta_1x_1+\beta_2x_2+\cdots+\beta_kx_k+\varepsilon$$

非线性关系之间的拟合要用高阶多项式，例如二阶模型表达式为

$$\hat{y}=\beta_0+\sum_{j=1}^{m}\beta_jx_j+\sum_{j=1}^{m}\beta_{j,j}x_j^2+\sum_{j=1}^{m}\sum_{\substack{k=1\\j<k}}^{m}\beta_{k,j}x_kx_j+\varepsilon$$

式中，β_0表示常数项；β_j表示因素x_j对应的一次项影响；$\beta_{k,j}$表示不同因素x_k与x_j之间交

互影响；$\beta_{j,j}$ 表示因素x_j的二次项影响；ε 为随机误差。

在一定的值域内用以上的多项式对实际模型响应与变量因子之间的函数关系进行拟合是可行的。基于最小二乘法的多项式拟合并做相应的数据分析，所得拟合多项式与实际模型如果是近似的话，就能够用所收集的实验数据所得模型对实际情况做出评价和预测。

6.6.3 响应曲面法的应用案例

下面以铝合金铣削加工优化为例进行说明响应曲面法的应用。拟合模型可以选择中心复合设计(Central Composite Design,CCD) 和 Box-Behnken 设计(Box-Behnken Design，BBD) 等。

本例选用的自变量是主轴转速、每齿进给量和切削深度，响应变量是表面粗糙度。根据机床的推荐参数选择零水平的切削参数：主轴转速 $n=3\ 500$ r/min，每齿进给量 $f=0.15$ mm/r，切削深度$d=0.5$ mm。实验因数为3，即$m=3$，实验设计因素编码及水平表见表 6.7 所示。

表 6.7 实验设计因素编码及水平表

变量	单位	各水平取值				
		$-\alpha$	-1	0	$+1$	$+\alpha$
主轴转速	r/min	2 000	2 608	3 500	4 392	5 000
每齿进给量	mm/r	0.05	0.09	0.15	0.21	0.25
切削深度	mm	0.2	0.32	0.5	0.68	0.8

依据上述实验设计，共获得23组实验，具体见表6.8所示。表中因子 X_1、X_2、X_3 分别代表的是主轴转速、每齿进给量、切削深度这三个实验因素，Y_1 代表响应变量表面粗糙度。

表 6.8 二次回归正交旋转组合设计及结果

实验号	实验变量			响应变量
	$X_1/(\mathrm{r\cdot min^{-1}})$	$X_2/(\mathrm{mm\cdot r^{-1}})$	$X_3/(\mathrm{mm})$	$Y_1/(\mu\mathrm{m})$
1	2 608(−1)	0.09(−1)	0.32(−1)	0.697
2	4 392(+1)	0.09(−1)	0.32(−1)	0.662
3	2 608(−1)	0.21(+1)	0.32(−1)	1.105
4	4 392(+1)	0.21(+1)	0.32(−1)	1.064
5	2 608(−1)	0.09(−1)	0.68(+1)	0.889
6	4 392(+1)	0.09(−1)	0.68(+1)	0.742
7	2 608(−1)	0.21(+1)	0.68(+1)	1.543
8	4 392(+1)	0.21(+1)	0.68(+1)	1.465
9	2 000(−α)	0.15(0)	0.50(0)	1.261
10	5 000(+α)	0.15(0)	0.50(0)	0.974
11	3 500(0)	0.05(−α)	0.50(0)	0.582

续表 6.8

实验号	实验变量			响应变量
	$X_1/(r\cdot min^{-1})$	$X_2/(mm\cdot r^{-1})$	$X_3/(mm)$	$Y_1/(\mu m)$
12	3 500(0)	0.25(+α)	0.50(0)	1.728
13	3 500(0)	0.15(0)	0.20(−α)	0.739
14	3 500(0)	0.15(0)	0.80(+α)	1.117
15	3 500(0)	0.15(0)	0.50(0)	0.919
16	3 500(0)	0.15(0)	0.50(0)	0.887
17	3 500(0)	0.15(0)	0.50(0)	0.919
18	3 500(0)	0.15(0)	0.50(0)	0.926
19	3 500(0)	0.15(0)	0.50(0)	0.934
20	3 500(0)	0.15(0)	0.50(0)	0.884
21	3 500(0)	0.15(0)	0.50(0)	0.904
22	3 500(0)	0.15(0)	0.50(0)	0.926
23	3 500(0)	0.15(0)	0.50(0)	0.965

注:表中实验变量取值的括号中 $-a$、-1、0、$+1$ 和 $+a$ 分别表示各因素的水平值

此次实验所得到的数学模型能将三个因素与表面粗糙度之间的关系进行正确地拟合，响应变量表面粗糙度的二次多项式回归方程为

$$Y_1 = 1.71 - 5.18\times10^{-4}X_1 - 4.93X_2 + 0.37X_3 + 1.48\times10^{-4}X_1X_2 - 1.17\times10^{-4}X_1X_3 + 6.68X_2X_3 + 7.42\times10^{-8}X_1^2 + 20.45X_2^2 - 0.25X_3^2 \tag{6.179}$$

根据表面粗糙度模型的残差正态图及残差分析可知，所选择的模型拟合效果较好，模拟的回归方程可以较为准确的预测真实的表面粗糙度。

确定回归方程的准确性后，通过软件对数据进行拟合，探究两两因素对表面粗糙度的交互作用所得到的响应图及其等高线图如图 6.64 所示。通过固定某一个因子的数值，观察其他两个变量之间的交互作用，确定各因素的最佳水平范围。图 6.64(a) 为主轴转速和每齿进给量对表面粗糙度的影响，随着主轴转速的增加，表面粗糙度先减小后增大，在 3 500 r/min 附近达到最小值。图 6.64(b) 为主轴转速和切削深度交互作用对表面粗糙度的影响，变化的趋势相比每齿进给量对主轴转速的交互作用小一些，而表面粗糙度与切削深度成正相关。图 6.64(c) 为每齿进给量和切削深度交互作用对表面粗糙度的影响，两者的交互作用较之前两者更为显著。

利用响应曲面法实验设计软件查找响应最小的区域，获得使表面粗糙度最小时的各因子数值。其中主轴转速为 3 773.65 r/min，每齿进给量为 0.05 mm/r，切削深度为 0.2 mm，可以达到最小粗糙度为 0.56 μm。

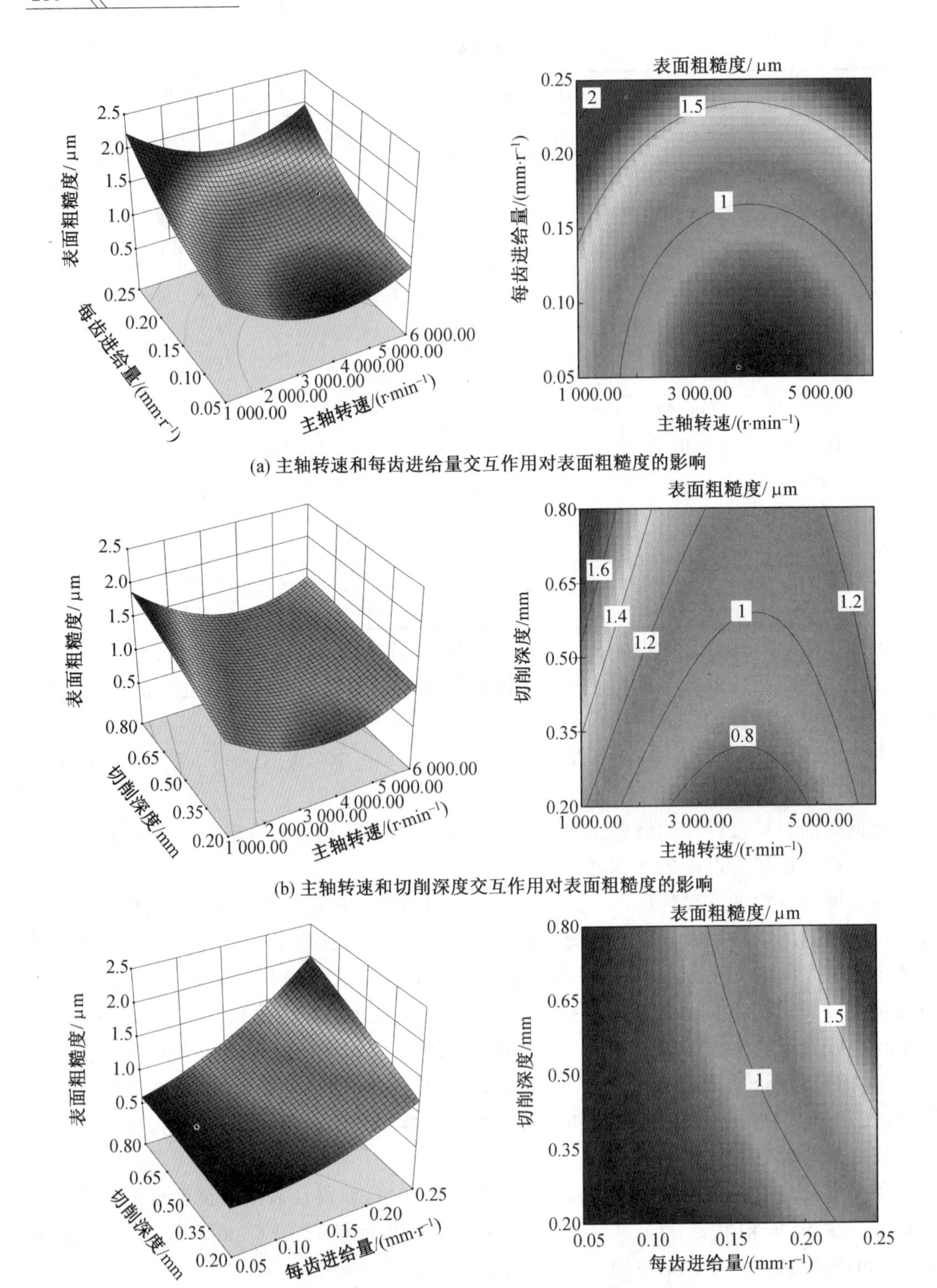

图 6.64　各因素交互作用对表面粗糙度的影响曲面响应图

6.7 基于工程软件的优化设计方法

6.7.1 概述

当前，由于计算机硬件的飞速发展，以数值计算、大规模计算为特征的工程设计分析软件也获得了普遍应用，为复杂系统的工程设计、结构优化提供了支撑条件。基于工程软件的优化设计方法在有限元理论、优化方法、计算机模拟计算等科学影响下逐渐在广大设计研究人员中得到认可。例如，工程分析软件 ANSYS、Adams、Abaqus 等都提供了优化设计的模块。著名的数据分析以及数值计算软件 Matlab 也提供了优化设计工具箱。本节将简要介绍采用 ANSYS 软件和 Matlab 软件的优化过程。

6.7.2 ANSYS 软件优化的基本过程

有限元分析通常包括前处理、求解计算和后处理三个部分的内容。有限元软件的前处理器使用了先进的计算机视窗和图形技术以及交互操作方式等，用户界面友好，建模效率提高。有限元软件的方程求解器，求解工程问题的广度和深度，特别是非线性问题的求解能力有显著提高。有限元软件的后处理器，使用户更容易地获得和处理数值计算结果，并可利用图形图像功能进行深层次的再加工。如图 6.63 所示为 ANSYS 软件目录树中的设计优化(Design Opt) 模块。采用 ANSYS 软件进行优化同样包括设计变量(Design Variables)、状态变量(State Variables)、目标函数(Objective Function) 三个基本要素。由于 ANSYS 软件进行机械结构的优化技术是建立在有限元分析基础上，在进行优化设计之前，首先要完成该参数化模型的有限元分析，其中包括前处理、施加载荷和边界条件并求解、后处理。并将该分析过程作为一个分析文件保存，以便于优化设计过程的再次利用。

ANSYS 软件提供了两类优化方法：零阶方法和一阶方法。

零阶方法属于直接法，它是通过调整设计变量的值，采用曲线拟合的方法去逼近状态变量和目标函数，可以很有效地处理大多数的工程问题。

一阶方法为间接法，是基于目标函数对设计变量的敏感程度的方法。在每次迭代中，计算梯度确定搜索方向。由于该方法在每次迭代中要产生一系列的子迭代，它所占用的时间相对较多，但是其计算精度要高，适合于精确的优化分析。

ANSYS 软件提供了一系列的分析 — 评估 — 修正的循环过程，即对初始设计进行分析，对分析结果就设计要求进行评估，然后修正设计。这一循环过程重复进行直到所有的设计要求都满足为止。

ANSYS 软件优化结果数据库文件 Jobname.opt 中记录有当前的优化环境，包括优化变量定义参数、所有优化设置和设计序列集合。

在优化结果序列中，完全满足状态变量规定约束条件的结果序列为可行的优化序列，可行的优化结果序列中包含一个最优设计序列。在优化结果序列中并不一定所有的结果序列完全满足状态变量规定的约束条件，这些不满足优化约束条件的优化序列称为不可行的优化结果序列。

采用ANSYS软件实现优化一般有批处理方式和GUI方式两种。批处理方式采用APDL语言实现,GUI方式针对一般用户。利用APDL的参数技术和ANSYS软件的命令创建参数化分析文件,用于优化循环。主要包含下面步骤:

(1) 建立模型进行有限元分析。

① 在前处理器中建立参数化的模型。

② 在求解器中求解。

③ 在后处理器中提取并指定状态变量和目标函数。

(2) 进入优化设计器OPT,执行优化分析过程。

① 指定分析文件。

② 声明优化变量,包括设计变量、状态变量和目标函数。

③ 选择优化工具或优化方法。

④ 进行优化分析。

⑤ 查看优化设计序列结果。

(3) 检验设计优化序列。

6.7.3 ANSYS软件优化的方法原理

ANSYS软件程序优化工具包括单步运行法(Single Run)、随机搜索法(Random Design)、乘子法(Fractorial)、最优梯度法(Gradient)、扫描法(DV Sweeps)、子问题法(Sub-Problem)、一阶优化(First Order)、用户优化算法(User Optimizer)。

(1) 单步运行法。该方法是设计优化模块默认的优化工具每执行一次循环,实现一次优化,并求出一个FEA解。可以通过一系列的单次循环,每次求解前设定不同的设计变量来研究目标函数与设计变量的变化关系。该方法往往为其他优化方法或工具提供一个初始优化序列,如扫描方法或子问题方法等。

(2) 随机搜索法。该方法进行多次循环,每次循环设计变量随机变化。用户可以指定最大循环次数和期望可行解的数目。本工具主要用来研究整个设计空间,并为以后的优化分析提供合理的初始解,如往往作为零阶方法的前期优化处理。另外,该方法也可以用来完成一些小的优化设计任务。例如,可以做一系列的随机搜索,然后通过查看结果来判断当前设计空间是否合理。

(3) 一阶优化。它使用因变量对设计变量的偏导数,在每次迭代中,计算梯度确定搜索方向,并用线搜索法对无约束问题进行最小化。因此,每次迭代都由一系列子迭代组成。采用该方法需要指定最大迭代次数(NITR)、线搜索步长范围(SIZE)以及设计变量变化程度的正偏差(DELTA)。

6.7.4 ANSYS软件优化方法的典型例题

借助有限元分析软件ANSYS进行优化分析和设计已经成为当前计算机辅助工程(CAE)领域中的一种重要手段。软件提供的优化算法以及用户编制的优化算法为工程设计人员完成产品的分析设计提供了强有力的工具。下面以正弦函数给定区间内容寻优以及有孔平板结构的优化介绍ANSYS软件优化方法的实现过程。

1. 求正弦函数给定区间的极小值

利用ANSYS软件的APDL语言求正弦函数在给定区间的极小点。首先利用操作系统的记事本创建一个分析文件sin.mac，其中包含下面一行语句：y＝sin(x)。然后，利用记事本创建APDL命令流文件Sin Opt.txt，包含的命令如下：

```
finish
/clear
/filnam, Sin Opt
x=4
/input,'sin','mac','',,0
/opt                          ！进入ANSYS软件优化处理器
opclr
opanl,'func','mac',''                ！指定分析文件名称
opvar,x,dv,4,5              ！x为设计变量，变化范围为[4, 5]
opvar,y,obj,0.1                  ！ y为目标函数，并给定初始值
！优化控制设置选项
opdata,,,                          ！指定优化数据的存储文件名
oploop,top,proc,all              ！控制读取分析文件的方式
opprnt,on                            ！指定是否存储计算的详细信息
opkeep,on                          ！存储数据库和结果
！第一次优化：单步优化
optype,run
opexe
！第二次优化：子问题方法
optype,subp
opsubp,50,10,
opeqn,2,0,2,0,0,
opexe
oplist,all,,0                            ！ 列出所有设计序列
！绘制优化过程中的x－y曲线
xvaropt,x
plvaropt,y
```

将上述两个文件放置在ANSYS软件的工作目录中，在ANSYS软件启动后，利用菜单File > Read Input from… 选择Sin Opt.txt文件，将执行优化过程。优化结束后将显示优化过程中的$x-y$曲线，如图6.65所示。最后获得目标函数极小点$x=4.7238$，$y=-0.99993$。

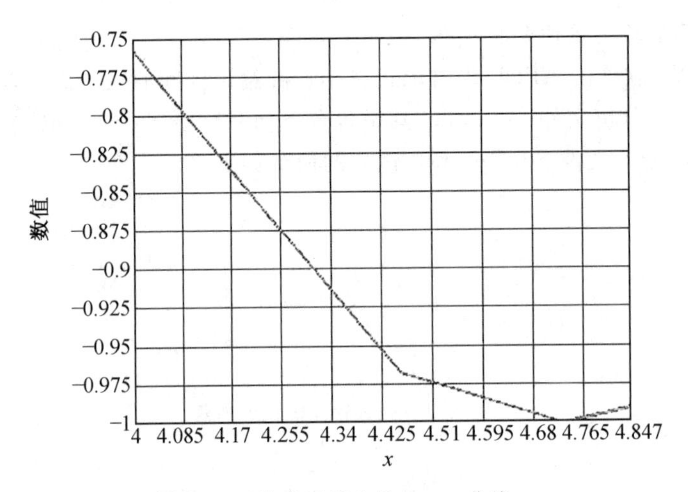

图 6.65 优化过程中的 $x-y$ 曲线

2. 有孔平板结构的优化过程

对于如图 6.66 所示的中间带有圆孔的正方形平板零件，圆孔处受到均匀的压力 70 MPa。本问题的目标是改变平板的三维尺寸以及孔的直径使得在满足最大的冯米塞斯应力不超过 125 MPa 的条件下，结构的体积最小。为了简化计算过程，取平板的 1/4 进行建模，如图 6.67 所示为模型的高度 H、宽度 W、内孔半径 R，板厚度为 T。表 6.9 为设计变量的变化范围。

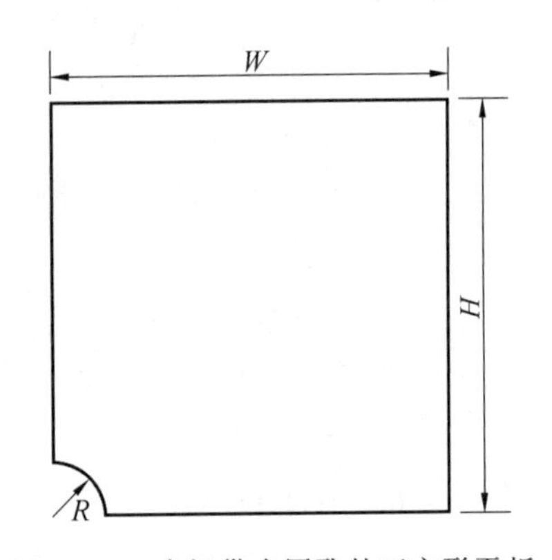

图 6.66 中间带有圆孔的正方形平板

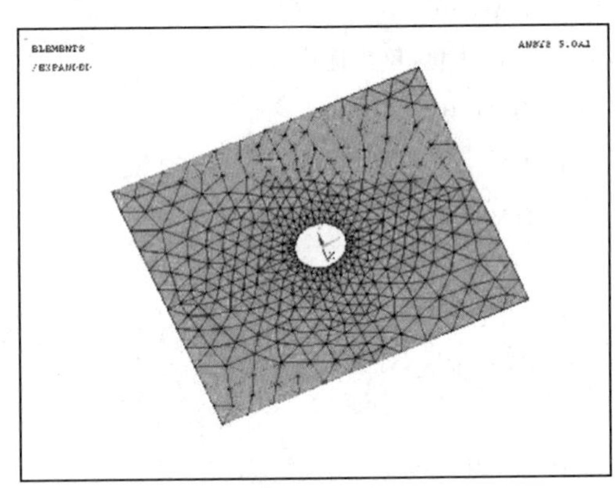

图 6.67 模型参数

表 6.9 设计变量的变化范围

参数	最小值	最大值
高度(H)	10 mm	15 mm
宽度(W)	10 mm	15 mm
厚度(T)	0.1 mm	0.3 mm
内孔半径(R)	2 mm	4 mm

根据上述建立采用 ANSYS 软件的优化步骤。首先，在前处理器中建立参数化的模型，

在求解器中求解获得初始参数条件下的应力和体积参数。然后，在后处理器中提取并指定状态变量和目标函数。进入优化设计器 OPT，指定分析文件。声明设计变量为高度 H、宽度 W、内孔半径 R、板厚度 T。指定目标函数为平板的体积。本例中选用了子问题法优化工具。最终获得了平板结构的最优参数。图 6.68 所示为在最优参数条件下平板的冯米塞斯应力云图。图 6.69 为优化过程中参数随着优化序列变化的曲线，通过该曲线能够观察各个设计变量分量的变化过程，也可以看出优化目标在迭代中是收敛的。

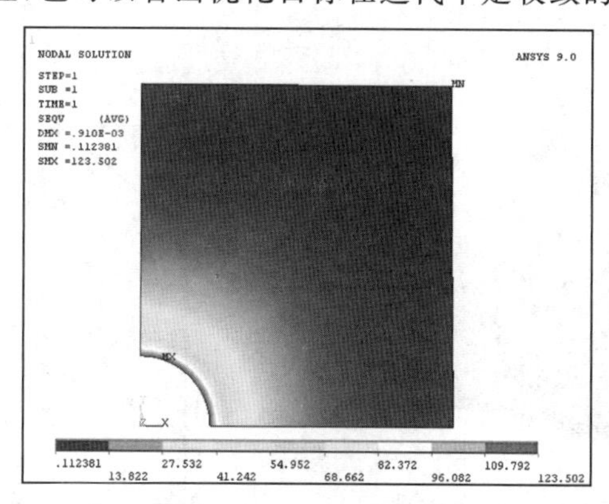

图 6.68　最优参数下的冯米塞斯应力云图

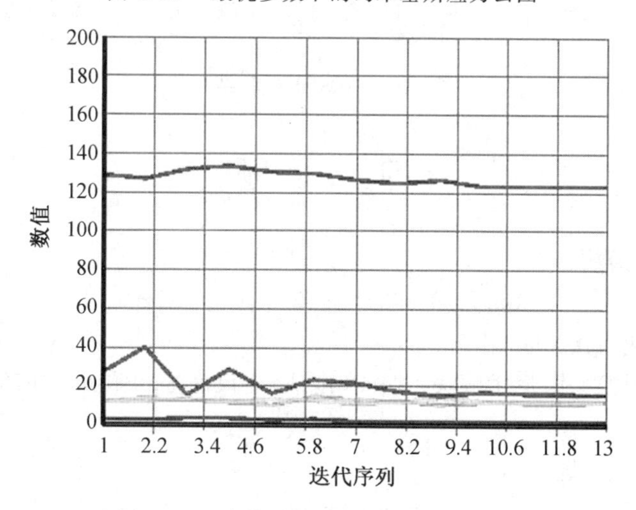

图 6.69　参数随着优化序列变化的曲线

6.7.5　基于 Matlab 软件的优化设计

Matlab 优化工具箱(Optimization Toolbox)中包含了一系列优化算法和模块，可以用于求解线性规划和二次规划，非线性规划、多目标优化以及复杂结构的大规模优化问题。常用的优化功能函数如下。

(1) 求解线性规划问题的函数：Linprog。

(2) 求解二次规划问题的函数：Quadprog。

(3) 求解无约束非线性规划问题的函数：Fminbnd、Fminunc、Fminsearch。

(4) 求解约束非线性规划问题的函数：Fmincon。

(5) 求解多目标优化问题的函数:Fgoalattain 和 Fminimax。

图 6.70 所示是采用 Matlab 优化工具箱求解二维优化设计问题的输出结果。优化问题的描述如下：

$$\begin{aligned}&\min f(\boldsymbol{x})=x_1^2+x_2^2-4x_1+4\\ \text{s. t.}\quad &g_1(\boldsymbol{x})=x_1-x_2+2\geqslant 0\\ &g_2(\boldsymbol{x})=-x_1^2+x_2-1\geqslant 0\\ &g_3(\boldsymbol{x})=x_1\geqslant 0\end{aligned}$$

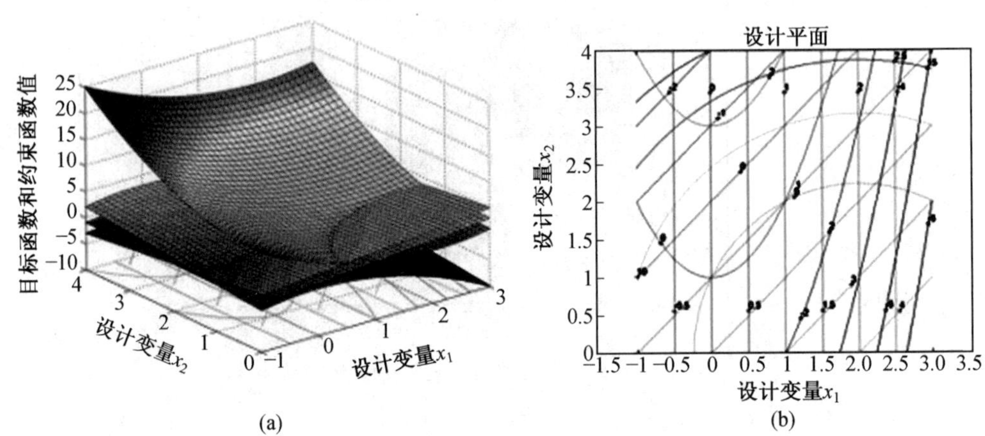

图 6.70 Matlab 优化结果

习 题

1. 用牛顿法求函数

$$f(x_1,x_2)=(x_1-2)^4+(x_1-2x_2)^2$$

的极小点坐标(迭代二次)。

2. 分析比较牛顿法、阻尼牛顿法、共轭梯度法、变尺度法和鲍威尔法的特点,并找出前四种方法的相互联系。

3. 已知约束优化问题

$$\begin{aligned}&\min f(\boldsymbol{x})=(x_1-2)^2+(x_2-1)^2\\ \text{s. t.}\quad &g_1(\boldsymbol{x})=-x_1^2-x_2\geqslant 0\\ &g_2(\boldsymbol{x})=-x_1-x_2+2\geqslant 0\end{aligned}$$

试从第 k 次的迭代点 $\boldsymbol{x}^{(k)}=[-1\quad 2]^{\mathrm{T}}$ 出发,沿由$[-1\quad 1]^{\mathrm{T}}$ 区间的随机数 0.562 和 −0.254 所确定的方向进行搜索,完成一次迭代,获取一个新的迭代点 $\boldsymbol{x}^{(k+1)}$。请作图画出目标函数的等值线、可行域和本次迭代的搜索路线。

4. 用内点惩罚函数法求下面问题的最优解：

$$\begin{aligned}&\min f(\boldsymbol{x})=x_1^2+x_2^2-2x+1\\ \text{s. t.}\quad &g(\boldsymbol{x})=3-x_2\leqslant 0\end{aligned}$$

5. 说明采用 ANSYS 软件进行优化的基本步骤。

第 7 章 动态设计方法

对一个实际的工程系统或机械设备，不仅要考虑它的静态特性，更重要的是要知道它的动态特性。系统或设备都是在多变的输入或干扰信号作用的动态条件下工作的，所以它们的响应经常是处于由一个过渡状态变化到另一个新的过渡状态的过程之中，平衡状态只是相对而言的。

为了便于分析，通常把系统或设备看成是一个其内部情况不明的黑箱。通过外部观察，根据其功能对黑箱和周围不同的信息联系进行分析，求出它们的动态特性参数，然后进一步寻求它们的机理和结构。这种方法可称为“外部求内法”，是黑箱法的一种。

对系统或设备的黑箱模型，可以用不同的方法求它的动态特性，如有限元分析方法、模型实验方法及系统动态设计方法中的传递函数法等。

用黑箱法进行分析，首先是建立对象的数学模型。所谓数学模型就是描述系统或设备变量之间关系的数学表达式。复域中的传递函数和频域中的频率特性以及时域中的微分特性都是常用的数学模型。本章将依据数学模型重点讨论动态设计方法中的传递函数分析方法、模态分析方法及模态综合方法。

7.1 传递函数分析方法

传递函数是动态分析设计法研究的中心内容。因为利用传递函数不必求解微分方程就可研究初始条件为零的系统在输入信号作用下的动态过程，同时还可研究系统参数变化或结构参数变化对动态过程的影响，因而使分析和研究过程大为简化。另一方面，还可以把对系统性能的要求转化为对系统传递函数的要求，把系统的各种特性用数学模型有机地结合在一起，易于实现综合设计。

7.1.1 传递函数的基本概念

系统微分方程的一般形式为

$$a_n \frac{\mathrm{d}^n y(t)}{\mathrm{d}t^n} + a_{n-1} \frac{\mathrm{d}^{n-1} y(t)}{\mathrm{d}t^{n-1}} + \cdots + a_1 \frac{\mathrm{d}y(t)}{\mathrm{d}t} + a_0 y(t) = b_m \frac{\mathrm{d}^m x(t)}{\mathrm{d}t^m} + b_{m-1} \frac{\mathrm{d}^{m-1} x(t)}{\mathrm{d}t^{m-1}} + \cdots + b_1 \frac{\mathrm{d}x(t)}{\mathrm{d}t} + b_0 x(t) \tag{7.1}$$

式中，$x(t)$、$y(t)$ 分别为输入量和输出量。

对式(7.1) 进行拉氏变换，根据微分定理，当初始条件为零时可得拉氏变换后的代数方程为

$$[a_n s^n + a_{n-1} s^{n-1} + \cdots + a_1 s + a_0] y(s) = [b_m s^m + b_{m-1} s^{m-1} + \cdots + b_1 s + b_0] x(s) \tag{7.2}$$

从式(7.2) 可得

$$W(s)=\frac{y(s)}{x(s)}=\frac{b_m s^m+b_{m-1}s^{m-1}+\cdots+b_1 s+b_0}{a_n s^n+a_{n-1}s^{n-1}+\cdots+a_1 s+a_0} \tag{7.3}$$

式中,$W(s)$ 是微分方程在初始条件为零时输出量的拉氏变换与输入量的拉氏变换之比,称为系统的传递函数;s 是复变数,称为拉氏算子。

利用式(7.3),我们得到三类处理问题的数学模式。

(1) 当系统或设备本身的特性参数和输入情况已知,求系统或设备的输出响应时,利用下式进行求解,即

$$y(s)=W(s)\cdot x(s) \tag{7.4}$$

(2) 当系统或设备本身的特性参数和输出响应已知,求系统或设备的输入情况时,利用下式进行求解,即

$$x(s)=\frac{y(s)}{W(s)} \tag{7.5}$$

(3) 当系统或设备的输入和输出已知,求系统或设备本身的特性参数时,就可直接利用式(7.3)进行求解。

根据系统的传递函数,通过一定的代数运算和拉氏反变换,求出系统时域的微分方程式并直接求解,便可得到系统的稳态响应和瞬态响应,从而知道系统的性能。

系统的传递函数 $W(s)$ 是复变量 s 的函数,经因式分解后常可写成

$$W(s)=K\frac{(s-z_1)(s-z_2)\cdots(s-z_m)}{(s-p_1)(s-p_2)\cdots(s-p_n)} \tag{7.6}$$

式中,$z_1,z_2,\cdots,z_m$ 是 $W(s)$ 的分子多项式方程等于零时的根,称为系统的零点;$p_1,p_2,\cdots,p_n$ 是 $W(s)$ 的分母多项式方程等于零时的根,称为系统的极点。

当系统的输入信号一定时,系统响应 $y(t)$ 的曲线形状由传递函数的零点和极点来决定。这样在分析系统或设备的动态特性时,不用解微分方程,只要通过系统的零点和极点就能知道系统或设备的性能。反之,如果知道系统或设备的性能,就能知道对系统零点和极点的要求。

传递函数是动态分析中的一个重要概念。但在利用传递函数分析系统时,必须注意它的适用范围和局限性。它只适用于线性系统且初始条件等于零的情况,即适用于求输出响应中只包含零初始条件这种情况的解。当初始条件不为零时,为求得系统总的特性,必须考虑非零初始条件对输出的影响。同时,系统的传递函数只反映了所研究的"黑箱"对输入和输出的影响,而未反映出"黑箱"内各变量之间的关系以及它们的变化情况。为了能对系统或设备的性能进行更深入的分析和研究,传递函数法必须和实验以及其他的动态分析方法相结合。

7.1.2 典型环节及其传递函数

利用传递函数研究系统和设备时,可以按照传递函数的构成形式对组成系统的元件进行分类。分类后的元件称为典型环节。系统或复杂设备的传递函数由一个或多个典型环节组成。对于线性系统,其典型环节有比例环节、惯性环节、微分环节、积分环节、振荡环节和延迟环节等。下面将分别说明这些典型环节的时域特性和复域特性。其中,时域特性包括微分方程,复域特性包括传递函数和零极点。

1. 比例环节

比例环节的输出量和输入量成比例关系。时域中用代数方程表示为

$$y(t)=kx(t)\quad(t\geqslant 0)$$

相应的传递函数为

$$W(s)=\frac{y(s)}{x(s)}=k$$

其中，k 是比例函数或传递函数。

分压器、无变形无间隙的齿轮传动和电流放大器都是比例环节的实例。比例环节又称为无惯性环节或放大环节。

2. 惯性环节

表示惯性环节输出量和输入量关系的微分方程为

$$T\frac{\mathrm{d}y(t)}{\mathrm{d}t}+y(t)=kx(t)\quad(t\geqslant 0)$$

相应的传递函数为

$$W(s)=\frac{y(s)}{x(s)}=\frac{k}{Ts+1}$$

其中，k 为比例系数；T 为时间系数。

惯性环节在 s 平面上有一个极点 $-\frac{1}{T}$。图7.1所示为惯性环节的两个实例。

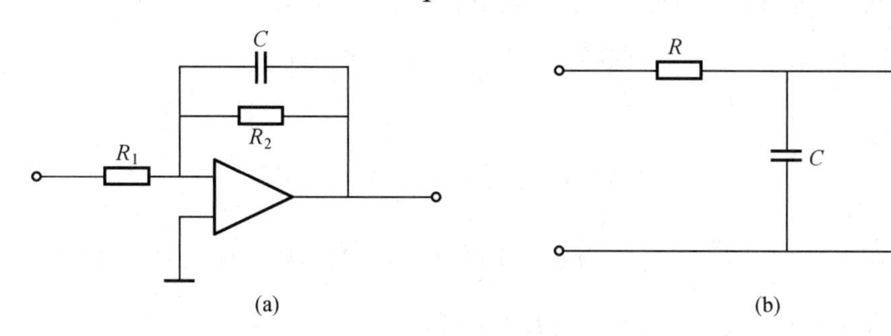

图7.1 惯性环节的两个实例

3. 微分环节

按传递函数的不同，微分环节有三种，即纯微分环节、一阶微分环节和二阶微分环节。它们的微分方程式分别为

$$y(t)=k\frac{\mathrm{d}x(t)}{\mathrm{d}t}\quad(t\geqslant 0)$$

$$y(t)=k\left[\tau\frac{\mathrm{d}x(t)}{\mathrm{d}t}+x(t)\right]\quad(t\geqslant 0)$$

$$y(t)=k\left[\tau^2\frac{\mathrm{d}^2x(t)}{\mathrm{d}t^2}+2\xi\tau\frac{\mathrm{d}x(t)}{\mathrm{d}t}+x(t)\right]\quad(t\geqslant 0,0<\xi<1)$$

式中，ξ 为系统阻尼比。相应的传递函数分别为

$$W(s)=ks$$

$$W(s)=k(\tau s+1)$$

$$W(s)=k(\tau^2s^2+2\xi\tau s+1)\qquad(0<\xi<1)$$

可以看出，这些微分环节的传递函数没有极点，只有零点。纯微分环节的零点为零，一阶微分环节和二阶微分环节的零点分别为实数和一对共轭复数。

对于实际系统和设备，由于惯性的存在，很难用前面讲述的理想的微分方程来描述，一般采用下式来代替一阶微分环节的微分方程：

$$W(s)=\frac{k(Ts+1)}{kTs+1} \tag{7.7}$$

式(7.7)的右端是微分环节的传递函数与惯性环节的传递函数的乘积，所以该表达式对应的环节称为具有惯性的微分环节。

4. 积分环节

在积分环节里，输入量和输出量呈积分的关系，它在时域中的关系式为

$$y(t)=k\cdot\int x(t)\mathrm{d}t \quad (t\geqslant 0)$$

相应的传递函数为

$$W(s)=\frac{y(s)}{x(s)}=\frac{k}{s}$$

它有一个极点，是零值极点，并且是 s 平面上的原点。电动机在不考虑惯性的情况下输出转角 θ 和电枢电压之间的关系可用积分环节来表示。

5. 振荡环节

振荡环节输出量和输入量的关系在时域中的微分方程式为

$$T\cdot\frac{\mathrm{d}^2y(t)}{\mathrm{d}t^2}+\tau\frac{\mathrm{d}y(t)}{\mathrm{d}t}+ky(t)=x(t)$$

相应的传递函数为

$$W(s)=\frac{1}{Ts^2+\tau\xi Ts+1}$$

式中，ξ 为系统阻尼比，$\xi=\dfrac{1}{2\sqrt{kT}}$。当 $\xi\geqslant 1$ 时，传递函数的两个极点为一对实数；当 $0<\xi<1$ 时，传递函数两个极点的值为一对共轭复数，即

$$p_{1,2}=-\frac{1}{T}(\xi\pm\sqrt{\xi^2-1}) \tag{7.8}$$

当机械系统具有质量、阻尼和刚度等元件时，其动态性能可用一个振荡环节的传递函数来描述。

6. 延时环节

延时环节又称为滞后环节，它的输出信号是输入信号经过一个延迟时间 τ 后，又完全地复现。该环节的输出量和输入量在时域中的方程式为

$$y(t)=x(t-\tau)$$

式中，τ 为延迟时间。

相应的传递函数为

$$W(s)=\frac{y(s)}{x(s)}=\mathrm{e}^{-\tau s}$$

在研究典型环节的传递函数时，应明确环节是根据数学模型来区分的。一个系统或设备可能包括一个或几个典型环节。系统或设备的传递函数就是在典型环节的基础上求得的。

7.1.3 传递函数结构图及其等效变换

若把系统或设备的传递函数写进方框里，则输入量、输出量的拉氏变换和传递函数的关系 $y(s)=W(s)\cdot x(s)$ 就可以在方框图中表现出来。这种方框图称为传递函数结构图。图 7.2 所示是电位器的传递函数结构图。这是一个比例环节，图中的 k_1 为比例环节的传递函数。

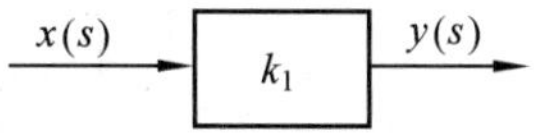

如果已经知道系统的组成和各组成部分的传递函数，就可以画出各部分的结构图。把它们连接在一起，则构成了整个系统的传递函数结构图。

$x(s)$ → k_1 → $y(s)$

图 7.2　电位器的传递函数结构图

传递函数结构图也是系统在复域中的数学模型。结构图的变换相当于在结构图上进行数学方程的运算。一个复杂的系统可以由典型环节的串联、并联或反馈等形式组成。因此，整个系统的传递函数则要依靠对结构图的等效变换来求出。在复域中，对一些变量在结构图中进行运算，比起在时域中进行运算更为简单。所以，结构图及其运算，即结构图的等效变换是分析系统或求出系统传递函数的有效工具。

结构图的变换必须遵循的规则是变换前后的数学关系保持不变。因此，结构图的变换是一种等效变换。

常用的变换方式可以归纳为两类，一类是环节的合并，另一类是信号分支点或相加点的移动。

1. 环节的合并

图 7.3 所示为一个单元结构图，$x(s)$、$y(s)$ 分别为输入量和输出量，$W(s)$ 为传递函数。单元结构图在系统中可以用串联、并联或反馈三种形式进行连接。下面分别说明它们的合并算法。

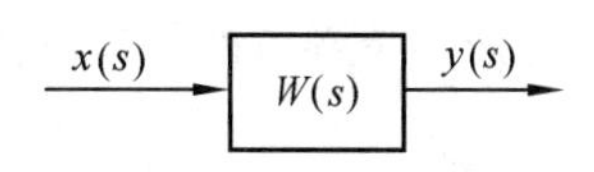

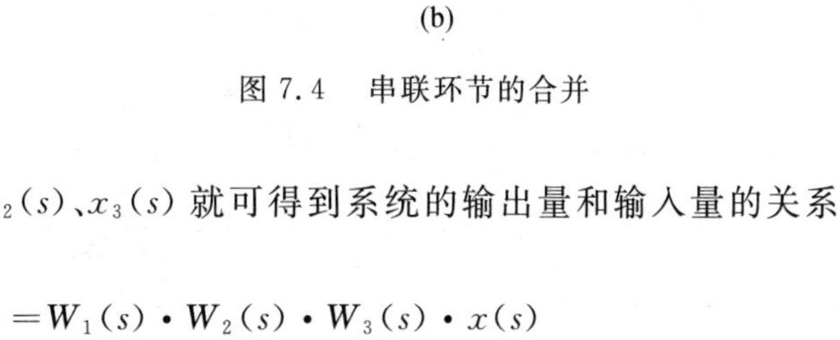

图 7.3　单元结构图

串联环节的合并如图 7.4 所示，其中第一个环节的输出量为第二个环节的输入量，第二个环节的输出量为第三个环节的输入量。各环节输入和输出的信号以及传递函数之间的关系为

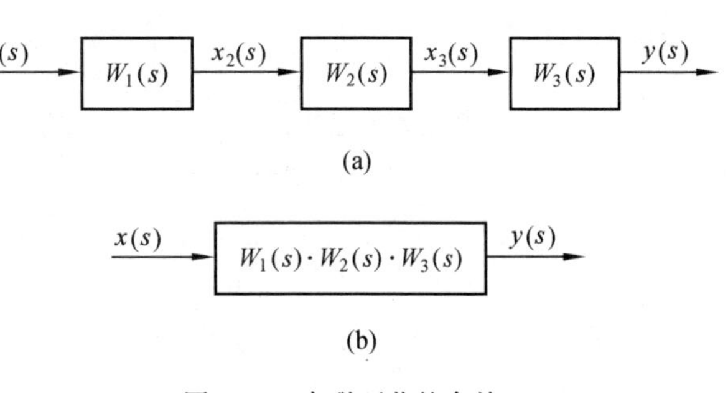

图 7.4　串联环节的合并

$$x_2(s)=W_1(s)\cdot x(s)$$
$$x_3(s)=W_2(s)\cdot x_2(s)$$
$$y(s)=W_3(s)\cdot x_3(s)$$

将上面三个方程合并，消去中间变量 $x_2(s)$、$x_3(s)$ 就可得到系统的输出量和输入量的关系为

$$y(s)=W(s)\cdot x(s)=W_1(s)\cdot W_2(s)\cdot W_3(s)\cdot x(s)$$

相应的传递函数为

$$W(s)=W_1(s)\cdot W_2(s)\cdot W_3(s)$$

并联环节如图 7.5(a) 所示。其中三个环节的输入信号是一样的，都是 $x(s)$，输出量各

为 $y_1(s)$、$y_2(s)$、$y_3(s)$，总输出为三者相加。各环节间具有如下的关系：

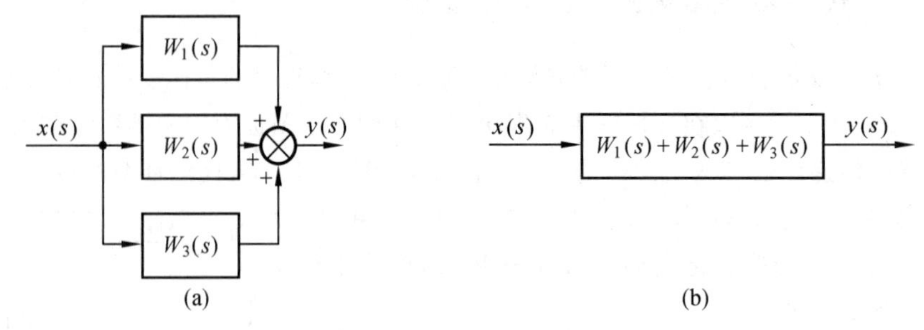

图 7.5　并联环节的合并

$$y_1(s)=W_1(s)\cdot x(s)$$

$$y_2(s)=W_2(s)\cdot x(s)$$

$$y_3(s)=W_3(s)\cdot x(s)$$

合并后可得

$$y(s)=y_1(s)+y_2(s)+y_3(s)=[W_1(s)+W_2(s)+W_3(s)]x(s)$$

因此，传递函数 $W(s)$ 为

$$W(s)=W_1(s)+W_2(s)+W_3(s)$$

相应的变换后的结构图如图 7.5(b) 所示。

当把上述串联、并联环节的等效变换推广到多个环节上时，则有串联环节的等效传递函数等于各个环节的传递函数之乘积；并联环节的等效传递函数等于各个环节的传递函数之和。

单位反馈环节的连接如图 7.6(a) 所示。某一环节的输出信号直接回输到输入端，并和原来的输入信号相比较，所得差值作为新输入信号加到该环节的输入端。图中原来的输入信号为 $x(s)$，输出信号为 $y(s)$，反馈以后该环节的输入信号为 $x_1(s)$。输出、输入及反馈信号之间的数学关系为

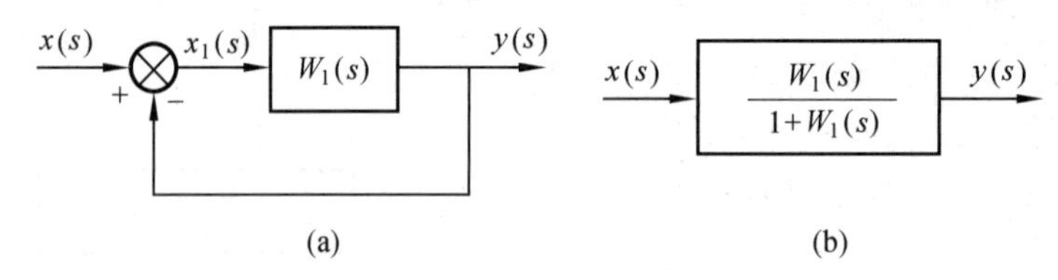

图 7.6　单位反馈环节的变换

$$y(s)=W_1(s)x_1(s),\quad x_1(s)=x(s)-y(s)$$

消去中间变量 $x_1(s)$，可得加入单位反馈后输出 $y(s)$ 和输入 $x(s)$ 的关系式为

$$y(s)=\frac{W_1(s)}{1+W_1(s)}x(s)$$

等效的传递函数为

$$W(s)=\frac{W_1(s)}{1+W_1(s)}$$

等效变换后的结构图如图 7.6(b) 所示。

如果反馈回路中具有传递函数为 $H(s)$ 的环节(称为反馈环节)，则等效传递函数为

$$W(s)=\frac{W_1(s)}{1+W_1(s)H(s)}$$

2.信号分支点或相加点的移动

上述三种连接环节的等效变换方式均能简化结构图。但在一般系统的结构图中，这三种环节有时交叉在一起而无法直接利用上述等效变换方式。因此，需要移动分支点和相加点，以消除各连接环节之间的交叉。

信号分支点的移动有两种情况。一种是从环节的输入端移到输出端(信号分支点的后移)，如图7.7所示；另一种则是从环节的输出端移到输入端(信号分支点的前移)，如图7.8所示。结构图的等效变换是根据输出信号在分支点移动之后仍能保持等效关系的原则进行的。

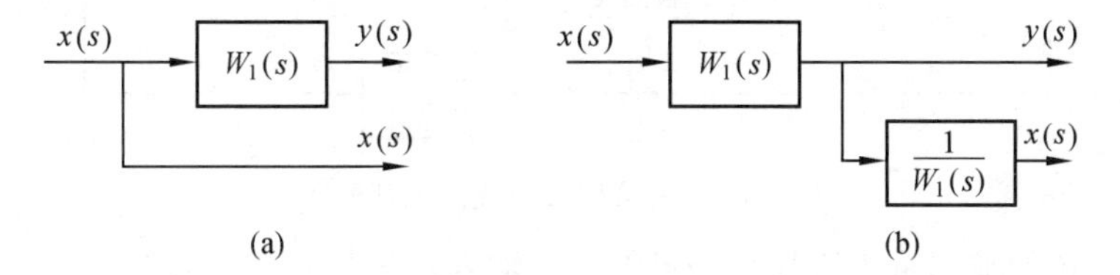

图7.7　信号分支点的后移

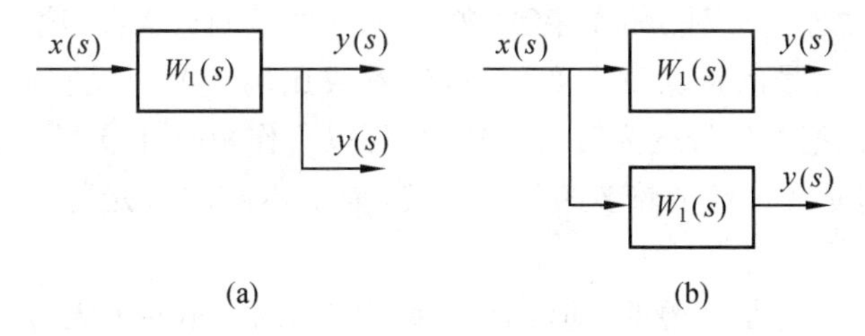

图7.8　信号分支点的前移

信号相加点的移动也有两种情况，一种是相加点从环节的输入端移到输出端(信号相加点后移)，如图7.9所示；另一种是相加点从环节的输出端移到输入端(信号相加点前移)，如图7.10所示。结构图的等效变换是根据输出信号在相加点前移或后移后仍能保持等效关系的原则进行的。

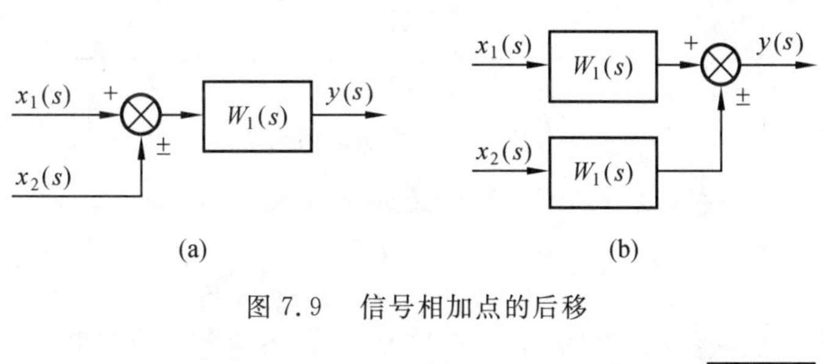

图7.9　信号相加点的后移

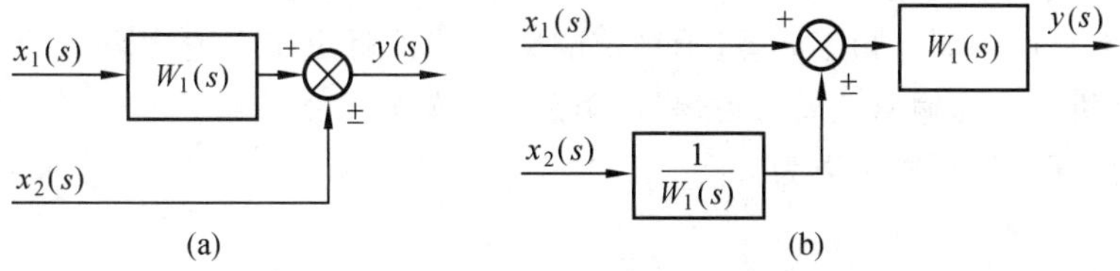

图7.10　信号相加点的前移

结构图及其等效变换的应用是多方面的。下面通过一个例子说明它在求取系统的传递函数和分析系统方面的应用情况。

3. 示例

例 7.1 图 7.11 所示为一个数控机床的进给伺服系统的原理简图,用直流伺服电机驱动,试讨论该系统的传递函数。

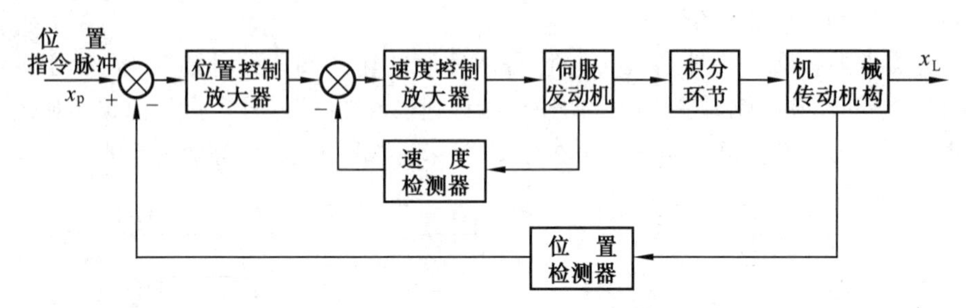

图 7.11　进给伺服系统的原理简图

解　该系统的输出量为工作台的进给 x_L,输入量为位置指令脉冲 x_p。系统由位置控制放大器、速度控制放大器、伺服发动机、丝杠螺母机构和机械传动机构组成。速度检测器和位置检测器起校正作用。对于位置控制放大器、速度控制放大器、速度检测器和位置检测器,由于它们只是使信号的强弱发生变化,可以看成比例环节。设它们的比例系数分别为 k_1、k_a、k_f、k_p。电动机把电信号变为转动的转角,可以看作积分环节。

从总体来讲,这是一个环节较多的复杂系统,为了不同的研究目的,可以在一定条件下进行简化。

(1) 当系统各环节都是理想的,即没有惯性,没有阻尼,刚性为无穷大时,可简化为一阶系统。它适合于进行理论分析和从本质上研究系统的特性,其结构图如图 7.12 所示。图中 k_m 为伺服发动机输出速度和电枢电压关系的比例系数,k_2 为机械传动环节的比例系数。

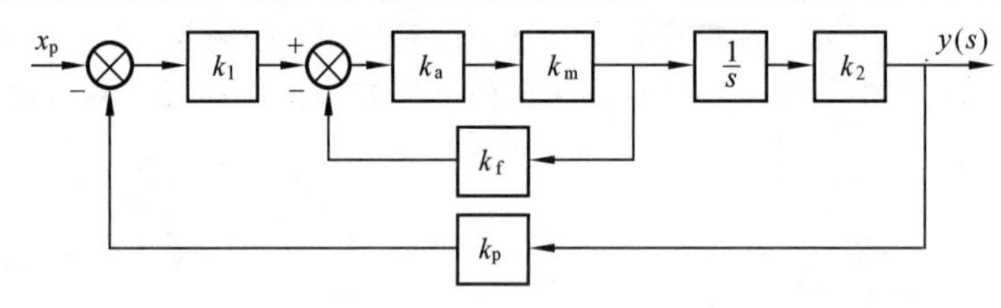

图 7.12　一阶系统的结构图

由结构图的等效变换可以得到该系统的传递函数为

$$W(s)=\frac{k_1k_ak_mk_2}{(1+k_ak_mk_f)s+k_1k_ak_mk_2k_p} \tag{7.9}$$

(2) 当该系统的机械传动装置的刚度非常大,或者惯性非常小,即机械传动装置的固有频率远大于发动机的固有频率时,进给系统的频率特性就决定于速度环节的频率特性。这时,伺服发动机速度的输出就要考虑惯量、阻尼以及转矩等的影响。

速度输出环节的传递函数为

$$W_m(s)=\frac{k_1}{R_mJ_rs+(R_mf_r+k_tk_m)}$$

式中,J_r 和 f_r 分别为折算到发动机轴上的总惯量和阻尼系数;k_t 是电机的转矩系数;R_m 是伺服放大器和电枢回路的阻抗。

在这种情况下，该系统被简化成如图7.13所示的二阶系统的结构图，它适用于大惯量直流伺服电机驱动的中、小型数控机床伺服系统。

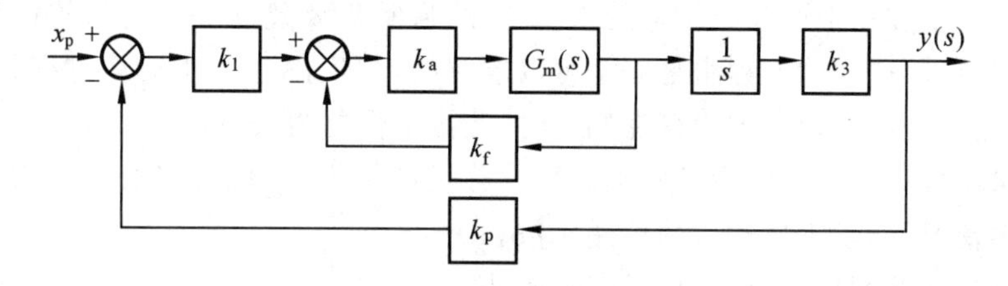

图7.13　二阶系统的结构图

由结构图的等效变换可以得到该系统的传递函数为

$$W(s)=\frac{W_n^2}{(s^2+2\xi W_n s+w_n^2)k_p} \tag{7.10}$$

其中

$$W_n=\sqrt{\frac{k_1 k_a k_t k_z k_p}{R_m J_r}}$$

$$\xi=\frac{R_m J_r+k_t k_m+k_a k_t k_f}{2\sqrt{k_1 k_a k_t k_z k_p k_m J_r}}$$

(3) 当机械传动装置的固有频率远低于发动机的固有频率时，机械传动装置的时间特性是主要的。因此，就必须考虑传动装置的刚度、黏性阻尼系数和转动惯量等。此时，转角输出机构的传递函数为

$$W(s)=\frac{k_1 k_2}{J_L s^2+f_L s+k_L}$$

式中，k_L、f_L 和 J_L 分别为机械传动装置的刚度、黏性阻尼系数和转动惯量。

在这种情况下，该系统被简化成如图7.14所示的三阶系统的结构图，它适用于小惯量直流伺服电机驱动的中、小型数控机床和大惯量直流伺服电机或液压发动机驱动的大型数控机床的进给伺服系统。

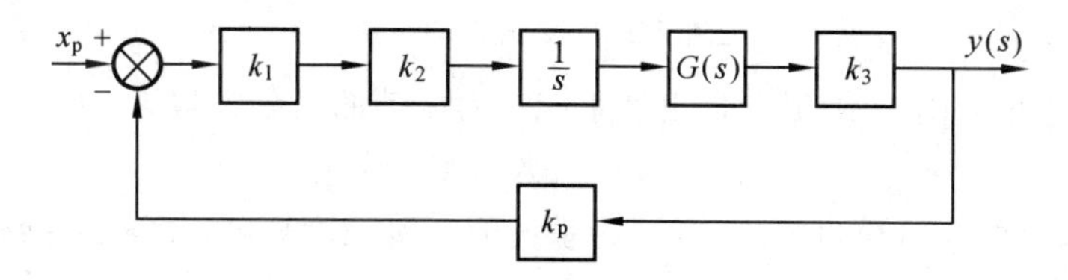

图7.14　三阶系统的结构图

由结构图的等效变换可以得到该系统的传递函数为

$$W(s)=\frac{k_s\omega_n^2}{s(s^2+2\xi\omega_n s+\omega_n^2)} \tag{7.11}$$

式中，ω_n 是机械传动装置的固有频率，$\omega_n=\sqrt{\frac{k_L}{J_L}}$；$\xi$ 是机械传动装置的阻尼比，$\xi=\frac{f_L}{2\sqrt{k_L J_L}}$；$k_s$ 是系统的开环增益，$k_s=k_1 k_2 k_3 k_p$。

7.2 模态分析方法

为了求解大型多自由度复杂结构的动态特性，通常需要建立一个复杂的运动微分方程组。从数学观点讲，这样的方程组是完全可以求解的，但实际上由于运算过程相当烦冗，因而难于应用，尤其是当方程组内部存在耦合时，运算工作更为繁重。

应用传递函数进行系统或设备的动态特性分析虽然方便，但首先需要有相应的传递函数。而在许多情况下，求不出相应的传递函数。

为了解决这样的问题，可以采用模态分析法。

将一个多自由度振动系统的固有特性，用一系列所谓模态参量来表达，这些参量的关系就形成了系统的传递函数。一个具有 n 个自由度的振动系统，将有一个 n 阶的传递函数矩阵。用实验和其他数据处理(如有限元法)手段找出该系统特有的模态参量或传递函数，并用以对系统的动态性能进行分析、预测、评价和优化，这种处理问题的方法就称为模态分析法。下面仅就机械结构的模态分析方法做简单介绍。

7.2.1 模态坐标与模态参数

设有一个无阻尼三自由度系统如图 7.15 所示。选取质量的平衡位置为位移的计算零点。根据质点偏离平衡位置的幅度和方向来计算位移，可得该系统自由振动的微分方程式为

$$\begin{bmatrix} m_1 & 0 & 0 \\ 0 & m_2 & 0 \\ 0 & 0 & m_3 \end{bmatrix} \begin{Bmatrix} \ddot{x}_1 \\ \ddot{x}_2 \\ \ddot{x}_3 \end{Bmatrix} + \begin{bmatrix} k_1+k_2 & -k_2 & 0 \\ -k_2 & k_2+k_3 & -k_3 \\ 0 & -k_3 & k_3 \end{bmatrix} \begin{Bmatrix} x_1 \\ x_2 \\ x_3 \end{Bmatrix} = \begin{Bmatrix} 0 \\ 0 \\ 0 \end{Bmatrix}$$

式中，x_1、x_2、x_3 为各质点位移的物理坐标；$[x_1 \quad x_2 \quad x_3]^{\mathrm{T}}$ 为物理坐标向量。

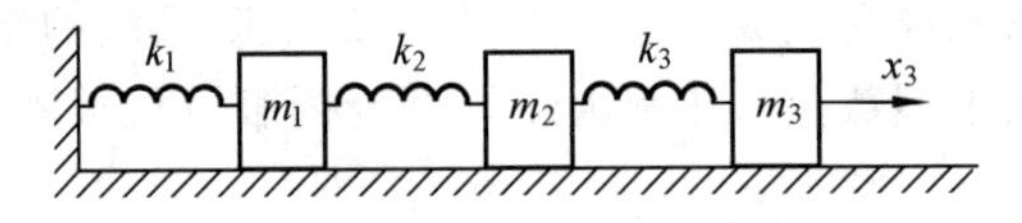

图 7.15 系统振动简图

在一般情况下，一个无阻尼 n 自由度系统自由振动的微分方程为

$$[M]\{\ddot{X}\} + [K]\{X\} = \{0\} \tag{7.12}$$

式中，$[M]$ 为系统的 n 阶质量矩阵；$[K]$ 为系统的 n 阶刚度矩阵；$\{X\}$ 为系统的物理坐标列阵。

为解式(7.12)，可令

$$\{X\} = \{\Phi\}\mathrm{e}^{\mathrm{j}\omega t} \tag{7.13}$$

代入式(7.12)后，得

$$(-\omega^2[M] + [K])\{\Phi\} = \{0\} \tag{7.13a}$$

上式有解的条件为

$$\det(-\omega^2[M] + [K]) = 0 \tag{7.14}$$

式(7.14)称为系统的特征方程。由特征方程可以解得一组特征值 $\omega_1^2, \omega_2^2, \cdots, \omega_n^2$。$\omega_1$，$\omega_2, \cdots, \omega_n$ 称为系统的固有频率。对应于这些固有频率，可得系统的固有振型 $\{\Phi_1\}$，

$\{\Phi_2\},\cdots,\{\Phi_n\}$。将 r 阶固有频率 ω_r 和 r 阶固有振型 $\{\Phi_r\}$ 代入式(7.13a),得

$$-\omega_r^2[M]\{\Phi_r\}+[K]\{\Phi_r\}=\{0\} \tag{7.15}$$

用 $\{\Phi_s\}^{\mathrm{T}}$ 左乘上式,则得

$$-\omega_r^2\{\Phi_s\}^{\mathrm{T}}[M]\{\Phi_r\}+\{\Phi_s\}^{\mathrm{T}}[K]\{\Phi_r\}=\{0\} \tag{7.15a}$$

同样,对于 s 阶固有频率和固有振型,有

$$-\omega_s^2\{\Phi_r\}^{\mathrm{T}}[M]\{\Phi_s\}+\{\Phi_r\}^{\mathrm{T}}[K]\{\Phi_s\}=\{0\} \tag{7.15b}$$

由于刚度矩阵和质量矩阵的对称性,有

$$[M]^{\mathrm{T}}=[M],\quad [K]^{\mathrm{T}}=[K]$$

因此有

$$\{\Phi_r\}^{\mathrm{T}}[M]\{\Phi_s\}=\{\Phi_s\}^{\mathrm{T}}[M]\{\Phi_r\}$$
$$\{\Phi_r\}^{\mathrm{T}}[K]\{\Phi_s\}=\{\Phi_s\}^{\mathrm{T}}[K]\{\Phi_r\}$$

由此,式(7.15b)可写成

$$-\omega_s^2\{\Phi_s\}^{\mathrm{T}}[M]\{\Phi_r\}+\{\Phi_s\}^{\mathrm{T}}[K]\{\Phi_r\}=\{0\} \tag{7.15c}$$

由式(7.15c)减去式(7.15a)可得

$$(\omega_r^2-\omega_s^2)\{\Phi_s\}^{\mathrm{T}}[M]\{\Phi_r\}=\{0\} \tag{7.16}$$

当 $r\neq s$ 时,一般 $\omega_r^2\neq\omega_s^2$,因而应有

$$\{\Phi_s\}^{\mathrm{T}}[M]\{\Phi_r\}=0\quad (r\neq s) \tag{7.16a}$$

将式(7.16a)代入式(7.15c)可得

$$\{\Phi_s\}^{\mathrm{T}}[K]\{\Phi_r\}=0\quad (r\neq s) \tag{7.16b}$$

式(7.16a)和式(7.16b)分别称为不同阶固有振型之间对于质量矩阵和刚度矩阵的正交性。

当 $r=s$ 时,由式(7.15a)可得

$$-\omega_r^2\{\Phi_r\}^{\mathrm{T}}[M]\{\Phi_r\}+\{\Phi_r\}^{\mathrm{T}}[K]\{\Phi_r\}=\{0\}$$

令

$$\{\Phi_r\}^{\mathrm{T}}[M]\{\Phi_r\}=m_r$$
$$\{\Phi_r\}^{\mathrm{T}}[K]\{\Phi_r\}=k_r$$

式中,m_r、k_r 分别为无阻尼自由振动时该系统的 r 阶模态质量和模态刚度;固有振型 $\{\Phi_r\}$ 和固有频率 ω_r 称为系统无阻尼自由振动时的 r 阶模态振型和模态频率。

分别令 $r=1,2,\cdots,n$ 进行上面的计算,于是,对于 n 自由度系统,得到无阻尼自由振动的 n 阶模态参量矩阵、模态质量矩阵 $[m]$、模态刚度矩阵 $[k]$、模态振型矩阵 $[\Phi]$ 以及模态频率矩阵 $[\omega]$。

现在我们进一步研究在外力 $\{F(t)\}$ 作用下的响应问题。此时系统振动的微分方程为

$$[M]\{\ddot{X}\}+[K]\{X\}=\{F(t)\} \tag{7.17}$$

由上面的分析可知,模态振型对 $[M]$ 和 $[K]$ 都具有正交性,因此若将模态振型组成的矩阵作为线性变换矩阵,对系统的原方程进行坐标变换,便可以使质量矩阵和刚度矩阵同时对角化。因此,为解式(7.17),可令

$$\{F(t)\}=\{F\}\mathrm{e}^{\mathrm{j}\omega t}$$
$$\{X\}=\{X\}\mathrm{e}^{\mathrm{j}\omega t} \tag{7.18}$$

将 $\{X\}$ 做如下分解

$$\{X\}=q_1\{\Phi_1\}+q_2\{\Phi_2\}+\cdots+q_n\{\Phi_n\}=\sum_{r=1}^{n}\{\Phi_r\}=[\Phi]\{q\} \tag{7.19}$$

式中，q_r 为模态坐标；$\{\Phi\}$ 为模态振型列阵，或称为模态振型向量。

式(7.19)是在进行模态坐标变换，把原来属于物理坐标系统中的坐标向量$\{X\}$转换到以$\{\Phi_1\}$，$\{\Phi_2\}$，…，$\{\Phi_n\}$为基向量的新坐标系统中去，获得的物理坐标系统与模态坐标的关系表达式。其中，$\{q\}$称为模态坐标向量。

将式(7.18)和式(7.19)代入式(7.17)，得

$$([K]-\omega^2[M])[\Phi]\{q\}=\{F\} \tag{7.20}$$

用$[\Phi_r]^{\mathrm{T}}$左乘式(7.20)的两端，根据模态振型对质量矩阵和刚度矩阵的正交性，则有

$$(k_r-\omega^2 m_r)\{q_r\}=\{\Phi_r\}^{\mathrm{T}}\{F\} \tag{7.21}$$

在数学模型上存在耦合现象，会导致解题的困难。通过以上处理，矩阵$[K]$和$[M]$都变为无耦合的对称形矩阵。因此，式(7.20)成为变量之间相互独立的解耦方程组，其中每一个方程式只有一个变量，如式(7.21)中就只有一个变量q_r，因而可以对它们分别求解。这一过程称为解耦过程。

从式(7.21)可以求得模态坐标为

$$q_r=\frac{\{\Phi_r\}^{\mathrm{T}}\{F\}}{k_r-\omega^2 m_r}\quad (r=1,2,\cdots,n) \tag{7.21a}$$

上述的n组m_r、k_r、ω_r、q_r、$\{\Phi_r\}$等称为模态参数或模态参量。

在求得模态坐标q_r以后，由式(7.19)可以求出系统在物理坐标下的响应。将式(7.21a)代入式(7.19)，则得

$$\{X\}=\sum_{r=1}^{n}\frac{\{\Phi_r\}^{\mathrm{T}}\{F\}\{\Phi_r\}}{k_r-\omega^2 m_r} \tag{7.21b}$$

上述分析无阻尼系统的方法，不难推广到具有比例黏性阻尼的情况。这时系统的运动方程为

$$[M]\{\ddot{X}\}+[C]\{\dot{X}\}+[K]\{X\}=\{F(t)\} \tag{7.22}$$

式中，$[C]=\alpha[M]+\beta[K]$，α和β为比例系数。

对式(7.22)进行坐标变换，并利用模态之间的正交性，可得

$$\{\Phi_s\}^{\mathrm{T}}[C]\{\Phi_r\}=0\quad (r\neq s)$$

$$\{\Phi_r\}^{\mathrm{T}}[C]\{\Phi_r\}=c_r\quad (r=s)$$

最后可以推得比例阻尼情况下的r阶模态坐标为

$$q_r=\frac{\{\Phi_r\}^{\mathrm{T}}\{F\}}{k_r-\omega^2 m_r+\mathrm{j}\omega c_r}\quad (r=1,2,\cdots,n) \tag{7.22a}$$

式中，c_r为r阶模态阻尼。

将式(7.22a)代入式(7.19)，就可求得比例阻尼系统的位移为

$$\{X\}=\sum_{r=1}^{n}\frac{\{\Phi_r\}^{\mathrm{T}}\{F\}\{\Phi_r\}}{k_r-\omega^2 m_r+\mathrm{j}\omega c_r} \tag{7.22b}$$

以上得出的模态振型$\{\Phi_r\}=[\Phi_{1r}\quad \Phi_{2r}\quad \cdots\quad \Phi_{nr}]^{\mathrm{T}}$是一组实数的幅值比，称之为实模态振型。与实模态振型相联系的所有模态参量，都称为实模态参量。在实模态下，对于比例阻尼的情况，阻尼矩阵可以用实模态振型矩阵进行坐标转换的运算，使其对角化；而对于非比例阻尼的情况，采用无阻尼的固有振型模态矩阵进行坐标转换却不能使阻尼矩阵对角

化。这时，需要采用复模态振型向量作为基向量来进行坐标转换，才能使系统方程解除耦合。

7.2.2 频域传递函数

前面，我们得到了实模态情况下的位移$\{X\}$，即

$$\{X\}=\sum_{r=1}^{n} q_r\{\Phi_r\}$$

令

$$F^{(r)}=\{\Phi_r\}^{\mathrm{T}}\{F\},\quad Y^{(r)}=\frac{q_r}{F^{(r)}}=\frac{1}{k_r-\omega^2 m_r+\mathrm{j}\omega c_r} \tag{7.23}$$

$F^{(r)}$是$\{F\}$在$\{\Phi_r\}$上所做的功，可看作是广义力，或称为r阶模态力；$Y^{(r)}$可称为模态导纳。于是位移$\{X\}$可表示为

$$\{X\}=\sum_{r=1}^{n} Y^{(r)}F^{(r)}\{\Phi_r\}=\sum_{r=1}^{n} Y^{(r)}F^{(r)}[\Phi_{1r}\quad \Phi_{2r}\quad \cdots\quad \Phi_{nr}]^{\mathrm{T}} \tag{7.24}$$

$\{X\}$中的任一元素x_i为

$$x_i=\sum_{r=1}^{n} Y^{(r)}F^{(r)}\Phi_{ir}=\sum_{r=1}^{n} Y^{(r)}\Phi_{ir}\sum_{j=1}^{n}\Phi_{jr}F_j=\sum_{j=1}^{n}\Big(\sum_{r=1}^{n}Y^{(r)}\Phi_{ir}\Phi_{jr}\Big)F_j$$

令

$$W_{ij}=\sum_{r=1}^{n} Y^{(r)}\Phi_{ir}\Phi_{jr}$$

则

$$x_i=\sum_{j=1}^{n} W_{ij}F_j=[W_{i1}\quad W_{i2}\quad \cdots\quad W_{in}][F_1\quad F_2\quad \cdots\quad F_n]^{\mathrm{T}}$$

在上式中，若只有$F_j\neq 0$，其余各力皆为零，则

$$x_i=W_{ij}\cdot F_j$$

$$W_{ij}=\frac{x_i}{F_j}=\sum_{r=1}^{n}\frac{\Phi_{ir}\Phi_{jr}}{k_r-\omega^2 m_r+\mathrm{j}\omega c_r} \tag{7.25}$$

W_{ij}的物理意义是：在j点作用有力时，在i点产生的位移。这样W_{ij}应称为动柔度，实际上它就是该系统中ij环节的传递函数。当然，在实际测量中，F_j和x_i都是频率ω的函数，W_{ij}也是ω的函数。因此，按照数学概念，这样的W_{ij}应称为频响函数或频域传递函数。

利用W_{ij}，式(7.24)可以写成

$$\{X\}=\begin{bmatrix} W_{11} & W_{12} & \cdots & W_{1n}\\ W_{21} & W_{22} & \cdots & W_{2n}\\ \vdots & \vdots & & \vdots\\ W_{n1} & W_{n2} & \cdots & W_{nn}\end{bmatrix}[F_1\quad F_2\quad \cdots\quad F_n]^{\mathrm{T}}=[W]\{F\} \tag{7.26}$$

式中，$[W]$称为传递函数矩阵，它是对称矩阵，$W_{ij}=W_{ji}$。

式(7.25)也可写成

$$W_{ij}=\sum_{r=1}^{n}\frac{\Phi_{ir}\Phi_{jr}/m_r}{-\omega^2+\omega_r^2+\mathrm{j}2\xi_r\omega\omega_r}=\sum_{r=1}^{n}\frac{\Phi_{ir}\Phi_{jr}}{k_r}\left[\frac{1}{1-(\omega/\omega_r)^2+\mathrm{j}2\xi_r(\omega/\omega_r)}\right] \tag{7.27}$$

式中，$\omega_r=\sqrt{\dfrac{k_r}{m_r}}$；$\xi_r=\dfrac{c_r}{2\sqrt{k_r m_r}}=\dfrac{c_r}{2\omega_r m_r}$。$\omega_r$和$\xi_r$分别是第$r$阶主模态$\{\Phi_r\}$中的第$i$个元素，

即结构以第 r 阶固有频率 ω_r 振动时第 i 个点的振幅。这样，就用 ω_r、ξ_r、m_r、k_r、Φ_{ir} 等五个模态参数表述了结构的动态响应(传递函数)或动力学模型。

由式(7.26)和式(7.27)可知，如若只需求取固有频率和模态阻尼比，则只要有一个传递函数就足够了。而若要求取模态振型，则应求出传递函数矩阵中的某一行或某一列。

前面已经提到，模态振型是一组幅值比，是反映各点之间幅值相对大小的一种表达方式。为了测量运算的方便，通常取一个基准值，定为 1，并由此来确定各点幅值的相对数值。这个过程称为振型规格化。通常任选以下三种中的一种作为基准值。

(1) 取传递函数矩阵[W]中的对角线成分或取受激振力处的位移作为振型的基准值。

(2) 取 m_r 为振型的衡量标准，此时传递函数的形式变为

$$W_{ij}=\sum_{r=1}^{n}\frac{\Phi_{ir}\Phi_{jr}}{-\omega^2+\omega_r^2+\mathrm{j}2\xi_r\omega\omega_r}$$

在这种情况下，$\{\Phi_r\}$ 是一组有量纲的确定值。

(3) 取 $\sqrt{\Phi_{1r}^2+\Phi_{2r}^2+\cdots+\Phi_{nr}^2}=1$，该式的意义即为取 $\{\Phi_r\}$ 为单位向量；$\{\Phi_r\}^{\mathrm{T}}\{\Phi_r\}=1$。

基准值一经选定，各模态参数便成为确定的量了。对(1)和(3)两种情况，模态振型是无量纲的，但模态刚度和模态质量都保持原有的量纲。传递函数不但有量纲，而且它的幅值与相位都不随上述基准值的变动而变动。

以上的讨论也适用于复模态的情况。当系统中存在结构阻尼时，相应的传递函数为

$$W_{ij}=\sum_{r=1}^{n}\frac{\Phi_{ir}\Phi_{jr}}{k_r(1+\mathrm{j}g_r)-\omega^2m_r}=\sum_{r=1}^{n}\frac{\Phi_{ir}\Phi_{jr}/k_r}{1-(\omega/\omega_r)^2+\mathrm{j}g_r} \tag{7.28}$$

此时可取 g_r 为基准值，即定 $g_r=1$。此外，在实模态下(1)和(3)两种基准值的选取办法对复模态情况下仍然适用。

7.2.3 模态参数识别方法

对一个多自由度系统，如果通过动态测量得到准确的传递函数曲线，则根据此曲线能够识别系统的各阶模态参数。但是，由于实验的测量误差以及离散数据处理造成的误差，所得到的传递函数的曲线也包含了一定的偏差。在靠近曲线的峰值处和极值处，这种偏差可能更为严重，并对所识别的参数的准确性有直接的影响。因此，参数识别的最大问题在于如何找到最佳的或最接近真实的传递函数曲线。

对式(7.27)，令 $\frac{1}{k_e}\frac{\Phi_{ir}\Phi_{jr}}{k_r}$，$\bar{\omega}=\frac{\omega}{\omega_r}$，并用 $1-(\omega/\omega_r)^2-\mathrm{j}2\xi_r(\omega/\omega_r)$ 乘等式右边的分子和分母，则该式变为

$$W_{ij}=\sum_{r=1}^{n}\frac{1}{k_e}\left[\frac{1-\bar{\omega}_r^2}{(1-\bar{\omega}_r^2)^2+(2\xi_r\bar{\omega}_r)^2}-\mathrm{j}\frac{2\xi_r\bar{\omega}_r}{(1-\bar{\omega}_r^2)^2+(2\xi_r\bar{\omega}_r)^2}\right] \tag{7.29}$$

如果系统或设备各阶固有频率相离较远，因而各阶模态的重叠影响较小，在这种情况下，各阶固有频率附近，系统的传递函数特性类似于一个单自由度系统。因此，式(7.29)可写成不同的第 r 阶振动的传递函数，即

$$W_{ij,r}=\frac{1}{k_e}\left[\frac{1-\bar{\omega}_r^2}{(1-\bar{\omega}_r^2)^2+(2\xi_r\bar{\omega}_r)^2}-\mathrm{j}\frac{2\xi_r\bar{\omega}_r}{(1-\bar{\omega}_r^2)^2+(2\xi_r\bar{\omega}_r)^2}\right] \tag{7.30}$$

它的实部和虚部分别为

$$\left.\begin{aligned}W^{R}_{ij,r}&=\frac{1}{k_e}\frac{1-\bar{\omega}_r^2}{(1-\bar{\omega}_r^2)^2+(2\xi_r\bar{\omega}_r)^2}\\W^{I}_{ij,r}&=\frac{1}{k_e}\frac{2\xi_r\bar{\omega}_r}{(1-\bar{\omega}_r^2)^2+(2\xi_r\bar{\omega}_r)^2}\end{aligned}\right\}\tag{7.31}$$

式(7.30)用矢量表示为

$$W_{ij,r}=W^{R}_{ij,r}+\mathrm{j}W^{I}_{ij,r}=|W_{ij,r}|\mathrm{e}^{\mathrm{j}\Phi'}\tag{7.32}$$

前面讲过,传递函数是ω的函数。若令ω由0变到∞,则矢量的矢端在平面内移动形成了矢端轨迹图,称之为奈奎斯特图。

在式(7.31)中,将$W^{R}_{ij,r}$和$W^{I}_{ij,r}$中$\bar{\omega}_r$消掉,可得矢端图的轨迹方程为

$$(W^{R}_{ij,r})^2+\left(W^{I}_{ij,r}+\frac{1}{4\xi_r k_e\bar{\omega}_r}\right)^2=\left(\frac{1}{4\xi_r k_e\bar{\omega}_r}\right)^2\tag{7.33}$$

上式是半径为$\dfrac{1}{4\xi_r k_e\bar{\omega}_r}$,圆心为$\left(0,-\dfrac{1}{4\xi_r k_e\bar{\omega}_r)^2}\right)$的圆的方程式。相应的圆如图7.16所示,该圆又称导纳圆。但是,由于其圆心的位置和半径都是ω的函数,因而就整体来说,它并不是一个圆。

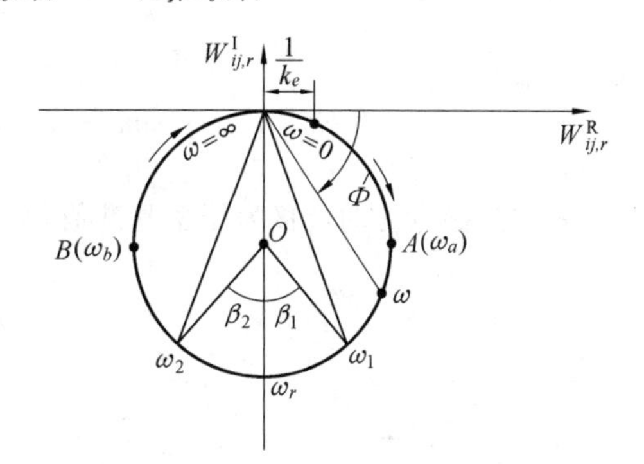

图7.16 奈奎斯特图及其特殊点

从图7.16中可以看到,当$\Phi'=-90°$时,$W^{R}_{ij,r}=0$,振型由$W^{I}_{ij,r}$来确定,此时$\omega/\omega_r=1$,各元素达到了各自的极值。对于A、B两点,相应的相角分别为$-45°$及$-135°$,该两点的矢量模均为$\dfrac{1}{2\sqrt{2}\xi_r k_e\bar{\omega}_r}$。因此,这两点对应于幅频曲线的半功率点。

此外,如果在导纳圆上按相等的频率增量$\Delta\omega$逐步标出ω值,则在谐振处相邻两点之间的距离$\mathrm{d}s$为最大。

实验得到的奈奎斯特图往往不是很理想的圆。应注意在谐振点附近取得尽可能多的实验数据,并根据这些数据,作出一个拟合圆来。在得到拟合圆之后,即可按以下步骤求出系统的动态参数。

(1) 确定共振频率。

实际系统的奈奎斯特图(奈氏图),其共振频率可能不落在与虚轴相交的弧上。这时,可根据“谐振点处相距两个等$\Delta\omega$点之间的距离$\mathrm{d}s$最大”的原则来确定ω_r。

(2) 确定模态阻尼比ξ_r。

因为A、B两点对应于半功率点,因此,由A、B两点的频率ω_a、ω_b即可确定ξ_r,即

$$\xi_r=\frac{1}{2}\frac{\omega_b^2-\omega_a^2}{\omega_b^2+\omega_a^2}$$

但有时A、B两点不易确定,这时最好利用谐振点附近两点的频率来确定模态阻尼比ξ_r,即

$$\xi_r = \frac{\omega_2^2 - \omega_1^2}{2\omega_r^2} \cdot \frac{1}{\tan\frac{1}{2}\beta_1 + \tan\frac{1}{2}\beta_2}$$

(3) 确定 k_r。

因为在 $\omega=\omega_r$ 处，导纳圆的直径等于 $1/(2\xi_r k_e)$，在求得 ξ_r 后，即可根据导纳圆的直径确定 k_r。

(4) 确定模态质量 m_r 和模态刚度 k_r。

由式(7.25) 两边同乘以 $\mathrm{j}\omega$，则有

$$\frac{\mathrm{j}\omega x_i}{F_j} = \frac{V_i}{F_j} = \sum_{r=1}^{n} \frac{\Phi_{ir}\Phi_{jr}}{c_r + \mathrm{j}(\omega m_r - k_r/\omega)} \tag{7.34}$$

在 r 阶固有频率 ω_r 附近，并且忽略邻接模态的影响时，可近似地认为

$$\frac{V_i}{F_j} = \frac{\Phi_{ir}\Phi_{jr}}{c_r + \mathrm{j}(\omega m_r - k_r/\omega)} \tag{7.35a}$$

或

$$\frac{F_j}{V_i} = \frac{c_r + \mathrm{j}(\omega m_r - k_r/\omega)}{\Phi_{ir}\Phi_{jr}} = \frac{c_r}{\Phi_{ir}\Phi_{jr}} + \mathrm{j}\,\frac{\omega m_r - k_r/\omega}{\Phi_{ir}\Phi_{jr}} \tag{7.35b}$$

若取激振点处的位移为振型基准值，则应取 $\Phi_{ir}=1$，于是可得

$$\frac{V_i}{F_i} = \frac{1}{c_r + \mathrm{j}(\omega m_r - k_r/\omega)} \tag{7.35c}$$

和

$$\frac{F_i}{V_i} = c_r + \mathrm{j}\left(\omega m_r - \frac{k_r}{\omega}\right) \tag{7.35d}$$

式(7.35c) 的奈氏图也是一个导纳圆，其直径为 $1/c_r$。因此，画出该导纳圆之后，由其直径的倒数即可求出 c_r，并且 c_r 就是式(7.42d) 的实部，即

$$\mathrm{Re}\left(\frac{V_i}{F_i}\right) = c_r \tag{7.36a}$$

而式(7.35d) 的虚部为

$$\mathrm{Im}\left(\frac{F_i}{V_i}\right) = m_r\omega - \frac{k_r}{\omega} \tag{7.36b}$$

由式(7.36b)，可用最小二乘法求 m_r 和 k_r

$$\sum_{l=1}^{n} E_i^2 = \sum_{l=1}^{n} \left\{ m_r\omega_l - \frac{k_r}{\omega_l} - \mathrm{Im}\left(\frac{F}{V}\right)_l \right\}^2$$

式中，l 表示测得曲线上的数据点。根据

$$\frac{\partial \sum_{l=1}^{n} E_i^2}{\partial m_r} = 0 \qquad \frac{\partial \sum_{l=1}^{n} E_i^2}{\partial k_r} = 0$$

可得

$$\begin{Bmatrix} m_r \\ k_r \end{Bmatrix} = \begin{bmatrix} \sum_{l=1}^{n} \omega_l^2 & -n \\ -n & \sum_{l=1}^{n} \frac{1}{\omega_l} \end{bmatrix}^{-1} \begin{Bmatrix} \sum_{l=1}^{n} \mathrm{Im}\left(\frac{F}{V}\right)_l \cdot \omega_l \\ -\sum_{l=1}^{n} \frac{\mathrm{Im}\left(\frac{F}{V}\right)_l}{\omega_l} \end{Bmatrix}$$

式中，n 为实验时的取值个数。

(5) 确定固有模态振型。

根据同样的道理，可知式(7.35b)的实部为

$$\mathrm{Re}\left(\frac{F_j}{C_i}\right)=\frac{c_r}{\Phi_{ir}\Phi_{jr}}=\frac{c_r}{\Phi_{jr}} \tag{7.36c}$$

并且，该实部等于由式(7.35a)所画出的导纳圆的直径的倒数，由此可以求出 Φ_{jr}。因此，只要将各点传递函数$\frac{V_i}{F_j}$的导纳圆都画出来，就可根据导纳圆的半径比求得固有模态振型

$$[1 \quad \Phi_{2r} \quad \Phi_{3r} \quad \cdots \quad \Phi_{nr}]^{\mathrm{T}}$$

以上所分析的是实模态的情况，而实际机械结构中的振动模态常常是复模态。现在研究具有结构阻尼的复模态情况。

在结构阻尼复模态情况下，位移$\{X\}$为

$$\{X\}=\sum_{r=1}^{n}\frac{\{\Phi_r\}^{\mathrm{T}}\{F\}\{\Phi_r\}}{-\omega^2 m_r+k_r(1+\mathrm{j}g_r)} \tag{7.37}$$

设$\{F\}=[0 \quad \cdots \quad 0 \quad F_j \quad 0 \quad \cdots \quad 0]^{\mathrm{T}}$，代入上式得

$$\{X\}=\sum_{r=1}^{n}\frac{\Phi_{jr}F_j\{\Phi_r\}}{-\omega^2 m_r+k_r(1+\mathrm{j}g_r)}$$

$$x_i=\sum_{r=1}^{n}\frac{\Phi_{ir}\Phi_{jr}F_j}{-\omega^2 m_r+k_r(1+\mathrm{j}g_r)}$$

由此得到传递函数的表达式为

$$\frac{x_i}{F_j}=\sum_{r=1}^{n}\frac{\Phi_{ir}\Phi_{jr}}{-\omega^2 m_r+k_r(1+\mathrm{j}g_r)}=\sum_{r=1}^{n}\frac{\Phi_{ir}\Phi_{jr}}{m_r\omega_r^2(1-\bar{\omega}_r^2+\mathrm{j}g_r)} \tag{7.38}$$

式中，Φ_{ir}、Φ_{jr} 为复变量。令

$$\Phi_{ir}\Phi_{jr}/\omega_r^2 m_r=U_{ijr}-V_{ijr}=R_{ijr}\mathrm{e}^{-\mathrm{j}\Phi_{ijr}}$$

则式(7.38)可写成

$$\frac{x_i}{F_j}=\sum_{r=1}^{n}\frac{R_{ijr}\mathrm{e}^{-\mathrm{j}\Phi_{ijr}}}{1-\bar{\omega}_r^2+\mathrm{j}g_r} \tag{7.39}$$

当 ω 在 ω_r 附近变化时，可以近似地认为传递函数只由 r 阶模态参数确定，即

$$\frac{x_i}{F_j}=\frac{R_{ijr}\mathrm{e}^{-\mathrm{j}\Phi_{ijr}}}{1-\bar{\omega}_r^2+\mathrm{j}g_r} \tag{7.40}$$

在这种情况下，有四个模态参数，即 $\bar{\omega}_r$、g_r、R_{ijr}、Φ_{irj}。

下面我们来看式(7.40)的奈奎斯特图。该式由两个因子相乘，即

$$\frac{1}{1-\bar{\omega}_r^2+\mathrm{j}g_r}\cdot R_{ijr}\mathrm{e}^{-\mathrm{j}\Phi_{ijr}}$$

第一个因子的奈奎斯特图是一个圆

$$x^2+\left(y+\frac{1}{2g_r}\right)^2=\left(\frac{1}{2g_r}\right)^2$$

该圆的中心在$(0,-1/2g_r)$，直径为 $1/g$，虚部幅值最大的点在虚轴上，该点处 $\bar{\omega}_r=1$，如图7.17(a)所示。

第二个因子即分子的影响有两个：① 使圆的直径放大 $R_{irj}=\sqrt{U_{irj}^2+V_{ijr}^2}$ 倍；② 使整个

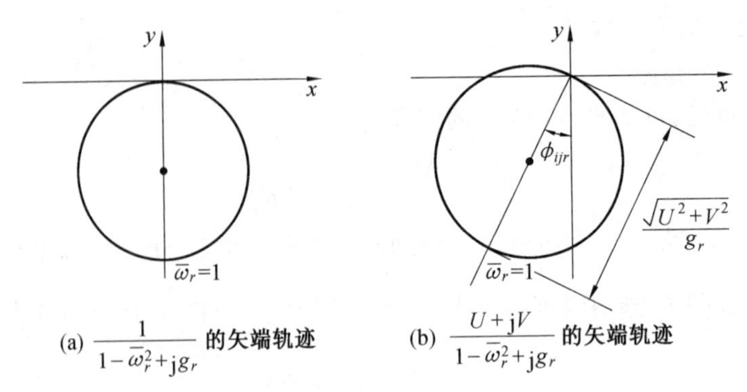

图 7.17　复模态情况下的奈奎斯特图

圆绕坐标原点旋转了 Φ_{ijr} 角，如图 7.17(b) 所示。

如果根据实测结果得到了图 7.17(b) 所示的圆，也就是找出了该圆的圆心及半径，那么就可以：① 由过坐标原点的直径与圆的交点处的频率 ω_r 来确定固有频率 ω_0，因为此处 $\bar{\omega}_r=\omega_r/\omega_0=1$；② 由该直径与虚轴的夹角来确定 Φ_{ijr}；③$R_{iir}=\sqrt{U_{iir}^2+V_{iir}^2}$ 为模态振型的基准值，则可由 x_i/F_i 模态圆的直径来确定 g_r；④ 由 x_i/F_j 的导纳圆的直径与 x_i/F_i 的导纳圆的直径来确定 R_{ijr}。

通过以上的分析计算，我们求出了确定结构动态响应的五个模态参数，利用它们可以建立结构的动力学模型。但是，按上述方法，需要测出每一阶模态的有关数据，工作量很大。同时，对于其中的高阶模态，无法用通常的实验设备和手段求解。

虽然机械结构在理论上是一个无限多自由度的系统，但实际上它的动态特性主要是由少数低阶模态所确定，即只要采用这些低阶模态就可以相当精确地表达它的动态特性。因此，分析时只要通过实验和计算的办法确定少量的几阶主要模态，然后就可分析计算它们对整个系统的影响，而不必求出全部的模态参数。

前面讨论的方法，适用于各阶固有频率间频率数值相差很大、阻尼较小、各阶模态间重叠较小的情况。在这种情况下，求取某一阶的模态参数时，在该阶固有频率附近进行传递函数的曲线拟合，可以忽略其他模态的存在。而在各阶固有频率之间某一频段中有若干固有频率相距较近，或阻尼较大的情况下，邻接模态间的动态特性重叠较多。这时，在求取某一阶模态参数时，就不能不考虑其他各阶模态参数对所求频段传递函数的影响。为此，可以引入修正质量项和修正刚度项。

在实模态小阻尼的情况下，考虑邻近模态的影响后，传递函数的表达式为

$$\frac{x_i}{F_j}=\frac{\Phi_{ir}\Phi_{jr}}{k_r-\omega^2 m_r+\mathrm{j}\omega c_r}+R+\mathrm{j}I \tag{7.41}$$

修正项使导纳圆产生一个平移，如图 7.18 所示。当导纳圆上的频率和所研究的系统或设备的固有频率重合时，导纳的虚部最大。因而在圆的最下部，即虚部最大处的那一点的频率就是固有频率。

对于复模态系统，引入修正项后系统的传递函数为

$$\frac{x_i}{F_j}=\frac{U_{ijr}+\mathrm{j}V_{ijr}}{1-\bar{\omega}_r^2+\mathrm{j}g_r}+R+\mathrm{j}I$$

修正项使导纳圆既发生移动又发生转动，使固有频率 ω_r 将不在导纳圆的最下部，而应

在$\frac{\partial^2 \Phi}{\partial \omega^2}$的最大处。确定了导纳圆，找到了$\omega_r$所对应的点之后，通过该点的直径与虚轴之间的夹角即为Φ_{ijr}（顺时针为正值）

$$\Phi_{ijr}=\arctan\frac{V_{ijr}}{U_{ijr}}$$

取$R_{iir}=\sqrt{U_{iir}^2+V_{iir}^2}$为模态振型幅值的基准值，则$x_i/F_i$的轨迹圆的半径为$1/2g_r$，由此可以确定$g_r$。由各点的传递函数轨迹圆的直径长度比确定模态振型的幅值比，结合Φ_{ijr}即可确定复模态振型。并且，一旦确定了导纳圆，$R+\mathrm{j}I$也随之确定，并据此求得修正项。

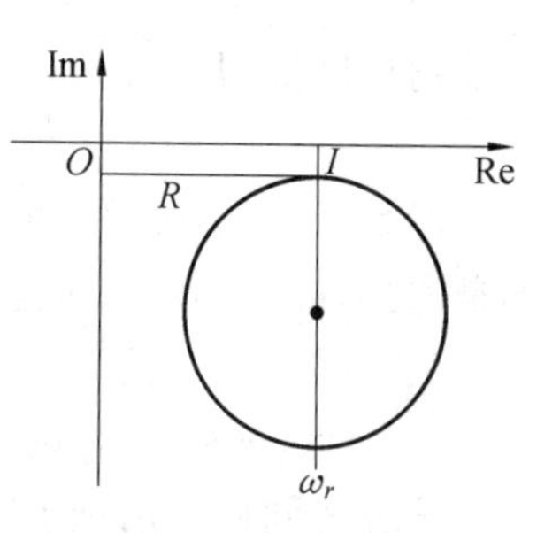

图7.18 考虑修正项后的奈氏图

为了在多自由度的情况下更精确地求取某一阶的模态参数，只引入修正质量项和修正刚度项是不够的，为了做传递函数的拟合，还必须同时考虑适当多的邻近模态。

在实际工作中，对结构动态特性影响最大的是对应于固有频率在某一定频率范围内的那些模态。低于和高于这个频率范围的低阶模态和高阶模态，其影响则是比较小的。如果考虑的频率范围足够宽，则低阶和高阶模态的影响可以忽略不计。必要时，处在扩展频段前面的各阶模态，以修正质量项来考虑其影响；而在该频段以后的各阶模态，则以修正刚度项来考虑其影响。在图7.19中，$\omega_{n1}<\omega_r<\omega_{n2}$为起主要作用的频带。

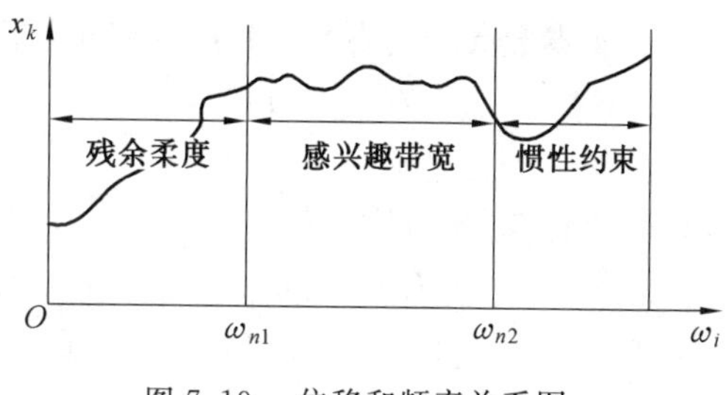

图7.19 位移和频率关系图

在实模态的情况下，考虑多个模态的传递函数表达式为

$$\frac{x_i}{F_j}=-\frac{Y_{ij}}{\omega^2}+\sum_{r=1}^{n}\frac{\Phi_{ir}\Phi_{jr}/m_r}{\omega_r^2-\omega^2+\mathrm{j}2\xi_r\omega_r\omega}+z_{ij} \tag{7.42}$$

模态参数为$\Phi_{ir}\Phi_{jr}/m_r,\omega_r,\xi_r,Y_{ij},z_{ij}(r=1,2,\cdots,n;i,j=1,2,\cdots,n)$。

在复模态的情况下，考虑多个模态的传递函数表达式为

$$\frac{x_i}{F_j}=-\frac{Y_{ij}}{\omega^2}+\sum_{r=1}^{n}\frac{\Phi_{ir}\Phi_{jr}/m_r}{\omega_r^2-\omega^2+\mathrm{j}g_r\omega_r^2}+z_{ij}\quad(r=1,2,\cdots,n;i,j=1,2,\cdots,n) \tag{7.43}$$

模态参数为$\Phi_{ir}\Phi_{jr}/m_r,\omega_r,\xi_r,Y_{ij},z_{ij}$。以上各式中，$n$为待求的模态数。

对于多模态曲线，运用最小二乘法的有关公式进行模态参数的计算。例如，对于结构阻尼，首先采用图解法得到ω_r和g_r的初始值；而模态参数中的Y_{ij}、Φ_{ij}、m_r、z_{ij}是线性项，在ω_r和g_r给定的情况下，可以用最小二乘法直接求出；然后，利用求出的Y_{ij}、$\Phi_{ij}\Phi_{jr}/m_r$和z_{ij}反回去经过迭代算出最佳的ω_r和g_r；最后再用最小二乘法算出其余的模态参数。

7.2.4 结构物理参数的确定

确定物理参数对于改进结构性能是很重要的。通常，所能识别的模态总是有限的，因而确定的物理参数的阶数也是有限的。如果测试的测点数和求得的模态数相等，对于实模态，则有

$$[m_r]=[\Phi]^{\mathrm{T}}[M][\Phi]$$

于是物理质量即可由下式确定：

$$[M]=([\Phi]^{\mathrm{T}})^{-1}[m_r][\Phi]^{-1}$$

但是，一般情况下，测试时的测点数往往不等于模态数，最好是能多于模态数，这时$[\Phi]$不是方阵，应该用广义求逆的方法来求物理质量，即

$$[M]_{N\times N}=([\Phi][\Phi]^{\mathrm{T}})^{-1}[\Phi][m_r][\Phi]^{\mathrm{T}}([\Phi][\Phi]^{\mathrm{T}})^{-1} \tag{7.44}$$

式中，$[\Phi]$ 为 m 列 N 行的矩阵；N 为模态数；m 为测点数，一般 $m\geqslant N$。

该方法同样可用于求$[K]$和$[C]$。

对于复模态的情况

$$[\Psi]^{\mathrm{T}}[A][\Psi]=[a_r]$$

式中

$$[\Psi]=\begin{bmatrix}[\Phi] & [0]\\ [\Phi] & [\Lambda]\end{bmatrix}_{2N\times 2N},\quad [A]=\begin{bmatrix}[C] & [M]\\ [M] & [0]\end{bmatrix}_{2N\times 2N}$$

当测点数大于模态数，即 $m>N$ 时，用下式来计算物理参数$[C]$和$[M]$：

$$\begin{bmatrix}[C] & [M]\\ [M] & [0]\end{bmatrix}=([\Psi][\Psi]^{\mathrm{T}})^{-1}[\Psi][a_r][\Psi]^{\mathrm{T}}([\Psi][\Psi]^{\mathrm{T}})^{-1} \tag{7.45}$$

同理可得计算$[K]$的公式

$$\begin{bmatrix}[K] & [0]\\ [0] & -[M]\end{bmatrix}=([\Psi][\Psi]^{\mathrm{T}})^{-1}[\Psi][b_r][\Psi]^{\mathrm{T}}([\Psi][\Psi]^{\mathrm{T}})^{-1} \tag{7.46}$$

7.3 模态综合方法

前面所讲的动态分析方法是以对实际系统的实验和测试为基础，并采用适当的数学模型进行分析和计算，从而具有一定的科学依据和可靠性。但是，对一个大型的复杂系统，由于实验和计算的方法、手段的限制，用上述办法只能进行一些定性的分析和比较，而且没有把握。因而，在实际结构设计时仅能做一些粗略的、原则性的考虑，无法寻求出一个经济、合理并能满足预先给定要求的结构。

随着科学技术的发展，对系统动态分析的要求越来越高了，因而对分析计算提出了一些新问题。

(1) 因为有些大型复杂系统是由许多子系统装配而成的，而各个子系统又是在不同的部门和不同的时间设计、生产的。这样，就给整个系统的计算分析和振动测试造成了很大的困难。这就要求我们寻求在分别对各个子系统或部件进行动态分析的基础上，就能计算出整个结构系统的动态特性的方法。

(2) 由于大型复杂系统是由若干个子系统组成的，这就要求能够计算出各个子系统在整个系统的动态特性中所占的比重。或者，如果当整个系统的动态特性不能满足预期的要求时，则应知道如何修改某一个子系统，并且使其只用较少的计算量就能修改整个系统的计算。这样才能为系统设计的方案论证阶段和最优化设计阶段提供方便。

(3) 对一些大型复杂结构，需要分析其动态特性和外界激励的响应。如果用一个很精细的有限元模型来描述它，那将使我们面临着下述一系列的问题。例如，方程的阶数很高，超出了计算机的容量，使计算无法进行；或者即使计算机能够运算，但是计算所需的时间很

长，费用昂贵、支付困难，并延长了完成工程所需要的时间。这就给我们提出了一个问题，即如何寻找一个分析精度高、计算时间短、计算费用低的计算方法。

基于以上各方面的考虑，20世纪40年代以来，很多人都在致力于系统动态特性的子结构分析方法的研究，并提出了模态综合的构想。到了20世纪60～70年代，随着结构矩阵分析的发展以及模态坐标这一概念的提出和数字计算机的应用，模态综合这一系统动态分析的子结构方法得到了进一步的发展和完善。

模态综合法的基本思想是：首先，按照工程观点和结构（系统）的几何特点将整个结构划分为若干个子结构；其次，建立子结构的运动方程，进行子结构的模态分析；再次，将子结构的运动方程变为模态方程，在模态坐标下将各个子结构进行模态综合，从而计算整个结构系统的模态；最后，再返回到原物理坐标，以再现整机结构的动态特性。它的主要特点是：第一，通过求解若干个小型的特征值问题来取代计算大型的特征值问题；第二，对于不同的子结构还可以采用不同的方法进行分析。例如，有些子结构目前还不宜采用计算的方法直接分析，则采用实验的方法测出它的动态特性。

根据子结构的不同划分原则、子结构界面参数的不同处理、模态坐标的不同选择以及进行综合的不同方法，模态综合可以分为很多种类型。目前应用比较多的是固定界面模态综合法和自由界面模态综合法。下面具体介绍这两种方法的基本原理和步骤。

7.3.1 固定界面的模态综合法

固定界面的模态综合法首先是在1960年由Hurty W. C.提出来的，又称约束模态综合法。它是模态综合技术中最早发展的方法之一。它具有独特的可取之处，这使它成为强有力的模态综合法之一。下面说明其具体步骤。

1. 划分子结构

为了便于说明问题，现在把一个结构系统简单地划分为a、b两个子结构，如图7.20所示。把a、b两个子结构相互连接的界面固定起来，这样，就形成了两个完全独立的子结构系统。

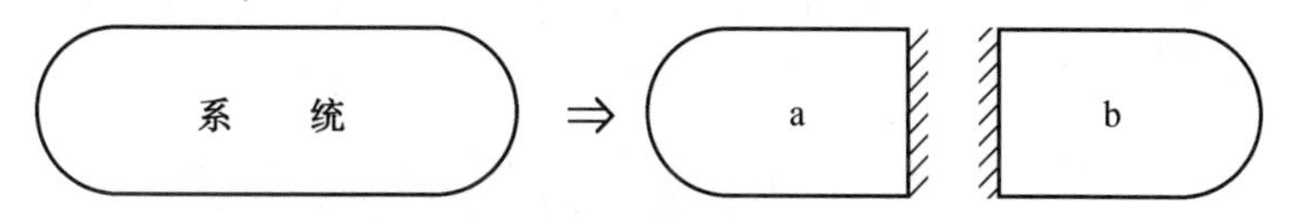

图7.20　划分固定界面子结构

2. 子结构的模态矩阵

子结构a和b的位移向量为

$$\{X_a\}=\begin{Bmatrix}\{X_a^B\}\\ \{X_a^I\}\end{Bmatrix},\quad \{X_b\}=\begin{Bmatrix}\{X_b^B\}\\ \{X_b^I\}\end{Bmatrix} \tag{7.47}$$

式中，$\{X_a^B\}$和$\{X_b^B\}$分别为a、b子结构界面的位移向量；$\{X_a^I\}$和$\{X_b^I\}$分别为a、b子结构内部的位移向量。

两个子结构的特征方程分别为

$$[K_a]\{X_a\}=\omega_a^2[M_a]\{X_a\}$$

和

$$[K_b]\{X_b\}=\omega_b^2[M_b]\{X_b\}$$

式中，$[K_a]$和$[K_b]$分别为子结构a、b的刚度矩阵；$[M_a]$和$[M_b]$分别为子结构a、b的质量矩阵；ω_a和ω_b分别为子结构a、b的固有频率。通过子结构的特征方程可解出子结构的固有频率ω_a、ω_b和模态振型$\{\Phi_a^N\}$、$\{\Phi_b^N\}$。

子结构的约束模态振型$\{\Phi_a^C\}$、$\{\Phi_b^C\}$是子结构静变形的模态振型。它是把子结构的连接界面上被约束的某一个自由度，给予一个单位位移，这时子结构的静变形就是一个约束模态向量。分别逐个地给各个被约束的界面自由度以单位位移，就可得到约束模态振型矩阵，它的列数与界面上被约束的自由度数相等。下面仅以子结构a为例说明约束模态振型的计算方法。根据约束模态的定义，它应满足下面的静力方程：

$$[K_a]\{\Phi_a^C\}=\{f_a^C\} \tag{7.48}$$

式中，$\{f_a^C\}$是为产生约束模态$\{\Phi_a^C\}$而在子结构上施加的外力。

式(7.48)可按在结构的界面自由度和内部自由度写成如下的分块矩阵的形式：

$$\begin{bmatrix} K_a^{BB} & K_a^{BI} \\ K_a^{IB} & K_a^{II} \end{bmatrix}\begin{Bmatrix} \Phi_a^{CB} \\ \Phi_a^{CI} \end{Bmatrix}=\begin{Bmatrix} f_a^{CB} \\ f_a^{CI} \end{Bmatrix} \tag{7.49}$$

式中，$[\Phi_a^{CB}]$为约束模态振型的界面分量；$[\Phi_a^{CI}]$为约束模态振型的内部分量；$\{f_a^{CB}\}$为外力的界面分量；$\{f_a^{CI}\}$为外力的内部分量。

根据约束模态振型的定义，可知

$$[\Phi^{CB}]=[I],\quad \{f_a^{CI}\}=\mathbf{0}$$

将上两式代入式(7.49)中，可得

$$\begin{bmatrix} K_a^{BB} & K_a^{BI} \\ K_a^{IB} & K_a^{II} \end{bmatrix}\begin{Bmatrix} I \\ \Phi_a^{CI} \end{Bmatrix}=\begin{Bmatrix} f_a^{CB} \\ 0 \end{Bmatrix}$$

从上面方程组的第二式可以导出

$$[K_a^{IB}]+[K_a^{II}]\{\Phi_a^{CI}\}=\mathbf{0}$$

所以

$$[K_a^{II}]\{\Phi_a^{CI}\}=-[K_a^{IB}]$$

可将其扩展为

$$\begin{bmatrix} I & 0 \\ 0 & K_a^{II} \end{bmatrix}\begin{Bmatrix} I \\ \vdots \\ \Phi_a^{CI} \end{Bmatrix}=\begin{Bmatrix} I \\ \vdots \\ -K_a^{IB} \end{Bmatrix}$$

即

$$[\overline{K}_a]\{\Phi_a^C\}=\{\overline{f}_a^C\} \tag{7.50}$$

式中

$$[\overline{K}_a]=\begin{bmatrix} I & 0 \\ 0 & K_a^{II} \end{bmatrix}\quad \{\Phi_a^C\}=\begin{Bmatrix} I \\ \vdots \\ \Phi_a^{CI} \end{Bmatrix}\quad \{\overline{f}_a^C\}=\begin{Bmatrix} I \\ \vdots \\ -K_a^{IB} \end{Bmatrix}$$

通过解方程(7.50)，就可以计算出约束模态振型$\{\Phi_a^C\}$(即$[\Phi_a^C]$)。类似地，可计算出子结构b的约束模态振型$[\Phi_b^C]$。

把子结构的主模态振型矩阵分为高阶分量$[\Phi_a^g]$、$[\Phi_b^g]$和低阶分量$[\Phi_a^d]$、$[\Phi_b^d]$两部分，

即

$$[\Phi_a^N]=[\Phi_a^d \quad \Phi_a^g], \quad [\Phi_b^N]=[\Phi_b^d \quad \Phi_b^g] \tag{7.51}$$

上节中已经讲过，在系统中动态特性主要是由少数的一些低阶模态所决定的，只要应用这些低阶模态就可以相当精确地表达它的动态特性。因此，在主模态振型中略去它的高阶分量，只保留其低阶分量，即令

$$[\Phi_a^N]=[\Phi_a^d], \quad [\Phi_b^N]=[\Phi_b^d] \tag{7.52}$$

把子结构的约束模态振型和主模态振型结合起来，就得到子结构的模态振型矩阵

$$[\Phi_a]=[\Phi_a^C \quad \Phi_a^d], \quad [\Phi_b]=[\Phi_b^C \quad \Phi_b^d] \tag{7.53}$$

模态振型矩阵的行数等于子结构的自由度数，它的列数等于连接界面被约束的自由度数加被保留的主模态数。

3. 子结构模态坐标变换

设用物理坐标表达的子结构运动方程为

$$\begin{aligned}
&[M_a]\{\ddot{X}_a\}+[C_a]\{\dot{X}_a\}+[K_a]\{X_a\}=\{f_a\}\\
&[M_b]\{\ddot{X}_b\}+[C_b]\{\dot{X}_b\}+[K_b]\{X_b\}=\{f_b\}
\end{aligned} \tag{7.54}$$

式中，$[C_a]$ 和 $[C_b]$ 分别为子结构 a、b 的阻尼矩阵；$\{f_a\}$ 和 $\{f_b\}$ 分别为子结构 a、b 的外力向量。

利用上节的模态坐标变换方法，可以得到模态坐标下的子结构运动方程为

$$\begin{aligned}
&[\overline{M}_a]\{\ddot{q}_a\}+[\overline{C}_a]\{\dot{q}_a\}+[\overline{K}_a]\{q_a\}=\{f_a\}\\
&[\overline{M}_b]\{\ddot{q}_b\}+[\overline{C}_b]\{\dot{q}_b\}+[\overline{K}_b]\{q_b\}=\{f_b\}
\end{aligned} \tag{7.55}$$

式中

$$\begin{aligned}
&[\overline{M}_a]=[\Phi_a]^T[M_a][\Phi_a], \quad &&[\overline{M}_b]=[\Phi_b]^T[M_b][\Phi_b]\\
&[\overline{C}_a]=[\Phi_a]^T[C_a][\Phi_a], \quad &&[\overline{C}_b]=[\Phi_b]^T[C_b][\Phi_b]\\
&[\overline{K}_a]=[\Phi_a]^T[K_a][\Phi_a], \quad &&[\overline{K}_b]=[\Phi_b]^T[K_b][\Phi_b]\\
&\{\overline{f}_a\}=[\Phi_a]^T\{f_a\}, \quad &&\{\overline{f}_b\}=[\Phi_b]^T\{f_b\}
\end{aligned}$$

由于模态坐标变换的过程就是将子结构的物理坐标空间向其子空间投影的过程，这样就使原来维数较高的空间问题转换为维数较低的空间问题。经过这种变换，质量矩阵、阻尼矩阵、刚度矩阵分别变为模态坐标下的减缩质量矩阵、减缩阻尼矩阵和减缩刚度矩阵。

4. 结构系统运动方程

子结构 a、b 的运动方程可以写成

$$\begin{bmatrix}\overline{M}_a & 0\\ 0 & \overline{M}_b\end{bmatrix}\begin{Bmatrix}\ddot{q}_a\\ \ddot{q}_b\end{Bmatrix}+\begin{bmatrix}\overline{C}_a & 0\\ 0 & \overline{C}_b\end{bmatrix}\begin{Bmatrix}\dot{q}_a\\ \dot{q}_b\end{Bmatrix}+\begin{bmatrix}\overline{K}_a & 0\\ 0 & \overline{K}_b\end{bmatrix}\begin{Bmatrix}q_a\\ q_b\end{Bmatrix}=\begin{Bmatrix}\overline{f}_a\\ \overline{f}_b\end{Bmatrix}$$

或简写为

$$[\overline{M}]\{\ddot{q}\}+[\overline{C}]\{\dot{q}\}+[\overline{K}]\{q\}=\{\overline{f}\} \tag{7.56}$$

式中

$$[\overline{M}]=\begin{bmatrix}\overline{M}_a & 0\\ 0 & \overline{M}_b\end{bmatrix}, \quad [\overline{C}]=\begin{bmatrix}\overline{C}_a & 0\\ 0 & \overline{C}_b\end{bmatrix}$$

$$[\overline{K}]=\begin{bmatrix}\overline{K}_a & 0\\ 0 & \overline{K}_b\end{bmatrix}, \quad \{\overline{f}\}=\begin{Bmatrix}\overline{f}_a\\ \overline{f}_b\end{Bmatrix}, \quad \{q\}=\begin{Bmatrix}q_a\\ q_b\end{Bmatrix}$$

因为两个子结构连接界面的位移是互相有联系的，即它们应当满足位移的连续条件

$$\{X_a^B\}=\{X_b^B\} \tag{7.57}$$

为了找出模态坐标$\{q_a\}$与$\{q_b\}$之间的相容关系，先把$[\boldsymbol{\Phi}_a]$和$[\boldsymbol{\Phi}_b]$写成分块矩阵的形式，以子结构 a 为例，即得

$$\begin{Bmatrix} X_a^B \\ X_a^I \end{Bmatrix}=\begin{bmatrix} I & \Phi_a^{NB} \\ \Phi_a^{CI} & \Phi_a^{NI} \end{bmatrix}\begin{Bmatrix} q_a^B \\ q_b^I \end{Bmatrix} \tag{7.58}$$

由于主模态振型在界面上的分量等于零，即

$$[\Phi_a^{NB}]=[0]$$

所以可得
$$\{X_a^B\}=\{q_a^B\}$$

同理可得
$$\{X_b^B\}=\{q_b^B\}$$

因为
$$\{X_a^B\}=\{X_b^B\}$$

因此，界面位移连续条件又可写为

$$\{q_a^B\}=\{q_b^B\} \tag{7.59}$$

也就说明$\{q_a^B\}$和$\{q_b^B\}$是非独立的坐标。只有将模态坐标$\{q\}$中的非独立成分去掉，才能得到独立的模态坐标$\{\bar{q}\}$。$\{\bar{q}\}$与$\{q\}$的变换关系为

$$\{\bar{q}\}=[\beta]^T\{q\} \tag{7.60}$$

式中

$$\{q\}=\begin{Bmatrix} q_a^B \\ q_a^I \\ q_b^B \\ q_b^I \end{Bmatrix},\quad \{\bar{q}\}=\begin{Bmatrix} q_a^B \\ q_a^I \\ q_b^I \end{Bmatrix},\quad [\beta]=\begin{bmatrix} I & 0 & 0 \\ 0 & I & 0 \\ 0 & 0 & 0 \\ 0 & 0 & I \end{bmatrix}$$

$$\{q^B\}=\{q_a^B\}=\{q_b^B\}$$

经过式(7.60)的变换，得到独立的模态坐标$\{\bar{q}\}$。于是方程(7.56)就可变换为结构系统的运动方程，即

$$[M]\{\ddot{\bar{q}}\}+[C]\{\dot{\bar{q}}\}+[K]\{\bar{q}\}=\{F\} \tag{7.61}$$

式中

$$[M]=[\beta]^T[\overline{M}][\beta],\quad [C]=[\beta]^T[\overline{C}][\beta]$$
$$[K]=[\beta]^T[\overline{K}][\beta],\quad [F]=[\beta]^T[\overline{f}]$$

式中，$[M]$、$[C]$、$[K]$是在独立的模态坐标下，结构系统的质量矩阵、阻尼矩阵和刚度矩阵。

5. 结构模态参数的计算

如果要计算结构系统的固有频率和主模态，把式(7.61)中的阻尼矩阵和外力列阵忽略掉，就可得到

$$[M]\{\ddot{\bar{q}}\}+[K]\{\bar{q}\}=\{0\}$$

相应的特征方程为

$$[K]\{\bar{q}\}=\omega^2[M]\{\bar{q}\} \tag{7.62}$$

通过解方程(7.62)，就可得到整个系统的固有频率ω和模态坐标向量$\{\bar{q}\}$。在此基础上，再进行模态分析，就可以求得该系统的其他模态参数。

之后，参照式(7.60)，由$\{\bar{q}\}$可以求得

$$\{q\}=[\beta]\{\bar{q}\}$$

再参照式(7.58)，即可求出每个子结构在物理坐标下的振型。

7.3.2 自由界面的模态综合法

我们前面介绍了固定界面的模态综合法。可以看到，它的约束模态数等于连接界面的自由度数，这就限制了模态坐标数的进一步减缩。因此，对于多子结构和多界面自由度的结构并不能充分缩减整体运动方程的阶数。另外，约束模态综合法很难与实验方法相结合。为了克服上述不足，人们提出了自由界面的模态综合法，它将整体结构人为地划分为几个子结构，连接界面完全释放为自由界面。它更符合当前动态测试要求，便于和实验方法、结合面参数测试等手段相结合，是解决大型复杂系统动态分析以及优化设计的基础。下面就来介绍这种方法。

我们把一个结构系统分割为如图7.21所示的a、b两个子结构，并以这种简单的情况为例来进行说明。

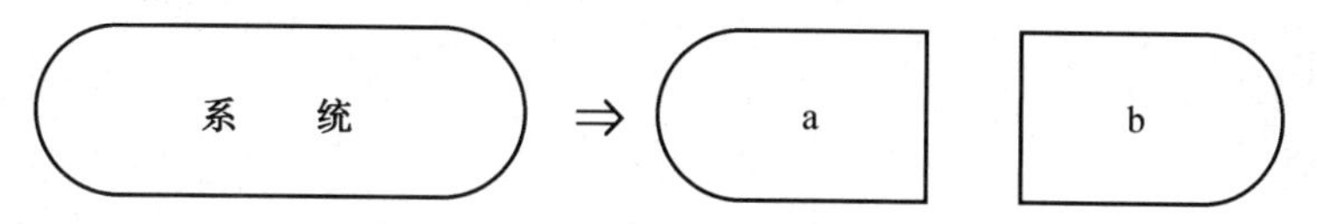

图7.21　划分自由界面子结构

当把系统分割为两个子结构后，解除连接界面之间的全部连接约束，使界面上的自由度除了外界的约束以外，成为完全自由的。

子结构的位移向量为

$$\{X_a\}=\begin{Bmatrix}\{X_a^B\}\\ \{X_a^I\}\end{Bmatrix},\quad \{X_b\}=\begin{Bmatrix}\{X_b^B\}\\ \{X_b^I\}\end{Bmatrix} \tag{7.63}$$

式中，$\{X_a^B\}$和$\{X_b^B\}$分别为子结构a、b界面的位移向量；$\{X_a^I\}$和$\{X_b^I\}$分别为子结构a、b内部的位移向量。

子结构的特征方程为

$$[K_a]\{X_a\}=\omega_a^2[M_a]\{X_a\}$$
$$[K_b]\{X_b\}=\omega_b^2[M_b]\{X_b\}$$

同固定界面的模态综合法一样，可以得到子结构的模态矩阵为

$$[\Phi_a]=[\Phi_a^{Nd}]\qquad [\Phi_b]=[\Phi_b^{Nd}]$$

子结构的运动方程为

$$\left.\begin{aligned}[M_a]\{\ddot{X}_a\}+[C_a]\{\dot{X}_a\}+[K_a]\{X_a\}=\{f_a\}\\ [M_b]\{\ddot{X}_b\}+[C_b]\{\dot{X}_b\}+[K_b]\{X_b\}=\{f_b\}\end{aligned}\right\} \tag{7.64}$$

经过模态坐标变换，方程(7.64)可写成

$$[\overline{M}]\{\ddot{q}\}+[\overline{C}]\{\dot{q}\}+[\overline{K}]\{q\}=\{\overline{f}\} \tag{7.64a}$$

式中

$$[\overline{M}]=\begin{bmatrix}[\Phi_a]^T[M_a][\Phi_a] & 0\\ 0 & [\Phi_b]^T[M_b][\Phi_b]\end{bmatrix}$$

$$[\overline{C}]=\begin{bmatrix}[\Phi_a]^T[C_a][\Phi_a] & 0\\ 0 & [\Phi_b]^T[C_b][\Phi_b]\end{bmatrix}$$

$$[\overline{K}]=\begin{bmatrix}[\Phi_a]^T[K_a][\Phi_a] & 0\\ 0 & [\Phi_b]^T[K_b][\Phi_b]\end{bmatrix}$$

$$\{q\}=\begin{Bmatrix}q_a\\ q_b\end{Bmatrix},\quad \{\overline{f}\}=\begin{Bmatrix}[\Phi_a]^T\{f_a\}\\ [\Phi_b]^T\{f_b\}\end{Bmatrix}$$

两个子结构连接界面的位移应当满足连续条件，即

$$\{X_a^B\}=\{X_b^B\} \tag{7.65}$$

把式(7.63)进行模态坐标变换，得

$$\begin{Bmatrix}X_a^B\\ X_a^I\end{Bmatrix}=\begin{bmatrix}\Phi_a^{BB} & \Phi_a^{BI}\\ \Phi_a^{IB} & \Phi_a^{II}\end{bmatrix}\begin{Bmatrix}q_a^B\\ q_a^I\end{Bmatrix}\quad 和\quad \begin{Bmatrix}X_b^B\\ X_b^I\end{Bmatrix}=\begin{bmatrix}\Phi_b^{BB} & \Phi_b^{BI}\\ \Phi_b^{IB} & \Phi_b^{II}\end{bmatrix}\begin{Bmatrix}q_b^B\\ q_b^I\end{Bmatrix}$$

将上面两个方程组的第一个式子代入式(7.65)，可得

$$\{q_a^B\}=-[\Phi_a^{BB}]^{-1}[\Phi_a^{BI}]\{q_a^I\}+[\Phi_a^{BB}]^{-1}[\Phi_b^{BB}]\{q_b^B\}+[\Phi_a^{BB}]^{-1}[\Phi_b^{BI}]\{q_b^I\}$$

因此，独立的模态坐标$\{\overline{q}\}$与$\{q\}$的关系为

$$\{\overline{q}\}=[\beta]^T\cdot\{q\} \tag{7.66}$$

式中

$$\{q\}=\begin{Bmatrix}q_a^B\\ q_a^I\\ q_b^B\\ q_b^I\end{Bmatrix},\quad \{\overline{q}\}=\begin{Bmatrix}q_a^I\\ q_b^B\\ q_b^I\end{Bmatrix},\quad [\beta]=\begin{bmatrix}-[\Phi_a^{BB}]^{-1}[\Phi_a^{BI}] & [\Phi_a^{BB}]^{-1}[\Phi_b^{BB}] & [\Phi_a^{BB}]^{-1}[\Phi_b^{BI}]\\ I & 0 & 0\\ 0 & I & 0\\ 0 & 0 & I\end{bmatrix}$$

将式(7.64a)经过变换，即可得到综合后的结构系统运动方程为

$$[M]\{\ddot{\overline{q}}\}+[C]\{\dot{\overline{q}}\}+[K]\{\overline{q}\}=\{F\} \tag{7.67}$$

式中

$$[M]=[\beta]^T[\overline{M}][\beta],\quad [C]=[\beta]^T[\overline{C}][\beta]$$
$$[K]=[\beta]^T[\overline{K}][\beta],\quad [F]=[\beta]^T[\overline{f}]$$

目前，自由界面模态综合法已被广泛应用于许多领域，如航天飞机、导弹、宇宙飞船、旋转机械(如多级柔性转子)、汽轮机叶片、空间框架、船舶、汽车、机床、厂房地震响应的结构动态分析中，它已成为大型复杂结构动态特性分析的一种行之有效的方法。

7.4 动态设计方法的应用案例

7.4.1 五轴机床结构的动态设计与分析

为了实现预期的加工精度，必须在设计阶段保证机床结构具有优异的动态特性。在采用五轴机床进行复杂曲面的铣削加工过程中，切削力沿着封闭力环传递到机床的各个部分引起机床部件的变形，在封闭力环外能引起机床加工误差的因素主要包括：基础振动、伺服电机引起的振动等。如果机床的结构刚性差，将不可避免地产生加工误差，影响加工精度。机床动态设计时要遵循封闭力环长度最小、环节最少的设计原则，最大限度上降低在刚度一定情况下产生的变形和误差。模态分析方法是机床动态设计的重要方面。

1. 基于动态设计的五轴机床建模问题

一般情况下,机械结构动态设计是按照功能、强度等方面的要求对机械结构的振型、频率等动态特性参数进行修正和设计,使其具有良好的动态特性。五轴机床的底座、立柱、横梁是整台机床的基础和支架,机床的其他零部件,如导轨、丝杠等,要以它们作为安装固定的基础。基于机床动态设计的要求,建立包括基础和支架在内的机床整体动态分析模型是动态特性分析与优化的前提。结合五轴机床的结构特点,建立机床动态分析有限元模型需要考虑以下方面问题:

(1) 单元类型的选择。

五轴机床各运动部件和床身结构形状设计相对比较复杂,尤其是底座、立柱、横梁等设计有减轻质量、提高刚度的型腔结构,在分析中采用三维 20 节点单元的实体单元进行网格划分。

(2) 局部细节的处理。

五轴机床各部件设计有很多小特征,如各种螺钉孔、销孔、圆角、倒角等。为使以后有限元网格划分生成的单元形状合理,减少单元数量和节点数,提高计算速度,提升分析结果的精度和可靠性,在建立有限元模型之前需要对模型进行必要的等效简化。

(3) 结合面的处理。

结合面的动态特性常用接触刚度和接触阻尼来描述,这两个参数的确定一直是难以解决的问题。由于导轨滑块组成的运动副沿着导轨方向没有被约束,因此导轨滑块采用"粘连"来模拟引入附加刚度。导轨滑块中间的滚珠可以采用弹簧单元进行模拟。同样,滚动轴承内外圈之间的滚珠、丝杠螺母之间的滚珠也可以用这种方式处理。

2. 五轴机床的有限元模型

图 7.22 所示为五轴机床的有限元网格模型。在整机模型计算中,共划分了 412 241 个单元、1 315 506 个节点。在六面体单元向四面体单元过渡过程中,软件自动生成了金字塔形状的五面体单元。为模拟机床的实际安装条件,机床整机有限元模型的边界条件设置为底座与基础相连面上节点施加的零位移约束。

3. 五轴机床的模态分析结果

计算得到五轴机床的各阶固有频率,获得以节点综合位移云图表示的各阶振型云图。计算获得的一阶固有频率为 119 Hz,二阶固有频率为 184 Hz。图 7.23 和图 7.24 分别为一阶和二阶振型云图。由图可知,五轴机床前两阶固有频率的振动主要发生在 z 轴和 x 轴的滑板及三角联接架上,机床的支承部分(底座、立柱、横梁系统)几乎不发生振动,说明机床这部分支承件的刚度足以应对结构的低频振动。

图 7.22　五轴机床的有限元网格模型

图 7.23 一阶振型云图

图 7.24 二阶振型云图

7.4.2 空气静压轴承的动态特性分析

1. 空气静压轴承的有限元建模

空气静压径向轴承采用双排孔供气，每排均布10个节流小孔，节流直径 d_j 为0.12 mm，节流小孔深度 l_o 为 0.2 mm，节流小孔气腔外径 d_r 为 0.5 mm，节流器供气孔直径 d_s 为 0.8 mm，初始气膜厚度为 21.5 μm，如图 7.25 所示。

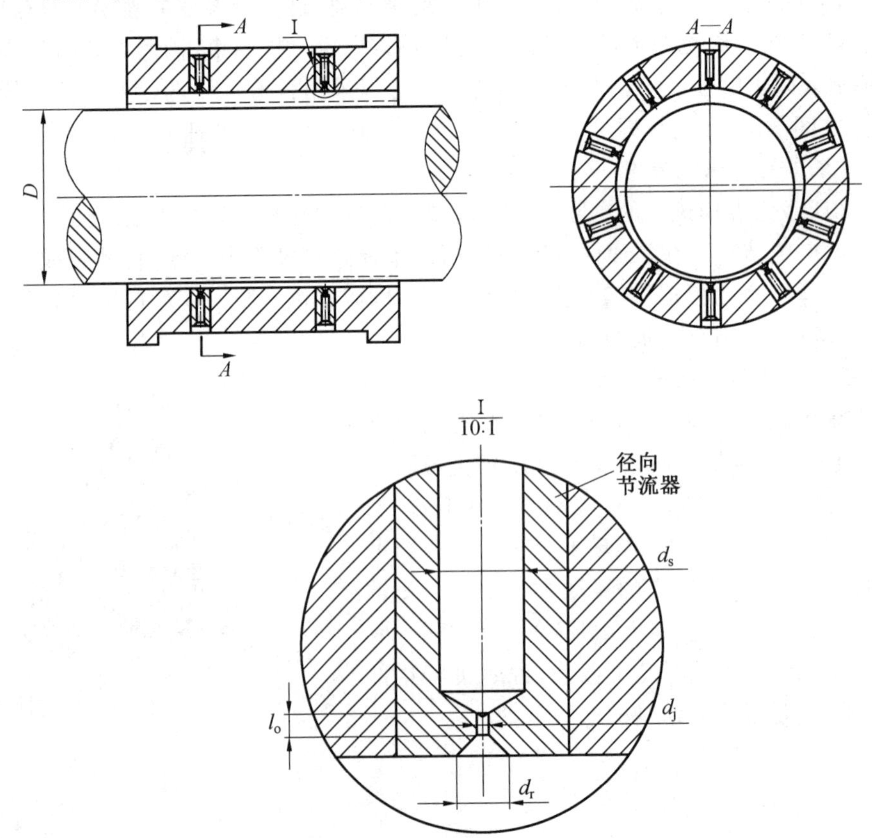

图 7.25 空气静压轴承基本结构示意图

本算例通过求解 Reynolds 方程计算空气静压轴承的动态特性，如式(7.68) 所示。

$$\frac{\partial}{\partial \bar{x}}\left(\bar{h}^3 \frac{\partial \bar{p}^2}{\partial \bar{x}}\right)+\frac{\partial}{\partial \bar{z}}\left(\bar{h}^3 \frac{\partial \bar{p}^2}{\partial \bar{z}}\right)+\bar{Q}\xi_i-\lambda\left(\bar{u}\frac{\partial(\bar{h}\bar{p})}{\partial \bar{x}}+\bar{\omega}\frac{\partial(\bar{h}\bar{p})}{\partial \bar{z}}\right)=0 \tag{7.68}$$

式中，$\bar{x}$、$\bar{z}$ 为无因次坐标；$\bar{h}$ 为无因次气膜厚度；$\bar{p}$ 为无因次气膜压力；$\bar{Q}$ 为质量流量因子；λ 为轴承数；ξ_i 为 Kronecker 数；$\bar{u}$、$\bar{\omega}$ 为 x 和 z 方向的无因次速度。

选用线性三角形单元作为有限元法的基本单元。获得气体润滑雷诺方程的有限元形式，如式(7.69) 所示。式中前两项表示静止轴承的雷诺方程有限元形式，第三项表示轴承运动速度的影响。利用此式通过数值迭代求解非线性方程组，可得到不同转速工况下气浮轴承流场的各节点压力分布。

$$\sum_{e\in\Delta i}\int_{\Delta e}([N^e]^{\mathrm{T}}h^e)^3\mathrm{d}\bar{x}\mathrm{d}\bar{z}(c_i[c^e]^{\mathrm{T}}+b_i[b^e]^{\mathrm{T}})f^e\frac{1}{(2\Delta e)^2}-k_1\mu_r\dot{m}_s\zeta_i-$$
$$\sum_{e\in\Delta i}\lambda(c_i\bar{u}+b_i\bar{\omega})[h^e]^{\mathrm{T}}\int_{\Delta e}[N^e][N^e]^{\mathrm{T}}\mathrm{d}\bar{x}\mathrm{d}\bar{z}\frac{1}{2\Delta e}(f^{1/2})^e=0$$
$$(i=1,2,\cdots,q) \tag{7.69}$$

计算域 Ω 网格划分如图 7.26 所示，开发的空气静压轴承性能分析软件如图 7.27 所示。

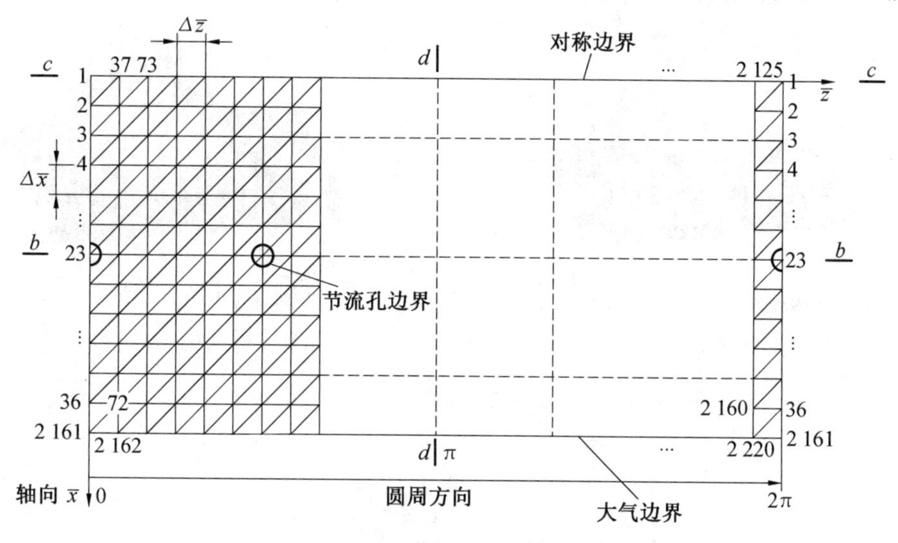

图 7.26 空气静压径向轴承计算域网格划分

2. 空气静压轴承的有限元计算结果

从图 7.28 中可以看出，当转速为 0 时，气膜压力完全由静压效应决定。随着转速的增加，气膜的压力分布发生变化，位于节流孔 5 和 6 之间的压力随转速的增加而增大，表明随转速增加速度效应愈发明显，气膜动压效应随转速增加逐渐增强。

当转速从 0 增加到 200 000 r/min 时，空气静压径向轴承在不同偏心率下承载能力和气膜刚度的增长率如图 7.29 所示。承载能力增长率从偏心率 0.2 时的 46.09% 增加到偏心率 0.9 时的 363.02%，表明偏心率越大，转速对轴承承载能力的影响越大。气膜刚度增长率从偏心率 0 时的 46.23% 增加到偏心率 0.6 时的 463.02%，表明转速和偏心率越大，轴承的气膜刚度增加的越快。

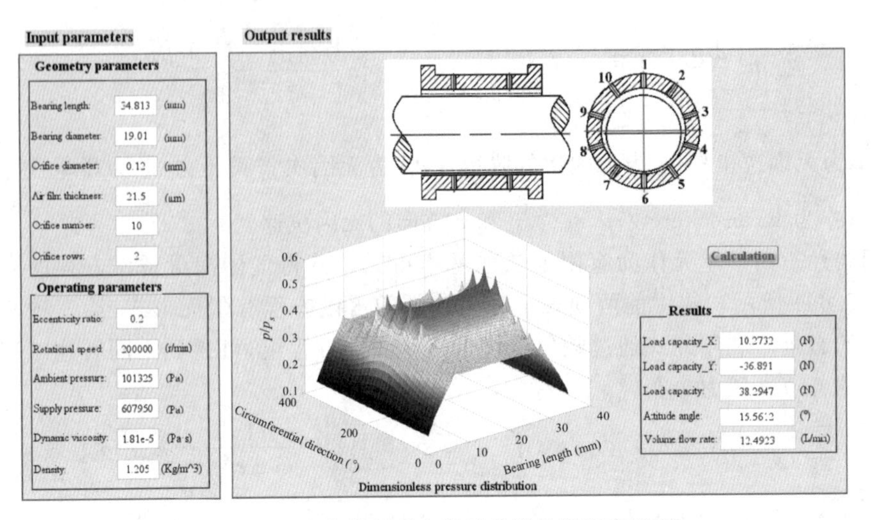

图 7.27 空气静压径向轴承性能分析程序界面

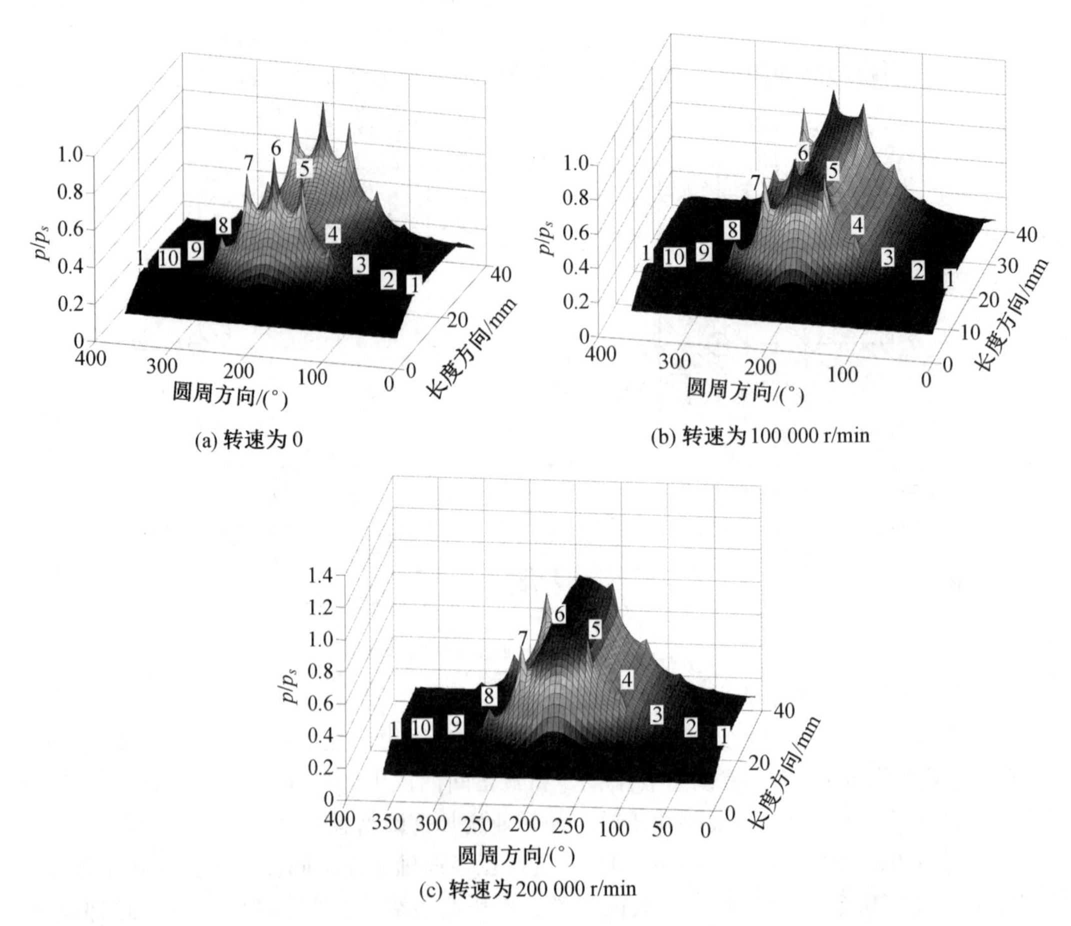

图 7.28 不同转速下气膜的无因次压力分布

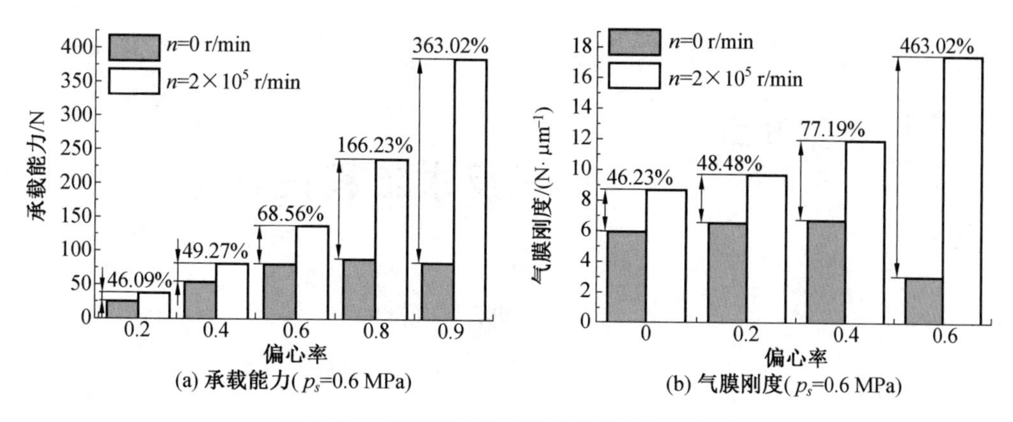

图7.29　不同偏心率下轴承性能的增长率

习　　题

1. 机械系统或结构的动力学特性对其工作性能有什么影响?

2. 采用传递函数分析方法求解机械系统或结构的动力学特性有什么优点,需要哪些前提条件?

3. 请具体说明模态分析法和模态综合法的思路与方法以及两者之间的区别。

4. 在采用模态分析法求解机械系统或结构的动力学特性时,要处理系统在物理坐标下的动力学特性向模态坐标的转换问题。请说明其转换方法及相关的模态参数。

5. 简述模态参数的识别方法。

第8章 反求工程设计

8.1 概　述

8.1.1 什么是“反求工程”

中华人民共和国成立之初，我国工业特别是重工业基础薄弱，设备陈旧落后。我们采取了引进、消化、吸收的仿制方式，自行研制了一大批各种机械设备，逐步建立起我国自己的工业基础。它们对我国日后自力更生形成自己的工业体系，不断提高各类机器设备的自行设计和制造能力起了重要作用。

当时通过引进、消化、吸收的方式进行机器设备的仿制，实际上就是“测绘”所瞄准的引进设备，把它完全拆卸开来，对其组成的零部件一件一件地进行尺寸测量，根据技术人员的经验和分析实验，制订加工制造的各项技术要求。在此基础上，再一件一件地自行加工制造、组装、调试和通过实际试用，再逐步改进和创新，最后定型。这整个“测绘”过程，除了涉及相关专业的方方面面的知识，包括所测绘机器设备的工作原理、基本技术性能、功能范围等基本知识外，还要掌握该类机器设备的传统设计方法和具体技术以及制造、装配、使用维护等。对有些自动化程度高、精度水平高的机器，还需要掌握相关的自动化技术、精密机械设计、加工和测量技术以及它们的发展趋势。

可以看出，即使仅就上述所涉及的知识和技术而言，组织这样的研制过程就是一个系统工程，是一种从原样机实施的“反求工程”，是一种逆向推理的设计，也称为逆向工程(Reverse Engineering，RE)。

反求工程是针对消化吸收先进技术的一系列分析方法和技术的综合。应用反求技术可以探索先进产品设计的指导思想，分析产品的原理方案，掌握相关的关键技术。

通过一台具体的机器设备的反求设计实践。例如，应用系统设计中的“黑箱”破解技术，就可确定机器的自动化控制方式；应用有限元分析可以确定诸如重型机器的框架、床身、立柱的设计参数等。可以看出，当今时代的反求工程离不开现代设计理论与方法，是现代设计理论与方法的重要组成部分。

8.1.2 反求工程的类型

这里所说的反求工程实际上是综合应用科学的方法论，如设计方法学及其相关的具体设计方法，对整台机器设备及其组成的零部件进行逆向推理的设计过程。这里将会遇到大到整台机器设备，小到某一个具体零件的实物反求或影像反求。

影像反求是根据某产品图片、录像、产品介绍说明等资料进行反求设计。

除了实物和影像反求以外，还有一项重要的反求内容就是与机器设备相配套的技术资料或技术文件。如果把实物看成是“硬件”，那么相对于实物而言，技术文件可以称为“软件”。为了避免和一般意义的计算机名词相混淆，我们采用“技术文件”一词。机器设备的技术文件有两类。第一类是通过测绘而整理出来的与所测绘的机器设备配套的技术资料。这类技术资料我们称为具有自主知识产权的“国产化”的技术文件。它们将是该产品制造、改进、创新的原始依据。第二类技术文件则是指直接从国外或国内引进的不包括设备本身的先进设备的技术文件，如它的图纸、设计计算说明书、材料清单、制造工艺等的技术文件以及使用、维修说明书等。显然，对这类技术文件就需要进行反求了。这类反求的难度较大，也较复杂。但这项反求工作是很有价值的。因为不直接引进技术文件，可以节约引进资金，缩短先进设备制造周期。

综上所述，机器设备的反求类型或方法有实物反求、影像反求和技术文件反求。

8.1.3 反求工程所涉及的知识范畴

不管是实物反求还是影像反求，系统分析设计法、创造性设计方法、有限元分析方法等所介绍的具体做法都是经常要采用的。但是在反求设计中还会遇到我们在前面几章中没有涉及的某些方法。例如，产品的系列设计将会遇到几何、半几何的相似设计方法；在确定零件材料的替换时将会用到模块化设计的方法；在影像反求和实物反求时就要遇到图形透视和图形的几何变换；再有了解某些曲线和曲面形成方法，如对汽轮机叶片、汽车后视镜等的反求也是必要的。测绘时零件尺寸和公差的确定，零件材料的选择、材料的替换及表面处理方法的确定，零件加工方法的选择、工艺参数的确定以及装配工艺等都较复杂且涉及的知识较多。特别是“技术文件”反求过程中，涉及的知识范围更多。例如，基本性能参数中的功率、转数等要涉及技术预测的模糊理论，零件尺寸的几何精度、公差分析的确定有时要用到优化方法，主要件(大件、主要传动件等)的尺寸确定要用到有限元和动态设计方法，部件装配工艺制订将涉及尺寸链分析计算，零件制造工艺分析涉及零件的工艺性等。传动链精度分析、零件动态精度分析对于精密、高速机器更是必需的等。

上面提到的图形透视和几何变换以及曲线、曲面形成方法都是图形学和CAD技术的内容，再有关于模糊论方法、预测技术等。这里就不再叙述了。因此，本章仅安排相似理论和相似设计、零件尺寸确定和制造工艺以及零件材料分析和选择等相关的内容。后两部分的内容比较专门而且广泛，在这里我们只能做些简单的原则性的介绍。至于所涉及的测量技术和精度分析方法的内容，这里也不再做介绍。

8.2 相似理论及相似设计方法

相似理论已有一百多年的发展历史。

相似理论作为一门在机械领域应用的方法学，我们统称为相似设计方法。它可以解决模型实验如何进行、系统产品如何设计以及计算机仿真原理等问题，有着广阔的应用范围。

8.2.1 相似概念

1. 相似和相似常数

在工程领域和日常生活中，经常能接触到相似的问题。相似是指一组物理过程与其基本参数之间有固定的比例关系。

(1) 几何相似。

对如图 8.1 所示的两个三角形，如满足各对应边之比相等，各对应角彼此相等，即若

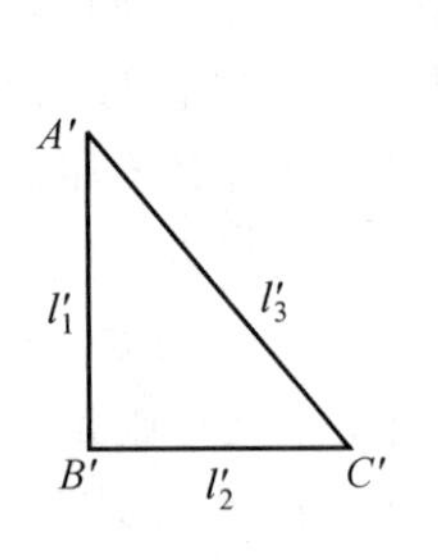

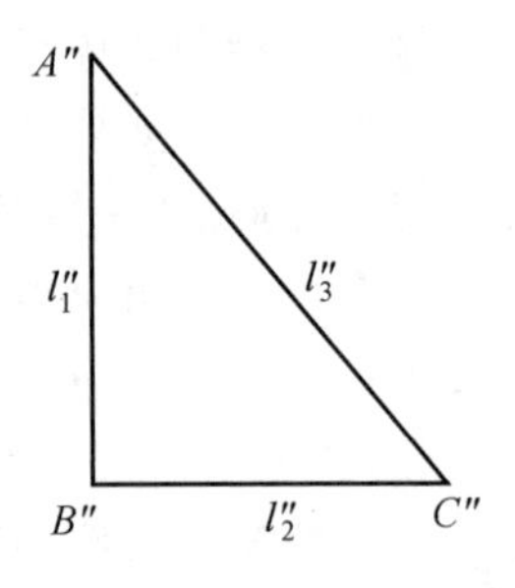

图 8.1 相似三角形

$$\frac{l''_1}{l'_1}=\frac{l''_2}{l'_2}=\frac{l''_3}{l'_3}=C_l$$

$$\angle A''=\angle A',\quad \angle B''=\angle B',\quad \angle C''=\angle C'$$

则该两三角形相似，即它们是几何相似的。

几何相似又称空间相似，因为它可以引申到多边形、多面体等上面去。

(2) 时间相似。

时间相似是指对应的时间间隔互成比例。或者说，若两系统的对应点或对应部分沿着几何相似的路程运动而达到另一个对应的位置时，所需要的时间的比例是一个常数。

如图 8.2 所示，两系统对应点运动时，若满足

$$\frac{\tau''_1}{\tau'_1}=\frac{\tau''_2}{\tau'_2}=\frac{\tau''_3}{\tau'_3}=\frac{\tau''}{\tau'}=C_\tau$$

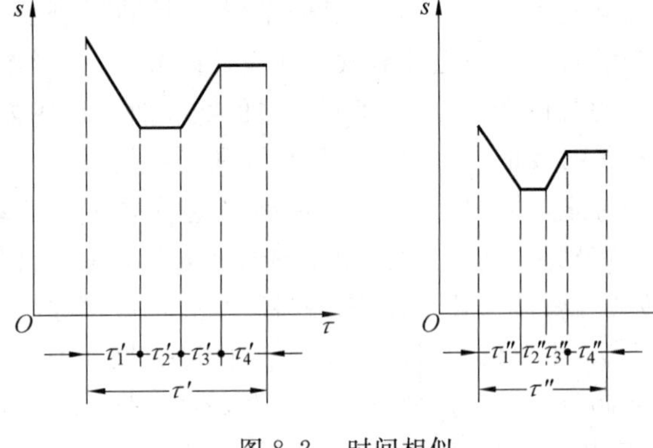

图 8.2 时间相似

则称之为时间相似。

相似概念可以推广到任何物理现象上去，但是必须以空间相似(量场的几何相似)和时间相似为前提。例如，有动力相似、温度(应力或浓度等)相似和物理现象相似等。

上述这些物理量的相似都是用相似系统在空间中的对应点和对应瞬间(对应时刻)两者来衡量的，即都是以空间相似和时间相似为条件的。同样，对于具有许多物理变化的现象(速度、密度、黏度等)相似是指：表述此种现象的所有量，在空间中相对应各点和在时间上相对应的各瞬间，各自互成一定的比例关系，并且被约束在一定的数学关系之中。

上述各种相似系统中，物理量的比例常数 C_l、C_τ、C_w、C_F、C_i 等称为相似常数。

相似常数是物理量相似的数学表达式，可以用$\frac{u''_i}{u'_i}=C_u$来表述。其中，u 是任何特征量。相似常数是相似系统中所有对应点上对应量的比例关系。对于不同的相似系统，它是一个不同的数值。

2. 相似变换

从相似常数的概念可以看出，如果把一个已知系统的每一个量的大小都用 C_u 的倍数来

进行变换，那么得到的新系统就和原来的已知系统相似。这种从已知系统变换得到新的相似系统称为相似变换。因此，相似常数也可称为相似变换时的相似比例。

下面叙述关于相似常数的推论。

若 u''_1、u''_2 和 u'_1、u'_2 是相似的量，即

$$\frac{u''}{u'}=\frac{u''_1}{u'_1}=\frac{u''_2}{u'_2}=C_u$$

则有

$$\frac{\Delta u''}{\Delta u'}=\frac{u''_1-u''_2}{u'_1-u'_2}=\frac{C_u(u'_1-u'_2)}{u'_1-u'_2}=C_u$$

同理还可得到

$$\frac{u''_1+u''_2}{u'_1+u'_2}=C_u$$

由于常量的极限值与该常量相等，因此对于连续介质的物体，还有

$$\lim\left(\frac{\Delta u''}{\Delta u'}\right)_{\Delta u\to 0}=\frac{\mathrm{d}u''}{\mathrm{d}u'_1}=C_u$$

或

$$\frac{x''_1-x''_2}{x'_1-x'_2}=\frac{\mathrm{d}x''}{\mathrm{d}x'}=\frac{x''}{x'}=C_x$$

同理

$$\frac{\mathrm{d}y''}{\mathrm{d}y'}=\frac{y''}{y'}=C_y$$

即对于两相似系统，对应物理量之和或差及其微分之比，仍然等于该物理量的相似常数。

3. 相似定数

从通式

$$\frac{u''_i}{u'_i}=C_u$$

可以写出

$$\frac{u''_1}{u'_1}=\frac{u''_2}{u'_2}=\frac{u''_3}{u'_3}=\cdots=C_u$$

同时也可以写出

$$\frac{u''_1}{u''_2}=\frac{u'_1}{u'_2}=i_u$$

或写成各种具体的物理量时，则有

$$\frac{l''_1}{l''_2}=\frac{l'_1}{l'_2}=i_l,\quad \frac{\tau''_1}{\tau''_2}=\frac{\tau'_1}{\tau'_2}=i_\tau$$

$$\frac{w''_1}{w''_2}=\frac{w'_1}{w'_2}=i_w,\quad \frac{F''_1}{F''_2}=\frac{F'_1}{F'_2}=i_F$$

这说明，一个已知系统任何物理量的比值等于与之相似的系统中相对应量的比值。亦即由已知系统变换到相似系统时，对于各对应点，比值 i_l、i_τ、i_w、i_F、i_u 等保持不变。所以，这里的 i_l、i_τ、i_w、i_F、i_u 等称为相似定数。它是同一系统内同类物理量间的比例，是一个简单数群。但是，对该系统各个不同的点，相似定数的值则是不同的。

4. 相似常数和相似定数的区别

首先，在数学表达式形式上，相似常数 $C_u=\frac{u''_i}{u'_i}=\frac{u''_{i+1}}{u'_{i+1}}$，而相似定数 $i_u=\frac{u''_i}{u''_{i+1}}=\frac{u'_i}{u'_{i+1}}$。

其次，在物理意义上，相似常数是两个相似系统在对应点上各对应量之间的比值。对于两个已定的相似系统，它是定值。而相似定数则是同一系统内同类物理量之间的比值。对

于两相似的系统,对应的比值不变。

5. 相似指标

有些物理量的相似定数也可以不是简单的数群。例如,质点的速度是一个导出量,即 $w=\frac{dl}{d\tau}$。若在已知系统和相似系统中,某对应点的速度分别是 w' 和 w'',则有

$$w'=\frac{dl'}{d\tau'},\quad w''=\frac{dl''}{d\tau''}$$

由相似常数的概念,对该两相似系统,有

$$\frac{l''_i}{l'_i}=C_l,\quad \frac{w''_i}{w'_i}=C_w,\quad \frac{\tau''_i}{\tau'_i}=C_\tau$$

或者写成

$$l''=C_l l',\quad w''=C_w w',\quad \tau''=C_\tau \tau'$$

因此,可以得出

$$w''=C_w w'=\frac{dl''}{d\tau''}=\frac{C_l dl'}{C_\tau d\tau'}=\frac{C_l}{C_\tau}w'$$

或

$$\frac{C_w C_\tau}{C_l}w'=w'$$

所以,必须是

$$\frac{C_w C_\tau}{C_l}=1$$

可以看出,这里的相似定数已经不是一个简单数群了,而是一个由相似常数组成的综合数群。我们常称 $\frac{C_w C_\tau}{C_l}=1$ 之类的综合数群为相似指标,它具有相似定数的意义。

以上所述的一些相似常数和相似定数只是规定了单值条件的相似,即物理(物理量)、空间(几何)条件、时间条件(包括初始条件和过程的定常与不定常或称稳定与不稳定性)和边界条件(即周围介质相互作用的条件,如对流体在管中的流动来说,入口处与出口处的压力和速度以及管壁处的速度等就是边界条件)等的相似。然而,当考虑到一个物理现象的时候,往往是从描述这个现象的方程式或方程组出发,即要考虑许多个对物理现象有影响的物理量,而不仅是某一个物理量。因此,现象的相似不能只局限在相似常数和相似定数上面。

6. 相似准则

现在来看能够用数学方程式描述的物理现象之间的相似条件。

例如,牛顿定律给出

$$力=质量\times加速度$$

即

$$F=ma=m\frac{dv}{d\tau}$$

对于两个相似的现象,有

$$F''=m''\frac{dv''}{d\tau''} 和 F'=m'\frac{dv'}{d\tau'}$$

并且有

$$F''=C_F F',\quad m''=C_m m',\quad \tau''=C_\tau \tau'$$

因而 $F''=C_F F',m''\frac{dv''}{d\tau''}=C_m m'\frac{C_v dv'}{C_\tau d\tau'}=\frac{C_m C_v}{C_\tau}m'\frac{dv'}{d\tau'}$,或写成 $\frac{C_F C_\tau}{C_m C_v}F'=m'\frac{dv'}{d\tau'}$,故必有条件

$$\frac{C_F C_\tau}{C_m C_v}=1$$

由前所述,这里$\frac{C_F C_\tau}{C_m C_v}$也是相似指标。由该指标可以写出

$$\frac{F''}{F'}\cdot\frac{\tau''}{\tau'}\Big/\frac{m''}{m'}\cdot\frac{v''}{v'}=1$$

或

$$\frac{F''\tau''}{m''v''}=\frac{F'\tau'}{m'\tau'}=\frac{F\tau}{mv}=\text{idem}$$

为了和简单数群的相似定数相区别,我们称$\frac{F\tau}{mv}$之类形式的综合数群为相似准则或相似判据。它表示在已知系统和相似系统中,不同类物理量之间的乘积(综合数群)必须在数值上相等。

相似准则是一个无量纲的数。在相似理论中,一般都是用无量纲量表述现象。

首先,无量纲量能体现较深入的内容。例如,无量纲长度 l/d 表示几倍于直径的长度,在流体力学中,它的数值可以确定管内流动的状态;无量纲速度 w/a(a 是音速)表示几倍于声音的速度,它给人以流动范围(亚音速、超音速等)的概念,也使人联想到在此不同流动范围内的一些有关问题,如压缩性、空气动力和加热等;无量纲数群$\frac{wl}{v}=Re$体现惯性力与黏滞力的比值,它的大小决定流动处于层流、紊流状态,也使人们联想到一些有关的问题,如阻力特点等。

其次,有量纲量的数值和单位制的选择有关,这就涉及人的主观意志。而物理定律是客观存在的,它们不应随人的意志在体现时有所转移。如果体现客观规律的关系式用无量纲量来表述,则不管采用什么单位,只要同类量的单位一致,则无量纲量关系式的形式不会有任何改变。因此,表达自然规律的最终形式应该是无量纲的关系式。

再次,用无量纲量整理实验结果,可以推广到相似现象中去,也使实验内容明显减少。

如果用无量纲量给相似下定义的话,则相似是指无量纲量场(如 w/w_0、ρ/ρ_0、v/v_0 等)几何全等的现象。

7. 相似准则的组合与变换

相似准则是根据一定的方程式推导出来的,不是任意选择或拼凑起来的,它具有一定的物理意义。对于复杂现象,可能存在几个相似准则。

因为相似现象的相似准则在数值上相等,即 $\pi=\text{idem}$,所以相似现象可以根据需要写成不同的形式,也可以和常数值或其他的相似准则进行不同的组合或变换,所得的新的相似准则具有新的物理意义。常见的组合或变换有:

(1) 相似准则的指数幂,即 π^n 仍是相似准则。

(2) 相似准则的指数积,即 $\pi_1^n\cdot\pi_2^m\cdot\cdots\cdot\pi_n^s$ 仍是相似准则。

(3) 相似准则与任意常数的和或差仍是相似准则。

(4) 相似准则间的和或差,即 $\pi_1^n\pm\pi_2^m\pm\cdots\pm\pi_n^s$ 仍是相似准则。

(5) 相似准则中任一物理量用其差值代替仍是相似准则,如$\frac{\rho}{\rho w^2}$和$\frac{\Delta\rho}{\rho w^2}$都是同一相似准则。

8.2.2 相似准则的确定

相似准则是相似理论、模型实验研究以及相似性设计的核心。因此,如何确定相似准则

就是解决问题的关键了。

确定相似准则有两类方法：方程分析法和量纲分析法。

1. *方程分析法*

方程分析法是基于量纲一致性原理的，即方程中每一项的量纲都相同。这是通过方程分析能够导出相似准则的基础。通常采用的方程分析法有相似变换法和积分类比法。

(1) 相似变换法。

下面举例说明其方法步骤。

例 8.1 黏性不可压缩流体的稳定等温流动。

① 写出微分方程式并给出单值条件。

根据质量守恒定律，可导出连续性方程

$$\frac{\partial w_x}{\partial x}+\frac{\partial w_y}{\partial y}+\frac{\partial w_z}{\partial z}=0$$

根据牛顿第二定律，即力等于质量乘加速度的定律，可导出运动方程。对 x 轴的运动方程式为

$$\rho\left(w_x\frac{\partial w_x}{\partial x}+w_y\frac{\partial w_x}{\partial y}+w_z\frac{\partial w_z}{\partial z}\right)=\rho g_x-\frac{\partial p}{\partial x}+\mu\left(\frac{\partial^2 w_x}{\partial x^2}+\frac{\partial^2 w_x}{\partial y^2}+\frac{\partial^2 w_z}{\partial z^2}\right)$$

对 y 轴和 z 轴可以通过变量 x、y、z 的轮换，写出相应的运动方程式。

上述两微分方程式中，w_x、w_y、w_z 分别是流体流速在三个坐标轴上的分量；ρ 是流体的密度；g_x 是重力加速度；p 是压力；μ 是动力黏度；x、y、z 是自变量；w_x、w_y、w_z 和 p 是因变量（未知量）；而 ρ、μ、g_x（g_y、g_z）是不变量（常量）。两式的推导请参阅流体力学的有关文献。

上述运动方程式中，等号左端表示惯性力；等号右端第一项表示重力；第二项表示压力，即表面垂直力；第三项表示黏滞力，即表面切向力。

单值条件有：

a. 几何条件，如流体在管内流动，应给出管径 d、管长 l 等。

b. 物理条件，如密度 ρ、动力黏度 μ、重力加速度 g 等。

c. 边界条件，即直接相邻的周围情况。

d. 起始条件。

单值条件是附加性质的条件，它们能把服从同一方程组的无数现象单一地划分出来，形成某一特定的具体现象，从而可求出该具体问题的特解来。

② 写出相似常数表达式。

设有两个彼此相似的体系，第一个标以“′”，第二个标以“″”，则可写出

$$\frac{\omega''_x}{\omega'_x}=\frac{\omega''_y}{\omega'_y}=\frac{\omega''_z}{\omega'_z}=C_w,\quad \frac{p''}{p'}=C_p,\quad \frac{\rho''}{\rho'}=C_\rho,\quad \frac{\mu''}{\mu'}=C_\mu$$

$$\frac{g''_x}{g'_x}=\frac{g''_y}{g'_y}=\frac{g''_z}{g'_z}=C_x,\quad \frac{x''}{x'}=\frac{y''}{y'}=\frac{z''}{z'}=C_l$$

进行相似变换，推导相似准则。

对第一体系，连续性方程和运动方程可写成

$$\frac{\partial w'_x}{\partial x'}+\frac{\partial w'_y}{\partial y'}+\frac{\partial w'_z}{\partial z'}=0$$

$$\rho'\left(\omega'_x\frac{\partial w'_x}{\partial x'}+\omega'_y\frac{\partial w'_x}{\partial y'}+\omega'_z\frac{\partial w'_x}{\partial z'}\right)=\rho' g'_x+\mu'\left(\frac{\partial^2 w'_x}{\partial x'^2}+\frac{\partial^2 w'_x}{\partial y'^2}+\frac{\partial^2 w'_z}{\partial z'^2}\right)$$

对第二体系，相应地有

$$\frac{\partial w''_x}{\partial x''}+\frac{\partial w''_y}{\partial y''}+\frac{\partial w''_z}{\partial z''}=0$$

$$\rho''\left(\omega''_x\frac{\partial w''_x}{\partial x''}+\omega''_y\frac{\partial w''_x}{\partial y''}+\omega''_z\frac{\partial w''_x}{\partial z''}\right)=\rho''g''_x+\mu''\left(\frac{\partial^2 w''_x}{\partial x''^2}+\frac{\partial^2 w''_x}{\partial y''^2}+\frac{\partial^2 w''_z}{\partial z''^2}\right)$$

由相似常数，可得

$$\omega''_z=C_w w'_x,\quad p''=C_p p',\quad z''=C_l z',\quad \cdots$$

代入第二体系后，有

$$\frac{C_w}{C_l}\left(\frac{\partial w'_x}{\partial x'}+\frac{\partial w'_y}{\partial y'}+\frac{\partial w'_z}{\partial z'}\right)=0$$

$$\frac{C_\rho C_w^2}{C_l}\rho'\left(\omega'_x\frac{\partial w'_x}{\partial x'}+w'_y\frac{\partial w'_x}{\partial y'}+w'_z\frac{\partial w'_x}{\partial z'}\right)=C_\rho C_g\rho' g'_x-\frac{C_p}{C_l}\frac{\partial p'}{\partial x'}+$$

$$\frac{C_\mu C_w}{C_l^2}\mu'\left(\frac{\partial^2 w'_x}{\partial x'^2}+\frac{\partial^2 w'_x}{\partial y'^2}+\frac{\partial^2 w'_z}{\partial z'^2}\right)$$

因为两个体系是相似的物理现象，所以应具有相同的微分方程式。因此，将上述经过变换后的两式和第一体系对应的两式比较，可得 $\frac{C_\rho C_w^2}{C_l}=C_\rho C_g=\frac{C_p}{C_l}=\frac{C_\mu C_w}{C_l^2}=$ 任意数，$\frac{C_w}{C_l}=$ 任意数。

从第一个连等式可以写出三组等式和三个相似指标式，即

$\frac{C_\rho C_w^2}{C_l}=C_\rho C_g$，整理后，得相似指标式 $\frac{C_g C_l}{C_w^2}=1$；

$\frac{C_\rho C_w^2}{C_l}=\frac{C_p}{C_l}$，整理后，得相似指标式 $\frac{C_p}{C_\rho C_w^2}=1$；

$\frac{C_\rho C_w^2}{C_l}=\frac{C_\mu C_w}{C_l^2}$，整理后，得相似指标式 $\frac{C_\rho C_w C_l}{C_\mu}=1$；

从 $\frac{C_w}{C_l}=$ 任意数，得不出相似常数之间的任何限制，所以写不出相似指标式。

把各相似常数所代表的物理量代入上述三个相似指标式，可得出各相应的相似准则。即

自 $\frac{C_g C_l}{C_w^2}=1$，可得 $\frac{g'l'}{w'^2}=\frac{g''l''}{w''^2}$ 或 $\frac{gl}{w^2}=$ 不变量 $=Fr$。它代表重力和惯性力之比，称为弗鲁德准则。

自 $\frac{C_p}{C_\rho C_w^2}=1$，可得 $\frac{p'}{\rho' w'^2}=\frac{p''}{\rho'' w''^2}$ 或 $\frac{p}{\rho w^2}=$ 不变量 $=Eu$。它代表压力惯性力之比，称为欧拉准则。

自 $\frac{C_\rho C_w C_l}{C_\mu}=1$，可得 $\frac{\rho' w' l'}{\mu'}=\frac{\rho'' w'' l''}{\mu''}$ 或 $\frac{\rho wl}{\mu}=$ 不变量 $=Re$。它代表惯性力和黏性力之比，称为雷诺准则。

③ 再用相同的方法从单值条件方程中，获得另外一些相似准则。

但对这个实例的单值条件，得不出相似准则。

(2) 积分类比法。

采用积分类比法时，要应用如下一些类比的关系式：

$$\frac{\mathrm{d}u''}{\mathrm{d}u'}=\frac{u''}{u'},\quad \frac{\partial w_x''}{\partial w_x'}=\frac{w_x''}{w_x'},\quad \frac{\partial x''}{\partial x'}=\frac{x''}{x'},\quad \int y\mathrm{d}x=yx$$

$$\frac{\partial w_x}{\partial_x}\Rightarrow\frac{w}{l},\quad \frac{\partial^2 w_x}{\partial_y{}^2}\Rightarrow\frac{w}{l^2},\quad \mathrm{e}^x\Rightarrow x,\quad \cos wt\Rightarrow wt$$

同时，还因为相似现象是用完全相同的方程组描述的，所以，方程式中任意相对应的两项的比值应该相等。下面举例说明其方法步骤。

例 8.2 仍为上述描述黏性不可压缩流体的等温流动问题。

① 写出相应的微分方程式和单值条件如前。

② 用方程式中的任一项去遍除其他各项。

对 x 轴的运动方程式，用其等式左端的第一项遍除等式右端的第一、二、三项，得

$$\frac{\text{右一项}}{\text{左一项}}=\frac{\rho g_x}{\rho w_x\dfrac{\partial w_x}{\partial x}},\quad \frac{\text{右二项}}{\text{左一项}}=\frac{\dfrac{\partial p}{\partial x}}{\rho w_x\dfrac{\partial w_x}{\partial x}},\quad \frac{\text{右三项}}{\text{左一项}}=\frac{\mu\dfrac{\partial^2 w_x}{\partial x^2}}{\rho w_x\dfrac{\partial w_x}{\partial x}}$$

等式左端的三项具有相同的形式，所以就不用左一项去除左二项、左三项了。

连续性方程式的三项也具有相同的形式，因此写不出上述对应的比例式，所以得不出相似准则。

③ 进行各有关量的积分类比替代，得出相应的相似准则如下。

$$\frac{\rho g_x}{\rho w_x\dfrac{\partial w_x}{\partial x}}=\frac{g_x\partial_x}{w_x\partial w_x}\Rightarrow\frac{gl}{w^2}=\text{不变量}=Fr$$

$$\frac{\dfrac{\partial p}{\partial x}}{\rho w_x\dfrac{\partial w_x}{\partial x}}=\frac{\partial p}{\rho w_x\partial w_x}=\frac{p}{\rho w^2}=\text{不变量}=Eu$$

$$\frac{\mu\dfrac{\partial^2 w_x}{\partial x^2}}{\rho w_x\dfrac{\partial w_x}{\partial x}}\Rightarrow\frac{\mu\dfrac{w}{l^2}}{\rho w\dfrac{w}{l}}=\frac{\mu}{\rho wl}=\text{不变量}\quad\text{或}\quad\frac{\rho wl}{\mu}=\text{不变量}=Re$$

由于$\dfrac{\partial w_x}{\partial x}$、$\dfrac{\partial w_x}{\partial y}$、$\dfrac{\partial w_x}{\partial z}$都将用$\dfrac{w}{l}$替代，$\dfrac{\partial^2 w_x}{\partial x^2}$、$\dfrac{\partial^2 w_x}{\partial y^2}$、$\dfrac{\partial^2 w_x}{\partial z^2}$都将用$\dfrac{w}{l^2}$替代，所以用等式左端括号内的第二项和第三项遍除，将给出和用第一项遍除的相同结果。同样，等式右端括号内的第二项和第三项的结果和第一项的结果相同。

2. 量纲分析法

当写不出描述现象的方程组时，可以采用量纲分析法或称因次分析法来确定相似准则。

所谓量纲就是采用基本度量单位表示导出单位的表达式。在国际 SI 单位制中，把长度 L(m)、质量 M(kg)、时间 T(s) 和温度 t(K) 定为基本量。在工程单位制中，把长度 L(m)、力 F(N)、时间 T(s) 和温度 t(K) 定为基本量。常用物理量在两种单位制下的量纲见表 8.1。

表 8.1　常用物理量在两种单位制下的量纲

物理量	符号	量纲		物理量	符号	量纲	
		SI单位制	工程单位制			SI单位制	工程单位制
长度	L	$[L]$	$[L]$	剪切弹性模量	G	$[L^{-1}MT^{-2}]$	$[FL^{-2}]$
质量	M	$[M]$	$[FL^{-1}T^{2}]$	泊松比	μ	$[0]$	$[0]$
时间	T	$[T]$	$[T]$	摩擦系数	f	$[0]$	$[0]$
温度	t	$[K]$	$[K]$	正应力	σ	$[L^{-1}MT^{-2}]$	$[FL^{-2}]$
力	F	$[LMT^{-2}]$	$[F]$	剪应力	τ	$[L^{-1}MT^{-2}]$	$[FL^{-2}]$
力矩	M	$[L^{2}MT^{-2}]$	$[FL]$	正应变	ε	$[0]$	$[0]$
线速度	v	$[LT^{-1}]$	$[LT^{-1}]$	剪应变	γ	$[0]$	$[0]$
线加速度	a	$[LT^{-2}]$	$[LT^{-2}]$	压强	p	$[L^{-1}MT^{-2}]$	$[FL^{-2}]$
角度	φ	$[0]$	$[0]$	功率	N	$[L^{2}MT^{-3}]$	$[FLT^{-1}]$
角速度	ω	$[T^{-1}]$	$[T^{-1}]$	频率	ω_0	$[T^{-1}]$	$[T^{-1}]$
角加速度	β	$[T^{-2}]$	$[T^{-2}]$	阻尼比	ξ	$[0]$	$[0]$
密度	ρ	$[L^{-3}M]$	$[FL^{-4}T^{-2}]$	阻尼系数	c	$[MT^{-1}]$	$[FL^{-1}T]$
单位体积质量	γ	$[L^{-2}MT^{-2}]$	$[TL^{-3}]$	刚度系数	k	$[MT^{-2}]$	$[FL^{-1}]$
转动惯量	J	$[L^{2}M]$	$[FLT^{2}]$	动力黏度系数	μ	$[L^{-1}MT^{-1}]$	$[FL^{-2}T]$
弹性模量	E	$[L^{-1}MT^{-2}]$	$[FL^{-2}]$	运动黏度系数	v	$[L^{2}T^{-1}]$	$[L^{2}T^{-1}]$

注：$[0]=[L^{0}M^{0}T^{0}]$ 或 $[0]=[F^{0}L^{0}T^{0}]$

采用量纲分析法时，应首先了解所研究现象的物理实质，并正确决定参与现象的全部物理量。然后，根据表示物理关系的方程式等号两端量纲应该齐次的原则，就可推算出指数未知的物理关系式，即得相似准则。

例 8.3　分析弹性体振动的相似准则。

① 定性分析。

弹性体振动的固有频率 ω_0 与长度 L、材料密度 ρ、弹性模量 E、泊松比 μ 和阻尼比 ζ 有关，即

$$F(\omega_0, L, \rho, E, \mu, \zeta)=0$$

② 设

$$\omega_0 = CL^{a}\rho^{b}E^{c}\mu^{d}\zeta^{e}$$

式中，a、b、c、d、e 是待定常数。

由于该问题与温度无关，且参数 μ 和 ζ 是无量纲的量，结果只有 $n-r=4-3=1$ 个相似准则。

在列写上面 ω_0 的表达式时，先写主要的物理量，依次为次主要的物理量，这样可使主要分析的几个物理量只分别出现在一个相似准则中，便于分析。

③ 列出量纲方程式。

若采用 SI 单位制，则由表 8.1 可以写出

$$\mathrm{T}^{-1}=[\mathrm{L}]^{a}[\mathrm{L}^{-3}\mathrm{M}]^{b}[\mathrm{L}^{-1}\mathrm{M}\mathrm{T}^{-2}]^{c}=\mathrm{L}^{(a-3b-c)}\mathrm{M}^{(b+c)}\mathrm{T}^{-2c}$$

因为等号两端量纲齐次，所以可得

$$\left.\begin{aligned}a-3b-c&=0\\b+c&=0\\-2c&=-1\end{aligned}\right\}$$

由此解得

$$a=-1,\quad b=-\frac{1}{2},\quad c=\frac{1}{2}$$

故弹性体振动的频率方程为

$$\omega_0=CL^{-1}\rho^{-\frac{1}{2}}E^{\frac{1}{2}}=\frac{C}{L}\sqrt{\frac{E}{\rho}}$$

④ 若有两个相似系统，则相似常数方程为

$$C_{\omega 0}=C_l^{-1}C_{\rho}^{-\frac{1}{2}}C_E^{\frac{1}{2}}$$

⑤ 相似准则。

$$\pi=\omega_0 L\rho^{\frac{1}{2}}E^{-\frac{1}{2}}=\text{idem}$$

也可以将上面的运算用矩阵线性变换的形式来进行，其方法步骤用下例说明。

例 8.4 问题描述与前面相同。黏性不可压缩流体的稳定等温流动问题。

① 写出量纲矩阵。

考虑描述该问题的物理量有流速 w、通过尺寸 l、压力 p、密度 ρ、动力黏度 μ 和重力加速度 g，则可将相似准则假设为

$$\pi=p^{a}\mu^{b}g^{c}w^{d}l^{e}\rho^{f}$$

式中，a、b、c、d、e、f 是待定常数。

若采用 SI 制，则上式的量纲关系是

$$[\pi]=[\mathrm{L}^{-1}\mathrm{M}\mathrm{T}^{-2}]^{a}[\mathrm{L}^{-1}\mathrm{M}\mathrm{T}^{-1}]^{b}[\mathrm{L}\mathrm{T}^{-2}]^{c}[\mathrm{L}\mathrm{T}^{-1}]^{d}[\mathrm{L}]^{e}[\mathrm{L}^{-3}\mathrm{M}]^{f}$$

因而可以写出量纲矩阵

	p	μ	g	w	l	ρ
M	1	1	0	0	0	1
L	−1	−1	1	1	1	−3
T	−2	−1	−2	−1	0	0
	a	b	c	d	e	f

② 取不为零的行列式，并将它排在量纲矩阵的右侧，以确定已知量和未知量。

考虑到

$$\begin{vmatrix}0&0&1\\1&1&-3\\-1&0&0\end{vmatrix}=1(\neq 0)$$

所以，量纲矩阵中物理量的排列顺序可以不改变。

③ 由 π 的量纲为零的条件，写出相应的待定常数方程式

$$\left.\begin{aligned}&a+b+f=0\\&-a-b+c+d+e-3f=0\\&-2a-b-2c-d=0\end{aligned}\right\}$$

这是一个不定方程组，取 d、e、f 为未知量，用已知量 a、b、c 来表达它们，得

$$\left.\begin{aligned}&f=-a-b\\&d+e-3f=a+b-c\\&d=-2a-b-2c\end{aligned}\right\}$$

解之得

$$\begin{aligned}&d=-2a-b-2c\\&e=-b+c\\&f=-a-b\end{aligned}$$

或

d	e	f	
−2	0	−1	a
−1	−1	−1	b
−2	1	0	c

上述运算相当于对原矩阵进行换置，使其左侧变成单位阵，以便采用已知量来表示未知量

	p	μ	g	w	l	ρ
π_1	1	0	0	−2	0	−1
π_2	0	1	0	−1	−1	−1
π_3	0	0	1	−2	1	0
	a	b	c	d	e	f

④ 直接从换置后的矩阵写出无量纲数群 —— 相似准则。

准则数目为 $n-r=6-3=3$

$$\pi_1=pw^{-2}\rho^{-1}=\frac{p}{\rho w^2}=Eu$$

$$\pi_2=\mu w^{-1}l^{-1}\rho^{-1}=\frac{p}{\rho wl}=Re$$

$$\pi_3=gw^{-2}l=\frac{gl}{w^2}=Fr$$

应该说明，相似准则与上述假定的无量纲数的排列顺序无关。例如，将本例的无量纲数群写为

$$\pi=w^a l^b p^c \rho^d \mu^e g^f$$

则量纲关系是

$$[\pi]=[LT^{-1}]^a[L]^b[L^{-1}MT^{-2}]^c[L^{-3}M]^d[L^{-1}MT^{-1}]^e[LT^{-2}]^f$$

此时的量纲矩阵是

	w	l	p	ρ	μ	g
M	0	0	1	1	1	0
L	1	1	−1	−3	−1	1
T	−1	0	−2	0	−1	−2
	a	b	c	d	e	f

经换置后，得 π 矩阵

$$
\begin{array}{c|ccc:ccc|}
 & w & l & p & \rho & \mu & g \\
\hline
\pi_1 & 1 & 0 & 0 & \frac{1}{3} & -\frac{1}{3} & -\frac{1}{3} \\
\pi_2 & 0 & 1 & 0 & \frac{2}{3} & -\frac{2}{3} & \frac{1}{3} \\
\pi_3 & 0 & 0 & 1 & -\frac{1}{3} & -\frac{2}{3} & -\frac{2}{3} \\
\hline
 & a & b & c & d & e & f
\end{array}
$$

写出相似准则

$$\pi''_1=\frac{w\rho^{\frac{1}{3}}}{\mu^{\frac{1}{3}}g^{\frac{1}{3}}} \quad 或 \quad \pi'_1=\frac{w^3\rho}{\mu g}$$

$$\pi''_2=\frac{l\rho^{\frac{2}{3}}g^{\frac{1}{3}}}{\mu^{\frac{2}{3}}} \quad 或 \quad \pi'_2=\frac{l^2\rho^3 g}{\mu^2}$$

$$\pi''_3=\frac{p}{\rho^{\frac{1}{3}}\mu^{\frac{2}{3}}g^{\frac{2}{3}}} \quad 或 \quad \pi'_3=\frac{p^3}{\rho^3\mu^2 g^2}$$

把它们进行组合变换处理，有

$$\pi''_3(\pi''_1)^{-2}=\left(\frac{p}{\rho^{\frac{1}{3}}\mu^{\frac{2}{3}}g^{\frac{2}{3}}}\right)\cdot\left(\frac{w\rho^{\frac{1}{3}}}{\mu^{\frac{1}{3}}g^{\frac{1}{3}}}\right)^{-2}=\frac{p}{\rho w^2}=\pi_1=Eu$$

$$(\pi''_1)^{-1}(\pi''_2)^{-1}=\frac{\mu}{\rho wl}=\pi_2=Re$$

$$\pi''_2(\pi''_1)^{-2}=\frac{gl}{w^2}=\pi_3=Fr$$

8.2.3 模型实验

模型实验是相似理论在工程技术中的主要应用领域之一。

许多工程问题，由于其复杂性，难以列出微分方程式。即使列出了微分方程式也无法求解。因而，单纯靠数学方法还不能完全解决问题，而直接对实物进行实验研究又有很大的局限性。因此，在模型上进行模化研究的方法现在仍然是探索自然规律时采用的一种实验研究方法，仍然是工业上产品开发中的重要环节。

模化是指不直接研究自然现象或过程本身，而是用和这些自然现象或过程相似的模型来进行研究的一种方法。它是用方程分析或量纲分析方法导出相似准则，并在根据相似原理建立起来的模型上，通过实验求出相似准则之间的函数关系，再把此函数关系推广到设备实物上去，从而得到设备实物工作规律的一种实验研究方法。

从广义角度看，模化是实物(原型)的形态、工作规律或信息传递规律在特定的(一般是简化的模型)条件下的一种相似再现。模型是指和实物的形态、工作规律或信息传递规律相似的物体或设备(如实验台、计算机等)。或者说，模型是对所要研究的对象在某些特定方面的抽象。通过模型对原型进行研究，使其具有更深刻、更集中的特点。

1. 模化设计和模型实验

(1) 确定模型尺寸和材料。

① 定尺寸。

确定原型与模型的几何尺寸相似常数 $C_l = l/l_m$。

C_l 一般不宜选得过大或过小。C_l 过大则模型加工精度要求高，且引起较大的实验误差。例如，汽车模型的风洞实验，若取 $C_l = 4$ 时，误差为 10%；而 $C_l = 10$ 时，误差为 40%。

② 选择材料。

a. 应使弹性范围内，模型材料的应力－应变呈线性关系，并选择 E 较小的材料，使在一定载荷下模型的变形和应力较大，易于精确测量。

b. 加工性、成型性好，便于制作复杂结构的模型。

c. 有一定的强度，性能稳定。

d. 价格低廉。

(2) 模型实验。

根据相似理论，由原型的工作要求计算出模型的转速、载荷、温度等工作条件。模型的工作条件常用各种方法模拟，有时需进行适当的简化。实验时，测定模型在相应的工作条件下与相似准则有关的应力、应变等物理性能参数。

(3) 实验数据的综合方法。

为了使在模型上所得到的实验结果能够推广到与其相似的原型上去，应根据相似 π 定理，把实验结果整理成相似准则之间的关系式——准则方程式

$$\pi = f(\pi_1, \pi_2, \cdots, \pi_n) \quad 或 \quad \pi = A\pi_1^{\alpha}\pi_2^{\beta}\pi_3^{\gamma}$$

因为对于所有相似的现象，相似准则都保持同样的数值，所以它们的准则方程式也应是相同的。由此，如把某现象的相似结果整理成准则方程式，那么得到的这种准则方程式就可以推广到与其相似的现象中去。模化条件必须保证所有已定准则各自在数值上相等。

例如，受迫运动对流换热过程的准则关系式为 $Nu = ATRe^n$，其中的 A 和 n 是常数，可以通过实验求出，$Nu = \frac{\alpha l}{\lambda}$ 称为努塞尔准则。

当已定(或定性)准则数目增加，如 $Nu = ARe^n Pr^m$ 时，其中 $Pr = \frac{v}{\alpha}$ 称为普朗特准则，可在 Pr 等于某固定值 Pr_0 的条件下进行实验，式 $Nu = ARe^n Pr^m$ 可改写为 $Nu = A_1 Re^n$，而 $A_1 = APr_0^m$。

通过实验建立起来的、对一切彼此相似的现象都适用的准则关系式，只有在实验所确认的各变量的范围内才可以应用。

这里所介绍的实验数据综合方法，不仅适用于把模型实验结果推广到与其相似的实物原型上去，还适用于把一般工业实验的结果推广到与其相似的现象上去。

(4) 分析原型性能参数。

通过相似条件计算并预测原型的性能及工作情况，即进行实验结果的推广，并在此基础上调整原设计的参数、尺寸和结构，使其性能最佳。

2. 模化设计举例

(1) 不同材料的模型刚度实验。

例 8.5 某起重机上的某零件，载荷为 10^6 N，材料是钢，许用拉伸应力 $[\sigma] = 30\ \text{N/mm}^2$，弹性模量 $E = 2 \times 10^5\ \text{N/mm}^2$，其允许的最大拉伸变形量 $[\delta] = 0.25$ mm。现拟采用有机玻璃做模型进行实验，$[\sigma]_m = 5.5\ \text{N/mm}^2$，$E_m = 3\,100\ \text{N/mm}^2$，试进行模化设计。

假设模型上最大拉伸变形量 $\delta_m = 0.7$ mm 时是符合刚度要求的，试问此时零件原型上的最大拉伸变形量是否符合刚度要求？

解 ① 设计模型。

选定原型和模型尺寸比例系数 $C_l = \frac{l}{l_m} = 4$。由题设可知，应力相似常数（应力比）$C_\sigma = \frac{[\sigma]}{[\sigma]_m} = \frac{30}{5.5} = 5.46$，弹性模量相似常数 $C_E = \frac{E}{E_m} = \frac{2\times 10^5}{3\ 100} = 64.52$。

② 写出相似准则和相似指标。

此实验主要是力、应力、变形的关系，它们之间存在着如下的物理关系式：

$$\sigma = \frac{F}{A} \quad 和 \quad \sigma = E\varepsilon = E\frac{\delta}{l}$$

式中，F 是拉伸载荷(N)；A 是截面积(mm^2)；E 是弹性模量(N/mm^2)；δ 是拉伸变形(mm)；l 是工作长度(mm)。

这里共有 5 个物理量、3 个基本量（温度除外），则准则数 $= n - r = 5 - 3 = 2$ 个，即

$$\frac{\sigma A}{F} = \text{idem} \quad 和 \quad \frac{\sigma l}{E\delta} = \text{idem}$$

相应的相似指标

$$\frac{C_\sigma C_A}{C_F} = \frac{C_\sigma C_l^2}{C_F} \quad 和 \quad \frac{C_\sigma C_l}{C_E C_\delta} = 1$$

③ 确定模型上的加载力 F_m。

由 $\frac{C_\sigma C_l^2}{C_F} = 1$，得

$$C_F = C_\sigma C_l^2 = \frac{F}{F_m}$$

所以

$$F_m = \frac{F}{C_\sigma C_l^2} = \frac{16^6\text{ N}}{5.46\times 4^2} = 11\ 460(\text{N})$$

④ 验算零件原型的变形是否符合要求。

由

$$\frac{C_\sigma C_l}{C_E C_\delta} = 1$$

得

$$C_\delta = \frac{C_\sigma C_l}{C_E} = \frac{\delta}{\delta_m}$$

即

$$\delta = \delta_m \frac{C_\sigma C_l}{C_E} = 0.7\times\frac{5.46\times 4}{64.52} = 0.237(\text{mm}) < [\delta] = 0.25\ \text{mm}$$

所以，是满足刚度要求的。

(2) 相同材料的模型刚度实验。

例 8.6 某平面弯曲的梁，其载荷为 P。现做模型实验，模型与原型材料相同，尺寸常数 $C_l = 10$，为便于测量，希望模型变形为原型变形的 5 倍。试求模型的载荷 P_m。

解 ① 推导相似准则的相似指标。

平面梁弯曲的微分方程为

$$\frac{d^2\delta}{dl^2} = -\frac{M}{EI}$$

式中，M 是弯矩(N·mm)，其相似常数 $C_m = \frac{M}{M_m}$，而 $M \propto Pl$，则 $C_m = C_P C_l$；P 是载荷(N)，

有$C_P=\dfrac{P}{P_m}$；E是材料的弹性模量(N/mm²)，有$C_E=\dfrac{E}{E_m}=1$；I是梁的截面惯性矩(mm⁴)，有$C_I=\dfrac{I}{I_m}$或$C_I=C_l^4$；l是梁的长度方向的坐标(mm)，有$C_l=\dfrac{l}{l_m}=10$；δ是梁的弯曲挠度(mm)，由题设$C_\delta=\dfrac{\delta}{\delta_m}=\dfrac{1}{5}$。

因而，可以写出

$$\frac{C_\delta}{C_l^2}=\frac{C_m}{C_E C_I}=\frac{C_P C_l}{C_E C_l^4}$$

所以，相似指标

$$\frac{C_\delta C_E C_l}{C_P}=1$$

因为只有4个物理量l、P、E、δ，则只有4－3＝1个相似准则。即由上面的相似指标可得相似准则

$$\frac{E\delta l}{P}=\text{idem}$$

② 求模型上的载荷。

由 $$\frac{C_\delta C_E C_l}{C_P}=1 \quad 有 \quad C_P=C_\delta C_E C_l=\frac{P}{P_m}$$

所以 $$P_m=\frac{P}{C_P}=\frac{P}{C_\delta C_E C_l}$$

代入条件$C_l=10$，$C_E=1$，$C_\delta=\dfrac{1}{5}$，可得

$$P_m=\frac{P}{\frac{1}{5}\times 1\times 10}=\frac{P}{2}$$

即模型加载力是原型的$\dfrac{1}{2}$。

(3) 轴的疲劳强度实验。

例8.7 如图8.3所示，在转动的轴上加的载荷为P。拟在模型上做轴的疲劳强度实验，尺寸常数$C_l=5$。若模型应力和原型相同，试求模型上应加的载荷P_m；为缩短模型疲劳寿命的实验时间，拟加大应力至原型的10倍。试求模型上应加的载荷P_m。

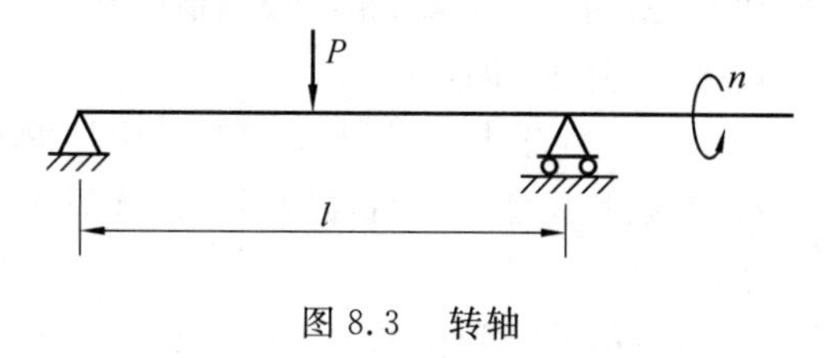

图8.3 转轴

解 ① 求相似准则和相似指标。

转轴的弯曲应力计算公式是

$$\sigma=\frac{M}{W}$$

式中，σ是应力(N/mm²)，有$C_\sigma=\dfrac{\sigma}{\sigma_m}$；$M$是弯矩(N·mm)，有$C_m=C_P C_l$；$W$是抗弯截面系数(mm³)，有$C_W=C_l^3$。

由应力公式得相似准则

$$\frac{\sigma W}{M} \Rightarrow \frac{\sigma l^2}{P} = \text{idem}$$

相似指标 $$\frac{C_\sigma C_l^2}{C_P} = 1$$

② 求模型上的载荷。

由相似指标，有 $$C_P = C_\sigma C_l^2 = \frac{P}{P_m}$$

则 $$P_m = \frac{P}{C_P} = \frac{P}{C_\sigma C_l^2}$$

a. 当模型应力和原型相同时，$C_\sigma = 1$

则得 $$P_m = \frac{P}{1 \times 5^2} = \frac{P}{25} = 0.04P$$

即此时模型上应加$\frac{P}{25}$的载荷。

b. 当模型应力为原型的10倍时，即

$$C_\sigma = \frac{\sigma}{\sigma_m} = \frac{1}{10}$$

则得 $$P_m = \frac{P}{\frac{1}{10} \times 5^2} = \frac{P}{2.5} = 0.4P$$

即此时模型上应加$\frac{P}{2.5}$的载荷。

8.2.4 相似性设计

相似理论在产品系列设计中的应用又称相似性设计。

为了满足使用者的不同要求，工厂常设计和生产系列产品。所谓系列产品，是指具有相同功能、相同结构方案、相同或相似的加工工艺，且各产品相应的尺寸参数及性能指标具有一定级差（公比）的产品。

产品系列设计时，首先选定某一中档的产品为基型，对它进行最佳方案的设计，定出其材料、参数和尺寸。然后再按系列设计原理，即通过相似原理求出系列中其他产品的参数和尺寸。

在产品系列设计中，一般有两种造型原理：几何级数的几何相似产品系列和几何半相似产品系列。

1. 几何相似产品系列设计

此时，系列产品在空间所有三个方向都应按长度 l 的相同公比 φ_l 来确定尺寸。假设系列中各产品的应力、速度、扭转角等均相同，并设它们具有相同的材料、相同的使用条件。若设长度 l 的公比 $\varphi_l = 1.25$，则常用物理量的公比如下：

$$\text{面积}(A \sim l^2) \quad \varphi_A = \varphi_l^2 = 1.6$$

$$\text{体积}(V \sim l^3) \quad \varphi_V = \varphi_l^3 = 2$$

$$\text{质量}\left(m \sim \frac{l^3 \gamma}{g}\right) \quad \varphi_m = \varphi_l^3 = 2$$

$$\text{惯性矩}(I \sim l^4) \quad \varphi_I = \varphi_l^4 = 2.5$$

$$\text{平面抗矩}(W \sim l^3) \quad \varphi_W = \varphi_l^3 = 2$$

$$\text{转动惯量}(J \sim l^5) \quad \varphi_J = \varphi_l^5 = 3.15$$

$$\text{静、动态力}(P = A\sigma \sim l^2) \quad \varphi_P = \varphi_l^2 = 1.6$$

$$\text{静、动力矩}(M = Pl \sim l^3) \quad \varphi_M = \varphi_l^3 = 2$$

$$\text{速度}(v \sim l^0) \quad \varphi_v = \varphi_l^0 = 1$$

$$\text{加速度}\left(a = \frac{P}{m} \sim \frac{l^2}{l^3} = \frac{1}{l}\right) \quad \varphi_a = \varphi_l^{-1} = \frac{1}{1.25}$$

$$\text{功率}(N = Pv \sim l^2) \quad \varphi_N = \varphi_l^2 = 1.6$$

$$\text{扭转角}(\alpha \sim l^0) \quad \varphi_\alpha = \varphi_l^0 = 1$$

$$\text{弯曲刚度(刚度系数 } k = \text{常数} \times D \sim l) \quad \varphi_k = \varphi_l = 1.25$$

$$\text{在力 } P \text{ 作用下的弯曲变形}\left(y = \frac{P}{k} \sim \frac{l^2}{l} = l\right) \quad \varphi_y = \varphi_l = 1.25$$

$$\text{扭转刚度}(k_T = \text{常数} \times D^3 \sim l^3) \quad \varphi_T = \varphi_l^3 = 2$$

$$\text{扭转和弯曲振动时的振动频率}\left(\omega = \frac{\text{常数}}{D} \sim \frac{1}{l}\right) \quad \varphi_\omega = \varphi_l = 1.25$$

例 8.8 组合机床系列设计时，若取主轴前轴承轴颈D的尺寸公比$\varphi_D = \varphi_l = 1.25$，则由前述，应取功率$N$的公比$\varphi_N = \varphi_l^2 = 1.6$，扭矩$M$的公比$\varphi_M = \varphi_l^3 = 2$。

因而，对钻、铰、扩孔的动力头，前轴承轴颈D和功率N、扭矩M的系列数值见表 8.2。

表 8.2 钻、铰、扩孔的动力头的 D、N、M

主轴直径 D/mm $\varphi_l = 1.25$	25	32	40	50	63	80	100	125	160	200
功率 N/kW $\varphi_N = 1.6$	0.63	1.0	1.6	2.5	4.0	6.3	10	16	25	40
扭矩 M/(N·m) $\varphi_M = 2$	15.68	31.36	61.74	122.5	245	490	980	1 960	3 920	7 840

按照同样的原则，铣削动力头和通用铣床，最大功率$N_{\max}$(kW)、最大扭矩$M_{\max}$(N·m)与其主轴的平均直径D(mm)的关系如下。

对无套筒的铣削主轴：$N_{\max} = \frac{D^2}{10}$，$M_{\max} = \frac{D^3}{10}$。

对有套筒的铣削主轴：$N_{\max} = \frac{D^2}{15}$，$M_{\max} = \frac{D^3}{15}$。

例 8.9 设计如图 8.4 所示结构的继电器片簧系列，要求在$l = 5 \sim 160$ mm之间共有 16 种型号。

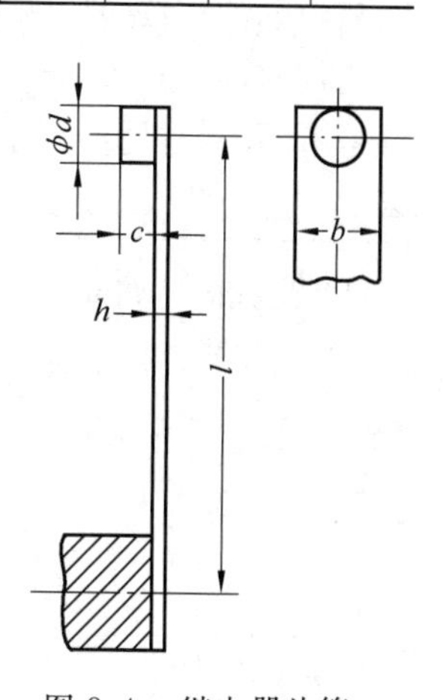

图 8.4 继电器片簧

解 经过计算，系列的尺寸公比为

$$\varphi_l = \sqrt[16-1]{\frac{160}{5}} = 1.25$$

由前述，弯曲刚度系数公比$\varphi_k = \varphi_l = 1.25$

$$\text{质量公比} \quad \varphi_m = \varphi_l^3 = 2$$

$$频率公比 \quad \varphi_\omega = \varphi_l^{-1} = \frac{1}{1.25} = 0.8$$

若取基型的 $l_0 = 31.5$ mm，基型相应的结构尺寸见表8.3。

表8.3 弹簧片基型相应的结构尺寸

结构尺寸	l_0/mm	h_0/mm	c_0/mm	d_0/mm	b_0/mm	m_0/g	$k_0\times10^{-3}/(\mathrm{N\cdot mm^{-1}})$	ω_0/s^{-1}
数　　值	31.5	0.2	1.6	5	6.3	0.32	50	63
公　　比 φ	1.25	1.25	1.25	1.25	1.25	2	1.25	0.8

系列中，扩大型的尺寸参数为 $H_1 = \varphi_l l_0, H_2 = \varphi_l^2 l_0, \cdots$

质量参数为 $M_1 = \varphi_m m_0, M_2 = \varphi_m^2 m_0, \cdots$

刚度参数为 $K_1 = \varphi_k k_0, K_2 = \varphi_k^2 k_0, \cdots$

频率参数为 $\Omega_1 = \varphi_\omega \omega_0, \Omega_2 = \varphi_\omega^2 \omega_0, \cdots$

系列中，缩小型的尺寸参数为 $h_1 = \varphi_l^{-1} l_0, h_2 = \varphi_l^{-2} l_0, \cdots$

质量参数为 $m_1 = \varphi_m^{-1} m_0, m_2 = \varphi_m^{-2} m_0, \cdots$

刚度参数为 $k_1 = \varphi_k^{-1} k_0, k_2 = \varphi_k^{-2} k_0, \cdots$

频率参数为 $\omega_1 = \varphi_\omega^{-1} \omega_0, \omega_2 = \varphi_\omega^{-2} \omega_0, \cdots$

据此原理设计的部分系列产品的尺寸或参数见表8.4。

应该指出，采取几何相似造型时，也有些结构尺寸是不能成比例的。如铸件壁厚，由于工艺限制而不能小于一定数值；尺寸的配合公差公比应是 $\varphi_i \approx \varphi_l^{1/3}$，因为公差单位 $i = 0.45D^{1/3} + 0.001D$。但是，过小的公差使制造困难。

2. *几何半相似产品系列设计*

此时，在三个坐标方向的尺寸公比可能是不相同的。应该按照工艺、使用要求等具体情况来确定各参数的比例关系。如车床系列设计中，中心高 h 或工件最大回转直径 D 一般是成比例的，即 $D_1/D_2 = \varphi_D$；而中心距 l、车床中心离地面高度 H 以及手柄几何尺寸的大小 b 等将是不同的，有的甚至是随结构改变的。因而，在系列设计时必须要进行具体分析。

表8.4 弹簧片系列尺寸或参数

尺寸或参数	l/mm	h/mm	c/mm	d/mm	b/mm	m/g	$k\times10^{-3}/(\mathrm{N\cdot mm^{-1}})$	ω/s^{-1}
⋮	⋮	⋮	⋮	⋮	⋮	⋮	⋮	⋮
缩小型 h_2	20	0.125	1.0	3.15	4.0	0.08	31.5	100
缩小型 h_1	25	0.16	1.25	4.00	5.0	0.16	40.0	80
基　型 M	31.5	0.2	1.6	5.00	6.3	0.32	50.0	63
扩大型 H_1	40	0.25	2.0	6.30	8.0	0.63	63.0	50
扩大型 H_2	50	0.315	2.5	8.00	10.0	1.25	80.0	40
⋮	⋮	⋮	⋮	⋮	⋮	⋮	⋮	⋮

例8.10 设已有的工作台宽 B=380 mm的双柱式坐标镗床的横梁－立柱－床身系统

的刚度能满足要求，现确定工作台宽 400 mm、700 mm、840 mm、1 000 mm 的横梁－立柱－床身系统的断面尺寸及其尺寸相似常数。

解 (1) 横梁－立柱框架断面尺寸及其相似常数的确定。

设双柱坐标镗床系列的主参数 B、横梁上的移动部件(主轴箱和溜板)的质量 G 以及要求的定位精度 ΔL 见表 8.5。

表 8.5 双柱坐标镗床的参数

工作台宽度 B/mm	380	400	700	840	1 000
横梁移动部件质量 G/N	18	22	33	100	120
定位精度 $\Delta L/\mu$m	2	2	2	3	3

在分别对横梁和立柱进行研究时，都可以把它们看作是弹性结构梁。弹性结构梁在载荷 P 的作用下，若略去剪力的影响，其微分方程式为

$$\frac{d^3\delta}{dl^3}=\frac{P}{EI}$$

由此引入相似常数，可得

$$\frac{C_\delta}{C_l^3}=\frac{C_P}{C_E C_I}$$

因而，相似指标为

$$\frac{C_P C_l^3}{C_\delta C_E C_I}=1$$

式中，C_δ 是弹性位移相似常数，因为弹性位移直接影响机床的定位误差，因此可取 $C_\delta=\frac{\Delta L_2}{\Delta L_1}$；$C_P$ 是移动部件质量相似常数，$C_P=\frac{G_2}{G_1}$；C_l 是支承跨距的相似常数，$C_l=C_B=\frac{B_2}{B_1}$；C_I 是断面惯性矩相似常数，$C_I=\frac{I_2}{I_1}$；C_E 是弹性模量相似常数，因材料相同，$C_E=1$。

因为刚度 $k=\frac{P}{\delta}$，所以刚度相似常数 $C_k=\frac{C_P}{C_\delta}$。这样，相似指标可以写为

$$\frac{C_P C_l^3}{C_\delta C_E C_I}=\frac{C_k C_B^3}{C_I}=1$$

由此可得

$$C_I=C_k C_B^3$$

根据表 8.5 可得坐标镗床系列各参数的相似常数见表 8.6。

表 8.6 坐标镗床系列各参数的相似常数

B/mm	380	400	700	840	1 000
C_B	1	1.05	1.84	2.2	2.63
C_P	1	1.2	2.4	5.5	6.7
C_δ	1	1	1	1.5	1.5
$C_h=C_P/C_\delta$	1	1.2	2.4	3.6	4.5

从表 8.6 的数据可以写出横梁－立柱框架 C_k 和 C_B 的关系为

$$C_k \approx C_B^{1.5}$$

代入前式，可得

$$C_l = C_k C_B^2 \approx C_B^{4.5}$$

这说明，为了满足 $C_k \approx C_B^{1.5}$ 的要求，横梁－立柱断面惯性矩的相似常数 C_I 应与尺寸相似常数 C_B 的 4.5 次方成正比。

如果按照完全几何相似的造型，应该有 $C_I = C_l^4 = C_B^4$。但是，这将满足不了刚度（惯性矩）提出 $C_k \approx C_B^{1.5}$ 的要求。因而，这里只能按照几何级数半相似的造型：或者将横梁－立柱的断面尺寸作得比用几何相似常数计算出的更增大一些，使由 $C_I = C_B^4$ 增大到 $C_I = C_B^{4.5}$；或者采用合理加筋等措施，增大断面惯性矩，达到 $C_I = C_B^{4.5}$ 的效果。

(2) 床身断面尺寸及其相似常数的确定。

床身在工作台和工件质量等移动载荷的作用下，仍可看作弹性结构梁，因此仍可得到相似指标 $\dfrac{C_P C_l^3}{C_\delta C_E C_I} = 1$。

因为断面抗弯惯性矩 $I = \dfrac{bh^3}{12}$，因此得到 $C_I = C_b C_h^3$。对于双柱坐标镗床床身，其高度 h 受操作方便性的限制，不能随机床主参数 B 的增加而增加，即有 $C_h = 1$，只有床身的宽度 b 和主参数 B 成正比增加，即有 $C_b = C_B$。因而可得

$$C_I = C_b C_h^3 = C_B \times 1^3 = C_B$$

又因 $C_l = C_B$ 和 $C_E = 1$。这样，相似指标可改写为

$$\frac{C_P C_l^3}{C_\delta C_E C_I} = \frac{C_P C_B^3}{C_\delta C_I} = \frac{C_P C_B^2}{C_\delta} = 1$$

从而可得

$$C_P = \frac{C_\delta}{C_B^2}$$

根据表 8.6 的统计，一般有 $C_\delta \approx C_B^{0.5\sim1}$，代入上式，可得

$$C_P = \frac{C_\delta}{C_B^2} \approx \frac{C_B^{0.5\sim1}}{C_B^2} \approx \frac{1}{C_B^{1\sim1.5}}$$

即允许的载荷与坐标镗床工作台宽度尺寸 B 的 1 次方或 B 的 1.5 次方成反比。也就是说，采用上述方法计算出的大规格的坐标镗床允许的载荷反而小了，与实际要求是矛盾的。如果载荷按尺寸相似常数的同一数值来设计，则又将导致大规格机床的变形误差相似常数增大。由此看出，床身的刚度问题是大规格坐标镗床设计的突出矛盾，必须采用增大床身壁厚或加筋板等措施来增大 C_I 值，或者采用增加床身辅助支承，以减少 C_l 值。可见，分析相似指标可以确定或调整各参数间的相互关系，从而提出设计参数的合理指标。例如，对床身可取 $C_l = C_B, C_I = C_l^4, C_\delta = C_B$，则

$$\frac{C_P C_l^3}{C_\delta C_E C_I} = \frac{C_P C_l^3}{C_\delta C_l^4} = \frac{C_P}{C_\delta C_l} = \frac{C_P}{C_B C_l} = \frac{C_P}{C_B^2} = 1$$

即得

$$C_P = C_B^2$$

这样，则载荷 P 和主参数 B 的平方成正比。或者反过来说，规定 $C_P = C_B^2$，再来调整其他

的相似常数。

对于有些更复杂的问题，在相似设计时，相似准则间的函数关系不能用简单的分析法得出，往往还需要通过一些实验才能得出。

8.3 零件尺寸确定和制造工艺

8.3.1 零件尺寸的确定

在实物反求时，对于零件，特别是轴、套和盘类零件，首先应根据该零件在机构中的相互关系及工作性能要求，确定该零件的基本尺寸是基孔制还是基轴制，然后对其尺寸进行测量。在我国，基孔制采用得较多。

1. 基本尺寸的确定

对零件基本尺寸进行测量时，要注意选择测量基准。要在零件的长、宽、高三个方向上各选一个基准。通常是选择零件的中心线、轴线、端面、对称面和底面作为尺寸的基准。

测量时，对于零件的功能尺寸(如配合尺寸、装配时的定位尺寸等)、几何形状和位置误差应测量到小数点后 2 ～ 3 位；而对不需要注出公差的非功能(又称自由)尺寸，只需测到小数点后的 1 位即可。

在测量较大的孔、轴、长度等尺寸时，要多测几个点再取其平均值。

有时需要采取画放大图的方法。例如，测绘像汽轮机叶片这样的复杂零件时，就应该这样利用放大图一边测量，一边检查。

当零件某些尺寸不能直接测出时，就要通过产品工作性能、工作范围、技术要求等进行分析、计算来确定其尺寸。

2. 基本尺寸公差值的确定

通常零件的功能尺寸都要给出公差值。基本尺寸的公差值一般都是用查公差标准的办法确定，公差值有上偏差和下偏差之分。对于基孔制的孔，它的上偏差为正值，下偏差等于零；而基轴制的轴的上偏差则等于零，下偏差却为负值。

对于复杂的配合件和机构系统的公差分配，则要根据机构总位置精度要求，依靠经验或用公式计算的办法来确定各组成件的公差。

零件尺寸和公差确定后，有时要进行相关尺寸是否协调和尺寸标注是否合理等的检查。例如，箱体类零件就要进行尺寸链的计算，来检查组成环和封闭环之间的尺寸是否合理。

3. 形状和位置公差(形位公差)的选择

零件的几何形状和位置精确度对机械性能的影响较大，所以一般零件都要求在零件图上标出形位公差。例如，在一台车床上加工轴或孔时，主轴的回转精度直接影响其加工精度，所以对车床床头箱上支承主轴的前、后轴承孔，除了对孔本身有圆度要求外，还要给两孔的同轴度规定位置公差。如果在车床上加工长轴或进行镗孔，那么对车床尾座的顶尖套筒和尾座体上配合的内孔都需要给出表面的圆度或圆柱度的公差。否则，就不能保证车床的设计性能和使用要求。

形位公差可以用查标准的办法确定。可以参考以下原则来确定形位公差的允许值。

对在同一要素上给出的形状公差值，应小于位置公差值，如要求平行的两个平面，其平面度公差值应小于平行度公差值。圆柱形零件的形状公差(轴线的直线度除外)，一般情况下应小于其尺寸公差值。平行度公差值，应小于其相应的距离公差值。

8.3.2 零件的制造工艺

对于零件制造工艺所涉及的内容，这里是从确定零件加工路线的工艺流程的主要组成项目来确定的。因此，零件制造工艺包含的内容较广，主要包括零件材料、尺寸、公差、粗糙度、热处理、加工方法以及相应的工艺参数等。

零件材料和热处理将在下一节做简单介绍；零件尺寸及公差等已在上面进行相应的叙述。下面仅就加工方法做一些说明。

零件的加工方法有铸造、锻压、焊接等热加工方法和金属切削加工方法及相应的工艺参数(切削速度、进给量、切削深度)。仅就金属切削加工方法而言，它又分为车削、钻削、刨削、铣削、镗削、齿轮切削、磨削、挤压、抛光、珩磨；另外还要分成精密、超精密切削等。所以，要根据零件加工质量和精度、加工难度、加工工时及加工费用等进行分析、比较，最后确定合适的加工方法。

最后要指出一点，在反求工程中，特别是在技术文件反求工作中，必须重视工艺问题的分析研究。这是因为工艺中的某些奥秘不易掌握和破译，有的工艺技术甚至仅掌握在少数工匠的手中；另外，对于引进的先进技术文件，是没有机器设备原型可供参考和模拟的。

8.3.3 部件的装配工艺

从部件装配角度来说，对其组成零件不仅要求具有可加工性(即结构工艺性)，还要求有可装配性(即装配工艺性)和可维修性(可以拆卸)。部件的装配精度是机器质量指标中的一项重要指标。

要达到装配精度，必须选择正确的装配工艺(装配方法)，并须进行尺寸链分析、计算。

保证装配精度的方法有完全互换法、不完全互换法、分组互换法、修配法和调整法等。

反求工程一般都是针对单台设备进行的，零部件备份少。装配时利用对尺寸链中的补偿环或调整环进行修配、调整比较合适。

修配法和调整法在原理上是相似的，只是具体方法有些不同。它们都是在尺寸链中设置一个用于保证达到规定的装配精度要求的“补偿环”。修配法是通过切掉某一个预定的“补偿环”的多余金属来改变尺寸链中该补偿环的尺寸来达到规定的装配精度；而调整法则是根据装配时的实际需要，通过改变该补偿环位置或尺寸来达到规定的装配精度要求的。

8.4 零件材料分析和选择

8.4.1 零件的材料选择

材料是产品的基础，材料及其工艺(主要是指零件毛坯工艺和热处理工艺)选择得是否合理，是产品性能和质量能否得到保证的一个重要方面。在零件的技术条件中，一般都含有对材料性能方面的要求，且要作为质量检验项目之一。

机械零件的材料可以是铸铁、钢，也可以选用非金属材料，如高分子材料和陶瓷材料等。

所选材料的工艺性能(如成型工艺、热处理工艺及机械加工工艺)应和产品的结构要求相适应，以保证零件的毛坯和成品的质量。

例如，汽车转向节的材料选择，主要是从它的轴颈根部常因疲劳断裂而失效的事实来考虑的，所以应保证转向节轴颈具有较高的抗疲劳强度。因此，这类零件通常采用的材料是合金钢，如40CrMo等中碳合金钢。相应的这类零件的毛坯、热处理和机械加工工艺过程大致如下：

模锻⟶正火⟶粗加工⟶调质(淬火再高温回火)处理⟶精加工⟶轴颈根部表面淬火⟶成品

在上面的零件加工工艺过程中，模锻是毛坯加工，正火(热处理工艺)的目的是消除毛坯表面硬层及内应力，以方便切削粗加工；调质也是热处理工艺，其目的是提高表面层的硬度；接下来就是采用磨削加工方式(精加工)去除表面因调质处理而产生的微小变形；最后再对其根部进行表面淬火的热处理，以提高疲劳强度。

从上面的简单说明可以看出，材料的工艺性能和零件的加工工艺过程是密切相关的。

另外，在确定零件材料时还要考虑降低成本的问题。能用普通碳素钢时不要选用具有过高的机械、物理性能的合金钢。还有，当选择不出合适的材料时，就应通过实验(如模化实验)确定代用材料，以实现材料国产化。

8.4.2 零件材料的成分分析和表面处理

1. 材料的成分分析

首先，可以通过火花和声音凭经验进行简易的初步定性鉴别。然后再进一步进行材料的成分的定量分析。根据需要，定量(有时也可能还有定性分析的需要)分析可以采用光谱分析法、化学分析法，甚至微探针分析技术来确定材料组成成分及其含量。

2. 零件的表面处理

为了提高零件的表面性能(如硬度、抗磨性、抗腐蚀性等)、延长零件使用寿命(如抗磨、抗疲劳、抗腐蚀等性能)以及发掘零件材料的潜能(通过改变材料内部的金属组织结构等方法)，一般都需要对零件的表面或者已进行切削加工的表面进行调质和表面处理。零件的表面处理方法有喷丸、滚压、退火、回火、淬火、表面形变硬化、渗碳、渗氧、共渗、堆焊、电镀、表面涂层等。

8.5 反求分析和设计案例

前面已经指出，反求的对象包括国际先进产品及其相关的技术资料。这些产品一般都是在现代设计理论和方法指导下，采用先进的设计手段和工具设计出来的，其中往往蕴涵着某些重要的关键技术。所以，在进行反求分析和设计时，要求参与这项工作的工程技术人员既要熟悉和掌握有关的设计理论和方法，也要具有良好的专业基础理论和实际知识与经验。还应特别强调的一点是,我们在进行反求工作时,要充分尊重知识产权,必须在设计上实现产品的创新。

下面介绍几个反求分析和设计的实例,以使读者对反求工程有个大致的了解。

例 8.11 分析装载机新型连杆机构,并进行相似和优化设计。

如图 8.5 所示是瑞典 VOLVO 公司生产的装载机上采用的一种由其首创的新型工作装置的八连杆机构的结构原理图。它是由三个封闭回路、两个四边形和一个五边形组成的一个四杆机构和一个六杆机构。它是一个比较复杂的结构系统。其给定的主动杆位移不能用一般作图方法求得各杆的位移解,各杆的位置也不能表示成主动杆位置和机构参数的显函数。这就给反求分析和设计带来一定的困难。

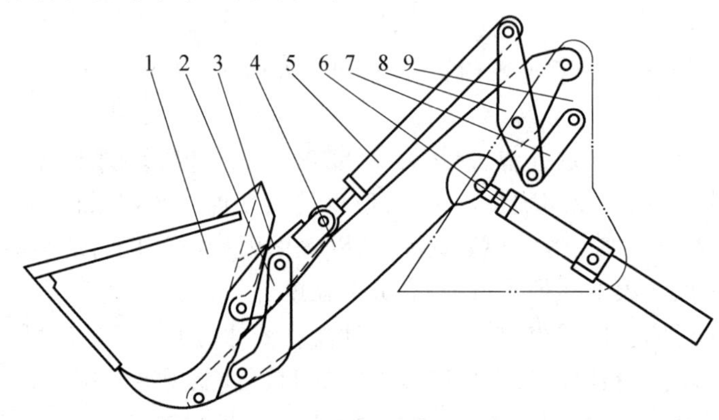

图 8.5 VOLVO 工作装置连杆机构

1— 铲斗;2— 摇臂;3— 推杆;4— 动臂;5— 铲斗油缸;6— 动臂油缸;7— 拉杆;8— 上摇臂;9— 机架

为了掌握其设计方法,必须对该机构进行比较全面的分析,了解该连杆机构的特点。为此,设计工作者进行了以下三个方面的工作:(1) 对该机构的性能和优缺点进行计算机辅助分析;(2) 根据测绘所得的尺寸参数进行相似设计;(3) 针对重构的工作装置的新型连杆机构进行优化设计以获得具有创新性质的最佳方案。

计算机辅助性能分析主要包括动臂举升过程铲斗的倾角计算、传动角计算、铲装力和举升力计算。

1. 动臂举升过程铲斗的倾角计算

考虑到铲斗在工作过程中,要经历在地面的铲土到最高点的卸土过程,因此要计算铲斗的倾角变化,以评价铲斗的平移性。为此,如图 8.6 所示,给定机架线 a_1 相对于动臂的转角 θ_1,求斗铰线相对于动臂的转角 φ_2。

从图 8.6 可以看出,通过 θ_1 能在坐标系 $x_1O_1y_1$ 中计算出动点 P_1 的坐标值和相应的转角 φ_1;通过 θ_2 能在坐标系 $x_2O_2y_2$ 中计算出动点 P_2 的坐标值和相应的转角 φ_2。再将 P_1 点坐标转换到 $x_2O_2y_2$ 坐标系中即可计算出动点 P_1 和 P_2 之间的距离。对 P_1 和 P_2 间的距离与杆长 l 进行比较,看是否相等(允许小于允许误差)。若不相等,则改变 θ_1 的值,另设一个 θ_2 值重新计算,直到搜索求得 P_1 和 P_2 两点距离等于 l 值。这时就可通过 θ_2 计算出 φ_2。以上的计算是一个转角校核的动态扫描过程。由于动臂的倾角是已知的,所以可求得铲斗的倾角。有关计算公式均省略。

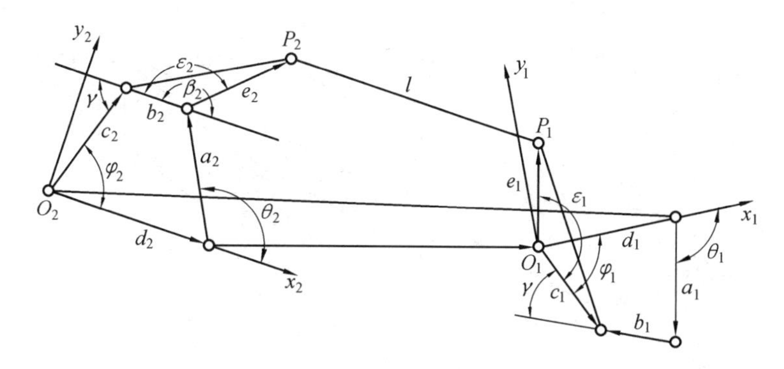

图 8.6 运动分析原理图

2.传动角计算

新型连杆机构由一个四连杆和一个六连杆组成。六连杆的传动角如图 8.7 中 μ 所示,它是被动杆的绝对运动方向和传动杆相对主动杆相对运动方向之间的夹角。从图上可以看出,μ 是直线 P_1P_2 和直线 P_2I 之间的夹角。所以应计算出瞬时中心 I 在坐标系 $x_2O_2y_2$ 中的坐标值。它可以通过 θ_2、φ_2、b_2 和 d_2 计算出来。

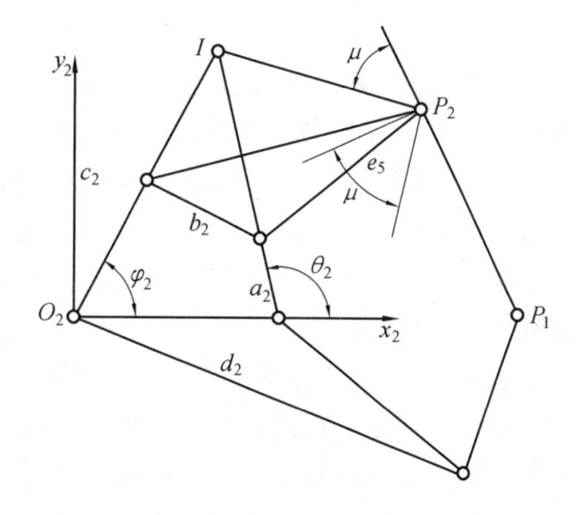

图 8.7 传动角计算分析图

铲装力和举升力的计算均省略。

通过上述的计算和对机构的综合分析,了解到该新型连杆机构具有平移性好,动臂为直线,且在它的不同举升高度时铲装力都比较大,工艺性好以及钢材利用率高等优点。很明显,该机构的构件数和铰点数较多是它的缺点。

相似设计的主要内容是,根据测绘所得尺寸参数,按照相似原理初步确定新设计的连杆机构的尺寸。

这一步虽是简单可行的,但它必须满足以下要求。

(1) 几何相似,即:① 四连杆机构的对应边相似,初始角相同;② 六连杆机构的相应边相似,对应夹角相等,初始角相同;③ 铲斗、动臂和力臂油缸三角形几何相似,铲斗和动臂初始倾角相等。

(2) 运动规律相似,即要求在动臂举升过程中,斗倾角变化规律相同,斗尖切削轨迹相同。

(3) 力传动相似,即动臂举升力和铲斗铲装力的变化规律相同。

优化设计的主要目的是,考虑到新设计的机构尺寸参数可能有误差,这样就可能造成新机构与原机构之间在性能方面出现差异。同时也是为了通过优化设计确定一个最佳的方案。

(1) 设计变量。为了进行新设计的连杆机构的优化设计,根据如图 8.8 所示的原理图,取其中的 16 个尺寸参数($x_1, x_2, \cdots, x_{15}, x_{16}$)作为设计变量。

(2) 目标函数。可取铲斗、收斗角变动量、铲斗的平移性、地面位置铲装力或铲装力和举升力的变化幅度等其中的一个或多个作为目标函数。当取多个目标函数时就是多目标优化问题。

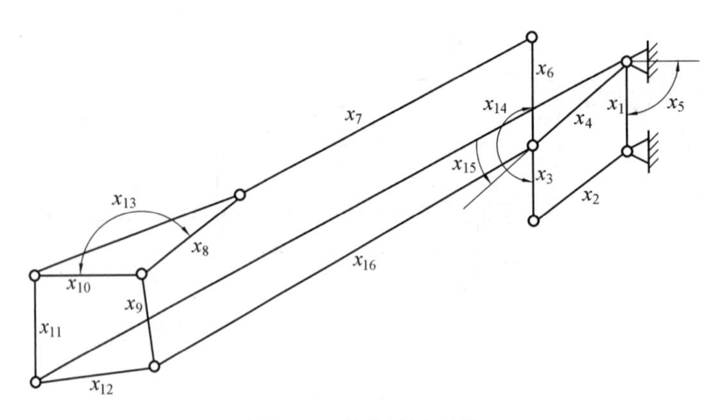

图 8.8 优化设计变量

(3) 约束条件。取各设计变量的上下限、最小传动角，机构间是否产生干涉、油缸尺寸是否满足举升力要求等作为约束条件。

(4) 优化方法。对于多目标的优化，设计者采用功效系数法（即几何平均法）将多目标问题转化为单目标的问题，然后采用乘子法进行优化。

所设计重构的新的装载机工作装置的连杆机构，经过实测，表明其工作性能与计算结果相符合，性能良好。

例 8.12 自动榴弹发射器的反求设计。

最初我国没有自动榴弹发射器，缺少相应的性能指标数据。然而，从 20 世纪 60 年代美国在越南战争中以及 1979 年苏联在阿富汗战争中使用该武器的效果中可以看出，这种武器能填补手榴弹和迫击炮之间的火力空白。它不仅具有低伸或曲射弹道、隐蔽性好、机动性强等优点，还具有可以连续自动发射、破甲力大、爆炸杀伤性强等特点。因此，尽快研制、生产该种新型的步兵用轻型武器系统是当时的一个紧迫任务。

设计人员通过大量检索和收集美国、苏联以及英国、德国、日本等国有关自动榴弹发射器的资料，并进行认真分析后，了解到苏联的 ATC－17 型自动榴弹发射器是一种带重型架（具有支持自动发射榴弹的弹链的作用）的自动发射器，它的最大射程为 1 700 m 等重要性能和结构特点以及它在战术使用时低伸弹道（1 050 m 射角 206 密位）和曲射弹道（1 300 m 射角 1 052 密位）的两个发射口令。

设计人员以此为基础，利用计算机对榴弹弹丸在空气中飞行的弹道方程进行数值积分计算，反求到苏式自动榴弹反射器的弹丸初速、最大射程等基本指标；又进一步反求计算出不同射程与射角和飞行时间之间关系的射表以及不同基本弹道指标的射表。通过这些反求工作，设计人员不仅掌握了苏式榴弹发射器弹道指标的变化规律和特点，还能够对其设计指导思想、弹道指标、战术使用、结构特点等进行详细分析。

虽然国内没有实物和相应性能指标，但经过设计人员仔细研究，明确提出了我国开发的自动榴弹发射器应保证两点要求：① 质量必须轻，便于步兵携带；② 破甲威力必须大，使之能成为打击轻型装甲的有效武器。

针对上述两点要求，设计组采取的对应措施是：适当降低初速，减小最大射程，减少发射器所受的后坐力等。设计人员还借鉴我国新研制定型的质量小、初速比自动榴弹发射器要高出 5 倍的连发大口径机枪的弹道质量指标，通过换算，预测自动榴弹发射器的质量指标，就可使之既先进又可行。与此同时，在提高威力的基础上缩小了口径。

由于发射器所受最大后坐力与弹丸质量和初速等存在关系式

$$F_{\max}=\sqrt{\frac{c}{m_{\mathrm{r}}}}(m+\rho\omega)v_0=\sqrt{\frac{c}{m_{\mathrm{r}}}}I_{\mathrm{r}}$$

式中，C 是武器缓冲装置的刚度系数；m_{r} 是武器后坐体质量；m 是弹丸质量；ω 是发射药质量；ρ 是发射药后效系数；v_0 是弹丸飞离发射器的初始速度；$I_{\mathrm{r}}=(m+\rho\omega)v_0$ 是后坐冲量（它是弹道的一个综合指标）。

分析上面的公式可以看出，除降低初速 v_0 外，减小弹丸质量 m 和发射药质量 ω 也可以减小后坐力。因此，在保证威力的基础上，又大量采用了铝合金的弹药系统，从而显著减轻弹药系统的质量。同时，把自动送弹的弹链式自动机改为自由枪机式自动机，进一步减轻了质量。

通过采取上述多项的技术措施，设计的自动榴弹发射器的破甲威力也提高了。从表8.7中可以看出，我国设计的榴弹发射器除射程缩小以外，其他的几项重要指标均比美国和苏联的先进。特别要指出的是，在破甲力上，我国的比美国的高出60%。

表8.7　自动榴弹发射器主要性能指标

指　标	单位	苏式 AFC－17	美国 MK－19	我国 W－87
最大射程	m	1 700	2 200	1 500
破甲威力	mm		51	80
发射器质量	kg	30.6	54	20
全弹质量	g	350	340	270

例8.13　汽车后视镜的反求和再设计。

这是一个借鉴现有的汽车后视镜实物进行反求，实现新产品设计的例子。为此，需要逐步完成以下的反求工作。

首先，是对实物进行高密度、大数量的特征点数据（简称点云数据）测量。对于反求设计来说，获得后视镜曲面点云数据测量是比较复杂且技术难度较大的工作，但却是一项关键性的基础工作。即使采用现代的新型三坐标测量机进行特征点扫描，也需具有专业素养的人员精心细致地工作、耗费大量的时间才能既不丢失必要数据，又能保证精度地获得所需的数据。必要时，还须提供数据备份。

之后，在所获得的实物点云数据基础上进行数据处理。这时，要根据实物扫描的区域规划进行数据简化、多次扫描的点云拼接以及特征点的提取等。再根据特征点及控制参数，采用合适的方法进行曲线拟合。图8.9所示是一个汽车后视镜的区域划分和曲线拟合模型。它仅提供了一个线框式的模型。

下一步是在区域划分和拟合的曲线模型基础上进行曲面拟合的重构。此时，除了要应用曲面拟合本身的理论和方法进行每一片曲面的拟合外，还要解决曲面片之间的连接和延伸过程中如何避免曲面不相交和畸变等问题，以保证能获得大面积的由多个曲面片组合成光滑的曲面，改进曲面，进行创新设计。图8.10所示是经过曲面重构以后获得的汽车后视镜的曲面模型。

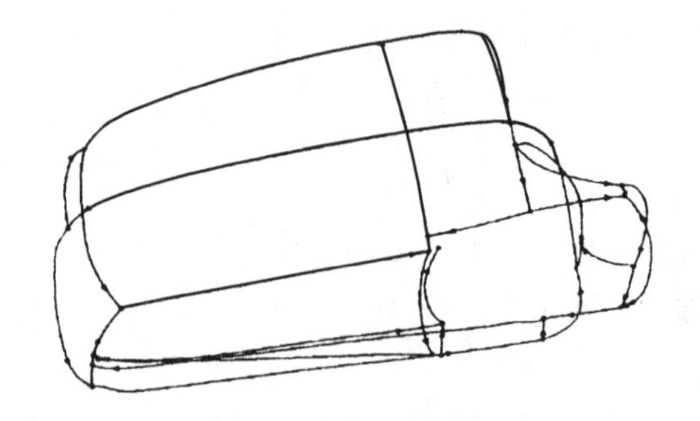

图 8.9　汽车后视镜的区域划分和曲线拟合模型

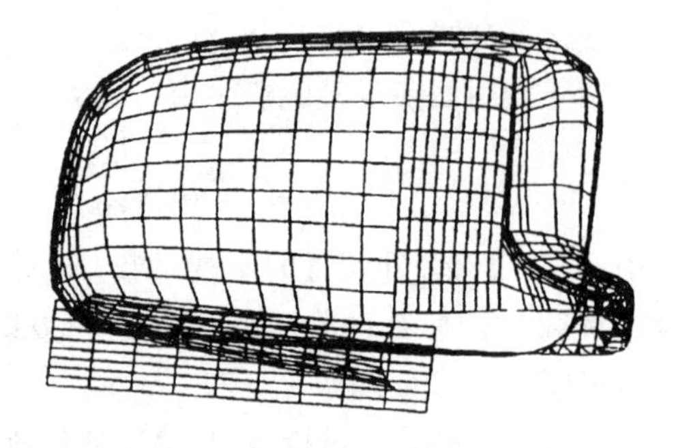

图 8.10　汽车后视镜的曲面模型

最后,需要对曲面模型采用三角片进行格式化处理。这时要避免出现三角面片之间的重合、错边、缺失等现象。通常,这时需要依靠人工对处理结果进行修正,实现实体化重构。图 8.11 所示是经过三角化后所得到的汽车后视镜的格式化模型。

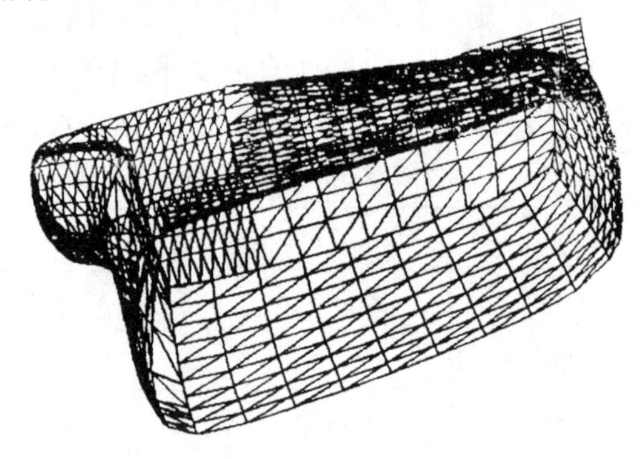

图 8.11　汽车后视镜三角化后的格式化模型

研究资料报道反求工程设计方法在机车复杂零部件、精密微型相机、生物医学人工骨等设计中发挥了重要作用。当前 3D 打印技术正在蓬勃发展,反求工程设计方法为复杂零件的 3D 打印提供了理论和技术条件。同时,开展反求工程技术的研究要以尊重知识产权为前提,并且处于科技道德和法律的约束下。总之,反求工程是一门开拓性、综合性、应用性很强的技术。设计人员在采用反求工程设计方法开展研究工作时要注重独立创造性的发挥,真正实现机械产品的再创造。

习　　题

1. 在实物反求过程中,要确定零件的材料,要对零件尺寸进行测量,确定其尺寸公差及加工工艺和各项技术条件(包括热处理),要绘制零件工作图、部件装配图及装配工艺等等。当反求的产品制造出来以后,若该产品的性能指标达不到原型的水平,请你分析一下是哪些因素导致性能不达标?为什么?

2. 在进行零部件或整机的系列设计时,通常是先做出一个基型设计,然后以此为基础,取某个公比 φ 按几何相似原理来确定系列中的上行和下行的零部件或整机的尺寸。可是按这种系列设计方法得出的结果有时也会出现某些不合理的尺寸。你能举出这样的实例,指出为什么不合理,提出解决的办法来吗?

3. 请你举出一个你身边存在的实例,说明它是一种反求工程的产物,为什么?

第 9 章

微机械设计理论与方法

9.1 概　述

产品的设计工作对其质量有十分重要的影响，这是因为产品的设计可赋予产品"先天性优劣"这种至关重要的本质特性。微型机械装置较传统装置具有体积小、能耗低、节省空间以及便于装配和运输、柔性强等诸多优点而深受人们普遍关注。图 9.1 所示为典型的微机械。当机械结构的尺度显著变小，与微机械紧密相关的微构件的设计分析问题也成为当前微机械设计领域需要重点关注的问题。因此，需要在综合现有研究成果的基础上，开展微机械设计理论相关基础研究工作，为进一步提高现代机械设计理论与方法的水平提供依据。

(a) 微型无人机　(b) 扑翼式微飞行器　(c) 旋翼式微飞行器　(d) 微传感器

(e) 微齿轮传动　(f) 微型机床　(g) 微型精密数控车床　(h) 微钻削工具

图 9.1　典型的微机械

微小型机床是一种典型的微机械装置，利用微小型机床能够制造出尺寸更小、结构更复杂且材料适应性更强的微小机械零件。近年来，微小型机床领域发展迅速，并且带动了微刀具、微机械零件、微机械结构等领域的发展。1996 年，日本通产省工业技术研究院机械工程实验室(MEL)研制了微型车床(图 9.2(a))，此微型车床长 21 mm，宽 25 mm，高 30.5 mm，质量只有 100 g。车床主轴最高转速 10 000 r/min，电机额定功率只有 1.5 W。同时又研制了微型铣床和微型冲床，并与微型车床、微型手臂及双手指的微操作手装配在一起，组成了世界上第一个"微型工厂"，如图 9.2(b)所示。美国伊利诺伊大学厄巴纳－香槟分校研制了一台微型铣床，如图 9.2(c)所示。机床采用了高速涡轮驱动空气主轴，并安装了三向测力仪以测量切削过程中的切削力。韩国首尔国立大学研制了一台五轴微铣床，总体尺寸为 294 mm×220 mm×328 mm(图 9.2(d))。德国的 Fraunhofer 制造工程与自动化研究所、新加坡国立大学和南洋理工大学等也都开展了微型机床的研究工作。国内对微型机床的研究也获得了长足进步，进行微小机床研究工作的主要有上海交通大学、哈尔滨工业大学和南京航空航天大学等单位。

(a) 微型车床

(b)便携式微型工厂

(c) 微小型钻铣机床

(d) 五轴微型铣床

(e) SJTU微型铣床

图 9.2 微小型加工机床

同时，各研究机构相继开展了微小零件加工的基础研究工作，所获得微小零件充分展现了微机械结构的特有性能。图 9.3 所示为微叶轮、微齿轮模具、微柱结构。微小型机床与微小结构、微小零件一起构成了典型的微机械。随着机械构件的空间尺度在不断地变小，微构件(如微梁、微膜、微探针、微齿轮、微弹簧等)在现代机械装备中发挥着重要的作用，已成为微机电系统(MEMS)中的关键零件。

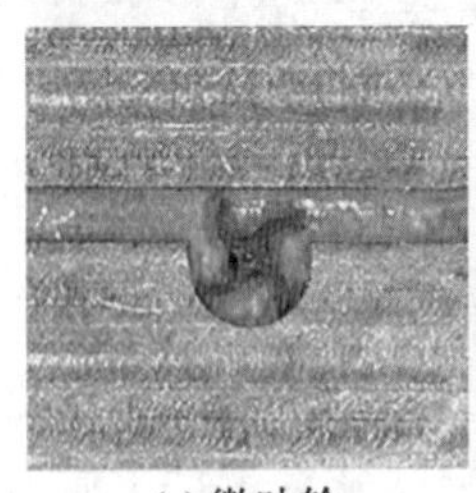

(a) 微叶轮

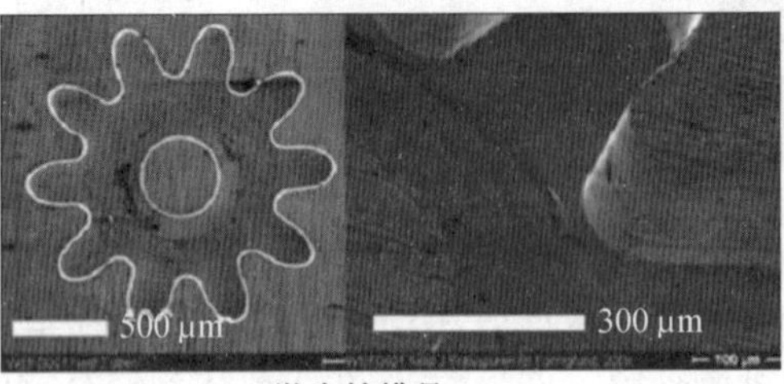

(b)微齿轮模具

(c)微柱结构

图 9.3 微小结构和微小零件

在微机械装置的研究中，虽然已经建立了微机械装置，并且开展了相关的基础研究工作，但是针对微机械本身特有的性能优化和设计理论相关的工作仍未深入开展，其主要问题表现在以下几个方面：(1)微机械装置的总体布局分析与优化；(2)微机械的动力学分析与动态设计优化；(3)微纳米构件的尺度效应和界面特性研究；(4)纳米尺度微构件的力学特性分析等。

在微机械系统中，微细加工工艺影响着微机械结构件的性能。在宏观机械中，相对机械构件本身而言，表面变质层和表面缺陷的尺度很小，其对结构件刚度、强度、动态特性等力学特性的影响可以忽略不计。但是，对于微机械结构件而言，设计时必须要考虑由于加工制造工艺所产生的微观缺陷、残余应力等因素对微构件力学特性和使用性能的影响。因此，需要运用全新的理论和方法，从本质上认识微结构的力学行为，继而为微构件的设计和应用奠定基础。目前，对微结构的力学行为研究取得了一定的成果。但是，由于应用水平和技术手段的限制，一些研究中所涉及的微结构模型利用的是微米甚至宏观的毫米尺度下的模型，采用的手段也是基于连续介质力学的有限元模型。另外，大多数非连续介质力学模型主要考虑了无缺陷的理想微结构，即使建立了缺陷的模型也是人为添加的理想微缺陷。在微结构超精密加工的条件下，材料的去除过程近乎是克服原子间相互作用力的过程。因此，需要结合有限元分析方法，并从原子或分子的尺度上研究微机械的设计问题。

9.2 微机械设计中的计算机仿真方法

微机械构件的物理特性相对于传统机械构件有很大的不同，微机械的力学特性和物理表征均会发生变化，这主要是尺度效应产生的结果。这种变化使其设计与应用不同于传统的宏观尺度构件。另外，微构件的尺度非常小，其加工的去除量也非常小，在纳米级加工的条件下，材料的去除过程可以近似认为是切断原子间作用键的过程。因此，传统的基于连续介质力学的理论在解释由离散分子(或原子)构成微系统的各种现象时，显得很困难。微构件的力学特性是决定其使用性能的重要因素。然而，目前对微构件力学特性的研究往往与其加工制造工艺剥离开来，考虑到材料本身的因素对力学和使用性能的影响较多，考虑加工制造因素对材料使用性能的影响的研究较少，严重地影响了微型机械设计理论的发展和微机械的应用。所以，无论是在理论上还是实践上，都需要采用全新的方法进行研究。量子力学、分子动力学(Molecular Dynamics, MD)等现代物理学研究成果揭示了物质原子、分子间的相互作用，为研究微观/纳观尺度下的材料特性提供了一种有效的工具。因此，应用现代物理学的新成果在分子或分子团的尺度上，分析和研究微构件力学行为以及微结构的加工过程已经成为现代微型机械设计理论发展的一个重要方向。

(1)有限元仿真分析方法。

近年来，利用有限元法对切削加工过程进行仿真取得了蓬勃发展。在有限元模型中，分析对象微机械都被划分成有限的单元，并为每个单元赋值一个描述其上受力与位移关系的特征矩阵，称为刚度矩阵。单元的刚度矩阵形成整体刚度矩阵，并用它来对位移、温度、应力等参量进行求解。目前，已有许多大型的商业化有限元软件可以直接服务于微机械设计分析过程。有限元分析方法在微机械设计中的应用更多地关注界面效应、尺度效应、局部应力、微观形变、温度梯度等问题。另外，借助计算流体力学和有限元分析方法对微流道、微传感器、微构件的分析也是其发展的重要方向。

(2)分子动力学仿真分析方法。

分子动力学(MD)仿真技术是来源于统计物理学，具有沟通宏观特性与微观结构的作用，为人类研究和探索微/纳米尺度下的材料特性提供了一种有效的手段。早期的分子动力学的应用主要在压痕、刻划、纳米切削领域。20世纪90年代末，美国学者和日本学者将分子动力学应用于超精密及纳米加工过程，对微纳构件加工机理的研究做了大量的工作。在微机械设计领域，结合微纳尺度构件的界面作用机理、表面吸附、表面及亚表面缺陷分析等关键问题，分子动力学发挥了重要作用。同时为了获得更好的仿真性能，国内外大量学者致力于研究开发可扩展的MD并行算法，如原子分解法、作用力分解法和空间区域分解法等。开展大规模并行分子动力学仿真算法的研究对促进微结构设计理论的发展也具有重要的意义。

(3)跨尺度仿真方法。

一个尺度的模拟方法往往不适合在另一个尺度中应用。例如，用MD方法由于计算自由度的限制就不能够模拟宏观大尺度问题，而反过来有限元法同样不能够精确地反映物体原子级变形情况。因此，人们提出连接不同尺度的多尺度模拟方法来模拟具有多尺度特性物体的变形情况。根据信息的交换方式，多尺度方法可分为递阶法和并发法。递阶多尺度法的特点是不同尺度的计算分别执行，通过把从细微尺度计算获得的信息嵌入到粗尺度计算当中或反过来把粗尺度模拟结果作用到细微尺度来实现尺度间的耦合。对于并发多尺度方法，各尺度间相互依赖，不同尺度采用合适的模型求解，相互之间通过不同的耦合算法实现连接。目前，由于计算能力的提高和学者对变形体系多尺度特性的关注，计算材料领域发展起多种跨尺度模拟技术，并开始应用于研究纳米加工、微纳构件的设计分析及力学特性评价领域。

9.3 微机械设计与分析案例

9.3.1 微小型机床的设计与分析

加工机床不同于普通的机械装置，它是用来生产其他机械零件的工作母机。因此，在机床的设计中，刚度、精度和运动特性等方面将有其特殊的要求。作为一种典型的微机械装置，微小型机床的设计理念上除了上述的特殊要求之外，还要考虑由于尺度效应所产生的动态特性、热特性以及加工精度等方面技术要求。通常微小型机床的设计需要结合有限元分析方法、优化设计方法、动态设计方法等现代机械设计理论与方法，并综合考虑温度场、应力场的交互作用，进而实现产品的设计。图9.4所示为某型微小型机床的三维模型图和有限元网格剖分图。采用ANSYS软件提供的子空间法对机床整体进行模态提取，其前四阶模态值见表9.1。

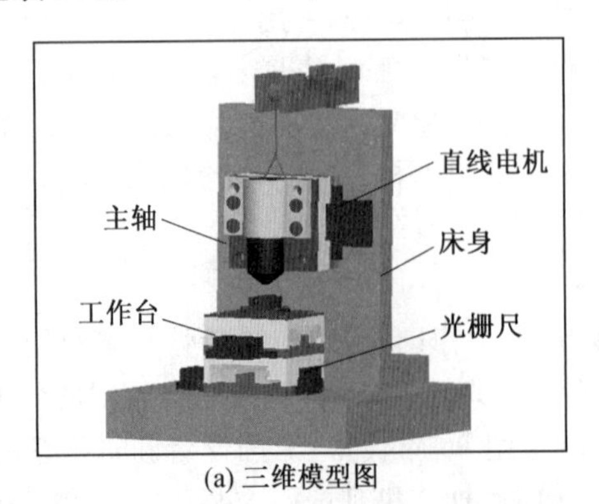

(a) 三维模型图

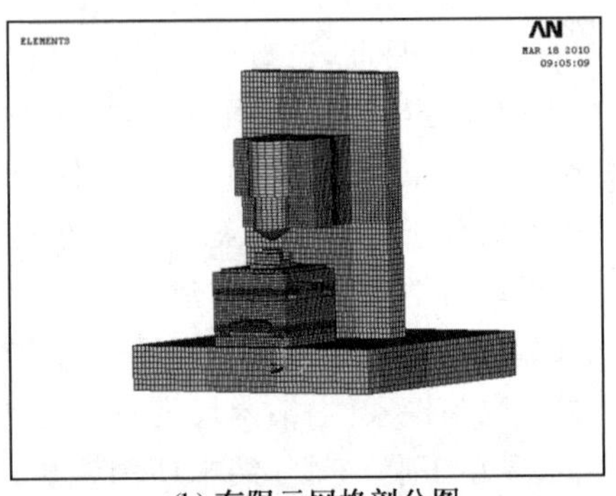

(b) 有限元网格剖分图

图9.4 微小型机床的三维模型及有限元模型

表 9.1　机床整体的模态

固有频率	一阶	二阶	三阶	四阶
数值/Hz	210.325	622.257	824.403	1 069

分析获得的机床振型如图 9.5 所示，由分析结果可以看出床身立柱的振幅较大。由机床整体的振型图可以看出一阶振型为床身的前后弯曲，二阶振型为床身的左右扭曲，均属于较大变形，三阶振型为工作台的左右摇摆，四阶振型为工作台的前后摇摆。床身部件是影响机床整体固有频率的关键部件，提高床身的刚度特性将有效地提高机床整体系统的动态特性。因此，通过上述分析，考虑床身作为重点研究对象进行优化设计。

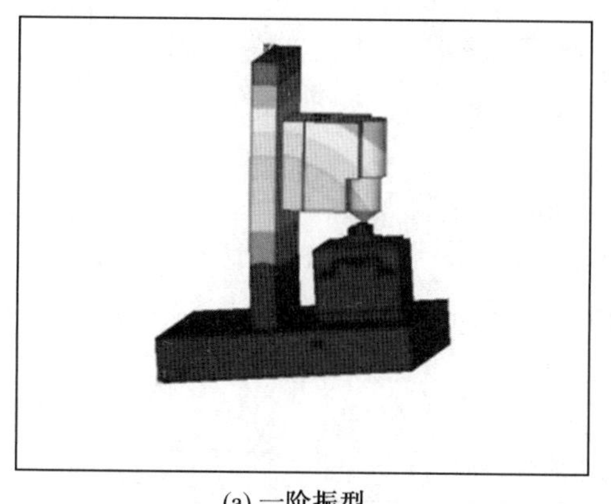

(a) 一阶振型

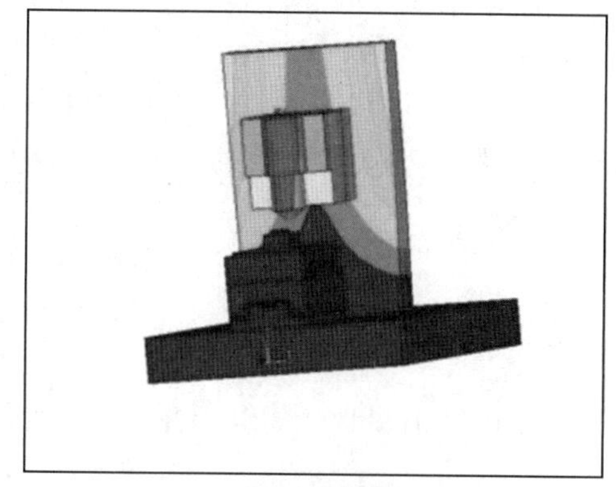

(b) 二阶振型

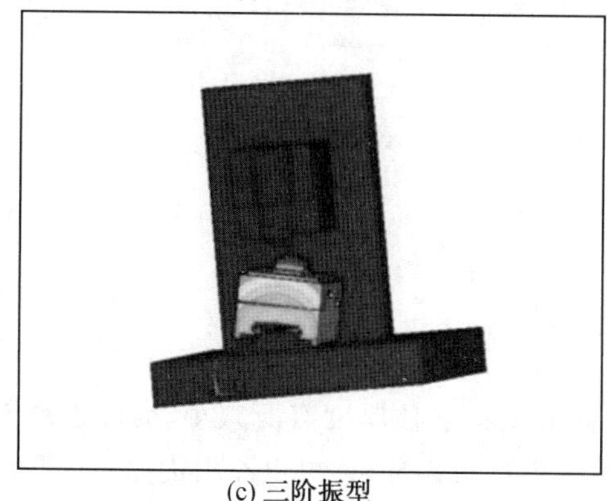

(c) 三阶振型

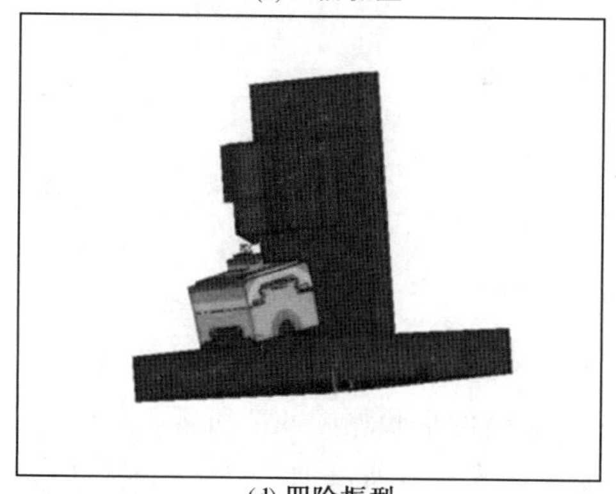

(d) 四阶振型

图 9.5　机床整体振型图

以机床立柱的高度 H、宽度 C 和厚度 B，以及筋板的高度 T、长度 D 和宽度 A 作为设计变量，如图 9.6 所示。因为在实际的加工过程中床身一阶固有频率对机床精度有较大的影响，所以以床身的一阶频率最高作为目标函数进行尺寸优化。

其中各设计变量的有效区间分别为

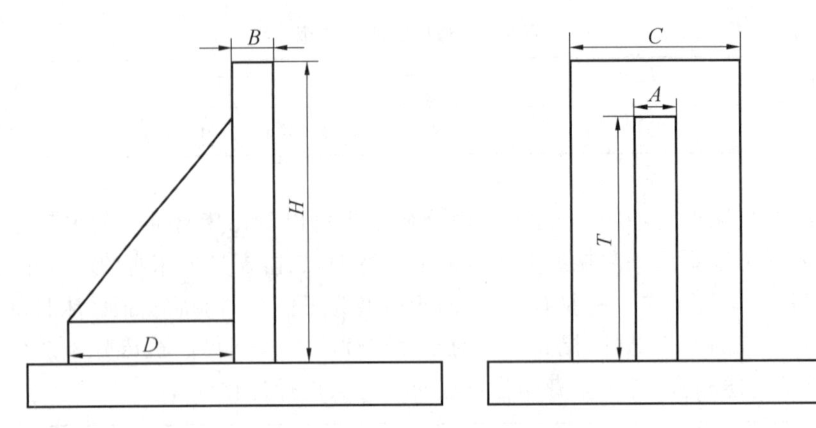

图 9.6　机床床身的优化参数

$$20\ \text{mm} \leqslant A \leqslant 150\ \text{mm}$$
$$20\ \text{mm} \leqslant B \leqslant 50\ \text{mm}$$
$$150\ \text{mm} \leqslant C \leqslant 300\ \text{mm}$$
$$100\ \text{mm} \leqslant D \leqslant 150\ \text{mm}$$
$$250\ \text{mm} \leqslant H \leqslant 350\ \text{mm}$$
$$10\ \text{mm} \leqslant T \leqslant 300\ \text{mm}$$

迭代 49 步后出现最优解。各参数的取值见表 9.2。

表 9.2　优化后的参数值

优化参数	优化后的数值/mm
A	83
B	26
C	162
D	144
H	262
T	159

优化后的形状如图 9.7 所示。从图中可以看出床身立柱厚度有所减小,高度也略有降低,筋板的宽度有所增加。对优化前后的床身结构进行对比分析,可以看出优化后床身的各阶振型与优化前并无改变,而各阶模态都有了大幅度的提高。这说明优化后的床身具有较大的刚度,具有较好的动态性能。

9.3.2　微型刀具的设计与分析

微型刀具是实现微细加工的关键重要部件,只需要考虑加工精度以及尺度效应的影响。微铣刀由于刀具刚性、强度有限,以及所加工微结构刚度的限制,控制加工精度的实质是控制切削力。因此,在刀具设计阶段必须考虑微细铣削的加工精度,同时不能忽视微铣刀超高转速和细长轴效应带来的影响。微刀具设计需要从刃口微观结构设计和刃型结构设计两个方面综合考虑。刃口微观结构设计主要包括刃口材料、钝圆半径、前角和后角等设计参数;刃型结构设计主要包括工作刃长、刀齿数、容屑空间、排屑条件等设计参数。

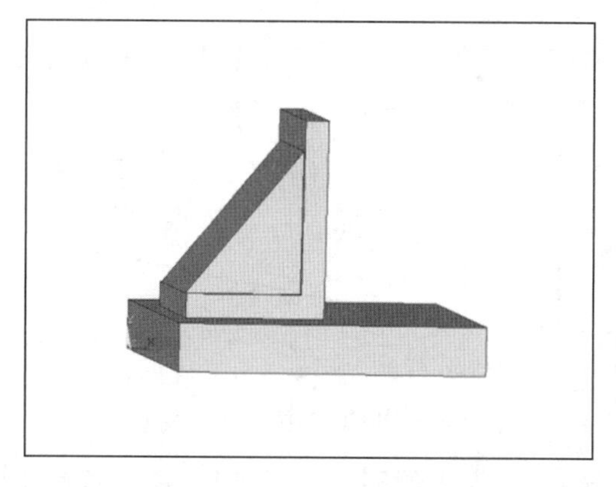

图 9.7　优化后的床身形状结构

综合考虑微铣刀的有效切削刃口区域，建立微结构特征与铣削方式对应的微铣刀基本构型。根据实验所用机床的主轴一刀具接口，微铣刀刀柄直径选择为 3.175 mm。考虑到超硬材料的刃磨难度与微刀具的可生产性，将微铣刀的刃型结构简化为"三面两刃一尖"的刀具基本结构(即前刀面、主后刀面、副后刀面、主切削刃、副切削刃、刀尖)，利用 PCD 复合片的精抛面作为微铣刀的前刀面。微刀具的刚度与悬伸量有很大的联系，可以采用悬臂梁理论来求刀具因受力而产生的挠度 $\delta(x)$，进而确定微刀具的刚度。微铣刀的简化模型如图 9.8 所示。

$$EI(x)\ \frac{\partial^2\delta(x)}{\partial x^2}=-M \tag{9.1}$$

$$M=F(l-x)\ ,\ I(x)=\frac{\pi R^4(x)}{4}\ ,\ R(x)=\begin{cases}R_n & (0\leqslant x\leqslant l_n)\\ R_n-(x-l_c)\tan(\theta) & (l_n<x<l_n+l_c)\end{cases} \tag{9.2}$$

解式(9.1)中的方程，可得刀尖处的挠度 $\delta(x)$ 为

$$\delta(x)=\begin{cases}\dfrac{F}{6EI_n}x^3-\dfrac{Fl}{2EI_n}x^2+c_1'x+c_2' & (0\leqslant x\leqslant l_n)\\ -\dfrac{F}{2ab^3(1-bx)}-\dfrac{c}{6ab^2(1-bx)^2}+c_1''x+c_2'' & (l_n<x<l_n+l_c)\end{cases} \tag{9.3}$$

式中，F 为刀尖处受力；$a=\dfrac{\pi}{4}E(R_n+l_n\tan\theta)^4$；$b=\dfrac{\tan\theta}{r_n+l_n\tan\theta}$；$c=Fl-F\dfrac{R_n+l_n\tan\theta}{\tan\theta}$；$c_1'$、$c_2'$、$c_1''$、$c_2''$ 分别是根据微铣刀结构确定的常量。

用刀尖处所受的力 F 除以刀具的挠度即可得到微刀具的刚度，随悬伸量的增加，微刀具的刚度在逐渐降低，因此可以采用降低微刀具悬伸量的方法达到增加微刀具刚度的方法，但微刀具切削部分长度过小的话，无法加工高宽比大的工件。另外，根据振动学理论，适当增加刀具的悬伸长度，降低模态频率，可以减小振动发生的概率。

根据铣刀设计理论，在铣刀的各几何参数中，前角在铣刀的切削刃强度和切削性能方面具有决定性的作用，悬伸量影响刀具的刚度，刀具后角影响后刀面的磨损。因此，选择微铣刀的悬伸量、主切削刃后角、侧刃前角、侧刃后角为优化变量，以微刀具的变形与应力最小、固有频率最大为优化目标，对 PCD 微铣刀进行结构参数优化。最终确定微刀具结构参数为：悬伸量为 10 mm，主切削刃前角为 0°，主切削刃后角为 5°，侧刃前角为 0°，后角为 10°。

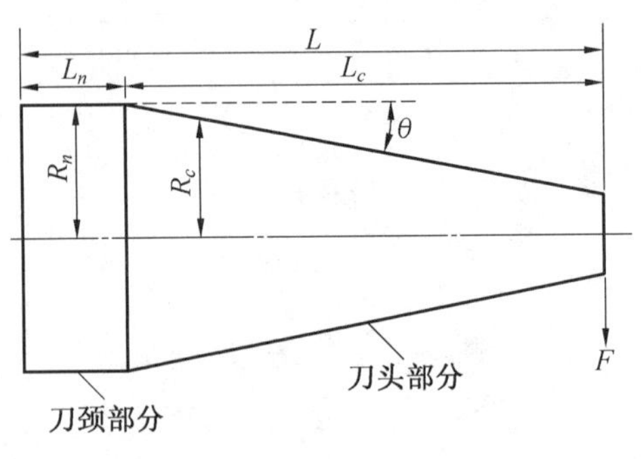

图 9.8　PCD 微铣刀简化模型

基于有限元分析方法，以微铣刀的实际几何参数为基础，建立微铣刀的有限元仿真模型，如图 9.9 所示。在微细铣削加工过程中，微铣刀刀柄被完全夹紧，故而在微铣刀刀柄上施加完全约束。对微铣刀仿真模型的刀头部分进行自由网格划分，合理设置网格划分的精度，并对微细铣削过程中进行铣削的刀尖部分进行局部网格细化。这样，既能保证仿真分析的准确度，又能减少计算机的运算规模，提升计算机的计算效率，缩短计算时间。结合优化设计和有限元法分析结果，确定了微刀具的尺寸参数。图 9.10 所示为微铣刀实物。

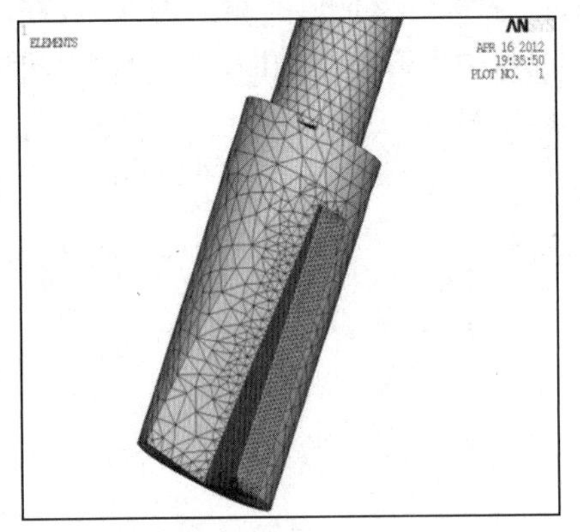

图 9.9　PCD 铣刀刀具有限元模型

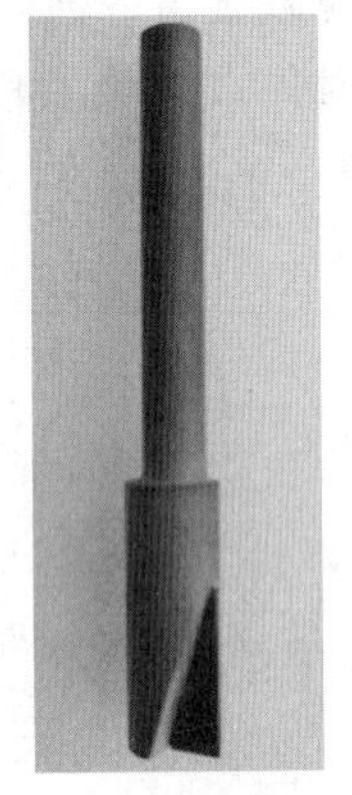

图 9.10　微铣刀实物

9.3.3　纳米杆拉伸的分子动力学仿真设计

近年来，微机电系统和纳机电系统发展迅速。与传统的宏观机械结构不同，微纳机电系统中构件的尺寸一般在微米及纳米量级。随着机械构件的空间尺度在不断地变小，当构件尺寸小于 0.1 μm 时，构件比表面积、表面能、表面结合能等显著增大，表面效应对构件力学性能的影响就不能忽略。从目前已有的研究成果可知，当构件尺寸达到微米量级，甚至纳米量级时，由于尺寸效应、量子效应和表面效应的影响，材料的特性将发生根本变化。依据经典连续介质力学建立起的机械设计理论与方法将不适合直接沿用至微纳米机械构件的设计当中。量子力学、分子动力学、离散位错动力学、跨尺度仿真方法等现代机械设计手段为研究微米/纳米尺度下构件的力学特性和解决微纳米器件的设计问题提供了有效的工具。

在单晶铜纳米杆轴向拉伸仿真过程中，原子位置首先按理想点阵排列，在拉伸前，对模型进行充分弛豫。模型中，纳米杆长 $L=60a_0$，截面半径 $R=11a_0$（$a_0=0.361\ 5$ nm，为铜原子晶格常数)。为了使纳米杆在拉伸过程中处于平衡状态,拉伸应变率取为 $4.610 \times 10^{8}\ s^{-1}$。

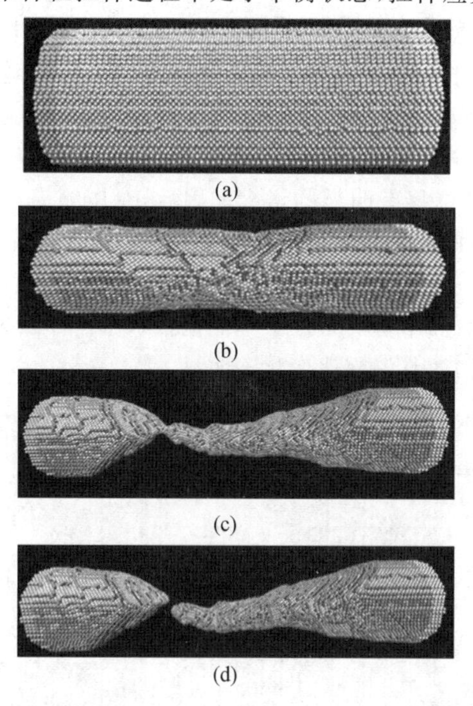

图 9.11 单晶铜纳米杆的初始构型和拉伸原子结构演化

图 9.11 所示为纳米杆拉伸模拟的初始构型和原子结构演化过程。首次屈服以后,位错环逐渐扩展形成多个完整的堆垛层错面,并在纳米杆表面生成位错运动的台阶。当应力达到一定值后,大量新的位错在滑移面上繁殖,并在滑移面的交界处造成位错塞积,堆垛层错相互交错阻止了位错的进一步扩展,使得应力有所回升。当应力上升到足以驱动位错运动时,位错开始延伸,部分晶格原子沿滑移面进行交叉滑移。纳米杆在"位错形核—位错延伸与滑移—晶格原子交叉滑移"的交替循环作用机制下,产生塑性延展。随着应变的持续加载,纳米杆长度逐渐伸长,直径逐渐缩小,纳米杆内部晶格缺陷集中的部位开始产生类似宏观的"颈缩"现象。

9.3.4 单晶铜杆状微构件的设计与分析

为了解决分子动力学仿真计算规模小的问题,一些学者提出了多尺度模拟方法,即把原子模型植入到有限元模型中,对不同的区域采用不同的描述方法。在研究的重点区域采用原子描述,而远离重点区域方用有限元来描述,这样就可大大减小计算量,使模拟的尺度得到很大的提高。准连续介质(Quasicontinuum, QC)方法是耦合了宏观有限元分析方法和微观原子尺度研究的跨尺度仿真方法,是微观结构设计的一种重要仿真工具。下面介绍采用准连续介质力学跨尺度仿真方法研究微构件设计中力学特性的例子。

以单晶铜杆状微构件为研究对象,建立不同参数条件下的仿真模型,并模拟其在压缩载荷作用下的变形过程。图 9.12 所示为微构件压缩特性的跨尺度仿真分析过程。晶体取向为 $x[111]$、$y[\bar{1}10]$、$z[\bar{1}\bar{1}2]$ 条件下杆状微构件的二维模型图。x 方向为长度方向,y 方向为高度方向,z 方向设置为一个晶格长度(0.361 5 nm)。模型的左端采用固定边界条件,上下边界采用自由边界条件，如图 9.12(a)所示，箭头所指为加载方向。压缩模拟过程中，通过控制模型右端边界原子的位移来实现微构件的加载，每步的位移量为 0.02 nm。如图 9.12(b)所示为代表原子图，最大代表原子数设置为 5 000，最大网格单元数设置为 10 000。

从图 9.12(c)为第 71 步的微构件的 z 方向位移云图。可以看到在塑性变形的过程中出现了局部的位错塞积。随着加载的进行，孪生变形区域逐渐增大，孪生面也逐渐增多，且随着滑移的进行，z 方向的位移有明显的增大。因此，对压缩模拟过程分析可知，塑性变形主要是通过机械孪生晶面的产生及位错滑移来实现的。进一步加载后，滑移面大量出现，进而导致杆状微构件最终被压溃。通过仿真可知，杆状微构件压缩时的力学特性表现出一定的尺寸效应。与宏观值相比，本仿真条件下单晶铜杆状微构件压缩时弹性模量、弹性极限和屈服极限的尺寸效应显著，而其泊松比变化不明显。

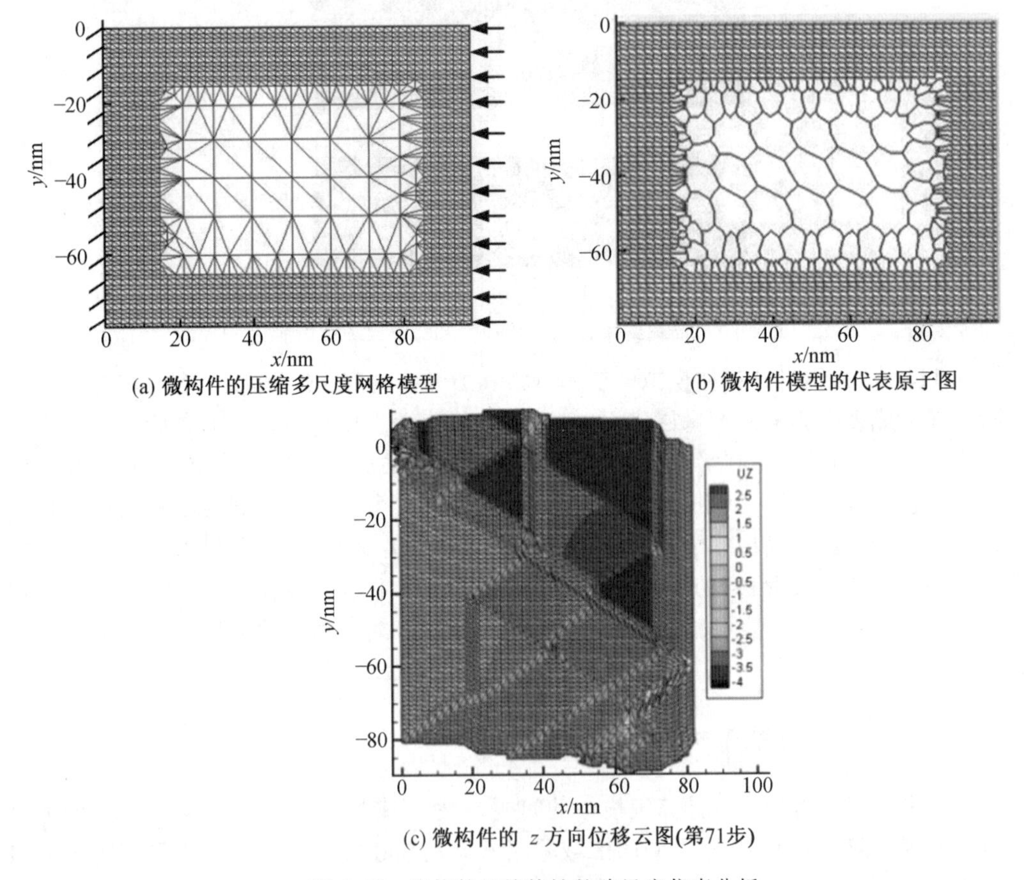

(a) 微构件的压缩多尺度网格模型　(b) 微构件模型的代表原子图

(c) 微构件的 z 方向位移云图(第71步)

图 9.12 微构件压缩特性的跨尺度仿真分析

9.3.5 MEMS 构件测试装备的设计与分析

微小梁、杆结构以及微米甚至纳米级别的丝结构是 MEMS 中应用较为广泛也是特别关键的机械构件。随着对微机电系统应用的不断拓展，常规条件下材料力学性能参数的测试已远不能满足微机电系统结构的设计要求。研究微位移条件下的微构件的力学特性有助于微系统结构设计和功能实现，同时为表征微结构的力学参数、制定 MEMS 结构标准提供重要的依据。

与其他的测试方法相比，拉伸测试最直接、最准确。当前，微构件的微拉伸测试还存在着试样的尺寸非常微小条件下的高运动精度和系统分辨率要求、试样安装、对准和校正的挑战，研制用于微杆结构拉伸测试的微拉伸装置显得十分重要。这里需要说明的是微机械装置的设计中，那些在宏观机械装置设计未引起重视的因素，这里可能需要重点关注。例如，微构件拉伸测试机械装置中，我们需要重点关注压电陶瓷微驱动技术、微位移检测技术等。如图 9.13 所示为微拉伸装置中压电陶瓷驱动的柔性铰链的有限元分析结果。通过有限元分析，确定需要进一步优化的结构，进而实现高精度、高可靠性的柔性铰链的结构设计。如图 9.14 所示为采用所设计的柔性铰链机构装配完成的微拉伸实验装置，该装置包括微位移机构、试样夹持机构、成像系统和检测系统。该测试装置具有结构紧凑、测试精度高、使用方便、适合材料广泛等优点，性能达到了预期的效果。

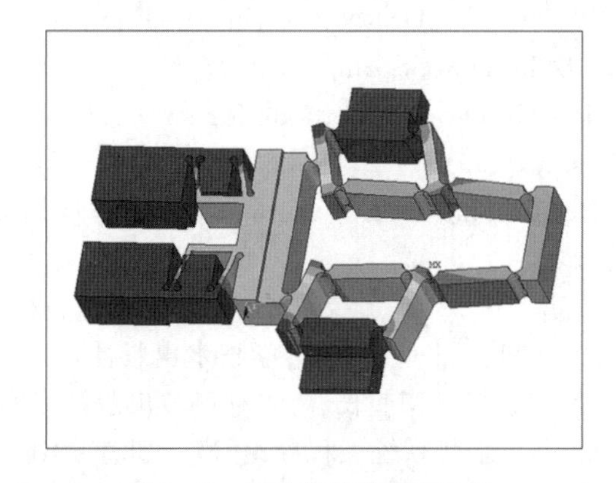

图 9.13　柔性铰链的位移云图

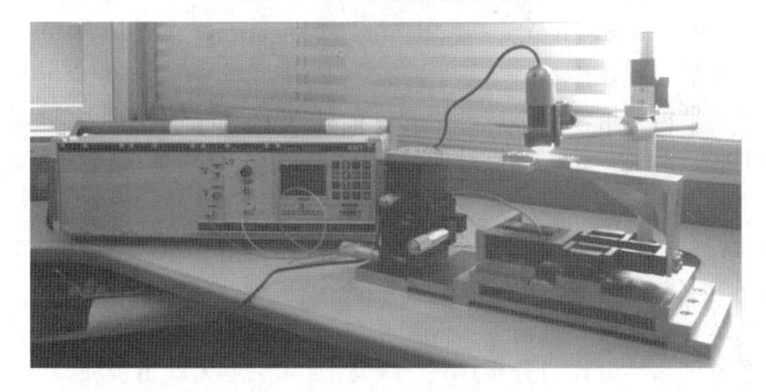

图 9.14　微拉伸实验装置

9.4　结　语

微机械设计是现代机械设计理论与方法在微米尺度甚至纳米尺度研究领域的延伸。由于尺度的减小，一些宏观机械设计的理论与方法需要考量其适用性、可靠性等问题。同时，从学科覆盖面上来讲，微机械设计不应仅考虑机械方面的因素，电场、磁场、流场、温度场等多场耦合因素也需要考虑到微机械的设计中来。同时，从零部件的设计角度上，一些先进的设计仿真工具，如微观力学、分子动力学方法、离散位错动力学方法、跨尺度仿真方法等需要结合其特点综合运用到微机械设计中，解决传统的设计方法所不能解决的问题。

参 考 文 献

[1] 吴明泰. 工程技术方法[M]. 沈阳:辽宁科技出版社,1985.

[2] 汪应洛. 系统工程理论、方法与应用[M]. 北京:高等教育出版社,1998.

[3] 戚昌滋. 机械现代设计方法学[M]. 北京:中国建筑工业出版社,1996.

[4] 王步瀛. 现代机械设计方法综述[M]. 北京:高等教育出版社,1985.

[5] SUH N P. Axiomatic design: advances and applications [M]. New York: Oxford University Press, 1990.

[6] PAHL G, BEITZ W, FELDHUSEN J A, et al. Engineering design: a systematic approach [M]. 3rd ed. London: Springer, 2007.

[7] PUGH S. Total design: integrated methods for successful product engineering [M]. Boston: Addison-Wesley, 1991.

[8] YOSHIKAWA H. Design philosophy: the state of the art [J]. CIRP Annals, 1989, 38(2): 579-586.

[9] 郑春瑞. 系统工程学概论[M]. 2 版. 北京:北京科技文献出版社,1985.

[10] 黄纯颖. 工程设计方法[M]. 北京:中国科学技术出版社,1989.

[11] 赵清,周玉德. 现代设计法导论[M]. 长春:吉林科技出版社,1987.

[12] 薛惠锋,张骏,秦丕栋,等. 现代系统工程导论[M]. 北京:国防工业出版社,2006.

[13] 孙东川,林福永. 系统工程引论[M]. 北京:清华大学出版社,2004.

[14] CHENG K. Machining dynamics: theory, applications and practices [M]. London: Springer, 2008.

[15] 何红. 神光一Ⅲ倍频组件动态性能研究[D]. 哈尔滨:哈尔滨工业大学,2006.

[16] 闻邦椿,刘树英,郑玲. 系统化设计的理论和方法[M]. 北京:高等教育出版社,2017.

[17] 贾亚洲. 金属切削机床概论 [M]. 2 版. 北京:机械工业出版社,2011.

[18] 廖伯瑜,周新民,尹志宏. 现代机械动力学及其工程应用: 建模、分析、仿真、修改、控制、优化[M]. 北京:机械工业出版社,2004.

[19] 陈新. 机械结构动态设计理论方法及应用[M]. 北京:机械工业出版社,1997.

[20] 宋保维. 系统可靠性设计与分析[M]. 西安:西北工业大学出版社,2008.

[21] 牟致忠. 机械可靠性:理论、方法、应用[M]. 北京:机械工业出版社,2011.

[22] 茆诗松,汤银才,王玲玲. 可靠性统计[M]. 北京:高等教育出版社,2008.

[23] 汪修辞. 可靠性管理技术[M]. 北京:电子工业出版社,2015.

[24] 宋何维. 系统可靠性设计与分析[M]. 西安:西北工业大学出版社,2008.

[25] 谢政. 对策论[M]. 长沙:国防科技大学出版社,2004.

[26] 周正伐. 可靠性工程基础[M]. 北京:中国宇航出版社,2009.

[27] 闻邦椿. 机械设计手册第 6 卷 [M]. 6 版. 北京:机械工业出版社,2017.

[28] 潘承怡,姜金刚. TRIZ 理论与创新设计方法[M]. 北京:清华大学出版社,2015.

[29] 谢里阳. 现代机械设计方法[M]. 北京:机械工业出版社,2010.

[30] 白清顺,王毓明,梁迎春. 基于 Pro/E 的三轴转台装配与运动学仿真[J]. 中国惯性技

术学报，2005，14(1)：83-88.
[31] 张鄂. 现代设计理论与方法 [M]. 2 版. 北京：科学出版社，2014.
[32] 倪洪启. 现代机械设计方法[M]. 北京：化学工业出版社，2008.
[33] 郭仁生. 机械工程设计分析和 MATLAB 应用[M]. 北京：机械工业出版社，2008.
[34] 王亮申，孙峰华. TRIZ 创新理论与应用原理[M]. 北京：科学出版社，2010.
[35] 谢里阳，王正，周金宇，等. 机械可靠性基本理论与方法[M]. 北京：科学出版社，2012.
[36] 苏秦. 质量管理与可靠性[M]. 北京：机械工业出版社，2014.
[37] 白清顺，孙靖民，梁迎春. 机械优化设计[M]. 2 版. 北京：机械工业出版社，2017.
[38] 孙全颖，白清顺. 机械优化设计 [M]. 2 版. 哈尔滨：哈尔滨工业大学出版社，2012.
[39] 霍德鸿，梁迎春，程凯. 微型机电系统的建模与仿真研究[J]. 机械科学与技术，2002，10：1-4.
[40] 袁亚湘，孙文瑜. 最优化理论与方法[M]. 北京：科学出版社，1997.
[41] 吴祈宗，侯福均. 运筹学与最优化方法 [M]. 2 版. 北京：机械工业出版社，2013.
[42] 杨庆之. 最优化方法[M]. 北京：科学出版社，2015.
[43] 赖炎，贺国平. 最优化方法[M]. 北京：清华大学出版社，2008.
[44] 刘兴高. 最优化方法应用分析[M]. 北京：科学出版社，2014.
[45] 倪勤. 最优化方法与程序设计[M]. 北京：科学出版社，2009.
[46] 刘之生，黄纯颖. 反求工程技术[M]. 北京：机械工业出版社，1992.
[47] 王琪伦. 微型机械导论[M]. 北京：中国科学技术大学出版社，2003.
[48] 赵岩. 微细铣削工艺基础与实验研究[D]. 哈尔滨：哈尔滨工业大学，2008.
[49] KITAHARA T, ISHIKAWA Y, TERADA T, et al. Development of micro-lathe [J]. Journal of Mechanical Engineering Laboratory, 1996, 50(5):117-123.
[50] 白清顺，于福利，樊浩，等. 典型机械结构的模态参数测试系统[J]. 实验技术与管理，2010，6：51-53.
[51] TANNKA M. Development of desktop machining microfactory [J]. RIKEN Review, 2001, (34): 46-49.
[52] 盆洪民. 微构件纳米切削过程及其力学特性的多尺度模拟研究[D]. 哈尔滨：哈尔滨工业大学，2011.
[53] VOGLER M P, LIU X Y, KAPOOR S G, et al. Development of meso-scale machine tool (mMT) systems [J]. Transactions of NAMRI/SME, 2002, n MS02-181: 1-9.
[54] 陈万群. 微小型机床的结构参数优化及动态特性分析[D]. 哈尔滨：哈尔滨工业大学，2010.
[55] 童振. 单晶铜纳米杆拉伸力学特性的大规模分子动力学仿真[D]. 哈尔滨：哈尔滨工业大学，2010.
[56] BANG Y B, LEE K M. 5-axis micro milling machine for machining micro parts [J]. International Journal of Advanced Manufacturing Technology, 2004, 25(9-10):888-894.
[57] LI C, LAI X, LI H, et al. Modeling of three-dimensional cutting forces in micro-end-milling [J]. Journal of Micromechanics and Microengineering, 2007, 17(4): 61-

67.

[58] CHENG K, HUO D. Micro cutting: fundamentals and applications [M]. Chichester: John Wiley & Sons, 2013.

[59] HUO D, CHENG K, WARDLE F. A holistic integrated dynamic design and modelling approach applied to the development of ultraprecision micro-milling machines [J]. International Journal of Machine Tools and Manufacture, 2010, 50 (4): 335-343.

[60] 何彬. 微拉伸实验装置的研制及微构件力学特性评价[D]. 哈尔滨:哈尔滨工业大学, 2011.

[61] 张向前. 基于跨尺度模拟的机械微结构断裂行为研究[D]. 哈尔滨:哈尔滨工业大学, 2012.

[62] 王德廷. 金刚石微刀具的结构参数优化及其动态特性研究[D]. 哈尔滨:哈尔滨工业大学,2012.

[63] 卢礼华. 基于滚珠丝杠的大行程纳米定位系统建模和控制技术研究[D]. 哈尔滨:哈尔滨工业大学,2007.

[64] 高思煜. 超高转速空气静压电主轴特性分析与实验研究[D]. 哈尔滨:哈尔滨工业大学,2016.

[65] 高强. 气体静压主轴热-流-固耦合行为及其对加工表面波纹的影响[D]. 哈尔滨:哈尔滨工业大学,2019.

[66] 陈胜珉. 面向洁净加工的铝合金零件铣削参数对表面质量影响研究[D]. 哈尔滨:哈尔滨工业大学,2021.

名词索引